工业和信息化领域武器系统与工程基地教材
新工科·材料科学与工程专业系列教材

航空航天复合材料

朱和国 徐 锋 主 编
李建亮 汪尧进 曾海波 副主编
兰 司 主 审

电子工业出版社
Publishing House of Electronics Industry
北京·BEIJING

内 容 简 介

本书首先介绍复合材料的基础部分：增强体、基体和复合理论，然后介绍航空航天领域应用广泛的聚合物基复合材料、轻金属基复合材料、陶瓷基复合材料、功能梯度复合材料、烧蚀防热复合材料、形状记忆复合材料、隐身复合材料及耐空间辐射复合材料，最后介绍几种新型复合材料，如分级结构复合材料、高熵合金复合材料、纳米复合材料等。讲解内容均先从概念入手，再着重介绍其制备原理、材料性能及其应用。全书内容深度适中，表述繁简结合、通俗易懂。

书中采用了作者业已发表和尚未发表的图片、曲线，同时注重引入一些反映当前复合材料最新研究的成果，包括复合材料的新概念、新知识、新理论、新技术和新工艺等。

本书可作为材料科学与工程专业本科生的学习用书，也可供相关学科与专业的研究生、教师和科技工作者使用。

未经许可，不得以任何方式复制或抄袭本书之部分或全部内容。
版权所有，侵权必究。

图书在版编目（CIP）数据

航空航天复合材料 / 朱和国，徐锋主编. -- 北京：电子工业出版社，2025. 4. -- ISBN 978-7-121-50118-0

Ⅰ．V25

中国国家版本馆 CIP 数据核字第 2025BM6865 号

责任编辑：张天运
印　　刷：三河市鑫金马印装有限公司
装　　订：三河市鑫金马印装有限公司
出版发行：电子工业出版社
　　　　　北京市海淀区万寿路 173 信箱　邮编：100036
开　　本：787×1092　1/16　印张：20.75　字数：531.2 千字
版　　次：2025 年 4 月第 1 版
印　　次：2025 年 4 月第 1 次印刷
定　　价：69.00 元

凡所购买电子工业出版社图书有缺损问题，请向购买书店调换。若书店售缺，请与本社发行部联系，联系及邮购电话：（010）88254888，88258888。

质量投诉请发邮件至 zlts@phei.com.cn，盗版侵权举报请发邮件至 dbqq@phei.com.cn。

本书咨询联系方式：zhangty@phei.com.cn。

前　言

材料、信息和能源是现代科学技术重点发展的三大领域，而材料包括金属材料、聚合物材料、无机非金属材料和复合材料四大类，它们是信息和能源发展的物质基础，是重中之重，可以说没有先进材料就没有现代科技。航空航天是一个国家综合国力的集中体现和重要标志，是推动国防建设、科技创新和经济社会发展的战略性领域。"航空航天复合材料"有着广阔的应用前景，尤其在军工领域。2022 年，我国航空航天复合材料行业产量为 19762.9 吨，需求量为 21660.3 吨。2023 年产量增到了 22660.2 吨，需求量增长到了 24244.6 吨，预计未来几年，随着国内航空航天业的发展，我国航空航天复合材料行业需求还将继续增长。

《航空航天复合材料》为工业和信息化部"十四五"规划工业和信息化领域武器系统与工程基地教材。本书首先介绍复合材料的基础部分：增强体、基体和复合理论，然后介绍航空航天领域应用广泛的聚合物基复合材料、轻金属基复合材料、陶瓷基复合材料、功能梯度复合材料、烧蚀防热复合材料、形状记忆复合材料、隐身复合材料、耐空间辐射复合材料及几种新型复合材料。全书力求内容深度适中，表述繁简结合、通俗易懂。

本书共 10 章，由南京理工大学材料科学与工程学院的一线教师完成。其中，第 1、2 章由曾海波编写；第 3、4 章汪尧进编写，第 5～7 章和第 10 章由朱和国编写；第 8 章由徐锋编写，第 9 章由李建亮编写。全书由朱和国统稿，兰司教授主审。

在编写过程中，作者除了采用自己发表及部分尚未发表的图表、曲线、数据，还参考和应用了其他同行发表的研究成果、资料和图片，在此表示深深的敬意和感谢。同时，还要感谢南京理工大学教务处的经费支持和院领导的热情鼓励，感谢博士研究生黄思睿、吴健、张依林和硕士研究生杨泽晨、赵晨朦等对本书所做的工作！

由于作者的水平有限，书中的疏漏之处在所难免，敬请广大读者批评指正。

朱和国
2024.5.12 于南京

目 录

第1章 概论 ················· 1
  1.1 复合材料的定义 ············ 1
  1.2 航空航天复合材料及分类 ······· 2
  1.3 航空航天复合材料的增强体及分类 ··· 3
  1.4 纤维增强体 ··············· 3
    1.4.1 无机纤维 ············· 3
    1.4.2 有机高分子纤维 ········ 11
  1.5 晶须增强体 ·············· 13
  1.6 颗粒增强体 ·············· 15
  1.7 碳纳米管 ················ 15
  1.8 石墨烯 ·················· 16
  1.9 航空航天复合材料的复合理论 ···· 16
    1.9.1 设计 ··············· 17
    1.9.2 设计的新途径 ········· 18
    1.9.3 复合效应 ············ 19
    1.9.4 复合材料物理性能的复合原理 ·············· 21
  1.10 航空航天复合材料的发展方向 ··· 23
  本章小结 ··················· 24
  思考题 ···················· 25

第2章 聚合物基复合材料 ········ 26
  2.1 概述 ··················· 26
    2.1.1 聚合物基复合材料的分类 ··· 26
    2.1.2 聚合物基复合材料的特点 ··· 26
    2.1.3 聚合物基复合材料发展的五个阶段 ·············· 27
  2.2 聚合物基体 ·············· 27
    2.2.1 聚合物的基本概念 ······ 27
    2.2.2 常用聚合物基体 ······· 31
  2.3 聚合物基复合材料的制备工艺 ··· 36
    2.3.1 预浸料的制备工艺 ······ 37
    2.3.2 手糊成型工艺 ········· 40
    2.3.3 模压成型工艺 ········· 41
    2.3.4 喷射成型工艺 ········· 41
    2.3.5 拉挤成型工艺 ········· 42
    2.3.6 连续缠绕工艺 ········· 43
  2.4 聚合物基复合材料的力学性能 ··· 45
    2.4.1 静态力学性能 ········· 46
    2.4.2 疲劳强度 ············ 47
    2.4.3 冲击韧性 ············ 47
  2.5 聚合物基复合材料的界面 ····· 48
  2.6 聚合物基复合材料在航空航天领域的应用 ·················· 50
  本章小结 ··················· 52
  思考题 ···················· 52

第3章 轻金属基复合材料 ········ 54
  3.1 轻金属基复合材料与轻合金的区别与联系 ················ 54
  3.2 轻金属基复合材料的分类 ····· 55
  3.3 轻金属基复合材料的性能 ····· 56
    3.3.1 比强度和比模量 ······· 56
    3.3.2 疲劳性能和断裂韧性 ···· 57
    3.3.3 耐高温性能 ·········· 57
    3.3.4 导电性能与导热性能 ···· 57
    3.3.5 耐磨性能 ············ 57
    3.3.6 热膨胀性能 ·········· 57
    3.3.7 吸潮、老化及气密性 ···· 58
  3.4 轻金属基复合材料的制备工艺 ··· 58
    3.4.1 内生型法 ············ 58
    3.4.2 外生型法 ············ 63
  3.5 铝基复合材料 ············· 67
    3.5.1 增强体与基体 ········· 67
    3.5.2 长纤维增强铝基复合材料 ·· 67
    3.5.3 短纤维增强铝基复合材料 ·· 70
    3.5.4 晶须和颗粒增强铝基复合材料 ·· 70
    3.5.5 铝基复合材料的界面 ···· 76
    3.5.6 铝基复合材料在航空航天领域中的应用 ············ 76

3.6 镁基复合材料 79
    3.6.1 增强体与基体 79
    3.6.2 长纤维增强镁基复合材料 79
    3.6.3 晶须、颗粒增强镁基复合材料 80
    3.6.4 镁基复合材料的界面 81
    3.6.5 镁基复合材料在航空航天领域中的应用 82
3.7 钛基复合材料 83
    3.7.1 增强体与基体 83
    3.7.2 纤维增强钛基复合材料 84
    3.7.3 晶须、颗粒增强钛基复合材料 84
    3.7.4 钛基复合材料的界面 86
    3.7.5 钛基复合材料在航空航天领域中的应用 87
3.8 金属间化合物基复合材料 89
    3.8.1 增强体与基体 89
    3.8.2 纤维增强金属间化合物基复合材料 90
    3.8.3 颗粒增强金属间化合物基复合材料 91
    3.8.4 金属间化合物基复合材料的界面 93
    3.8.5 金属间化合物基复合材料在航空航天领域的应用 93
本章小结 94
思考题 94

第4章 陶瓷基复合材料 96
4.1 陶瓷基复合材料的基体与增强体 96
    4.1.1 陶瓷基复合材料的基体 96
    4.1.2 陶瓷基复合材料的增强体 99
4.2 陶瓷基复合材料的种类 99
4.3 陶瓷基复合材料的制备工艺 102
    4.3.1 粉体制备 102
    4.3.2 成型 102
    4.3.3 烧结 105
4.4 氧化物陶瓷基复合材料 107
    4.4.1 Al_2O_3 陶瓷基复合材料 107
    4.4.2 ZrO_2 陶瓷基复合材料 110
4.5 非氧化物陶瓷基复合材料 111
    4.5.1 SiC 陶瓷基复合材料 112
    4.5.2 Si_3N_4 陶瓷基复合材料 115
4.6 陶瓷基复合材料的界面 118
4.7 高熵陶瓷基复合材料 119
4.8 陶瓷基复合材料在航空航天领域的应用 121
本章小结 123
思考题 123

第5章 功能梯度复合材料 125
5.1 功能梯度复合材料的分类 126
5.2 功能梯度复合材料的设计、制备和性能评价 127
    5.2.1 功能梯度复合材料的设计 127
    5.2.2 功能梯度复合材料的制备方法 128
    5.2.3 功能梯度复合材料的性能评价 130
5.3 功能梯度复合材料的热应力分析模型 131
    5.3.1 成分分布模型 131
    5.3.2 热物性参数模型 132
5.4 功能梯度复合材料的热应力分析 136
    5.4.1 热应力的解析分析 136
    5.4.2 热应力的数值分析 140
5.5 常见的功能梯度复合材料 144
    5.5.1 Gd/BST 热电磁功能梯度复合材料 144
    5.5.2 功能梯度铝基复合材料 150
    5.5.3 功能梯度高熵合金基复合材料 156
    5.5.4 功能梯度涂层复合材料 159
5.6 功能梯度复合材料在航空航天领域中的应用 164
本章小结 165
思考题 165

第6章 烧蚀防热复合材料 166
6.1 烧蚀防热复合材料的定义与分类 166

6.2	烧蚀防热复合材料的烧蚀模型 168	7.2	马氏体的相变热力学 214
	6.2.1 线烧蚀模型 168	7.3	形状记忆合金复合材料 215
	6.2.2 机械剥蚀模型 169		7.3.1 形状记忆合金复合材料的记忆机制 215
	6.2.3 热化学烧蚀模型 170		7.3.2 常用的形状记忆合金复合材料 219
	6.2.4 热力学侵蚀模型 170		
	6.2.5 体积烧蚀模型 171	7.4	形状记忆陶瓷复合材料 225
6.3	烧蚀防热复合材料的烧蚀机理 172		7.4.1 形状记忆陶瓷复合材料的记忆机制 225
6.4	树脂基烧蚀防热复合材料 173		7.4.2 常用的形状记忆陶瓷复合材料 228
	6.4.1 树脂基烧蚀防热复合材料的烧蚀过程 173	7.5	形状记忆聚合物复合材料 235
	6.4.2 常见的树脂基烧蚀防热复合材料 174		7.5.1 形状记忆聚合物复合材料的分类 235
6.5	碳基烧蚀防热复合材料 181		7.5.2 形状记忆聚合物复合材料的记忆机制 236
	6.5.1 表面反应方程 181		7.5.3 常用的形状记忆聚合物复合材料 237
	6.5.2 表面烧蚀的能量平衡方程 184		
	6.5.3 表面烧蚀的性能表征 185	7.6	形状记忆复合材料在航空航天领域的应用 248
	6.5.4 表面烧蚀过程 185		7.6.1 形状记忆合金复合材料的应用 248
	6.5.5 常用的碳基烧蚀防热复合材料 187		7.6.2 形状记忆陶瓷复合材料的应用 249
6.6	陶瓷基烧蚀防热复合材料 198		7.6.3 形状记忆聚合物复合材料的应用 249
	6.6.1 陶瓷基烧蚀防热复合材料的烧蚀过程 198		本章小结 251
	6.6.2 常见的陶瓷基烧蚀防热复合材料 199		思考题 252
6.7	烧蚀防热复合材料的最新进展 208	**第8章**	**隐身复合材料** 253
	6.7.1 高熵陶瓷涂层碳基烧蚀防热复合材料 208	8.1	隐身复合材料简介 253
	6.7.2 发汗陶瓷基复合材料 209	8.2	单频段隐身复合材料 255
6.8	烧蚀防热复合材料在航空航天领域中的应用 210		8.2.1 雷达隐身复合材料 256
			8.2.2 红外隐身复合材料 260
6.9	烧蚀防热复合材料未来发展动向 211		8.2.3 可见光隐身复合材料 264
	本章小结 211	8.3	多频段兼容隐身复合材料 266
	思考题 211		8.3.1 红外/雷达兼容隐身复合材料 266
第7章	**形状记忆复合材料** 212		8.3.2 可见光/红外/雷达兼容隐身复合材料 269
7.1	形状记忆材料中的基本相变 213		
	7.1.1 热感应相变 213		
	7.1.2 应力感应相变 213		
	7.1.3 磁场感应相变 214		
	7.1.4 电场感应相变 214		

8.4	隐身复合材料在航空航天领域中的应用 …………………………………270	
	本章小结 ……………………………………271	
	思考题 ………………………………………271	

第 9 章　耐空间辐射复合材料 …………272

9.1　空间辐射的概念与分类 ………………272
9.2　耐空间辐射的机制 ……………………274
　　9.2.1　辐射屏蔽 …………………………275
　　9.2.2　现有的防护方法 …………………276
9.3　常用的耐空间辐射复合材料 …………276
　　9.3.1　耐 X 射线辐射复合材料 ………277
　　9.3.2　耐 γ 射线辐射复合材料 ………283
　　9.3.3　耐中子辐射复合材料 …………285
　　9.3.4　耐紫外线辐射复合材料 ………286
　　9.3.5　耐热辐射复合材料 ……………288
本章小结 ………………………………………289
思考题 …………………………………………290

第 10 章　新型复合材料 …………………291

10.1　分级结构复合材料 …………………291
　　10.1.1　概述 ……………………………291
　　10.1.2　分级结构陶瓷复合材料 ………291
　　10.1.3　分级结构铝合金 ………………292
　　10.1.4　分级结构镁基复合材料 ………293
　　10.1.5　分级结构铝基复合材料 ………293
10.2　高熵合金基复合材料 ………………295
　　10.2.1　概述 ……………………………295
　　10.2.2　高熵合金基复合材料的制备 …296
　　10.2.3　高熵合金基复合材料的界面 …297
　　10.2.4　高熵合金基复合材料性能的影响因素 ……………………302
　　10.2.5　高熵合金基复合材料的强化机制 ……………………………308
10.3　纳米复合材料 ………………………310
　　10.3.1　概述 ……………………………310
　　10.3.2　金属基纳米复合材料 …………310
　　10.3.3　陶瓷基纳米复合材料 …………315
　　10.3.4　聚合物基纳米复合材料 ………319
10.4　新型复合材料在航空航天领域中的应用 …………………………322
本章小结 ………………………………………322
思考题 …………………………………………323

参考文献 ……………………………………324

第 1 章　概论

随着航空航天的飞速发展，对复合材料的需求与日俱增！复合材料不仅轻质，而且是材料设计的创新，通过合理设计，还可提供诸如抗疲劳、抗震、耐腐蚀、耐久性和吸/透波等其他传统材料无法实现的优异功能特性，增加未来发展的潜力和空间。与铝合金等传统材料相比，复合材料可明显减少使用维护要求，降低寿命周期成本。同时，大部分复合材料飞机构件可以整体成型，大幅度减少零件数目和紧固件数目，从而减小结构质量，有效降低总成本。

1.1　复合材料的定义

复合材料的定义有多种，一般定义为：用经过选择、含有一定数量比的两种或两种以上的组分（或组元）异质、异形、异构，通过人工复合组成多相、三维结合且各相之间有明显界面、具有特殊的物理性能（如光、电、热、声、磁等）和力学性能的材料。复合材料具有以下特点。

（1）复合材料的组分和组分间的比例均是人为选择和设计的，具有极强的可设计性。

（2）组分在形成复合材料后仍保持各组分固有的物理性能和化学性能。

（3）复合材料在设计合理的前提下，不仅具有各组分的优点，还可通过组分间的复合效应，产生单组分所不具备的特殊性能。

（4）复合材料的性能不仅取决于各组分的性能，同时还与组分间的复合效应有关。

（5）组分间存在着明显的界面，是一种多相材料。

（6）复合材料是人工制备而非天然形成的，自然界中已存在的具有复合结构的物质是天然进化所致的，如贝壳截面的 SEM（扫描电子显微镜）照片［见图 1-1（a）］，其显微结构为层状复合结构，同样，树木横截面也是典型的复合结构［见图 1-1（b）］，特别需要指出，大自然中万事万物从某种意义上讲，均可看成具有复合结构的物质，简称为复合物质，如人体长骨结构（见图 1-2）、皮肤结构等。复合结构是大自然进化的必然选择，也是提高性能的最佳途径。复合材料不同于大自然中具有复合结构的物质，两者的区别如同材料与物质的区别，复合结构的物质是大自然进化过程中逐渐形成的，是大自然的选择，不以人的意志为转移，包括人类自身；而复合材料则是由人设计、制备的，是具有复合结构的人工材料。

复合材料不同于合金，两者存在以下不同。

（1）复合材料可具有金属特性也可具有非金属特性，而合金以金属键为主，仅具有金属特性。

（2）复合材料中组分之间形成明显的界面，保持各自的特性，并可在界面处发生反应形成过渡层，而合金的组元之间发生物理、化学或两者兼有的反应，以固溶体和化合物的形式存在。

（3）合金的热膨胀系数大，而复合材料的热膨胀系数可以很小或为 0，甚至为负数。

（4）从更高的层次看，合金是固溶体与化合物复合而成的复合材料。

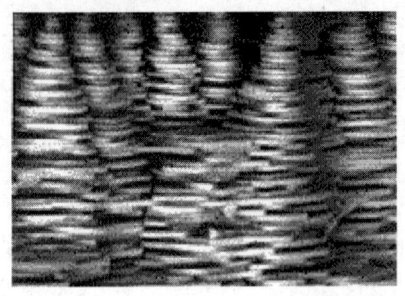 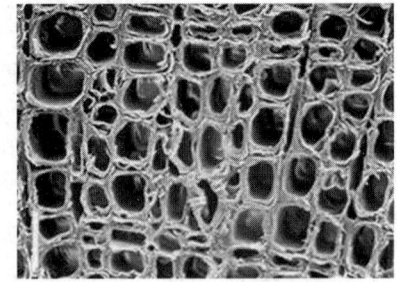

（a）贝壳截面　　　　　　　　　　（b）树木横截面

图 1-1　贝壳截面和树木横截面的 SEM 照片

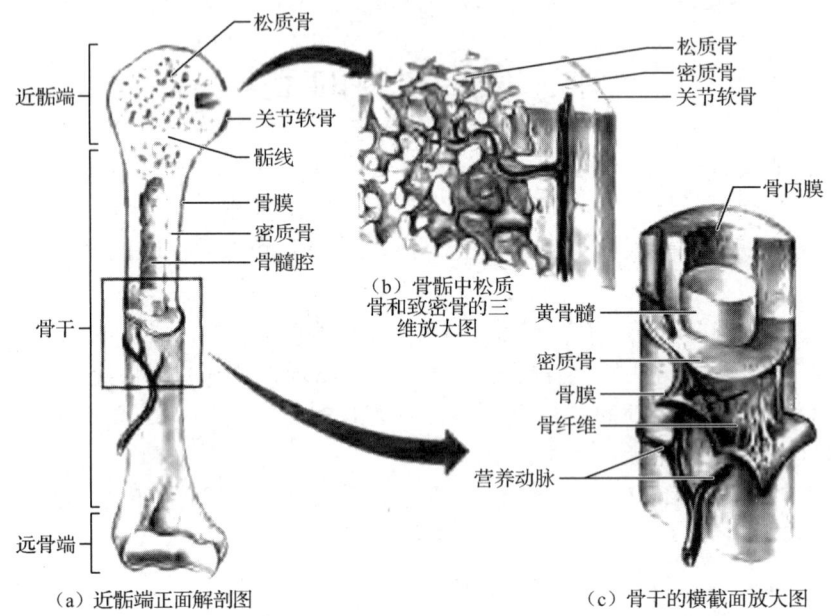

（a）近骺端正面解剖图　　　　　　　　　（c）骨干的横截面放大图

图 1-2　人体长骨结构示意图

复合材料也不同于化合物。化合物是组分间交换电子发生化学反应的产物，结构已不同于任何组分，是单相结构体，而复合材料是多相的，保持各组分的结构，当然在组分的界面可能会有反应层。

1.2　航空航天复合材料及分类

航空航天复合材料泛指用于制造航空航天飞行器的复合材料。一架现代飞行器一般要用到四大类材料，即金属材料、无机非金属材料、有机高分子材料和复合材料。

按使用范围，航空航天复合材料可分为结构复合材料与功能复合材料。结构复合材料（如轻金属基复合材料等）主要用于制造飞行器的各种结构部件，承受各种载荷，包括由自重造成的静态载荷和飞行中产生的各种动态载荷。功能复合材料主要是指在光、声、电、磁、热等方面具有特殊功能的复合材料，如现代飞行器隐身技术用的透波和吸波复合材料、航天飞机表面的热防护耐烧蚀复合材料等。

1.3 航空航天复合材料的增强体及分类

增强体是航空航天复合材料的核心组分,在复合材料中起到增强、增韧、耐磨、耐热、耐蚀、抗热振等提高和改善性能的作用。增强体按几何形状可分为零维[颗粒、微珠(空心、实心)]、一维(纤维)、二维(片状)晶板(宽厚比>5)、三维(编织);而习惯上分为纤维增强体、晶须增强体和颗粒增强体三类,纤维又分为无机纤维与有机纤维两类,每一类又可进一步分为若干个小类(见图1-3)。

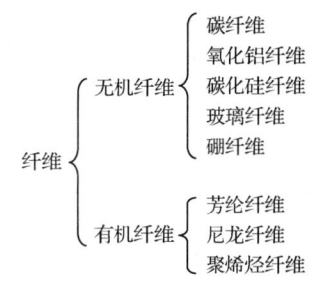

图 1-3 增强体纤维的分类

形成纤维的材料一般为周期表右上角的部分元素:Be、C、B、Al、Si 及其与 N 和 O 的化合物,作为增强体,一般应具有①高比强度,②高比模量,③与基体相容性好,④成本低、工艺性能好,⑤高温抗氧化性、环境相容性好等特点,为进一步提高纤维增强体的性能,其技术关键和改进的方向主要在以下三个方面。

(1) 分子结构 { 分子设计技术:刚性高分子、柔性高分子
分子结构:取向度、分子量及其分布、均匀性

(2) 纤维结构 { 纤维化技术:高效纤维化、细直径化、高取向化
消除结构缺陷技术:高度纯化、减少缺陷、表面处理

(3) 元素组成 { 某种元素注入技术
某种元素消除技术

1.4 纤维增强体

1.4.1 无机纤维

1. 玻璃纤维

玻璃纤维(见图 1-4)是非晶型无机纤维,主要成分为二氧化硅与 Ca、B、Na、Al、Fe 等的氧化物。SiO_2:形成骨架,具有高的熔点;BeO:提高模量,但毒性大;B_2O_3:提高耐酸性,改善电性能,降低熔点、黏度,降低模量和强度。氧化物:降低熔点,改善制备工艺。

1)性能

(1)力学性能。

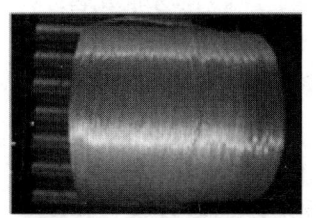

图 1-4 玻璃纤维

①应力与应变曲线为直线,无屈服、无塑性,呈脆性特征。②拉伸强度高,为 1750MPa;模量较低,为 E=70GPa;密度为 2.55g/cm^3。③强度随着纤维直径的减小而增强、随湿度的增大而减小;强度的分散性较大。

(2)热性能。

①导热性:成纤维前热导率:2508J/(m·℃),成纤维后热导率:125.4J/(m·℃)。②耐热性较高,软化点为 550~580℃,热膨胀系数为 4.8×10^{-6}℃$^{-1}$。玻璃纤维热处理(升温再降温的

过程）使微裂纹增加，强度降低。

（3）电性能。

①电绝缘性能优。体积电阻率为 $10^{11}\sim10^{18}\Omega\cdot cm$。注意：（a）在玻璃纤维中加入大量的氧化铁、氧化铅、氧化铜、氧化铋等会使其具有半导体性能；（b）在纤维表面涂覆石墨或金属，会变为导电纤维。②高频介电性能好。介电常数较小，介电损耗低。

（4）耐介质性能。

玻璃具有良好的耐酸（HF 除外）、碱、有机溶剂的能力；玻璃纤维由于表面增加，耐蚀能力比块体玻璃差。注意：玻璃纤维在水中浸泡时，强度会降低；干燥后，可部分恢复。玻璃纤维与水的物理作用使强度损失，干燥后强度恢复（可逆）；但玻璃纤维与水发生化学作用时强度损失（不可逆）。

2）结构

玻璃为无定形结构（见图 1-5），无长程有序特征，为三维网络结构，具有各向同性。

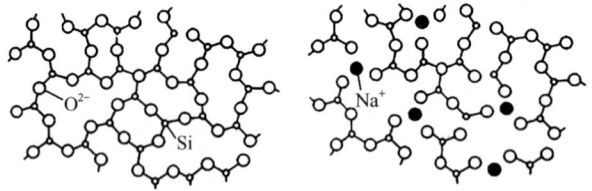

(a) 玻璃的网络结构二维图像　　(a) 当 Na_2O 加入（a）中网络的变化

图 1-5　玻璃的无定形结构

迄今，玻璃的确切结构还存在争论，目前最接近实际的两种假说分别为微晶结构假说和网络结构假说。微晶结构假说认为玻璃是由硅酸盐或二氧化硅的微晶子组成，在微晶子之间由硅酸盐过冷溶液所填充。而网络结构假说认为玻璃是由二氧化硅四面体、铝氧四面体或硼氧三角体相互连接而成的三维网络，网络的空隙由 Na、K、Ca、Mg 等阳离子所填充。二氧化硅四面体的三维结构是决定玻璃性能的主要基础，而填充物为网络改性物。

3）分类

玻璃纤维的分类多样。按成分（不同含碱量）可分为无碱玻璃纤维（E 玻璃纤维）、中碱玻璃纤维，有碱玻璃纤维（A 玻璃纤维）、特种玻璃纤维、（Al-Mg-Si、Si-Al-Mg-Ca）、高硅氧玻璃纤维、石英玻璃纤维。按单丝直径可分为粗玻璃纤维（30μm）、初级玻璃纤维（20μm）、中级玻璃纤维（10~20μm）、高级玻璃纤维（3~10μm）（又称纺织玻璃纤维）、超细玻璃纤维（<4μm）。按外观则可分为连续玻璃纤维、短切玻璃纤维、空心玻璃纤维、玻璃粉、磨细玻璃纤维等。按纤维特性可分为高强玻璃纤维、高模玻璃纤维、耐碱玻璃纤维、耐酸玻璃纤维、耐高温玻璃纤维及普通玻璃纤维等。

4）玻璃纤维的表征

（1）定长法：国际统一表示法为"×××tex"，"tex"为公制称号，表示 1000m 长原纱的质量（g）。

（2）质量法：1g 原纱的长度；纤维支数=纤维长度/纤维质量。例如：40 支表示每克 40m；4tex 表示 1000m 长原纱的质量为 4g。

2. 硼纤维

硼的原子序数为 5，相对原子质量为 10.8，熔点为 2050℃，半导体性质、硬度仅次于金刚石，难以制成纤维。硼纤维是通过在芯材（钨丝、碳丝或涂碳或涂钨的石英纤维，直径一般为 3.5～50μm）上沉积不定型的原子硼形成的一种无机复合纤维，直径为 100～200μm。它具有高强度、高模量和高硬度，强度达 5.1GPa，是高性能复合材料的重要增强体纤维之一，其于 1956 年产生于美国。

1）分类

根据芯材的不同，硼纤维可分为钨芯硼纤维、碳芯硼纤维和石英硼纤维等。

2）形貌与结构

硼纤维的结构取决于硼的沉积条件、温度、气体的成分、气态动力学等因素。

（1）形貌。

硼纤维的形貌与芯材有关，钨丝沉积于硼纤维时，表面构成不规则的小节，形成"玉米棒"状；结节直径为 3～7μm，高为 1～3μm，并有深度为 0.25～0.75μm 的节间沟（见图 1-6），构成粗糙的外观结构。而碳丝沉积于硼纤维时，碳丝不与硼反应，且比钨丝轻，气相沉积硼纤维表面光滑，无结节现象。

（2）结构。

1200℃以上化学气相沉积时形成无定形硼，即 β-菱形晶胞结构，其基本单元是由 12 个硼原子组成的二十面体，如图 1-7 所示。

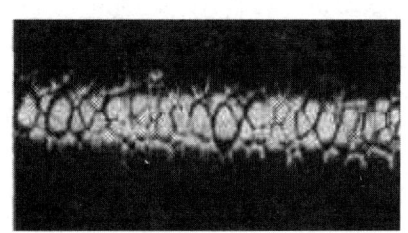 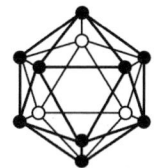

图 1-6　硼纤维的"玉米棒"结构　　　图 1-7　12 个硼原子组成的二十面体结构

低于 1200℃时，如果还能产生结晶硼，一般形成 α-菱形六面体晶胞结构。沉积法形成的硼纤维，通常是无定形结构。由 X 射线和电子衍射分析可知，无定形结构实际上是晶粒直径为 2nm 左右的微晶结构（β-菱形）。当温度超过 1300℃时，出现晶态硼，会降低硼纤维的强度，故沉积温度应控制在 1300℃以下。

3）性能

硼纤维为脆性材料，抗拉强度为 3.10～4.13GPa，杨氏弹性模量为 420GPa，剪切弹性模量为 165～179GPa。密度只有钢材的 1/4，约为 2.6g/cm³。泊松比为 0.21，热膨胀系数为（4.68～5.0）×10^{-6}℃$^{-1}$，抗压缩性能好。在惰性气体中，高温性能良好。在空气中超过 500℃时，强度显著降低。

3. 碳纤维

碳纤维是有机纤维经固相反应转变而成的一种多晶纤维状聚合物碳，是一种无机非金属材料，碳含量为 95%以上，不再属于有机纤维的范畴，也不是无机纤维，直径约为 8μm。图 1-8 即常用的短切碳纤维。碳的原子序数 6，密度为 2.268g/cm³，存在形式为 C_{60}、碳纳米管、金刚石、石墨等。石墨（见图 1-9、图 1-10）为六方结

图 1-8　短切碳纤维

构，层面内键强度为627kJ/mol，层层间范德华力为5.4kJ/mol，各向异性，层内E=1000GPa，垂直方向的 E=35GPa，当层面方向与纤维轴向一致时，可获得高模量的碳纤维，石墨层卷曲即形成碳纳米管，层层分离则形成石墨烯，它们均是重要的增强体。

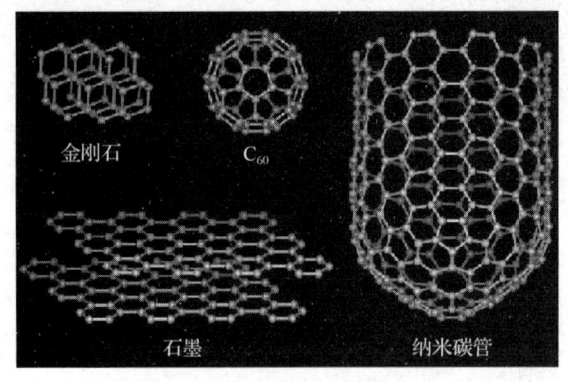

图 1-9　碳的存在形式

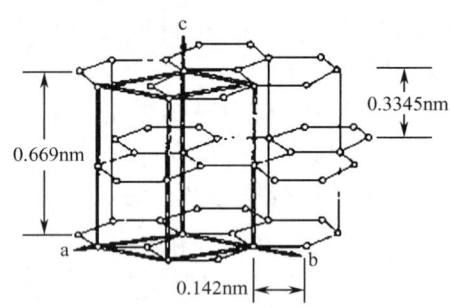

图 1-10　碳的石墨六方结构

1）分类

碳纤维的分类方法如下。

（1）按性能可分为高性能级与通用性能级两大类。高性能级分为高强型、超高强型、中模型、高模型和超高模型。通用性能级碳纤维又分为耐火纤维、碳质纤维、石墨纤维三类。

（2）按原丝类型可分为聚丙烯腈基、黏胶基、沥青基、木质素纤维基及其他有机纤维基碳纤维。

（3）按功能可分为结构碳纤维、耐焰碳纤维、活性碳纤维、导电碳纤维、润滑碳纤维和耐磨碳纤维等。

2）结构

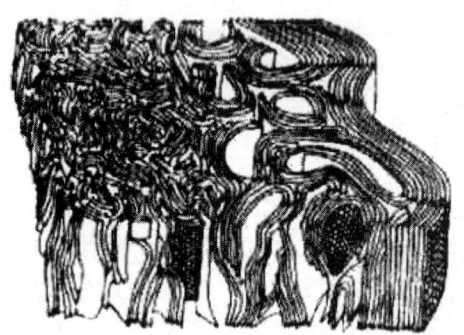

图 1-11　碳纤维的皮芯结构

碳纤维的结构相当不均匀，由三种结构组合而成，一般称为乱层石墨结构。第一种结构为基本单元层，即平面石墨层；第二种结构为石墨微晶，由数张至数十张石墨层片组成；第三种结构则是由石墨微晶组成的狭长带状的原纤，原纤方向与纤维轴方向大致平行（见图 1-11）。碳纤维的纵向和横向均有复杂的交联，因此，碳纤维的断裂形态也很独特，首先发生断裂的是那些与纤维轴方向不一致的石墨层，如图 1-12 所示。注意：石墨晶结构是三维有序的六方晶体点阵结构，其价键性质如表 1-1 所示。

表 1-1　石墨微晶的价键性质

位　　置	价　　键	键长/nm	键强度/（kJ/mol）	E/GPa
层面	共价键	0.142	630	1000
层间	共价键	0.335	5.46	35

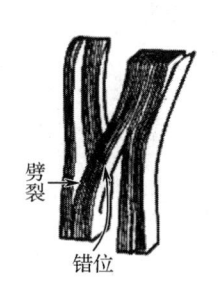 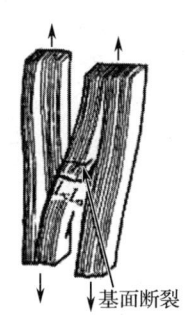 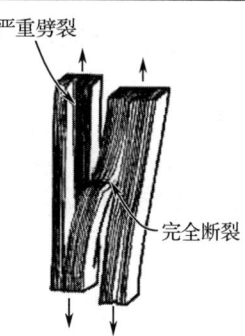

(a)一个错位微晶连接两个平行于纤维轴取向的微晶　　(b)错位微晶的基面在所施加的应力下断裂　　(c)错位微晶完全断裂

图 1-12　碳纤维的拉伸断裂模型

3)性能

(1)碳纤维的力学性能如表 1-2 所示。

表 1-2　碳纤维的力学性能

碳 纤 维	抗拉强度/MPa	弹性模量/GPa	延伸率/%
聚丙烯腈(高强度)碳纤维	3430	225	1.5
聚丙烯腈(高弹性模量)碳纤维	2450	392	0.6
黏胶(低弹性模量)碳纤维	686	39	1.8
黏胶(高弹性模量)碳纤维	2744	490	0.6
沥青(低弹性模量)碳纤维	784	39	2.0
沥青(高弹性模量)碳纤维	2450	343～490	0.5～0.7

(2)碳纤维的物理性能如表 1-3 所示。

表 1-3　碳纤维的物理性能

碳 纤 维		密度/(g·cm^{-3})	杨氏模量/GPa	电阻率/(10^{-4}cm)
黏胶碳纤维		1.66	390	10
聚丙烯腈碳纤维		1.74	230	18
沥青碳纤维	LT	1.60	41	100
	HT	1.60	41	50
中间相沥青碳纤维	LT	2.1	340	9
	HT	2.2	690	1.8
单晶体石墨纤维		2.25	1000	0.4

注：HT——高温热处理，LT——低温热处理。

(3)碳纤维的化学性能。

① 能被硝酸、硫酸、次氯酸钠侵蚀，但一般来说其耐化学药品性属于优异级。

② 吸水率极低，一般为 0.03%～0.05%。

③ 中等温度(400℃)时会被氧化剂氧化生成 CO、CO_2，但不接触空气或氧化气氛时，具有突出的耐热性能，故在中等温度以上工作时，应注意气氛保护。

④ 强度与温度的关系如图 1-13 所示，由图 1-13 可知石墨纤维具有优异的耐高温性能。
⑤ 碳纤维耐油、抗辐射，能吸收有毒气体，减速中子等。
⑥ 耐磨性能优。

注意：利用氧化（浓硫酸、浓硝酸、次氯酸、重铬酸等）可将表面碳氧化成含氧基团，显著提高碳纤维与基体的黏结性。

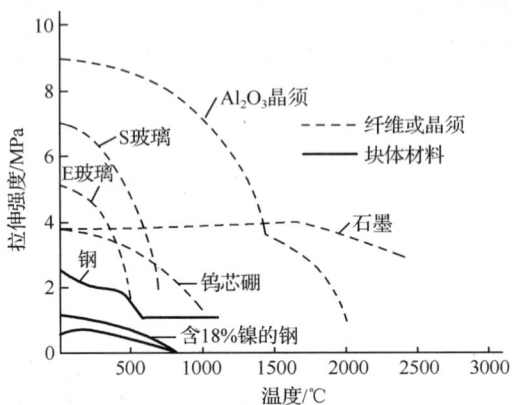

图 1-13　一些纤维、晶须、合金的强度与温度的关系

总之，碳纤维具有低密度、高强度、高模量、耐高温、抗化学腐蚀、低电阻、高导热、低热膨胀、耐化学辐射等性能特点，此外，碳纤维还具有柔顺性和可编织性，比强度、比模量优于其他纤维。但碳纤维也具有脆性、抗冲击性和高温抗氧化性差、异形、直径不均匀、表面污染、内部污染、外来杂质、织构不均匀、各种裂缝、空穴、气泡等不足。

4．碳化硅纤维

碳化硅（SiC）纤维的直径为 0.1～1μm，长度为 20～50μm，是典型的陶瓷纤维，如图 1-14 所示。

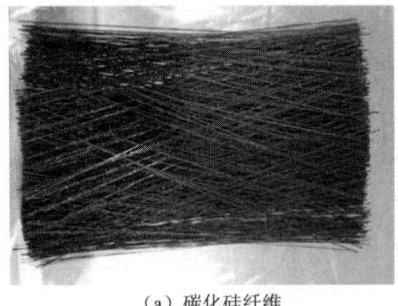　

（a）碳化硅纤维　　　　　　　　　（b）碳化硅纤维的编织带

图 1-14　碳化硅纤维及其编织带

1）分类

根据形态可分为连续纤维、短切纤维。按集束状态可分为单丝、束丝两种。用于复合材料的碳化硅纤维有以下几种。

（1）CVD（化学气相沉积）碳化硅纤维：CVD 法制备的有芯、连续、多晶、单丝纤维。

（2）Nicalon（尼卡纶）碳化硅纤维：用先驱体转化法制造的连续、多晶、束丝纤维。

（3）碳化硅晶须：气-液-固法制备的具有一定长径比的单晶纤维。

2）性能特点

（1）力学性能：Nicalon 碳化硅纤维的力学性能如表 1-4 所示。

（2）热性能：热性能优良，1000℃以下时力学性能基本不变，可长期使用；1300℃以上时，性能下降。

（3）耐化学性能：耐化学性能优良，80℃以下耐强酸（HCl、H_2SO_4、HNO_3），用 30%NaOH 浸蚀 20h，纤维仅失重 1%以下，且力学性能不变；与金属在 1000℃以下也不发生反应，且有良好的浸润性，宜制金属基复合材料。

（4）耐辐射和吸波性能：碳化硅的吸波能力超强，是最有效的吸波材料之一；对 $3.2×10^{10}$ 中子/秒的快中子辐射 1.5h 或在能量为 10^5 中子伏特、200 纳秒的强脉冲 γ 射线照射下，其强度均无明显下降。

总之，碳化硅纤维具有高比强度、高比模量、高温抗氧化性、优异的耐烧蚀性、耐冲击性和一些特殊功能（吸波隐身）。此外，碳化硅纤维增强聚合物基复合材料具有吸或透雷达波的能力，可用于雷达天线罩、火箭、导弹、飞机的隐身材料、M-1 坦克履带、火箭推进剂传送系统等。

3）Nicalon 碳化硅纤维的微观结构

Nicalon 碳化硅纤维的微观结构如图 1-15 所示，β-SiC 微晶呈立方晶型，同于金刚石结构，SiO_2 和游离碳分布于 β-SiC 的晶界上，其质量分数分别为 SiC：63%，SiO_2：21.5%，游离碳：15.5%。

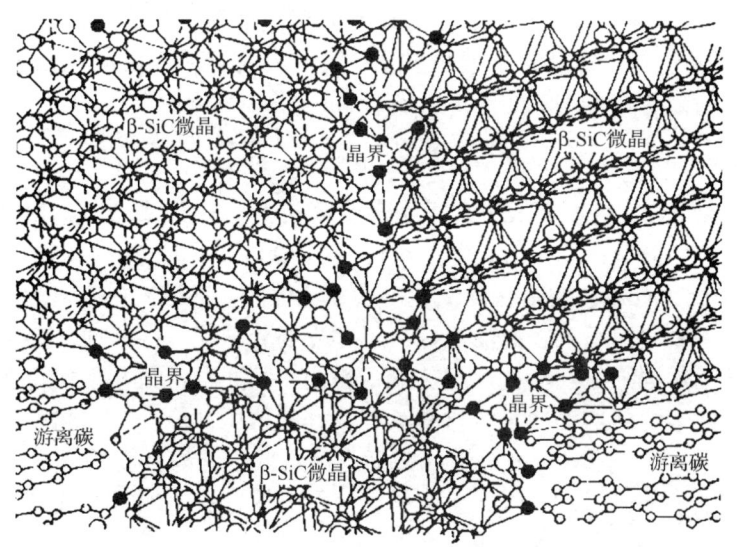

硅原子（○）碳原子（○）氧原子（●）

图 1-15　Nicalon 碳化硅纤维的微观结构

4）Nicalon 碳化硅纤维的主要品种及其典型性能

Nicalon 碳化硅纤维的主要品种及其典型性能如表 1-4 所示。

表 1-4　Nicalon 碳化硅纤维的主要品种及其典型性能

性　　能	通　用　级	HVR 级（NL-400）	LVR 级（NL-500）	碳涂层（NL-607）
长丝直径/μm	14～12	14	14	14

续表

性能	通用级	HVR级（NL-400）	LVR级（NL-500）	碳涂层（NL-607）
丝数/束	250~500	250~500	500	500
纤度/[g·(1000m)$^{-1}$]	105~210	110~220	210	210
拉伸强度/MPa	3000	2800	3000	3000
拉伸模量/GPa	220	180	220	220
延伸率/%	1.4	1.6	1.4	1.4
密度/（g·cm^{-3}）	2.55	2.30	2.50	2.55
电阻率/（Ω·cm）	10^3~10^4	10^6~10^7	0.5~5.0	0.8
热膨胀系数/（10^{-6}K^{-1}）	3.1	—	—	3.1
比热容/[J·(kg·K)$^{-3}$]	1140	—	—	1140
热导率/[W/(m·K)]	12	—	—	12
介电常数/（F/m）	9	6.5	20~30	12

虽然 Nicalon 碳化硅纤维的使用温度可达 1200℃，但仍不能满足更高温度的要求。先驱体法制得的碳化硅纤维不是纯的 SiC，其元素组成为 Si、C、O、H，质量分数为 55.5%、28.4%、14.9%和 0.13%，且由于氧的存在，在 1300℃以上会释放 CO 和 SiO 气体，纤维减重，纤维中的孔洞扩展，β-SiC 晶粒长大，使纤维力学性能降低。为此，降低含氧量可提高耐热性能，当其化学组成接近理论成分时，可进一步提高纤维的耐热性能。聚合物转化的碳化硅纤维有望取代 Ti 合金，使发动机、机翼及起落架轻量化。飞机表面若用 SiC/Al 复合材料，可提高表面抗高温的能力，同时还具有隐身功能。

5. 氧化铝纤维

氧化铝纤维是以 Al$_2$O$_3$ 为主要成分，并含有少量 SiO$_2$、B$_2$O$_3$ 或 ZrO$_2$、MgO 等的陶瓷纤维。氧化铝纤维具有优异的力学性能，耐高温，可长期在 1000℃以上使用；1250℃时保持室温性能的 90%（见表 1-5），具有极佳的耐化学性能与抗氧化性能，而碳纤维在 400℃时会氧化燃烧，不被熔融金属浸蚀。氧化铝纤维表面活性好，无须表面处理即可很好地与金属和树脂复合，制备复合材料。氧化铝纤维绝缘性能佳，与玻璃钢相比，其介电常数和损耗正切小，随频率变化小，电波透过性更好。用其增强的复合材料具有良好的抗压性能，压缩强度是玻璃纤维的三倍以上，耐疲劳强度高，经 10^7 次交变载荷加载后强度不低于其静强度的 70%。可广泛应用于冶金、陶瓷、机械、电子、建材、石化、航空航天、军工等行业热加工领域作隔热内衬。

表 1-5 常用氧化铝纤维的成分与性能

纤维种类	密度/（g·cm^{-3}）	使用温度/℃	拉伸强度/MPa	拉伸模量/GPa	直径/μm	生产厂家
FP-Al$_2$O$_3$（α-Al$_2$O$_3$）	3.95	1100	1.47	383	19	杜邦（美）
γ-Al$_2$O$_3$+SiO$_2$	3.3	1300	1.86	206	17	住友化学（日）
α-Al$_2$O$_3$，δ-Al$_2$O$_3$+SiO$_2$	3.25	1600	1.96	294	3	ICI（英）
单晶	4.0	2000	2.35	451	250	TYCO（日）
α-Al$_2$O$_3$	2.59	1300	1.72	147	11	3M（美）

1.4.2 有机高分子纤维

有机高分子纤维主要有芳香族聚酰胺纤维、芳香族聚酯纤维和超高分子量聚乙烯纤维三大类。

芳香族聚酰胺纤维由美国杜邦公司于 1968 年研制，1972 年生产。我国研究该纤维始于 20 世纪 70 年代，命名为芳纶，1981 年和 1985 年分别研制成功了芳纶纤维 14（芳纶 I 号）和芳纶纤维 1414（芳纶 II 号）。

1. 芳香族聚酰胺纤维（中国名为芳纶纤维）

芳香族聚酰胺纤维是由芳香族聚酰胺树脂纺成的纤维，而芳香族聚酰胺树脂是由酰胺键与两个芳香环连接而成的线性聚合物。大分子中至少有 85% 的酰胺直接键合在芳香环上，每个酰胺基中的氮原子和羰基直接与芳香环中的碳原子相连，并置换出其中的一个氢原子。芳香族聚酰胺纤维有多种：聚对苯甲酰胺纤维（PBA 纤维，美国产）、聚对苯二甲酰对苯二胺纤维（PPTA 纤维，美国产，商品名为 Kevlar 纤维）、对位芳酰胺共聚纤维（Technora 纤维，日本产）、聚对芳酰胺并咪唑纤维（CBM 纤维，APMOC 纤维，俄罗斯产）。其中，PPTA 纤维是应用最广、最具代表性的高强度、高模量和耐高温纤维。

1）PPTA 纤维的结构

PPTA 纤维的分子结构是由苯环和酰胺基按一定规律有序排列而成的 [见图 1-16（a）]，酰胺基的位置接在苯环的对位上。分子间的骨架原子通过强共价键结合，高聚物分子间是酰胺基，由于酰胺基是极性基团，其上的氢可与另一个链段上酰胺基中可提供电子的羰基结合成氢键，构成梯形聚合物，该种聚合物具有良好的规整性，因而具有高度结晶性。高度结晶性和聚合物链的直线度，导致纤维具有高的堆垛效应和高的弹性模量。平行于分子链方向的键为强共价键，垂直于分子链方向的键则为氢键，故轴向强度、模量高。苯环难于旋转，大分子链具有线形刚性伸直链构型，从而赋予 PPTA 纤维高强度、高模量和耐热性。

PPTA 纤维高分子的晶体结构为单斜晶系，每个单胞中含有两个大分子链，碳链轴平行于分子链方向，链间由氢键交联形成片层晶，层间严格对齐。结构中层片晶堆积占优势，为晶体区，只有很少的非晶区。纤维中分子在纵向近乎平行于纤维轴取向，而在横向平行于氢键片层辐射取向。在液晶纺丝时，常有少量的正常分子取向杂乱，称为轴向条纹或氢键片层的打褶，形成 PPTA 纤维辐射状打褶结构 [见图 1-16（b）]。

2）Kevlar 纤维的性能

（1）Kevlar 纤维的物理性能如表 1-6 所示。由表可见，Kevlar 纤维具有高强度、高模量、低密度、韧性好等特点。比强度极高，远超过玻璃纤维、碳纤维、硼纤维、钢和铝；比模量也超过玻璃纤维、钢和铝，与 HT 碳纤维接近。

（2）化学性能：对中性药品的抵抗力较强，但易受各种酸碱的侵蚀，对强酸的抵抗力更差；由于具有极性基团酰胺基，故耐水性差。

（3）摩擦性能优异，特别是增强热塑性基体时，其耐磨性更好。

（4）电绝缘性良好。

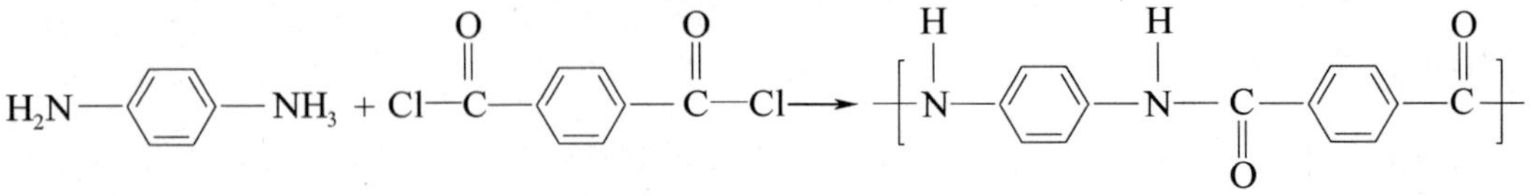

$$H_2N-\text{〈苯〉}-NH_3 + Cl-\underset{O}{C}-\text{〈苯〉}-\underset{O}{C}-Cl \longrightarrow [\underset{H}{N}-\text{〈苯〉}-\underset{H}{N}-\underset{O}{C}-\text{〈苯〉}-\underset{O}{C}]_n \quad (1\text{-}1)$$

　　对苯二胺　　　　对苯二甲酰氯　　　　PPTA（聚对苯二甲酰对苯二胺）

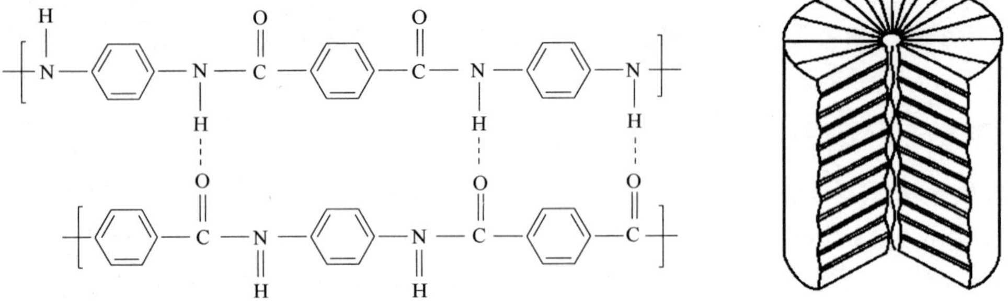

(a) 排列　　　　　　　　　　(b) 辐射状打褶结构

图 1-16　PPTA 纤维

Kevlar 纤维的不足：耐光性差，遇光至分解；溶解性差；抗压强度低；吸湿性强。

表 1-6　Kevlar 纤维的物理性能

纤　　维	韧性 /(cN·tex^{-1})	拉伸强度 /MPa	弹性模量 /GPa	断裂应变 /%	吸水率 /%	密度 /(g·cm^{-3})	分解温度 /℃
Kevlar RI 和 Kevlar 29	205	2900	60	3.6	7	1.44	约 500
Kevlar Ht 和 Kevlar 129	235	3320	75	3.6	7	1.44	约 500
Kevlar He 和 Kevlar 119	205	2900	45	4.5	7	1.44	约 500
Kevlar Hp 和 Kevlar 68	205	2900	90	3.1	4.2	1.44	约 500
Kevlar 49	205	2900	120	1.9	3.5	1.45	约 500
Kevlar Hm 和 Kevlar 149	170	2400	160	1.5	1.2	1.47	约 500

2. 芳香族聚酯纤维

　　芳香族聚酯纤维是通过溶致性液晶纺丝、干燥、热处理等工艺获得的，具有高的力学性能、耐高温性能和热稳定性能，但制备工艺较为复杂，于是人们采用热致性液晶制备有机纤维，即芳香族聚酯纤维，从而使工艺简化，成本大幅降低。

　　芳香族聚酯液晶大分子呈向列形有序状态，分子间平行排列，并沿分子链的长轴方向呈有序性，纤维内部由近似棒状的晶粒组成的层状结构组成。表 1-7 为两种芳香族聚酯纤维的性能。

表 1-7　两种芳香族聚酯纤维的性能

性　　能	Vectran（高强）	Vectran（高模）	Ekonol
密度/(g·cm^{-3})	1.41	1.37	1.40
拉伸强度/(cN/dtex)	22.9	19.4	27.3
延伸率/%	3.8	2.4	2.6

续表

性　能	Vectran（高强）	Vectran（高模）	Ekonol
拉伸模量/(cN/dtex)	528	774	968
湿态强度/(cN/dtex)	22.9	19.4	27.3
干湿强度比	98	98	98
极限氧指数	29	27	—
分解温度/℃	>400	>400	—
最高使用温度/℃	150	150	150
熔点/℃	250	250	350

3．超高分子量聚乙烯纤维

超高分子量聚乙烯纤维（Ultra-High Molecular Weight Polythylene Fiber，UHMWPEF）是指分子量在 10^6 以上的聚乙烯纺出的纤维，工业上一般使用的分子量在 $3×10^6$ 左右。UHMWPEF 的力学性能如表 1-8 所示。

表 1-8　UHMWPEF 的力学性能

纤　维	密度/(g·cm^{-3})	拉伸强度/GPa	拉伸模量/GPa	延伸率/%
Spectra 900（美国）	0.97	2.56	119.51	3.5
Spectra 1000（美国）	0.97	2.98	170.73	2.7
Tekumiron（日本）	0.96	2.94	98	3.0
Dyneema SK-77（荷兰）	—	3.77	136.59	—

1.5　晶须增强体

晶须是指直径小于 3μm 的单晶体生长的短纤维。与纤维相比存在以下区别：①它是单晶，缺陷少、强度高、模量大；②直径小（<0.1μm）、长径比大（L/d>数十）、缺陷少、强度高、弹性模量大。主要有陶瓷晶须：氧化物（Al_2O_3）及非氧化物（SiC）晶须；金属晶须：Cu、Cr、Fe、Ni 两大类。常见晶须的性能如表 1-9 所示。

表 1-9　常见晶须的性能

晶　须	熔点/℃	密度/(g·cm^{-3})	拉伸强度/GPa	比强度/(10^6cm)	弹性模量/(10^2GPa)	比模量/(10^8cm)
Al_2O_3	2040	3.96	21	54	4.3	11
BeO	2570	2.85	13	47	3.5	13
B_4C	2450	2.52	14	57	4.9	20
SiC	2690	3.18	21	67	4.9	16
Si_3N_4	1960	3.18	14	45	3.8	12
C（石墨）	3650	1.66	20	123	7.1	44
$K_2O(TiO_2)_n$	—	—	7	—	2.8	—

续表

晶 须	熔点/℃	密度/(g·cm⁻³)	拉伸强度/GPa	比强度/(10⁶cm)	弹性模量/(10²GPa)	比模量/(10⁸cm)
Cr	1890	7.2	9	13	2.4	3.4
Cu	1080	8.91	3.3	3.8	1.2	1.4
Fe	1540	7.83	13	17	2.0	2.6
Ni	1450	8.97	3.9	4.4	2.1	2.4

特别需要指出以下两点。

（1）SiC 晶须的结构有 α-SiC（六方）和 β-SiC（立方）两种，应用较多的为 β-SiC。

（2）晶须的一般形态为棒状，如钛酸钾晶须（见图 1-17）等，而 ZnO 晶须则具有棒状和三维四针状两种形态，它是迄今所有晶须中唯一一种具有空间立体结构的晶须。

三维四针状氧化锌晶须（Tetra-needle Like ZnO Whiskers，简称 T-ZnO$_w$）如图 1-18 所示，20 世纪 40 年代被发现，最早由日本松下于 1989 年研制成功。四针状氧化锌晶须外观呈白色疏松状，粉体有一个核心，从核心径向方向伸展出四根针状晶体，每根针状体均为单晶体微纤维，任两根针状体的夹角为 109°。晶须的中心体直径为 0.7～1.4μm，针状体根部直径为 0.5～14μm，针状体长度为 3～300μm，四针状氧化锌晶须为单晶体六方晶系铅锌矿结构，沿着六方晶的 c 轴方向生长出四根针状结晶体，其位错小、缺陷少、纯度高（99.95%），典型的物理性能如表 1-10 所示。

图 1-17 钛酸钾晶须

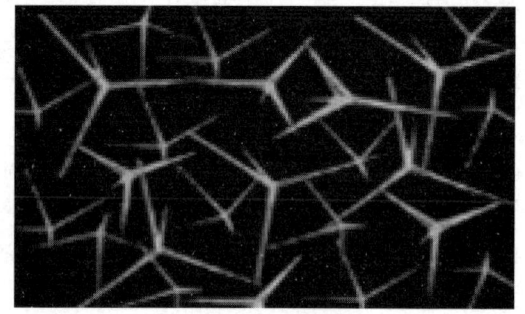

图 1-18 三维四针状氧化锌晶须

表 1-10 四针状氧化锌晶须的物理性能

材 料	物理性能						
	密度/(g·cm⁻³)	升华点/℃	直径/μm	长度/μm	电阻率/(Ω·cm)	热膨胀系数/(10⁻⁶℃⁻¹)	延伸率/%
四针状氧化锌晶须	5.78	1720	0.14～14	3～300	7.14	4	3.3

四针状氧化锌晶须可用作增强体，具有以下性能特点。

（1）超高强度：四针状氧化锌晶须几乎没有结构缺陷，属于理想的结晶体，具有极高的力学强度和弹性模量：拉伸强度和弹性模量分别达到 $1.0×10^4$MPa 和 $3.5×10^5$MPa，接近理论强度值。

（2）各向同性：由于其具有四针状结构，使其具有完全各向同性的增强、改性作用。

（3）优异的耐热性：氧化锌的熔点高于 1800℃，四针状氧化锌晶须可耐近 1720℃的高温，常压下在空气中1000℃以上可能导致部分尖端纳米结构受损。

（4）可调的电学性能：氧化锌属于N-型半导体，可以通过掺杂等手段控制其导电、压电、压敏等电学性能。

（5）纳米半导体活性：由于结构的特殊性，使其表现出特殊的尖端纳米活性；由于其具有非严格化学配比的半导体特性，使其具有释放活性氧的作用；宏观表现为高效、广谱、持久的抗菌和环境净化作用。

1.6 颗粒增强体

颗粒增强体也是一种有效的增强体之一。颗粒增强复合材料的发展十分迅猛，主要用于金属基、聚合物基和陶瓷基复合材料的增强体，在基体中颗粒增强体的体积分数一般在15%～30%，特殊时也可为5%～75%。颗粒增强体根据其变形性能可分为刚性颗粒与延性颗粒两种。刚性颗粒一般为陶瓷颗粒，常见的有 SiC、TiC、B_4C、WC、Al_2O_3、MoS_2、TiB_2、BN、石墨等，其特点是弹性模量高、拉伸强度高、硬度高、热稳定性和化学稳定性好，可显著改善和提高复合材料的高温性能、耐磨性能、硬度和耐蚀性能，是制造热结构零件、切削刀具、高速轴承等的候选材料。延性颗粒主要是金属颗粒，加入陶瓷、玻璃和微晶玻璃等脆性基体中，可增强基体材料的韧性。常用颗粒增强体的性能如表1-11所示。

表1-11 常用颗粒增强体的性能

颗粒名称	密度 /(g·cm^{-3})	熔点 /℃	热膨胀系数 /(10^{-6}℃$^{-1}$)	热导率 /[W/(m·K)]	硬度 /GPa	弯曲强度 /MPa	弹性模量 /GPa
SiC	3.21	2700	4.0	75.31	27	400～500	—
B_4C	2.52	2450	5.73	—	30	300～500	260～460
TiC	4.92	3200	7.4	—	26	500	—
Al_2O_3	—	2050	9.0	—	—	—	—
Si_3N_4	3.2～3.35	2100分解	2.5～3.2	12.55～29.29	HRA89～93	900	330
$3Al_2O_3·2SiO_2$	3.17	1850	4.2	—	3250	1200	—
TiB_2	4.5	2980	—	—	—	—	—

1.7 碳纳米管

碳纳米管是由石墨中一层或若干层碳原子卷曲而成的笼状"纤维"。根据石墨层数的不同，碳纳米管分为单壁碳纳米管和多壁碳纳米管两种。根据碳六边形网格沿管轴取向的不同，可将单壁碳纳米管分为锯齿形、扶手椅形和螺旋形三种（见图1-19）。多壁碳纳米管的外部直径为2～30nm，长度为0.1～50μm，单壁碳纳米管的外部直径和长度分别为0.75～3nm和1～50μm。一般而言，单壁碳纳米管的直径小、缺陷少，具有更高的均匀一致性。

单壁碳纳米管的杨氏模量为1054GPa，多壁碳纳米管则高达1200GPa，比一般碳纤维高一个数量级。碳纳米管的拉伸强度为50～200GPa，约是高强钢的20倍，而比重只有钢的六分之一，如果用碳纳米管做出绳索，从月球上挂到地球表面，它是唯一不被自身质量所拉断的绳索。碳纳米管的化学性能稳定，仅次于石墨，在真空或惰性气氛中能够承受1800℃以上的高温，被认为是理想的聚合物基复合材料的增强体。

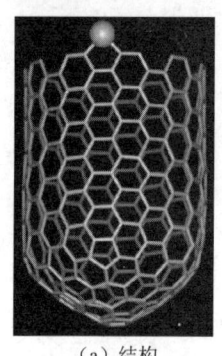
（a）结构

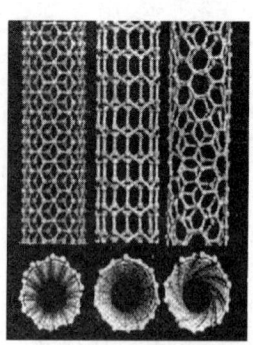
（b）锯齿形、扶手椅形和螺旋形单壁碳纳米管

图 1-19　单壁碳纳米管及其三种类型

1.8　石墨烯

2004年，英国曼彻斯特大学物理学家安德烈·海姆和康斯坦丁·诺沃肖洛夫，成功地在实验中从石墨中分离出石墨烯，从而证实它可以单独存在，两人也以"在二维石墨烯材料的开创性实验"为由，共同获得2010年诺贝尔物理学奖。

石墨烯是构成下列碳同素异形体的基本单元：碳纳米管和富勒烯、石墨、木炭。

石墨烯目前是世上最薄却也是最坚硬的纳米材料，是人类已知强度最高的物质，比钻石还坚硬，强度比世界上最好的钢铁还要高上100倍。作为单质，它在室温下传递电子的速度比已知导体都快。它几乎是完全透明的，只吸收2.3%的光。导热系数高达5300W/m·K，高于碳纳米管和金刚石，电阻率约为$10^{-6}\Omega\cdot cm$，比铜或银更低，是目前世上电阻率最小的材料。石墨烯电池的充电速度比传统的快100倍。石墨烯如图1-20所示，可作为功能复合材料的第二相，如石墨烯/铂纳米复合材料等。

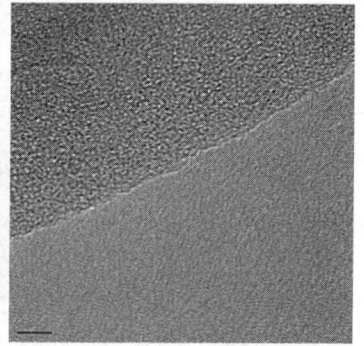

图 1-20　石墨烯及其 HRTEM（高分辨率透射电镜）图

1.9　航空航天复合材料的复合理论

复合材料是经过选择、含有一定数量比的两种或两种以上的组分（或组元），通过人工复合组成多相、三维结合且各相之间有明显界面、具有特殊性能的材料。其中，连续分布的相

称为基体相，另一种为不连续分布的相，通过与基体的界面结合，会使复合材料性能显著增强，该相称为增强相或增强体。显然，基体、增强体及两者的结合界面构成了复合材料的三大要素。因此，组分相（基体、增强体）的合理设计、组分相间的复合机理（复合效应与增强原理）就构成了复合材料的复合理论。

1.9.1 设计

（1）确定设计目标。

材料的使用性能：①物理性能，包括密度、导热性、导电性、磁性、吸波性、透光性等；②化学性能，包括抗腐蚀性、抗氧化性；③力学性能，包括强度、硬度、韧性、耐磨性、抗疲劳性、抗蠕变性等。使用条件包括使用温度、环境气氛、载荷性质、接触介质等。约束条件包括资源等。根据材料的使用性能、使用条件、约束条件确定设计目标。

（2）选择组分材料。

根据复合材料应具有的性能，选择组分材料（基体与增强体），包括组分材料的种类、比例、几何形状、分布形式等，组分材料的选择应明确以下几点。

① 由于组分种类的限制，其性能不可能呈连续形式而只能呈阶梯形式变化。

② 应明确各组分在复合材料中所承担的功能。

③ 能使各组分在复合材料中的预定功能得到充分发挥。

同时还应注意以下几点。

① 各组分材料的相容性（物理、化学、力学的相容性）。

② 按照各组分在复合材料中所起的作用来确定增强体组分的形状（颗粒、纤维、晶须及其编织状等）。

③ 复合后，各组分能保持各自的优异性能，产生所需要的复合效应。

基体材料的选择主要取决于其使用环境，一般由使用温度来决定。

① 当使用温度<300℃时，一般选聚合物为基体。

② 当使用温度为300～450℃时，一般选Al、Mg等金属及其合金为基体。

③ 当450℃<使用温度<650℃时，选Ti及其合金为基体。

④ 当使用温度为650～1260℃时，选高温合金或金属间化合物为基体。

⑤ 当使用温度为980～2000℃时，选陶瓷为基体。

（3）选择制备方法，确定工艺参数。

制备方法有很多种，各有特点，需要针对设计要求进行合理选择，必要时可对工艺进行优化。选择时需注意以下几点。

① 制造过程中尽量不对增强体造成污染、损伤；

② 使增强体按预定方向排列、均匀分布；

③ 基体与增强体界面结合良好。

（4）准备组分材料、制备设备，试制样品。

（5）测定样品性能，利用损伤力学、强度理论、断裂力学等，分析样品的损伤演化和破坏过程。

（6）对样品进行可靠性、安全性和经济性分析，总结经验，进一步优化设计。

1.9.2 设计的新途径

1. 一体化设计

一体化设计即材料－工艺－设计综合考虑、整体设计的方法。

2. 复合材料的软设计

软设计即利用软科学理论（模糊理论、混沌理论）、手段来进行复合材料设计的方法。例如，复合材料最大拉应力准则：$\sigma \leq 1000MPa$。将其作为设计基准进行设计时，有很多不足。①$\sigma=999MPa$ 与 $\sigma=1001MPa$ 无实质性区别，但根据准则，前者可行，后者就不允许了。其实允许的概念是模糊的，不是绝对的，该问题只有用软科学才能解决。②材料及其结构在使用过程中存在许多不确定的随机因素，确定性判据忽略了这些随机性因素，不能说明结构在使用期间的可靠性。软设计可克服以上不足，具有以下优点。首先克服传统设计的机械性。由于软设计的强度允许范围具有一定的模糊性和随机性，如果某一个次要构件的应力稍大于许用应力，只要总的方案可行，仍可采用。而传统设计，尤其是计算机设计时，任何约束条件的轻微破坏，整个方案即被否决，这样可能会错过最佳方案，这个矛盾用软科学即可解决。其次，复合材料的性能受诸多因素如组分材料的尺寸、体积分数、分布、界面形态、成型工艺等的影响，这些因素存在着较大的不确定性和模糊性，这些不确定性可由软科学来解决。最后，在复合材料的使用过程中，影响环境载荷的不确定性因素较多，使得载荷很难用函数关系准确表达，因而载荷具有随机性、模糊性和不确定性，同样，这些问题均可通过软科学得到解决。

3. 复合材料的宏观、细观（介观）及微观设计

首先通过对复合材料的细观和宏观力学分别研究，建立起复合材料的细、微观结构参数及各组分材料特性与复合材料宏观性能的定量关系，将复合材料均匀化，然后将其作为一个整体进行宏观分析，研究它们的平均应力场和动态响应，并考虑组分材料的性能和细观结构的随机性及它们之间破坏的相关性建立耗散结构理论模型，进行复合材料设计。

该方法的优点如下。

（1）建立起复合材料的宏观性能与组分材料性能及细观结构之间的定量关系。

（2）揭示出不同组分材料复合具有不同宏观性能（如强度、刚度及断裂韧性）的内在机制。

（3）根据需要选取合适的组分材料，设计最优的复合材料结构。

4. 复合材料的虚拟设计

复合材料的虚拟设计是一种运用虚拟技术进行设计的方法，过程复杂，必须由计算机完成，美国波音 777 客机的整机设计、制造、各部件性能测试、组装等就是通过虚拟设计来实现的。复合材料的虚拟设计流程框图如图 1-21 所示。

虚拟设计具有以下优点。

（1）可以研究任何一个设计参量单独变化时对复合材料及其结构性能的影响规律，如材料常数、宏细与微观结构的几何参数、边界条件、初始条件等的变化对复合材料结构的强度、刚度、稳定性、可靠性等的影响。它不像模型实验那样要求实验时各物理量在满足相似性原理的情况下才能将实测结果近似地应用到实际结构上。

（2）避免复合材料及其结构的制造过程和重复性实验。

（3）复合材料及其结构的设计、制造、性能优化及性能测试均可在计算机上完成，可大大缩短研制周期。

（4）处理数学上无法求解或现有条件无法实现的过程。

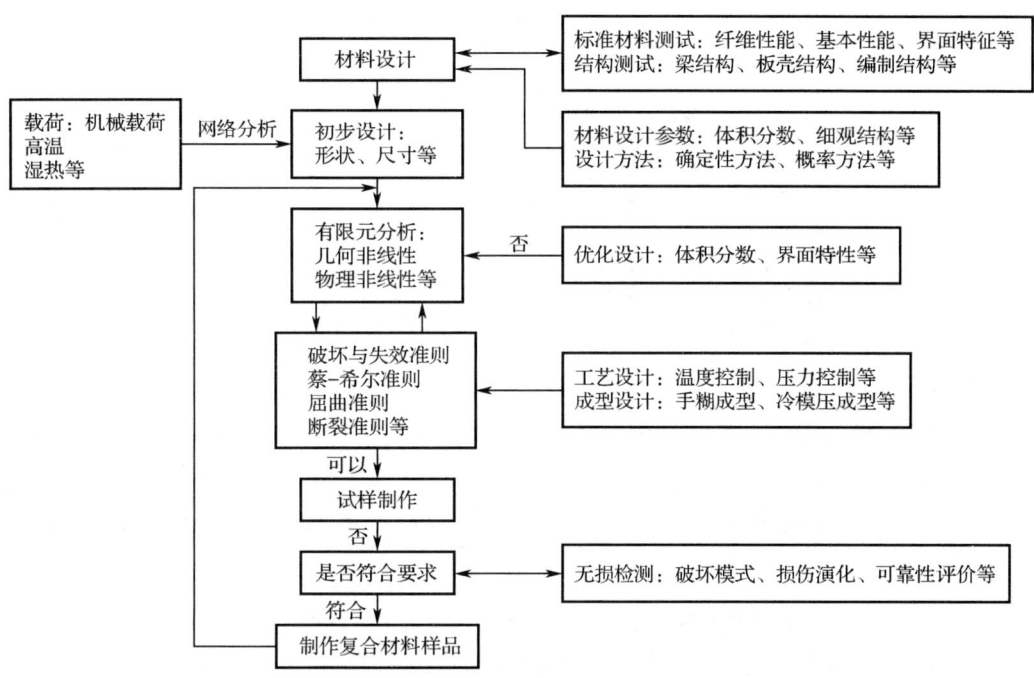

图 1-21　复合材料的虚拟设计流程框图

1.9.3　复合效应

复合效应指将组分 A、B 两种材料复合起来，得到同时具有组分 A 和组分 B 的性能特征的综合效果。复合效应分为线性效应和非线性效应两大类，线性效应和非线性效应又分为若干小类，如图 1-22 所示。

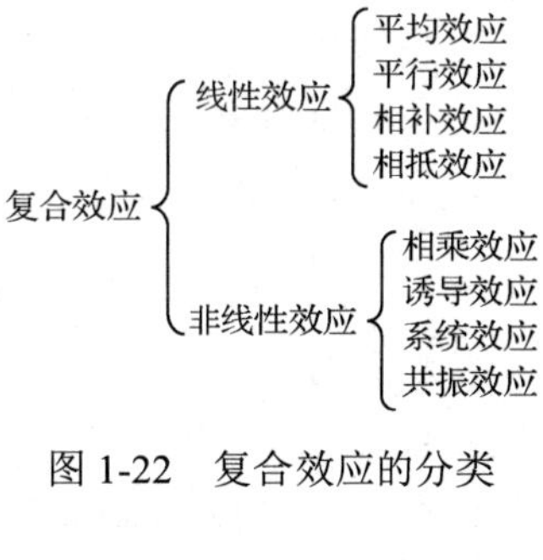

1. 线性效应

1）平均效应

平均效应又称混合效应，即复合材料的某项性能等于组成复合材料各组分的性能乘以该组分的体积分数之和，可表示为

$$K_c = \sum K_i \phi_i \quad （并联模型） \tag{1-2}$$

$$\frac{1}{K_c} = \sum \frac{1}{K_i} \phi_i \quad （串联模型） \tag{1-3}$$

图 1-22　复合效应的分类

式中，K_c 为复合材料的某项性能；ϕ_i 为体积分数；K_i 表示与 K_c 对应的性能；$\sum$ 为加和。

将两者合写于一式为

$$K_c^n = \sum K_i^n \phi_i \tag{1-4}$$

$n=1$ 时，为并联模型，描述密度、单向纤维复合材料的纵向（平行于纤维方向）杨氏模量和纵向泊松比等，如图 1-23 所示。

$n=-1$ 时为串联模型，描述单向纤维的横向杨氏模量，纵向剪切模量和横向泊松比等，如图 1-23 所示。

$n=-1\sim+1$ 时为混合模型，可描述某项性能，如介电常数、热导率随组分体积分数的变化规律，如图 1-24 所示。

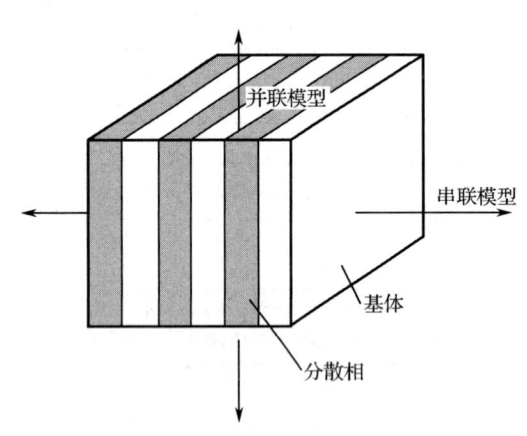

图 1-23　复合材料的串、并联模型 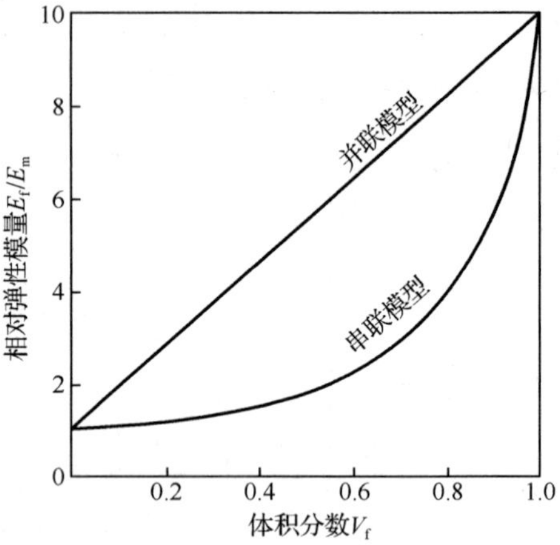　　图 1-24　复合法则计算的复合材料特性的上下限

2）平行效应

平行效应是一种最简单的线性复合效应，表示为 $K_c \cong K_i$，即复合材料的某项性能与某一组分的该项性能相当，如玻璃纤维增强环氧树脂的耐蚀性能与基体环氧树脂相当。

3）相补效应

相补效应是指组分复合后，互补缺点，产生优异的综合性能，可表示为 $C=A\times B$，是一种正的复合效应。

4）相抵效应

相抵效应是指各组分之间性能相互制约，使复合材料的性能低于混合定律的预测值，是一种负的复合效应。可表示为 $K_c<\sum K_i\phi_i$，如陶瓷基复合材料复合不佳时，会产生相抵效应。

2．非线性效应

1）相乘效应

相乘效应是指把两种具有能量（信息）转换功能的组分复合起来，使它们相同的功能得到复合，而不同的功能得到新的转换，表示为 $(X/Y)\cdot(Y/Z)=X/Z$。例如，石墨粉增强高聚物基复合材料作温度自控发热体，其工作原理为高聚物受热膨胀遇冷收缩，而石墨粉的接触电阻因高聚物基体的膨胀而变大和高聚物的收缩而变小，从而使流经发热体的电流随其温度变化自动调节，达到自动控温的目的，即

温度↑→高聚物基体膨胀→石墨粉的接触电阻↑→电流↓→温度↓→维持温度不变

表达为

（基体：热→变形）·（增强体：变形→电阻）=复合材料：热→电阻

功能复合材料的相乘效应有多种，如表 1-12 所示。

表 1-12 功能复合材料的相乘效应

A 组元性质 X/Y	B 组元性质 Y/Z	相乘性质 X/Z
压磁效应	磁阻效应	压阻效应
压磁效应	磁阻效应	压电效应
压电效应	（电）场致发光效应	压力发光效应
磁致伸缩	压电效应	磁电效应
磁致伸缩	压阻效应	磁阻效应
光电效应	电致伸缩	光致伸缩
热电效应	（电）场致发光效应	红外光转换可见光效应
辐照-可见光效应	光-导电效应	辐射诱导导电
热致变形	压敏效应	热敏效应
热致变形	压电效应	热电效应

2）诱导效应

诱导效应是指在复合材料两组分（两相）的界面上，一相对另一相在一定条件下产生诱导作用（如诱导结晶），使之形成相应的界面层，这种界面层结构上的特殊性使复合材料在传递载荷的能力上或功能上具有特殊性，从而使复合材料具有某种特殊的性能（一组分通过诱导作用使另一组分材料的结构改变从而改变整体性能或产生新的效应）。

3）系统效应

将不具备某种性能的各组分通过特定的复合状态复合后，使复合材料具有单个组分不具有的某种新性能，如彩色胶卷利用其性能分别感应蓝、绿、红三种感光剂层，即可记录宇宙中各种绚丽色彩。

4）共振效应

共振效应又称强选择效应，是指某一组分 A 具有一系列的性能，与另一组分复合后，能使 A 组分的大多数性能受到抑制，而使其中某一项性能充分发挥，如实现导电不导热，一定几何形态均有固有频率，适当组合产生吸震功能等。

1.9.4 复合材料物理性能的复合原理

1. 热导率

1）单向复合材料纵向热导率、横向热导率的估算

（1）纵向热导率：

$$K_L = K_f V_f + K_m V_m \tag{1-5}$$

式中，K_L 为纵向热导率，K_f、K_m 分别为纤维、基体的热导率，V_f、V_m 分别为纤维、基体的体积分数。

（2）横向热导率：

$$K_T = K_m + \frac{V_f(K_{fT} - K_m)K_m}{0.5V_m(K_{fL} - K_m) + K_m} \tag{1-6}$$

式中，L 表示纵向，T 表示横向，f 表示纤维，m 表示基体。

2）二维随机短纤维复合材料

纤维排布平面法线方向的热导率：

$$K_c = K_m V_f[(K_f - K_m)(S_{11} + S_{33}) + 2K_m]/A \tag{1-7}$$

式中，
$$A = 2V_m(K_f - K_m)^2 S_{11}S_{33} + K_m(K_f - K_m)(1+V_m)(S_{11}+S_{33}) + 2K_m^2 \quad (1-8)$$

S_{11} 为形状因子，与短纤维的形状有关。

(1) 当短纤维是椭圆形截面的粒状体时（a_1、$a_2 \ll a_3$），
$$S_{11} = a_2/(a_1+a_2), \quad S_{33} = 0$$

(2) 当短纤维是圆形截面时（$a_1 = a_2 \ll a_3$），
$$K_c = K_m[(3K_m + K_f)V_f]/[2(K_m + K_f) + (K_m - K_f)V_f] \quad (1-9)$$

3）三维随机短纤维复合材料

三维随机短纤维复合材料可视为各向同性，其热导率为
$$K_c = K_m \frac{K_m V_f(K_m - K_f)[(K_f - K_m)(2S_{33} - S_{11}) + 3K_m]}{3V_m(K_f - K_m)^2 S_{11}S_{33} + K_m(K_f - K_m)R + 3K_m^2} \quad (1-10)$$

式中，$R = 3(S_{11} + S_{33}) - V_f(2S_{11} + S_{33})$，当短纤维是圆形截面柱状形时，热导率为
$$K_c = K_m \frac{V_f(K_m - K_f)\left(\frac{7}{2}K_m - K_f\right)}{\frac{3}{2}(K_f - K_m) + (K_m - K_f)V_f} \quad (1-11)$$

4）颗粒复合材料

当颗粒为球形时，复合材料的热导率为
$$K_c = K_m \frac{(1+2V_p)K_p + (2-2V_p)K_m}{(1-V_p)K_p + (2+V_p)K_m} \quad (1-12)$$

2. 热膨胀系数

(1) 当各向同性的材料复合后，体系的热膨胀系数 α_c 为
$$\alpha_c = \frac{\alpha_1 K_1 V_1 + \alpha_2 K_2 V_2}{K_1 V_1 + K_2 V_2} \quad (1-13)$$

式中，α_1、α_2 为组分材料的热膨胀系数，K_1、K_2 为特定的弹性常数，V_1、V_2 为组分材料的体积分数。

(2) 当两种材料的泊松比相等时，用 E 代替 K，则有
$$\alpha_c = \frac{\alpha_1 E_1 V_1 + \alpha_2 E_2 V_2}{E_1 V_1 + E_2 V_2} \quad (1-14)$$

(3) 当物理常数差别不是很大时，可采用下式作为第一近似计算式：
$$\alpha_c = \sum \alpha_i V_i \quad (1-15)$$

3. 电导率

(1) 对于单向纤维复合材料，若基体的电导率大于纤维的电导率，则有

① 纵向电导率为
$$C_L = C_m(1 - V_f)\left(1 - \frac{1.77 V_f}{1 - V_f} T^{-108}\right) \quad (1-16)$$

② 横向电导率为
$$C_T = 0.5(1 - 2V_f)(C_m - C_f)\left\{1 + [1 - 4C_f C_m/(1 - 2V_f)^2(C_f - C_m)^2]^{\frac{1}{2}}\right\} \quad (1-17)$$

式中，C_m、C_f 分别是基体和纤维的电导率。

（2）对于颗粒增强复合材料，其电导率为

$$C_c = C_m \frac{(1+2\phi_p)C_p + (2-2\phi_p)C_m}{(1-\phi_p)C_p + (2+\phi_p)C_m} \tag{1-18}$$

式中，C_c、C_m、C_p 分别表示复合材料、基体、颗粒的电导率，ϕ_p 表示颗粒的体积分数。

1.10 航空航天复合材料的发展方向

1. 高性能

高性能是指轻质、高强度、高模量、高韧性、耐高温、耐低温、抗氧化、耐腐蚀等。材料的高性能对降低飞行器结构质量和提高结构效率、提高服役可靠性及延长使用寿命极为重要，是航空航天复合材料研究不断追求的目标。

2. 特殊功能

材料在光、电、声、热、磁上的特殊功能是支撑某些关键技术以提高飞行器机动性能和突防能力的重要保证，如以红外材料为基础的光电成像夜视技术能增强坦克、装甲车、飞机、军舰及步兵的夜战能力，红外成像制导技术可大大提高导弹的命中率和抗干扰能力，以新型固体激光材料为基础的激光测距和火控系统等可使灵活作战能力变强。

3. 智能化

智能化是航空航天材料的重要发展趋势之一。智能复合材料将复合材料技术与现代传感技术、信息处理技术和功能驱动技术集成于一体，将感知单元（传感器）、信息处理单元（微处理器）与执行单元（功能驱动器）联成一个回路，通过埋置在复合材料内部不同部位的传感器感知内外环境和受力状态的变化，并将感知到的变化信号通过微处理器进行处理并做出判断，向功能驱动器发出指令信号；而功能驱动器可根据指令信号的性质和大小进行相应的调节，使构件适应有关变化。整个过程完全自动化，从而实现自检测、自诊断、自调节、自恢复、自保护等多种特殊功能。

智能复合材料是传感技术、计算机技术与材料科学交叉融合的产物，在许多领域展现了广阔的应用前景，如飞机的智能蒙皮与自适应机翼就是由智能复合材料构成的一种高端的智能结构。

4. 低成本化

航空航天复合材料的低成本化贯穿于复合材料、结构设计、制造、检测评价及维护维修等全过程。对碳纤维复合材料而言，其制造成本在整个成本中占有相当大的比例，因此，对其低成本制造技术应投入足够关注。各种低成本制造技术发展很快，尤其是以树脂传递成型（RTM）为代表的液体成型技术和以大型复杂构件的共固化/共胶接为代表的整体化成型技术等均得到了很大的发展。

5. 绿色化

航空航天复合材料的绿色化发展从本质上讲就是绿色材料的使用及材料的绿色制造，目的就是在航空航天复合材料的设计、材料选用、生产制造、运输包装及使用和回收再利用整体流转周期内，实现复合材料的利用率最大化，尽可能地减少航空航天复合材料的使用成本及对环境造成的影响。

本章小结

复合材料是由人设计、制备，具有复合结构的人工材料。本章介绍了复合材料的定义、特点和组成，指出了航空航天复合材料的发展方向。

增强体是复合材料的三要素（基体、增强体和界面）之一，在复合材料中起到增强、增韧、耐磨、耐热、耐蚀、抗热振等提高和改善性能的作用。增强体种类繁多，按几何形状可分为零维、一维、二维晶板、三维；而习惯上分为纤维增强体、晶须增强体和颗粒增强体三大类，纤维又分为无机纤维与有机纤维两类。

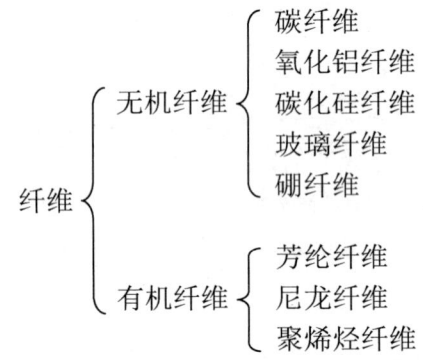

应用前景最好的是碳纤维。

晶须是指直径小于 3μm 的单晶体生长的短纤维，相比于纤维相具有单晶、直径小（<0.1μm）、长径比大（L/d>数十）、缺陷少、强度高、弹性模量大等特点。

晶须的分类：

$$
\text{晶须} \begin{cases} \text{陶瓷晶须} \begin{cases} \text{氧化物晶须} \\ \text{非氧化物晶须} \end{cases} \\ \text{金属晶须} \end{cases}
$$

颗粒增强体是一种有效增强体之一，根据其变形性能可分为刚性颗粒与延性颗粒两种。

刚性颗粒一般为陶瓷颗粒，常见的有 SiC、TiC、B_4C、WC、Al_2O_3、MoS_2、TiB_2、BN、石墨等，其特点是弹性模量高、拉伸强度高、硬度高、热稳定性和化学稳定性好，可显著改善和提高复合材料的高温性能、耐磨性能、硬度和耐蚀性能，是制造热结构零件、切削刀具、高速轴承等的候选材料。延性颗粒主要是金属颗粒，加入陶瓷、玻璃和微晶玻璃等脆性基体中，可增强基体材料的韧性。

复合材料主要由基体、增强体及两者的结合界面三大要素组成。由组分相（基体、增强体）的合理设计、组分相间的复合机理（复合效应与增强原理）构成了复合材料的复合理论。复合材料的设计不同于传统材料的设计，也不同于冶金设计。主要包括安全设计、单项性能设计、等强度设计、等刚度设计、优化设计等。设计的新途径主要有一体化设计，复合材料的软设计，复合材料的宏观、细观（介观）及微观设计及复合材料的虚拟设计等。之所以进行复合，关键是存在复合效应，其可以实现一些单组分不具有的性能。复合效应主要包括线性效应和非线性效应两大类。其中，线性效应包括平均效应、平行效应、相补效应和相抵效应；非线性效应包括相乘效应、诱导效应、系统效应和共振效应。复合材料的增强主要有颗粒增强、纤维增强、晶须增强及颗粒与纤维复合增强。其中，颗粒常用于金属基体和高分子基体增强，而颗粒也可用于陶瓷增韧，纤维一般用于高分子基体增强，晶须主要用于陶瓷增韧。

复合材料的物理性能主要取决于各组分材料的物理性能和组分的体积分数，主要有热导率、热膨胀系数和电导率的复合。

思考题

（1）简述复合材料与合金的异同点。
（2）复合材料的性能特点是什么？
（3）复合材料的基本组成有哪些？
（4）分析影响复合材料性能的核心因素。
（5）复合材料存在的不足有哪些？
（6）简述复合材料在航空航天领域的应用前景。
（7）复合材料中增强体的作用是什么？
（8）增强体的种类有哪些？
（9）纤维与晶须的区别是什么？
（10）玻璃纤维的性能特点有哪些？
（11）简述硼纤维的结构特点与性能。
（12）试述硼纤维表面涂层的作用。
（13）碳的同素异构体有哪几种？
（14）简述碳化硅纤维的结构特点与性能。
（15）晶须增强体的性能特点是什么？
（16）简述常见颗粒增强体的种类、特点。
（17）什么是复合材料的"复合效应"？复合效应有哪几种？
（18）复合材料的设计步骤有哪些？
（19）如何利用相乘效应使复合材料具有"磁阻效应"？

第2章 聚合物基复合材料

2.1 概述

2.1.1 聚合物基复合材料的分类

凡以聚合物为基体的复合材料统称为聚合物基复合材料。聚合物基复合材料有多种不同的划分标准，按增强纤维的种类可分为玻璃纤维增强聚合物基复合材料、碳纤维增强聚合物基复合材料、硼纤维增强聚合物基复合材料、芳纶纤维增强聚合物基复合材料及其他纤维增强聚合物基复合材料。按增强体种类可分为纤维增强聚合物基复合材料、晶须增强聚合物基复合材料、颗粒增强聚合物基复合材料等。按基体聚合物的性能可分为通用型聚合物基复合材料、耐化学介质型聚合物基复合材料、耐高温型聚合物基复合材料、阻燃型聚合物基复合材料等。应用最为广泛的是按聚合物基体的结构形式来分类，此时，聚合物基复合材料可分为热固性树脂基复合材料与热塑性树脂基复合材料。

2.1.2 聚合物基复合材料的特点

1. 高的比强度、比模量

多数聚合物基复合材料的密度仅为 $1.4\sim2.0\text{g}\cdot\text{cm}^{-3}$，只有普通钢的 1/5~1/4，钛合金的 1/3~1/2，而机械强度却达到甚至超过金属材料。因此，聚合物基复合材料的比强度、比模量均较大，如高模量碳纤维增强环氧树脂基复合材料的比强度为钢的 5 倍、铝合金的 4 倍，比模量为铝、铜的 4 倍。

2. 抗疲劳性能好

金属材料的疲劳破坏常常是没有明显预先征兆的突发性破坏。而在聚合物基复合材料中，纤维与基体的界面能有效地阻止裂纹的扩展，破坏过程是渐进的，有明显的预兆。多数金属材料的疲劳强度为拉伸强度的 1/3~1/2，而聚合物基复合材料的疲劳强度可达其拉伸强度的 70%~80%。

3. 减震性好

聚合物基复合材料的界面具有吸震能力，振动阻尼能力强，吸震性能好。高的自振频率可以避免工件在工作状态下出现早期破坏，而结构的自振频率除与自身结构形状有关外，还与工件材料的比模量平方根成正比。因聚合物基复合材料的比模量大，故在结构合理时，可以显著提高工件的自振频率，再加上界面又具有吸震能力，故聚合物基复合材料工件的减震性优异。

4. 耐烧蚀性卓越

聚合物基复合材料的比热容大，熔化热、汽化热也高，故在高温下能吸收大量的热，具有良好的耐烧蚀性能。

5．可设计性强，成型工艺简单

可以通过改变增强体的种类、体积分数、分布形式及基体种类等以满足对复合材料结构与性能的要求。制造过程多为整体成型，无须二次加工，故聚合物基复合材料的可设计性强，成型工艺简单。

6．过载时安全性能好

由于聚合物基复合材料中的增强体具有一定量，纵使有少量增强体发生了破坏，其承受的载荷还会重新分布，不至于使工件在短期内失去承载能力，尤其是纤维、晶须等增强体，其过载能力更强，安全性更好。

当然，聚合物基复合材料的也存在一些不足：抗冲击强度差，纤维增强的聚合物基复合材料的横向强度和层间剪切强度低。此外，在湿热环境下性能会发生变化。

2.1.3 聚合物基复合材料发展的五个阶段

第一阶段：以玻璃纤维增强聚合物基复合材料为标志，在航空航天中先从附件再到结构件被广泛使用。

第二阶段：以碳纤维的产生（美国）为标志。拉伸强度、模量分别为2.76GPa、345GPa，比强度、比模量分别为12.8×10^6cm、12.8×10^9cm。

第三阶段：以Kevlar纤维（美国杜邦）的产生为标志。强度、模量分别为3.4GPa、130GPa。

第四阶段：20世纪80年代后期，美国Allied诞生了聚乙烯纤维。强度、模量分别为3.5GPa、125GPa，比强度比碳纤维强4倍，比Kevlar纤维强50%，密度最小仅有0.92kg/m^3，且具有透射雷达波、介电性能好、结构强度高等性能，在军事、航空航天领域用途广泛。

第五阶段：美国道化学公司与日本东洋纺织公司合作研制的"顺聚对苯撑苯并二噁唑纤维"的强度、模量分别为5.8GPa、280GPa，耐高温、防火、韧性好，可制防弹服，在航空航天领域被广泛应用。

2.2 聚合物基体

2.2.1 聚合物的基本概念

1．定义

聚合物是一种分子量很大的化合物，其分子量多数为5000~1000000。它是由小分子在一定的条件下聚合而成的，这种小分子聚合形成大分子的过程称为聚合反应。

2．聚合物的组成

聚合物主要由单体、链节、聚合度、分子量（平均分子量）等组成。单体是指形成聚合物的小分子化合物，如高聚物聚乙烯，是由小分子化合物乙烯聚合反应而成的，该小分子化合物乙烯即聚乙烯的单体。链节则是构成聚合物的基本结构单元，如聚乙烯的结构式为

$$\cdots-CH_2-CH_2-CH_2\!+\!CH_2-CH_2\!+\!CH_2-\cdots \qquad (2\text{-}1)$$

可简写为 $+CH_2-CH_2+_n$，它是由 n 个 —CH_2—CH_2— 结构单元连接而成的，该结构单元称为链节，n 称为聚合度。高分子运动时的运动单元不是单键链节或整个分子，而是一些相联系的链节，该运动单元称为链段。高分子的运动就是以链段的协同移动来实现的。

3. 聚合物的合成

聚合物的合成是把低分子化合物（单体）聚合起来形成高分子化合物的过程，其所进行的反应为聚合反应，聚合反应又分为加聚反应和缩聚反应两类。

1）加聚反应

加聚反应是指一种或多种单体相互加成而连接成聚合物的反应。该反应无副产物，因此生成的聚合物具有与单体相同的成分。仅为一种单体的加聚反应称为均加聚反应，不同单体的加聚反应称为共加聚反应。

（1）均加聚反应。

丁二烯在催化剂的作用下可均加聚合成均聚物顺丁橡胶，反应如下：

$$n CH_2=CH-CH=CH_2 \xrightarrow{\text{均聚}} +CH_2-CH=CH-CH_2+_n \qquad (2\text{-}2)$$

丁二烯　　　　　　　　　　顺丁橡胶

（2）共加聚反应。

丁二烯与苯乙烯单体，共加聚反应合成共聚物丁苯橡胶，反应如下：

$$n CH_2=CH-CH=CH_2 + n CH=CH_2(C_6H_5) \xrightarrow{\text{共聚}} +CH_2-CH=CH-CH_2-CH(C_6H_5)-CH_2+_n \qquad (2\text{-}3)$$

丁二烯　　　苯乙烯　　　　　　　　丁苯橡胶

2）缩聚反应

缩聚反应是指一种或多种单体相互加成而连接成聚合物，同时还有低分子副产物析出的反应。因此，生成的聚合物（缩聚物）与单体成分不同。该类反应比加聚反应复杂得多。仅为一种单体的缩聚反应称为均缩聚反应，不同单体的缩聚反应称为共缩聚反应。

（1）均缩聚反应。

氨基己酸进行缩聚反应生成聚酰胺 6（尼龙 6），反应如下：

$$n NH_2(CH_2)_5 COOH \xrightarrow{\text{均缩聚}} H+NH(CH_2)_5 CO+_n OH + (n-1)H_2O \qquad (2\text{-}4)$$

氨基己酸　　　　　　　　　　尼龙6

（2）共缩聚反应。

尼龙 66 由己二胺和己二酸缩聚合成，反应如下：

$$n HOOC(CH_2)_4 COOH + n NH_2(CH_2)_6 NH_2 \xrightarrow{\text{共缩聚}} H+NH(CH_2)_6 NHCO(CH_2)_4 CO+_n OH + (2n-1)H_2O$$

己二酸　　　己二胺　　　　　　　　尼龙66

$$(2\text{-}5)$$

4. 聚合物链骨架的几何形态

1）线形

整个聚合物分子呈细长线条状，通常卷曲成不规则的线团［见图 2-1（a）］，但受拉伸时可以伸展为直线，比如，乙烯类的高聚物包括高密度聚乙烯、聚氯乙烯、聚苯乙烯等。线性聚合物分子由于分子链间没有化学键，能相对移动，可在一定的溶剂中经过溶胀阶段溶解；可在加热时经过软化过程而熔化，因而易于加工，可反复使用，并具有良好的弹性和塑性。

2）支链形

在主链上有一些或长或短的小支链，整个分子呈枝状［见图 2-1（b）］。具有该种结构的有聚乙烯、接枝型 ABS 树脂和耐冲击型聚苯乙烯等。它们能在适当的溶剂中溶解，加热时也能熔融，但由于分子不易规整排列，分子间的作用力小，而对溶液的性质有一定的影响。与线形高聚物相比，支化型分子溶液的黏度、强度和耐热性能都较低，故支化一般对高聚物性能的影响是不利的，支链愈复杂和支化程度愈高，影响愈大。

3）网状形（梯形）

网状形结构是分子链之间通过支链或化学键连成一起的所谓交联结构，在空间呈网状［见图 2-1（c）］。硫化橡胶、热固性塑料等均为交联结构。整个高聚物是由化学键固结起来的不规则网状大分子，所以非常稳定，不溶解于溶剂，也不能加热熔融，具有良好的耐热性、耐溶性、尺寸稳定性和较高的机械强度，但弹性和塑性较低。

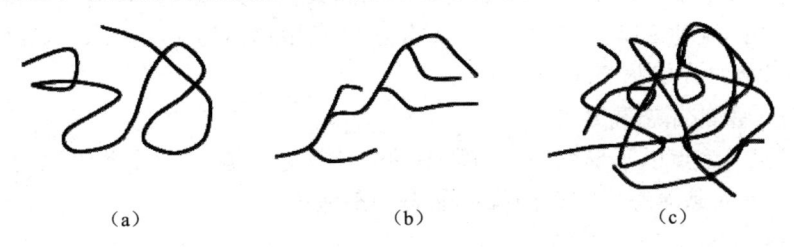

图 2-1 高聚物的形状示意图

5. 聚合物分子凝聚态结构

聚合物分子凝聚态结构主要有气态、液态和固态三种，其中，固态又分为晶态，即聚合物分子有序排列的状态；非晶态（无定形），即聚合物分子近程有序、远程无序的排列状态；混合态则为晶态与非晶态的组合。混合态中，晶体部分所占的质量百分数称为结晶度。高聚物的结晶程度与聚合物的分子结构密切相关。

（1）结构简单、规整度高、对称性好的大分子容易结晶，如乙烯分子链，其具有简单、对称的—CH_2—CH_2—结构单元，故容易形成晶体。然而晶态聚乙烯被氯化而生成氯化聚乙烯时，由于分子链结构的对称性被打破，以及 CHCl 基团的体积比 CH_2 大，结晶能力降低，故氯化聚乙烯具有非晶态结构。

（2）等规高聚物的结晶能力强。一般而言，主链上的取代基较小时易结晶，具有较大侧基的聚合物难结晶。聚甲基丙烯酸甲酯、聚苯乙烯等都是非晶态高聚物，因为它们主链上有较大的侧基。但对于通过定向聚合的方法合成的聚丙烯等聚合物，它们虽有较大的侧基，但只要这些侧基在空间排列是规整的，也能形成晶态高聚物。

（3）缩聚物均能结晶。一般缩聚物的主链上不存在不对称的碳原子，故主链总是规整的；

另外，大分子主链上往往有极性基团，使分子间有较大的作用力，甚至产生氢键；这些均有利于结晶和晶体的稳定性，故聚酰胺、聚对苯二甲酸乙二醇酯和聚碳酸酯都是很好的晶态高聚物。

6. 聚合物的物理、力学状态

1）线型无定形（非晶态）高聚物的三种力学状态

线型无定形（非晶态）高聚物的三种力学状态为玻璃态、橡胶态、黏流态，如图2-2所示。

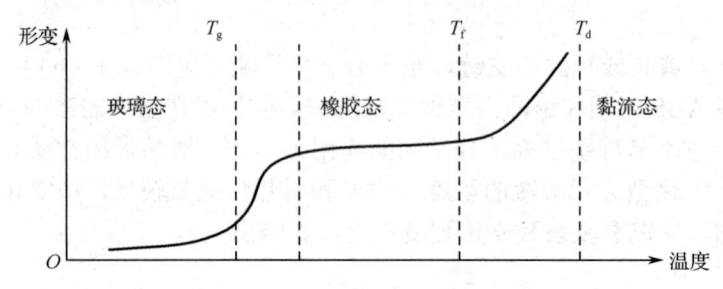

图 2-2　线型无定形（非晶态）高聚物的三种力学状态

T_g以下形变小，弹性模量高，刚硬，处于玻璃态；T_g以上形变大，弹性模量显著降低，高聚物极富有弹性，处于橡胶态；T_f以上，弹性模量进一步降低，高聚物黏性流动，处于黏流态。三种力学状态的意义：塑料，室温下处于玻璃态的高聚物称为塑料；橡胶，室温下处于橡胶态的高聚物称为橡胶；流动树脂，室温下处于黏流态的高聚物称为流动树脂（黏结剂）。

2）晶态高聚物的力学状态（线形）

（1）一般分子量的晶态高聚物

有明确的熔点，熔点以下形变小，为强硬的晶体状态（晶态），无链段运动，故无高弹态，高于T_m（熔点）进入黏流态。共有两态：晶态和黏流态。

（2）分子量较大的晶态高聚物

分子量较大的晶态高聚物具有与一般分子量高聚物相同的熔点T_m，但高于T_m点后，分子转为无规则排列，因链长还不能进行整个分子的滑动，而只能发生链段运动，出现高弹态。当温度升至T_f时，整个分子流动进入黏流态。共有三态：晶态、高弹态和黏流态。

（3）非完全晶态的高聚物

存在无定形区，有链段运动的可能。共有三态：玻璃态、高弹态和黏流态。

3）体形高聚物的力学状态

当体形高聚物轻度交联时，运动阻力小，有链段运动，存在玻璃态和高弹态。但交联无法流动，故无黏流态。

当体形高聚物交联程度增大时，交联点间的距离变短，链段运动的阻力增大，玻璃化温度提高，高弹区缩小。当交联程度继续增大至一定值时，链段运动消失，仅有玻璃态。

高聚物主要有以下三种。

（1）合成塑料：以合成树脂为主要原料，加入添加剂形成，可在加热、加压条件下塑造成一定形状的产品，因是塑造成的，故称塑料。合成树脂主要有酚醛树脂、聚乙烯等，是塑料的主要组成部分，决定塑料的主要性能，同时还起到黏结剂作用；添加剂主要包括填料、固化剂、增塑剂、稳定剂、润滑剂、着色剂、阻燃剂等，对塑料起改性作用。

（2）合成橡胶：由生胶炼成。橡胶属于完全无定形聚合物，它的玻璃化转变温度低，分子量往往很大，甚至大于几十万。有线型、支链和交联三种典型结构。

（3）合成纤维：由树脂纺丝、反应烧结而成。

橡胶或塑料可作为基体制备高聚物基复合材料，而应用最多的高聚物基体为树脂。

2.2.2 常用聚合物基体

1．分类

按热加工特性可将聚合物基体分为热固性树脂基体与热塑性树脂基体两大类。其中，热固性树脂包括不饱和聚酯树脂、环氧树脂、酚醛树脂、聚氨酯、聚丙烯树脂、呋喃树脂、有机硅树脂等；而热塑性树脂包括聚丙烯、聚酰胺、聚碳酸酯、聚醚酮等。按工艺可将聚合物基体分为手糊用树脂基体、喷射用树脂基体、胶衣用树脂基体等；按用途则可将聚合物基体分为耐热树脂基体、耐候性树脂基体、阻燃树脂基体等。

2．基体的选择原则

（1）满足使用性能；
（2）对增强体有良好的润湿性和黏结性；
（3）合适的黏度和流动性；
（4）固化条件适当，即在室温、中温、无压或低压下固化；
（5）制品脱模性好；
（6）价格合理等。

3．热固性树脂基体

常见热固性树脂材料的物理性能如表 2-1 所示。

表 2-1　常见热固性树脂材料的物理性能

性　　能	不饱和聚酯树脂	环氧树脂	酚醛树脂	双马来酰亚胺	聚酰亚胺	有机硅树脂
密度/(g·cm^{-3})	1.1～1.4	1.2～1.3	1.3～1.32	1.22～1.4	约1.32	1.7～1.9
拉伸强度/MPa	34～105	55～130	42～64	41～82	41～82	21～49
弹性模量/GPa	2～4.4	2.75～4.1	约3.2	4.1～4.8	约3.9	约1
延伸率/%	1～3	1～3.5	1.5～2	1.3～2.3	1.3～2.3	约1
24h 吸水率/%	0.15～0.6	0.08～0.15	0.12～0.36	—	—	—
热变形温度/℃	60～100	100～200	78～82	—	—	—
热膨胀系数/℃$^{-1}$	(5.5～10)×10^{-5}	(4.6～6.5)×10^{-5}	(6～8)×10^{-5}	—	—	30.8×10^{-5}
固化收缩率/%	4～6	1～2	8～10	—	—	4～8

1）不饱和聚酯树脂

不饱和聚酯树脂是指由不饱和二元酸或酸酐混以一定量的饱和二元酸或酸酐与饱和的二元醇缩聚获得线形初聚物，再在引发剂的作用下固化交联成具有三维网状分体型大分子。常用的不饱和二元酸或酸酐为顺丁烯二酸酐，饱和二元酸或酸酐为邻苯二甲酸酐，二元醇为 1,2-丙二醇，三者的摩尔比为 1∶1∶2.15。合成后溶于苯乙烯形成低黏度树脂。

根据组成和结构，不饱和聚酯树脂可分为 5 种类型：顺丁烯二丙胺型、丙烯酸型、丙烯酯型、二酚基丙烷型、乙烯基酯型。

不饱和聚酯树脂耐水、稀酸、稀碱的性能较好，耐有机溶剂的性能较差，力学性能、介电性能均较好。耐热性较差，比重为 $1.11\sim1.20 \text{g/cm}^3$，固化体积收缩率大，价廉、制造方便。固化后的不饱和聚酯树脂很硬，呈褐色半透明状，易燃，不耐氧化和腐蚀。主要用途为制作玻璃钢材料。

2）环氧树脂

环氧树脂是含有两个或两个以上环氧基团的聚合物。据分子结构可分为 5 种类型：缩水甘油醚类（R—O—CH—CH$_2$，O）、缩水甘油胺类（R—C(=O)—O—CH$_2$—CH—CH$_2$）、缩水甘油酯类（R(R')N—CH$_2$—CH—CH$_2$）、线性脂肪族类（R—CH—CH—R'—CH—CH—R''）和脂环族类（环状结构）。

以缩水甘油醚类为例，环氧树脂由环氧氯丙烷与双酚 A（二酚基丙烷）在氢氧化钠的作用下聚合而成，如式（2-6）所示。控制反应条件，如摩尔比、反应温度等，可获得重复单元数 $n=0\sim19$ 的环氧树脂。

当 $0 \leqslant n < 1$ 时，为浅黄色液态树脂，可熔可溶；当 $1 \leqslant n \leqslant 1.8$ 时，为半固态树脂；当 $n > 1.8$ 时，为固态树脂。

$$2n\,\text{CH}_3\text{Cl}(环氧) + n\text{HO}-\text{C}_6\text{H}_4-\text{CMe}_2-\text{C}_6\text{H}_4-\text{OH} \xrightarrow{催化剂}$$

$$\text{CH}_2(环氧)-\left[\text{O}-\text{C}_6\text{H}_4-\text{CMe}_2-\text{C}_6\text{H}_4-\text{OCH}_2-\text{CH(OH)}-\text{CH}_2-\right]_n\text{O}-\text{C}_6\text{H}_4-\text{CMe}_2-\text{C}_6\text{H}_4-\text{OCH}_2(环氧) + 2\text{HCl}$$

（2-6）

环氧树脂具有适应性强（可选用的固化剂、改性剂等种类繁多），工艺性好，黏附力强，成型收缩率低，力学性能优良，尺寸稳定，绝缘性好，化学稳定性好等特点。环氧树脂（国产双酚 A）的牌号及性能如表 2-2 所示。

表 2-2 环氧树脂（国产双酚 A）的牌号及性能

牌 号	原牌号	平均分子量	环氧值/[mol·(100g)$^{-1}$]	环氧当量/g	室温黏度/(Pa·s)
E-51	618	约 380	0.48～0.54	190	≤2.5（转化点 40℃）
E-44	6101	450	0.41～0.47	250	12～20
E-42	634	—	0.38～0.45	—	21～27
E-20	601	约 950	0.18～0.22	500	64～76
E-12	604	1400	0.09～0.14	900	85～95

注：(1) 挥发分 E-51<2%，其他≤1%；(2) 有机氯值≤0.02mol·(100g)$^{-1}$；(3) 无机氯值≤0.001mol·(100g)$^{-1}$。
表中的环氧值是指每 100g 树脂中所含环氧树脂的摩尔数；环氧当量则是 1g 当量环氧基的环氧树脂的质量（g），等于环氧值的倒数×100。

3）酚醛树脂

酚醛树脂是以酚类化合物与醛类化合物缩聚而成的树脂，应用最多的酚醛树脂是苯酚与甲醛的缩聚物。酚有苯酚、间甲酚、3,5 二甲酚、双酚 A、间苯二酚五种（见图 2-3），应用最多的是苯酚；醛主要有甲醛、多聚醛、糠醛等，应用最多的是甲醛。

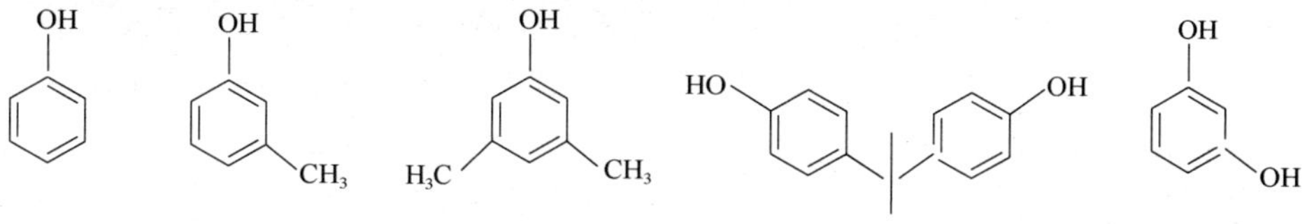

（a）苯酚　（b）间甲酚　（c）3,5二甲酚　（d）双酚A　（e）间苯二酚

图 2-3　五种酚的结构式

酚类与醛类化合物在碱性和酸性条件时可分别缩聚获得热固性和热塑性两种酚醛树脂。

碱性条件即在碱性催化剂（如 NaOH、氨水、$Ba(OH)_2$ 等）的作用下，酚类与醛类化合物反应产生热固性酚醛树脂，如式（2-7）～式（2-8）所示。此时反应分两步进行。

（1）甲醛与苯酚的加成反应，生成多种羟甲酚，形成一元酚醇和多元酚醇的混合物。

（2）羟甲基酚的缩聚反应，此反应有两种可能：①两个羟甲基间的脱水反应生成甲醚键但不稳定；②羟甲基与酚环上邻、对位的活泼氢反应，形成亚甲基桥（—CH_2—）。

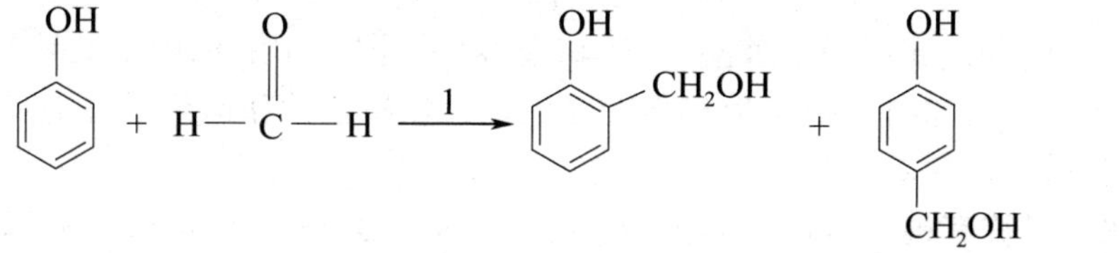

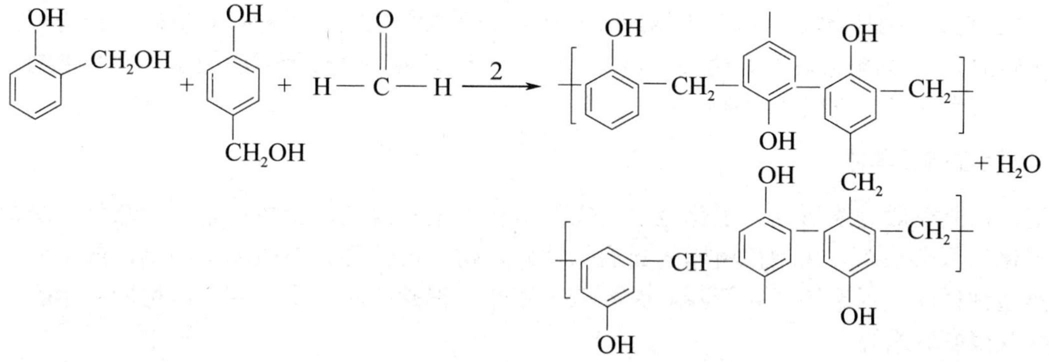

在酸性条件（强酸性：PH<3）下、酚过量、酚/醛的摩尔比为 1:（0.8～0.86）时，酚类与醛类化合物反应产生热塑性酚醛树脂，如式（2-9）～式（2-12）所示，此反应分三步进行。

（1）甲醛与苯酚首先在酸性条件下结合生成二酚基甲烷，酚醛树脂大分子链中约有 5 个酚环，平均分子量为 500 左右；

（2）在酸催化条件下的反应是与甲醛或它的甲二醇形式的质子性质有关的亲电取代反应，生成碳鎓离子。脱水的碳鎓离子立即与游离酚反应，生成质子氢和二酚基甲烷；

（3）二酚基甲烷与甲醛缩聚，使分子链进一步增长，并通过酚环邻位或对位连接起来。

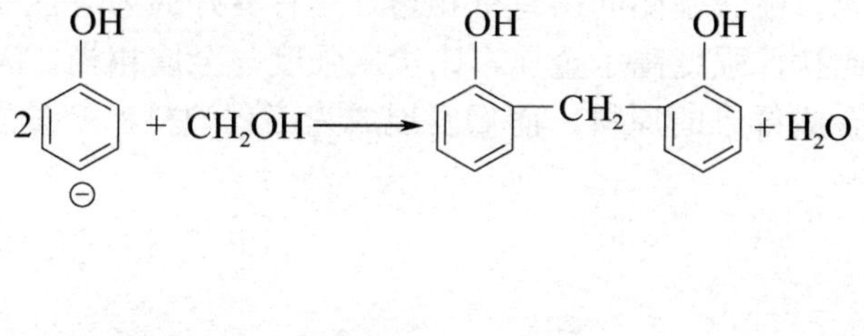

$$CH_2O+H_2O \xrightarrow{H^+} HO-CH_2-OH+H^+ \rightleftharpoons HO-CH_2-OH_2^{\oplus} \rightleftharpoons CH_2OH_2^{\oplus}+H_2O \quad (2\text{-}10)$$

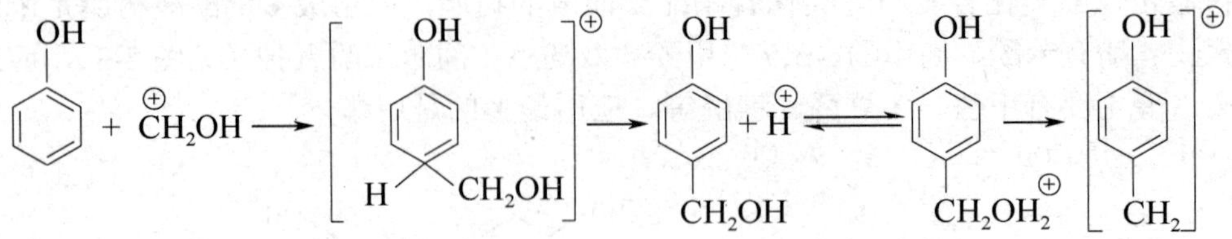

$$(2\text{-}11)$$

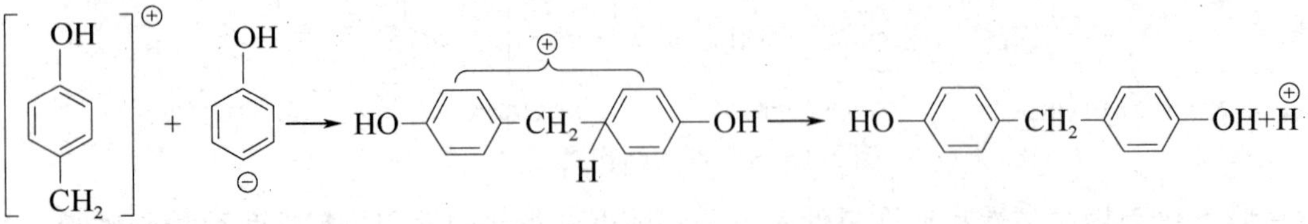

$$(2\text{-}12)$$

酚醛树脂的电绝缘性能、力学性能、耐水性、耐酸性和耐烧蚀性能均十分优良，成型能力也比较强。

4) 呋喃树脂

呋喃树脂是分子链中含有呋喃环结构的聚合物。它主要由糠醇自缩聚而成的糠醇树脂，糠醛与丙酮缩聚而成的糠醛-丙酮树脂及由糠醛、甲醛和丙酮共缩聚而成的糠醛-丙酮-甲醛树脂组成。呋喃树脂耐化学药品性能优良，热稳定性和电绝缘性能良好。

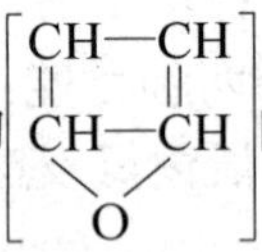

5) 有机硅树脂

有机硅树脂又称有机硅氧烷，其主链由硅（—Si—O—Si—）构成，侧基为有机基团，如—CH$_3$、—CH$_6$H$_5$、CH$_2$=CH—等。根据组成与相对分子质量的大小不同，有机硅聚合物可分为液态（硅油）、半固态（硅脂）两种，两者均为线形低聚物。有机硅树脂的耐热性和电绝缘性能优异，疏水性好，成型能力强，但其力学性能差。

4. 热塑性树脂基体

热塑性树脂一般为线形高分子化合物。它们可溶于某些溶剂，受热可熔化、软化，冷却后又可固化为原来状态。热塑性树脂的断裂韧性好、耐冲击性强，成型加工简单，成本低。常见的热塑性树脂包括聚烯烃、聚醚、聚酰胺、聚酯、聚碳酸酯、聚甲醛、氟树脂、聚砜、聚苯硫醚及聚醚醚酮等。

1) 聚烯烃

聚烯烃主要包括聚乙烯、聚丙烯、聚苯乙烯及聚丁烯等，其中聚乙烯产量最大，应用最广。

2) 聚酰胺

聚酰胺俗称尼龙，是一种主链上含有酰胺基团的聚合物，可由二元酸与二元胺缩聚而得，也可由丙酰胺自聚而成。

尼龙是结晶性聚合物，酰胺基团间由氢键相连，具有良好的力学性能。与金属材料相比，尼龙的刚性稍逊，但其比拉伸强度高于金属，比抗压强度与金属相当，因而可用来代替金属。尼龙原来作为最重要的合成纤维的原料，而后发展成为工程塑料，产量居于前位。

3）聚碳酸酯

聚碳酸酯是分子主链中含有 $\left[-\mathrm{ORO}-\overset{\mathrm{O}}{\underset{\|}{\mathrm{C}}}-\right]$ 基团的聚合物。根据 R 基种类的不同，可分为脂肪族、脂环族、芳香族及脂肪-芳香族聚碳酸酯等多种类型。

聚碳酸酯呈微黄色，既硬又韧，具有良好的耐蠕变性、耐热性及电绝缘性。不足是制品易发生应力开裂，耐溶剂、耐碱性差，高温下易发生水解。

4）聚甲醛

聚甲醛是分子链中含有（—CH₂—O—）基团，没有侧链、高密度、高结晶性的线形聚合物，有共聚甲醛和均聚甲醛两种。共聚甲醛是三聚甲醛与少量的二氧五环的共聚物。均聚甲醛的力学性能稍好，但其稳定性不如共聚甲醛。

聚甲醛的拉伸强度达 70MPa，可在 104℃以下长期使用，脆化温度为-40℃，吸水性较小，可在许多场合替代钢、铜、铝、锌及铸铁。

5）氟树脂

氟树脂是指含氟单体的均聚物或共聚物，主要包括聚四氟乙烯、聚偏氟乙烯、聚三氟氯乙烯和聚氟乙烯等，其中应用最多的是聚四氟乙烯。

聚四氟乙烯的分子式为 $\pmb{+}\mathrm{CF}_2-\mathrm{CF}_2\pmb{+}_n$，是高度结晶的聚合物，分解温度为 400℃，可在 260℃下长期工作，力学性能优异。最突出的优点是耐化学腐蚀性极强，能耐王水及沸腾的氢氟酸，有"塑料王"之称。

6）聚醚醚酮

聚醚醚酮（PEEK）有两种制备方法。方法一为将 4,4'-二氟二苯甲酮、对苯二酚、二苯砜混合搅匀，加热至 180℃，N_2 保护。加无水 Na_2CO_3，反应升温至 210℃保温 1h，再升至 250℃保温 1h，最后升至 320℃保温 2.5h。冷却反应物为淡黄色固体，粉碎后再用丙酮、水、丙酮-甲醇溶液反复洗涤，除去二苯砜和无机盐，140℃下真空干燥，得到纯聚醚醚酮。注意二苯砜为溶剂。反应式为

$$F-\underset{}{\bigcirc}-\overset{O}{\underset{\|}{C}}-\underset{}{\bigcirc}-F + HO-\underset{}{\bigcirc}-OH + Na_2CO_3 \longrightarrow \left[O-\underset{}{\bigcirc}-O-\underset{}{\bigcirc}-\overset{O}{\underset{\|}{C}}-\underset{}{\bigcirc}\right]_n + 2NaF + CO_2 + H_2O$$

(2-13)

方法二为将 4,4'-二氯苯酮和对苯二酚钠进行缩聚反应，其反应式为

$$n\mathrm{Cl}-\underset{}{\bigcirc}-\overset{O}{\underset{\|}{C}}-\underset{}{\bigcirc}-\mathrm{Cl} + n\mathrm{NaO}-\underset{}{\bigcirc}-\mathrm{ONa} \longrightarrow \left[\underset{}{\bigcirc}-O-\underset{}{\bigcirc}-\overset{O}{\underset{\|}{C}}-\underset{}{\bigcirc}-O\right]_n + 2n\mathrm{NaCl}$$

(2-14)

日本人则采用二苯醚、光气为原料，在混有 $AlCl_3$ 的溶剂中反应获得，反应式为

$$n\underset{}{\bigcirc}-O-\underset{}{\bigcirc} + n\mathrm{CoCl} \longrightarrow \left[\underset{}{\bigcirc}-O-\underset{}{\bigcirc}-\overset{O}{\underset{\|}{C}}-\underset{}{\bigcirc}-O\right]_n + 2n\mathrm{HCl} \quad (2\text{-}15)$$

聚醚醚酮的热稳定性好，热变形温度在 160℃左右，熔点为 334℃，在空气中且 420℃时失重仅 2%左右，超过 500℃才显著失重。最高长期使用温度达 200℃，在 200℃下工作时间可

达 $5×10^4$h，若加入 30%纤维，连续使用温度可达 310℃。具有优良的化学稳定性、优良的长期耐蠕变性能和耐疲劳性能。具有优良的耐 X 射线性能，在 β 射线、γ 射线高剂量的照射下，性能无明显下降，具有优良的电绝缘性、阻燃性能，对碳纤维具有良好的黏结性等。聚醚醚酮可注射、挤出、吹塑加工成各种制品；用于熔体贴合、模塑，制成纤维、薄膜；在航空航天领域，聚醚醚酮树脂纤维基纤维复合材料被用来制作雷达罩、无线电设备罩、电动机零件、耐热的飞机部件等。

2.3 聚合物基复合材料的制备工艺

聚合物基复合材料的制备工艺由成型与固化两个阶段组成，主要包括预浸料的制造、制件的辅层、固化及制件的后处理与机械加工等工序。它不同于其他复合材料的制备，具有以下两个特点。

（1）聚合物基复合材料的制备过程与制品的成型可同时完成，也就是说材料的制备过程即产品的生产过程。

（2）聚合物基复合材料的成型方便。聚合物在成型时可利用基体的流动性和纤维增强体的柔软性，方便地在模具中成型。一种复合材料可采用多种不同的工艺成型。

所谓预浸料，是指将树脂体系浸涂到纤维或纤维织物上，通过一定的处理后储存备用的半成品。根据实际需要，按增强材料的纺织形式，预浸料可分为预浸带、预浸布、无纺布等；按纤维的排列方式有单向预浸料和织物预浸料之分；按纤维类型则可分为玻璃纤维预浸料、碳纤维预浸料和有机纤维预浸料等。一般预浸料在 18℃下存储以保证使用时具有合适的黏度、辅覆性和凝胶时间等工艺性能，聚合物基复合材料的力学及化学性能在很大程度上取决于预浸料的质量。常见预浸料用基体与增强体如图 2-4 所示。

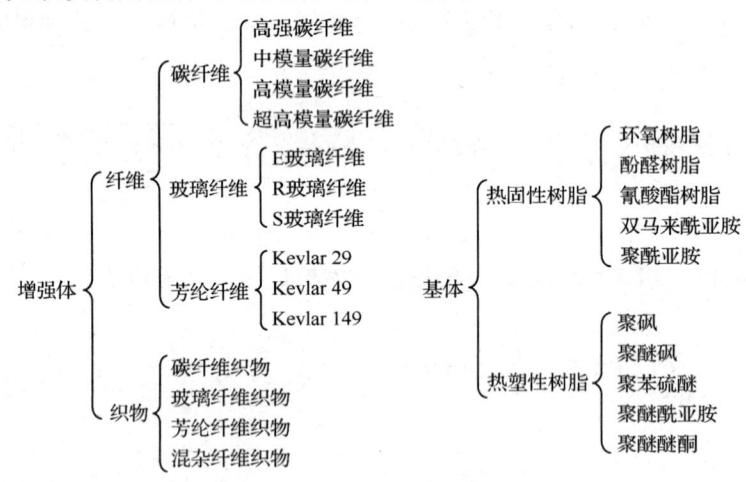

图 2-4 预浸料用基体与增强体

依据聚合物基复合材料的性能要求，选定合适的纤维和树脂后，复合材料的性能主要取决于制备工艺。高聚物基复合材料的制备工艺有几十种，它们之间既存在着共性，又存在着区别，常见的有以下 16 种。

（1）手糊成型；
（2）真空袋压法成型；

(3) 压力袋成型;

(4) 树脂注射和树脂传递成型;

(5) 喷射成型;

(6) 真空辅助注射成型;

(7) 夹层结构成型;

(8) 模压成型;

(9) 注射成型;

(10) 挤出成型;

(11) 纤维缠绕成型;

(12) 拉挤成型;

(13) 连续板材成型;

(14) 层压或卷制成型;

(15) 热塑性片装模塑料热冲压成型;

(16) 离心浇铸成型。

本书仅介绍其中的几种,其他请参考相关书籍。

2.3.1 预浸料的制备工艺

1. 热固性预浸料的制备

按照浸渍设备或制造方式的不同,热固性预浸料的制备方法分为辊毂缠绕法和阵列排布法。按照浸渍树脂状态的不同,热固性预浸料的制备方法可分为湿法(溶液浸渍法)和干法(热熔法)。

1) 溶液浸渍法

溶液浸渍法的基本原理如图 2-5 所示,将树脂基体各组分按规定的比例溶解于低沸点的溶剂中,使之成为一定浓度的溶液,然后将纤维束或织物以规定的速度通过基体溶液,使其浸渍上定量的基体溶液,并通过加热除去溶剂,使树脂得到合适的黏性。纤维束经过几组导向辊,去除多余的树脂,随后缠绕在辊筒上,沿辊筒纵向切开,可获得一张单向的预浸料。很显然,溶液浸渍法是一种湿法工艺。

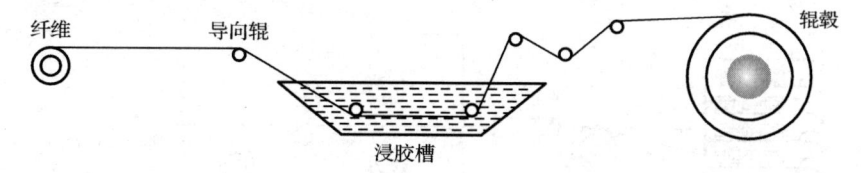

图 2-5 溶液浸渍法的基本原理

纤维束或织物的浸渍工艺过程如下:从纱架引出纤维束,调整张力,使之基本相等,整径、分散和展平,进浸胶槽浸渍,再挤胶去除多余的树脂,入烘箱挥发溶剂,再经检测仪检查树脂含量和预浸料质量,最后用隔离纸或压花聚乙烯薄膜覆盖收卷。多束纤维或织物的浸渍可采用卧式或立式预浸机,前者占地面积大,加热通道距离长,工艺控制相对困难,因此,目前采用立式浸渍工艺和设备,工艺示意图如图 2-6 所示。

溶液浸渍法可使纤维增强体浸透,可制薄型或厚型预浸料,且设备造价低廉。预浸料有溶剂残留,成型时易形成孔隙,会影响复合材料的性能。

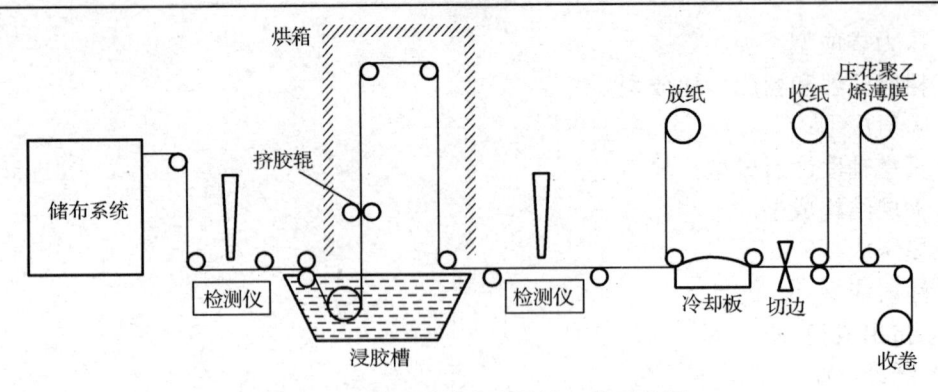

图 2-6　溶液浸渍法立式浸渍工艺示意图

2）热熔法

热熔法是在溶液浸渍法的基础上发展而来的，可避免因溶剂问题带来的不足。根据工艺步骤的差异可分为直接熔融法和胶膜压延法两种。

直接熔融法的工艺示意图如图 2-7 所示，树脂熔融后由漏斗漏到隔离纸上，刮刀使之均匀分布，经导向辊与整径后的平行纤维或织物叠合，再通过热辊使树脂熔融浸渍纤维，经压实辊充分浸渍，冷却收卷。

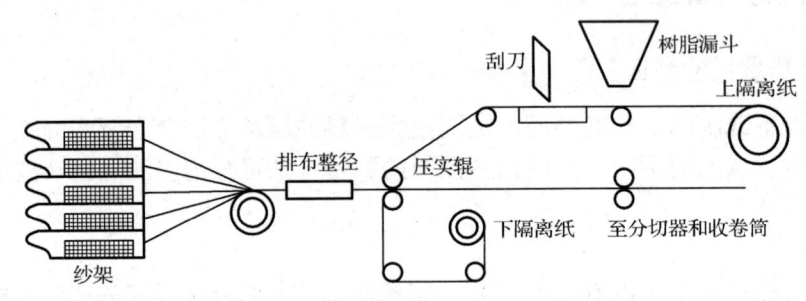

图 2-7　直接熔融法的工艺示意图

胶膜压延法的工艺示意图如图 2-8 所示，与直接熔融法相似，一定数量的纤维束经排布整径后，加于胶膜之间，成夹心状，通过加热辊挤压，使纤维浸嵌在树脂膜中，最后加隔离纸载体压实至收卷筒。

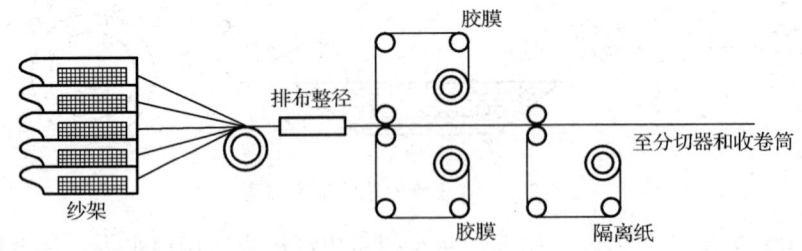

图 2-8　胶膜压延法的工艺示意图

胶膜压延法较直接熔融法效率高，树脂含量易控制，没有溶剂，工艺安全，预浸料的外观质量高；不足是厚度大的织物难以浸透，高黏度树脂难以浸渍纤维。

2. 热塑性预浸料制备

热塑性预浸料的熔点较高，一般高于 300℃，黏度大，且随温度变化很小，故制备方法不同于热固性预浸料。按照树脂状态的不同,热塑性预浸料制备工艺可分为预浸渍工艺与后浸渍工艺两类。预浸渍工艺包括溶液预浸和熔融预浸两种,其特点是预浸料树脂能完全浸渍纤维。后浸渍工艺包括膜层叠、粉末浸渍、纤维混杂、纤维混编等,其特点是浸渍料中的树脂以粉末、纤维成包层等形式存在,对纤维的完全浸渍要在复合材料成型过程中完成。

溶液浸渍类似于热固性树脂的湿法浸渍工艺,即先形成溶液,然后浸渍,该工艺的优点是可使纤维完全被浸渍,并获得良好的纤维分布,因此可采用热固性树脂的设备和浸渍工艺。注意该法只适用于可溶性树脂,而溶解性差的树脂的应用受到限制。

熔融浸渍是指将树脂熔融,挤出到专用的模具中,纤维通过后经辊压制成预浸料的工艺,如图 2-9 所示。该法简单有效,适合所有的热塑性树脂,但要使高黏度的熔融态树脂在较短的时间内完全浸渍是相当困难的,这需要树脂的熔体黏度要尽可能的低,且在高温浸渍时的稳定性要好。

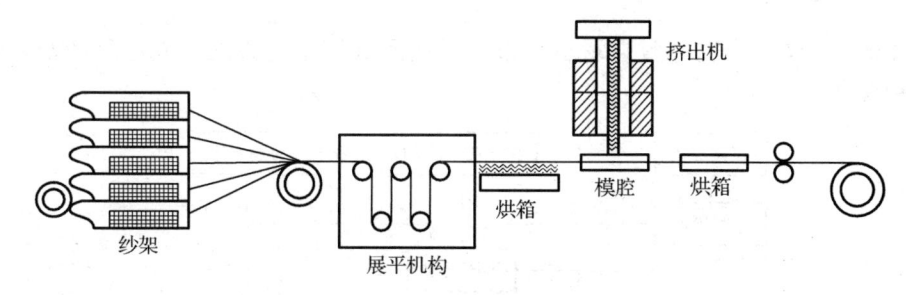

图 2-9 熔融浸渍制备预浸料示意图

膜层叠是指将基体制成薄膜与增强体纤维编织物(见图 2-10),按一定要求排布后一起受热、受压,基体薄膜熔化,从而浸渍增强体纤维编织物,制成平板或其他一些形状简单制品的工艺。增强体一般采用编织物,使之在高温、高压浸渍过程中不易变形,该工艺适用性强,设备简单。

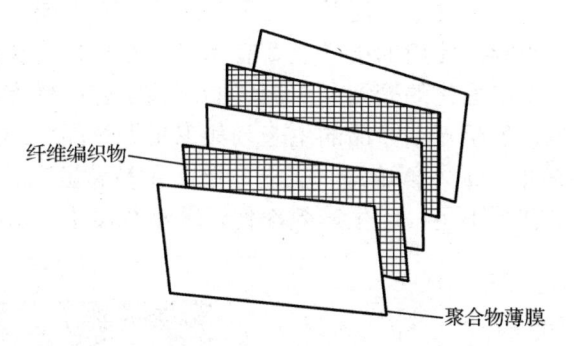

图 2-10 膜层叠制备预浸料的结构示意图

粉末浸渍是指将基体以粉末的形式与增强体纤维混合,或将粉末均匀置入纤维编织物的缝隙中,通过加热、加压、保温等过程,使基体粉末熔化并浸渍纤维的工艺。该法制备的预浸料具有一定的柔软性,辅层工艺性好,比膜层叠工艺的浸渍质量高,成型工艺性好,是一种被广泛采用的制备方法。

纤维混杂是指先将基体纺成纤维,再与增强体纤维混编(见图 2-11),或与基体共同纺成混杂纤维,受热时基体纤维熔化,从而浸渍增强体纤维的工艺。该法简单,预浸料有柔性,易于辅层操作,但与膜层叠工艺一样,在成型阶段需要足够高的温度、压力及足够的时间,且难以完全浸渍。

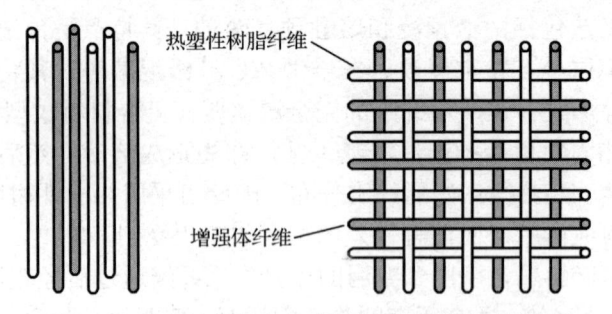

图 2-11 增强体纤维与热塑性树脂纤维的混编形式

2.3.2 手糊成型工艺

手糊成型工艺是聚合物基复合材料中最早采用和最简单的方法，其流程图及示意图分别如图 2-12 和图 2-13 所示。

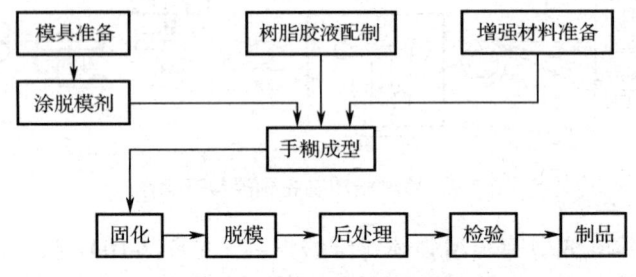

图 2-12 手糊成型工艺流程图

需注意在手糊成型时，增强体纤维与基体液间易产生气泡，此时需用压辊或刮刀等工具挤压增强织物，排除气泡，使纤维均匀浸胶。常见的脱模剂有石蜡、黄油、甲基硅油、聚乙烯醇水溶液、聚氯乙烯薄膜等。使用的模具主要有木模、石膏模、树脂模、玻璃膜、金属模等。最常用的树脂是能在室温固化的聚酯和环氧树脂。该工艺的优点：①不受尺寸限制，特别适用于尺寸大、批量小、形状复杂产品的生产，如卫星抛物面天线及太阳能电池帆板等，如图 2-14 所示；②设备简单、成本低廉；③工艺简单；④易满足产品设计要求；⑤制品树脂含量高，耐腐蚀好。该工艺的不足：①生产效率低，劳动强度大；②质量不易控制；③产品力学性能较低。

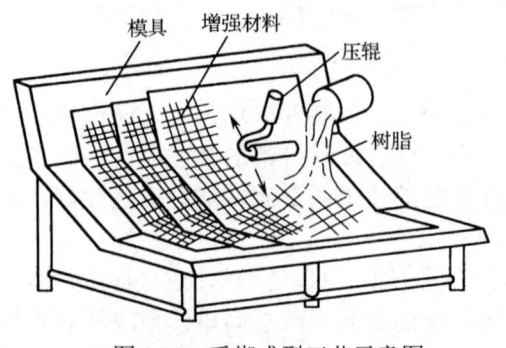

图 2-13 手糊成型工艺示意图

(a) 抛物面天线　(b) 太阳能电池帆板

图 2-14 手糊成型工艺应用

2.3.3 模压成型工艺

模压成型工艺是指在封闭的模腔中，借助于加热、加压固化成型复合材料的方法，如图 2-15 所示。适用于纤维增强体热固性和热塑性树脂基复合材料的成型，其流程图如图 2-16 所示。

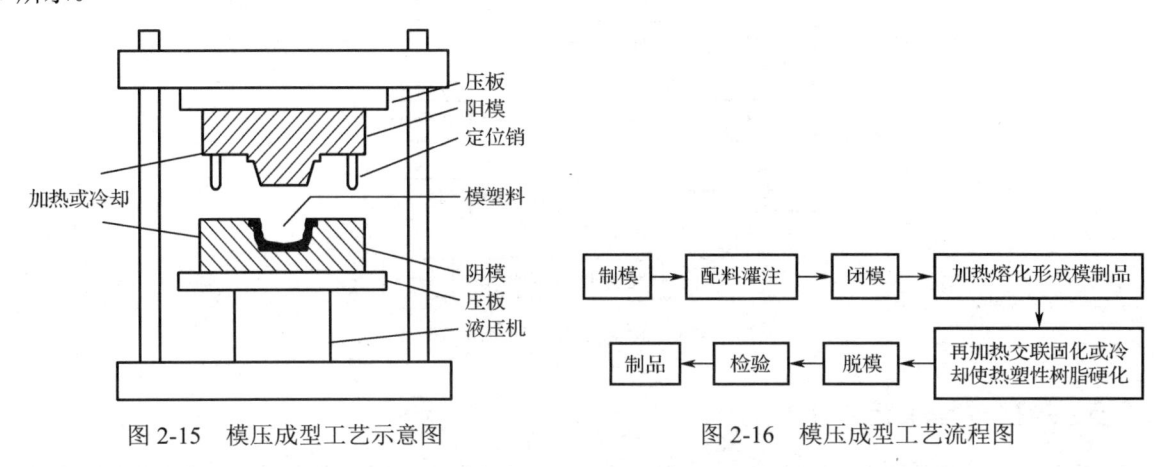

图 2-15 模压成型工艺示意图

图 2-16 模压成型工艺流程图

模压成型工艺的优点：①高效；②尺寸准；③表面光洁；④无须二次加工；⑤重复性好；⑥易机械化。但也有不足：①模具设计复杂；②压机的投资成本高；③工件尺寸不宜大等。该工艺特别适合数量大、尺寸小的制品，如汽车保险杠、整体浴室等，如图 2-17 所示。

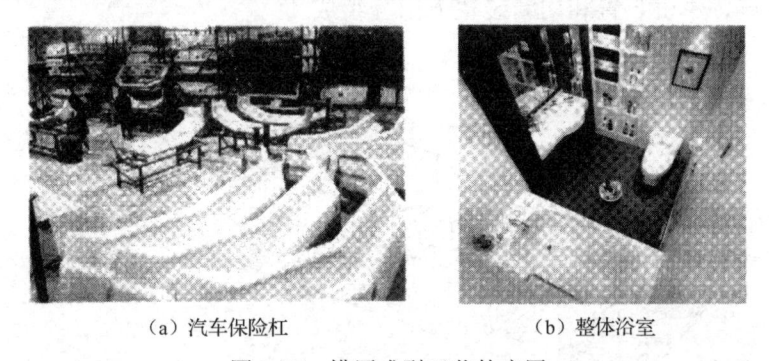

（a）汽车保险杠　　（b）整体浴室

图 2-17 模压成型工艺的应用

2.3.4 喷射成型工艺

喷射成型工艺是指用喷枪将纤维和雾化树脂同时喷射到模具表面，经辊压、固化制备复合材料的方法，该工艺类似于手糊成型工艺，树脂采用了雾化的形式，并以一定压力喷射到模具表面，故其致密性和均匀性明显提高，是手糊成型的一种半机械化形式，喷射成型工艺流程图如图 2-18 所示。

根据树脂和固化剂的混合方式及树脂和纤维的混合方式，喷射成型工艺可分为枪内混合和枪外混合两种，一般认为，采用低压、树脂和固化剂枪内混合，而短切纤维和树脂在枪外混合较好，并称之为低压无气喷射成型。喷射成型对原料有一定的要求，如树脂体系的黏度应适中，这样使树脂易于雾化、脱除气泡、润湿纤维及不带静电等。使用的模具与手糊成型工艺类似，而劳动强度大幅降低，生产效率显著提升，并能制作大尺度、形状复杂的制品。

该工艺也有一些不足，如在制备成型形状比较复杂的制品时，制品厚度和纤维含量较难精确控制，树脂含量一般在 60%以上，孔隙率较高，制品强度较低，施工现场污染和浪费较大。喷射成型工艺常用于制作浴盆、汽车壳体、船身、舞台道具、容器、安全帽等。

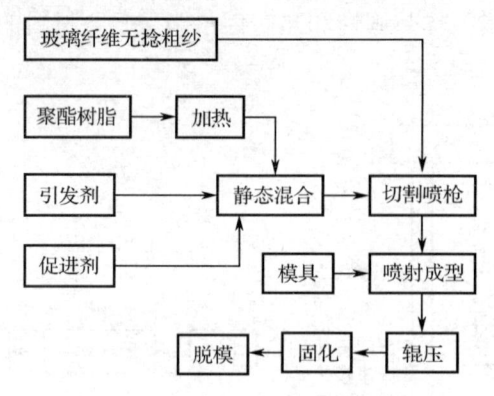

图 2-18 喷射成型工艺流程图

2.3.5 拉挤成型工艺

拉挤成型工艺是指将浸渍过的树脂胶液的连续纤维束或带状织物在牵引装置的作用下通过成型模定型，在模中或固化炉中固化，制成具有特定横截面形状和长度不受限制的复合材料型材的方法。图 2-19 为拉挤成型工艺示意图。整个装置主要由基体浸渍装置、预成型模、主成型模加热装置、牵引装置和切断装置五部分组成。

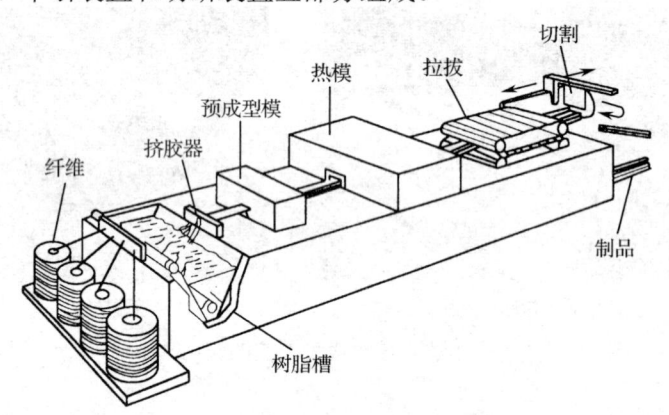

图 2-19 拉挤成型工艺示意图

根据工艺过程的连续性，拉挤成型可分为间断拉挤成型和连续拉挤成型两种。早期主要是间断拉挤成型，在直线形等截面复合材料型材生产领域，间断拉挤成型已被连续拉挤成型取代。间断拉挤成型已演变为拉模成型，即拉挤与模压结合，主要用于制造汽车板簧、工具手柄之类的截面积不变，而截面形状改变的直或弯的制品。现代拉挤成型复合材料有 95%以上均采用连续拉挤成型。

该工艺可适用于热固性和热塑性基体复合材料的成型。用于拉挤成型的热固性基体主要有聚酯树脂、乙烯基树脂、环氧树脂和改性丙烯酸树脂等。热塑性基体主要有丙烯腈-苯乙烯-丁二烯共聚物（ABS）、聚酰胺（PA）、聚碳酸酯（PC）、氯化聚乙烯（PEC）、聚醚醚酮（PEEK）等。

该工艺的特点：①生产率高，便于实现自动化；②增强材料的含量一般在 40%～80%，能充分发挥增强体的作用；③加工量少；④生产过程中的树脂损耗少；⑤制品的纵向强度与横向强度可以调整；⑥长度可根据需要进行切割等。图 2-20 为各种拉挤成型的复合材料型材。

图 2-20　各种拉挤成型的复合材料型材

2.3.6　连续缠绕工艺

连续缠绕工艺是将浸过树脂液的纤维或布带，按照一定的规律缠绕在芯模上，然后固化成型的一种复合材料制备工艺，其示意图如图 2-21 所示。纤维通过树脂槽后，用轧辊除去纤维中多余的树脂。为改善工艺性能和防止纤维表面损伤，也可在纤维表面涂覆一层半固化的树脂，或直接使用预浸料。纤维缠绕方式和角度由计算机控制。缠绕达到预定厚度后，根据所选用的树脂类型，在室温或加热箱中固化、脱模获得复合材料。

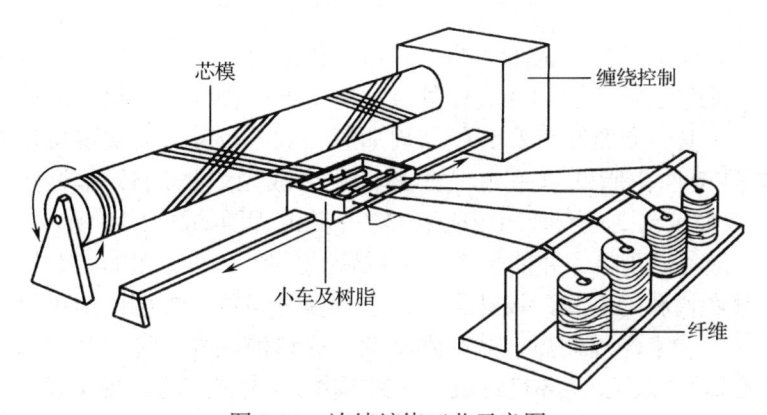

图 2-21　连续缠绕工艺示意图

根据基体的浸渍状态，连续缠绕工艺可分为干、湿法两种，其流程图如图 2-22 所示。湿法连续缠绕是增强材料浸渍液态基体和缠绕成型相继连续进行的。干法连续缠绕又称预浸带连续缠绕，浸渍工艺和缠绕成型分别进行。

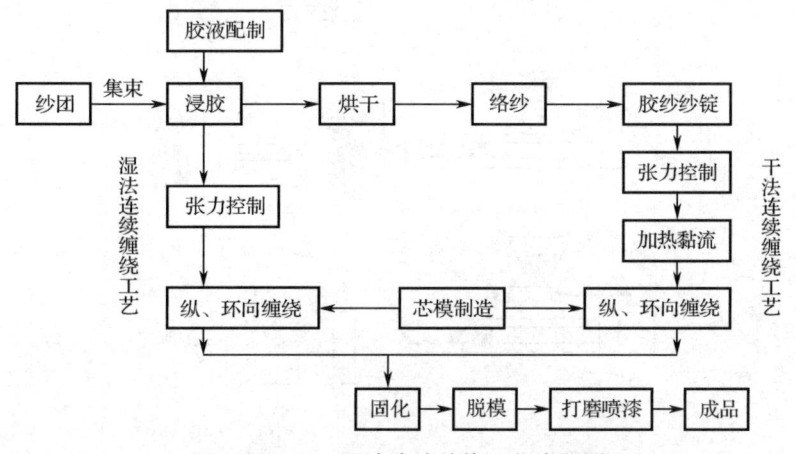

图 2-22　干、湿法连续缠绕工艺流程图

连续缠绕工艺的优点：①纤维按预定要求排列的规整度和精度均较高；②可实现等强度设计，充分发挥增强体纤维的增强作用；③结构合理，比强度、比模量高；④质量稳定，生产效率高。不足是设备投资大。该工艺最宜大批量生产，图 2-23 为连续缠绕工艺中的压力容器图与管材。

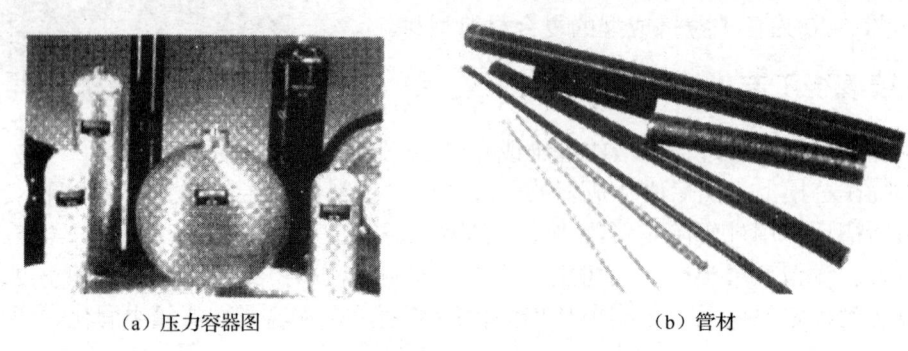

(a) 压力容器图　　　　　　　　　(b) 管材

图 2-23　压力容器图与管材

此外，还有注射成型工艺（见图 2-24）和树脂传递模塑成型工艺（见图 2-25）等其他工艺。注射成型工艺适用于热塑性和热固性复合材料，但热塑性复合材料应用最为广泛，原理类似于金属的压铸，其特点是精度高、生产周期短、效率较高、易实现自动控制，除氟树脂外，几乎所有的热塑性树脂均可采用该法进行注射成型。树脂传递模塑（Resin Transfer Molding，RTM）成型工艺则是一种闭模成型工艺，其流程图如图 2-26 所示。特点如下：①设备投资少，可采用低吨位压机，并能生产较大制品；②制品表面光滑，尺寸稳定，容易组合；③可有加强筋、镶嵌物和附着物，设计灵活；④制模时间短，短期内即可投产；⑤对树脂和填料的适用性广泛；⑥生产周期短，劳动强度低，原料消耗少；⑦产品后加工量少；⑧闭模成型，单体（苯乙烯）挥发少，环境污染小。RTM 成型工艺广泛应用于建筑、交通、电信、卫生、航天飞机等领域。

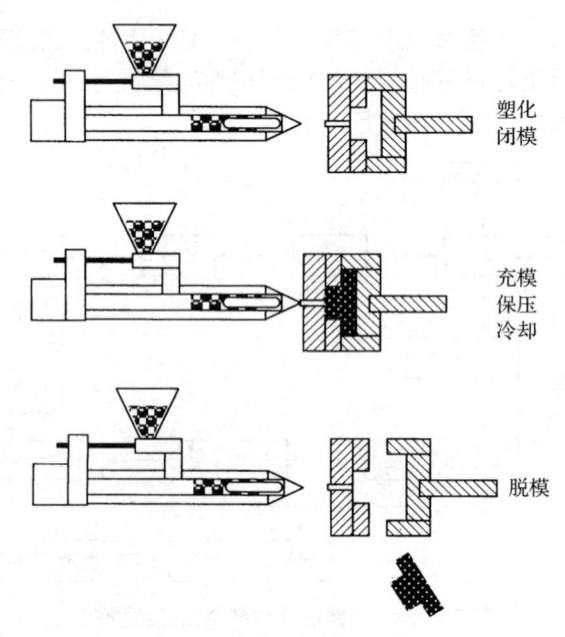

塑化闭模

充模保压冷却

脱模

图 2-24　注射成型工艺示意图

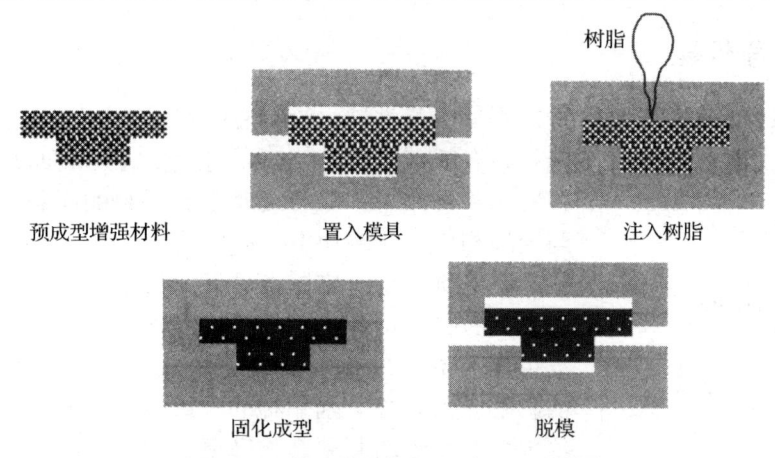

图 2-25 树脂传递模塑成型工艺示意图

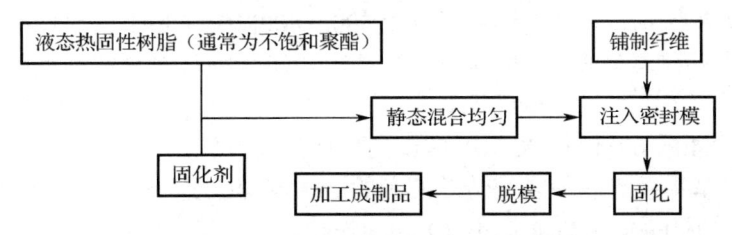

图 2-26 树脂传递模塑成型工艺流程图

RTM 成型工艺的关键之一是适于低黏度、长使用期、力学性能优异的树脂体系。国内已经研制了满足不同使用温度要求、适用 RTM 工艺的树脂基体，如 3266、5284RTM、6421RTM、9731 等 RTM 树脂体系，其中 3266 已经用于飞机螺旋桨桨叶，其他树脂体系正在歼击机、直升机和大型飞机上进行验证考核。几种典型 RTM 成型聚合物基复合材料的主要性能如表 2-3 所示。

表 2-3 典型 RTM 成型聚合物基复合材料的主要性能

树　脂	使用温度/℃	固化温度/℃	注射温度/℃
3266	70～80	120	40～50
5284RTM	130～150	180	60～80
6421RTM	150～170	210	100～120
9731	315	350	280

2.4　聚合物基复合材料的力学性能

根据外力的特征，聚合物基复合材料的力学性能可分为静态和动态两种。静态力学性能包括拉伸、压缩、弯曲、扭转等，而动态力学性能包括断裂韧性、蠕变强度、疲劳强度、冲击韧性等。常见的聚合物基复合材料有玻璃纤维增强聚合物（GFRP）基复合材料、碳纤维增强聚合物（CFRP）基复合材料和芳纶纤维增强聚合物（KFRP）基复合材料等。影响聚合物基复合材料力学性能的主要因素是增强体、基体和界面，增强体的形式主要有纤维、晶须和颗粒，聚合物基复合材料中应用最多的增强体为纤维，故本章主要介绍纤维增强聚合物基复合材料的力学性能。

2.4.1 静态力学性能

纤维增强聚合物基复合材料一般是完全弹性的,没有屈服点或塑性区。图2-27为典型复合材料及低碳钢的拉伸应力与应变的关系曲线。由图2-27可以看出,纤维增强聚合物基复合材料的断裂应变一般较小,与金属相比,断裂功小、韧性差。

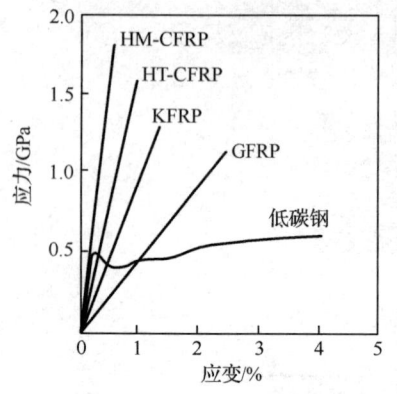

在纤维含量一定的条件下,纤维增强聚合物基复合材料的纵向拉伸强度和弹性模量由纤维控制,其纵向压缩强度受纤维的类型、纤维准直度、界面黏结情况、基体模量等因素的影响较大。除个别品种的纤维增强聚合物基复合材料外,绝大多数纤维增强聚合物基复合材料的纵向压缩强度都低于其拉伸强度,在增强体体积分数为60%时,一般GFRP的纵向压缩强度为500~800MPa,CFRP的纵向压缩强度为1000~1500MPa。纤维增强聚合物基复合材料的横向拉伸强度受基体或界面控制,由于存在应力集中,故低于基体强度。CFRP的横向拉伸强度为40~60MPa。KFRP的横向拉伸强度最低,一般仅为30~40MPa,GFRP居中。同样,对于基体及界面的黏结情况控制的层间剪切强度,CFRP一般最大(100MPa),GFRP次之(70~80MPa),KFRP最小(约40MPa)。

图2-27 典型复合材料及低碳钢的拉伸应力与应变的关系曲线

纤维增强聚合物基复合材料的高温力学性能主要受基体控制,若基体的热变形温度高、模量的高温保持率高,则其高温性能就好,图2-28和图2-29分别为典型纤维增强聚合物(FRP)的弯曲模量保持率和弯曲强度保持率随温度变化的关系图。图中,EP为环氧树脂,UP为不饱和聚酯树脂,PI为聚酰亚胺,PEEK为聚醚醚酮。由图可知,聚酰亚胺和耐热热塑性基体复合材料具有最好的高温性能,不饱和聚酯复合材料耐热性能较低。半晶聚合物(如PEEK等)复合材料在其玻璃化温度区间性能出现明显下降,但在其后比较高的温度(240℃)以上时仍保持足够高的性能。

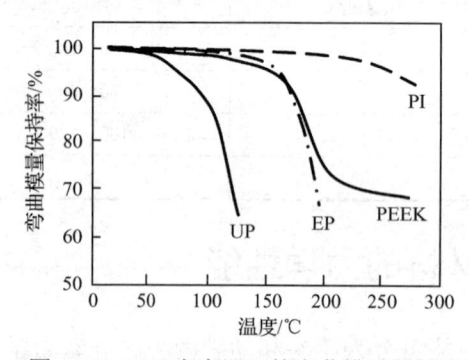

图2-28 FRP在高温下的弯曲模量保持率 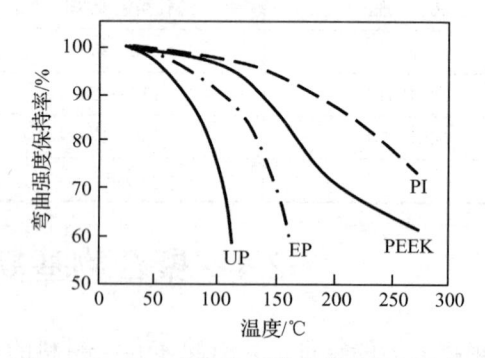　　图2-29 FRP在高温下的弯曲强度保持率

碳纳米管(CNT)可作为一种纳米尺度的增强材料加入树脂基体中以提高传统纤维增强聚合物基复合材料的力学性能、导热导电性能等。复合材料断裂韧性和剪切强度提高的基本原理在于CNT横跨在基体裂纹中间,阻止了基体裂纹的继续扩展,如图2-30所示。将CNT添加到环氧树脂基体中,其碳纤维复合材料的断裂韧性和低温抗微裂纹的能力明显提高。若在PA6(聚酰胺6)中添加CNT,则可提高CNT改性PA6的模量,从而导致玻璃纤维增强

CNT 改性 PA6 复合材料的弯曲强度和压缩强度均得到明显提高。

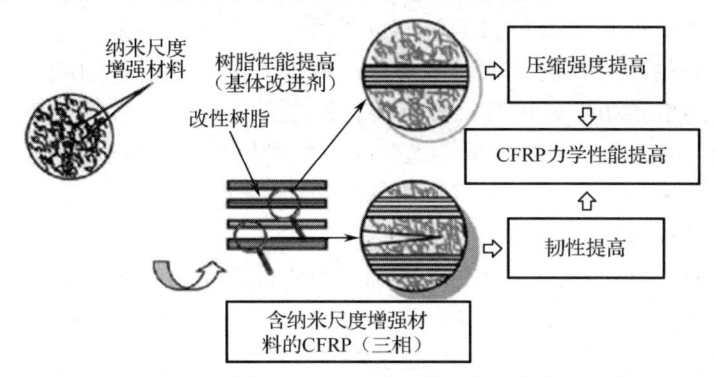

图 2-30　CNT 提高多尺度混杂复合材料断裂韧性和力学性能的原理示意图

2.4.2　疲劳强度

所谓疲劳是指材料在低于静态强度极限的动态载荷反复作用下，经过一定时间发生破坏的现象。疲劳破坏时的强度一般低于其相应的静态强度，这与疲劳载荷的性质密切相关。低碳钢的疲劳强度仅为静态拉伸强度的 1/3 左右。材料的疲劳性能用疲劳强度来表征。先测定材料的疲劳曲线，即疲劳断裂时的最大应力与其对应的应力循环次数的关系曲线，再作出疲劳曲线的水平渐近线，该水平渐近线所对应的强度即疲劳强度。复合材料疲劳曲线的测定一般采用三点弯曲疲劳仪进行（见图 2-31）。疲劳性能的影响因素较多，包含材料本身参数及实验参数两大部分。材料本身参数包括纤维类型、体积分数、基体种类、纤维排布、界面性质等；而实验参数包括载荷形式、应力交变频率、载荷的对称系数、环境条件等。

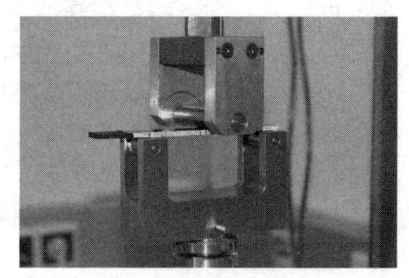

图 2-31　三点弯曲疲劳仪

聚合物基复合材料的疲劳损伤首先发生在与载荷方向垂直或成较大角度的辅层中，特别是从那些富纤维处的裂纹开始。损伤起源于纤维与基体的脱黏，并且通常沿纤维-基体界面扩展。在正交辅层中，裂纹在横向辅层中产生并扩展到整个辅层宽度，但不能穿过相邻的 0° 层。横向层的裂纹数目随着载荷的循环数或应力水平的增大而增大。对单向层或角辅层板中的 0° 层，疲劳强度也通常发生在纤维与基体的界面，裂纹可沿着界面扩展也可穿过纤维向相邻基体方向扩展或导致纤维断裂。

交变载荷会引起复合材料的内部损伤，导致材料的弹性模量和静态强度下降。当内部损伤累积到一定程度时，会发生断裂。通常把复合材料在交变应力作用下发生断裂作为复合材料的失效准则。在同样条件下，聚合物基复合材料的疲劳性能要优于金属材料。而高模量的碳纤维（CF）、芳纶纤维（KF）或玄武岩纤维（BF）增强聚合物的疲劳性能优于 GFRP。聚合物基复合材料的纵向疲劳强度随纤维体积分数的增大而增大，这与纤维增强聚合物静态强度随纤维体积分数的增大而增大一致。

2.4.3　冲击韧性

复合材料在受到冲击载荷时，会造成内部损伤，使材料的力学性能下降，因而，受冲击载荷时的力学响应、能量吸收或抵抗裂纹扩展能力（断裂韧性）是复合材料的重要性能。通常表征复合材料韧性的指标有三种：冲击韧性、断裂韧性及冲击后压缩强度。

复合材料的冲击实验与金属材料类似，也采用落锤冲击，测量破坏一个标准样所消耗的能量来评定复合材料的冲击韧性。同时测定标准样在受冲击后引起的损伤、破坏及吸收的能量，由此确定裂纹的引发和扩展情况，分析断裂机理。

韧性指数（DI）定义为裂纹扩展能与裂纹引发能之比。对于完全脆性材料该值为0，值愈大韧性愈好。纤维增强聚合物基复合材料的能量吸收包括纤维破坏、基体变形、纤维脱黏、纤维拔出、分层裂纹等过程。

纤维裂纹数目对总冲击能无直接显著影响，但它能非常显著地影响破坏模式，因而影响了总冲击能。通常韧性纤维，如GF、KF具有比较高的冲击强度，而脆性纤维，如CF或BF冲击强度较低。因而，常采用韧性的GF或KF与脆性的CF或BF混杂的方法来改善CFRP或BFRP的脆性。

基体变形要吸收较多的能量，热固性基体通常较脆，变形小，因而冲击强度低，而热塑性基体通常可产生较大的塑性变形，故具有较高的冲击强度。

纤维与基体的界面黏结强度会强烈影响纤维增强聚合物基复合材料的冲击破坏模式，包括纤维的断裂、脱黏、分层等。纤维脱黏会吸收大量的能量，因而若聚合物基复合材料的脱黏程度较大，则可明显提高冲击韧性。当纤维中的裂纹没有能力扩展到韧性基体中时，纤维常常可以从基体中拔出并引起基体变形，这会明显增加断裂能。分层裂纹通常吸收比较大的能量，分层的增加会显著提高冲击能。

目前，纤维增强聚合物基复合材料的宏观动态力学性能已得到了较好的描述，并建立起了复合丝束模型一维本构方程。但多数研究还只限于宏观上的表述，并未涉及细观分析，故有待于进一步从细观力学和显微观测等方面来进行深化。

2.5 聚合物基复合材料的界面

聚合物基复合材料的界面是决定复合材料力学性能的核心因素，因此对复合材料的界面研究是必不可少的。由于聚合物基复合材料不具有导电性，不可用SEM（扫描电子显微镜）直接观察，若采用喷金处理，虽可以观察其形貌，但界面的微观结构不清晰，又由于高聚物具有非晶特性，TEM（透射电子显微镜）只能观察其无定形结构，故界面研究主要分析界面组成物的形貌、形成和分布等情况，采用的手段多为原子力显微镜和拉曼光谱。

图2-32为显微拉曼光谱仪将激光穿透基体聚焦于纤维表面测得的三种SiC纤维增强聚合物基复合材料纤维表面（界面）的拉曼光谱。前两种（图中a曲线和b曲线）的基体为玻璃，分别为JG6和Pyrex；而第三种复合材料的基体（图中c曲线）为环氧树脂，增强体均为SiC，三条谱线形状相似。其中，位于1350cm^{-1}和1600cm^{-1}的两个峰源于界面的自由碳，界面中的SiC则引起位于830cm^{-1}附近的第三峰。1600cm^{-1}峰由结构完善的石墨单晶所引起（G峰），强度为I_G，而位于1350cm^{-1}的D峰来源于多晶石墨，强度为I_D。

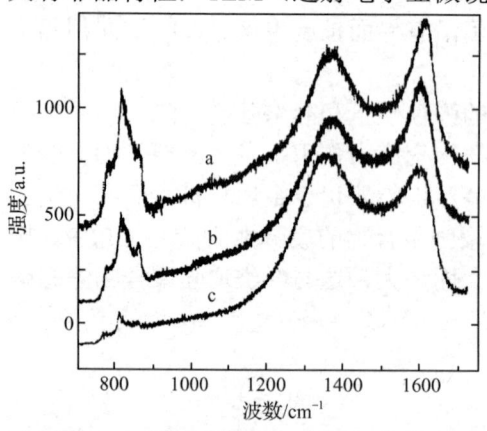

图2-32 SiC/JG6、SiC/Pyrex、SiC/环氧树脂聚合物基复合材料纤维表面的拉曼光谱

由经验方程可得石墨微晶粒的大小 L_a 为

$$L_a = 44 \frac{I_G}{I_D} \tag{2-16}$$

由此可以分析和比较不同基体中界面处石墨微晶粒的尺寸大小。

界面处的拉曼光谱也反映纤维表面（界面）化合物组成在材料制备过程中的变化。图 2-32 中有三条拉曼光谱位于 $830cm^{-1}$ 附近，来源于界面中 SiC 的拉曼峰强度。纤维内部的拉曼光谱也出现类似的峰。两种玻璃基复合材料界面处的 $830cm^{-1}$ 峰与其纤维内部及树脂基复合材料纤维内部的 SiC 拉曼峰都有相近似的强度，但都显著大于树脂基复合材料纤维表面该峰的强度。考虑到 SiC 纤维优良的热力学稳定性和复合材料的常温制备工艺，树脂基与纤维表面不应发生任何化学反应，基体内纤维与原材料纤维的表面应具有相同的化学组成，故 $830cm^{-1}$ 峰很大程度上取决于 Nicalon 纤维中 SiC 的浓度。所以，两种玻璃基复合材料界面处的 SiC 浓度显著高于树脂内纤维表面，即原材料纤维表面的 SiC 浓度。

在碳纳米管增强聚合物基复合材料中，由于碳纳米管（CNT）几乎由排列成正六边形的 SP^2 杂化的碳原子组成，因此它对绝大多数有机物来说是惰性的。这种惰性导致复合材料的界面黏结性很差，会影响复合材料性能的提高。对 CNT 进行官能化改性是改善复合材料界面的首要方法。官能化的主要方法可分为以下三种：

（1）通过化学反应在 CNT 的表面接枝化学基团；
（2）使用有机高分子物理缠绕包裹 CNT 来改善 CNT 与其他有机物的相容性；
（3）采用物理方法使 CNT 的两端打开，然后将有机分子填充到 CNT 内部的空腔中。

CNT 的侧壁化学接枝法是改善复合材料界面和 CNT 分散性最有效的方法。化学接枝法主要通过卤化、氢化、开环加成、自由基加成、亲电加成、接枝大分子和加成无机化合物的方式实现。自由基加成是 CNT 改性常用的有效方法，图 2-33 是 CNT 侧壁发生加成反应的各种官能化方法。在卤化反应中，接枝在 CNT 侧壁上的氟原子可以进一步被烷基、氨基等其他基团所取代。若将引发剂引发的丙烯酸缩水甘油酯环氧树脂自由基加成到 CNT 的侧壁，可改善 CNT 与环氧基体的界面。采用间氯过氧化苯甲酸氧化 CNT，使 CNT 侧壁的碳碳双键被氧化生成环氧基团，可提高 CNT 与环氧树脂基体的界面结合能力和力学性能。若采用浓硝酸和浓硫酸处理 CNT，CNT 侧壁被氧化成含氧官能团（如羧基、羟基、羰基等），这些含氧基团还可以进一步通过酯化、酰胺化等反应接枝环氧、氨基等官能团。

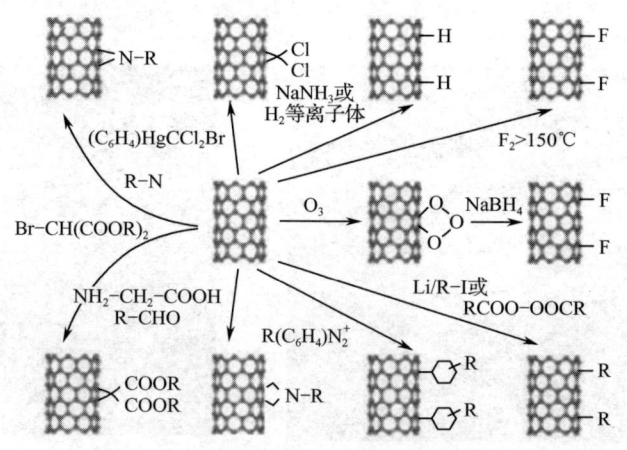

图 2-33 CNT 侧壁发生加成反应的各种官能化方法

2.6 聚合物基复合材料在航空航天领域的应用

传统的飞机零部件材料以铝合金、钛合金居多，而纤维增强树脂基复合材料则有高度轻质、防腐蚀、抗疲劳等优点，近年来，纤维增强树脂基复合材料在以安全和经济效益为宗旨的民用飞机上的运用，已获得了一些突破。全球两大飞机制造龙头波音公司与空客公司，也相继研发了以新型的纤维增强树脂基复合材料为主要受力结构件的商用客机，波音787机身的纤维增强树脂基复合材料用量占比最高约50%，并使用T800的纤维增韧环氧树材料（T800S-3900-2B）制造机身与翅膀，在工作时可减少气流压力，增长机身寿数，增加疲劳程度，并节约燃料损耗。国内中国商用飞机有限责任公司C919飞机中的中央机翼、襟翼等部分都使用了纤维增强树脂基复合材料，从而解决了飞机结构复杂、形状公差大等技术困难问题，而纤维增强树脂基复合材料的质量仅占飞行器结构整体质量的12%。在飞行方面，纤维增强树脂基复合材料制成的洲际飞弹的鼻锥和翼尖，热力学研究特性良好，抗热作用好，能维持飞行器的气动形状，减少非制导误差；而纤维增强树脂基复合材料制成的导弹发动机外壳在符合减重要求的条件下，大大增大了弹头的射程，从而具备质量轻、厚度小、射程远等优点；纤维增强树脂基复合材料所制成的卫星结构件，承载能力更加强大，在减重的时候节约了燃油，而且在高低温环境中变形率也很小。例如，波音707客机在制造过程中并没有采用纤维增强树脂基复合材料，而波音757客机在制造过程中则采用了5%以下的纤维增强树脂基复合材料，但随着飞机科学的发展，在各种类型客机中纤维增强树脂基复合材料的使用量正在逐步增加，瑞士风A322飞机中此材料的使用率则达到了18%左右。在经济飞速发展的情况下，纤维增强树脂基复合材料在所有民用飞机使用上的总使用量将迅速增加，波音787纤维增强树脂基复合材料的总使用量更是达到了49%，而其全部结构也将采用纤维增强树脂基复合材料。

江苏恒神纤维材料公司生产的航空聚合物基复合材料T800等，年产量达千吨级（见图2-34）。该公司的其他复合材料（恒神预浸料），已经用于国产大飞机C919。T800广泛应用于航空航天领域，其生产线如图2-35所示。尤其是在作战飞机中，高强低比重的航空聚合物基复合材料的运用，意味着飞机具有更大的载弹量和航程。美国五代机的航空聚合物基复合材料的运用比例已达空重的20%以上，我国的J20仅有8%左右。此外T1000、T1200等也将走出实验室，进入应用行列。

图2-34 裁剪中的航空聚合物基复合材料　　　　　图2-35 T800生产线

第 2 章 聚合物基复合材料

我国自主制备的阻燃玻纤/环氧、玻纤/酚醛复合材料,已成功应用于运-20 飞机(见图 2-36)的厨舱隔板、地板等部位。此外,研究人员还创新性地通过分子结构设计、合成和配方组合优化等技术手段,发明了一种兼具绿色阻燃、低烟低毒和低热释放功能的新型预浸料复合材料,其综合性能达到了空客、波音公司选用的顶尖舱内复合材料水平,成功应用于运-20 飞机的舱内壁板和天花板等部位。我国首架自主研发的全复合材料轻型公务机已下线,如图 2-37 所示,机体全部采用了碳纤维增强聚合物基复合材料,显著地改善了性能指标,此外在卫星电池板上也有广泛应用,如图 2-38 所示。在飞船、返回舱中也大量使用碳纤维增强聚合物基复合材料,如将复合材料推进舱主承力结构、返回舱结构支板、轨道舱支板、气瓶支架、波导元件、伸展天线等,这些高性能复合材料结构件的采用,为神舟飞船减重 30%,大大增加了有效载荷,并保持在空间激烈交变的温度环境下结构尺寸的稳定性,提高了推进系统的精度,如图 2-39 所示。

图 2-36 运-20 飞机　　图 2-37 我国首架全复合材料轻型公务机

我国专家陈祥宝发明新型潜伏性固化剂,室温下与环氧树脂反应非常缓慢,但在 60～80℃时能迅速与环氧树脂发生化学反应,再通过控制固化剂在环氧树脂中的溶解性和形态,将固化剂制成了在室温状态下不溶于环氧树脂的颗粒,这样使固化剂与树脂反应的接触面较小,但温度升至 60℃时,固化剂颗粒融化,扩大了反应面积,使得复合材料迅速固化。低温固化高性能复合材料解决了复合材料成本过高的问题,而且还具有与中温、高温固化复合材料一样高的性能。

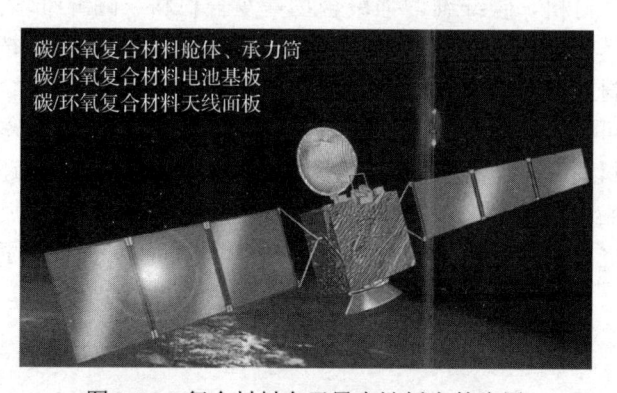

图 2-38 复合材料在卫星电池板上的应用

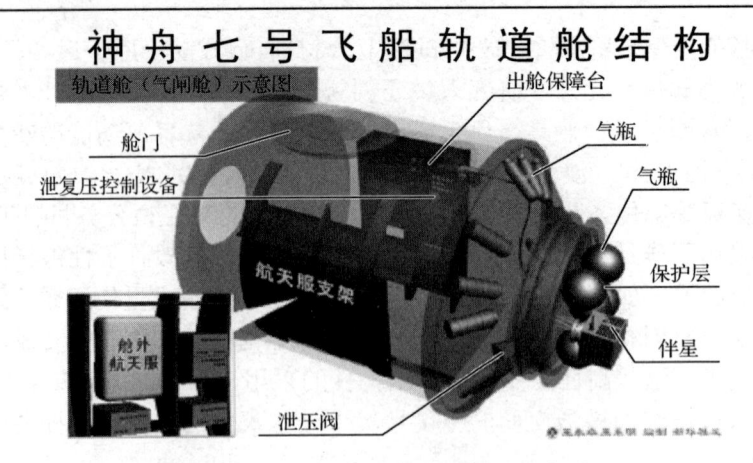

图 2-39　复合材料在神舟飞船上的应用

本章小结

聚合物是一种分子量很大的化合物，其分子量多数为5000~1000000，主要由单体、链节、聚合度、分子量（平均分子量）等组成。它是把低分子化合物（单体）通过加聚反应和缩聚反应聚合起来形成的，其凝聚态结构主要有气态、液态和固态三种，其中固态又分为晶态，即聚合物分子有序排列的状态；非晶态（无定形），即聚合物分子近程有序、远程无序的排列状态；混合态则为晶态与非晶态的组合。混合态中，晶体部分所占的质量百分数称为结晶度。聚合物的结晶度与聚合物的分子结构密切相关。线形无定形（非晶态）高聚物的三种力学状态为玻璃态、橡胶态、黏流态。晶态高聚物的力学状态取决于分子排列的规整程度和分子量大小。一般分子量的晶态高聚物有两态：晶态和黏流态；分子量较大的晶态高聚物有三态：晶态、高弹态和黏流态；非完全晶态的高聚物也有三态：玻璃态、高弹态和黏流态。而体形高聚物的力学状态有玻璃态和高弹态。工程上应用的高聚物主要有三种：合成塑料、合成橡胶、合成纤维。

凡以聚合物为基体的复合材料统称为聚合物基复合材料。按增强纤维的种类可分为玻璃纤维增强聚合物基复合材料、碳纤维增强聚合物基复合材料、硼纤维增强聚合物基复合材料、芳纶纤维增强聚合物基复合材料及其他纤维增强聚合物基复合材料。按增强体种类可分为纤维增强聚合物基复合材料、晶须增强聚合物基复合材料、颗粒增强聚合物基复合材料等。若按基体聚合物的性能可分为通用型聚合物基复合材料、耐化学介质型聚合物基复合材料、耐高温型聚合物基复合材料、阻燃型聚合物基复合材料等。按基体特性还可分为热固性树脂基复合材料与热塑性树脂基复合材料。聚合物基复合材料具有高的比强度、比模量，抗疲劳性能好，减震性好，耐烧蚀性卓越，可设计性强，成型工艺简单，过载时安全性能好等特点。

思考题

（1）聚合物基复合材料的特点。
（2）简述聚合物的组成。
（3）聚合物的合成反应有哪几种？

(4) 简述线形无定形（非晶态）高聚物的三种力学状态。
(5) 常见的热固性树脂、热塑性树脂有哪些？
(6) 聚合物基复合材料的制备工艺有哪些？
(7) 简述聚合物基复合材料的力学性能。
(8) 聚合物基复合材料的界面形貌、成分、结合力等的表征方法有哪些？
(9) 简述聚合物基复合材料的性能特点。
(10) 简述聚合物基复合材料的应用前景，尤其是在航空航天领域的应用前景。

第3章 轻金属基复合材料

所谓轻金属基复合材料是指以轻金属及其合金为基体,与一种或几种金属或非金属为增强体,人工结合成的复合材料。组成复合材料的各种分材料称为组分材料,组分材料间一般不发生作用,均保持各自的特性独立存在。与传统金属材料相比,轻金属基复合材料具有较高的比强度和比刚度;与聚合物基复合材料相比,它具有优良的导电性和导热性;与陶瓷材料相比,它具有较高的韧性和抗冲击性能。因此,轻金属基复合材料具有一般材料不具有的独特性能,能够克服单一的金属、陶瓷、高分子材料在性能上的局限性,可充分发挥各组分材料的优良特性,取长补短,可满足各种特殊和综合性能的要求,也可实现经济利益最大化,因而,在航空航天、电子、汽车等领域,轻金属基复合材料的应用正不断扩大。

3.1 轻金属基复合材料与轻合金的区别与联系

轻金属基复合材料是轻金属如铝、镁、钛及其合金为基体的复合材料,而轻合金则是以轻金属为主元、加入一种或多种其他金属或非金属元素组成以金属键为主的物质,因此两者的差异即复合材料与合金的区别。合金是指一种金属与另一种金属或非金属(或多种)混合形成以金属键为主的物质,仍保持金属特性。此时,组成合金的金属或非金属称为组元,合金至少为二元合金,一般为多元合金。二元合金中的典型代表为铁-碳二元合金。合金中的组元将发生物理或化学作用,形成合金的组成相。发生物理作用时形成溶质溶于溶剂并保持溶剂结构的固溶体。发生化学作用时则形成不同于任一组元结构的新物质即化合物。合金中的组元在合金中不复存在,而是以固溶体或化合物的形式存在。固溶体与化合物构成了合金的两个基本相。基本相是组元在合金中的存在方式。以铁-碳二元合金为例,组元为铁和碳,组元在合金中发生作用形成基本相,如图3-1所示。

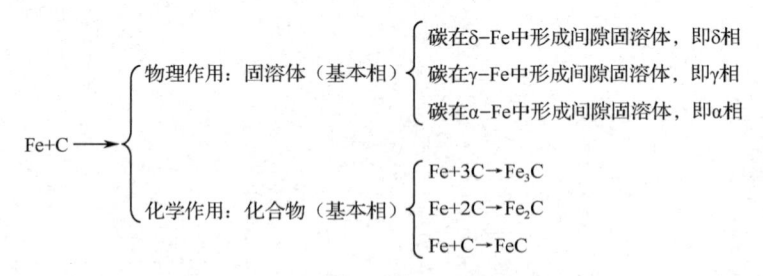

$$\text{Fe+C} \begin{cases} \text{物理作用:固溶体(基本相)} \begin{cases} \text{碳在}\delta\text{-Fe中形成间隙固溶体,即}\delta\text{相} \\ \text{碳在}\gamma\text{-Fe中形成间隙固溶体,即}\gamma\text{相} \\ \text{碳在}\alpha\text{-Fe中形成间隙固溶体,即}\alpha\text{相} \end{cases} \\ \text{化学作用:化合物(基本相)} \begin{cases} \text{Fe+3C} \rightarrow \text{Fe}_3\text{C} \\ \text{Fe+2C} \rightarrow \text{Fe}_2\text{C} \\ \text{Fe+C} \rightarrow \text{FeC} \end{cases} \end{cases}$$

图3-1 铁-碳二元合金组元间的相互作用

由图3-1可知,组元在合金中以基本相(固溶体和化合物)的形式存在,相与相间存在界面,合金的性能主要取决于基本相的大小、形貌及其在合金中的分布即组织。从合金组成相的角度看,合金也可看成是不同相的复合,即合金可以看成是更高层次上的复合材料。

3.2 轻金属基复合材料的分类

轻金属基复合材料的分类方式较多，一般归为以下三种。

1. 按基体分

主要有铝基、钛基、镁基、金属间化合物基等复合材料，已在航空航天、电子、汽车等领域得到应用。

1）铝基复合材料

以纯铝或其合金为基体的复合材料，它是金属基复合材料中研究最为深入、应用最为广泛的一种复合材料。由于基体合金为面心结构，因而具有良好的塑性和韧性，还具有较好的可加工性、工程可靠性及价格低廉等优点。实际应用中基体金属一般均采用铝合金，这比纯铝具有更好的综合性能。

2）钛基复合材料

随着飞行速度的提高，对飞机结构材料的刚度提出了更高的要求，当飞机速度从亚音速提高到超音速时，钛合金比铝合金显示出了更大的优越性。随着飞行速度的进一步提高，需要改变飞机的结构设计，采用更长的机翼和其他翼形，需要更高刚度的材料，而纤维增强的钛合金恰好满足这种对材料的要求。钛基复合材料中最常用的增强体为硼纤维，这是由于钛与硼的热膨胀系数相近。

3）镁基复合材料

以陶瓷、纤维或晶须为增强体，使之在镁基体中均匀分布制成镁基复合材料。它集超轻、高比强度、高比刚度于一身，该类材料比铝基复合材料更轻，是航空航天领域的优选材料，如美国海军部和斯坦福大学用箔冶金扩散焊接方法制备了 B_4C_P/Mg-Li 复合材料，其比强度、比刚度较工业铁合金高 22%，屈服强度也有所提高，并具有良好的延展性。目前关于 SiC 增强的镁基复合材料研究较为成熟，这是由于 SiC 与镁基体的界面润湿性较好。

4）金属间化合物基复合材料

金属间化合物具有较强的低密度、高强度、热传导性及良好的耐热性能，其冷却效率较高而热应力较小，被用作高温结构材料，尤其是航空发动机的高温部件（如叶片等）。由于晶体结构中存在共价键，金属间化合物存在脆性，为提高其韧性，人们采用合金化、晶粒细化、复合强化及定向凝固技术、单晶技术、电热爆炸技术等对其进行改性，其中复合强化是一种有效的手段。颗粒增强金属间化合物基复合材料由于制造工艺相对简单，各向同性，基体与增强体之间热膨胀系数的匹配不太敏感而备受关注。郭建亭等合成了内生颗粒增强的 NiAl 基耐高温复合材料，与 NiAl 比较，NiAl 基复合材料的高温强度提高 3~5 倍，塑性和韧性也同时得到改善。增强体与基体在多数情况下形成一个光滑、平直、无中间相的界面，而且一般以非共格或半共格的界面结合形式存在。界面两侧为直接的原子结合，结合强度高。

2. 按增强体分

1）颗粒增强复合材料

增强体为弥散分布的颗粒，颗粒直径和颗粒间距较大，一般大于 1μm。增强体为主要的承载相，而基体的作用主要是传递载荷。颗粒增强复合材料的强度通常取决于增强颗粒的直径和体积分数，同时还与基体性质、颗粒与基体的界面及颗粒排列的几何形状等密切相关。

2）纤维（长、短）及晶须增强复合材料

根据长径比的不同，纤维可分为长纤维、短纤维和晶须三种，长纤维的增强方式可以一维（单向纤维）、二维织布和三维织物存在，一维增强时复合材料呈现出明显的各向异性特征；二维织布增强时在该平面方向的力学性能与垂直于该平面方向的不同；三维织物增强时基本上各向同性。纤维增强金属基复合材料中纤维是承受载荷的主要载体，纤维与基体的界面对力学性能影响较大，纤维的加入不仅增强了材料的力学性能，还提高了材料的耐热性能。

短纤维和晶须在基体中为随机分布的，因而性能在宏观上呈现为各向同性；特殊情况下，短纤维也可实现定向排列，如对复合材料进行挤压二次加工，实现晶须的定向排布，将使材料性各向异性。

3）层状增强复合材料

层状增强复合材料是指在韧性和成型性较好的金属基材料中含有重复排列的高强度、高模量层状增强物的复合材料。片层的间距为微观的，故在正常比例下，材料按其结构组元看，可以认为是各向异性和均匀的。

层状增强复合材料的性能与大尺寸增强物的性能相近，而与晶须或纤维等小尺寸增强物的性能相差较大。由于薄片增强的强度不如纤维增强的高，因此层状结构复合材料的强度受到限制，但在增强平面的各个方向上，薄片增强物对强度和模量均有增强作用，这明显优于纤维增强复合材料。

3. 按特性分

1）结构复合材料

主要用于承力结构，具有高的比强度、比刚度和比模量，尺寸稳定，耐热等特点。主要用于航空航天、汽车、先进武器系统等高性能构件。

2）功能复合材料

除力学性能外，还有其他物理性能和化学性能的复合材料，物理性能主要包括电、磁、热、声、阻尼、摩擦等，化学性能主要包括抗氧化性能、耐蚀性能等。功能复合材料的应用十分广泛，可用于汽车、电子、仪器、航空航天、武器等领域。

3.3 轻金属基复合材料的性能

3.3.1 比强度和比模量

在轻金属基体中加入适量的高强度、高模量、低密度的纤维、晶须、颗粒等增强体，显著提高了复合材料的比强度、比刚度和比模量，特别是高性能的连续纤维（硼纤维、碳纤维、石墨纤维等）增强体，具有很高的比强度和比模量。密度只有 $1.85g/cm^3$ 的碳纤维最高强度可达 7000MPa，比铝合金强度高出 10 倍以上，碳纤维的最高模量可达 91GPa，硼纤维、碳化硅纤维密度为 $2.4\sim3.4g/cm^3$，强度为 $3500\sim4500$MPa，模量为 $350\sim450$GPa。在金属中加入高性能、低密度的增强体，可使复合材料的比强度、比模量成倍增加。采用高比强度、高比模量的金属基复合材料制成的构件相对密度轻、强度高、刚性好，是航空航天领域中的理想材料。

3.3.2 疲劳性能和断裂韧性

轻金属基复合材料的疲劳性能和断裂韧性取决于纤维、晶须及颗粒等增强体与基体的界面结合状态、增强体在基体中的分布及增强体自身特性等因素,这些因素中最关键的是增强体与基体的界面结合状态,适中的界面结合强度可有效地传递载荷,阻止位错运动和裂纹的形成与扩展,提高材料的断裂韧性。

3.3.3 耐高温性能

由于增强体(纤维、晶须、颗粒等)一般为无机物,在高温下具有高强度和高模量,与基体复合后,可使复合材料的耐热性能明显提高,如无机纤维与金属基体复合后,纤维在复合材料中起主要的承载作用。高温时纤维的强度几乎不下降,纤维增强轻金属基复合材料的高温性能可保持到接近金属熔点,其耐热性能与轻金属基体相比显著提高,如石墨纤维增强铝基复合材料在 500℃时,仍具有 600MPa 的高温强度。而铝基体在 300℃时强度已低于 100MPa 了。特别是一些摩擦副,如铝合金在高温时耐磨性能显著降低,甚至会发生咬合现象,而 SiC 颗粒增强的铝基复合材料可在 300℃仍能保持正常工作。

3.3.4 导电性能与导热性能

虽然有的增强体(如陶瓷颗粒等)为绝缘体不导电,但在复合材料中仅占小于 40%的份额,故基体的导电性能、导热性能并未被完全阻断,轻金属基复合材料仍具有良好的导电性能和导热性能。良好的导热性能可有效传热,减少构件受热后产生的温度梯度和热应力,可使构件保持良好的尺寸稳定性,这对高集成度的电子器件尤为重要。良好的导电性能可以防止飞行器构件产生静电聚集甚至放电现象。

若采用高导热性的增强体,还可进一步提高金属基复合材料的热导率,使复合材料的热导率比纯基体还高。采用超高模量石墨纤维、金刚石纤维、金刚石颗粒增强轻铝基复合材料的热导率比纯铝还高,用它们制成的集成电路底板和封装件可有效、迅速散热,提高集成电路的可靠性。

3.3.5 耐磨性能

在轻金属基体中加入增强体,尤其是陶瓷纤维、晶须、颗粒等,可提高复合材料的耐磨性能。因为陶瓷具有硬度高、耐磨性能好、化学性稳定的特点,它们不仅可提高复合材料的强度、刚度,还可显著提高复合材料的耐磨性能,如 SiC 颗粒增强铝基复合材料可使其耐磨性相比基体提高 2 倍以上,甚至比铸铁还好。SiC_p/Al 复合材料由于具有高耐磨性,在汽车、机械工业具有重要的应用前景,可用于汽车刹车部件、活塞等重要零件。

3.3.6 热膨胀性能

因碳纤维、SiC 纤维、晶须、硼纤维等增强体的热膨胀系数相比于金属基体要小得多,由复合理论可知,复合材料的热膨胀系数将随增强体体积分数的提高而降低,特别是石墨纤维具有负的热膨胀系数,控制加入量可调整复合材料的热膨胀系数,甚至实现复合材料的零膨胀,以满足各种不同的需求,如石墨纤维增强镁基复合材料,当石墨纤维含量达 48%时,复合材料的热膨胀系数为零,即在温度变化的环境中,复合材料无变形,尺寸稳定。

3.3.7 吸潮、老化及气密性

轻金属基复合材料相比聚合基复合材料，不吸潮、不老化且气密性好，在太空中使用不会分解出低分子物质污染仪器和环境，具有明显的优越性。但轻金属基复合材料的切削加工性相对较差，加工表面质量相对较差。

总之，轻金属基复合材料具有高的比强度、比刚度、比模量，良好的导电性、导热性、耐热性，低的热膨胀系数，优异的尺寸稳定性等优点，在航空航天、电子、汽车、轮船、军工等领域均具有十分广泛的应用前景。

3.4 轻金属基复合材料的制备工艺

轻金属基复合材料的制备工艺种类繁多，主要根据基体与增强体的性质决定，基体的选用一般有三条原则。

1）复合材料的使用要求

这是选择基体材料的主要依据，航空航天领域需选用高的比强度、比模量，耐高温和热膨胀系数低的材料；汽车发动机领域则选耐热、耐磨，热膨胀系数低，成本低，易工业化的材料；电子工业领域选导电性、导热性优异的材料。

2）复合材料的组成特点

不同的增强体对基体的选择影响较大。当增强体为长纤维时，要求基体的塑性好，能与增强体有良好的相容性，并不要求基体具有很高的比强度和比模量，此时，纤维是主承载体。当增强体为短纤维或晶须时，基体成了主要承载体，此时应选高强度的基体。

3）复合材料的界面相容性

复合材料的界面相容性包括增强体与基体间的物理相容性和化学相容性。物理相容性包括增强体与基体间的良好润湿性和热膨胀的匹配性；化学相容性则表示增强体与基体界面处的化学稳定性或反应的可能性，界面处应避免发生有害的化学反应。通过在基体中添加合金元素可调节金属基复合材料的界面相容性，如在碳纤维增强的铝基复合材料中，添加少量的Ti、Zr等元素，可明显改善复合材料的界面结构和性质，大幅提高复合材料的性能。

此外，还要依据其工作的温度和环境选择，如当工作温度在450℃以下时，选Al、Mg及其合金；当工作温度在450~1000℃时，选Ti及其合金；当工作温度在1000℃以上时，选NiAl金属间化合物基及其合金。金属间化合物基复合材料使用温度可达1600℃。

轻金属基复合材料的制备方法根据增强体产生的不同方式可分为内生型法和外生型法两种，内生型法是指增强体通过组分材料间的放热反应在基体中产生。增强体的表面无污染、与基体的界面干净、结合强度高、化学稳定性好，且反应放热还可使挥发性杂质离开基体，起到净化基体的作用。内生型法又称原位反应法，它包括自蔓延燃烧反应法、放热弥散法、接触反应法、气液反应法、直接熔体氧化法、机械合金化法、混合盐反应法、浸渗反应法、微波合成法等。而外生型法包括固态法、液态法等。

3.4.1 内生型法

1. 自蔓延燃烧反应（Self-propagating High Temperature Synthesis，SHS）法

SHS法的基本原理如图3-2所示。将增强体的组分原料A与金属粉末B充分混合，挤压成形，在真空或惰性气氛中预热或室温下点火引燃，使 A、B 之间发生放热化学反应，放出的热量引起未反应的邻近部分相继反应生成 AB 直至全部完成。反应生成的增强体弥散分布于基体中。

自蔓延燃烧反应需要一定的条件：①组分之间化学反应的热效应可达 167kJ/mol；②反应过程中的热损失（对流、导热、辐射）应小于反应系统的放热量，以保证反应不中断；③在反应过程中应能生成液态或气态反应物，便于生成物的扩散传质，使反应迅速进行。自蔓延燃烧反应的主要影响因素有预热温度、预热速率、引燃方式、反应物的粒度、致密度等。表征自蔓延燃烧反应工艺的主要参数有燃烧波的形态、燃烧波的速度、绝热燃烧温度等。

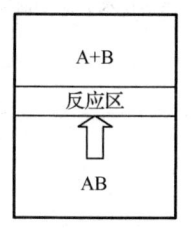

运用 SHS 法可制备 TiC、TiB_2、Al_2O_3、SiC_p、Ta_xSi_y、$MoSi_2$、HfB_2 等陶瓷颗粒或以其为增强体的铝基复合材料，以及在金属表面进行陶瓷粒子或金属间化合物的涂覆。为了提高反应产物的致密度可采用致密化技术，如 SHS+HIP（热等静压）、SHS+HP（热压）、SHS+HE（热轧）、SHS+Casting（铸造）等。Y.Choi 等利用 SHS 法制备 Al-Ti-C 系复合材料，未采用致密化技术时反应产物的密度仅达理论密度的 78%，而采用热等静压致密后，致密度高达理论密度的 92%。

图 3-2 SHS 法的基本原理

该法的优点：生产工艺简单，反应迅速，能耗少，成本低；反应热可熔化、蒸发挥发性杂质，提高反应产物的纯度；能制备单相陶瓷、复相陶瓷或金属陶瓷等高熔点物质。不足：需引燃装置，反应产物的空隙率高，激烈的反应过程难以控制，反应产物中易出现缺陷集中和非平衡过渡相，有的反应需在保护气氛中进行。

2. 放热弥散（Exothermic Dispersion，XD）法

XD 法是美国马丁·阿里埃塔实验室在 SHS 法的基础上改进而来的，其基本原理是将增强体组分物料与金属基粉末按一定的比例均匀混合，冷压或热压成坯，置于真空炉中，如图 3-3 所示，以一定的加热速度预热试样（也可称样品）至一定温度（通常高于基体的熔点而低于增强体的熔点）时，增强体各组分物料之间进行放热化学反应生成增强体，并在基体中呈弥散分布。

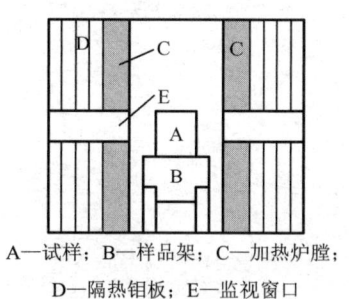

A—试样；B—样品架；C—加热炉膛；
D—隔热钼板；E—监视窗口

图 3-3 XD 法的基本原理

XD 法已被用来合成复相陶瓷、金属陶瓷、金属基复合材料及陶瓷基复合材料。常用于热爆合成的反应体系有 $Al-TiO_2-B$（B_2O_3、C、B_4C）、$Al-ZrO_2-B$（C、B_2O_3、B_4C）、$Al-N_2O_3$、$Ti-B_4C$、$Al-SiO_2-C$（Mg）等。与 SHS 法相比，该法无引燃装置，设备简单；反应产物空隙少，密度高；预热温度低，能耗少；反应过程便于控制；可进行一些 SHS 法难以进行的反应。该法的缺点是工艺流程长，反应过程的影响因素多，能反应的体系相对较少。

3. 接触反应（Contact Reaction，CR）法

CR 法是在 SHS 法、XD 法的基础上发展而来，其基本原理如图 3-4 所示。含增强体的组分元素或化合物均匀混合后挤压成坯，直接或预热后置入高温基体合金液中，使之接触发生化学反应。反应热一方面使压坯碎裂，增加了反应接触面积，促使反应进一步进行；另一方面可使反应产物向基体中扩散，在机械搅拌或超声波的作用下使增强体在基体中弥散分布，然后静置浇注成试样。

常用的元素粉末有 Ti、C、B 等，化合物粉末有 Al_2O_3、TiO_2、B_2O_3 等，基体金属有 Al、Cu、Fe 等。该法可制备不同基体的复合材料。该法虽然工艺简单、成本低但反应不均匀，甚至不完全，易造成成分偏析；反应过程难以控制，有气体析出，污染工作环境；熔体温度高，能耗大，表面易氧化，反应需在保护气氛下进行。

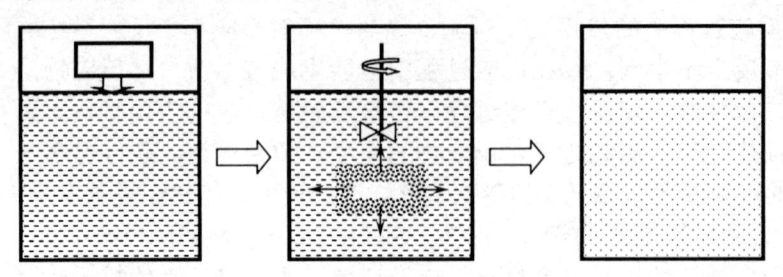

图 3-4 CR 法的基本原理

4．气液反应（Vapor Liquid Synthesis，VLS）法

在 VLS 法中有气相参与反应，其基本原理如图 3-5 所示。含有增强体某一组分元素的气体 A 以惰性气体为载体通入液态合金 B 中，气体直接与合金液发生反应，或气体在合金液中分解，分解出增强体的某一组分元素，再与基体合金中的某一元素结合生成增强体，并在基体中扩散分布。该法适合于要求增强体尺寸小（0.1～0.3μm）和体积分数较低（<15%）的复合材料的制备。

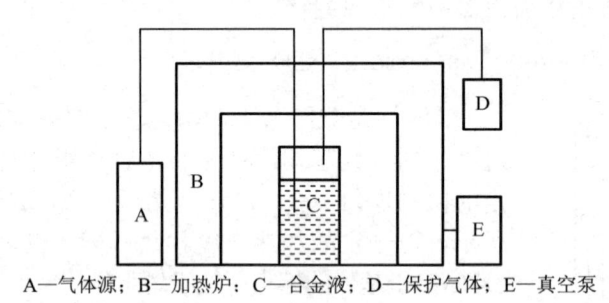

A—气体源；B—加热炉；C—合金液；D—保护气体；E—真空泵

图 3-5 VLS 法的基本原理

常见的反应有

$$CH_2 \longrightarrow C+2H_2 \tag{3-1}$$

$$M-X+CM \longrightarrow 2M+XC \tag{3-2}$$

$$2NH_3 \longrightarrow 2N+3H_2 \tag{3-3}$$

$$M-X+N \longrightarrow M+XN \tag{3-4}$$

式中，M 为金属元素，X 为合金元素，M-X 为基体合金。

在 Al-Ti 合金液中通入甲烷气体 CH_4，制备 TiC 颗粒增强 Al-Ti 合金基复合材料。需指出的是 CH_4 通入液态基体中，发生分解反应：$CH_4 \longrightarrow C+2H_2$，分解出的碳有两种不同的形态：一种是细颗粒状的炭黑；另一种是球状或纤维状的石墨。这主要取决于分解温度和背底条件，在一定的条件下 CH_4 气体还可分解出金刚石状的碳粒子，分解后的碳在液态金属液中沉积扩散并与合金元素 Ti 结合生成 TiC 及中间相 Al_4C_3、$TiAl_3C$，反应时间足够时中间相将转变为稳定相 TiC，反应过程如下：

$$4Al+3C \longrightarrow Al_4C_3 \qquad (3-5)$$
$$Al_4C_3+12Ti+C \longrightarrow 4Ti_3AlC \qquad (3-6)$$
$$Ti_3AlC+2C \longrightarrow 3TiC+Al \qquad (3-7)$$

目前，运用该法还可合成多种陶瓷相，如粒状 AlN、柱状 β-Si_3N_4 等。该法的优点：工艺相对简单，操作方便。缺点：设备复杂，反应过程及增强体的产生量难以控制；增强体的分布不均匀，凝固结晶时易造成质量偏析；有些气体分解困难或不完全，反应产物也不易控制。

5. 直接熔体氧化（Direct Melt Oxidation，DIMOX）法

此法的基本原理如图 3-6 所示，增强体靠熔体的直接氧化而来，即将熔体直接暴露在空气中，空气中的氧与基体合金液直接接触，熔体表面被氧化（如 Al_2O_3、TiO_2 等）构成熔体的表面膜，氧化层由于温度梯度而产生裂纹，里层金属液通过氧化层微小裂缝向上毛细扩散，与氧继续反应，随着氧化层的厚度增加，金属液的毛细扩散阻力增大，到某一时刻扩散停止，氧化反应也就结束，生成的氧化物即增强体。

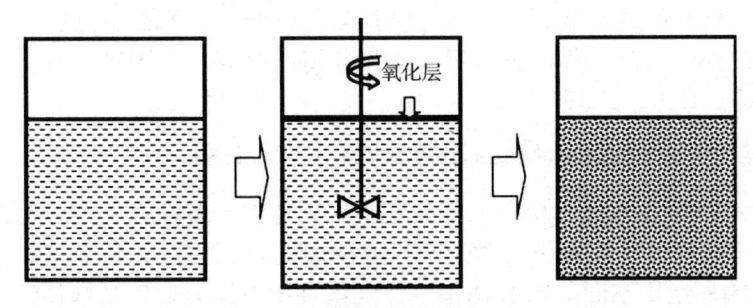

图 3-6 DIMOX 法的基本原理

运用该法可制成 Al_2O_3/Al-Mg-Si、Al_2O_3/Al-Mg、Al_2O_3/Al-Zn 等复合材料。该法具有工艺简单，无须气氛保护，反应过程时间短，成本低，可直接铸造成形，易于产业化的优点。但增强体的生成量和形态不易控制，分布的均匀性也不高。

6. 球磨合成（Milling Synthesis，MS）法

MS 法（又称机械合金化法）是多种粉末直接形成合金的一种工艺，首先将各种所需的粉末置于球磨罐中球磨，使粉末变形、粉碎，局部高温反应生成弥散分布的增强体，再将球磨后的粉末脱气、热压或冷处理固化成形。

MS 法适合于制造陶瓷或金属间化合物作为弥散相的合金，如采用 CuO 粉和 Al 粉和运用 MS 法制备粒径分别为 100～50nm 的 $CuAl_2$、10～50nm 的 Al_2O_3 和 Al_4C_3 增强的铝基复合材料。在球磨 Al 粉和 Ti 粉的过程中通入可控气氛 N_2，从而直接制成 TiN、(Ti,Al) N 复相陶瓷增强的铝基复合材料。

该法的优点：增强体是在常温或较低温度下在真空罐中通过化学反应产生的，尺寸细小，分散比较均匀；在机械合金化过程中形成的过饱和固溶体在随后的热加工过程中会脱溶分解，生成呈弥散分布的细小的金属化合物粒子；粉末系统的储能高，有利于降低其致密化的温度；制成的材料不受相率的支配，可比较自由地选择金属和构成相。缺点：粉末要求严格，制造成本高；表面易氧化、污染；球磨易使粉末非晶化或产生过渡相。

7. 混合盐反应（London Scandinavian Metallurgical，LSM）法

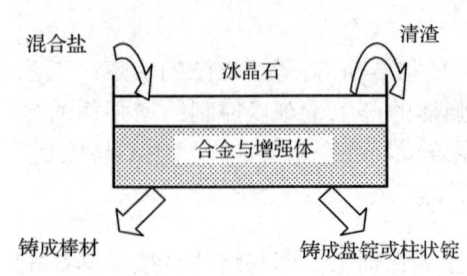

图 3-7 LSM 法的基本原理

该法是英国 London Scandinavian Metallurgical 公司发明的专利技术，其基本原理（见图 3-7）是将含有增强体组元的盐混合、预热后再加入金属基体的熔体中，高温下盐中增强体的组元被金属还原并在基体熔体中结合生成增强体，去掉熔渣即可浇铸成型。

利用 K_2TiF_6 盐和 C 粉混合预热后置入 Al 熔体中，经反应、充分搅拌后可制得 TiC 颗粒增强的铝基复合材料。若 TiO_2-H_3BO_3-Na_3AlF_6 混合后置入 Al-4.5Cu 合金溶液中，在 950℃左右发生化学反应，通过调整混合盐的计量比，可制得增强体仅为 TiB_2 颗粒、基体为 Al-4.5Cu 的复合材料。

该法的优点：工艺简单，无须气氛保护，也无须球磨混合及冷挤压成坯等工序，反应后可直接浇注成型，盐原料成本低。缺点：增强体与基体的结合界面有盐膜阻隔，降低了界面结合强度；反应过程有大量气体溢出，污染工作环境；熔渣去除困难，且有腐蚀性；增强体的体积分数不高等。

8. 浸渗反应（Pressureless Metal Infiltration，PRIMEX）法

PRIMEX 法是将增强体预制块置入基体液中，基体液一方面在可控气氛的作用下渗入预制块，另一方面又与可控气氛发生化学反应，生成新的增强体，并弥散分布于基体中。该法与 VLS 法和 DIMOX 法均不同，VLS 法是可控气氛直接或经分解后与基体液反应产生增强体的，DIMOX 法是基体液暴露于大气中与空气中的氧结合生成增强体的，而 PRIMEX 法则是基体液在可控气氛的作用下进入增强体预制块的同时还与之发生反应产生新的增强体，形成复相增强复合材料的。

在 Al-Mg 合金液中置入增强体 Al_2O_3 压坯，并通入可控气氛 N_2，合金液在 N_2 的作用下渗入增强体的压坯中，同时还与 N_2 作用生成 AlN 新增强体，制成 Al_2O_3 和 AlN 复相增强的铝基复合材料。此外，该法还可制备 B_4C/Al、SiC、AlN/Al 等复合材料。

但增强体预制块的孔隙率较难控制，基体液与可控气氛的反应及基体液在预制块中的浸渗程度难以精确控制。

9. 微波合成（Microwave Synthesis）法

微波是一种频率在 0.3～300GHz，即波长在 1mm～1m 范围内的电磁波。物质在微波作用下发生电子极化、原子极化、界面极化、偶极转向极化，将微波的电磁能转化为热能。微波加热具有整体性、瞬时性、选择性、环境友好性等特点。用于微波合成的频率一般为 2.45GHz，也有采用 28GHz、60GHz 甚至更高的频率。

根据物质与微波的作用特性，可将物质分为三大类：①透明型，可使微波部分反射及部分穿透，很少吸收微波，主要为电绝缘性材料，如四氟乙烯等。②全反射型，对微波几乎全反射，仅极少量的入射微波能透入，主要为导电性好的金属材料；③吸收型，主要是一些介于金属与绝缘体之间的电介质材料，包括纺织纤维材料、纸张、木材、陶瓷、水、石蜡、金属粉末材料等。

虽然金属材料为导体，反射微波，仅能使其表面微米数量级的范围内吸波升温，而内部

无法升温。但对于金属粉体，可实现微波整体加热。这是因为：①粉末粒度与微波透入金属的深度相当，粉末的比表面积大，缺陷密度高，活性强，对微波的反射降低，吸收能量增加；②粉末间的界面电阻大，限制了粉末内的自由电荷的流动；③颗粒表面存在大量的悬挂键，束缚空间电荷，形成电偶极子，可在微波作用下取向极化；④压坯为多相材料时，相界面会产生界面极化。实验表明，微波可以加热金属粉体压坯，实现微波烧结，如运用微波加热可烧结制备 WC/Co、Mg/Cu、Al/Ti、Ti+SiC/Al 等金属基复合材料，也可运用吸波剂微波合成金属基复合材料。

微波合成法的特点：①可显著降低反应温度，最大幅度可达 500℃；②大幅降低能耗，节能高达 70%~90%；③缩短反应时间，可达 50%以上；④显著提高组织致密度、细化晶粒、改善材料性能；⑤显著减小内应力。

3.4.2 外生型法

1．固态法

固态法是指基体和增强体均处于固态下制备金属基复合材料的方法，即将金属粉末或金属箔与增强体（纤维、晶须、颗粒等）按设计要求以一定的含量、分布、方向或排布混合在一起，再经加热、加压，金属基体与增强体复合在一起，形成复合材料。整个工艺过程处于较低的温度，金属基体与增强体均处于固态。应尽量避免基体与增强体之间发生不良的界面反应。固态法包括粉末冶金法、热压扩散结合法、热等静压法、轧制法、拉拔法、爆炸焊接法等。

1）粉末冶金法

该法将金属粉末或预制合金粉与增强材料均匀混合，制得复合坯料，再经不同的固化技术制成锭块，通过挤压、轧制、锻造等二次加工制成型材，常见的固化技术有以下几种。

（1）热压。

将复合坯料装入模具中经冷压、除气后加热至固相线温度以下或固液两相区加压致密化制成复合材料。根据需要热压可在大气、真空或某气氛下进行。

（2）热等静压与准热等静压。

热等静压是将复合坯料采用冷等静压工艺加压到一定密度后，再置入热等压机的压力腔中，在真空或一定气氛下加热烧结固化至最终密度。热等静压与准热等静压的区别在于热等静压工艺用流体作为压力传递介质，而准热等静压工艺采用固相陶瓷颗粒作为传递介质。

（3）粉末热挤压与喷雾沉积。

粉末热挤压工艺是将复合坯料密封于抽真空的罐中，经热挤压制成金属基复合材料的技术。喷雾沉积法在液态金属的急冷凝固过程中，喷入碳化硅颗粒等增强体，制成共沉积复合材料锭块，再经热挤压二次成型。

（4）烧结。

将复合坯料经冷压或冷等静压工艺加压到一定密度后，在真空或一定气氛下加热烧结固化成型。

（5）注模成型。

将一定化学配比的金属粉末和增强体与黏结剂混合后在黏结剂软化温度下，将复合坯料挤压注模成型，除去黏结剂后加热固化。

(6) 机械合金化。

机械合金化是由延性粉末与陶瓷颗粒组成的复合粉料经高能球磨形成极细的合金粉末封装后挤压成复合坯料,再在真空或一定气氛下加热使之固化。

(7) 粉末布轧制

该法将金属粉末与黏结剂混合加热轧制成粉末布,纤维在粉末布上铺排后交替叠合,于真空下加热抽除黏结剂后热压成型。

2) 热压扩散结合法

热压扩散结合法是一种在加压状态下,通过固态焊接工艺,使同类或不同类的金属基体在高温条件下相互扩散黏结在一起,并使增强体分布其中的方法。该法是连续纤维增强金属基复合材料最具代表性的固态复合工艺。工艺过程示意图如图3-8所示,主要分三个阶段:①黏结表面的最初接触,金属基体在加热、热压条件下发生变形、移动、表面膜破坏;②接触界面发生扩散渗透,使接触面形成黏结状态;③扩散结合界面最终消失,黏结过程完成。热压扩散结合通常将纤维与金属基体(金属箔)制成复合材料预制片,然后将复合材料预制片按设计要求切割成型,叠层排布置入模具内,加热、加压使其成型,冷却脱模获得所需产品。为提高产品质量,加热、加压过程可在一定气氛中进行。热压扩散结合法也可采用增强纤维表面包裹金属粉末,然后排列进行热压成型。

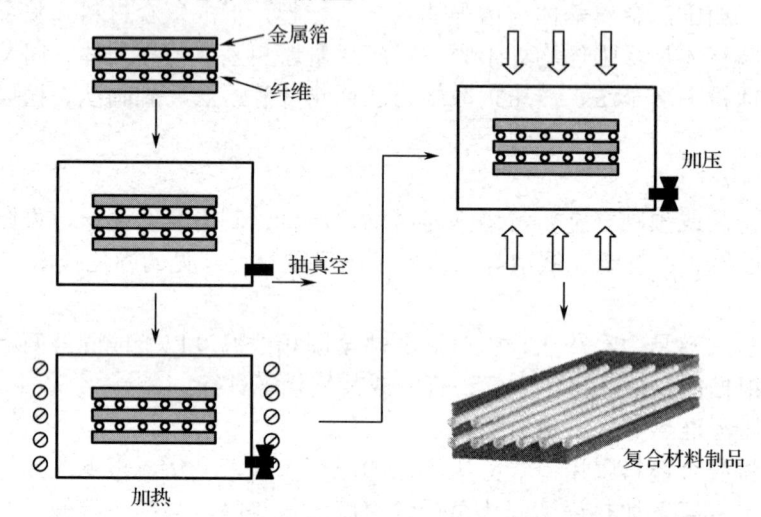

图 3-8 热压扩散结合法的工艺过程示意图

热压扩散结合法具有过程控制简单,纤维位置、排列方向、体积分数等可按实际性能要求精确控制、充分实现等优点,因而制件质量高。

2. 液态法

1) 挤压铸造法

挤压铸造法是液态或半液态的颗粒增强金属基复合材料在压力作用下充满铸型并凝固的方法。当增强体为纤维时,还可根据性能要求编制纤维成一定结构的织物,预热,置入铸型,基体熔炼浇铸,在一定压力下液态基体克服毛细作用摩擦阻力,浸入增强体编织物,冷却、凝固成型,具体的工艺过程示意图如图3-9所示。该法的应用在很大程度上受零件尺寸和设备条件的限制,主要用于制造形状简单而性能要求质量高的复合铸件。

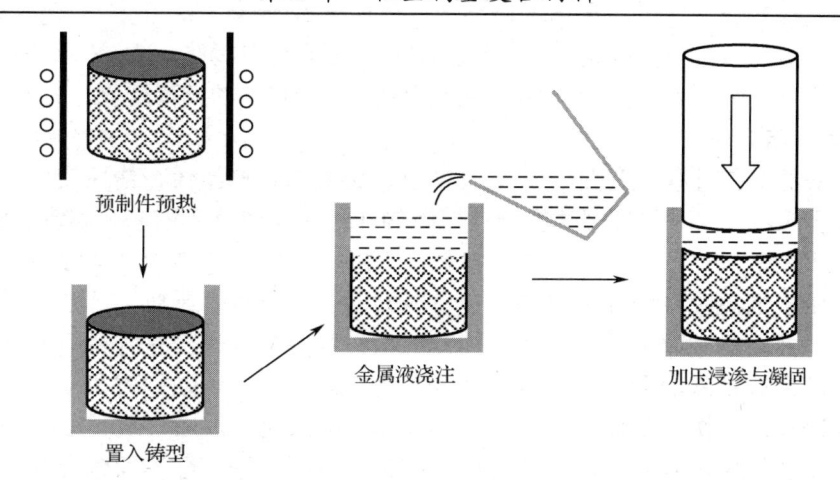

图 3-9 挤压铸造法工艺过程示意图

2）真空吸铸成型法

真空吸铸成型法是先在铸型内形成一定的真空，使液态基体金属自下而上吸入型腔，浸入由增强体形成的预制件空隙，凝固成型制备金属基复合材料的方法，如图 3-10 所示。真空吸铸成型法可提高复合材料的铸造性，满足复杂薄壁零件的成型要求，并减少金属流动充型过程形成的气孔夹杂缺陷。该法主要用于形状简单的板、管、棒等复合材料型材的制备。

3）真空压力浸渍法

真空压力浸渍法是在真空和惰性气体的共同作用下，使熔体金属渗入预制件中制成金属基复合材料的方法。工艺过程示意图如图 3-11 所示，首先将增强体的预制件置入模具，基体金属置入坩埚，然后，将模具和坩埚分别放入熔化炉和浸渍炉，密封，抽真空，当熔化炉和浸渍炉内达到预定的真空度后，通电加热，分别熔化金属和加热预制件，控制加热过程使熔融金属和预制件分别达到预定的温度，保温一定时间，然后通过高压惰性气体，在真空和惰性气体高压的共同作用下，液态金属浸入预制件中形成复合材料。

图 3-10 真空吸铸成型法工艺过程示意图

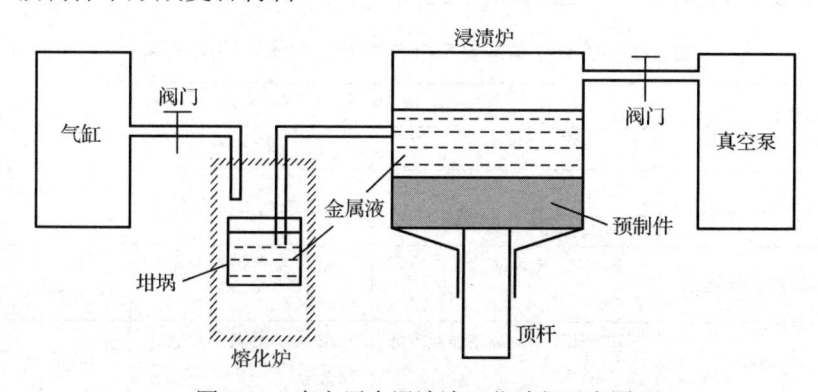

图 3-11 真空压力浸渍法工艺过程示意图

该法适用性强，可制备纤维、晶须、颗粒及混杂增强的金属基复合材料，增强材料的形状、尺寸等不受限制，可以制造形状复杂、尺寸精确的复合材料制件，浸渍在真空中进行，而凝固在压力下进行，制件组织致密，无气孔、缩孔等缺陷。但该法的设备复杂，工艺周期长。

4）共喷沉积法

共喷沉积法的工艺过程示意图如图 3-12 所示，将液态金属熔体在惰性气体的作用下雾化成细小的液态金属流，同时将增强体在惰性气体的作用下喷射混入液态金属流，两者共喷射，混合后同时沉积在基板上形成金属基复合材料。大颗粒、纤维、晶须等增强体易堵塞喷口，故该法特别适用于细小颗粒增强金属基复合材料的制备，虽然大颗粒、纤维和晶须等增强体在喷射过程中易被高压气体击碎、折断。共喷沉积法制备的金属基复合材料的增强体一般不大。共喷沉积法具有粉末冶金和快速凝固技术的优点，可保证增强颗粒在基体中分布的均匀性，同时由于冷却速度快，从而避免了增强体与基体间的化学反应，对界面的润湿性要求不高，并且生产工艺简单，效率高。该法可用于制备铝、铜、镁、金属间化合物等多种基体和 SiC、Al_2O_3、TiC 等多种陶瓷颗粒的金属基复合材料。该法的不足是气孔率较高（2%～5%），此时可采用挤压工艺消除。

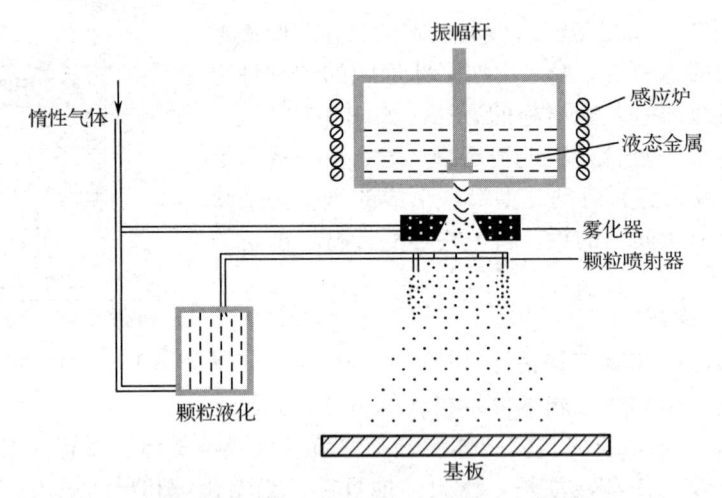

图 3-12 共喷沉积法工艺过程示意图

此外，外生型法还有多种，如半固态成型法、熔模精铸成型等。

制备金属基复合材料的外生型法和适用范围归纳于表 3-1 中。

表 3-1 制备金属基复合材料的外生型法和适用范围

类别	制备方法	适用体系		应用举例
		增强体	金属基体	
固态法	粉末冶金法	SiC_p、Al_2O_3、SiC_w、B_4C_p 等颗粒、晶须及短纤维	Al、Ti 等及其合金	SiC_p/Al、Al_2O_3/Al、SiC_w/Al、TiB_2/Ti 等
	热压扩散结合法	B、SiC、C、W 等连续或短纤维	Al、Ti 等及其合金、耐热合金	SiC_p/Ti、C/Al、B/Al、C/Mg 等零件、管、板等
	热等静压法	B、SiC、W 等连续或短纤维、晶须	Al、Ti 等及其合金、超合金	B/Al、SiC/Ti 管
	热轧法、热拉法	C、Al_2O_3 等纤维，SiC_p、Al_2O_{3p} 等颗粒	Al 及其合金	C/Al、Al_2O_3/Al 棒、管

续表

类别	制备方法	适用体系 增强体	适用体系 金属基体	应用举例
液态法	挤压铸造法	纤维、晶须、短纤维	Al、Mg 等及其合金	SiC$_p$/Al、SiCAl、C/Mg 等零件、板、锭等
	真空压力浸渍法	纤维、晶须、短纤维	Al、Mg 等及其合金	C/Al、C/Mg 等管、棒、锭坯等
	搅拌铸造法	SiC$_p$、Al$_2$O$_3$、短纤维	Al、Mg 等及其合金	铸件、锭、坯
	共喷沉积法	SiC、Al$_2$O$_3$、B$_4$C、TiC	Al 等金属	SiC/Al、Al$_2$O$_3$/Al 等板坯、锭坯、管坯零件
	真空吸铸成型法	Al$_2$O$_3$、C 连续纤维	Mg、Al	零件

3.5 铝基复合材料

3.5.1 增强体与基体

铝基复合材料的增强体主要有三种：纤维（长、短）、晶须和颗粒，基体主要有纯铝及其合金。基体合金的种类较多，主要有两大类，即形变铝合金和铸造铝合金。形变铝合金据其合金元素的不同又分为多种，其牌号采用国际标准，由四位数字组成：

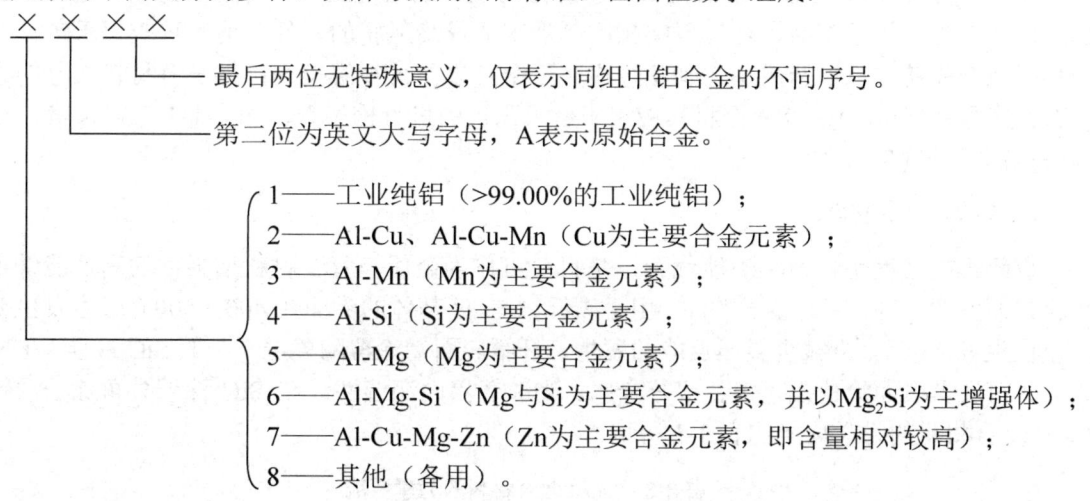

××××

— 最后两位无特殊意义，仅表示同组中铝合金的不同序号。

— 第二位为英文大写字母，A表示原始合金。

- 1——工业纯铝（>99.00%的工业纯铝）；
- 2——Al-Cu、Al-Cu-Mn（Cu为主要合金元素）；
- 3——Al-Mn（Mn为主要合金元素）；
- 4——Al-Si（Si为主要合金元素）；
- 5——Al-Mg（Mg为主要合金元素）；
- 6——Al-Mg-Si（Mg与Si为主要合金元素，并以Mg$_2$Si为主增强体）；
- 7——Al-Cu-Mg-Zn（Zn为主要合金元素，即含量相对较高）；
- 8——其他（备用）。

例如，5A06 表示 6 号 Al-Mg 原始合金；2A14 表示 14 号 Al-Cu 原始合金；5083 表示 83 号 Al-Mg 原始合金。铸造铝合金仍用国标 ZL××× 来表征。

3.5.2 长纤维增强铝基复合材料

长纤维对铝基体的增强方式有单向纤维、二维织物和三维织物三种，常见的有以下几种：B$_f$/Al、C$_f$/Al、SiC$_f$/Al、Al$_2$O$_{3f}$/Al 及不锈钢丝/Al 等。

1. B$_f$/Al 复合材料

硼纤维的比模量约为钢、铝、钼、铜和镁的任何一种标准工程材料的 5～6 倍，这是由于硼纤维的共价键强度比金属键更强，而金属键的结合力又比有机树脂的结合力强得多。B_f/Al是铝基复合材料中最有前途的一种，它具有以下特点。

（1）综合了硼纤维优越的强度、刚度和低密度及铝合金基体的易加工性和工程可靠性等优点。

（2）弹性各向同性。

（3）横向抗拉强度和剪切强度与铝合金基体的强度相当；

（4）高的导电性、导热性、塑性、韧性、耐磨性、连接性、可热处理性、不可燃性等。

纵向拉伸性能如表3-2所示。

表3-2 B_f/Al复合材料室温纵向拉伸性能

基体	B纤维体积分数/%	纵向拉伸强度/MPa	弹性模量/GPa	纵向断裂应变/%
2024	47	1421	222	0.795
	64	1528	276	0.72
2024（T6）	46	1459	229	0.81
	64	1924	276	0.775
6061	48	1490	—	—
	50	1343	217	0.695
6061（T6）	51	1417	232	0.735

B_f/Al复合材料的制备方法有两种：①纤维与基体的组装压合和零件成型同时进行；②先加工成复合材料的预制品，然后再将预制品加工成最终形状的零件。前一种类似于铸件，后一种类似于先铸锭再锻造成型。制备过程分三个阶段：①纤维排列；②复合材料组分的组装压合；③零件层压。B_f/Al复合材料应用于航天飞机的机身构架管，如F-111、S-3A等，还有"阿特拉斯"导弹的壳体。

2．C_f/Al复合材料

碳纤维的密度小，力学性能优异，是目前可作为金属基复合材料增强体的高性能纤维中价格最便宜的一种，因此备受关注。由于碳纤维与Al基体的界面在400~500℃时会发生明显的反应生成Al_4C_3。为减少界面反应的发生，纤维表面需涂覆陶瓷层，一般SiC最佳，TiN次之。也可在其表面涂覆钽、镍、银等金属。为改善界面润湿性，在SiC涂层外再涂一层铬。C_f/Al复合材料的力学性能如表3-3所示。

表3-3 C_f/Al复合材料的力学性能

基体合金	体积分数/%	热压温度/℃	延伸率/%	拉伸模量/GPa	拉伸强度/MPa	弯曲模量/GPa	弯曲强度/MPa
Al3（纯铝）	36.8	—	1.20	179	686	160	682
	36.9	—	0.68	155	488	169	750
	37.1	645	1.03	163	537	166	886
	42.8	—	0.73	189	543	162	670
6061（LD2）	26.7	675	1.03	142	447	—	—
	30.0	685	0.93	154	525	157	574
	42.5	670	0.83	215	641	169	760

C_f/Al 复合材料的制备方法有三种：①扩散结合法；②挤压铸造法；③液态金属浸渍法。其中，挤压铸造法因工艺简单、成本低、通用性强，最具应用潜力。碳纤维对复合材料的力学性能影响很大，不同来源的碳纤维，其性能有所不同，表 3-4 为液态金属浸渍法制备的碳纤维增强铝基复合材料的拉伸强度，最后一项是碳与铝反应产物的量。前 4 种纤维均为石墨纤维，反应产物 Al_4C_3 量较少，拉伸强度较高，最后一种为碳纤维，未经石墨化处理，反应产物 Al_4C_3 量较多，拉伸强度大大降低。因此，未经石墨化处理的碳纤维不宜做铝基体的增强体，除非碳纤维经过表面处理。

表 3-4 液态金属浸渍法制备的碳纤维增强铝基复合材料的拉伸强度

纤维类型	纤维体积分数/%	拉伸强度/MPa	Al_4C_3 量/ppm
人造丝基 Thornel 50	32	798	250
人造丝基 Thornel 75	27	812	—
沥青基	35	406	100
聚丙烯腈基 I	43	805	123
聚丙烯腈基 II（未石墨化）	29	245	>6000

注：1ppm=10^{-6}

C_f/Al 复合材料具有很高的比强度和比模量，应用于直升机、导弹、坦克和突出浮桥中等，如 CH47 直升机的传动机构，采用 C_f/Al 复合材料，大大减轻了振动噪声，此外 C_f/Al 复合材料还被用于人造卫星和大型空间结构上，如卫星支撑架、平面天线体、可折式抛物面天线肋等。

3. SiC_f/Al 复合材料

碳化硅具有优异的室温和高温力学性能，与铝基体的界面结合状态良好。由于有芯碳化硅纤维单丝的性能突出，复合材料的性能较好。有芯 SCS-2 碳化硅纤维增强 6061 铝合金基复合材料，在碳化硅纤维体积分数为 34%时，室温抗拉强度为 1034MPa，拉伸弹性模量为 172GPa，接近理论值，抗压强度高达 1896MPa，压缩模量为 186GPa。

无芯 Nicalon 碳化硅纤维增强 6061 铝合金基复合材料，在体积分数为 35%时，其室温抗拉强度为 800~900MPa，拉伸弹性模量为 100~110GPa，抗弯强度为 1000~1100MPa。在室温至 400℃之间能保持很高的强度。SiC_f/Al 复合材料主要被用于飞机、导弹结构件、发动机构件等。

4. Al_2O_{3f}/Al 复合材料

Al_2O_{3f}/Al 复合材料具有高刚度、高强度、高蠕变抗力和高疲劳抗力。氧化铝纤维的结构主要有 $\alpha\text{-}Al_2O_3$ 和 $\gamma\text{-}Al_2O_3$ 两种。不同结构的氧化铝纤维具有的力学性能不同，同一体积分数的 $\alpha\text{-}Al_2O_3$、$\gamma\text{-}Al_2O_3$ 纤维增强铝基复合材料力学性能的比较如表 3-5 所示。由于 Al_2O_3 与铝基体的润湿性差，故影响界面结合强度，为此在基体中添加 Li 元素，可显著改善界面润湿性，同时还可抑制界面发生化学反应。氧化铝纤维增强铝基复合材料在室温到 450℃之间能保持很高的稳定性，如 50%的 $\gamma\text{-}Al_2O_3/Al$ 在 450℃时抗拉强度仍能保持在 860MPa。

表 3-5　50%氧化铝纤维（α-Al₂O₃、γ-Al₂O₃）增强铝基复合材料的力学性能的比较

纤维种类	体积分数/%	体积密度/(g·cm⁻³)	抗拉强度/MPa	弹性模量/GPa	抗弯强度/MPa	剪切模量/GPa	抗压强度/MPa
α-Al₂O₃	50	3.25	585	220	1030	262	2800
γ-Al₂O₃	50	2.9	860	150	1100	135	1400

3.5.3 短纤维增强铝基复合材料

短纤维增强体主要有氧化铝和硅酸铝两种。氧化铝纤维增强铝基复合材料的室温强度并不比基体高，但其高温性能较好，特别是其弹性模量提高较大，热膨胀系数有所降低，耐磨性能改善，导热性良好，主要用于发动机的活塞、缸体等。氧化铝短纤维制成预制件，挤压铸造置入活塞的火力岸，如图 3-13 所示，可显著提高活塞第一道环的高温耐磨性，延长活塞的使用寿命；若活塞裙部也分布短纤维增强体时，活塞的耐热性、耐磨性均将得到明显提高，使用寿命可成倍增长。

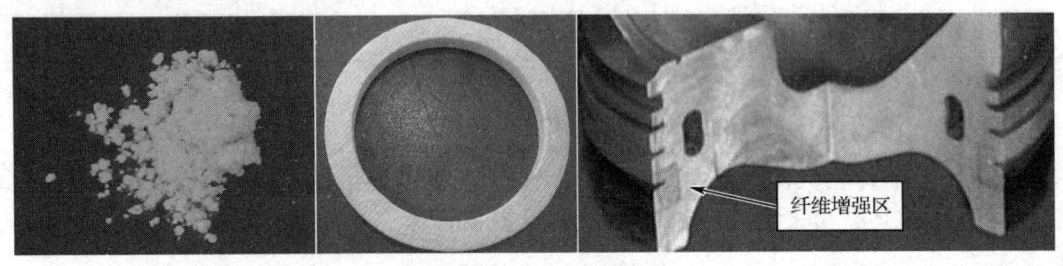

（a）氧化铝短纤维　　（b）预制件　　（c）活塞

图 3-13　氧化铝短纤维增强铝基复合材料和活塞

表 3-6 表示粉末冶金法和压力铸造法制造的 Al₂O₃/Al 短纤维增强铝基复合材料的室温性能。内燃机的气缸体也可采用 Al₂O₃ 短纤维增强铝基复合材料，有时还可与其他纤维混合使用，效果会更佳，如采用 12% Al₂O₃ 短纤维和 9%碳纤维混合增强过共晶铝基复合材料制备内燃机缸体，发动机效能可大大提升。

表 3-6　粉末冶金法和压力铸造法制造的 Al₂O₃/Al 短纤维增强铝基复合材料的室温性能

制造方法	纤维取向	体积分数/%	弹性模量/GPa	屈服强度/MPa	弯曲强度/MPa	断裂应变/%
粉末冶金法	二向随机	20	89.3	349	392	0.9
		30	97.1	390	417	0.8
粉末冶金挤压法	轴向	20	93.5	383	475	1.9
	横向	30	91.2	378	434	1.5
压力铸造法	二向随机	20	90.2	321	425	1.2

3.5.4 晶须和颗粒增强铝基复合材料

晶须和颗粒增强铝基复合材料具有优异的性能，且制备工艺简单，成本低廉，应用越来越广。目前应用的晶须和颗粒主要有氧化铝和碳化硅（SiC）。

SiC 晶须增强 Al-Cu-Mg-Mn 系的 2124 铝基复合材料的抗拉强度、弹性模量随着体积分数的增大而显著增大，主要应用于导弹、航天器构件、发动机部件、汽车的气缸、活塞、连杆、飞机尾翼平衡器等。SiC 颗粒增强铝基复合材料具有高的比强度、比刚度，如 25%SiC$_p$/6061Al，用于制备飞机上放置电器设备的机架，刚性比 7075 铝合金高 65%。20%～65%SiC/Al 复合材料由于热膨胀匹配好、热导率高、密度低、尺寸稳定性好，适用于钎焊，应用于支撑微电子器件的底座。

Al$_2$O$_3$ 颗粒增强铝基复合材料具有密度低、比刚度高、韧性好的优点。20%Al$_2$O$_3$/6061Al 复合材料可用于制造飞机的驱动轴等。

近年来，内生颗粒增强铝基复合材料的研究越来越受到重视，有的已形成系列，并制定了国标。

Al 粉、ZrO$_2$ 粉、B 粉以一定的摩尔比 B/ZrO$_2$ 球磨混合、冷挤成块，真空炉中以一定的升温速率预热至 800℃左右，预制块发生热爆反应，在不同摩尔比 B/ZrO$_2$ 时分别发生如下反应：

摩尔比 B/ZrO$_2$=0： 13Al+3ZrO$_2$ ⟶ 3Al$_3$Zr+2Al$_2$O$_3$ (3-8)

摩尔比 B/ZrO$_2$=1.0： 17Al+6ZrO$_2$+6B ⟶ 3Al$_3$Zr+4Al$_2$O$_3$+3ZrB$_2$ (3-9)

摩尔比 B/ZrO$_2$=2.0： 4Al+3ZrO$_2$+6B ⟶ 3ZrB$_2$+2Al$_2$O$_3$ (3-10)

反应结果及其对应的 X 射线衍射（XRD）图如图 3-14 所示，图中 CPS 为相对强度。由图可见，在摩尔比 B/ZrO$_2$=0 时，反应产物由块状和颗粒组成，如图 3-14（a）所示，由其对应的 XRD 图［见图 3-14（d）］可知组成相为 Al$_3$Zr 和 α-Al$_2$O$_3$，由块状物的能谱（见图 3-15）可知其为 Al$_3$Zr，则颗粒为 α-Al$_2$O$_3$。随着摩尔比 B/ZrO$_2$ 的增加，块状物 Al$_3$Zr 逐渐减少，如图 3-14（b）所示，由其对应的 XRD 图［见图 3-14（e）］可知出现新相 ZrB$_2$；在摩尔比 B/ZrO$_2$ 增至 2.0 时，块状 Al$_3$Zr 基本消失，如图 3-14（c）所示，其对应的 XRD 图［见图 3-14（f）］可知全为颗粒状的 ZrB$_2$ 和 α-Al$_2$O$_3$，且颗粒增强体弥散均匀分布，力学性能显著提高，极限拉伸强度由 190MPa 上升至 250MPa，其延伸率同步提高，由 4.0%提高到 12.2%，如图 3-16 所示。断口形貌如图 3-17 所示，由该图可见在摩尔比 B/ZrO$_2$=0 时，块状 Al$_3$Zr 自身断裂，表明 Al$_3$Zr 的增强作用有限，颗粒 α-Al$_2$O$_3$ 处在韧窝中，随着摩尔比 B/ZrO$_2$ 的增加，块状 Al$_3$Zr 逐渐减少，韧窝明显增加；在摩尔比 B/ZrO$_2$ 增至 2.0 时，块状 Al$_3$Zr 基本消失，全为细小韧窝，此时延伸率显著改善。室温和高温耐磨性能也同步提高，如图 3-18 所示。

| (a) 摩尔比B/ZrO$_2$=0 | (b) 摩尔比B/ZrO$_2$=1.0 | (c) 摩尔比B/ZrO$_2$=2.0 |

图 3-14 Al-ZrO$_2$-B 体系热爆合成铝基复合材料组织的 SEM 图及其对应的 XRD 图

(d) 摩尔比B/ZrO$_2$=0　　　　(e) 摩尔比B/ZrO$_2$=1.0　　　　(f) 摩尔比B/ZrO$_2$=2.0

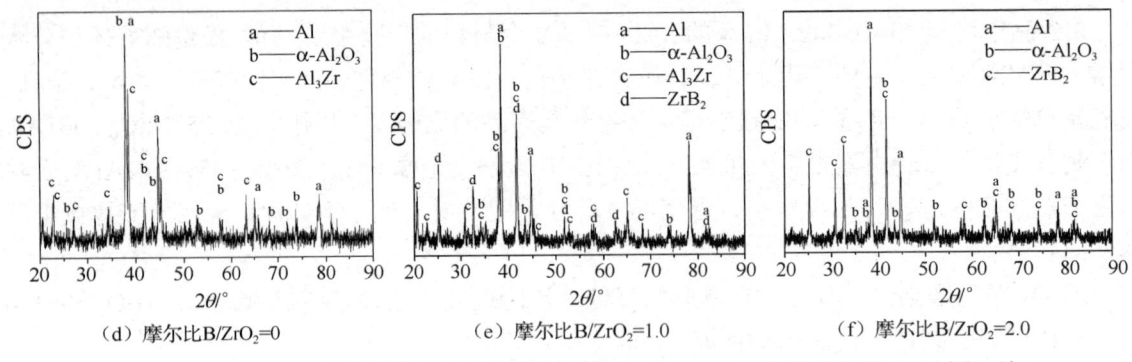

图 3-14　Al-ZrO$_2$-B 体系热爆合成铝基复合材料组织的 SEM 图及其对应的 XRD 图（续）

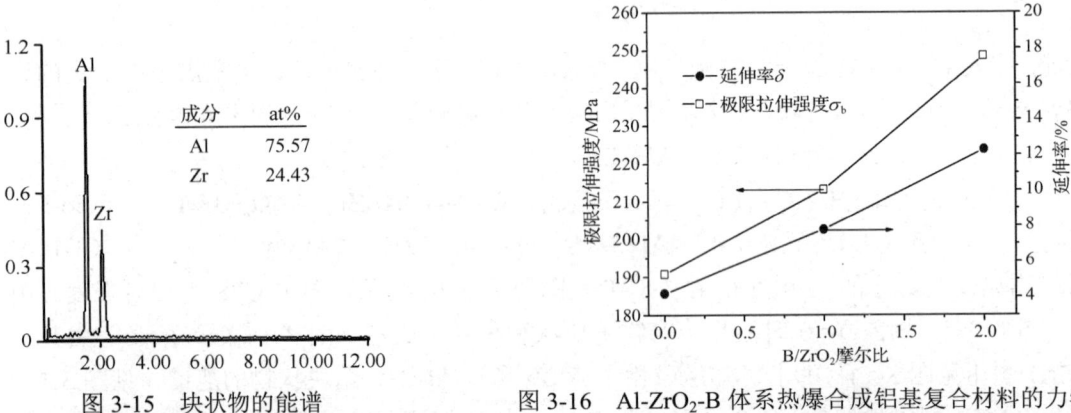

成分	at%
Al	75.57
Zr	24.43

图 3-15　块状物的能谱　　　　图 3-16　Al-ZrO$_2$-B 体系热爆合成铝基复合材料的力学性能

(a) 摩尔比B/ZrO$_2$=0　　　　(b) 摩尔比B/ZrO$_2$=1.0　　　　(c) 摩尔比B/ZrO$_2$=2.0

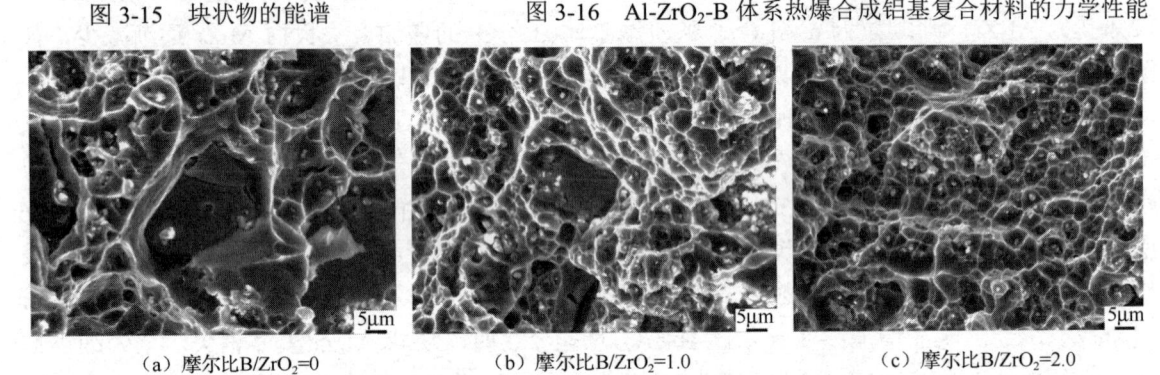

图 3-17　Al-ZrO$_2$-B 体系热爆合成铝基复合材料断口形貌的 SEM 图

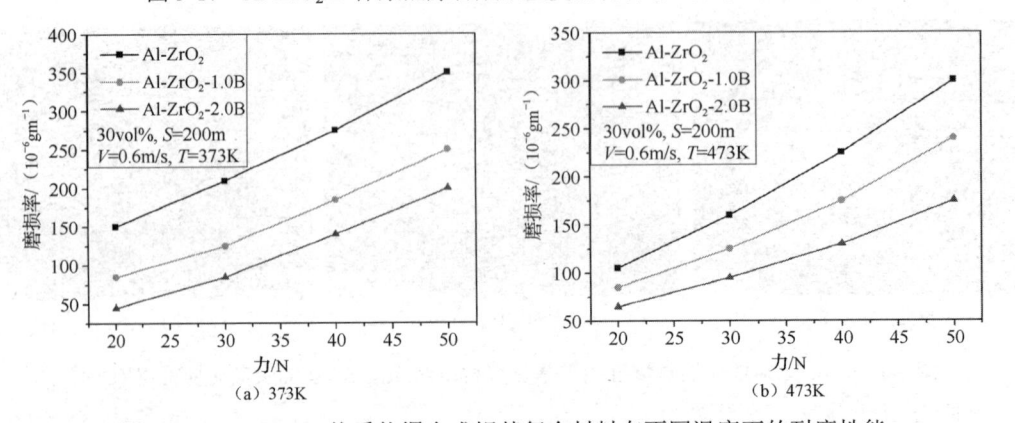

(a) 373K　　　　(b) 473K

图 3-18　Al-ZrO$_2$-B 体系热爆合成铝基复合材料在不同温度下的耐磨性能

第 3 章 轻金属基复合材料

Al 粉、TiO$_2$ 粉、C 粉以一定的摩尔比 C/TiO$_2$ 球磨混合、冷挤成块，真空炉中以一定的升温速率预热至一定温度，预制块发生热爆反应，不同摩尔比 C/TiO$_2$ 时分别发生如下反应：

摩尔比 C/TiO$_2$=0：13Al+3TiO$_2$ ⟶ 3Al$_3$Ti+2Al$_2$O$_3$ (3-11)

摩尔比 C/TiO$_2$=0.5：17Al+6TiO$_2$+3C ⟶ 3Al$_3$Ti+4Al$_2$O$_3$+3TiC (3-12)

摩尔比 C/TiO$_2$=1.0：4Al+3TiO$_2$+3C ⟶ 3TiC+2Al$_2$O$_3$ (3-13)

反应结果及其对应的 XRD 图如图 3-19 所示。由该图可知，在摩尔比 C/TiO$_2$=0 时，反应产物为棒状和颗粒状两种组成相，由对应的 XRD 图 [见图 3-19（d）] 可知为 Al$_3$Ti 和 α-Al$_2$O$_3$，由能谱分析 [见图 3-19（a）右上角] 得棒状物为 Al$_3$Ti，颗粒为 α-Al$_2$O$_3$。随着摩尔比 C/TiO$_2$ 的增加，棒状 Al$_3$Ti 减少，同时产生新相 TiC，如图 3-19（b）和图 3-19（e）所示；在摩尔比 C/TiO$_2$ 增至 1.0 时，棒状 Al$_3$Ti 基本消失，全为颗粒 TiC 和 α-Al$_2$O$_3$，且颗粒增强体弥散分布，如图 3-19（c）和图 3-19（f）所示。力学性能显著提高，拉伸强度由 239.2MPa 上升至 351.8MPa，延伸率也同步提高，由 4.1% 提高到 5.6%，如图 3-20 所示。断口形貌如图 3-21 所示，可见在摩尔比 C/TiO$_2$=0 时，棒状 Al$_3$Ti 自身开裂，表明 Al$_3$Ti 的增强作用有限，颗粒 α-Al$_2$O$_3$ 处在韧窝中，如图 3-21（a）所示。随着摩尔比 C/TiO$_2$ 的增加，棒状 Al$_3$Ti 逐渐减少，韧窝明显增加，如图 3-21（b）所示；在摩尔比 C/TiO$_2$ 增至 1.0 时，块状 Al$_3$Ti 基本消失，全为细小韧窝，如图 3-21（c）所示，此时延伸率显著改善。室温和高温耐磨性能也同步提高，如图 3-22 所示。

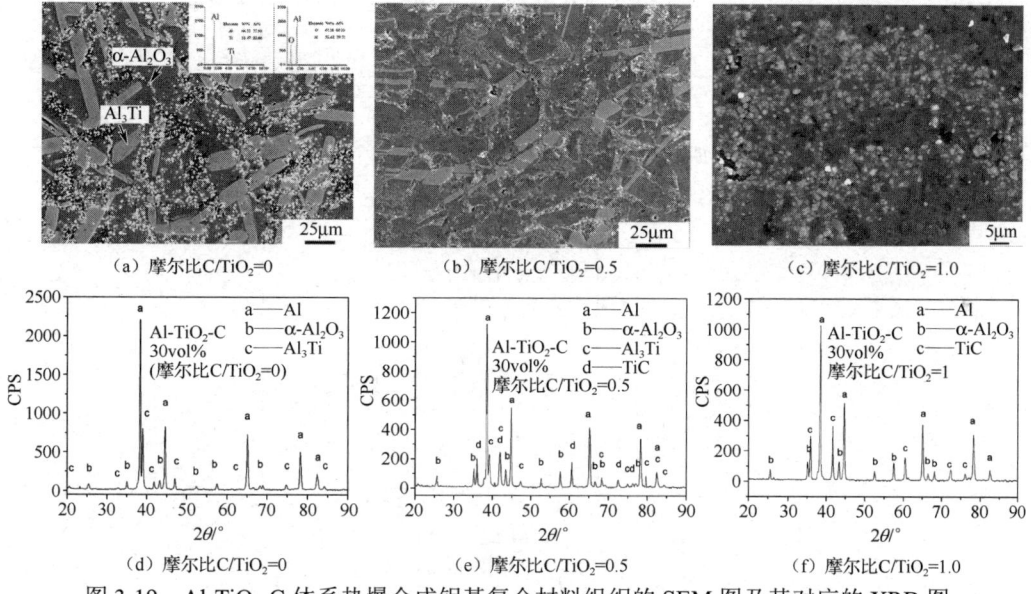

图 3-19 Al-TiO$_2$-C 体系热爆合成铝基复合材料组织的 SEM 图及其对应的 XRD 图

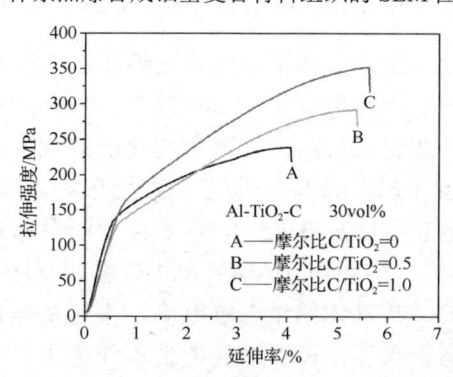

图 3-20 Al-TiO$_2$-C 体系热爆合成铝基复合材料的力学性能

(a) 摩尔比C/TiO$_2$=0 (b) 摩尔比C/TiO$_2$=0.5 (c) 摩尔比C/TiO$_2$=1.0

图 3-21　Al-TiO$_2$-C 体系热爆合成铝基复合材料的断口形貌 SEM 图

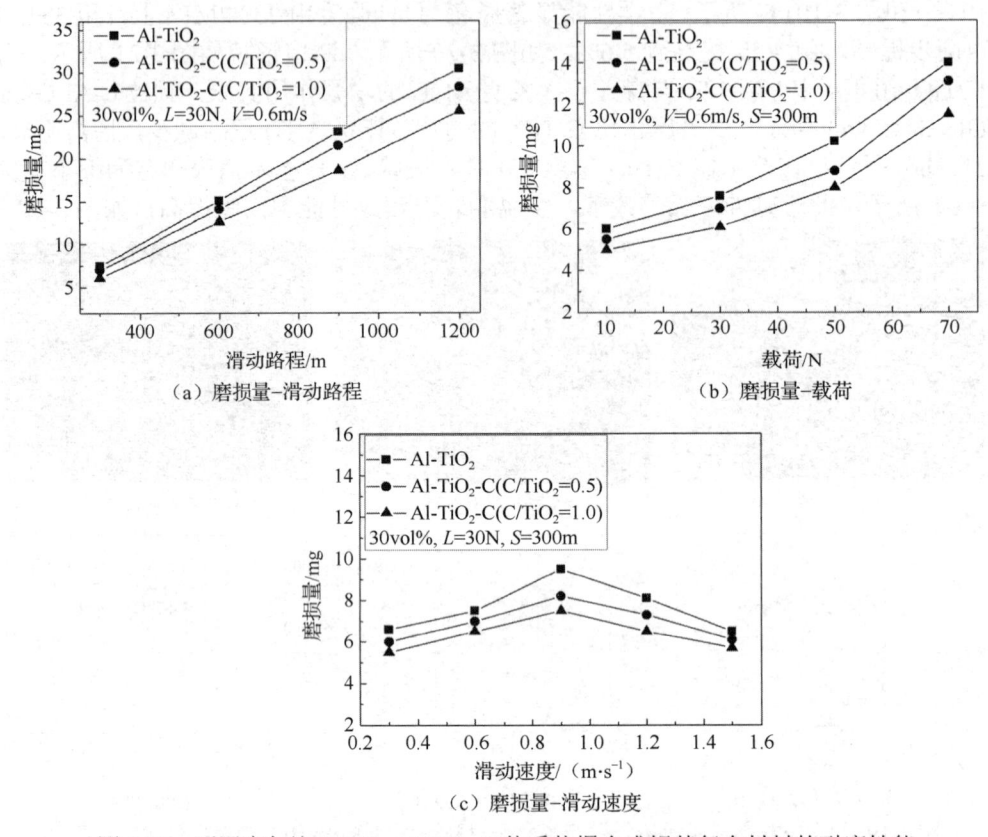

(a) 磨损量-滑动路程

(b) 磨损量-载荷

(c) 磨损量-滑动速度

图 3-22　不同摩尔比 C/TiO$_2$ Al-TiO$_2$-C 体系热爆合成铝基复合材料的耐磨性能

图 3-23 表示不同摩尔比 Al-TiO$_2$-C 体系热爆合成铝基复合材料，在常温下以载荷为 30N、滑动速度为 0.6m/s 滑动 300m 时干摩擦磨面的 SEM 图。在摩尔比 C/TiO$_2$ 为 0 时 [见图 3-23 (a)]，磨面上存有大量成团的磨屑和犁沟，表现为明显的磨粒磨损。磨面上的磨粒随着摩尔比 C/TiO$_2$ 的增加而减少 [见图 3-23 (b)]，表明磨粒磨损相对减弱；在摩尔比 C/TiO$_2$ 为 1 时，磨面上的磨粒很少且较为平整 [见图 3-23 (c)]，这是由于随着摩尔比 C/TiO$_2$ 增至 1 时，脆性相 Al$_3$Ti 逐渐减少直至基本消失，增强体 α-Al$_2$O$_3$ 和 TiC 颗粒强度大，硬度高，弥散分布在基体中，且它们均为反应生成的，与基体的结合强度高，不易从基体中脱落形成磨粒。即使颗粒周围的基体磨损流失，裸露于表面，在对磨件的挤压作用下，部分颗粒因尺寸细小又被再次挤入磨面，因此磨面相对平整和干净。图 3-24 为各磨面沿滑动方向纵剖面的金相组织照片。

从该图可以看出摩尔比 C/TiO$_2$ 为 0 时，显微组织中有大量的棒状或块状物 Al$_3$Ti，由于 Al$_3$Ti（弹性模量为 166GPa、硬度为 700HV）在摩擦过程中受挤压、剪切，特别是在干磨时，磨面的表层铝基体先磨损，致使增强体 α-Al$_2$O$_3$ 和 Al$_3$Ti 裸露，由于增强体均是原位反应产生的，与基体的界面结合强度高，均不易脱落，但 Al$_3$Ti 硬度高，脆性大，易在剪切力和法向应力的作用下断裂形成磨粒，对磨面产生明显的犁沟作用，同时在亚表层处的 Al$_3$Ti，因亚表层的塑性变形导致在 Al$_3$Ti 与基体的界面处产生位错塞积，引起应力集中，使脆性相 Al$_3$Ti 脆断形成裂纹核，并在水平方向扩展，逐渐形成与基体分离的薄层［见图 3-24（a）］，在正应力的作用下剥落，对磨后形成磨屑，因此磨面的磨屑较多。当 C/TiO$_2$ 摩尔比增加时，Al$_3$Ti 的体积分数逐渐减少，复合材料的强度和塑性同步提高，磨面下的塑性流变区增厚［见图 3-24（b）］。当摩尔比 C/TiO$_2$ 增至 1 时，棒状物基本消失，此时增强体为 α-Al$_2$O$_3$ 和 TiC，均为细小颗粒，与基体结合强度高，并能较好地承受和传递载荷，使复合材料的强度显著提高，塑性也因脆性相 Al$_3$Ti 的减少而有所改善，亚表层发生均匀的塑性变形，且厚度相对增加［见图 3-24（c）］。由于 Al$_3$Ti 的消失，此时的室温拉伸性能明显提高，这样亚表层中不会因 Al$_3$Ti 的断裂引发裂纹核，因此不会产生图 3-24（a）所示的剥层。此时基体磨损流失后，增强体颗粒 α-Al$_2$O$_3$ 和 TiC 裸露，由于高的界面结合强度仍能较好地承受和传递载荷，即使发生脱落，由于干磨产生的热能使磨面的形变硬化发生恢复和再结晶，硬度降低，部分脱落的硬颗粒在随后的对磨过程中又被挤入基体，再次成为基体的增强体，致使磨面相对平整光滑，磨粒显著减少，犁沟作用减轻，耐磨性能提高，此时，磨损主要表现为黏着磨损。

(a) 摩尔比 C/TiO$_2$=0　　(b) 摩尔比 C/TiO$_2$=0.5　　(c) 摩尔比 C/TiO$_2$=1.0

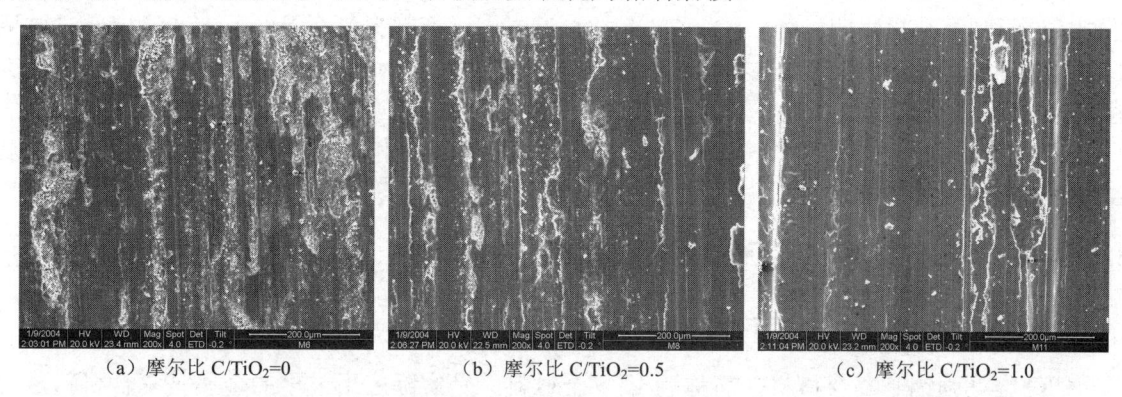

图 3-23　不同摩尔比 C/TiO$_2$ Al-TiO$_2$-C 体系热爆合成铝基复合材料干摩擦磨面的 SEM 图

(a) 摩尔比 C/TiO$_2$=0　　(b) 摩尔比 C/TiO$_2$=0.5　　(c) 摩尔比 C/TiO$_2$=1.0

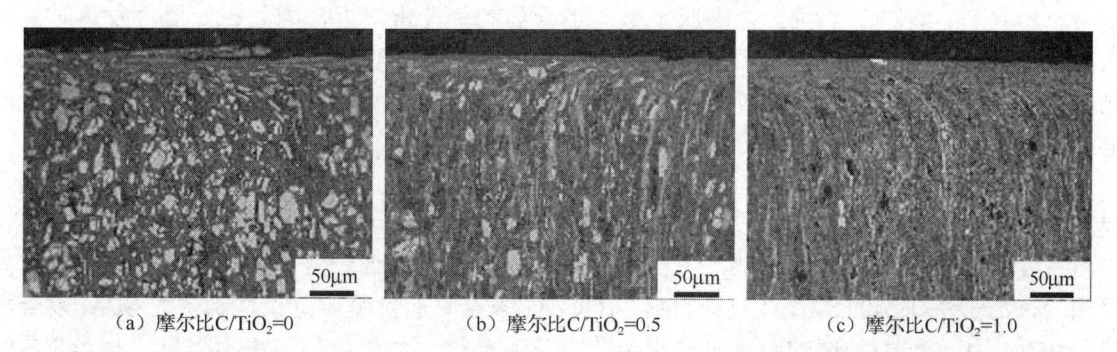

图 3-24　不同摩尔比 C/TiO$_2$ Al-TiO$_2$-C 体系热爆合成铝基复合材料的磨面纵剖面的金相组织照片

近年来随着一些新的增强体被发现，如碳纳米管（CNT）、石墨烯（Graphene Nanoplatelets，

GNP）及新型过渡金属碳/氮化物二维纳米层状材料（XMene）等，这些增强体制备的铝基复合材料呈现出了优异的综合性能，增强体的增强效果明显，可以在较低含量时获得优异的室温及高温性能，如碳纳米管增强铝基复合材料已在火箭结构件及舱体部位尝试应用，新型铝基复合材料在航空航天领域具有广阔的应用前景。

3.5.5 铝基复合材料的界面

界面是所有复合材料的核心之一，直接影响基体与增强体间的载荷传递、界面的结合强度。当增强体为内生型时，界面干净、热力学稳定、无反应层、结合强度高。而在外生型复合材料中，界面结构取决于基体与增强体的种类、性质、制备工艺参数等。

纤维增强铝基复合材料中随纤维体积分数的增大，基体减少，纤维与基体界面增大，位错密度增大，基体晶粒细化。在 C_f/ZL101 复合材料中，C_f 与基体界面局部区域呈针状或条状的 Al_4C_3 向基体生长；在 SiC_p/LD$_2$ 复合材料、SiC_p/LC$_4$ 复合材料中，经 T6 处理后，SiC_p 与基体之间只有过渡层，其析出相比基体析出相细小弥散分布，部分 SiC_p 附近位错密度高于基体；T6 处理后又经 800℃ 保温半个小时，除上述信息外，SiC_p 周围由于热失配应变引起滑移，部分 SiC_p 与基体过渡层中也有不规则形状的 Al_4C_3，其结构为六方结构：a_0=0.3331nm，c_0=2.499nm。在 Al_2O_3/ZL109 复合材料中，部分 Al_2O_3 纤维与基体界面结合平滑，其他 Al_2O_3 与基体结合处大约有 16nm 的过渡层，为 $Mg_3Al_2(SiO_4)_3$，为体心立方结构：a_0=1.144nm。

采用溶胶-凝胶氧化铝涂覆硼酸铝晶须可改善挤压铸造晶须增强 6061Al 复合材料的界面性能。界面观察结果表明，α-Al_2O_3 和 γ-Al_2O_3 涂层均可抑制尖晶石界面反应，涂层厚时效果更加明显。界面反应越轻微，复合材料的弹性模量越大，峰时效过程由于基体中 Mg 的较少消耗而推迟。

SiC_p 镀铜后能明显改善陶瓷颗粒与金属基体之间的浸润性，提高界面的结合强度，使复合材料的强度明显增加。

3.5.6 铝基复合材料在航空航天领域中的应用

1. 铝基复合材料在航空领域中的应用

硼纤维增强铝基复合材料（简称硼/铝复合材料）是实际应用最早的金属基复合材料，美国和前苏联的航天飞机中机身框架、支柱及起落架拉杆等部位均应用了该材料。此外，硼/铝复合材料具有良好的导热性，热膨胀系数与半导体芯片非常接近，因此在元器件发热时能最大限度地降低接头处的应力集中，不仅在结构件，而且在散热结构中都有广阔的应用前景。硼/铝复合材料在喷气发动机风扇叶片、结构支撑件、飞机机翼蒙皮、飞机垂直尾翼、飞机起落架部件、导弹构件等航空结构件均有应用前景。

SiC/Al 复合材料是航空中应用最广泛的铝基复合材料之一，因其具有优异的耐热性和室温/高温力学性能，增强体 SiC 与 Al 之间的界面结合效果也较好，有助于 SiC/Al 复合材料在飞机、发动机构件及导弹结构件、飞机尾翼平衡器等位置得到应用。北京有色金属研究总院采用粉末冶金法研制的 SiC/Al 复合材料、B4C/Al 复合材料及喷射沉积法制备的 Si/Al 复合材料已成功应用在航空领域的直升机、相控阵雷达等部位。此外，美国主力战机"猛禽"F-22 中的发电单元、电子计数测量阵列、自动驾驶仪上均采用 SiC/Al 复合材料来代替传统的封装材料。美国洛克希德·马丁公司用 SiC 颗粒增强 6061Al 基体，其中 SiC 颗粒含量为 25%，形成的复合材料具有良好的综合力学性能,被用于制造飞机上放置电气设备的支架,其刚度比所替代的 7075 高强铝合金高 65%,可以有效防止飞机在空中旋转和转弯时引起的弯曲现象。20 世纪 90 年代末,SiC/Al 复合材料在大型客机上得到了广泛应用,美国惠普公司从 PW4084 发动机开始,采用 DWA 公司生产的挤压态 SiC 颗粒增强铝基复合材料来制造风扇出口处的导流叶片,最终应用于波音 777 客机。

  SiC/Al 复合材料已经成功应用于包括战斗机腹鳍、飞机发动机导流叶片及直升机旋翼连接件等关键结构件上。DWA 复合材料公司与洛克希德·马丁公司制备的 SiC/6092Al 复合材料被应用到 F16 战斗机腹鳍上,较原有的铝合金材料刚度提高了约 50%,使用寿命提升至约 8000h。英国 AMC 公司利用机械合金化法制备的 SiC/Al 复合材料生产了直升机旋翼系统连接用的模锻件,且已成功应用于 EC-120 及 N4 新型民用直升机上,如图 3-25 所示。相比铝合金,SiC/Al 复合材料的刚度提高约 30%,寿命提高约 5%;相比钛合金减重 25%。例如,铝蜂窝复合板是较节省材料的结构,如图 3-26 所示,用这种基层做的板材强度大、质量轻、平整度高、容量大、极其坚固,而且不易传导声和热,是理想的建筑及制造航天飞机、宇宙飞船、人造卫星等的理想材料。

(a) F16战斗机腹鳍 (b) F16战斗机中心机架23号舱门 (c) 风扇出口导流叶片

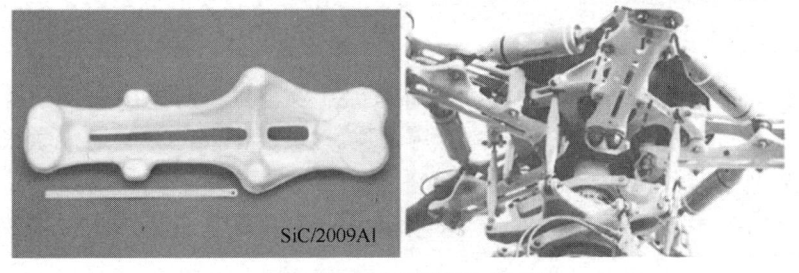

(d) EC120直升机转子叶片套筒

图 3-25 铝基复合材料在航空领域的应用

(a) 金刚石/Al 基复合材料 (b) 铝蜂窝复合板

图 3-26 航空领域使用的铝基复合材料

SiC 颗粒增强的铝基复合材料也具有高的比刚度和比强度，比纯铝和中碳钢都高，且密度仅为钢的 1/3，在 300~350℃ 的高温下可以保持良好的性能。当 SiC 的体积分数超过 50% 时，高含量 SiC 颗粒增强铝基复合材料具有杰出的结构承载能力、独特的防共振能力和优异的热稳定性，其比模量可达传统 Ti 合金或 Al 合金的 3 倍，热膨胀系数低于 Ti 合金，此外，热导率也明显优于铝合金，其平均谐振频率比传统金属（如钛、铝、钢等）高出 60%。这些优秀的综合功能/结构一体化复合材料得到了航空领域的青睐，在仪器结构件、微电子器件封装元件中具有广阔的应用市场。

2. 铝基复合材料在航天领域中的应用

我国金属基复合材料在 2000 年左右也开始逐渐应用于航天器上。北京航空材料研究院研制的 SiC 颗粒增强铝基复合材料精铸件，包括支撑轮、镜身和镜盒，用于某型号卫星的遥感器定标装置，并成功地研制出空间光学反射镜坯缩比件。哈尔滨工业大学团队制备出的 SiC 增强铝基复合材料管件成功应用于某型号卫星的天线丝杠。中国科学院金属研究所的马宗义采用粉末冶金法生产的 17%SiC/Al 复合材料，已批量用于空间飞行器结构，如嫦娥五号 SiC/Al 复合材料取样钻杆（见图 3-27），其刚度、韧性和耐磨性完全满足月壤钻取要求，相比钢材实现减重 65%。此外，上海交通大学制备了高性能原位自生纳米颗粒增强及 SiC 颗粒增强铝基复合材料，已正式在"天宫二号"空间实验室的量子密钥、激光通信、冷原子钟和光谱仪等多种精密关键构件得到应用，也成功在"玉兔号"月球车的车轮和"嫦娥三号"的多种遥测遥感仪器中得到应用。

图 3-27 嫦娥五号 SiC/Al 复合材料取样钻杆

哈尔滨工业大学武高辉等研制的碳纤维增强铝基复合材料已经用于复杂薄壁舱体结构、卫星抛物面天线、相机波导管、红外发射镜等部位。2019 年，上海交通大学张荻等与航天部门联合研制的某型新一代运载火箭碳纳米管铝基复合材料舱体，顺利通过了轴压静力试验考评。如图 3-28 所示，该舱体属于国内首个、也是国际上首次采用碳纳米管铝基复合材料的航天产品。

图 3-28 某型新一代运载火箭碳纳米管铝基复合材料结构件及舱体

3.6 镁基复合材料

3.6.1 增强体与基体

镁基复合材料的增强体有颗粒、纤维、晶须等。增强体有助于提高基体合金的硬度及屈服强度，其中弹性模量数值大小排列依次为 C，一般说来，随着增强体含量的增加，由于增强体的强化作用，复合材料的拉伸强度上升，延伸率下降。增强体的选择要求类似于铝基复合材料，即要求物理、化学相容性好，润湿性良好，载荷承受能力强，尽量避免增强体与基体合金之间的界面反应等。常用的增强体主要有 C 纤维、Ti 纤维、B 纤维、Al_2O_3 短纤维、SiC 晶须、B_4C 颗粒、SiC 颗粒和 Al_2O_3 颗粒等。长纤维增强镁基复合材料的性能好，但造价贵，不利于向民用工业发展，另外其各向异性也是阻碍因素之一。颗粒或晶须等非连续物增强金属基复合材料是各向同性的，有利于进行结构设计，可以二次加工成型和进一步时效强化，具有高的比强度、比模量、硬度、尺寸稳定性及优良的耐磨性、耐蚀性、减振性能和高温性能等。

镁基复合材料的基体一般为镁合金，常用的有三类：室温铸造镁合金、高温铸造镁合金及锻造镁合金。镁基体的选择主要根据镁基复合材料的使用性能，对侧重铸造性能的镁基复合材料可选择不含 Zr 的铸造镁合金为基体；侧重挤压性能的一般选用变形镁合金。这些基体镁合金主要有镁铝锌系（A731、AZ61、AZ91）、镁锌锆系、镁锂系、镁锌铜系（ZC71）、镁锰系、镁稀土锆系、镁钍锆系和镁钕银系等。纯镁的强度较低，不适合作为基体，一般需要添加合金元素以合金化。主要合金元素有 Al、Mn、Zn、Li、As、Zr、Th、Ni 和稀土元素等。合金元素在镁合金中起固溶强化、沉淀强化和细晶强化等作用。添加少量 Al、Mn、Zn、Zr、Be 等可以提高强度；Mn 可提高耐蚀性；Zr 可细化晶粒和提高抗热裂倾向；稀土元素除具有类似 Zr 的作用外，还可以改善铸造性能、焊接性能、耐热性及消除应力腐蚀倾向；Li 除可在很大程度上降低复合材料的密度外，还可以大大改善基体镁合金的塑性。

3.6.2 长纤维增强镁基复合材料

B 纤维、C 纤维增强镁基复合材料的力学性能如表 3-7 和表 3-8 所示。石墨纤维增强镁基复合材料在金属基复合材料中具有最高的比强度、比模量和最好的抗热阻变形能力，是理想的航天材料，可应用于卫星直径为 10m 的抛物面天线及其机架。具有零膨胀的石墨/镁基复合材料可用于航天飞机的蒙皮材料、空间动力回收系统的构件、民用飞机的天线机架、转子发动机的机箱等。

表 3-7 B 纤维增强镁基复合材料的力学性能（液态浸渍工艺制造 V_f=70%）

性　能	B/Mg	B/AZ318	B/ZK	B/HZK
纵向拉伸强度/MPa	1055	—	1084	1089
纵向弹性模量/GPa	276-296	285	275-296	269-300
纵向弯曲强度/MPa	2324	2255	1758	1784
纵向剪切强度/MPa	121	165	131	160
纵向剪切模量/GPa	49	62	51	60

续表

性　　能	B/Mg	B/AZ318	B/ZK	B/HZK
横向弯曲强度/MPa	167	254	—	283
横向弹性模量/GPa	121	124	—	143

表 3-8　C 纤维增强镁基复合材料的力学性能

纤维	纤维体积分数及取向	铸锭形态	纤维预成型法	抗拉强度/MPa 纵向	抗拉强度/MPa 横向	弹性模量/GPa 纵向	弹性模量/GPa 横向	热膨胀系数/($10^{-6}K^{-1}$)
P55	40/0°	棒	缠绕	720	—	172		
P100	35/0°	棒	缠绕	720	—	248		
P75	40/±16°, +9/90°	空心柱	缠绕	450	61	179	86	1.3
P100	40/±16°	空心柱	缠绕	560	380	228	30	−0.07
P55	40/0°	板	预浸处理	480	20	159	21	3.3
P55	30/0°, +10/90°	板	预浸处理	280	100	83	34	4.5
P55	20/0°, +20/90°	板	预浸处理	450	240	90	90	—

3.6.3　晶须、颗粒增强镁基复合材料

除纤维增强镁基复合材料外，近年来对晶须、颗粒增强镁基复合材料也有研究。表 3-9 为不同体积分数时压铸态 SiC 颗粒增强镁基复合材料的室温拉伸性能。表 3-9 表明随着颗粒体积分数的增加，其弹性模量、屈服强度、拉伸强度均提高，而延伸率降低。但研究表明在同一增强体体积分数时，随着温度的提高，其弹性模量、屈服强度、拉伸强度均降低，而延伸率增加，温度对材料的性能影响较大。此外，对压铸态复合材料进行压延，可使力学性能大幅提高。这是由于压延可改善颗粒在基体中的分布，消除气孔、缩孔等铸造缺陷。

表 3-9　不同体积分数时压铸态 SiC 颗粒增强镁基复合材料的室温拉伸性能

SiC_p 含量/%	弹性模量/GPa	屈服强度/MPa	抗拉强度/MPa	延伸率/%
0	37.8	157.5	198.8	3.0
6.7	46.2	186.9	231	2.7
9.4	47.6	191.1	231	2.3
11.5	47.6	196	228.9	1.6
15.1	53.9	207.9	235.9	1.1
19.6	57.4	212.1	231	0.7
25.4	65.1	231.7	245	0.7

表 3-10 为采用不同黏结剂的压铸态 SiC_p/AZ91 镁基复合材料的力学性能。与基体合金 AZ91 相比，压铸态 SiC_p/AZ91 镁基复合材料的弹性模量、屈服强度和拉伸强度均显著提高，但其延伸率大幅降低。黏结剂对复合材料的性能有明显影响。当采用酸性磷酸铝黏结剂时，材料具有较高的力学性能。不采用黏结剂时，其力学性能相对较低。

表 3-10　采用不同黏结剂的压铸态 SiC$_p$/AZ91 镁基复合材料的力学性能

材　　料	体积分数/%	屈服强度/MPa	拉伸强度/MPa	延伸率/%	弹性模量/GPa
AZ91	0	102	205	6	46
SiC$_p$/AZ91（酸性磷酸铝黏结剂）	21	240	370	1.12	86
SiC$_p$/AZ91（硅胶黏结剂）	21	236	332	0.82	80
SiC$_p$/AZ91	22	223	325	1.08	81

注：AZ 表示 Mg-Al-Zn 合金。

目前，内生型镁基复合材料的研究愈来愈受到重视，制备工艺类似于内生型铝基复合材料。由于此增强体是通过反应生成的，与基体之间的界面是干净的，并具有良好的化学稳定性和热稳定性，更适合于高化学活性的镁基复合材料。

用 5%-Mg-TiO$_2$-B$_2$O$_3$ 体系制备的镁基复合材料的抗拉强度和布氏硬度分别相对于基体提高了约 26%和 32%。采用等径角挤压技术（ECAE）可制得原位准晶相 Mg$_3$YZn$_6$ 增强的镁基复合材料，拉伸强度达到 287MPa，延伸率提高了 26%。先低温球磨原位制备尺寸约 300nm 的 TiC$_p$ 与铝的复合颗粒，再搅拌铸造将复合颗粒与镁合金复合，获得 TiC$_p$/AZ91 复合材料，其室温拉伸强度达 287.7MPa，弹性模量达 69.2GPa。

在原位反应合成制备颗粒增强镁基复合材料的基础上，有人提出了内生纳米颗粒增强镁基复合材料的新思路。此方法是将原位化学反应法与快速凝固法结合，在镁基体内部均匀自生纳米颗粒增强体。研究表明，大块金属玻璃材料经过控制析出纳米晶相，可以产生极大的强化作用。因此，通过非晶晶化或部分晶化，在非晶镁合金基体中得到自生纳米颗粒，可显著提高颗粒增强镁基复合材料的强韧性。

在 Mg-Al-N 体系中原位反应生成 AlN 颗粒，随着 Mg$_3$N$_2$ 质量分数的增加，生成的 AlN 颗粒增多，基体组织变得细小，复合材料的耐磨性显著提高，磨损机制由 AZ91 基体的黏着磨损逐渐转变为 AlN/AZ91 复合材料的磨粒磨损。

3.6.4 镁基复合材料的界面

镁基复合材料的界面对其力学性能影响较大。以 C 纤维增强镁基复合材料为例，由于 C 纤维直径很小，界面面积占有很大比例，界面起着重要的作用，而且 C 纤维和基体形成的体系一般处于热力学不平衡状态。在 600℃左右可能有 MgC$_2$、Mg$_2$C$_3$ 存在，但它们极其不稳定，易分解，可以认为 C、Mg 之间是化学惰性的。但是，基体中的添加元素会使界面结构变得复杂。一方面添加元素和 C 纤维在界面处发生一定的物理、化学反应，另一方面添加元素会在基体内部发生反应，而这些反应产物又易于在界面析出。由于 C 纤维的石墨化程度不同，其在镁基复合材料中存在着两种不同类型的界面结构。石墨化程度较低的 C 纤维，其 C$_f$/Mg 界面处有一层比基体晶粒小得多的细小晶粒层。当石墨化程度较高时，界面处不存在细小晶粒层，而是结合良好的平直光滑界面。

对真空压力浸渗制备的 Cr/ZM-5 复合材料，在界面存在明显的铝元素富集，并有析出相 Mg$_{17}$Al$_{12}$，但界面没有化学反应的迹象；对纤维施以 SiO$_2$ 涂层后，界面上有 MgO 生成。纤维的表面处理可以提高界面剪切强度，但会显著降低拉伸强度；界面析出相受界面残余应力的影响。不同的制备工艺、涂层处理及 C 纤维的表面处理都会产生不同的界面相，改变 C/Mg 的界面结合状况，最终影响复合材料的性能。

要使镁基复合材料达到最佳界面结合，一般采取以下措施。

（1）在镁基复合材料中添加合适的化合物或元素。

有利的化学反应可以提高界面的结合强度，使复合材料得到强化。挤压铸造法制备的 SiC 晶须增强 AZ91 复合材料的界面，发现添加了 $Al(PO_3)_3$ 黏结剂时，黏结剂和 Mg 在界面处发生一定的化学反应生成 MgO，MgO 在界面处的半共格析出在一定程度上降低了界面能，提高了界面结合强度。

（2）选择合适的镁基复合材料的制备工艺。

制备温度的降低和凝固时间的缩短可在一定程度上抑制镁基复合材料的界面反应，改善界面结构。例如，在制备 SiC 纤维增强 ZM_5 镁基合金的工艺中，复合材料界面的形貌、$Mg_{17}Al_{12}$ 相的形状和大小与纤维的预制温度有关，随着制备温度的升高，$Mg_{17}Al_{12}$ 相析出量增加且形状由细针状转为粗针状或块状，同时界面的结合强度降低。

（3）对增强体进行表面涂层。

表面涂层可优化增强体和 Mg 的界面结合状态，以达到提高界面性能的目的。在氧化的 SiC 晶须增强镁基复合材料中，由于晶须表面的 SiO_2 与 Mg 反应，在界面析出 MgO 细晶过渡层，改善了 SiC 晶须与镁基体之间的结合状态。

需指出的是，添加元素一方面可改善浸渗性能，但另一方面会在界面区发生一定的物理、化学反应，使得界面区域的结构变得复杂、难易控制。

3.6.5 镁基复合材料在航空航天领域中的应用

镁基复合材料在航空航天领域有着广泛的应用。由于镁合金具有低密度和高比强度，可以减轻飞机和航天器的质量，提高其燃油效率和载荷能力。同时镁基复合材料还具有良好的耐腐蚀性能，可以在恶劣的环境下工作。目前镁基复合材料已经成功应用于飞机结构、发动机零部件、导弹和航天器，以及汽车、生物医学、储能等领域，如图 3-29 所示。美国 TEXTRON、DOW 化学公司用 SiC/Mg 复合材料制造螺旋桨、导弹尾翼、内部加强的气缸等。DOW 化学公司已用 Al_2O_{3p}、SiC_p/Mg 复合材料制成皮带轮、油泵盖等耐磨件，并制备出完全由 Al_2O_{3p}/Mg 复合材料构成的油泵。美国海军研究所和斯坦福大学利用 B_4C_p/Mg-Li 复合材料、B_p/Mg-Li 复合材料制造卫星天线构件。英国镁电子公司开发的 SiC_p 增强 Mg-Zn-Cu-Mn 镁合金基复合材料管材是世界上最轻的金属基复合材料；此外，该公司正在开发此种复合材料在国防和汽车方面的应用研究。

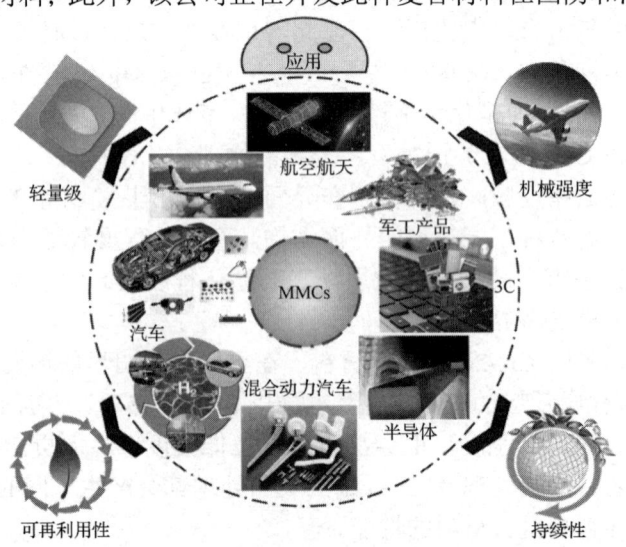

图 3-29 镁基复合材料的应用

在镁基体中加入极高强度、高模量的 C 纤维、石墨烯等碳基材料，制备的质量轻、比刚度高、比强度高的 MMCs（金属基复合材料）组件是航空航天领域的理想结构材料，如图 3-30 所示。

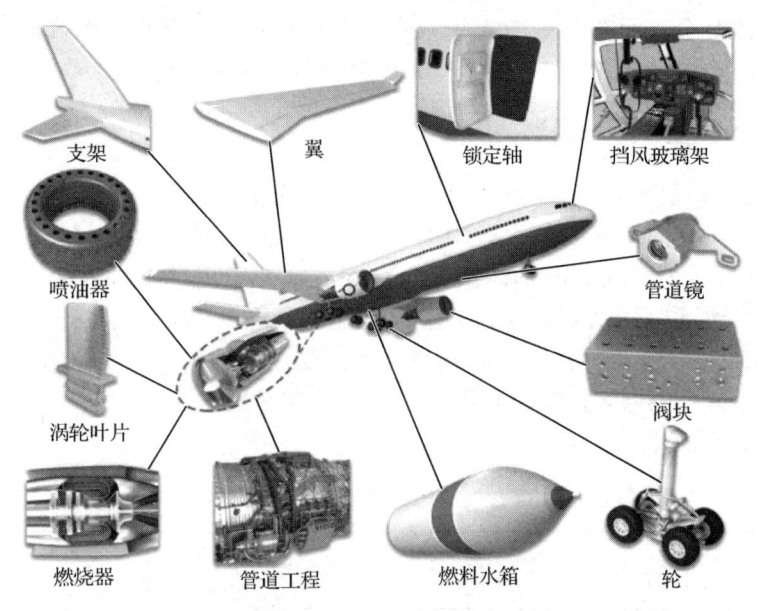

图 3-30 镁基复合材料在航空航天领域中的应用

3.7 钛基复合材料

3.7.1 增强体与基体

钛基复合材料（TMC）的常用增强体包括 Cr_3C_2、TiC、TiN、TiO_2、Si_3N_4、SiC、TiB_2、TiB、Al_2O_3、Ti_5Si_3、B 颗粒和碳纳米颗粒，碳纳米管和纤维也已被用作有效元素添加在 TMC 中。尽管目前碳纳米管、石墨烯、C 纤维等是 TMC 的研究热点，但通过原位反应合成形成的 TiB 晶须（TiB_w）和 TiC 颗粒（TiC_p）始终被认为是 TMC 最佳增强体。

钛基复合材料中增强体一般要求熔点高、硬度高，与基体的热膨胀系数差异小，界面化学相容性好，热力学稳定。常见的增强体有纤维、晶须、颗粒等。增强体中 SiC、Al_2O_3、Si_3N_4 在一定条件下极易与 Ti 发生较严重的界面反应，不是理想的增强体；B_4C、TiB_2、ZrB_2 在钛基体中均不稳定，在制备过程中将生成 TiC 和 TiB。TiC 和 TiB 的熔点高，在钛基体中稳定，与钛的相容性好，不发生界面反应，泊松比相近，密度差不大，热膨胀系数差控制在 50%以下 [钛的热膨胀系数为 $(9\sim10.8)\times10^{-6}/K$]，可以显著降低材料制备过程中产生的残余热应力。此外，TiB 和 TiC 的弹性模量为 Ti 的 4~5 倍，对材料性能的提高效率很高，因而是较为理想的增强体。

除上述增强体外，稀土氧化物被视为钛合金中极有希望的增强体。可添加的稀土元素有 La、Nd、Y、Ce、Er、Gd 等。因稀土氧化物熔点高而稳定，加入钛基体后，主要起内部氧化作用。稀土氧化物在钛基体内呈弥散分布，可以进一步强化基体，所以，稀土元素的加入能显著提高基体的高温瞬时强度和持久强度。此外，稀土元素还有利于基体晶粒的细化、热稳定性的提高等。

钛基复合材料中的基体一般有 Ti-6Al-4V 合金、Ti-24Al-23Nb 合金、工业纯钛和 Ti-32Mo 耐蚀合金等。其中，Ti-6Al-4V 合金用量最大、综合性能最好，被广泛用作研究非连续增强钛基复合材料的基体合金。而在航空航天领域中，要求钛合金具有良好的高温强度和抗蠕变性能，因此常选用近 α 型合金（如 Ti6264）、α+β 型合金作为基体材料。

3.7.2 纤维增强钛基复合材料

B 纤维增强钛基复合材料由于界面反应严重，起初未能制备成功。随着人们对界面反应认识的提高，以及对界面反应控制手段的增加，硼纤维增强钛基复合材料的制备获得成功。SiC 纤维增强钛基复合材料典型的基体钛合金为 Ti-6Al-4V，其力学性能如表 3-11 所示。由表可知 SCS-6SiC 纤维增强钛基复合材料的室温性能和高温性能均明显高于基体合金。近年来 SCS-6SiC/Ti-24Al-23Nb 复合材料成了研究热点。该复合材料在增强性能的同时，还使微观组织得到优化，热疲劳响应增强，抗氧化能力提高，并优于近 α 型合金，可应用于航空发动机的叶轮、叶片、驱动轴及火箭发动机机箱等。

表 3-11　SCS-6SiC 纤维增强钛基复合材料的力学性能

材　料	拉伸强度/MPa	弹性模量/GPa	延伸率/%
SiC/Ti-6Al-4V（35%）室温	1690	186.2	0.96
SiC/Ti-6Al-4V（35%）905℃，7h 热处理	1434	190.3	0.86
SiC/Ti-15V-3Sn-3Cr-3Al（38%～41%）室温	1572	197.9	—
SiC/Ti-15V-3Sn-3Cr-3Al（38%～41%）480℃，16h 热处理	1951	213.0	—

3.7.3 晶须、颗粒增强钛基复合材料

与纤维增强钛基复合材料相比，晶须、颗粒增强钛基复合材料取得了更快的发展。增强颗粒主要有 TiC、TiB 和 TiAl 等。颗粒增强钛基复合材料各向同性，其硬度和耐磨性、刚度得到很大提高，塑性、断裂韧性和疲劳性能有所降低，室温抗拉强度与基体接近，高温强度比基体高。表 3-12 为钛合金和颗粒增强钛基复合材料的室温力学性能。由此表可以看出，颗粒增强钛基复合材料的性能优势十分明显，尤其是高温性能，比钛合金提高很多。目前，美国已生产出 TiC 颗粒增强的 Ti-6Al-4V 导弹壳体、导弹尾翼和发动机部件的原型件。研究表明选用新的陶瓷增强体或改进铝合金的成分，有可能进一步提高钛合金的高温强度。

表 3-12　钛合金和颗粒增强钛基复合材料的室温力学性能

材　料	体积分数/%	制备工艺	弹性模量/GPa	屈服强度/MPa	抗拉强度/MPa	延伸率/%
Ti	0	熔铸	108	367	474	8.3
TiC/Ti	37	熔铸	140	444	573	1.9
TiB$_2$/Ti62222	4.2	熔铸	129	1200	1282	3.2
TiC-TiB$_2$/Ti	15	SHS 熔铸	137	690	757	2.0
Ti-6Al-4V	0	热压	—	868	950	9.4

续表

材料	体积分数/%	制备工艺	弹性模量/GPa	屈服强度/MPa	抗拉强度/MPa	延伸率/%
Ti-6Al-4V	0	真空热压	120	—	890	—
Ti-6Al-4V	0	快速凝固	110	930	986	1.1
TiC/Ti-6Al-4V	10	热压	—	944	999	2.0
TiC/Ti-6Al-4V	20	冷压、热压	139	943	959	0.3
TiB$_2$/TiAl	7.5	放热弥散	—	793	862	0.5
TiB$_2$/Ti-6Al-4V	3.1	快速凝固	121	1000	1107	7.0
TiB$_2$/Ti-6Al-4V	10	粉末冶金	133.5	1004	1124	1.97
（TiB+TiC）/Ti6264（TiB：TiC=4：1）	8	原位反应	130.5	1160.6	1234	1.35
（TiB+TiC）/Ti6264（TiB：TiC=1：1）	8	原位反应	131.2	1243.7	1329.8	2.74

传统法制备钛基复合材料时的界面反应很难控制，会影响界面结合强度，而原位反应法可克服传统法的不足，界面干净无反应，结合强度高，且热力学稳定，因而成了金属基复合材料的研究热点。运用 Ti 粉、TiB$_2$ 粉球磨混合，冷挤成块，升温至不同温度，两者发生原位反应，在温度升至 1250℃ 时，Ti+TiB$_2$ ⟶ 2TiB，即可形成 TiB 增强钛基复合材料，其组成相及组织随温度的演变过程如图 3-31 和图 3-32 所示。

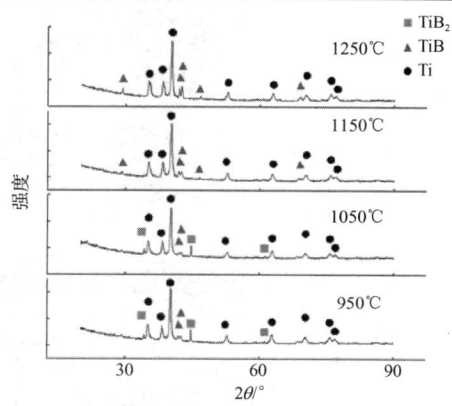

图 3-31　不同温度时 Ti+TiB$_2$ 反应结果的 XRD 图

（a）950℃　　（b）1050℃
（c）1150℃　　（d）1250℃

图 3-32　不同温度时 Ti+TiB$_2$ 反应结果的 SEM 图

3.7.4 钛基复合材料的界面

原位反应合成的钛基复合材料具有干净的界面，颗粒与基体间结合良好。通过 TEM 观察反应热压法合成的 30vol%TiB/Ti 复合材料的界面（见图 3-33），可观察到 TiB 晶须，一种是粗短棒状，另一种是细针状，TiB 为 B27 有序斜方结构。粗短棒状 TiB 的直径为 2μm，长径比约为 10∶1。细针状 TiB 的直径为 0.3μm，长径比约为 20∶1。细针状 TiB 中有大量的层错，贯穿整个截面，层错面平行于 TiB 的（100）晶面，TiB 沿 TiB [010]方向生长，横截面通常为（100）、（101）、（10$\bar{1}$）晶面上的六边形结构。粗短棒状 TiB 晶须中层错密度较细针状晶须大幅度降低，有少量位错及面缺陷，它们是伴随着层错的形成过程产生的。

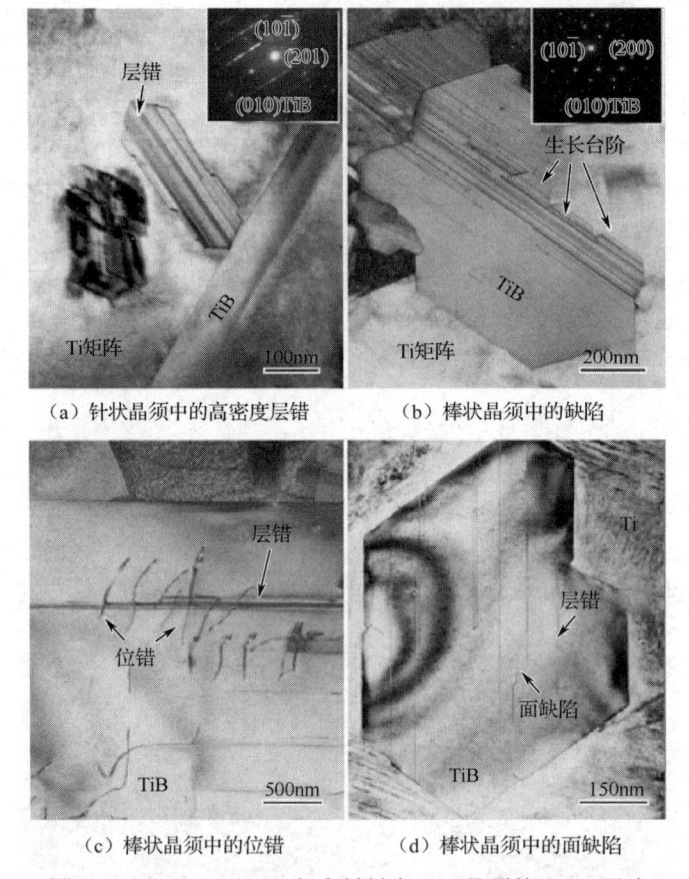

（a）针状晶须中的高密度层错　（b）棒状晶须中的缺陷

（c）棒状晶须中的位错　（d）棒状晶须中的面缺陷

图 3-33　30vol%TiB/Ti 复合材料中 TiB 晶须的 TEM 照片

在自生 TiC 颗粒增强钛基复合材料中，界面干净，结合良好，界面反应仅为 TiC 的降解反应，其结果是在 TiC 颗粒周围形成非化学计量表面层，同时，该界面反应具有可逆性，即高温加热使界面反应加速，缓慢冷却又使 C 原子重新沉淀，界面变薄。TiC 的这种特性对复合材料很有利，不仅可以利用缓冷时的再沉淀效应有效控制界面反应层厚度，而且在应力作用下，TiC 粒子断裂后其裂纹并不迅速扩展到钛基体中，而是在该非化学计量比的 TiC 过渡层中形成裂纹，使 TiC 粒子与基体合金脱黏，发生钝化现象，使复合材料的断裂韧性提高。

3.7.5 钛基复合材料在航空航天领域中的应用

NASA 报告显示，钛基复合材料在飞机上的应用不断增长，如图 3-34 所示。作为航空航天用结构材料，钛基复合材料在强度提高的同时，还需要具有很好的塑性、断裂韧性及高温抗氧化性。钛基复合材料中的增强体会阻碍位错运动，造成位错塞积，导致塑性不佳，因此应对钛基复合材料增强体的分布方式进行优化设计。

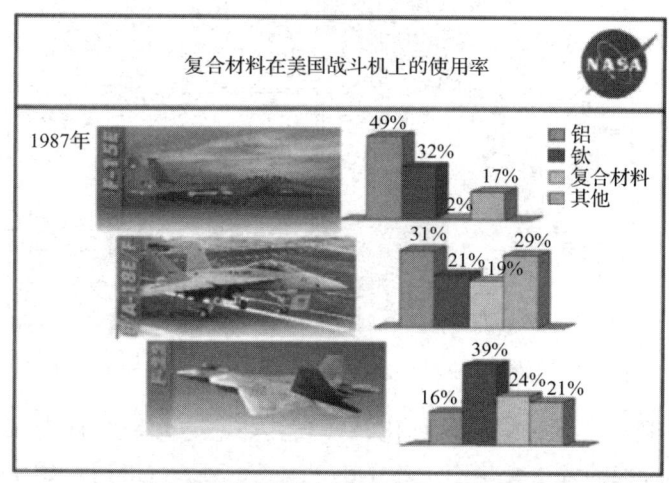

(a) 钛基复合材料在美国战斗机上的使用率

(b) SP公司研发的一种用于空军F-16战机的TMC齿轮　　(c) 新型发动机TMC叶片

图 3-34　钛基复合材料在飞机上的应用

在钛基复合材料的早期研究中，通常以 SiC 纤维为增强体来提高基体合金的力学性能。但纤维增强钛基复合材料的发展受到成本高、加工工艺复杂等因素的限制。非连续增强钛基复合材料（DRTMC）因性能提升显著、制备工艺简单且各向同性成为研究热点。美国 Dynamet 公司采用粉末冶金（PM）法研制出 CermeTim-C（TiC）系列复合材料，在烧结过程中，经过固相扩散作用后，TiC 发生一定降解反应，与基体呈现冶金结合状态。这一系列复合材料已经成功应用于导弹壳体、飞机发动机等领域。此外，美国拟在 F22Z 战机和 F119 发动机上使用 DRTMC 以减轻飞机质量。2003 年，荷兰 SP 公司制造了第一架采用钛基复合材料为起落架的飞机。

国内对于 DRTMC 的研究也在不断深入，上海交通大学的吕维洁等主要研究以陶瓷颗粒为增强体的非连续颗粒增强钛基复合材料。增强体的非均匀分布类型如图 3-35 所示，TiC 和 TiB 与钛基的密度和热膨胀系数相近，在与钛基复合时产生的残余应力低，且作为增强体与钛基间结合稳定。其中，TiB 的弹性模量和硬度高，且能有效提高钛及钛合金的性能并延长使用寿命，因此被视为钛基复合材料的最佳增强体。TiC 由于力学性能优异，抗氧化性和高温抗蠕变性能等均优于 TiB，也被认为是钛基复合材料中较优的增强体之一。

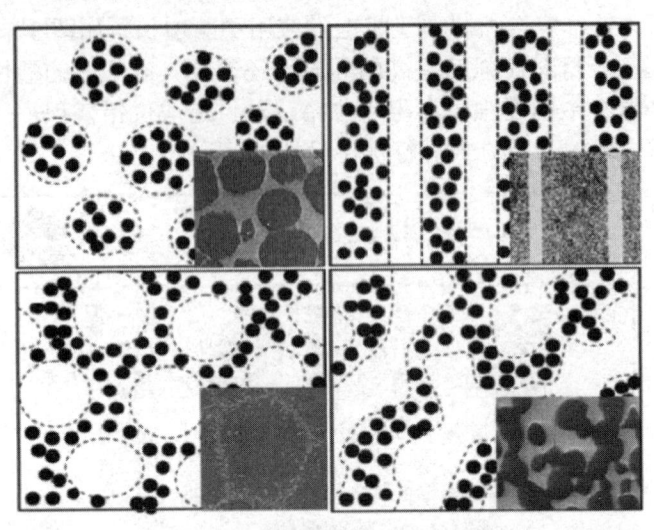

图 3-35 增强体的非均匀分布类型示意图及相应的 SEM 图

稀土氧化物有利于钛基体的晶粒细化，提高其热稳定性，被视为钛合金中有潜力的增强体。目前，可考虑添加的稀土元素有 La、Nd、Y、Ce、Er、Gd 等。稀土氧化物是高熔点化合物，在加入钛基体后，主要起内部氧化作用，且在钛基体内呈弥散分布，可进一步强化基体。因此，加入稀土元素能明显提高钛基体的高温瞬时强度和持久强度。

哈尔滨工业大学的黄陆军等通过设计新型网络结构的增强分布，显著提高了由粉末冶金法制造的钛基复合材料的可塑性和强度，并以 Hashin-Shtrikma 晶界理论为基础提出 Ti_5Si_3+TiB_w/Ti_6Al_4V 复合材料的设计理念，如图 3-36 所示。一方面，分布在 Ti_6Al_4V 基体周围的 TiB_w 增强层形成一级网络微观结构，如图 3-36（a）所示；另一方面，从图 3-36（b）可以看出，Ti_5Si_3 在 β 相内部（β 相围绕 α 相）形成了二级网络微观结构。分布在 Ti_6Al_4V 基体晶粒周围的 TiB_w 可能会提高材料的强度，同时分布于 β 相中的 Ti_5Si_3 可以改善基体的延展性。

（a）具有单尺度网络微观结构的 TiB_w/Ti_6Al_4V 复合材料
（b）两尺度的 Ti_5Si_3+TiB_w/Ti_6Al_4V 复合材料网络微观结构

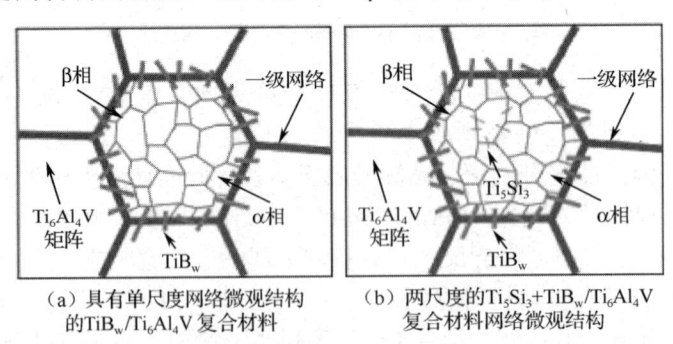

图 3-36 不同复合材料的示意图

东南大学的张法明等通过 SPS（放电等离子烧结）法制备具有 3D 网络结构的多层石墨烯（GR）增强的 Ti_6Al_4V（TC4）基纳米复合材料，它具有优异的机械性能和延展性能，制备过程如图 3-37 所示，其网络接口增强机制如图 3-38 所示。此外，张法明等首次实现钛基复合材料中纳米金刚石（ND）增强材料的网络分布，有效解决了钛基复合材料强度和延展性之间的矛盾。

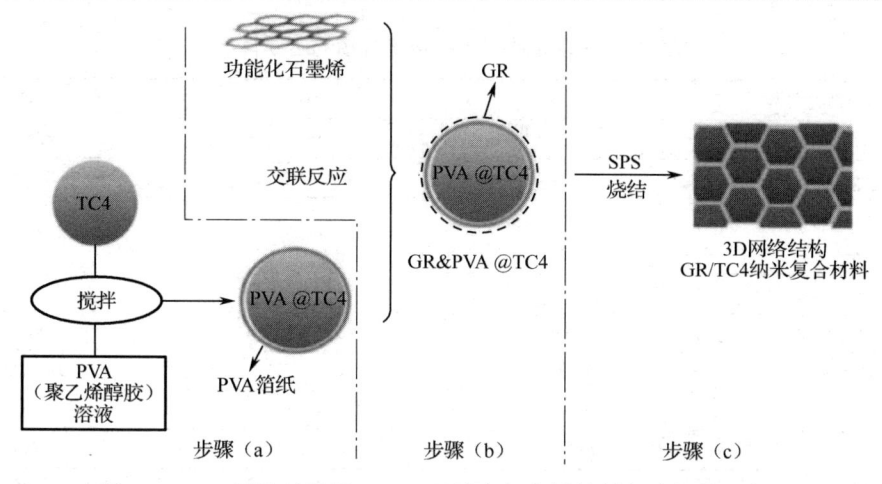

图 3-37　3D 网络结构的 GR/TC4 纳米复合材料制备过程的示意图

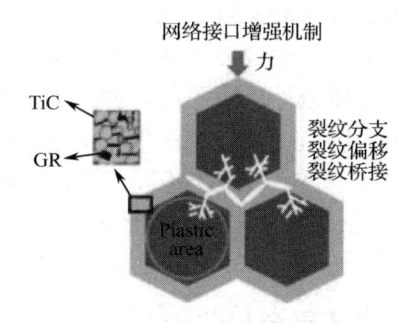

图 3-38　网络接口增强机制的示意图

目前，非连续增强钛基复合材料的主流研究方向是以 TiB 和 TiC 作为增强体，采用不同的原位反应合成方式，不断改进复合材料的结合形式，以得到具有更优异性能的 DRTMC。此外，石墨烯、金刚石等也是新的研究热点，研究人员致力于以此解决钛基复合材料强度和延展性之间的矛盾。

3.8　金属间化合物基复合材料

3.8.1　增强体与基体

金属间化合物基复合材料的强度高、抗氧化、抗硫化腐蚀能力优于钴基、镍基合金等传统高温合金，其韧性又高于普通的陶瓷材料，是公认的航空材料和高温结构领域具有重要应用价值的新材料。

常用的增强体有 Al_2O_3、SiC、TiB_2 等陶瓷颗粒或 W、Mo、Nb 等难熔金属的长纤维、短纤维、颗粒、晶须等。常用的金属间化合物基体有 TiAl、Ti_3Al、$TiAl_3$、NiAl、Ni_3Al、TiNi、Fe_2Al、Fe_3Al 等。其中，Ni_3Al 已被开发应用，其商业合金牌号有美国的 IC-5O、IC-218 和 IC-221M 等，而 IC-221M 合金已被美国公司选为替代 Ni 基高温合金来制造柴油机增压器。中国航发北京航空材料研究院也自主开发了 Ni_3Al 基的 IC-6 合金，并应用于涡轮发动机，以提高发动机的工作温度。TiAl 系列金属间化合物的研究较多，其主要性能见表 3-13。

表 3-13　TiAl 系列金属间化合物的主要性能

金属间化合物的类型	Ti$_3$Al	TiAl	TiAl$_3$
熔点（化学计量成分）/℃	1680	1480	1350
密度/(g·cm^{-3})	4.1～4.7	3.8～4.0	3.4～4.0
热膨胀系数/(10^{-6}℃$^{-1}$)（23～1000℃）	12	11	12～15
杨氏模量/GPa	120～145	160～175	215
室温拉伸强度/MPa	700～990	400～775	120～445
室温延伸率/%	2～10	1～4	0.1～0.5
室温断裂韧性/(MPa·m$^{1/2}$)	13～30	12～35	—
最大可能应用温度/℃	600～700	600～850	<1000
氧化/燃烧抗力	差	差	良好

金属间化合物基复合材料的制备一般不宜熔炼，由于金属间化合物的熔点高，一旦基体处于液态，增强体的稳定性显著降低，导致增强体溶解，复合材料的成分发生变化。此外，处于液态时的黏度高，流动性差，铸造性能也不好，故一般采用粉末固相成型工艺。长纤维增强体的液态成型工艺主要有压力铸造、液体渗透等；固态成型工艺有热压法、箔-纤维-箔（箔叠）法等。非连续增强体的液态成型工艺有熔铸、无压渗透等；固态成型工艺有粉末共混成型法、机械合金化法、反应固化法等。为防止界面反应，增强体的表面需进行涂覆（Al$_2$O$_3$、Y$_2$O$_3$ 等）处理。

3.8.2　纤维增强金属间化合物基复合材料

增韧是金属间化合物的核心目标。人们通过各种方法使金属间化合物的室温韧性低、高温强度差的弱点得到了一定改善，但存在局限性。采用长纤维增强、增韧是较为理想的选择。长纤维能通过以下机理来增加韧性，即基体的塑性变形、纤维的拔出、弱界面/纤维的分离和裂纹的偏转。

在连续纤维增强金属间化合物基复合材料中，纤维是主要的承载体，与颗粒、晶须或短纤维相比，此种增强方式使其同时具有高的强度和韧性，因此在力学性能方面显示出独特的优势，在高性能飞机上有着广阔的应用前景。通常，复合材料中纤维体积含量在 25%～45% 范围内，比较理想的是 35% 左右。表 3-14 为纤维增强 TiAl 金属间化合物基复合材料的弯曲性能，由该表可知，采用钛纤维增强时的弯曲强度几乎没有增加，但在其表面涂覆 2.5μm 厚的 Y$_2$O$_3$ 或 Al$_2$O$_3$ 时，弯曲强度明显提高，而弯曲挠度变化不大。

表 3-14　纤维增强 TiAl 金属间化合物基复合材料的弯曲性能

材　料	弯曲强度/MPa	弯曲挠度/mm
TiAl	450	0.40
Ti$_f$/TiAl	449	—
Ti(Y$_2$O$_3$)$_f$/TiAl（涂覆 Y$_2$O$_3$）	526	0.35
Ti(Al$_2$O$_3$)$_f$/TiAl（涂覆 Al$_2$O$_3$）	573	0.36

3.8.3 颗粒增强金属间化合物基复合材料

目前自生颗粒增强金属间化合物基复合材料的研究备受重视。中国科学院金属研究所郭建亭课题组反应合成了内生颗粒 TiC、TiB$_2$ 增强的 NiAl 基耐高温复合材料，与 NiAl 比较，这些 NiAl 基复合材料的高温强度提高了 3~5 倍，塑性和韧性同时得到了改善。郭建亭等还发现制备工艺对复合强化效果的影响较大。用热压放热反应合成（HPES）法制备的 NiAl-20%TiC 综合性能优于用反应热等静压（RHIP）法制备的 NiAl-20%TiB$_2$；在 HPES+HIP 制备时，二者的压缩性能相差不大；在 HPES+HT（高温退火）制备时，NiAl-20%TiC 的压缩强度及塑性反而明显比 NiAl-20%TiB$_2$ 的低。

图 3-39 为 Al-TiO$_2$ 系热爆反应产物的 SEM、XRD、EDS 图。图 3-39（a）表明 Al-TiO$_2$ 系热爆反应产物为网状基体与细小颗粒，其对应的 XRD 图 [见图 3-39（b）] 表明反应产物由 α-Al$_2$O$_3$ 和 Al$_3$Ti 两相组成，网状基体与细小颗粒的能谱分析 [见图 3-39（c）、图 3-39（d）] 进一步表明基体为 Al$_3$Ti，细小颗粒为 α-Al$_2$O$_3$。

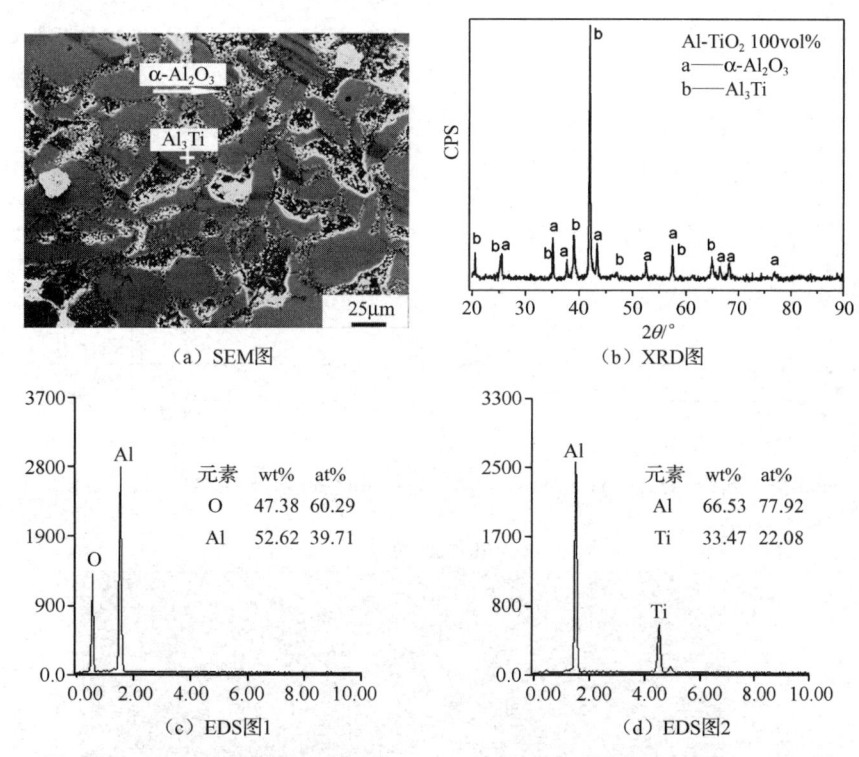

图 3-39 Al-TiO$_2$ 系热爆反应产物（α-Al$_2$O$_3$/Al$_3$Ti）的 SEM、XRD、EDS 图

采用熔铸法制造了增强体分别是 SiC、Al$_2$O$_3$、TiB$_2$ 颗粒（摩尔分数为 5%）的三种 Fe-28Al-5Cr 基复合材料。Al$_2$O$_3$ 颗粒在 Fe$_3$Al 中有良好的化学稳定性，TiB$_2$ 颗粒与基体发生部分反应，而 SiC 颗粒与基体反应严重。复合材料的强度与基体相比有较大提高，600℃屈服强度提高 30%~60%，700℃屈服强度提高 20%~30%，三种复合材料的室温强度以 SiC、TiB$_2$ 颗粒增强复合材料的增幅最大（屈服强度比基体提高近 60%），但延伸率比基体略有降低。

微波也可制备自生陶瓷颗粒增强金属间化合物基复合材料，且制备工艺简单，节能降耗，是一种非常有前景的制备方法。图 3-40 为 Al-Ni$_2$O$_3$-TiO$_2$-C 系微波合成复合材料(α-Al$_2$O$_3$+

TiC)/NiAl 的 SEM 图，传统加热时需预热至近 600℃方可反应（见图 3-41，图中 DSC 表示差示扫描热分析技术，TG 表示热重分析技术），而微波作用时仅在近 300℃即可发生热爆反应，且仅需数分钟即可完成（见图 3-42）。

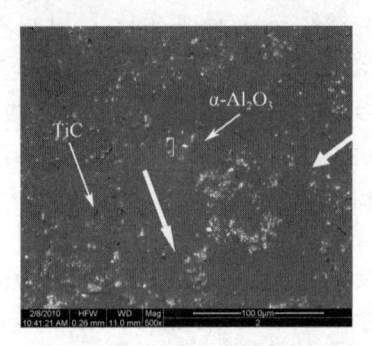

图 3-40　Al-Ni$_2$O$_3$-TiO$_2$-C 系微波合成复合材料(α-Al$_2$O$_3$+TiC)/NiAl 的 SEM 图

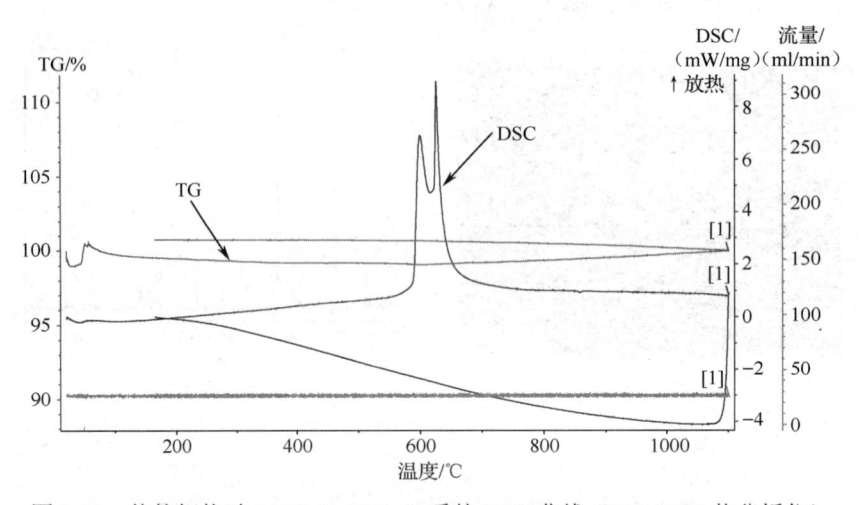

图 3-41　传统加热时 Al-Ni$_2$O$_3$-TiO$_2$-C 系的 DSC 曲线（STA449C 热分析仪）

图 3-42　微波作用时 Al-Ni$_2$O$_3$-TiO$_2$-C 系压块中心温度与时间的关系曲线

3.8.4 金属间化合物基复合材料的界面

原位反应合成的增强体与基体的界面干净、无反应物。郭建亭研究发现金属间化合物基复合材料中的增强体与基体在多数情况下会形成一个光滑、平直、无中间相的界面，而且一般以非共格或半共格的界面结合形式存在。界面两侧为直接的原子结合，结合强度高。运用热压放热反应合成（HPES）法制备的 TiB_2 颗粒增强的 NiAl 基复合材料中，除有增强体 TiB_2 外，还有少量 $M_{23}C_6$ 型的硼化物 $Ni_{20}Al_3B_6$，但 TiB_2 与基体 NiAl 的界面干净，未发现有界面反应。

运用金属 Ti 箔-SiC 纤维-金属 Al 箔经过自蔓延燃烧反应和扩散反应（见图 3-43）可制备连续 SiC 纤维增强 Ti-Al 金属间化合物基复合材料。研究表明该复合材料的基体是层状分布的 Al_3Ti、Al_2Ti、$AlTi$、$AlTi_3$、α-Ti 和少量的 Ti 相，SiC/基体的界面反应与 Ti/Al 反应同时发生，界面处的反应产物主要是 Ti、Si、C 的化合物，反应层中 Al 元素的含量少；在富 Ti 的 α-Ti 及 $AlTi_3$ 层中的 SiC 与基体界面反应层厚度大于富 Al 的 Al_3Ti、Al_2Ti 层中的 SiC 与基体界面反应层厚度；$AlTi_3$ 中的 SiC/基体界面层分为两层，反应产物包括 TiC、$Ti_5Si_3C_x$、$Al_4C_3Si_x$、Ti_3AlC、Ti_2AlC 等。

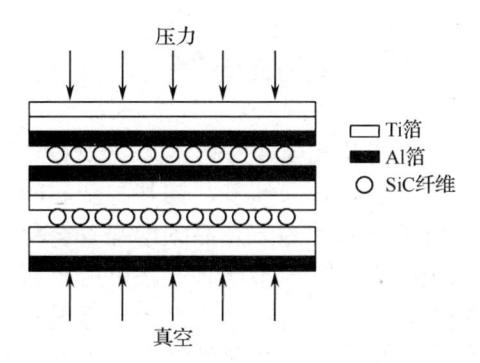

图 3-43 连续 SiC 纤维增强 Ti-Al 金属间化合物基复合材料的制备过程示意图

对于大多数钛铝金属间化合物基复合材料来说，由于纤维与基体之间化学相容性不好，在复合材料的制备和服役过程中，存在较为严重的化学反应，产生多层反应产物。电镜分析 SCS-6SiC/Ti_2AlNb 复合材料的界面表明，在反应初期形成晶粒非常细小的 TiC、Ti_5Si_3，其次扩散反应形成等轴晶粒较大的 TiC 层，靠近基体的 Ti_2AlNb 则形成 Ti_3Si 层。

3.8.5 金属间化合物基复合材料在航空航天领域的应用

航空发动机的压气机盘上装有叶片，承受气动力、离心力、振动应力，要求采用高比强度、比刚度的耐疲劳材料。一般采用 A286、In901、In718 等高温合金，如用 SiC 增强钛铝金属间化合物可将航空发动机的压气机盘的质量从每 16kg 减到 1kg。

郭建亭教授成功研制了多种金属间化合物基复合材料。

（1）Heusler 相强化 NiAl 基合金：该合金具有密度低（$6.5g/cm^3$）、抗氧化性能优异、Heusler 相强化增韧等优点，1100℃以上高温拉伸性能、持久蠕变性能等都超过国内外当前用于航空航天发动机的所有变形和铸造等轴晶高温合金。该合金可用于高推比发动机作涡轮叶片和导向叶片等，是我国新一代军用航空航天发动机 1100℃以上高温结构材料。

（2）一种内生 TiC 弥散强化 NiAl 基合金：用自制的热压放热反应合成法生成了一种内生

TiC 颗粒弥散强化的 NiAl 基复合材料,其室温硬度、室温到高温的压缩强度及高温拉伸强度均比单相 NiAl 有大幅度提高。其中 1000℃以上压缩强度及 980℃拉伸强度均为 NiA1 相应强度的 3 倍左右,而且与国外其他工艺制备的 NiAl-20TiB$_2$ 相比,强化效果大大提高,并首次在界面发现有非晶层存在,有利于材料韧性提高。

(3) Ni$_3$Al 基合金。

① 硼强化和 Zr 韧化 Ni$_3$Al 基合金:硼是韧化 Ni$_3$Al 基合金的关键元素,发现将 Ni$_3$Al 中硼的含量大幅度提高,由 0.1~0.5at%提高到 1~1.5at%,合金的高温持久寿命和瞬时拉伸强度达到最大值。延伸率在 10%以上,满足工程应用要求,适量的 Zr 可强化、韧化无硼 Ni$_3$Al 合金,且不受化学计量比的影响,室温延伸率达 10%。可冷轧成约 2mm 厚的薄板,为 Ni$_3$Al 基合金的韧化提供了新途径。适量锆与硼同时加入可使韧化效果更好。

② Y、Ce 和 RE 韧化的 NiA1 基合金:加入 0.005~0.03wt% Y、Ce 和 RE 可韧化 Ni$_3$Al 基合金,可提高合金 1100℃的压缩塑性 50%~100%。

③ 增压器用 JW$_{20}$Ni$_3$A1 合金:中国科学院金属研究所研制的 JW$_{20}$Ni$_3$A1 合金高温瞬时拉伸性能和疲劳性能等都超过镍基高温合金 K18,可用作涡轮增压器等零件,可增寿、减重,并降低成本 10%。

本章小结

轻金属基复合材料是指以轻金属及其合金为基体,与一种或几种金属或非金属为增强体,人工结合成的复合材料。按基体分有铝基、钛基、镁基、金属间化合物基等复合材料。按增强体分有颗粒增强复合材料、纤维(长、短)及晶须增强复合材料、层状增强复合材料。按增强体产生方式的不同可分为内生型和外生型两种。按复合材料的应用特性可分为结构复合材料和功能复合材料两类。轻金属基复合材料具有高的比强度和比模量,优良的疲劳性能和断裂韧性,良好的耐高温性能、导电性能、导热性能、耐磨性能、热膨胀性能及不吸潮、不老化、气密性好等特点。

外生型的增强体通过外界直接加入,其表面易被污染,增强体与基体的界面稳定性差,在一定条件下会发生界面反应,产生界面反应层,或析出新相,从而影响界面结合强度和复合材料的力学性能。内生型的增强体通过反应组分在基体中的化学反应产生,增强体的表面无污染、与基体的界面干净、结合强度高、化学稳定性好,且反应放热还可使挥发性杂质离开基体,起到净化基体的作用。内生型法又称原位反应法,它包括自蔓延燃烧反应法、放热弥散法、接触反应法、气液反应法、直接熔体氧化法、机械合金化法、混合盐反应法、浸渗反应法、微波合成法等,它是复合材料制备工艺的发展方向。

思考题

(1) 轻金属基复合材料与合金的异同点是什么?
(2) 轻金属基复合材料的性能特点有哪些?
(3) 轻金属基体的选用原则是什么?
(4) 内生增强轻金属基复合材料的制备方法有哪些?
(5) 内生增强体的特点是什么?

（6）内生与外生增强的金属基复合材料中，增强体与基体的界面有何不同？
（7）比较 XD 法与 SHS 法的异同点。
（8）简述 5083 铝合金的具体含义。
（9）讨论增强颗粒的粒径大小对铝基复合材料性能的影响。
（10）铝基复合材料界面表征的手段有哪些？
（11）如何提高镁基复合材料中增强纤维与镁基体的界面结合强度？
（12）为什么可采用微波反应合成轻金属基复合材料？
（13）界面析出相的形貌、尺寸、成分的表征方法分别有哪些？
（14）简述镁基复合材料的性能特点及其用途。
（15）简述钛基复合材料的性能特点及其用途。
（16）金属间化合物基复合材料增强、增韧的途径有哪些？

第4章 陶瓷基复合材料

陶瓷材料具有耐高温、硬度高、耐磨损、耐腐蚀及相对密度小等许多优良性能。但它同时也具有致命的弱点，即脆性高，这一弱点正是目前陶瓷材料的使用受到很大限制的主要原因，因此，增韧是陶瓷研究的重点。有关陶瓷增韧机理的内容请见第3章，本章主要介绍几种常见陶瓷基复合材料的制备、特性及其应用。

4.1 陶瓷基复合材料的基体与增强体

4.1.1 陶瓷基复合材料的基体

陶瓷材料中的化学键一般为介于共价键和离子键间的混合键。可由各组成元素的电负性（获得电子的能力）来表征结合键与离子键或共价键的接近程度（离子键或共价键的比例），元素的电负性如表4-1所示，则计算陶瓷中离子键比例的经验公式为

$$P_{AB} = 1 - \exp\left[-\frac{1}{4}(x_A - x_B)^2\right] \tag{4-1}$$

$x_A - x_B$愈大，离子键愈强，反之，共价键的比例愈大；$x_A = x_B$时则为完全的共价键。

表 4-1 元素的电负性

Li	Be	B										C	N	O	F
1.0	1.5	2.0										2.5	3.0	3.5	4.0
Na	Mg	Al										Si	P	S	Cl
0.9	1.2	1.5										1.8	2.1	2.5	3.0
K	Ca	Sc	Ti	V	Cr	Mn	Fe	Co	Ni	Cu	Zn	Ga	Ge	As	Sc	Br
0.8	1.0	1.3	1.5	1.6	1.6	1.5	1.8	1.8	1.8	1.9	1.6	1.6	1.8	2.0	2.4	2.8
Rb	Sr	Y	Zr	Nb	Mo	Tc	Ru	Rh	Pd	Ag	Cd	In	Sn	Sb	Te	I
0.8	1.0	1.2	1.4	1.6	1.8	1.9	2.2	2.2	2.2	1.9	1.7	1.7	1.8	1.9	2.1	2.5
Cs	Ba	La-Lu	Hf	Ta	W	Re	Os	Ir	Pt	Au	Hg	Tl	Pb	Bi	Po	At
0.7	0.9	1.1~1.2	1.3	1.5	1.7	1.9	2.2	2.2	2.2	2.4	1.9	1.8	1.8	1.9	2.0	2.2
Fr	Ra	Ac	Th	Pa	U	Np-No										
0.7	0.9	1.1	1.3	1.5	1.7	1.3										

脆化的根本原因在于其共价键，因为位错在共价键中移动的派纳力大。常见陶瓷的离子性与共价性的比例如表4-2所示。

表 4-2 常见陶瓷的离子性与共价性的比例

材料	CaO	MgO	ZrO₂	Al₂O₃	ZnO	ZrO₂	TiN	Si₃N₄	BN	WC	SiC
电负性差	2.5	2.3	2.1	2.0	1.9	1.7	1.5	1.2	1.0	0.8	0.7
离子性比例	0.79	0.73	0.67	0.63	0.59	0.51	0.43	0.30	0.22	0.15	0.12
共价性比例	0.21	0.27	0.33	0.37	0.41	0.49	0.57	0.70	0.78	0.85	0.88

氧化物的电负性差大于非氧化物,其离子性要高于碳化物和氮化物。

陶瓷材料的典型结构如图 4-1 所示。

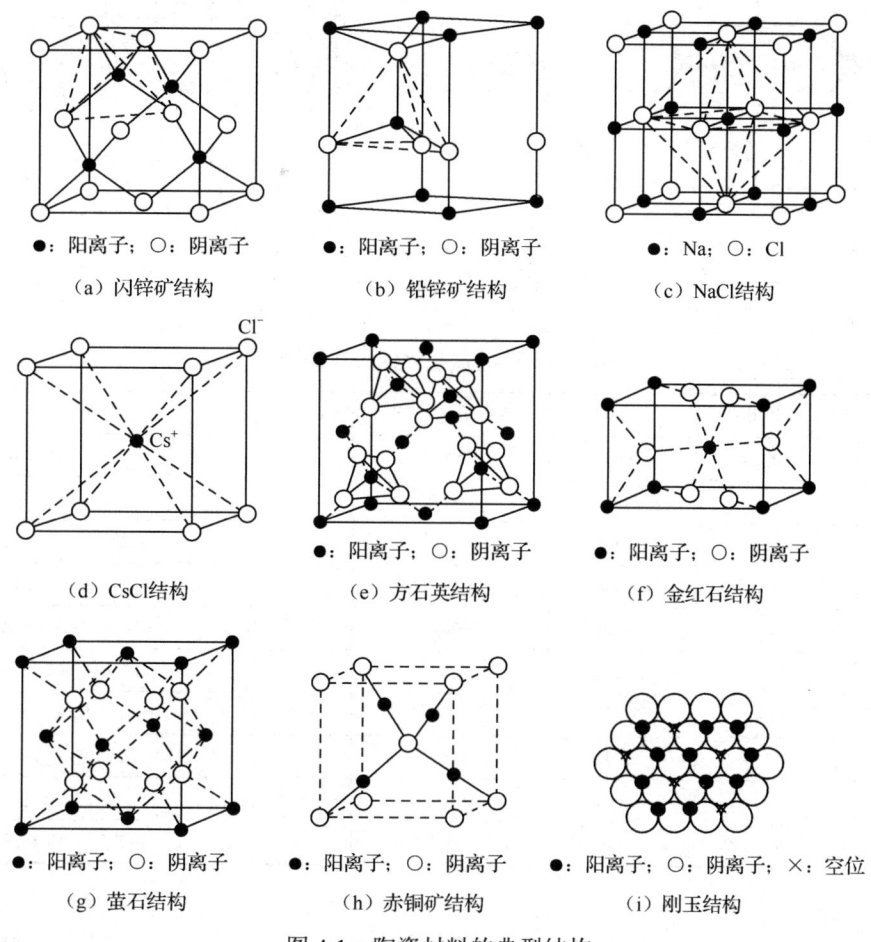

●: 阳离子; ○: 阴离子
(a) 闪锌矿结构

●: 阳离子; ○: 阴离子
(b) 铅锌矿结构

●: Na; ○: Cl
(c) NaCl结构

(d) CsCl结构

●: 阳离子; ○: 阴离子
(e) 方石英结构

●: 阳离子; ○: 阴离子
(f) 金红石结构

●: 阳离子; ○: 阴离子
(g) 萤石结构

●: 阳离子; ○: 阴离子
(h) 赤铜矿结构

●: 阳离子; ○: 阴离子; ×: 空位
(i) 刚玉结构

图 4-1 陶瓷材料的典型结构

陶瓷材料中的硅酸盐结构较为复杂,其普遍特点是存在$[SiO_4]^{4-}$结构单元,比如,锆英石和橄榄石,其结构如图 4-2、图 4-3 所示。硅酸盐晶体根据$[SiO_4]^{4-}$的连接方式,可分为 5 种结构类型,如表 4-3 所示。硅氧四面体的空间构型如图 4-4 所示。

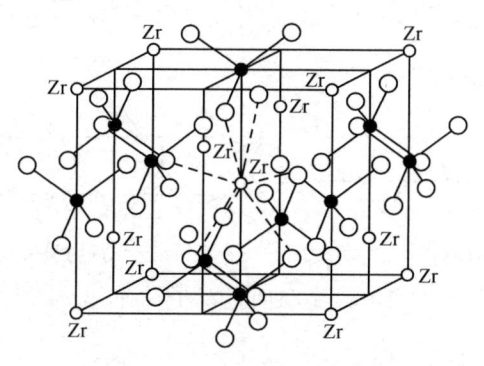

图 4-2 锆英石结构

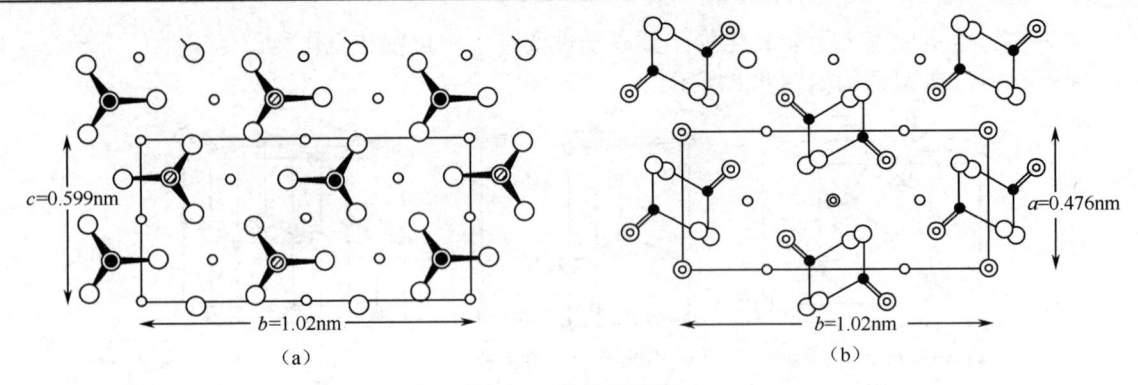

图 4-3 橄榄石结构

表 4-3 硅酸盐晶体的结构类型

结构类型	[SiO$_4$]共用 O^{2-}	形状	络阴离子	Si:O	实例
岛状	0	四面体	[SiO$_4$]$^{4-}$	1:4	镁橄榄石 Mg$_2$[SiO$_4$]
组群状	1	双四面体	[Si$_2$O$_7$]$^{6-}$	2:7	硅钙石 Ca$_3$[Si$_2$O$_7$]
	2	三节环	[Si$_3$O$_9$]$^{6-}$	1:3	蓝锥矿 BaTi[Si$_3$O$_9$]
		四节环	[Si$_4$O$_{12}$]$^{8-}$		斧石 Ca$_2$Al$_2$(Fe,Mn)BO$_3$[Si$_4$O$_{12}$]OH
		六节环	[Si$_6$O$_{16}$]$^{12-}$		绿宝石 Be$_3$Al$_2$[Si$_6$O$_{16}$]
链状	2	单链	[Si$_2$O$_6$]$^{4-}$	1:3	透辉石 CaMg[Si$_2$O$_6$]
	2,3	双链	[Si$_4$O$_{11}$]$^{6-}$	4:11	Ca$_2$Mg$_5$[Si$_4$O$_{11}$](OH)$_2$
层状	3	平面层	[Si$_4$O$_{10}$]$^{4-}$	4:10	滑石 Mg$_3$[Si$_4$O$_{10}$]
架状	4	骨架	[SiO$_2$]	1:2	石英 SiO$_2$
			[(Al$_x$Si$_{4-x}$)O$_8$]$^{x-}$		钠长石 Na[AlSi$_3$O$_8$]

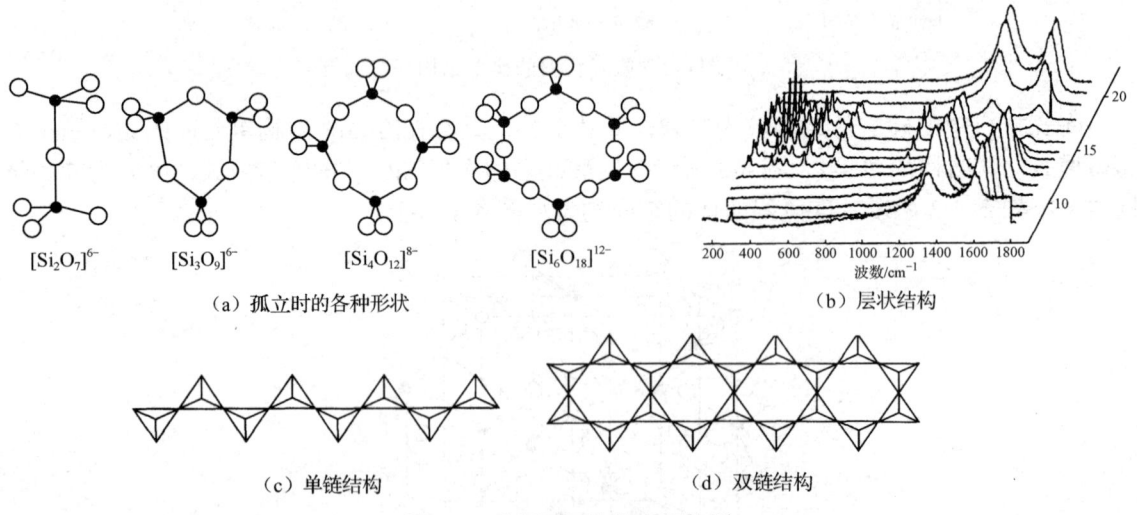

[Si$_2$O$_7$]$^{6-}$　　[Si$_3$O$_9$]$^{6-}$　　[Si$_4$O$_{12}$]$^{8-}$　　[Si$_6$O$_{18}$]$^{12-}$

(a) 孤立时的各种形状　　(b) 层状结构

(c) 单链结构　　(d) 双链结构

图 4-4 硅氧四面体的空间构型

陶瓷材料的典型性能如表 4-4 所示。

表 4-4 陶瓷材料的典型性能

材料	密度 /(g·cm^{-3})	熔点 /℃	弹性模量 /MPa	泊松比	比热容 /[J·(g·K)$^{-1}$]	热导率 /[W/(m·K)]	热膨胀系数 /(10^{-6}K^{-1})	电阻率 (25℃)/(Ω·m)
Al$_2$O$_3$	3.99	2.50	390	0.23	1.25	6.0	8.0	>10^{15}
SiC	3.2	约2500	440	0.15	1.25	40	4.5	约1
Si$_3$N$_4$	3.2	1900	300	0.22	1.25	15	3	—
B$_4$C	2.5	2450	440	0.18	2.11	5	5.5	0.5
立方BN	3.5	约3000	—	—	2	—	—	—
六方BN⊥	2.3	—	45	—	—	21	7.5	10^{11}
六方BN//	2.3	—	70	—	—	14	0.8	—
AlN	3.26	2300	320	0.25	1.1	50	6	2×10^{12}
TiB$_2$	4.5	2980	570	0.11	1.23	25	5.5	10^{-3}
TiC	4.9	3070	450	0.18	0.85	约30	8.5	5×10^5
TiN	5.4	3090	—	—	0.85	约30	8.5	5×10^5
MoSi$_2$	6.25	2100	400	0.17	0.56	20	8.5	5×10^5
t-ZrO$_2$	6.1	2400	—	—	0.7	1~2	12	—
m-ZrO$_2$	5.55	—	240	0.3	—	1~2	15	—
Mullite（莫来石）	2.8	1850	150	0.24	1	5	5.5	—

4.1.2 陶瓷基复合材料的增强体

陶瓷基复合材料的增强体通常也称为增韧体，一般有纤维（长、短）、晶须和颗粒三种，其制备工艺见第 2 章。用于陶瓷基复合材料的纤维主要有碳纤维、玻璃纤维和硼纤维等，其中碳纤维的应用较多。纤维表面涂有一层保护膜，一方面起到自身保护的作用，另一方面使增强体与基体连接。硼纤维既属于多相，又是无定形的。因它是将无定形硼沉积在 W 丝或 C 丝上形成的，无定形硼纤维的强度下降到晶体硼的一半左右。晶须为一定长径比（长 30～100μm，直径 0.3～1μm）的单晶体，常用晶须有 SiC、Al$_2$O$_3$、Si$_3$N$_4$ 等。颗粒的增韧效果比不上纤维和晶须，常见的颗粒有 SiC、Si$_3$N$_4$ 等。

4.2 陶瓷基复合材料的种类

因陶瓷材料脆性高，故增韧是陶瓷基复合材料研究的主要目的。陶瓷基复合材料增韧的途径有颗粒弥散增韧、纤维（晶须）补强增韧、层状复合增韧、与金属复合增韧及相变增韧（指 ZrO$_2$）。本章主要介绍常见的陶瓷基复合材料。陶瓷基复合材料的分类方法很多，常见的有以下几种。

1. 按材料作用分类

（1）结构陶瓷基复合材料，用于制造各种受力零部件。

（2）功能陶瓷基复合材料，具有各种特殊性能（如光、电、磁、热、生物、阻尼、屏蔽等）。

2. 按增强材料形态分类

（1）颗粒增强陶瓷基复合材料。
（2）纤维（晶须）增强陶瓷基复合材料。
（3）片材增强陶瓷基复合材料。

用作陶瓷基复合材料的增强体主要包括颗粒、纤维（晶须）和陶瓷薄片，陶瓷薄片的研究还不够成熟，本书不做介绍。

颗粒增强体按其相对于基体的弹性模量大小，可分为两类：一类是延性颗粒，主要通过第二相粒子的加入并在外力作用下产生一定的塑形变形或沿晶界滑移产生蠕变来缓解应力集中，达到增强、增韧的效果，一些金属陶瓷、反应烧结 SiC、SHS 法制备的 Ti/Ni 复合材料等均属此类；另一类是刚性颗粒。延性颗粒主要是指金属，而刚性颗粒则是指陶瓷。但不论哪类颗粒，根据其大小及其对复合材料性能产生的影响，又可进一步分为弥散颗粒强化复合材料和真正颗粒复合材料。其中，弥散颗粒十分细小，直径从纳米级到几微米之间，主要利用第二相粒子与基体晶粒之间的弹性模量和热膨胀系数上的差异，在冷却中粒子和基体周围形成残余应力场。这种应力场与扩展裂纹尖端应力产生交互作用，从而产生裂纹偏转、绕道、分支和钉扎等效应，对基体起增韧的作用。

弥散相选择的一般原则如下。

（1）弥散相往往是一类高熔点、高硬度的非氧化物材料，如 SiC、TiB_2、B_4C、BN 等，基体一般为 Al_2O_3、ZrO_2、莫来石等。此外，ZrO_2 相变增韧颗粒是近年来发展起来的一类新型颗粒增强体。

（2）弥散相必须有最佳尺寸、形状、分布及数量，对于相变颗粒，其晶粒尺寸还与临界相变尺寸有关，如 t-ZrO_2，一般应小于 3μm。

（3）弥散相在基体中的溶解度必须很低，且不与基体发生化学反应。

（4）弥散相与基体必须有良好的结合强度。

真正颗粒复合材料含有大量的粗大颗粒，这些颗粒不能有效阻挡裂纹扩展，设计这种复合材料不是为了提高强度，而是为了获得不同寻常的综合性能，混凝土、砂轮磨料等为此类颗粒复合材料。

纤维或晶须增强陶瓷时的选择原则如下。

（1）尽量使纤维在基体中均匀分散。多采用高速搅拌、超声分散等方法，湿法分散时，常常采用表面活性剂避免料浆沉淀或偏析。

（2）弹性模量要匹配，一般纤维的强度、弹性模量要大于基体材料。

（3）纤维与基体要有良好的化学相容性，无明显的化学反应或形成固溶体。

（4）纤维与基体热膨胀系数要匹配，只有纤维与基体的热膨胀系数相差不大时才能使纤维与界面结合力适当，保证载荷传递，并保证裂纹尖端应力场产生偏转及纤维拔出，对热膨胀系数差较大的，可采取在纤维表面涂层或引入杂质使纤维-基体界面产生新相缓冲其应力。

（5）适量的纤维体积分数。过低会使力学性能改善不明显，过高则纤维不易分散，不易致密烧结。

（6）纤维直径必须在某个临界直径以下。一般认为纤维直径尺度与基体晶粒尺寸在同一数量级。

片材增强陶瓷基复合材料实际上是一种层状复合材料，该材料的诞生源于仿生的构思。

陶瓷基层状复合材料是由层片状的陶瓷结构单元和界面分隔层两部分组成的。陶瓷基层状复合材料的性能主要是由这两部分各自的性能和两者界面的结合状态所决定的。陶瓷结构单元一般选用高强的结构陶瓷材料，在使用中可以承受较大的应力，并具有较好的高温力学性能。目前研究中较多采用 SiC、Si_3N_4、Al_2O_3 和 ZrO_2 等作为基体材料，此外还加少量烧结助剂以促进烧结致密化。界面分隔材料的选择与优化也十分关键，正是这一层材料形成了整体材料特殊的层状结构，才使承载过程发挥设计的功效。一般来说，不同基体材料选择不同的界面分隔材料。

片材增强陶瓷时的选择原则如下。

（1）应选择具有一定强度，尤其是高温强度的材料，应保证在常温下正常使用及在高温下不发生大的蠕变。

（2）界面分隔层要与结构单元具有适中的结合。既要保证它们之间不发生反应，可以很好地分隔结构单元，使材料具有宏观的结构，又要将结构单元适当地"黏结"而不发生分离。

（3）界面层与结构单元有合适的热膨胀系数匹配，使材料中的热应力不对材料造成破坏。

在界面分隔材料的选择中，处理好分隔材料与基体材料的结合状态和匹配状态尤为重要，这将直接影响材料宏观结构所起作用的程度。

由于基体材料不同，选择的界面材料差别也很大。目前研究较多的是以石墨作为 SiC 的夹层材料（SiC/C 陶瓷基层状复合材料）和以氮化硼（BN）作为 Si_3N_4 的夹层材料（Si_3N_4/BN 陶瓷基层状复合材料）。此外，对 Al_2O_3/Ni、TZP/Al_2O_3、Ce-TZP/Ce-TZP-Al_2O_3 等材料体系也有一定研究。

3．按基体材料分类

按基体材料陶瓷基复合材料可分为以下几种。

（1）氧化物陶瓷基复合材料；

（2）非氧化物陶瓷基复合材料；

（3）微晶玻璃基复合材料；

（4）碳/碳复合材料。

氧化物陶瓷主要有 Al_2O_3、SiO_2、ZrO_2、MgO、ThO_2、UO 和 $3Al_2O_3·2SiO_2$ 等；氧化物陶瓷主要由离子键结合，也有一定成分的共价键。它们的结构取决于结合键的类型、各种离子的大小及在极小空间保持电中性的要求。纯氧化物陶瓷的熔点多数超过 2000℃。随着温度的升高，氧化物陶瓷的强度降低，但在 800~1000℃ 以前强度的降低不大，高于此温度后大多数材料的强度剧烈降低。纯氧化物陶瓷在任何高温下都不会氧化，所以这类陶瓷是很有用的高温耐火结构材料。

非氧化物陶瓷指金属碳化物、氮化物、硼化物和硅化物等，主要包括 SiC、TiC、B_4C、ZrC、Si_3N_4、TiN、BN、TiB_2 和 $MoSi_2$ 等。非氧化物陶瓷不同于氧化物陶瓷，主要由共价键结合而成，但也有一定成分的金属键。这类化合物在自然界很少有，需要人工合成。它们是先进陶瓷特别是金属陶瓷的主要成分和晶相，由于共价键的结合能一般很高，因而由这类材料制备的陶瓷一般具有较高的耐火度、高的硬度（有时接近于金刚石）和高的耐磨性（特别对浸蚀性介质），但这类陶瓷的脆性都很大，并且高温抗氧化能力一般不高，在氧化气氛中将发生氧化而影响材料的使用寿命。

微晶玻璃是向玻璃中引进晶核剂，通过热处理、光照射或化学处理等手段，使玻璃内均匀地析出大量微小晶体，形成致密的微晶相和玻璃相的多相复合体。通过控制析出微晶的种类、数量、尺寸大小等，可以获得透明微晶玻璃、热膨胀系数为零的微晶玻璃及可切削微晶玻璃等。微晶玻璃的组成范围很广，晶核剂的种类也很多，按玻璃的组成，可分为硅酸盐、铝硅酸盐、硼硅酸盐、硼酸盐及磷酸盐 5 大类。用纤维增强的微晶玻璃可显著提高其强度和韧性。

碳/碳复合材料是以碳或石墨纤维为增强体，碳或石墨为基体复合而成的材料。它几乎是由碳元素组成的，故可承受极高的温度和极大的加热速率。碳/碳复合材料具有高的烧蚀热、低的烧蚀率，并能在超热环境下仍具有高强度，其抗热冲击和抗热诱导能力极强且具有良好的化学惰性。

4.3 陶瓷基复合材料的制备工艺

陶瓷基复合材料主要包括颗粒、纤维（晶须）和陶瓷薄片增强陶瓷基复合材料，这三种材料的制备工艺不尽相同。一般均由以下几个环节组成：粉体制备，增强体（纤维、晶须或陶瓷薄片）制备和预处理，成型和烧结，现分述如下。

4.3.1 粉体制备

粉体主要用于基体及增强体中的增韧颗粒。粉体制备的方法可分为机械制粉和化学制粉两种。化学制粉可得到性能优良的高纯、超细、组分均匀的粉料，其粒径可达 10μm，是一类很有前途的粉体制备方法。但这类方法需要较复杂的机械设备，制备工艺要求严格，因而成本较高。机械制备多组分粉体工艺简单、产量大，但得到的粉体组分分布不均匀（特别是当某种组分很少的时候），而且该方法常会给粉体引入杂质。例如，球磨时，磨球及滚筒内衬的磨损物都将进入粉料。

机械制粉一般有球磨和搅拌震动磨等方式，其中，球磨是最常用的一种粉碎和混合的装置。近年来行星式球磨机（又称高能球磨机）克服了旧式球磨机转速的限制，大大提高了球磨效率，常用于机械合金化的研究。注意：在球磨过程中需要某种气氛或气氛保护时，应选用可抽真空的球磨罐进行，也可在液态下球磨，细化、混合后再挥发液态溶剂。

化学制粉可分为固相法、液相法和气相法三种。液相法是目前工业和实验室广泛采用的方法，主要用于氧化物系列超细粉体的合成。近年来发展起来的多组分氧化物吸粉的技术有液相共沉积法、溶胶凝胶法、冰冻干燥法、喷雾干燥法及喷雾热分解法等。气相法多用于制备超细、高纯的非氧化物粉体，该法利用挥发性金属化合物的蒸气并通过化学反应合成所需物质的粉体。

此外，可利用反应放热合成陶瓷粉体，如自蔓延高温燃烧合成，主要利用起始材料之间的燃烧反应放热，为未反应区提供能量，使之满足燃烧条件，顺利燃烧，从而实现全部反应。

需指出的是，增强体中的增韧颗粒也可用以上的机械法和化学法制备；除此以外，还可用物理法（蒸发-凝聚法），将金属原料加热（用电弧或等离子流等）到高温，使之汽化，然后急冷，凝聚成粉体，该法可制备出超细的金属粉体。

4.3.2 成型

有了良好的粉体，成型就成了获得高性能陶瓷复合材料的关键。坯体在成型中形成的缺陷会在烧成后显著地表现出来。一般成型后坯体的密度越高则在烧成中的收缩越小，制品的尺寸精度越容易控制。陶瓷的成型方法主要有模压成型、等静压成型、热压铸成型、挤压成型、轧膜成型、注浆成型、流延法成型、注射成型、直接凝固成型和泥浆渗透法等。

1. 模压成型

模压成型是将粉料填充到模具内部，通过单向或双向加压，将粉料压成所需形状的方法。这种方法操作简便，生产效率高，易于自动化，是常用的方法之一。但模压成型时粉料容易团聚，坯体厚度大时内部密度不均匀，制品形状可控精度低，且对模具质量要求高，复杂形状的部件模具设计较困难。模压成型的粉料含水量应严格控制，一般应干燥至含水量不超过1%～2%（质量）为宜。为了提高坯料成型时的流动性，增加颗粒间的结合力和提高坯体的强度，一般在模压坯料中加入各种有机黏结剂。常用的黏结剂有以下几种：石蜡、聚乙烯醇、聚乙酸乙烯酯和羧甲基纤维素等。

2. 等静压成型

一般等静压指的是湿袋式等静压（也叫湿法等静压），就是将粉末料装入橡胶或塑料等可变形的容器中，密封后放入液压油或水等流体介质中，对流体加压获得所需的坯体的方法。这种工艺最大的优点是粉料不需要加黏结剂，坯体密度均匀性好，所成型制品的大小和材质几乎不受限制并具有良好的烧结性能。但此法所获得的坯体的形状和尺寸可控性差，而且生产效率低，难以自动化批量生产，因而出现了干式等静压（干袋式等静压）的方法，这种成型方法将加压橡胶袋封紧在高压容器中，将加料后的模具送入压力室中，材料成型后退出来脱模。也可将模具固定在高压容器中，加料后封紧模具加压成型，此时模具不和压力液体直接接触，这样可以减少模具的移动，不需调整容器中的液面和排除多余的空气，因而能加速取出压好的坯体，实现连续等静压。但是这种方法只有粉料周围受压，粉体的顶部和底部都无法受到压力。而且这种方法只适用于大量压制同一类型的产品，特别是几何形状简单的产品。

3. 热压铸成型

热压铸成型是将粉料和蜡（或其他有机高分子黏结剂）混合后，加热使蜡（或其他有机高分子黏结剂）熔化，使混合料具有一定流动性，然后将混合料加压注入模具，冷却后即可得到致密的较硬实的坯体的方法。这种方法适用于形状较复杂的构件，易于大规模生产。缺点是坯体中的蜡含量较高，约23%（质量），烧成前需排蜡。薄壁且大而长的制品易变形弯曲。

排蜡是将坯体埋入疏松、惰性的保护粉料中，这种保护粉料又被称为吸附剂，它在高温下稳定，又不易与坯体黏结，一般采用煅烧的工业氧化铝粉料。在升温过程中，石蜡虽然会熔化、扩散、挥发和燃烧，但有吸附剂支持着坯体，且坯体中粉料之间也有一定的烧结出现，因而坯体具有一定的强度。通常排蜡温度为900～1100℃。

热压铸成型的工艺特点是采用熟料，即坯料需预先煅烧，一是为了形成具有良好流动性的铸浆，二是为了降低陶瓷件的收缩率，提高产品的尺寸精度。进行热压铸时铸浆温度、模具温度、压力大小及其持续时间是控制的关键。采用石蜡做黏结剂时，铸浆温度应低于100℃。

4. 挤压成型

挤压成型就是利用压力把具有塑性的粉料通过模具挤出的方法，模具的形状就是成型坯体的形状。挤压成型适合挤制棒状、管状（外形可以是圆形或多边形）的坯体。这种方法要求陶瓷粉料具有可塑性，即受力时具有良好的变形能力，而且要求成型后粉料能保持圆形或变形很小。黏土质坯体很适合这种方法成型。对非黏土质陶瓷粉料可通过引入各种有机塑性黏结剂而获得可塑性。挤压成型是在挤压机上进行的，挤压机一般分为卧式挤压机和立式挤压机两种：前者用于挤压较大型的瓷棒或瓷管；后者用于挤压小型瓷棒和瓷管。常用的有机黏结剂有糊精、桐油、羧甲基纤维素和甲基纤维素水溶液等。

5. 轧膜成型

轧膜成型是将加入黏结剂的坯料放入同向滚动的轧膜之间，使物料不断受到挤压，得到薄膜状坯体的一种成型方法。通过调节轧膜之间的距离，可以调整薄膜的厚度。这种方法工艺简单，生产效率高，膜片厚度均匀，设备简单，能够成型出厚度很薄的膜片。轧膜料常用的黏结剂有聚乙烯醇（聚合度为1400～1700为宜）水溶液和聚乙酸乙烯酯（聚合度为400～600为宜）配制轧膜料时，聚乙烯醇水溶液一般用量在30%～40%，聚乙酸乙烯酯在20%～25%，常常还要外加 2%～5%的甘油增塑性。当瓷料呈中性或弱酸性时，用聚乙烯醇为好；当瓷料呈中性或弱碱性时用聚乙酸乙烯酯较好。

6. 注浆成型

注浆成型是一种古老的成型工艺，是在石膏模中进行的，即把一定浓度的浆料注入石膏模中，与石膏相接触的外围层首先脱水硬化，粉料沿石膏模内壁成型出所需形状。一般地，坯体粉料：水=100：（30～50），当加入 0.3%～0.5%的阿拉伯树胶时，坯料的含水量可降到22%～24%。这种工艺的优点是可成型形状相当复杂的制品。

7. 流延法成型

流延法成型将粉料中混入适当的黏结剂制成流延浆料，然后通过固定的流延嘴及依靠料浆自身质量将浆料刮成薄片状，流在一条平移转动的环形钢带上，经过上下烘干道，钢带又回到初始位置时就得到所需的薄膜坯体。流延法成型的优点是生产效率比轧膜成型大大提高，易于连续自动生产；流延膜的厚度可薄至 2～3μm，厚至 2～3mm，膜片弹性好，坯体致密。

8. 注射成型

陶瓷的注射（注模）成型与塑料的注射成型原理类似，但过程更复杂。注射成型把陶瓷粉料与热塑性树脂等有机物混炼后得到的混合料在注射机上于一定温度和压力（高达130MPa）下高速注入模具，迅速冷凝后脱模取出坯体。成型时间为数十秒，经脱脂可得到致密度达 60%的素坯。

9. 直接凝固成型

直接凝固成型是新发明的一种很有前景的新型成型技术。它巧妙地把胶体化学与生物化学结合起来，其思路是利用胶体颗粒的静压或位阻效应首先制备出固相体积分数高、分散性好的悬浮体或浆料，同时引入延迟反应的催化剂。料浆注入模具后，通过酶在料浆中的催化反应，或增加高价盐浓度，或使底物和酶反应释放出 H^+ 或 OH^- 来调节体系的PH值，从而使体系的 ζ 电位移向等电位点，使泥浆聚沉成型。直接凝固成型技术可成型出固相体积分数高[50%～70%（质量）]、显微结构均匀且形状复杂的陶瓷坯体，特别适用于大截面尺寸试样。

此外，该工艺所用的有机物含量仅为0.1%～1.0%，因此不需要专门的脱脂过程；所用的模具结构简单，材料成本也较低。

10. 泥浆渗透法

泥浆渗透法是先将陶瓷基体坯料制成泥浆，然后在室温使其渗入增强物预制纤维，再干燥得到所需要的陶瓷基复合材料坯体的方法。

4.3.3 烧结

烧结是指陶瓷坯料在表面能减少的推动力下通过扩散、晶粒长大、气孔和晶界逐渐减少而致密化的过程。烧结机制经过长期的研究，可归纳为①黏性流动；②蒸发与凝聚；③体积扩散；④表面扩散；⑤晶界扩散；⑥塑性流动等。烧结是一个复杂的物理、化学变化过程，是多种机制组合作用的结果。陶瓷材料常用的烧结方法有普通烧结、热致密化方法、反应烧结、微波烧结及放电等离子烧结等。

1. 普通烧结

陶瓷材料烧结主要在隧道窑、梭式窑、电窑中进行。采用什么烧结气氛由产品性能需要和经济因素决定。可以用保护气氛（如氢、氦、氮气等），也可在真空或空气中进行。因为纯陶瓷材料有时很难烧结，所以在性能允许的前提下，常添加一些烧结助剂，以降低烧结温度。例如，在对Al_2O_3的烧结中添加少量的TiO_2、MgO和MnO等，在Si_3N_4的烧结中添加MgO、Y_2O_3、Al_2O_3等，添加剂的引入使晶格空位增加，易于扩散，从而降低烧结温度。有些添加剂的引入会形成液相，由于粒子在液相中的重排和黏性流动的进行，可获得致密产品并降低烧结温度。如果液相在整个烧结过程中存在，通常称为液相烧结。如果液相只在烧结开始阶段存在，随后逐步消失，则称为瞬时液相烧结。尽可能降低粉末粒度也是促进烧结的重要措施之一，因为粉末越细，表面能越高，烧结越容易。

2. 热致密化方法

热致密化方法包括热压烧结、热等静压烧结等。热致密化方法价格昂贵，生产率低，但对于一些性能要求高又十分难烧结的陶瓷却是最常用的方法。因为该法在高温下施压，有利于黏性流动和塑性流动，从而有利于致密化。热致密化方法与普通烧结相比，可在更低温度、更短时间内使陶瓷材料致密，且材料内部的晶粒更加细小。

3. 反应烧结

反应烧结是通过化学反应直接形成陶瓷材料的方法。反应烧结可以是固-固反应、固-液反应，也可以是气-固反应。反应烧结的特点是坯块在烧结的过程中尺寸基本不变，可制得尺寸精确的构件，同时工艺简单、经济，适于大批量生产。缺点是合成的材料常常不致密，造成材料力学性能不高。目前反应烧结仅限于少量几个体系：反应烧结氮化硅（Si_3N_4）、反应烧结氧氮化硅（Si_2ON_2）和反应烧结碳化硅（SiC）等。

反应烧结的Si_3N_4是将多孔硅坯体在1400℃左右与烧结气氛N_2发生反应形成的Si_3N_4。因为是放热反应，所以正确控制反应速度十分重要。如果反应速度过高，将会使坯块局部温度超过硅的熔点，这样将阻碍反应的进一步进行。随着反应的进行，N_2扩散越来越困难，所以反应很难彻底，产品相对密度较小，一般只能达到理论密度的90%左右。

反应烧结的 SiC 是将 SiC-C 多孔坯块用液态 Si 在 1550～1650℃浸渍反应而制成的，致密性高，但含有 8%～10%的游离 Si，会降低其高温性能。

4．微波烧结

微波是波长为 1～1000mm 的电磁波，微波加热（烧结）技术是一种新型的加热技术，它是利用物质在微波作用下发生的电子极化、原子极化、界面极化、偶极转向极化等方式，将微波的电磁能转化为热能的，微波加热具有整体性、瞬时性、选择性、环境友好性、安全性及高效节能等特点。

传统加热，即加热是以对流、辐射、传导三种形式进行的，受热块体表面温度高，心部温度低，特别在反应时表面温度会急速升高，块体的热应力也随之骤增，甚至使块体开裂，故传统加热存在着以下不足：①受热体的热应力大易开裂；②能耗高；③制备周期长；④组织易粗化；⑤环境负担重等。

根据材料在微波场中的吸波特性可将材料分为①透波型材料：主要是低损耗绝缘体，如大多数高分子材料及部分非金属材料，可使微波部分反射及部分穿透，很少吸收微波；②全反射微波材料：主要是导电性能好的金属材料，这些材料对微波的反射系数接近于 1；③微波吸收型材料：主要是些介于金属与绝缘体的反射电介质材料，包括纺织纤维材料、纸张、木材、陶瓷、水、石蜡等。

微波加热技术制备出的陶瓷及其复合材料有 Al_2O_3、Al_2O_3-B_4C、Y_2O_3-ZrO_2、Al_2O_3-SiC 等。微波加热将材料自身吸收的微波能转化为材料内部分子的动能和势能，热量从材料内部产生，不同于传统加热。在这种体加热过程中，电磁能以波的形式渗透到介质内部引起介质损耗而发热，可实现材料整体同时均匀加热，材料内部温度梯度很小甚至没有，故其内部热应力很小，因此微波烧结陶瓷可以实现快速升温，其升温速率甚至可高达 5000～6000℃/min。

在微波电磁能的作用下，材料内部分子或离子动能增加，降低了烧结活化能，从而加速了陶瓷材料的致密化速度，缩短了烧结时间，同时由于扩散系数的提高，使得材料晶界扩散加强，提高了陶瓷材料的致密度，从而实现了材料的低温快速烧结。因此，采用微波烧结时，烧结温度可以低于常规烧结且材料性能会更优。例如，在 1100℃微波烧结 Al_2O_3 陶瓷 1h，材料密度可达 96%以上，而常规烧结需 1600℃以上。

运用微波加热技术可实现多种反应体系的复相陶瓷合成，如 Al-TiO_2-C、Al-TiO_2-$H_3B_2O_3$、Al-ZrO_2、Al-Ni_2O_3 等。

图 4-5 为 Al-Ni_2O_3 体系在微波加热时的反应结果组织图，反应产物为 Al_3Ni 和 Al_2O_3，由其温度曲线图（见图 4-6）可知，在温度升至 700～800℃时发生化学反应，升温过程仅需 8min 左右。由于腔体温度仍是室温，故其能耗极小，仅需传统加热所需能量的 1/5～1/3，且环境友好，操作简单。不过需指出的是，微波反应合成可降低反应活化能，显著加快反应速度，存在非热效应。有学者认为这是因为微波频率与分子转动频率相近，微波被极性分子吸收时，会与分子的平动能发生自由交换，从而降低了反应活化能，促进反应进程，即存在微波非热效应，但也有学者认为微波加热的能级太小（微波光子能量≈1J/mol），不能激发分子进入高能级（化学键能通常>300J/mol，即使氢键键能也有数十 J/mol），故认为不存在所谓的微波非热效应。刘韩星等人研究表明微波合成 $SrTiO_3$、$BaTiO_3$ 时的反应活化能明显降低，分别为 129kJ/mol 和 42.26kJ/mol，仅为传统合成时的 1/3 和 1/5，认为存在微波非热效应，并认为微波对反应扩散的增强作用主要表现在扩散系数指前因子的增大和扩散推动力的增强。翟华嶂

等人在微波烧结 Cr_2O_3-Al_2O_3/Al_2O_3 双层陶瓷复合材料时，发现固有扩散过程加快并存在扩散的各向异性，认为这是微波非热效应诱发的。由此可见，关于微波作用机制和微波非热效应的研究非常复杂，迄今未有一个令人信服的结论，有待于进一步的深入研究。

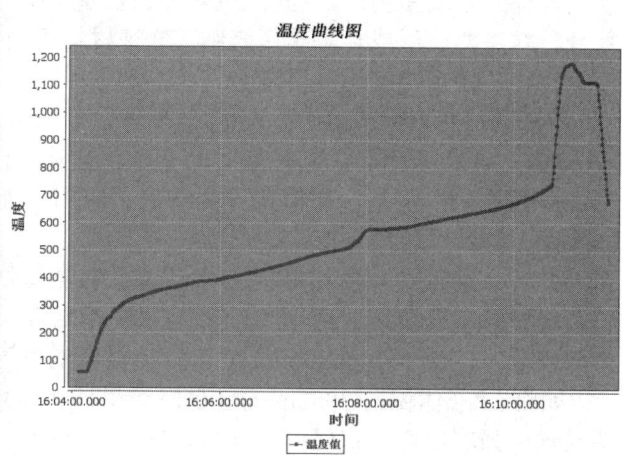

图 4-5　Al-Ni_2O_3 体系在微波加热时的反应结果组织图　　图 4-6　Al-Ni_2O_3 体系微波加热过程温度曲线图

5．放电等离子烧结

等离子体是物质在高温或特定激励下的一种物质状态，是除固态、液态和气态外，物质的第 4 种状态。等离子体是电离气体，是由大量正负带电粒子和中性粒子组成，并表现出集体行为的一种准中性气体。等离子烧结是指利用脉冲能、放电脉冲压力和焦耳热产生的瞬时高温场来实现烧结过程的方法，因而也叫作放电等离子烧结（SPS），为了使材料能快速致密化，一般在等离子烧结过程中对被烧样品施加压力。

SPS 工艺加热均匀，升温速度快，烧结温度低，烧结时间短，生产效率高，产品组织细小均匀，能保持原材料的自然状态，可以得到高致密度的材料，还可烧结梯度材料及复杂工件。

4.4　氧化物陶瓷基复合材料

氧化物陶瓷作为基体的复合材料在陶瓷基复合材料中占有较大比例，其基体研究得较多的是 Al_2O_3 和 ZrO_2。

4.4.1　Al_2O_3 陶瓷基复合材料

Al_2O_3 陶瓷是以 α-Al_2O_3 为主晶相的陶瓷材料。Al_2O_3 陶瓷是研究得较早的陶瓷材料，它具有高强度、高硬度、耐高温、耐腐蚀等优异性能，不足的是脆性很大、韧性差，人们通过材料复合的方法改善了韧性，其主要途径有颗粒弥散、纤维（晶须）补强、层状复合等。

1．颗粒强化 Al_2O_3 陶瓷基复合材料

1）刚性颗粒强化 Al_2O_3 陶瓷基复合材料

刚性颗粒在这里指陶瓷颗粒。尽管陶瓷颗粒的增韧效果不如纤维和晶须，但如果颗粒种类、粒径、含量选择得当，仍有一定增韧效果，同时还可能会改善其高温性能，而且颗粒强化复合材料的工艺比较简单，因此研究颗粒强化 Al_2O_3 陶瓷基复合材料很有意义。用来强化

Al$_2$O$_3$ 的陶瓷颗粒主要有 TiC、SiC、ZrO$_2$ 和 Si$_3$N$_4$ 等。TiC 颗粒对 Al$_2$O$_3$ 陶瓷有比较有效的增韧、增强效果，但 TiC$_p$/Al$_2$O$_3$ 体系在烧结时会有反应发生，并产生气体，所以烧结比较困难，一般需添加烧结助剂或采用压力烧结。Si$_3$N$_4$ 具有较高的硬度和高的导热性，加入 Al$_2$O$_3$ 中能提高陶瓷的强度和韧性，尤其是抗热冲击性能。由于 Si$_3$N$_4$ 是很难烧结的材料，因而 Si$_3$N$_4$/Al$_2$O$_3$ 复合材料需要热压或热等静压烧结。这种材料可用作刀具，且适合切削 45HRC 的镍铬铁耐热合金材料，切削速度比硬质合金刀具高数倍。

ZrO$_2$ 颗粒强韧化 Al$_2$O$_3$，除弥散增韧起作用外，其相变增韧起主要作用。由 ZrO$_2$ 颗粒弥散分布在 Al$_2$O$_3$ 基体，材料的韧性有很大的提高，但其强度有少许降低。该材料作为强韧材料时耐磨性能也很优越，在机械方面得到了应用，而且也作为切削工具材料使用，在切削碳钢的实践中得到了应用。

此外，纳米颗粒复相增韧研究已成了陶瓷基复合材料研究的热点之一。近年来，在世界范围内掀起了一股研究所谓"纳米颗粒复相陶瓷"的热潮，在陶瓷基体中引入纳米级的第二相增强粒子，通常小于 300nm 就可以使材料的室温和高温性能大幅度提高，特别是弯曲强度值，如将 5%（体积）、300nm 的 SiC 颗粒引入 Al$_2$O$_3$ 陶瓷基体中，陶瓷的强度可达 1GPa 以上，并且这一强度值可一直保持到 1000℃ 以上。同时，SiC 颗粒的加入使 Al$_2$O$_3$ 陶瓷的断裂韧性 K_{IC} 值也由原来的 3.25MPa·m$^{1/2}$ 上升到 4.70MPa·m$^{1/2}$。

形成内晶型复相陶瓷是陶瓷材料增韧的有效方法之一，它是将微纳米双相陶瓷颗粒混合、挤压、高温烧结，使微米颗粒长大、晶界迁移或晶粒合并，将纳米颗粒包裹其中所形成的，其韧性得到显著改善。但微纳米双相陶瓷颗粒均是外加的，表面易被污染，通过高温烧结后形成的是内晶型复相陶瓷而非颗粒，不能直接用作增强体。若通过反应技术产生两种增强体，再利用反应热使之内晶化生长，可形成纳米相位于微米颗粒中的内晶颗粒，从而产生强而韧的新型增强体。此时的微纳米相均是反应产生的，无污染，界面干净，结合强度高，增韧效果将更优异，且反应形成所需时间短，能耗少，成本低。因此，通过反应产生强而韧的新型增强体——内晶颗粒将具有广阔的应用前景。

图 4-7 为在一定条件下反应产生的内晶颗粒，可见纳米颗粒 TiB$_2$ 进入了微米颗粒 Al$_2$O$_3$ 中，可显著增韧 Al$_2$O$_3$ 陶瓷。此外，分级结构也可增韧陶瓷，即将微纳米颗粒均匀分布于基体颗粒的晶界，组建陶瓷材料的分级结构（见图 4-8）。实验表明分级结构同样也可显著提高陶瓷材料的韧性，但其增韧机制尚在研究之中。

图 4-7 内晶颗粒

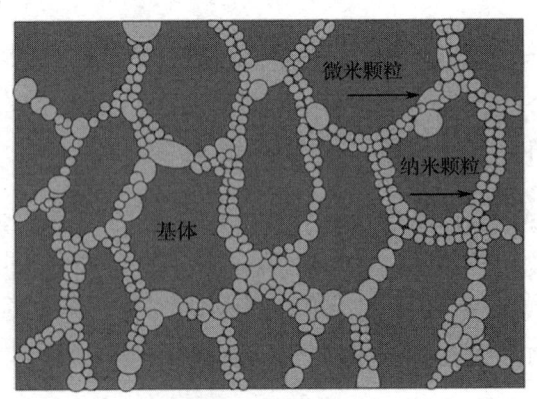

图 4-8 分级结构

2）延性颗粒强化 Al$_2$O$_3$ 陶瓷基复合材料

延性颗粒强化 Al$_2$O$_3$ 陶瓷基复合材料，在这里指的是用金属颗粒增韧 Al$_2$O$_3$ 陶瓷形成复合材料，常用的金属有 Cr、Fe、Ni、Co、Mo、W、Ti 等。金属粒子的加入可以显著提高陶瓷的韧性，这类材料常被称为金属陶瓷。这里主要介绍 Cr/Al$_2$O$_3$ 复合材料。

Cr 和 Al$_2$O$_3$ 之间的润湿性并不好，但 Cr 粉表面容易氧化生成一层致密的 Cr$_2$O$_3$，因此可通过形成 Cr$_2$O$_3$-Al$_2$O$_3$ 固溶体来降低它们之间的界面能，改善润湿性。为了使金属 Cr 粉部分氧化，工艺上常采取的措施有①在烧结气氛中加入微量的水汽或氧气；②在配料时用一部分氢氧化铝代替氧化铝，以便在高温下分解出水蒸气使铬氧化；③在配料中用少量的 Cr$_2$O$_3$ 代替金属铬。

Al$_2$O$_3$-Cr 金属陶瓷所用的原料是纯度为 99.5%的α-Al$_2$O$_3$ 和纯度为 99%的 Cr 粉。将 Al$_2$O$_3$ 和 Cr 粉共同干磨或湿磨至需要的粒度，可以用陶瓷成型方法成型，如注浆成型，也可以用浸渍法成型。Al$_2$O$_3$-Cr 金属陶瓷烧结一般在氢气中进行，烧结温度为 1550～1700℃。在正式烧结之前可以控制气氛使 Cr 粉氧化生成 5%～7%Cr$_2$O$_3$。除用普通方法烧结 Al$_2$O$_3$-Cr 金属陶瓷外，还可以用热致密化方法烧结，如热压烧结和热等静压烧结。

Al$_2$O$_3$ 和 Cr 的热膨胀系数相差较大，易在材料内部形成内应力使材料的力学性能下降。如果在 Cr 中添加金属 Mo，形成的 Cr-Mo 合金在一个相当宽的范围内具有和 Al$_2$O$_3$ 十分接近的热膨胀系数，因此 Al$_2$O$_3$-(Cr、Mo)金属陶瓷有更好的机械性能，但由于 Mo 的抗氧化性能很差，因此这种金属陶瓷的高温抗氧化性能也差一些。表 4-5 列出了一些 Al$_2$O$_3$-Cr 金属陶瓷的组分和性能的关系，从表中可知，随着 Al$_2$O$_3$-Cr 金属陶瓷中 Cr 含量的增加，材料的室温和高温强度上升，但其弹性模量减小。

表 4-5 Al$_2$O$_3$-Cr 金属陶瓷的组分和性能的关系

性　能	70Al$_2$O$_3$-30Cr	28Al$_2$O$_3$-72Cr	34Al$_2$O$_3$-52.8Cr-13.2Mo	34Al$_2$O$_3$-66Cr	23Al$_2$O$_3$-77Cr
烧结温度/℃	1700	1675～1700	1730		
开孔隙率/%	<0.5	0	0～0.3		
密度/(g·cm^{-3})	4.60～4.65	5.92	5.82		
热膨胀系数(25～1315℃)/(10^{-6}℃$^{-1}$)	9.45	10.35	10.47		
热导率/[W/(m·K)]	9.21				
弹性模量（20℃)/GPa	362.60	323.4			
抗弯强度/MPa　20℃　1315℃	337.3　166.6	548.8　240.1	597.8　267.5	596.8	
抗拉强度/MPa　20℃　1100℃	240.1　127.4	267.5　150.9	363.6　185.2	363.6	144.1

由于 Al$_2$O$_3$-Cr 金属陶瓷具有优良的高温抗氧化性、耐腐蚀性和较高的强度，从而得到了比较普遍的应用，如导弹喷管的衬套、熔融金属流量的控制针、热电偶保护套、喷气火焰控制器、炉管、火焰防护管、机械密封环等。

2. 晶须强化 Al$_2$O$_3$ 陶瓷基复合材料

用纤维增强 Al$_2$O$_3$ 陶瓷材料鲜见报道，用陶瓷晶须强化 Al$_2$O$_3$ 陶瓷的研究却比较成熟，尤其是 SiC 晶须。

SiC$_w$/Al$_2$O$_3$ 陶瓷基复合材料的烧结一般比较困难，多采用热压烧结制造，用平均粒度为

0.5μm、纯度为 99.9%的 Al_2O_3，与平均直径为 0.2～0.5μm 的 SiC 晶须，湿式混合，干燥制粒。烧结温度为 1773～2000K，压力为 200MPa，保温时间为 1h。为了进一步提高材料的韧性，有人在 SiC_w/Al_2O_3 材料添加 ZrO_2，形成的 Al_2O_3-15% SiC_w-15%ZrO_2 复合材料的断裂韧性达到 8.4MPa·m$^{1/2}$，抗弯强度达到 1191MPa。表 4-6 为 SiC 晶须增强 Al_2O_3 基复合材料的力学性能。SiC 晶须增强 Al_2O_3 陶瓷基复合材料由于硬度、强度、断裂韧性都很高，而且热传导性好，因此在高温领域中得到了较好应用。但由于其制作成本较高，主要应用领域为小型、形状较简单的切削工具，如木工钻头、卷线导轨等。由于该材料在高温合金等难切削材料中体现出优越性，有望成为新型切削工具材料。

表 4-6 SiC 晶须增强 Al_2O_3 基复合材料的力学性能

陶瓷复合材料	强度/MPa	断裂韧性/（MPa·m$^{1/2}$）
Al_2O_3	500	4
Al_2O_3/SiC(W)(20)	800	8.7
Al_2O_3/ZrO_2(TZP)(0～50)	500～1000	5～8
Al_2O_3/ZrO_2(TZP)(15)SiC(W)(15)	1100～1400	6～8

注：括号内的数字为体积分数；TZP 表示四方氧化锆多晶体（Tetragonal Zirconia Polycrystal）；W 表示晶须（Whisk）。

总体来说，在 Al_2O_3 中添加 TiC 等过渡金属的碳化物、氮化物、ZrO_2 等氧化物颗粒或晶须等，从而得到强韧化的 Al_2O_3 陶瓷基复合材料，在许多领域都得到应用，但需改进的地方还很多。

4.4.2 ZrO_2 陶瓷基复合材料

一般在 ZrO_2 中加入第二相主要是为了提高材料的室温和高温强度并抑制晶粒生长，如引入 10%～40%（质量）Al_2O_3 于 Y-TZP 中可使其高温强度提高 2～4 倍，同时还能抑制 TZP 材料的低温老化。复合非氧化物 SiC 及其晶须等也有显著的作用，但在工艺上存在如何解决其氧化及烧成的问题。

将 25%（质量）的板状 α-Al_2O_3 加入 Y-TZP 中可改善烧结密度，提高高温强度，在 800℃时可提高 11%，在 1300℃可提高 16%，在 1300℃的韧性可提高 33%。这主要是因为板状 α-Al_2O_3 引入新的增韧机制，材料中不仅有相变增韧，而且有裂纹偏转、沿晶断裂、拔出等机制。于 1500℃烧成的[2.5%～3%（摩尔）]Y-TZP/尖晶石-Al_2O_3 复合材料，平均抗弯强度为 900～1050MPa；在 Mg-PSZ 中复合尖晶石和 Y_2O_3 得到新型微晶 PSZ（氧化锆），其断裂韧性可达 10MPa·m$^{1/2}$ 以上，强度为 500～700MPa。可见 ZrO_2 陶瓷基复合材料具有优异的力学性能。

但 PSZ 基复合材料需要高温固溶、急冷和热处理等制备工艺，而 TZP 基复合材料需要严格控制 t-ZrO_2 的晶粒尺寸，在 100℃以上的中低温区长期使用时性能下降，所以寻找价廉有效的制备方法、提高相的稳定性是该材料走向应用的关键。因此尽管 ZrO_2 陶瓷基复合材料具有高强、高韧（在目前陶瓷材料中韧性最高）、耐磨、耐蚀、耐高温并且在高温下可导电等优良特性，具有良好的应用前景，但真正投入应用的并不多。

此外，还有用金属强化 ZrO_2 的复合材料，如 ZrO_2-W 金属陶瓷复合材料。用粒度为 2～3μm 的稳定化 ZrO_2 粉与约 300 目的钨粉混合成型后，在 1000℃的真空中预烧，在氢气保护下于 1780℃烧成。这种材料耐磨、耐温、抗氧化和耐冲击性能均十分良好，是一种好的火箭喷嘴材料。

当然，ZrO_2 可作为第二相加入其他陶瓷基体中并利用 ZrO_2 的相变进行增韧。同样，ZrO_2

也可加入金属陶瓷中,如在 WC-20% Co 中添加适量的 ZrO_2 可以显著提高其耐磨性。在 ZrO_2 含量为 4%~5%时,耐磨性最好,这是由于其表面摩擦压应力作用诱发 ZrO_2 t→m 相变的结果。ZrO_2 的含量对该金属陶瓷的硬度及力学性能均产生影响,如图 4-9 和图 4-10 所示。不同目标条件下,ZrO_2 含量的最佳值不同。图 4-9 表明在 ZrO_2 的含量(质量分数)低于 6%之前,复合材料的硬度随 ZrO_2 含量的增大而增大,在增至 6%时升至最高值,随后又随 ZrO_2 含量的增大而降低。图 4-10 则表明 ZrO_2 的含量在 4%左右时,其抗弯强度和冲击韧性最优。

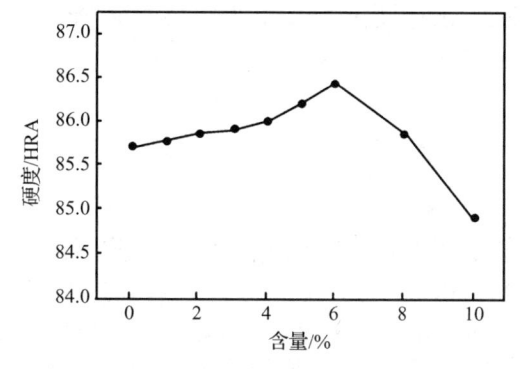

图 4-9 ZrO_2 的含量对金属陶瓷硬度的影响

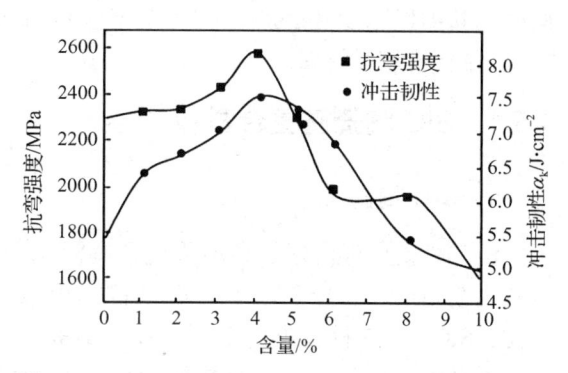

图 4-10 ZrO_2 的含量对金属陶瓷力学性能的影响

目前,有关 ZrO_2 复相陶瓷的应用研究仍是热点之一,7YSZ(氧化钇稳定氧化锆)在航空发动机上的燃烧室用作隔热障,如图 4-11 所示。

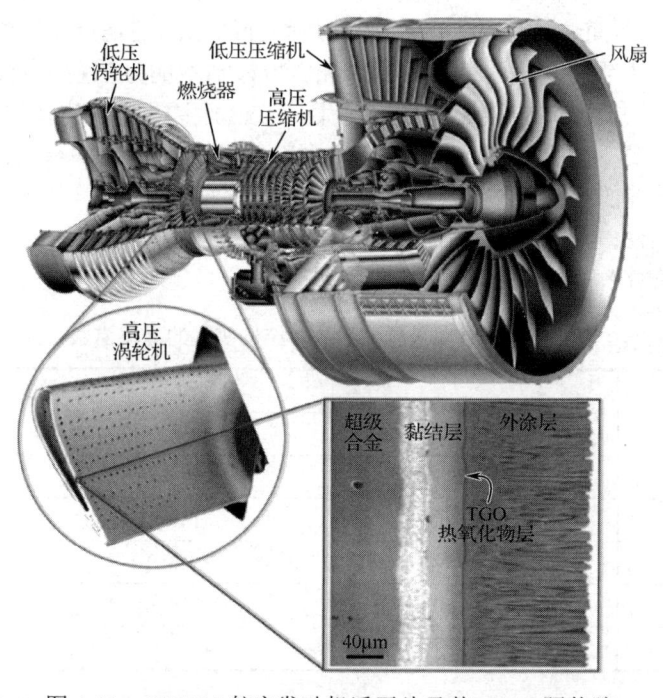

图 4-11 GP7200 航空发动机透平片及其 7YSZ 隔热障

4.5 非氧化物陶瓷基复合材料

非氧化物陶瓷指的是不含氧的金属碳化物、氮化物、硼化物和硅化物等。而每一类又有许多化合物，如碳化物中有 SiC、TiC、B₄C、ZrC、HfC、VC 和 NbC 等。不同于氧化物陶瓷，这类化合物在自然界很少有，大多需要人工合成。它们是先进陶瓷特别是金属陶瓷的主要成分和晶相，主要由共价键结合组成，但有的也含有一定的金属键成分，如硅化物。由于共价键的结合能一般很高，因此这类陶瓷的脆性都很大，并且高温抗氧化能力一般不高，在氧化气氛中易发生氧化而影响材料的使用寿命。

非氧化物陶瓷基复合材料主要是指以碳化物、氮化物、硼化物、硅化物等为基体的复合材料，其中以 SiC 和 Si₃N₄ 陶瓷基复合材料研究最成熟，使用最广泛。这里主要介绍 SiC 和 Si₃N₄ 陶瓷基复合材料。

4.5.1 SiC 陶瓷基复合材料

1. SiC 陶瓷

SiC 陶瓷具有良好的高温强度、高温稳定性和高温抗氧化能力。但由于 C 和 Si 原子的电负性之差 $\varDelta$=2.5-1.8=0.7，Si、C 间键力很强，共价键占 88%，为共价键化合物，具有金刚石结构。SiC 有 75 种变体，主要变体是 α-SiC、6H-SiC、4H-SiC、15R-SiC 和 β-SiC。符号 H 和 R 分别表示六方和斜方六面结构，H、R 之前的数字代表沿 c 轴重复周期的层数。α-SiC、β-SiC 分别是高温和低温稳定型结构。从 2100℃开始 β-SiC 向 α-SiC 转变，到 2400℃时转变迅速发生。SiC 没有熔点，一个大气压下时，在 2830℃左右分解。

SiC 晶体结构是由 Si-C 四面体组成的。Si-C 四面体类似于 Si-O 四面体。所有的 SiC 晶体结构变体都是由 Si-C 四面体构成的，不同之外是平行结合的还是反平行结合的。表 4-7 列出了几种 SiC 晶型的晶体结构变体的晶格常数。SiC 粉体制备的方法主要有以下几种。

（1）还原法。该法是由 SiO₂-C 还原反应产生，工业上主要用石英砂加焦炭直接通电还原，通常要 1900℃以上。这种方法制备的 SiC 粉末颗粒较粗，有黑色和绿色两大类，SiC 含量越高，其颜色越浅；高纯的 SiC 应为无色的。

（2）气相法。该法一般采用挥发性的卤化硅和碳化物按气相合成法来制取，或者用有机硅化物在气体中加热分解的方法来制取。

表 4-7　几种 SiC 晶型的晶体结构变体的晶格常数

晶　型	结晶结构	晶格常数/Å a	c
α-SiC	六方	3.0817	5.0394
6H-SiC	六方	3.073	15.1183
4H-SiC	六方	3.073	10.053
15R-SiC	斜方六面（菱形）	12.69	37.70（a=13°54.5′）
β-SiC	面心立方	4.349	—

SiC 陶瓷的理论密度是 3.21g/cm³。由于它主要由共价键结合，很难采用通常离子键结合材料（如 Al₂O₃、MgO 等）那种由单纯化合物进行常压烧结的途径来制取高致密的 SiC 材料，一般要采用一些特殊工艺手段或依靠第二相物质。常用的制造方法如下。

（1）反应烧结（包括重结晶法）：该法是用 α-SiC 粉末与碳混合，成型后放入盛有硅粉的炉子中加热至 1600~1700℃，熔渗硅或使硅的蒸汽渗入胚体与碳反应生成 β-SiC，并将胚体中原有的 SiC 结合在一起。

（2）热压烧结：该法要加入 B_4C、Al_2O_3 等烧结助剂，常压烧结，一般是在 SiC 粉体中加入 $B(B_4C)$-C、Al(AlN)-C、Al_2O_3 等，烧结温度高达 2100℃。

（3）浸渍法：该法用聚碳硅烷作为黏结剂加到 SiC 粉体中，然后烧结得到多孔 SiC 制品，再置于聚碳硅烷中浸渍，在 1000℃再烧结，其密度增大，如此反复进行，其密度可达到理论密度的 90%左右。

SiC 的制备工艺条件及其制品性能列于表 4-8，从表中可知，热压 SiC 的密度较高，抗弯强度也是最高的。

表 4-8 SiC 的制备工艺条件及其制品性能

材　　料	制备温度/℃	抗弯强度 （室温，三点）/MPa	密度 /（g·cm^{-3}）	弹性模量 /MPa	热膨胀系数 （20～1000℃）/℃$^{-1}$
热压 SiC	1800～2000	718～760	3.19～3.20	440×10^3	4.8×10^{-6}
CVD（化学气相沉积）SiC 涂层	1200～1800	731～993	2.95～3.21	480×10^3	—
重结晶 SiC	1600～1700	约 170	2.60	206×10^3	—
烧结 SiC（渗入 SiC-B_4C）	1950～2100	约 280	3.11	—	—
烧结 SiC（渗入 B）	1950～2100	约 540	3.10	420×10^3	4.9×10^{-6}
反应烧结 SiC	1600～1700	159～424	3.09～3.12	(380～420)×10^3	(4.4～5.2)×10^{-6}

需指出的是 SiC 陶瓷是强烈的微波吸收材料，也是隐身材料的重要组成部分，可利用微波吸热对其烧结成型。粉体 SiC 还可作为微波助吸剂，用于金属基复合材料的反应合成，详细内容见第 7 章。

尽管优化 SiC 陶瓷的烧结工艺能改善其力学性能，其抗弯强度可达 700～800MPa，但其断裂韧性最高只能达到 5～6MPa·m$^{1/2}$，限制了它作为结构材料的应用范围。为了提高 SiC 陶瓷的力学性能，尤其是断裂韧性，需要对 SiC 陶瓷进行强化，其途径主要有颗粒弥散强化、晶须强化和连续纤维强化。

2. 颗粒弥散强化 SiC 陶瓷基复合材料

颗粒弥散强化复合材料主要有以下强化机理：分担载荷、残余应力和裂纹偏转等。这些强化机理适用于 SiC 陶瓷基的增强体有碳化物、硼化物颗粒等。在强化中，残余应力起的作用大，这是由于增强相与基体 SiC 陶瓷之间的热膨胀系数相差较大，从而产生了残余应力，使裂纹发生偏转。

3. 晶须强化 SiC 陶瓷基复合材料

现在虽然有很多种陶瓷晶须，但为了适用于 SiC 陶瓷的强化，必须考虑其在工艺温度的稳定性，所以仍主要选择 SiC 晶须。在使用 SiC 晶须强化 SiC 陶瓷时，由于强化相与基体属于同一种材料，因此不存在弹性模量和热膨胀系数的差别，也就不存在颗粒弥散强化 SiC 陶瓷基复合材料中残余应力的韧化。一般认为在此类材料中，主要的韧化机理是在裂纹扩展遇到高强度的晶须，裂纹会偏转或沿着晶须与基体扩展，这样就增加了材料的断裂功，从而使断裂韧性增强。该系列材料的制造方法有化学气相渗透（CVI）、有机硅聚合物浸渍烧成法等。在

2000℃热压时晶须发生再结晶可使韧性提高。另有报道，将晶须作为原材料进行烧结，断裂韧性可达到 7.3MPa·m$^{1/2}$。为了控制界面，对 SiC 晶须施以碳涂层，然后进行热压，可在 1800℃ 使材料致密化。

4. 连续纤维强化 SiC 陶瓷基复合材料

连续纤维强化 SiC 陶瓷基复合材料所使用的纤维主要有碳纤维和 SiC 纤维，其制备方法有泥浆浸渗和混合工艺、化学合成工艺（溶胶-凝胶及聚合物先驱体工艺等）、熔融浸渗工艺、原位（In-situ）化学反应（CVD、CVI、反应烧结等）几种。为了保护纤维，要求工艺温度尽可能低，并防止纤维与基体材料发生反应。为了制造具有复杂形状的部件，常采用有机硅聚合物浸渍烧成法或 CVI 法（见图 4-12）。首先将纤维编织成构件形状的预制体，然后采用 CVI 法制备界面层，再沉积基体使复合材料致密化，接着是机加工，最后制备表面保护涂层，从而形成 SiC$_f$/SiC 复合材料。

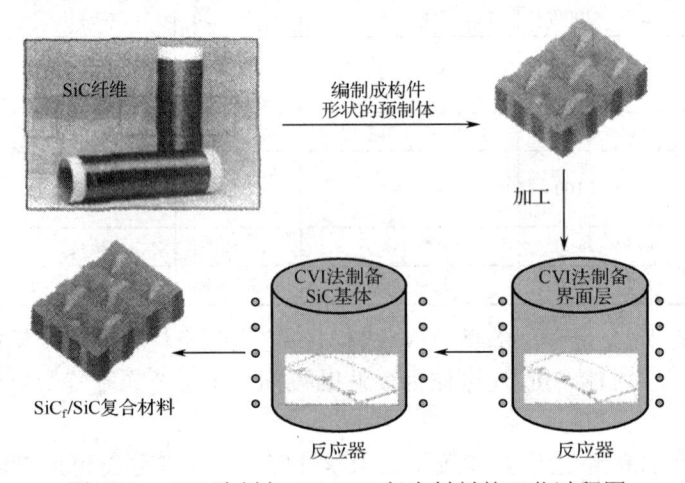

图 4-12 CVI 法制备 SiC$_f$/SiC 复合材料的工艺过程图

纤维与基体的中间层称为界面层。界面层的特征决定了增强纤维与基体间相互作用的强弱，对增韧效果影响显著。为了改善 SiC$_f$/SiC 复合材料的力学性能，近年来发展了 BN、P$_y$C（热解碳）、B$_4$C 等界面层。纤维经过表面涂层处理增加界面层后，可避免增强纤维损伤，提高材料强度；而且较好的界面结合（界面结合的强度稍低于基体和增强纤维）有利于更好地增强材料韧性。用热解碳涂层改性的碳纤维和 SiC 纤维增强的 SiC 复合材料具有优异的性能，其室温强度和高温弯曲强度都很高，尤其是 SiC$_f$/SiC 复合材料，其室温弯曲强度达 860MPa，1300℃弯曲强度为 1010MPa，如表 4-9 所示；C$_f$/SiC 复合材料和 SiC$_f$/SiC 复合材料的断裂韧性比 SiC 基体提高数倍，C$_f$/SiC 复合材料的断裂韧性（K_{IC}）达 20.0MPa·m$^{1/2}$，而 SiC$_f$/SiC 复合材料的断裂韧性更是高达 41.5MPa·m$^{1/2}$，如表 4-10 所示。它们都达到了金属材料的水平，其增韧效果非常显著。

表 4-9 C$_f$/SiC 复合材料和 SiC$_f$/SiC 复合材料的室温强度和高温强度

材料	抗弯强度/MPa 室温	抗弯强度/MPa 1300℃	抗弯强度/MPa 1600℃	剪切强度/MPa	拉伸强度/MPa
C$_f$/SiC	460	447	457	45.3	323
SiC$_f$/SiC	860	1010	—	67.5	551

表 4-10 C_f/SiC 复合材料和 SiC_f/SiC 复合材料的断裂韧性和断裂功

材　料	断裂韧性/（MPa·m$^{1/2}$）	断裂功/（kJ·m^{-2}）
C_f/SiC	20.0	10.0
SiC_f/SiC	41.5	28.1

连续纤维强化 SiC 陶瓷基复合材料已在航天、宇航领域得到广泛应用。它在液体火箭中作为分级火箭的大型无冷却喷嘴使用，在高温下获得了比传统耐热金属更长的寿命，作为隔热材料其耐热温度可达 1700℃，用于航空发动机时，与金属材料相比可以使质量减轻 40%，并已在 MI-RAGE2000 和 RAFLE 战斗机中使用。C_f/SiC 复合材料具有耐高温、抗氧化、密度低、耐腐蚀、抗热震及抗烧蚀等优异性能，已用于欧洲阿里安第三节液氢液氧推力室喷管。用 C_f/SiC 复合材料替代金属材料能够提高液体火箭发动机身部使用温度，降低发动机结构质量。法国 SEP 公司研制的 C/SiC 复合材料、SiC/SiC 复合材料逐步取代 Nb、Mo、Hf 等高温合金，其比金属喷管质量轻 50%以上；使用温度提高，可达 1800℃，且无须冷却；烧蚀率小，可重复使用。美国道康宁公司研制的 3DC_f/SiC 复合材料已在航天飞机发热瓦、航空发动机推力室等得到应用。国内已展开该陶瓷基复合材料制造液体火箭发动机喷管的应用研究。

4.5.2　Si$_3$N$_4$ 陶瓷基复合材料

1. Si$_3$N$_4$ 陶瓷

Si$_3$N$_4$ 有两种晶型，β-Si$_3$N$_4$ 是针状结构，α-Si$_3$N$_4$ 是颗粒状结构。两者都属于六方晶系，都是由[Si$_3$N$_4$]$^{4-}$四面体共用顶角构成的三维空间网络。β 相由几乎完全对称的 6 个[Si$_3$N$_4$]$^{4-}$组成的六方环层在 c 轴方向重叠而成。而 α 相由两层不同且有形变的非六方环层重叠而成。α 相结构的内部应变比 β 相大，故自由能比 β 相高。

在 1400～1600℃加热，α-Si$_3$N$_4$ 会转变为 β-Si$_3$N$_4$，但并不是说 α 相是低温型的，β 相是高温型的。因为①在低温相变合成的 Si$_3$N$_4$ 中，α 相和 β 相可同时存在；②通过气相反应，在 1350～1450℃可直接制备出 β 相，看来这不是从 α 相直接转变而来的。α 相转变为 β 相是重建式转变，除两种结构有对称性高低的差别外，并没有高低温之分。只不过 α 相对称性较低，容易形成，β 相是热力学稳定的。

注意：两种晶型的晶格常数 α 相差不大，而在 c 轴上，α 相是 β 相的两倍。两个相的密度几乎相等，相变中没有体积变化。α 相的热膨胀系数为 $3.0×10^{-6}·℃^{-1}$，而 β 相的热膨胀系数为 $3.6×10^{-6}·℃^{-1}$。两相晶格常数的对比如表 4-11 所示。

表 4-11 Si$_3$N$_4$ 的两相晶格常数及密度

相	晶格常数/Å a	晶格常数/Å c	单位晶胞分子数	计算密度/（g·cm^{-3}）
α-Si$_3$N$_4$	7.748±0.001	5.617±0.001	4	3.184
β-Si$_3$N$_4$	7.608±0.001	2.910±0.001	2	3.187

Si$_3$N$_4$ 粉体的制备方法如下。

（1）硅粉直接氮化。

硅粉直接氮化是指硅粉放在氮气或氨气中加热到 1200～1450℃，发生反应，生成 Si$_3$N$_4$ 粉。

(2) 二氧化硅还原氮化。

该法将硅石与碳混合物在氮气中加热到高温发生反应：$3SiO_2+6C+2N_2=Si_3N_4+6CO\uparrow$，从而形成 Si_3N_4 粉。

(3) 亚胺和氨化物热分解法。

此法又叫 $SiCl_4$ 液相法。$SiCl_4$ 在 0℃干燥的乙烷中与过量的无水氨气反应，生成亚氨基硅 $[Si(NH)_2]$、氨基硅 $[Si(NH)_4]$ 和 NH_4Cl。真空加热，除去 NH_4Cl，再在高温惰性气氛加热分解可获得 Si_3N_4 粉。

(4) 化学气相沉积法。

该法是指将 $SiCl_4$ 或 SiH_4 与 NH_3 在约 1400℃的高温发生气相反应，形成高纯的 Si_3N_4 粉。其反应式为 $3SiCl_4+16NH_3=Si_3N_4+12NH_4Cl$ 和 $3SiH_4+4NH_3=Si_3N_4+12H_2$。

Si_3N_4 陶瓷常用的烧结方式如下。

(1) 反应烧结。

反应烧结是指将硅粉以适当方式成型后，在高温炉中同氮气进行氮化，反应为 $3Si+2N_2=Si_3N_4$，反应温度为 1350℃左右。为了精确控制试样的尺寸，还常把反应烧结后的制品在一定氮气压力并于较高温度下再次烧成，使之进一步致密化，这就是所谓的 RBSN（反应烧结氮化硅）的重烧结或重结晶。

(2) 热压烧结。

热压烧结是用 α-Si_3N_4 含量高于 90% 的 Si_3N_4 细粉，加入适量的烧结助剂（如 MgO、Al_2O_3 等）在高温（约 1600～1700℃）和压力下烧结。

(3) 常压烧结。

Si_3N_4 陶瓷热等静压烧结也是可行的，由于其压力比热压高，其烧结温度一般要低于 200～300℃。高纯 Si_3N_4 要固相烧结是极其困难的，加入烧结助剂使其在烧结过程中出现液相，对于常压烧结是必需的。为保证 Si_3N_4 陶瓷的正常烧结，常压烧结时，Si_3N_4 粉要细，α-Si_3N_4 含量要高。有效的烧结助剂有 MgO、Y_2O_3、CeO_2、ZrO_2、BeO、Al_2O_3、Se_2O_3、La_2O_3 和 SiO_2 等。

近年来研究较多的体系是在常压烧结中固溶相当数量的 Al_2O_3 形成 Si_3N_4 固溶体，即所谓的 Sialon 陶瓷。这种材料可添加烧结助剂常压或热压烧结，还可与其他陶瓷形成复合材料。表 4-12 列出了 Si_3N_4 陶瓷的制备工艺与性能。

表 4-12 Si_3N_4 陶瓷的制备工艺与性能

类 型	抗弯强度（四点）/MPa			弹性模量 /GPa	热膨胀系数 /℃$^{-1}$	导热率 /[W/(m·K)]
	室温	1000℃	1375℃			
热压（加 MgO）	690	620	330	317	3.0×10^{-6}	15～30
烧结（加 Y_2O_3）	655	585	275	276	3.2×10^{-6}	12～28
反应结合（2.43g/cm^3）	210	345	380	165	2.8×10^{-6}	3～6
β-Sialon（烧结）	485	485	275	297	3.2×10^{-6}	22

1) 颗粒弥散强化 Si_3N_4 陶瓷基复合材料

颗粒弥散强化 Si_3N_4 陶瓷基复合材料尽管比晶须、纤维的强化效果差一些，但仍然是有效的，而且该方法工艺简单，价格便宜，易于大规模生产。对 Si_3N_4 进行颗粒弥散强化的颗粒主要有 SiC 和 TiN 等。

SiC 颗粒的大小和含量对复合材料韧性和强度的影响是显著的，在其极限粒径（d_c）以下，增加 SiC 颗粒的体积含量和粒径可以提高增韧效果。SiC 颗粒对 Si_3N_4 基体的增强、增韧除传统的弥散强化原因外，主要还是因为它会在烧结过程中阻碍基体 Si_3N_4 的晶粒长大。

增强相 SiC 的粒径对材料的力学性能有较大影响。随着 SiC 粒径的增大，材料的强度先增强后降低，使材料增强的粒径范围小于 25μm。SiC 颗粒作为第二相加入材料中将对基体 Si_3N_4 的晶界移动产生一个约束力。研究表明，含有 SiC 的材料中基体 Si_3N_4 的粒径明显小于不含有 SiC 的材料，且有随着 SiC 粒径的减小，基体晶粒尺寸有逐渐减小的趋势。这说明加入 SiC 确有阻碍基体晶粒长大的作用。研究还表明，随着第二相 SiC 粒径的增大，材料的韧性先下降后提高，再下降，使材料增韧的粒径范围在 30～50μm。

TiN 颗粒对 Si_3N_4 有显著的强韧化作用，并可实现电火花线切割，因为 TiN 具有高导电率。为了使 TiN_P/Si_3N_4 材料易于烧结，在对其热压烧结时一般要加烧结助剂，如 Al_2O_3、Y_2O_3 等。注意：TiN 颗粒对 Si_3N_4 陶瓷的硬度有微小的降低作用。

2）晶须强化 Si_3N_4 陶瓷基复合材料

晶须强化 Si_3N_4 陶瓷基复合材料的主要制造方法有反应烧结法和添加烧结助剂烧结法等。添加烧结助剂烧结法又可分为添加烧结助剂热压法、添加烧结助剂热等静压（HIP）法及陶瓷的一般制造方法——添加烧结助剂常压烧结法。反应烧结法是指将金属硅粉与晶须混合，烧结时硅与氮气反应生成 Si_3N_4。但是这样所得的材料气孔较多，力学性能较低。为了得到高密度的材料，可采用二段烧结法，在硅粉中加入烧结助剂，氮化后升至更高的温度烧结而得到致密的材料。添加烧结助剂热压法是指将 Si_3N_4 粉、烧结助剂和晶须混合后放入石墨模具，边加压边升温。由于晶须可能阻碍 Si_3N_4 基体中烧结时的物质迁移，因此烧结比较困难。为了提高密度，需要施加压力。采用较多的是添加烧结助剂热压法，此时晶须在与压力垂直的平面内呈二维分布。由于热压所得到的制品形状比较简单且成本较高，使其应用受到了限制，现在主要应用于切削工具。

反应烧结法制备的 SiC_w/Si_3N_4 材料的抗弯强度可达 900MPa，随着 SiC 晶须含量的升高，材料的断裂韧性得到了明显的改善。用热压法制备，再用 HIP 法处理得到含 30%晶须的 Si_3N_4 陶瓷基复合材料，弯曲强度为 1200MPa，断裂韧性为 $8MPa·m^{1/2}$。在 Si_3N_4 中添加烧结助剂（Y_2O_3、$MgAl_2O_4$）与 SiC 晶须混合再成型后，在 1MPa 氮气气氛中 1700℃ 预烧结，然后热等静压烧结（1500～1900℃，2000MPa），SiC_w/Si_3N_4 材料的抗弯强度可达 900MPa，其断裂韧性为 9～$10MPa·m^{1/2}$。

HIP 法制备的 SiC_w/Si_3N_4 复合材料具有良好的性能，其在转缸式发动机中作为密封件得到了应用，在汽车中的应用也效果良好。SiC_w/Si_3N_4 复合材料还在重油、原油火力发电的火焰喷嘴中得到了应用。火焰喷嘴内部温度达 1200℃，外部空气冷却，在厚度方向温差较大，而且在紧急停止时需用含饱和水蒸气的空气急冷。

3）长纤维强化 Si_3N_4 陶瓷基复合材料

长纤维强化 Si_3N_4 陶瓷基复合材料的制备方法有反应烧结法、添加烧结助剂法等。此外还有陶瓷基复合材料所特有的方法：液态硅氮化法（Lanxide 法）、CVI 法及聚合物热分解法等。

反应烧结法是在纤维预制体中加入金属硅粉末，在硅的熔点附近（1300～1400℃），长时间（50～150h）与氮气反应，生成 Si_3N_4 基体的方法。该方法的特点是形成的材料形状和尺寸与预制体基本一致，易于制备复杂形状构件，可大大减少陶瓷材料的加工。

传统的烧结方法至今仍是 Si_3N_4 陶瓷基复合材料的有效制备方法之一。一般需要 1750℃ 以上的高温、良好的烧结助剂及足够的压力。需对纤维进行涂层，以避免或降低界面反应；添加烧结助剂（$LiF-MgO-SiO_2$）和热膨胀调节剂，可以使烧结温度降低到 1450～1500℃。虽然碳纤维强化 Si_3N_4 陶瓷基复合材料抗弯强度提高不大，但其断裂功为 $4770J/m^2$，提高了 200 倍，断裂韧性为 $15.6MPa·m^{1/2}$，提高了两倍。

液态硅氮化法将具有一定形状的纤维预制体置在液态硅之上，硅向纤维渗透的同时氮化，从而生成 Si_3N_4 和 Si 结合的基体。该法制备的 SiC 纤维增强 Si_3N_4 陶瓷基复合材料的抗弯强度为 392MPa，抗拉强度为 334MPa，断裂韧性为 $18.5MPa·m^{1/2}$。

CVI 法是用 $SiCl_4$、NH_3 等气体通过纤维预制体，控制反应温度、气体压力和流量，在纤维上沉积出由气体反应形成的高纯度、均匀的 Si_3N_4 的方法。为防止损伤增强纤维，通常在 1000～1500℃ 的低温下进行。形成的复合材料一般含有 10% 左右的气孔，且难以进一步致密化。CVI 法的过程很长，一般需要数日到数周的时间，因此该工艺指标材料生产效率低，成本较高。

聚合物热分解法中的聚合物比陶瓷粉末泥浆更容易浸渍，形成陶瓷的温度非常低。最早有人对 SiC 纤维编织物在聚合物中浸渍后，再在 1200℃ 烧结得到 SiC_f/Si_3N_4 复合材料。其后制出了碳纤维、Al_2O_3 纤维、Si_3N_4 纤维等浸渍的材料，具有较好的性能，且在 800℃ 还可以保持常温的性能。

该材料的韧性已经达到了铸铁的水平。该类材料将在航空航天领域得到应用。低成本的材料和加工方法是其走向实际应用的关键。

4.6　陶瓷基复合材料的界面

界面是各种复合材料的核心之一，直接影响增强体与基体间的载荷传递。陶瓷基复合材料呈脆性，界面结合的好坏对其韧性的影响较大。由于材料一般是在较高的温度下复合而成的，界面反应相及其演变是陶瓷基复合材料界面研究的重要组成部分，一般采用 Raman 光谱对其进行研究。

图 4-13 为 $SiC/3Al_2O_3-2SiO_2$ 复合材料线扫描的系列拉曼光谱图，扫描是从一个纤维的边界逐点经界面、莫来石到另一个纤维，每隔 2μm 进行一次扫描。$SiC/3Al_2O_3-2SiO_2$（SiC 增强莫来石基）复合材料由溶胶和凝胶法制得，产生了包含二氧化锆、锗和硅酸铝的界面区。莫来石是 $3Al_2O_3·2SiO_2$ 与 SiC 纤维界面区用于保护纤维的锗膜，界面区的大小可以用 $302cm^{-1}$ 峰和来自纤维中的自由碳位于 $1300～1600cm^{-1}$ 的双峰（G 和 D 峰）的缺失来界定界面区。位于 $180～700cm^{-1}$ 的诸峰归属于单斜二氧化锆晶体增强的硅酸铝相，而 $1007cm^{-1}$ 的孤立峰表明二氧化锆与莫来石之间反应形成了第二相 $ZrSO_4$。界面处可观察到双峰，但强度很弱，这是纳米碳沉积而成的。

图 4-14 为单晶 Al_2O_3/Al_2O_3 复合材料线扫描的系列拉曼光谱图。纤维中央开始垂直界面延伸至 Al_2O_3 基体，间隔 2μm。纤维与基体间存在中间相 ZrO_2。$750cm^{-1}$ 峰源于 Al_2O_3，界面处各峰强度的改变表明在纤维与基体的界面单晶氧化铝消失，而 $200cm^{-1}$ 附近双峰的出现表明在界面区单斜二氧化锆晶体形成。

Al-ZrO_2 体系在一定条件下热爆反应产生复合材料 α-Al_2O_3/Al_3Zr，图 4-15 为其 SEM 照片、EDS 能谱及 XRD 图谱。由图 4-15（a）可知，Al-ZrO_2 体系反应产物由两种形态的相组成，分别为连成片的基体和弥散分布在基体中的颗粒。颗粒与基体间干净，无附属产物产生，由其对应的 XRD 图谱可知反应产物组成相为 α-Al$_2$O$_3$ 和 Al$_3$Zr。从其对应的能谱可知，基体为 Al$_3$Zr，由此可推得颗粒为 α-Al$_2$O$_3$。注意，此时的界面由反应产物形成，热力学最为稳定，故界面干净。

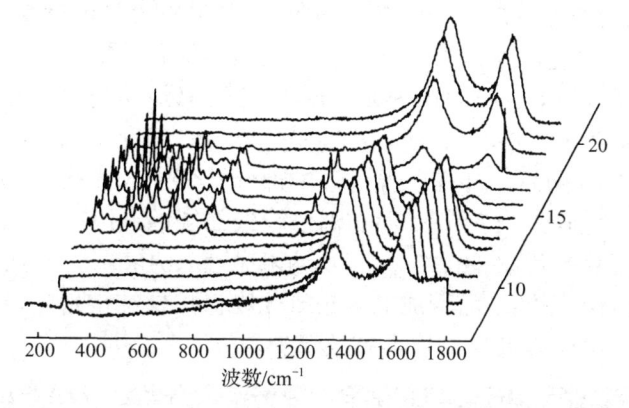

图 4-13　SiC/3Al$_2$O$_3$-2SiO$_2$ 复合材料线扫描的系列拉曼光谱图

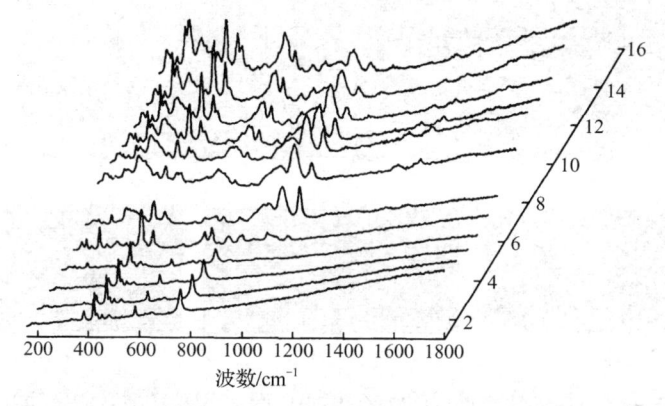

图 4-14　单晶 Al$_2$O$_3$/Al$_2$O$_3$ 复合材料线扫描的系列拉曼光谱图

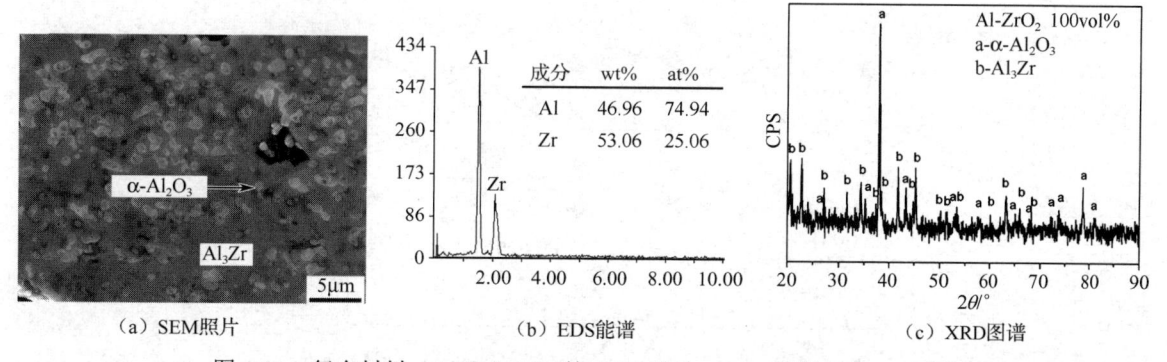

（a）SEM 照片　　（b）EDS 能谱　　（c）XRD 图谱

图 4-15　复合材料 α-Al$_2$O$_3$/Al$_3$Zr 的 SEM 照片、EDS 能谱及 XRD 图谱

4.7　高熵陶瓷基复合材料

"高熵"是近年来出现的新的材料设计理论，其概念最初由高熵合金发展而来。随着高熵

合金研究的深入，高熵的概念逐渐拓展到其他材料体系中。由于高熵效应的存在，高熵超高温陶瓷具有较多新奇的性能，使其成为超高温陶瓷领域的研究热点和重要发展方向。

董绍明院士带领的科研团队，将高熵超高温陶瓷与陶瓷基复合材料相结合，制备了 $C_f/(Ti_{0.2}Zr_{0.2}Hf_{0.2}Nb_{0.2}Ta_{0.2})$C-SiC 高熵超高温陶瓷基复合材料。该材料综合性能优异，抗弯强度达 322MPa，断裂韧性达 8.24MPa·m$^{1/2}$；在 5MW/m^2 热流密度（温度 2430℃）条件下经空气等离子烧蚀 300s，材料线烧蚀率仅为 2.89μm/s，表现出优异的抗烧蚀性能。相比简单体系的超高温陶瓷基复合材料，$C_f/(Ti_{0.2}Zr_{0.2}Hf_{0.2}Nb_{0.2}Ta_{0.2})$C-SiC 高熵超高温陶瓷基复合材料具有全新的抗烧蚀机制：在高温烧蚀中心，$(Ti_{0.2}Zr_{0.2}Hf_{0.2}Nb_{0.2}Ta_{0.2})$C 氧化形成 $(TiZrHfNbTa)O_x$ 高熵氧化物，其显微组织如图 4-16 所示，并在降温过程中部分转变生成片状 $Hf_{0.5}Zr_{0.5}O_2$ 及 $TiNbTaO_{7-y}$ 纳米晶，其转变过程示意图如 4-17 所示；而在温度较低的烧蚀过渡区，$(Ti_{0.2}Zr_{0.2}Hf_{0.2}Nb_{0.2}Ta_{0.2})$C 则直接氧化生成较小尺寸的片状 $Hf_{0.5}Zr_{0.5}O_2$ 及纳米晶 $TiNbTaO_{7-y}$，形成"三明治"结构，如图 4-18 所示。分析表明：烧蚀表面形成的多相氧化物保护层结构稳定，且在宽温域具有自愈合性，从而在烧蚀过程中对内部材料提供有效保护。

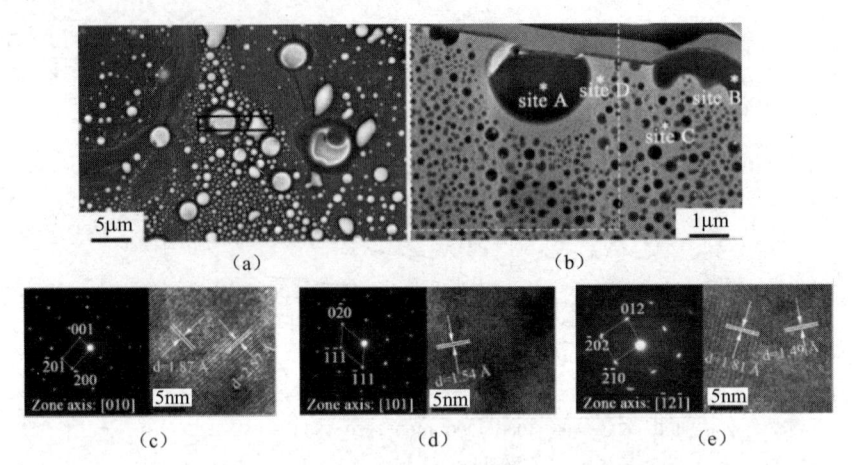

图 4-16　烧蚀中心形成的 $(TiZrHfNbTa)O_x$：微观形貌（a）、（b），晶体结构解析（c）～（e）

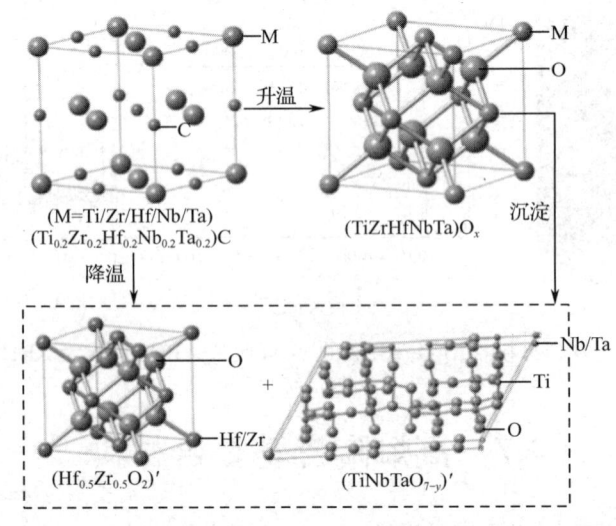

图 4-17　$C_f/(Ti_{0.2}Zr_{0.2}Hf_{0.2}Nb_{0.2}Ta_{0.2})$C-SiC 复合材料在高温烧蚀和降温过程中的物相转变过程示意图

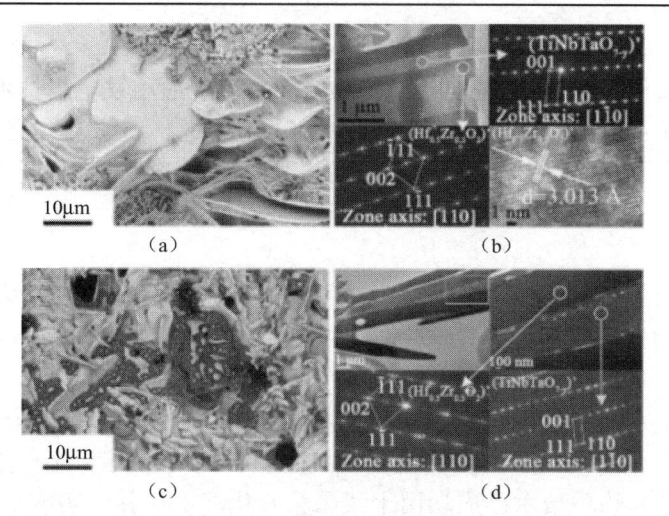

图 4-18　烧蚀表面片状 $Hf_{0.5}Zr_{0.5}O_2$ 和纳米晶 $TiNbTaO_{7-y}$ 形成的"三明治"结构：微观形貌（a）、（d），晶体结构解析（b）、（e）

4.8　陶瓷基复合材料在航空航天领域的应用

陶瓷基复合材料具有高强度、高模量、低密度、耐高温和良好的韧性等优良特性，已在高速切削工具和内燃机部件上得到应用，而作为高温结构材料和耐磨耐蚀材料也有广阔的应用前景，如航空燃气涡轮发动机的热端部件、大功率内燃机的增压涡轮、固体发动机燃烧室与喷管部件等。图 4-19 即 C_f/SiC 复合材料的在航空航天领域中的应用。

（a）刹车盘　　　　（b）X38 习行器鼻　　　　（c）火箭发动机喷嘴

图 4-19　C_f/SiC 复合材料在航空航天领域中的应用

美国 GE（通用电气）公司在二十多年前就开始与 NASA（美国国家航空航天局）合作开发高速民用运输机用陶瓷基复合材料燃烧室内衬。GE 公司非常重视对航空事业的研发，投入了巨额研发资金，陶瓷基复合材料正是 GE 航空部门最为依赖的技术之一。美国 GE 公司已开始在亚拉巴马州亨茨维尔市建设 SiC 纤维工厂，大幅提升了美国耐 1316℃ 高温的 SiC 陶瓷纤维产能。而此前，SiC 陶瓷纤维市场被日本公司牢牢占据。在美国能源部橡树岭国家实验室的领导下，美国展开了对陶瓷基复合材料的研发工作。CFM 公司研发的 LEAP（尖端航空推力）航空发动机，成为第一个广泛应用的陶瓷基复合材料产品。

目前在产的 F414 尾喷管二级封严片是用陶瓷基复合材料制造的。根据 GE 公司的说法，F414 先后采用过两种陶瓷基复合材料来制造二级封严片，一种是碳化硅/碳（SiC/C），也就是陶瓷基碳化硅纤维增强的碳基材；另一种是氧化物/氧化物（O_x/O_x），也就是使用氧化铝-莫来石陶瓷纤维增强的氧化铝-氧化硅基材。ADVENT（自适应通用发电机技术）采用陶瓷基复合材料低压涡轮和高压涡轮前缘，让陶瓷基复合材料的应用进一步扩大。GE 公司声称，陶瓷基复合材料涡轮叶片甚至不需要冷却，为大幅度提高发动机热工性能提供了空间。陶瓷基复合材料叶片也比镍基合金轻 2/3。在 ADVENT 自适应循环发动机技术上，陶瓷基复合材料的高压涡轮前缘达到 1648℃。

2022 年，西北工业大学研制的国产陶瓷基复合材料整体涡轮盘成功完成首次空中验证。这个实验表明国产陶瓷基复合材料在航空发动机之中的应用取得了突破性进展，为以后用陶瓷基复合材料制造航空发动机高温压气机打下了坚实的基础，其应用前景如图 4-20 所示。目前试飞的是陶瓷基复合材料涡轮盘，它与涡轮叶片构成高温涡轮，而高温涡轮又是航空发动机核心机关键部件之一。现代航空发动机核心机主要包括高压压气机、燃烧室和高温涡轮，是发动机的关键部件。该项技术已成功用于我国第 6 代战机，并已实现了试飞。

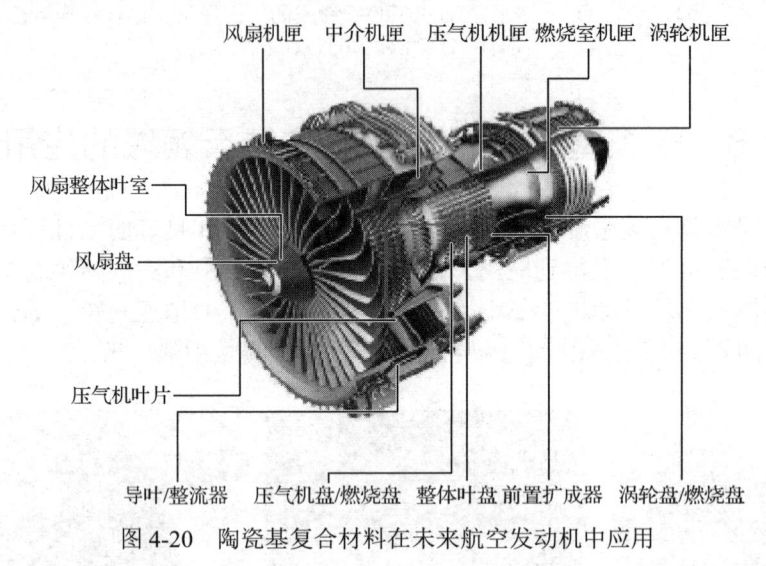

图 4-20　陶瓷基复合材料在未来航空发动机中应用

此外，我国的 WS-15 "峨眉" 涡扇发动机，装有先进的陶瓷基复合材料的尾喷管调节片；F119 涡扇发动机采用了高温树脂基材料外涵机匣，陶瓷基复合材料和碳/碳复合材料的一些静止结构；M88 涡扇发动机喷口调节片用碳化硅陶瓷基复合材料制造；F414 涡轮发动机的尾喷管二级封严片是用陶瓷基复合材料制造的。

陶瓷基复合材料是未来航空发动机最有前景的材料之一，是提高航空发动机性能的关键材料。一般认为当发动机推进比达到或者超过 15 的时候，就需要采用陶瓷基复合材料这样的先进材料确保发动机性能达标。此外，陶瓷基复合材料还可用于以下几种材料。

（1）推进器材料。

为了进一步提高飞机的性能和节省燃料，就需要提高燃气的温度，如将涡轮进口的燃气温度从 900℃提高到 1300℃，热效率可提高 50%。SiC、Si_3N_4 系材料除能耐 1650℃的高温外，其密度只有高温合金的 30%～40%，且热膨胀系数很小，叶片径向的间隙可以大大地缩小，碳/碳复合材料作防氧化处理后，可以在 2200℃的高温下工作，美国研制的先进发动机 GE37 型和 PW5000 型，其排气喷管采用了碳/碳复合材料，Carborundum 公司用碳化硅晶须增强氯化硅制成了高性能的燃气喷管，Si_3N_4 陶瓷基复合材料还有可能用作导弹的尾喷管材料。CFM

公司研发的 LEAP 航空发动机，成为第一个广泛应用的陶瓷基复合材料产品。

（2）耐磨材料。

陶瓷基复合材料具有高抗磨性，在高温和有化学侵蚀的场合下能承受大的载荷，因此可用于航空发动机上的高速轴承、活塞及活塞环、密封圈、柱塞泵、阀座和阀门导轨。

（3）隔热、耐烧蚀材料。

纤维与陶瓷复合成的隔热瓦可用在航天飞机座舱表面隔热层、火箭及导弹燃烧室的隔热衬层、战略导弹的再入鼻锥、固体燃料发动机的喷管喉部、F_2/肼液体燃料发动机的喷管喉衬等。

本章小结

陶瓷材料具有耐高温、硬度高、耐磨损、耐腐蚀及相对密度小等许多优良性能，脆性是其致命弱点，增韧是陶瓷研究的重点。陶瓷材料中的化学键一般为介于共价键和离子键间的混合键。脆化的根本原因在于其共价键。陶瓷材料的典型结构有闪锌矿结构、金红石结构、铅锌矿结构、萤石结构、NaCl 结构、赤铜矿结构、CsCl 结构、刚玉结构、方石英结构及其他结构。陶瓷材料中的硅酸盐结构较为复杂，其普遍特点是存在$[SiO_4]^{4-}$结构单元，硅酸盐晶体根据$[SiO_4]^{4-}$的连接方式，可分为岛状、组群状、链状、层状和架状 5 种结构。

陶瓷基复合材料的增强体通常也称为增韧体，一般有纤维（长、短）、晶须和颗粒三种。陶瓷基复合材料强韧化的途径有颗粒弥散增韧、纤维（晶须）补强增韧、层状复合增韧、与金属复合增韧及相变增韧（指 ZrO_2）。陶瓷基复合材料按材料作用分为结构陶瓷基复合材料与功能陶瓷基复合材料两类；按增强材料形态可分为颗粒增强陶瓷基复合材料、纤维（晶须）增强陶瓷基复合材料与片材增强陶瓷基复合材料。

碳/碳复合材料除能保持碳（石墨）的优良性能外，又克服了自身的缺点，具有密度小、比强度和比弹性模量高、烧蚀热大、烧蚀率低、耐磨性能优、生物相容性好等特点。

思考题

（1）陶瓷材料中结合键的特点是什么？
（2）陶瓷基复合材料中基体的种类、结构特点各是什么？
（3）简述陶瓷基复合材料的分类方法及其种类。
（4）纤维或晶须增强陶瓷时的选择原则是什么？
（5）片材增强陶瓷时的选择原则是什么？
（6）简述陶瓷基复合材料的制备工艺过程。
（7）成型工艺有哪几种？各自的特点是什么？
（8）不同烧结工艺对陶瓷基复合材料性能的影响是什么？
（9）什么是微波烧结？其特点是什么？
（10）一般微波炉的说明书中均规定金属器皿不能置入炉加热，但微波炉的壁均为金属材料，为什么？
（11）微波炉为何可以对金属粉体进行加热甚至烧结？

（12）陶瓷基复合材料的界面特征是什么？

（13）原位合成的增强体与陶瓷基体界面干净，而非原位反应而成的在界面处易产生析出相，为什么？

（14）碳/碳复合材料的制备工艺是什么？

（15）碳/碳复合材料的力学性能特点是什么？

（16）简述陶瓷基复合材料在航空航天领域中的应用前景。

第 5 章 功能梯度复合材料

  功能梯度复合材料（Functionally Gradient Composite Materials，FGCM）是指材料的组成、结构、孔隙率、取向、界面等要素沿厚度方向由一侧向另一侧连续变化，使材料的物理、化学、生物等性能沿着厚度方向也发生连续变化，可以适应不同环境，并具有特殊功能的新型复合材料，如图 5-1 所示。功能梯度复合材料作为一种特殊的复合材料，不仅保留了普通复合材料的组分与成分优势互补和显微结构可设计、可控制的主要特点，而且还引入了与传统均匀复合材料截然不同的组成和功能梯度化的设计思想，克服了传统层状复合材料宏观界面的不利影响。航天技术的发展对材料的性能提出了新的要求，航天飞机长时间在大气层中飞行，机头尖端和燃烧室内壁承受的温度高达 1000℃，同时航天飞机中的某些部件侧要承受高温热负荷，另一侧用液氢冷却，两侧温差高达 1000℃，使部件内部产生巨大的热应力，传统的单相材料已无法承受这种高温和高温差下的环境。为使材料能在较大温差下的环境中正常工作，20 世纪 80 年代后期，日本学者新野正之、平井敏雄和渡边龙三等首先提出功能梯度复合材料的概念。功能梯度复合材料通过金属、合金、陶瓷、塑料等无机物和有机物的巧妙组合，在高温环境和两侧高温差的情况下表现出良好的耐热性、热应力缓和，是传统陶瓷基复合材料无法实现的。

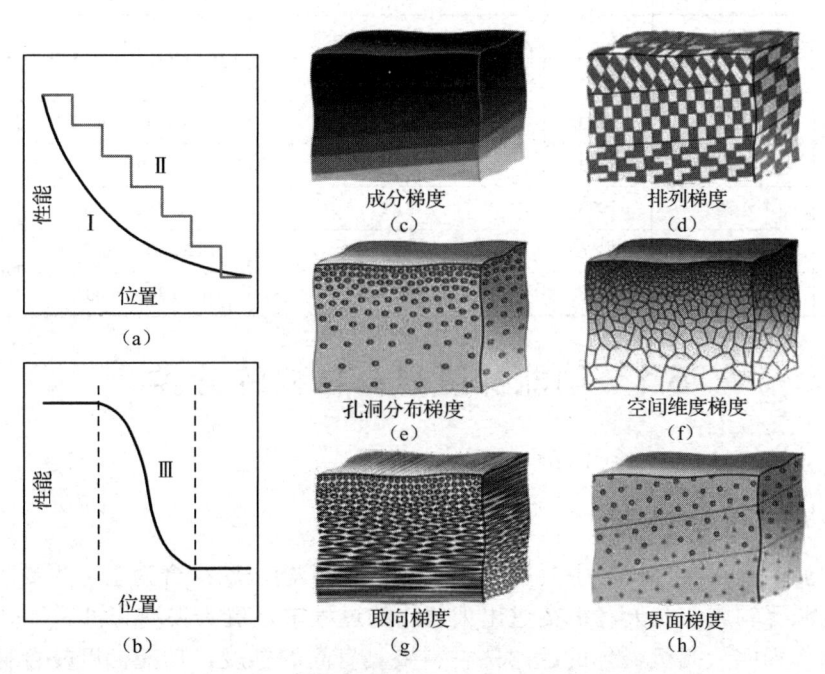

图 5-1 功能梯度复合材料的结构示意图

  功能梯度复合材料又称为梯度功能材料。20 世纪 90 年代的定义针对一维功能梯度复合材料，也就是 1D-FGCM（功能梯度复合材料），现如今，2D-FGCM、3D-FGCM 的研究也有了新的进展，其定义也有待完善。功能梯度复合材料不同于混杂材料和常见复合材料，其区别如表 5-1 所示，其为 21 世纪最先进的材料之一。

表 5-1 功能梯度复合材料与混杂材料和常见复合材料的区别

材料	混杂材料	复合材料	功能梯度复合材料
设计思想	分子、原子级水平，合金化	材料优点的相互复合	特殊功能为目标
组织结构	0.1nm～0.1μm	1μm～0.1m	10～10mm
结合方式	分子间力	化学键/物理键	分子间力/化学键/物理键
微观组织	均质/非均质	非均质	均质/非均质
宏观组织	均质	均质	非均质
功能	一致	一致	梯度化

虽然功能梯度复合材料的最初研制目标是用作新一代航天飞机的缓和热应力型超耐热材料，但从功能梯度复合材料的概念出发，材料的组合也由最初的金属/陶瓷扩展到金属/合金、非金属/非金属、非金属/陶瓷、陶瓷/陶瓷等多种组合形式。构成功能梯度复合材料高温侧和低温侧的常见材料及其特性如表 5-2 所示。随着制备技术的发展，功能梯度复合材料已在核能、电子、光学、化学、电磁学、生物医学乃至日常生活领域都有着广泛应用。

表 5-2 功能梯度复合材料的构成材料及特性

材料		密度/(g·cm^{-3})	熔点/℃	导热系数/[W/(m·K)]	热膨胀系数/(×10^{-6}K^{-1})	弹性模量/MPa
高温侧	SiC	3.22	>2473	135	4.2（20～800℃）	320
	TiC	4.94	3430	25.1（100℃），5.9（1000℃）	7.4	315～450
	TiN	5.43	3223	6.7（500℃），12.1（1000℃）	9.3	251
	TiB$_2$	4.52	3193	35（24℃），50（500℃）	8.6（300～1000℃）	355～428
低温侧	C	1.78	3873	9.5	9.3	28
	Ti	4.50	1933	21.9	9～10（20～800℃）	106
	Cu	8.96	1356	398	17.5（20～300℃）	—
	Ni	8.90	1723	90.5	16.5（300～600℃）	204

5.1 功能梯度复合材料的分类

功能梯度复合材料根据其应用可分为以下几类。

1．耐热功能梯度复合材料

这类是功能梯度复合材料的主要应用领域。它以陶瓷/金属组合为主，主要应用于航空航天工业、核能源等领域。航天飞机在进出大气层的过程中，机头尖端和机翼可以达到 1600K 的高温，同时作为航天飞机机体的超耐热材料要具有高的强度，功能梯度复合材料可以很好地满足航天工业的要求。另外，航空发动机、航天飞机推进系统的燃烧器热负荷极大，而且要有高可靠性、耐久性、长寿命，功能梯度复合材料是理想的材料之一。

2．生物功能梯度复合材料

动物的牙齿、骨头、关节等都是无机材料和有机材料的完美结合，质量轻、韧性好、硬度高。用功能梯度复合材料制作的牙齿、骨头、关节等可以较好地接近以上要求。

3．化学工程功能梯度复合材料

此种材料主要用于化学工业中的高性能分离膜、催化剂及耐腐蚀的反应容器。

4．电子工程功能梯度复合材料

梯度制造技术非常适合制造电子元件，如基板一体化元件、二维复合电子产品等。

若按组成功能梯度复合材料的种类分，其可分为金属/陶瓷、金属/合金、非金属/非金属、非金属/陶瓷、陶瓷/陶瓷等类型。

5.2 功能梯度复合材料的设计、制备和性能评价

功能梯度复合材料的研究包括材料的设计、制备和性能评价三部分。材料制备技术是功能梯度复合材料研究的核心，其可提供最佳反应流程与工艺，在制备过程中，温度变化会引起功能梯度复合材料中各组分不同程度的膨胀和收缩，从而产生很高的热应力，其大小及分布是制约功能梯度复合材料性能的关键因素；材料设计是基础，为功能梯度复合材料的制备提供最佳材料组成和结构梯度分布，使功能梯度复合材料热应力最小；性能评价是建立评价功能梯度复合材料性能的标准化实验方法，依据该标准对功能梯度复合材料进行测试并将测试结果反映给材料部门，是研究的重要组成部分，其中恶劣的高温环境产生的热应力是功能梯度复合材料失效的主要原因，因而热应力是其性能评价的主要指标。三者相辅相成，缺一不可。

5.2.1 功能梯度复合材料的设计

功能梯度复合材料的设计一般采用逆设计系统，即根据实际使用要求对材料的组成和结构梯度分布进行设计，其设计流程如图 5-2 所示。它主要通过计算机辅助设计系统，根据所要设计物体的形状和工作要求，从功能梯度复合材料设计数据库中选择可能的成分组合体系和制备方法，然后根据材料的热物性参数和梯度成分的分布函数进行温度分布和热应力计算，寻求出应力强度比达到最小值的成分组合体系和梯度分布，此时的组成分布即最佳设计方案。

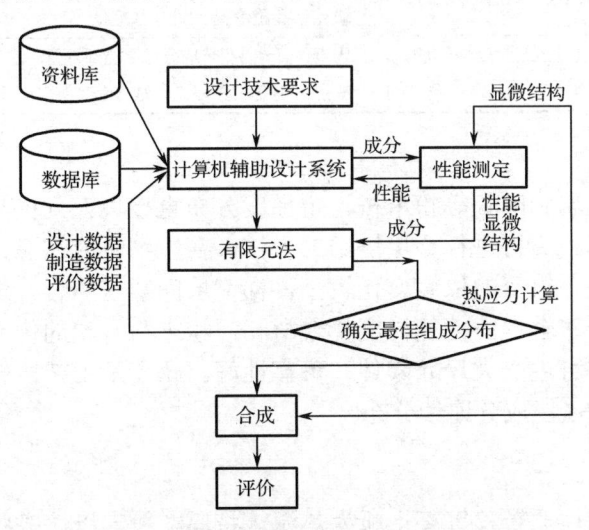

图 5-2 功能梯度复合材料的设计流程

5.2.2 功能梯度复合材料的制备方法

功能梯度复合材料的制备方法有很多,根据制备过程中物相的形态可分为气相、液相和固相三种,若根据制备过程的性质可分为物理和化学两大类。常见的方法有粉末冶金法、等离子喷涂法、自蔓延高温合成法、气相沉积法、离心铸造法、激光熔覆法、3D 打印法、无压浸渗法和电沉积法等,其中一些制备方法的比较如表 5-3 所示。

表 5-3 功能梯度复合材料部分常见制备方法的比较

相	反应性质	方 法	特 点
气相	化学	化学气相沉积(CVD)法	优点:化学反应沉积,成分连续变化。 缺点:制备大厚度的块材困难,设备要求高,合成速度慢
	物理	物理气相沉积(PVD)法	优点:物理反应沉积,沉积温度低,对基体热影响小。 缺点:沉积速度慢,不能连续控制成分分布
	物理	等离子喷涂法	优点:适合几何形状复杂的器件表面梯度涂覆。 缺点:梯度层与基体的界面结合强度不高,涂层可能存在组织不均匀、空洞、表面粗糙等问题
		分子束外延法、离子注入法	优点:分子束外延层的质量较高。 缺点:工艺、设备复杂
液相	化学	电沉积(水溶性电解析出、熔融性电解析出)法	优点:工艺设备简单,操作方便,成型压力和温度低,精度易控制,生产成本低廉。 缺点:仅适用于薄箔型 FGCM
		氧化还原反应法	优点:工艺设备简单。 缺点:制备的梯度膜很难从电极上剥离
	物理	激光熔覆法	优点:既可制备 FGCM 覆膜,也可制备 FGCM 体材,适应面较广。 缺点:制备工艺复杂,设备昂贵
		溶液凝固法、离心铸造法	优点:能制备高密度、大尺寸的 FGCM。 缺点:不能制备高熔点、陶瓷系列的 FGCM
固相	化学	自蔓延高温合成法	优点:效率高,成本低,适合制备大体积的 FGCM。 缺点:孔隙率高,机械强度低
	物理	粉末冶金法(激光烧结法、等离子烧结法)	优点:可靠性好,成分梯度控制方便,适合制备形状简单的 FGCM 部件。 缺点:制备工序复杂,成本较高

1. 粉末冶金法

粉末冶金法是将金属和陶瓷等粉末按一定梯度分布直接填充到模具中加压烧结,或将不同组分的粉末压制成薄片后再进行叠层烧结的方法。在烧结时应注意控制各组分的混合比使压制后的粉坯梯度层任一组分的浓度变化较小,梯度层间紧密结合。调节粉末粒度分布和烧结工艺可得到热应力分布合理的功能梯度复合材料。粉末冶金法的优点是易于操作,控制灵活,适用于工业生产,可生产大尺寸零件,可靠性好。缺点是工艺比较复杂,制备的梯度材料有一定的孔隙率,难以使成分连续分布。

2. 等离子喷涂法

等离子喷涂法以刚性非转移等离子弧为热源,将原料粉末以熔融状态喷射到基体表面形成涂层，通过控制喷涂材料的组分调节等离子射流的温度和流速，在基体表面获得梯度过渡的涂层。该方法的优点是可以方便地控制喷涂粉末的成分，沉积效率高，易得到大面积的块材，无须烧结，不受基体面积大小的限制，涂层界面结合强度、抗热冲击和热疲劳性能良好。缺点是得到的涂层孔隙度高，与基体间的结合强度不高，组织不均匀，易剥落，强度低，且表面较粗糙。该方法主要用于制备向形状复杂的零部件。

3. 自蔓延高温合成（SHS）法

自蔓延高温合成法将构成产物的元素粉末按梯度组成填充，成型后放入反应容器，加热原料粉末局部区域引燃反应，反应放热产生大量热量诱发邻近层的化学反应，从而使反应自动持续地蔓延下去，合成所需的材料。该法可用于制备大体积的块材，优点是合成时间短，操作简单，产物纯度高，能耗少。缺点是只适用于制备放热反应材料体系，且制备的材料的致密性较差，机械强度低，同时自蔓延烧结过程难以控制，反应产物成分不均匀，反应热相差较大，需专用设备。

4. 气相沉积法

气相沉积法是将反应物以蒸气的形式反应并沉积在基体材料上，通过改变蒸气的温度和压力，从而调节和控制薄膜的组成和结构，实现制造梯度功能膜材料的方法。气相沉积法包括化学气相沉积法和物理气相沉积法。气相沉积法主要适合制备薄膜功能梯度复合材料。物理气相沉积法采用离子镀、溅射或分子束外延等物理法使源物质蒸发在基体上沉积成膜，一般只用于制备薄膜梯度材料。化学气相沉积法将两种气相均质源输入反应器进行均匀混合，在热基板上发生化学反应并沉积在基板上，该方法的特点是通过调节原料气流量和压力来连续控制和改变金属/陶瓷的组成和结构。气相沉积法的优点是气体的压力、成分和反应温度可以调节，从而控制薄膜的组成和结构，并能制备大尺寸的功能梯度复合材料。缺点是沉积速度慢，成分分布不能连续控制，不能制备大厚度的梯度膜，涂层与基体的结合强度较低，设备较复杂，高温高压下存在危险性且工件容易变形。

5. 离心铸造法

离心铸造法是利用离心力场中密度大的增强体容易向表面沉积的特点，制备增强体呈梯度分布的功能材料，通过改变转速、颗粒尺寸、加上时间、温度和密度来控制成分的梯度分布的方法。该法的优点是设备简单，生产率高和成本低，可利用常规原料，制备的梯度复合材料性能稳定，还能制备高密度、大尺寸的梯度复合材料。缺点是增强相与基体之间的浸润性不良，界面易反应生成脆性相，仅限于管状和环状零件的使用，亚微米级和纳米级增强体极难复合，会影响其性能。

6. 激光熔覆法

激光熔覆法将预先设计好组分配比的混合粉末放置在基底上，然后以高功率的激光加热粉末并熔化成熔池，形成基体合金化的薄膜涂层，改变粉末的组分配比，重复上述过程可以得到任意多层的梯度膜。该方法的优点是熔覆速度快，可使基体材料表面的耐磨、耐蚀、耐热、电气特性和生物活性等性能得到提高，缺点是涂层的脆性高、易断裂，限制了其应用可能性，并且制备工艺和设备价格昂贵，设备要求高，操作难度较大。目前，该方法已用于航空涡轮发动机叶片、汽车缸体、汽轮机叶片和人体置入件等表面的改善，制备具有生物活性的功能梯度复合材料将是未来该方法的研究热点。

激光熔化沉积是一种先进的计算机辅助添加材料成型技术,该技术结合了快速原型制造及激光熔覆的特点,通过高功率激光熔化同步输送的粉末材料逐层堆积成形,可直接得到具有致密组织和良好综合性能的近终形零件CAD模型,已成功应用于高性能复杂零件的直接成型及高价值零件的高质量修复。由于该技术具有逐点连续添加材料成型的特点,因此在材料组成、凝固组织、外形尺寸等的控制上具有极大柔性,该技术是未来发展集材料设计、制备、成型及组织性能控制于一体的智能化制备与成型的重要研究方向。

7. 3D打印法

3D打印法是一种快速成型技术,是基于数字模型文件,运用粉末状金属或塑料等可黏合材料,通过逐层堆叠累积的方式来构造物体的技术(也称为增材制造技术)。近年来,3D打印技术取得了前所未有的发展,主要应用于工模具制造等领域,但用于功能梯度复合材料的研制较少。率先采用3D打印法取得突破的是美国华盛顿州立大学的研究人员,他们用3D打印法首次实现一步成型制备功能梯度复合材料,有效减少了制造流程,大大节省了资源和成本,此技术能快速制备多种材料、结构复杂、镂空和性能优异的零部件。3D打印技术的主要特点是可单件小批量生产零件。

8. 无压浸渗法

无压浸渗法是先制备出孔隙率呈梯度变化的预制件,再对预制件进行表面改性处理或对浸渗熔体进行合金化处理,以改善预制件与浸渗熔体间的润湿状况,使润湿角小于90°的方法,在此情况下依靠预制件孔隙所产生的毛细孔力就可以实现浸渗熔体的自发填充过程。无压浸渗法制备功能梯度复合材料的关键是控制好预制件空隙的分布及大小。另外因为在浸渗过程中,预制件与被浸渗液相是通过毛细作用而结合的,所以两者间不能有互熔性。

9. 电沉积法

电沉积法是利用电镀的原理,通入直流电使溶液中的金属离子在阴极得到电子析出,并在阴极获得金属或合金沉积层的方法,电沉积又分为电镀、电泳和电铸三种类型。电沉积法是一种低温下制备功能梯度复合材料的化学方法,其优点是对所镀材料的物理、化学性能的影响较小,设备简单,成本较低。沉积速度比气相沉积法高,对所镀材料的物理和力学性能的破坏较小,所用的基体材料可以是金属、塑料、陶瓷或玻璃。此法可以在固体基体材料的表面获得金属、合金或陶瓷的沉积层,以改变固体材料的表面特性,提高材料表面的耐磨损性、耐腐蚀性,也可使材料表面具有特殊的电磁功能、光学功能、热物理性能等。

5.2.3 功能梯度复合材料的性能评价

功能梯度复合材料的性能评价是将功能梯度复合材料在模拟的使用环境条件下,测定其各种性能,判断其是否满足使用要求,并将评价结果反馈到材料设计和材料制备中的综合技术。由于功能梯度复合材料的组成和性能是呈梯度变化的,不能采用常规的测试手段来评价其性能,因此目前国内外尚无统一的标准。一般来讲,功能梯度复合材料的性能评价包括热应力缓和特性评价、热疲劳特性评价、隔热性能评价、热冲击性能评价、超高温机械强度评价等。

1. 热应力缓和特性评价

热应力缓和特性评价将设计时所得的热应力大小及分布与测定的热应力大小与分布对比来进行分析。热应力的分析一般采用激光或超声波等方法来进行。

2. 热疲劳特性评价

热疲劳特性评价可通过功能梯度复合材料在一定温度下热传导系数随热循环次数的变化来进行。用于航天飞机的热应力缓和型功能梯度复合材料的热疲劳评价是在 2000K 的温度下通过模拟真实运行环境的风洞实验来确定热疲劳寿命及热疲劳机理的。

3. 隔热性能评价

功能梯度复合材料的隔热性能评价是指通过模拟实际环境进行实验，测定材料在不同热负荷下的导热系数。常采用的实验有高温度落差基础评价实验、空气动力加热评价实验、高速回转加热场评价实验等。

4. 热冲击性能评价

功能梯度复合材料的热冲击性能评价通常是通过激光加热法和声发射探测法共同来确定的。用激光照射试样表面，随着激光输出功率的增大，试样表面所承受的热负荷增加，当激光输出功率增加到某一值时，材料内部开始产生裂纹，随着激光输出功率的进一步增加，裂纹领域也扩大，把开始产生裂纹时的激光输出功率与激光光斑直径的比值定义为临界激光输出功率密度，显然，材料的临界激光输出功率密度愈大，耐热冲击特性愈好。反之，耐热冲击特性愈差。

5. 超高温机械强度评价

超高温机械强度评价是在 2000K 以上的温度下测定功能梯度复合材料的破坏强度，并建立相应标准。目前，日本在功能梯度复合材料性能评价方面取得了较大的进展。已开发的高温落差基础评价设备能模拟材料表面温度 2000K、落差 1000K 及热负荷 5MK/m 的实验条件，可对隔热、耐热和热疲劳性能进行评价；采用空气摩擦加热场模拟大气层环境，可对材料的耐热、抗氧化性和重复使用性进行评价；采用激光局部加热和声学探测法可对材料的抗热冲击性能进行评价。

5.3 功能梯度复合材料的热应力分析模型

在功能梯度复合材料的制备及使用过程中，温度的变化将引起功能梯度复合材料中各组成相出现不相等的膨胀或收缩，从而产生很高的残余热应力。残余热应力的大小及分布是功能梯度复合材料设计和制备的主要理论依据之一，因此，准确分析残余热应力的大小及分布具有十分重要的意义，是功能梯度复合材料研究的一个热点。在进行功能梯度复合材料残余热应力分析前，应建立适当的分析模型，包括成分分布模型和热物性参数模型。

5.3.1 成分分布模型

功能梯度复合材料各组元含量沿着某一方向呈连续或梯度变化，因此材料成分与梯度变化方向上的位置之间存在一定的函数关系。

假设某种材料由组元 A、组元 B 和空隙 P 组成，且各组元的体积分数分别为 φ_A、φ_B 和 φ_P，则下式成立：

$$\varphi_A + \varphi_B + \varphi_P = 1 \tag{5-1}$$

为处理简便，令 $\varphi'_B = \varphi_B/(\varphi_A + \varphi_B)$，则成分分布模型可用函数表示为

$$\varphi'_B = f(x) = \begin{cases} f_0, & 0 \leq x < x_0 \\ (f_1 - f_0)\left[\dfrac{x-x_0}{x_1-x_0}\right]^n, & x_0 \leq x \leq x_1 \\ f_1, & x_1 < x \leq 1 \end{cases} \tag{5-2}$$

式中：x 为成分点距变化面的距离与厚度的比率；x_0、x_1 分别为内、外表面非梯度层的厚度比率；f_0、f_1 分别为该层的成分比率；指数 n 为成分梯度。

A. J. Markworth 等人则采用下列一元二次函数来描述功能梯度复合材料的成分分布模型：

$$f_a(x) = a_0 + a_1 x + a_2 x^2 \tag{5-3}$$

式中，a_0、a_1、a_2 为可变参数，其值取决于施加的约束条件和制备工艺。

比较上面两种函数模型可知，式（5-2）给定的成分分布变化范围比式（5-3）的大，但从热应力解析计算角度考虑，式（5-3）比式（5-2）更简便。

组成分布的模拟方法还有一种，即沿梯度方向选择不连续变化的有限个 $f_a(x)$，此法适合于多层叠加法设计功能梯度复合材料。根据 $f_a(x)$ 的值和其他由组成决定的显微结构方面的信息，可以确定对应于不同 x 的热物理性能，如热导率 $\lambda(x)$、弹性模量 $E(x)$ 和热膨胀系数 $\alpha(x)$ 等。反过来，利用这些性能可以计算温度和应力分布。在稳态条件下，温度分布 $T(x)$ 可由下式确定：

$$\lambda(x)\frac{\mathrm{d}T}{\mathrm{d}x} = 恒量 \tag{5-4}$$

式（5-4）的解受到边界条件的限制。标准应力分布 $\sigma(x)$ 可用下式计算：

$$\sigma(x) = -k\alpha(x)E(x)[T(x) - T_c] \tag{5-5}$$

式中：T_c 为功能梯度复合材料冷端的温度；k 为常数，对于平面应力，$k=1$，对于平面应变，$k=(1-v)^{-1}$，v 为泊松比。

注意：$f_a(x)$ 的确定与设计有关，而 $T(x)$ 和 $\sigma(x)$ 的计算又与性能和制备方法有关。若应力的计算值太高，则需要重新设计 $f_a(x)$。

5.3.2 热物性参数模型

1. K. Wakashima 模型——混合律法则

计算功能梯度复合材料的热应力，必须确定功能梯度复合材料的热物性（物理性能）参数值，包括 E、G、μ、α、γ 等，目前这些参数一般由微观结构的混合律近似推得。依据这种混合律，可半定量地确定不同成分比材料的热物性参数值。

假定功能梯度复合材料有两种组元，P_1、P_2 分别代表其热物性参数，φ_1、φ_2 分别代表其体积分数，$\varphi_1 + \varphi_2 = 1$，最简单的混合律为线性混合律：

$$P = \varphi_1 P_1 + \varphi_2 P_2 \tag{5-6}$$

功能梯度复合材料的有效热物性参数为一个算术平均值。而调和混合律可表示为

$$\frac{1}{P} = \frac{\varphi_1}{P_1} + \frac{\varphi_2}{P_2} \tag{5-7}$$

功能梯度复合材料的有效热物性参数为一个调和平均值，其更一般的表达式为

$$P = \varphi_1 P_1 + \varphi_2 P_2 + \varphi_1 \varphi_2 Q_{12} \tag{5-8}$$

式中，Q_{12} 是一个与 φ_1、φ_2、P_1、P_2 相关的函数。

尽管应用上述混合律可以近似地估算功能梯度复合材料的热物性参数，但为了得到更精确的杨氏模量，国内外的一些学者提出了不同的计算方法，如将上面两种算法加权平均，并引入参数 k 来推算杨氏模量，即

$$E = k(\varphi_1 E_1 + \varphi_2 E_2) + (1-k)\frac{E_1 E_2}{\varphi_1 E_2 + \varphi_2 E_1} \tag{5-9}$$

式中，$0 \leq k \leq 1$，k 为经验参数。

I. Tamura 提出了功能梯度复合材料的有效弹性模量的推算式：

$$E = \left\{\varphi_2\left(\frac{q+E_1}{q+E_2}\right) + \varphi_1\right\}^{-1} \times \left\{\varphi_2 E_2\left(\frac{q+E_1}{q+E_2}\right) + \varphi_1 E_1\right\} \tag{5-10}$$

式中，q 为经验参数，取 $q=4.5$GPa，R. L. Williamson 等人认为，q 为 1～15GPa 内的任意取值对最终热应力计算的影响都不大。

K. S. RavichardranL 也提出功能梯度复合材料的杨氏模量的推算公式：

$$E = \frac{(E_1 E_2 - E_2^2)(1 - \varphi_1^{1/3} + \varphi_1) + E_2^2}{E_1 + (E_2 - E_1)\varphi_1^{1/3}} \tag{5-11}$$

此外，热物性参数模型还有：①Voight 模型——经典的线性混合物法则；②Tamura 模型——修正的线性混合物法则；③Reuss 模型——调和平均混合物法则；④Fan 模型——一般混合物法则；⑤Mori-Tanka 模型——平均场理论等。

2. Voight 模型——经典的线性混合物法则

混合物法则由 Voight 于 1889 年首先提出，即根据各组成相的力学性能和体积分数来表达功能梯度复合材料的力学性能，这一模型常称为经典的线性混合物法则。对于两相 α、β 复合材料，其屈服应力 σ 和整体应变 ε 可用下式表示：

$$\sigma = \sigma_\alpha f_\alpha + \sigma_\beta f_\beta \tag{5-12a}$$

$$\varepsilon = \varepsilon_\alpha f_\alpha + \varepsilon_\beta f_\beta \tag{5-12b}$$

式中：σ_α、σ_β、σ 分别表示 α 相、β 相、α-β 复合相的屈服应力；ε_α、ε_β、ε 分别表示 α 相、β 相、α-β 复合相的整体应变；f 为各相的体积分数。方程（5-12a）称为等应变模型，其前提条件是在变形过程中两相具有相等的应变。方程（5-12b）称为等应力模型，其前提条件是在变形过程中两相具有相等的应力。这个经典的混合物法则是以两相之间不存在相互作用为前提的，这种假设过于简化，因此大多数颗粒状结构的两相复合材料不符合线性混合物法则。

3. Tamura 模型——修正的线性混合物法则

Tamura 等提出了一个较为普遍的但仍然是经验性的法则，在轴向载荷作用下，两相复合材料的应力和应变为

$$\sigma = \bar{\sigma}_\alpha f_\alpha + \bar{\sigma}_\beta f_\beta \tag{5-13a}$$

$$\varepsilon = \overline{\varepsilon}_\alpha f_\alpha + \overline{\varepsilon}_\beta f_\beta \tag{5-13b}$$

式中，$\overline{\sigma}_\alpha$、$\overline{\varepsilon}_\alpha$、$\overline{\sigma}_\beta$、$\overline{\varepsilon}_\beta$ 为平均值（平行于施加应力载荷方向的应力和应变的方向分量，对应力来说是垂直于载荷方向的平面上的平均值，对应变来说是平行于载荷方向上的平均值），方程（5-13a）和方程（5-13b）称为修正的线性混合物法则。该法则考虑了与每个相相联系的应力和应变之间的相互作用。应力和应变转换的比值 q 对应于应力-应变曲线的斜率，可定义为

$$q = \frac{\overline{\sigma}_\alpha - \overline{\sigma}_\beta}{\overline{\varepsilon}_\alpha - \overline{\varepsilon}_\beta}, \quad 0 < q < \infty \tag{5-14}$$

很明显，$q \to 0$ 和 $q \to \infty$ 分别指的是等应力和等应变的情况，即对应于方程（5-13a）和方程（5-13b）。联立方程（5-13）和方程（5-14）得到杨氏模量 E 的计算式为

$$E = \left[f_\beta \left(\frac{q + E_\alpha}{q + E_\beta} \right) + f_\alpha \right]^{-1} \times \left[f_\beta E_\beta \left(\frac{q + E_\alpha}{q + E_\beta} \right) + f_\alpha E_\alpha \right] \tag{5-15}$$

屈服强度 σ_{yc} 的计算式为

$$\sigma_{yc} = \sigma_{yx} \left[f_\beta + \left(\frac{q + E_\beta}{q + E_\alpha} \right) \frac{E_\alpha}{E_\beta} f_\alpha \right] \tag{5-16}$$

式中，E_α 和 E_β 分别是 α 相、β 相的杨氏模量，σ_{yx} 是当金属 β 相为连续结构时的屈服强度。研究证明，对于陶瓷-金属复合材料系统，其单轴弹塑变形示意图如图 5-3 所示，在很大的体积分数和应变范围内，只要合理地选择 q 值，该法则就与实验、模拟和有限元分析的结果吻合良好。该修正的线性混合物法则只有在应变较小时才适用。影响 q 值的因素主要包括相组成、显微结构、组成相的机械性能、材料内部的残余热应力和外加载荷等。

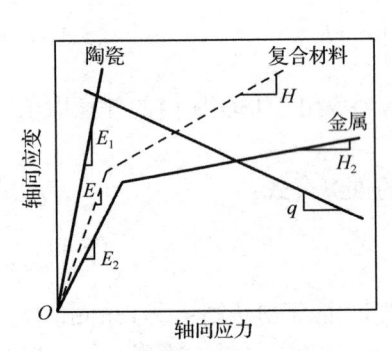

图 5-3 金属-陶瓷复合材料的单轴弹塑变形示意图

4. Reuss 模型——调和平均混合物法则

Reuss 模型与 Voight 模型类似，其前提条件为复合材料中的每个相在受外力载荷作用时产生相同的应力，总应变等于每个相的净应变之和。性能计算式如下：

$$\frac{1}{p} = \frac{f_\alpha}{p_\alpha} + \frac{f_\beta}{p_\beta} \tag{5-17}$$

式中，p 代表某一特定性能，这是一个谐和平均值。这种计算式仍有很大的局限性，其更一般的表达式为

$$p = f_\alpha p_\alpha + f_\beta p_\beta + f_\alpha f_\beta Q_{\alpha\beta} \tag{5-18}$$

式中，$Q_{\alpha\beta}$ 的值取决于 p_α、p_β、f_α 和 f_β，是一个取决于复合材料显微结构的函数，它由热导率、热膨胀系数、体积模量和剪切模量这 4 个性能参数给出。对于球形粒子 β 镶嵌于基质相 α 中构成的显微结构，复合材料的有效热导率 λ 的表达式为

$$\lambda = f_\alpha \lambda_\alpha + f_\beta \lambda_\beta + f_\alpha f_\beta \frac{\lambda_\alpha - \lambda_\beta}{\{3/[(\lambda_\alpha/\lambda_\beta) - 1]\} + f_\alpha} \tag{5-19}$$

研究表明式（5-19）的计算近似值介于 Voight 模型与 Reuss 模型的平均值之间；对于所有的组成和所有的 $\lambda_\alpha/\lambda_\beta$ 比值来说，Voight 模型的平均值更接近于一般近似值。随着 $\lambda_\alpha/\lambda_\beta$ 比值

第 5 章 功能梯度复合材料

的增大，Voight 模型的平均值与计算近似值的差别增大。

5. Fan 模型——一般混合物法则

Fan 等推导了一个混合物的一般法则，用于预测两相复合材料的机械性能，这个定律适用于许多机械性能，可用于任何体积分数、粒子形状和相分布的复合材料，并与实验数据非常吻合。该法则根据拓扑变换的原理，将任意一个两相复合材料的显微结构[见图 5-4（a）]拓扑转变成一个具有三种显微结构组元的结合体[见图 5-4（b）]，组元 EⅠ由纯 α 相组成，组元 EⅡ由纯 β 相组成，组元 EⅢ由 α 相、β 相组成。三组元的体积分数分别为 f_α、f_β、$f_{\alpha\beta}$，对应的机械性能分别为 p^α、p^β、$p^{\alpha\beta}$，若用 p^c 表示 α-β 复合材料的机械性能，则 p^c 可用三组元对性能的相对贡献的和来表达，即

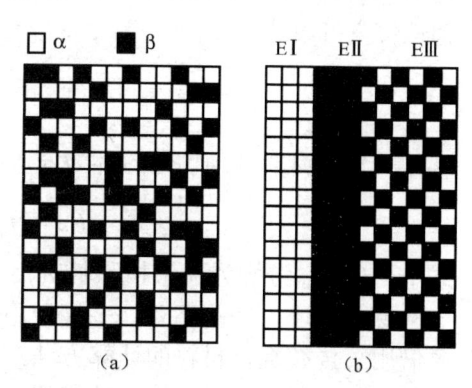

图 5-4 显微结构拓扑转变示意图

$$p^c = p^\alpha f_\alpha + p^\beta f_\beta + p^{\alpha\beta} f_{\alpha\beta} \tag{5-20}$$

方程（5-20）称为一般混合物法则。该法则具有如下优点：①考虑了无规则排列的两相混合物粒子之间特别是同相粒子之间的相互作用；②既适用于连续纤维增强复合材料，也适用于具有任意体积分数、任意粒子形状和相分布的颗粒相系统；③可以从连续力学理论推导出来；④可以用于预测一系列机械性能，如杨氏模量、屈服强度、屈服应力、摩擦应力和 Hall-Perch 系数等。

6. Mori-Tanka 模型——平均场理论

复合材料的平均场理论根据组成相对应的性能和体积分数来评估材料的整体性能（如有效刚度张量 E^*、有效柔性张量 C^*、有效热膨胀系数张量 α^*），近年来已用于功能梯度复合材料的性能计算。它是采用相的平均应力和应变场来求解整体性能的。对于线性热弹性变形的情况，整体的应力、应变响应表示如下：

$$\widehat{\varepsilon^*} = C^* \widehat{\sigma^*} + \alpha^* \Delta T \tag{5-21}$$

$$\widehat{\sigma^*} = E^* \widehat{\varepsilon^*} - E^* \alpha^* \Delta T \tag{5-22}$$

上式右端的第二项代表从无应力的某一初始温度均匀变化 ΔT 引起的热应变或热应力张量，符号 ⌃ 代表某物理量的体积平均值，定义为

$$\widehat{p} = \frac{1}{V} \int_V p \mathrm{d}V \tag{5-23}$$

式中：p 为应力、应变等任意的空间变化场量；V 为复合材料的体积。复合材料中两相的平均应力和应变（基质相为 m，夹杂相为 i）可以定义为

$$\widehat{\varepsilon_\mathrm{m}} = \frac{1}{V_\mathrm{m}} \int_{V_\mathrm{m}} \varepsilon \mathrm{d}V \tag{5-24a}$$

$$\widehat{\sigma_\mathrm{m}} = \frac{1}{V_\mathrm{m}} \int_{V_\mathrm{m}} \sigma \mathrm{d}V \tag{5-24b}$$

$$\widehat{\varepsilon_\mathrm{i}} = \frac{1}{V_\mathrm{i}} \int_{V_\mathrm{i}} \varepsilon \mathrm{d}V \tag{5-25a}$$

$$\widehat{\sigma}_i = \frac{1}{V_i}\int_{V_i}\sigma dV \tag{5-25b}$$

这里 V_m 和 V_i 分别为基质相和夹杂相的体积，$V=V_m+V_i$。这样基质相和夹杂相中的整体平均热弹性应变可表达为

$$\widehat{\sigma}_m = E_m\widehat{\varepsilon}_m - E_m\alpha_m\Delta T \tag{5-26a}$$

$$\widehat{\sigma}_i = E_i\widehat{\varepsilon}_i - E_i\alpha_i\Delta T \tag{5-26b}$$

若复合材料受到均匀的外力 $\hat{\sigma}_{app}$，则产生的整体热弹性应变可表示为

$$\widehat{\varepsilon}^* = f_i\widehat{\varepsilon}_i + f_m\widehat{\varepsilon}_m = \widehat{\varepsilon}_{app} + \alpha^*\Delta T = C^*\widehat{\sigma}_{app} + \alpha^*\Delta T \tag{5-27}$$

式中：f_i 和 f_m 分别为夹杂相和基质相的体积分数；C^* 为常数。

综上所述，目前已有许多模型用于功能梯度复合材料的热物理性能模拟，但这些模型大多借用了传统复合材料的计算方法，模型的适用性和可靠性需进一步研究，以便提出新的功能梯度复合材料的热物性参数模型，从而为功能梯度复合材料的热应力模拟提供可靠的热物性参数。

5.4 功能梯度复合材料的热应力分析

在建立成分分布模型与热物性参数模型后，就可以对功能梯度复合材料的热应力进行解析和数值分析。

5.4.1 热应力的解析分析

美国学者 K. S. Ravichandran 依据经典弹性力学理论，运用一维计算方法导出了线弹性条件下功能梯度复合材料的残余热应力的解析计算式，并对具体的 Ni-Al$_2$O$_3$ 系功能梯度复合材料无限大平板状样品的残余热应力进行了研究。

假设有一个厚度为 $2c$、深度单位尺寸为 C（y 方向）、x 方向无限长的 FGCM 板［见图5-5（a）］。该板的底部表面为全陶瓷（Al$_2$O$_3$），顶部表面变为全金属（Ni），在中间区域的材料由不同比例的 Al$_2$O$_3$ 和 Ni 组成。根据给定的函数形式，两个相的体积分数在 y 方向上变化。在任意 xz 平面上的组成都保持不变。y 方向的变化用以下方程表示：

$$V_p(y) = 1, \quad C \leq y < y_c \tag{5-28}$$

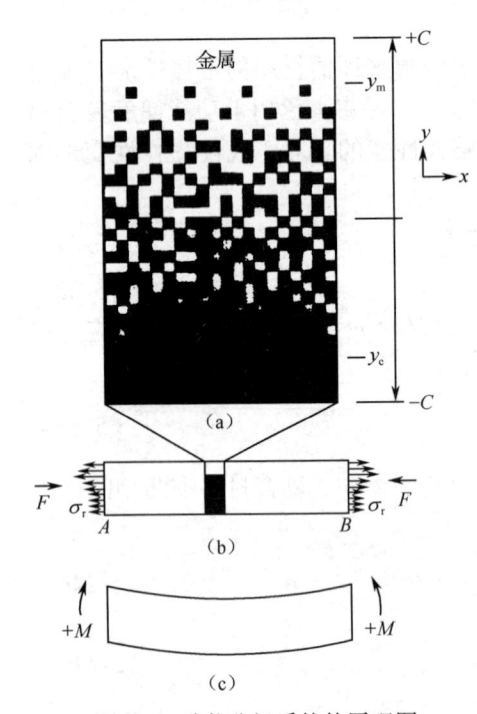

$$V_p(y) = \left[\frac{y_m - y}{y_m - y_c}\right]^N, \quad y_c \leq y \leq y_m \tag{5-29}$$

$$V_p(y) = 0, \quad y_m < y \leq C \tag{5-30}$$

图5-5 功能分级系统的原理图

式中：V_p 是 Al$_2$O$_3$ 的体积分数；y_c 和 y_m 分别为陶瓷与混合区域和混合区域与金属相遇的界面坐标；N 为成分

分布指数。利用这些方程，通过改变指数 N 可获得不同的功能梯度复合材料。此外，还可以研究完全 Al_2O_3 和完全 Ni 区域对残余热应力的影响。由于 Al_2O_3 和 Ni 的结构与物理性能相差较大，如表 5-4 所示，随着两者相对比例的变化，其力学性能和热物理性能随 FGCM 板的厚度而变化。弹性模量（E）随体积分数的变化关系为

$$E(y) = \frac{(E_p E_m - E_m^2)(1 - V_p^{1/2} + V_p) + E_m^2}{E_p + (E_m - E_p)V_p^{1/3}} \tag{5-31}$$

式中，下标 m 和 p 分别指金属（Ni）和陶瓷（Al_2O_3）。混合物的热膨胀系数 α 为

$$\alpha(y) = \alpha_m(1 - V_p) + \alpha_p V_p \tag{5-32}$$

在式（5-31）和式（5-32）中，V_p 是 y 的一个函数。

表 5-4 应力计算中的常数

常 数	Al_2O_3	Ni
α（热膨胀系数，$10^{-6} \times K^{-1}$）	8	17
μ_0（剪切模量，MPa）	1.55×10^5	7.89×10^5
T_m（熔点，K）	2320	1726
$d\mu/dT$	-0.35	-0.64
ν（泊松比）	0.22	0.3

冷却或加热后的残余热应力包含两个，一个来自收缩或膨胀引起的应力平衡，另一个来自非对称应力分布。后者来自组分比例的不对称变化，因此，在整个厚度上具有弹性和热膨胀特性。

总应力可以通过以下方式来确定。假设平板是在高温后冷却的，则顶部的富金属层比板底部的富陶瓷层收缩得更多，板在 x 方向的两个位置 A、B 被约束，如图 5-5（b）所示。如果阻止了平面向外弯曲，反作用力就会在板中产生。因此，阻止 x 方向上收缩所产生的拉应力 $\sigma_r(y)$ 为

$$\sigma_r(y) = \alpha(y)E(y)\Delta T \tag{5-33}$$

式中，$\Delta T = T_p - 300K$，T_p 为 FGCM 板的制备温度，即热压或烧结温度。若在拉伸应力上叠加一个静态等效的压缩力 F，则可以消除该约束。这个力的大小是

$$F = \int_{-C}^{C} \alpha(y)E(y)\Delta T dy \tag{5-34}$$

压缩应力为 $\sigma_c(y)$，由于弹性模量的变化，这个力会在 y 方向上发生变化，可由下式得到：

$$\sigma_c(y) = -E(y)\frac{\int_{-C}^{C} \alpha(y)E(y)\Delta T dy}{\int_{-C}^{C} E(y)dy} \tag{5-35}$$

在板中的残余热应力 $\sigma_t(y)$ 可由式（5-33）和式（5-35）中的应力叠加给出，即

$$\sigma_t(y) = \alpha(y)E(y)\Delta T - E(y)\frac{\int_{-C}^{C} \alpha(y)E(y)\Delta T dy}{\int_{-C}^{C} E(y)dy} \tag{5-36}$$

需要注意的是，这些应力仅适用于板由于弯曲约束而仍保持平直的状态。在没有这种约束的情况下，板的弯曲（在目前的情况下是向上的）是由于板厚度收缩程度不对称所致的。FGCM 板中的实际应力是去除弯曲约束后的平衡应力。当弯曲被阻止时，由非对称收缩应力产生的净力矩会被约束引入的外力矩所抵消，此时平衡力矩式表示为

$$-M_t + \int_{-C}^{C} \sigma_t(y) y \mathrm{d}y = 0 \tag{5-37}$$

其中，M_t 为与式（5-36）中应力产生的力矩相等且相反的力矩。假定引起向上弯曲的力矩为正符号［见图5-5（c）］，在消除弯曲约束后，由板弯曲产生的额外应力可表示为

$$\sigma_b(y) = M_t E(y) \frac{y \int_{-C}^{C} E(y) \mathrm{d}y - \int_{-C}^{C} E(y) \mathrm{d}y}{\int_{-C}^{C} E(y) \mathrm{d}y \int_{-C}^{C} E(y) y^2 \mathrm{d}y - \left[\int_{-C}^{C} E(y) y \mathrm{d}y\right]^2} \tag{5-38}$$

板内的总残余热应力为

$$\sigma_{\mathrm{res}}(y) = E(y) \left[\alpha(y) - \frac{A_1}{E_1} + \frac{\left(A_2 - \frac{A_1}{E_1} E_2\right)(y E_1 - E_2)}{E_1 E_3 - E_2^2} \right] \Delta T \tag{5-39}$$

式中，$A_1 = \int_{-C}^{C} \alpha(y) E(y) \mathrm{d}y$，$A_2 = \int_{-C}^{C} \alpha(y) E(y) y \mathrm{d}y$，$E_1 = \int_{-C}^{C} E(y) \mathrm{d}y$，$E_2 = \int_{-C}^{C} E(y) y \mathrm{d}y$，$E_3 = \int_{-C}^{C} E(y) y^2 \mathrm{d}y$。

注意：在上述推导中，假定 Al_2O_3 和 Ni 的弹性模量和热膨胀系数与温度无关。显然这些参数是随着温度的变化而显著变化的，因而会影响残余热应力。这些参数可以通过温度函数的积分获得：

$$\mu(T) = \mu_0 \left[1 + \frac{(T-300)}{T_m} \frac{T_m}{\mu_0} \frac{\mathrm{d}\mu}{\mathrm{d}T} \right] \tag{5-40}$$

$$E(T) = \frac{\mu(T)}{1(1+\nu)} \tag{5-41}$$

式中：$\mu(T)$、μ_0 分别是材料在温度 T 和 300K 时的剪切模量；T_m 为复合材料的熔点；$\mathrm{d}\mu/\mathrm{d}T$ 为复合材料的常数；ν 为复合材料的泊松比。

热膨胀系数随温度的变化关系表示为

$$\alpha(T) = a_0 + a_1 T + a_2 T \tag{5-42}$$

式中，a_0、a_1、a_2 为常数。在与温度无关的计算中，使用了从 300K 到 1373K 对应的热膨胀系数和室温弹性模量。Al_2O_3 和 Ni 的弹性模量和热膨胀系数与温度的关系曲线如图 5-6 所示。

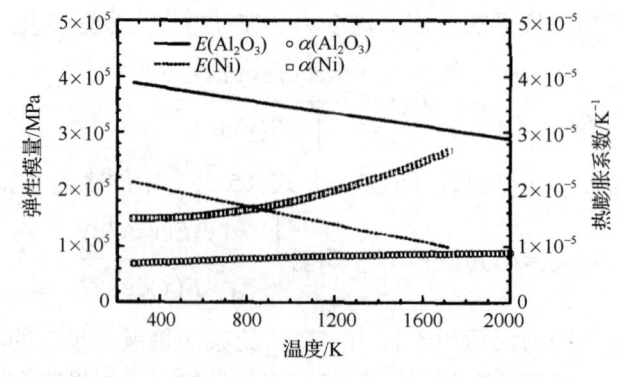

图 5-6 Al_2O_3 和 Ni 的弹性模量和热膨胀系数与温度的关系曲线

在残余热应力的计算过程中有三种梯度类型，每个都有不同的 q 值（0.2、1、5），如

图 5-7（a）、图 5-8（a）和图 5-9（a）所示。第一种类型：假设完全陶瓷和完全金属区域不存在［见图 5-7（a）］；第二种和第三种类型：假设完全陶瓷和完全金属区域存在，分别占板厚度的 5%和 25%，2C=10mm。观察单一陶瓷和金属区域对 FGCM 残余热应力的影响。计算时考虑了依赖温度和不依赖温度两种情况下的材料参数（E, α）。$q=1$ 时为线性梯度，$q<1$ 和 $q>1$ 分别给出上凹和下凹的轮廓，在计算中假设加工温度为 1373K。

图 5-7（b）、图 5-8（b）和图 5-9（b）分别为三种结构类型的残余热应力，还包括具有相同厚度的陶瓷和金属部分双材料组合时的残余热应力水平。可以看出，对于所有的结构类型，与温度相关的参数对残余热应力没有显著影响。在组成比例变化相对较大的区域，如在界面上，与温度相关的参数只导致应力的小差异（10%~20%）。当组分渐进变化时，应力几乎没有差异。需要注意的是，Al_2O_3 和 Ni 的弹性模量在整个温度范围内几乎有相同的变化幅度。然而，热膨胀系数和弹性模量的差异均与温度有关，会对残余热应力产生影响。组成线性变化（$N=1$）的功能梯度复合材料结构产生最小的残余热应力。

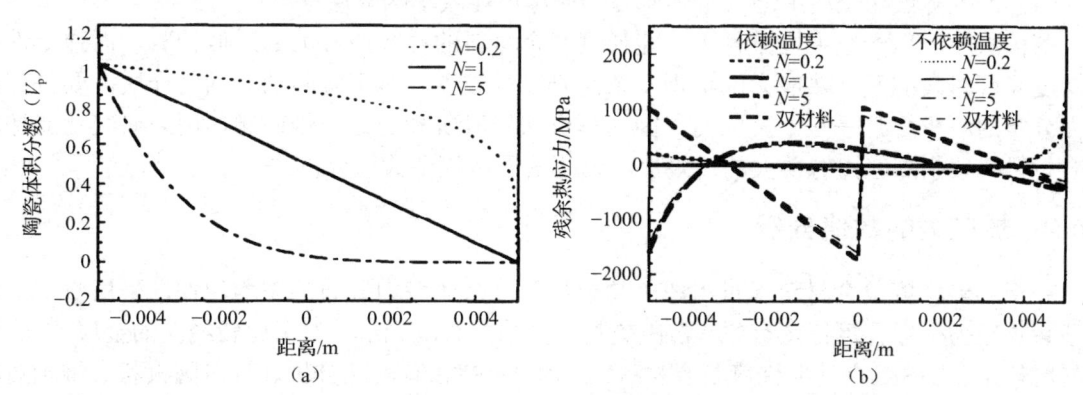

图 5-7　陶瓷体积分数及相应一个完整梯度结构中残余热应力的变化形式

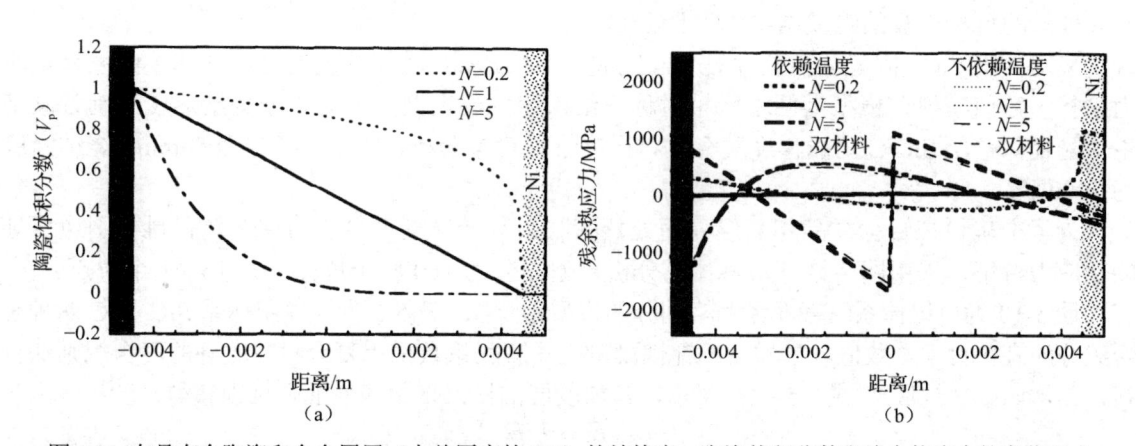

图 5-8　在具有全陶瓷和全金属层（占总厚度的 5%）的结构中，陶瓷体积分数和残余热应力的变化形式

分析表明以下几点。

（1）线性成分梯度的功能梯度复合材料的残余热应力最小；当成分曲线为凸状时，陶瓷层存在残余拉应力；反之，为残余压应力。

（2）Ni 和 Al_2O_3 的弹性模量和热膨胀系数随温度的变化对残余拉应力的影响不大。

（3）增加梯度层数目可明显降低残余热应力。

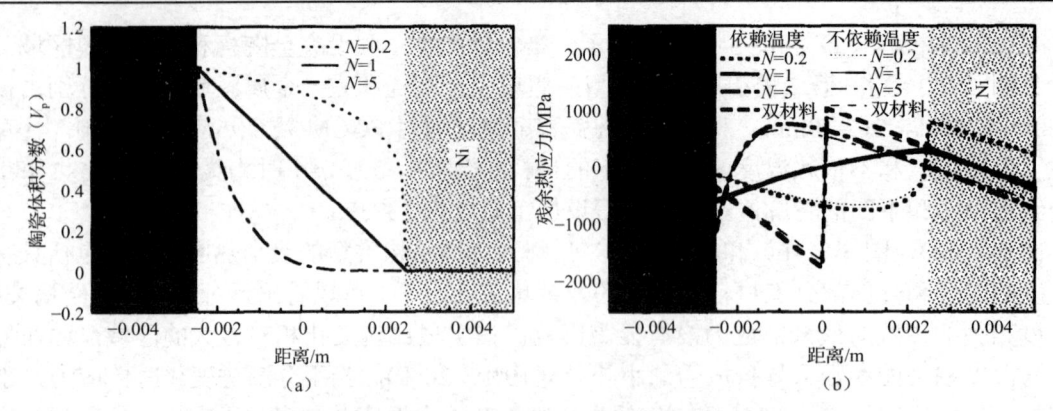

图 5-9 在具有全陶瓷和全金属层（占总厚度的 25%）的结构中，
陶瓷体积分数和残余热应力的变化形式

（4）为了降低陶瓷层中的残余热应力，应尽可能减小陶瓷层厚度。

解析法主要用于线弹性条件下功能梯度复合材料的残余热应力的近似计算，而弹塑性功能梯度复合材料的残余热应力因机理复杂而研究得较少。对于实际的非均匀介质，要得到热应力分布的解析解几乎是不可能的，因为解析法一般研究的是一维问题，用来研究功能梯度复合材料的残余热应力有很大的局限性，为此发展产生了数值分析法。

5.4.2 热应力的数值分析

由于功能梯度复合材料本身组成的复杂性及残余热应力分布的不均匀性，采用数值法对其残余热应力进行计算行之有效，常用的数值方法为有限元法。对于比较经典的金属-陶瓷梯度材料体系，如 SiC/C 功能梯度复合材料，采用 ANSYS 有限元分析软件对圆板状二维轴对称 SiC/C 功能梯度复合材料体系的组成结构与残余热应力的相互关系进行数值模拟分析，可获得比较理想的目标样品的组成结构和设计准则。

采用 ANSYS 有限元分析软件对不同组成分布的 SiC/C 功能梯度复合材料体系的残余热应力进行了数值模拟，模型为圆柱状轴对称一维梯度叠层模型，针对粉末叠层热压法制备碳基主体陶瓷保护层 SiC/C 功能梯度复合材料样品进行模拟分析，样品直径定为 50mm，烧结温度为 2000℃。

为了准确模拟目标样品相邻层界面处热膨胀系数差异导致热应力突变及材料外围边界处的热应力特征，采用网格划分，将体系分析模型划分为 16000 个单元，共 16261 个节点。

图 5-10 为模拟体系纵截面经网格划分的模型示意图。表 5-5 为计算用体系 SiC 和 C 两种复合组分的有关物理参数值。各梯度层弹性模量、热膨胀系数采用复合材料改进的混合规则法获得，具体如式（5-43）、式（5-44）所示，各梯度层泊松比采用线性混合规则获得：

$$E = \frac{eV_m E_m + V_c E_c}{eV_m + V_c} \tag{5-43}$$

式中，$e = \dfrac{q + E_c}{q + E_m}$（$q$ 一般取 500MPa）。

$$\alpha = V_m \alpha_m + V_c \alpha_c - \frac{\Lambda - \dfrac{1}{K}}{\dfrac{1}{K_m} - \dfrac{1}{K_c}}(\alpha_m - \alpha_c) \tag{5-44}$$

式中，$\Lambda = \dfrac{V_m}{K_m} + \dfrac{V_c}{K_c}$。

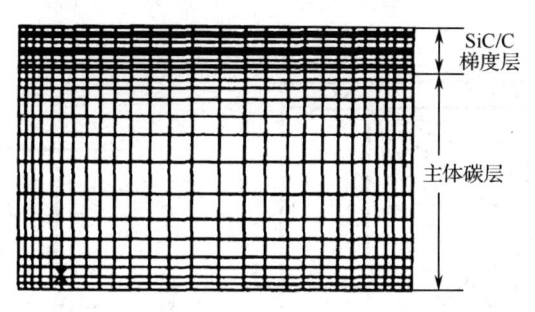

图 5-10　圆板状 SiC/C 功能梯度复合材料经网格划分的模型示意图

表 5-5　数值模拟用 SiC 和 C 的物理参数值

材　料	泊松比	热膨胀系数/$10^{-6}K^{-1}$	热导系数/[W/(m·K^{-1})]	弹性模量/MPa
C	0.25	3.5×10^{-1}	106	11.5
SiC	0.21	4.55×10^{-1}	49	410

影响热应力的因素如下。

1. 叠层数 N

图 5-11 为叠层数 N 对体系残余热应力的影响。图 5-11 中叠层成分分布指数 $P=1$，纯 C 层厚度为 25.4mm，中间梯度层总厚度为 3.6mm，纯 SiC 层厚度为 1mm。表 5-6 为对应样品最大残余热应力及相邻梯度层界面最大残余热应力的突变值。随着叠层数的增大，相邻梯度层组分浓度梯度减小，致使由热膨胀系数差异导致的样品整体的最大残余热应力和相邻梯度层间界面处残余热应力突变逐步减小。且相比最大残余热应力，层界面热应力突变随叠层数增大而减缓的效果更显著，这一效应对隶属材料的整体结合性最差，对最薄弱的区域而言无疑是最有利的。理论上讲，N 值越大越好，但考虑到工作量及实验的可操作性，对于 SiC/C 功能梯度复合材料体系，从图 5-11 和表 5-6 的结果可以看出，满足 $N \geq 8$ 即可使残余热应力大大缓和，获得性能较佳的目标材料。

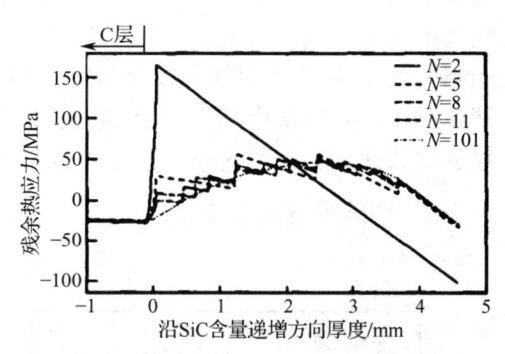

图 5-11　不同叠层数 N 时对应体系的残余热应力分布

表 5-6　梯度样品中最大残余热应力及相邻梯度层界面最大残余热应力的突变值

叠层数 N	最大残余热应力/MPa	相邻梯度层界面最大残余热应力的突变值/MPa
2	163	191.3
5	56.0	54.9
8	52.7	32.23
11	50.6	24.20

2. 叠层成分分布指数 P

图 5-12 为不同叠层成分分布指数 P 对应体系的叠层组分成分分布。图 5-13 为 P 对残余热应力分布的影响。

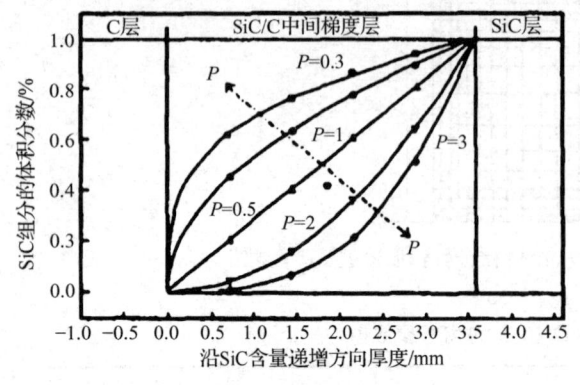

图 5-12　不同 P 时对应体系的叠层组分成分分布

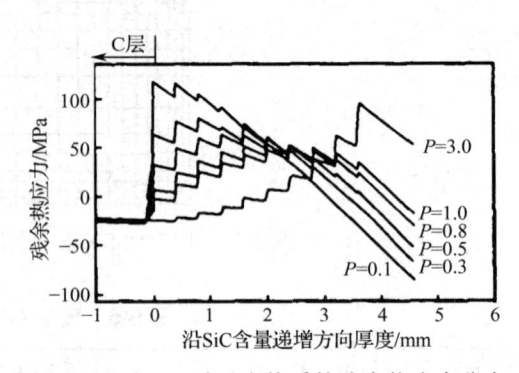

图 5-13　不同 P 时对应体系的残余热应力分布

图 5-13 中 N=11，纯 C 层厚度为 25.4mm，中间梯度层总厚度为 3.6mm，纯 SiC 层厚度为 1mm。从图 5-13 可以看出，随着 P 值的增大，所得材料最大残余热应力分布位置从富 C 层一侧逐步过渡到富陶瓷层一侧，呈现出比较明显的"跷跷板"态势。考虑到富 C 层强度较低和富陶瓷脆性大、抗热震性较差等不足，我们希望所得材料最大残余热应力分布在强度及抗热震性能均较优的 SiC/C 复合中间梯度层区域内，在此基础上，还希望所得材料的最大残余热应力的绝对值应尽可能小。从图 5-13 可以看出，对某一确定的 N 及梯度层厚度体系，存在一个特定的 P 值使所得样品残余热应力得以最大程度的缓和，同时满足最大残余热应力分布位置位于中间梯度层区域。对于 SiC/C 功能梯度复合材料体系而言，在 $0.8 \leqslant P \leqslant 1.0$ 范围内所得材料残余热应力都相对较小，分布也较合理，具体应用时可从中择优选取。

3. 中间梯度层总厚度

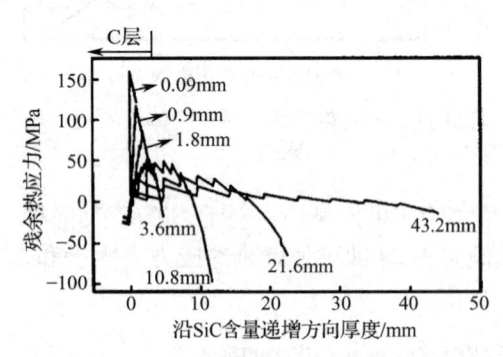

图 5-14　不同中间梯度层总厚度时的残余热应力分布

图 5-14 为中间梯度层总厚度对残余热应力分布的影响。从该图可以看出，在特定的 N=11，P=1，纯 C 层厚度为 25.4mm 及纯 SiC 陶瓷层厚度为 1mm 的条件下，残余热应力总的变化规律是随着中间梯度层总厚度的增大，呈现先减小后增大最后又减小的趋势；并且由最初较大的拉应力逐步减小后又逐步增大为较大的压应力，随后此压应力又逐步减缓。对于以 C 材料为主体，相对较薄的陶瓷梯度层为保护层的 SiC/C 功能梯度复合材料体系而言，残余热应力的变化应为拉应力递减趋势。因而，在实际设计和制备该材料时，在位于纯 SiC 层的残余压应力增加不大的前提下，应尽量使中间梯度层总厚度取较大值。

4. 基体纯 C 层厚度

图 5-15 为基体纯 C 层厚度对所得材料残余热应力分布的影响。图中 N=11，P=1，中间梯

度层总厚度为 3.6mm，纯 SiC 层厚度为 1mm。从图 5-15 可以看出，其他条件一定时，随着纯 C 层厚度的增大，体系的残余热应力呈现先增大后减小再趋于缓增的趋势。进一步而言，在最初的一段范围内，随着纯 C 层厚度的增大，位于中间梯度层区域的最大拉应力和位于纯 SiC 层区域的最大压应力均增大，且最大压应力增幅很大；待增大到与中间梯度层总厚度比例相当时增至顶峰；随后随着纯 C 层厚度的继续增大，体系的残余热应力又逐步减小直到趋于平缓。对于以 C 材料为主体的 SiC/C 功能梯度复合材料而言，在满足其他条件的情况下，纯 C 层厚度应选取较大值。

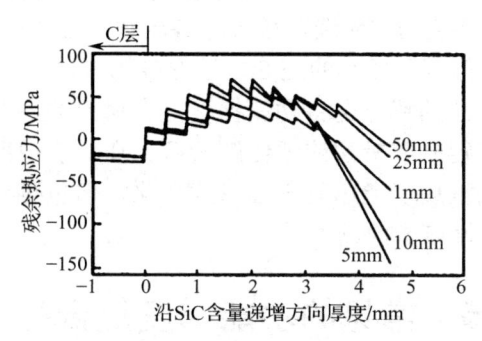

图 5-15　不同基体纯 C 层厚度对应体系的残余热应力分布

5. 最外层纯 SiC 层厚度

图 5-16 为最外层纯 SiC 层厚度对所得材料残余热应力分布的影响，$N=11$，$P=1$，纯 C 层厚度为 25.4mm，中间梯度层总厚度为 3.6mm。由图 5-16 可以看出，其他条件一定时，总的变化规律是随着纯 SiC 层厚度的增大，残余热应力呈现先增大后减小的趋势。进一步而言，在最初的一段范围内，随着纯 SiC 层厚度的增大，材料主体 C 层及中间梯度层区域的残余热应力基本保持不变，只是纯 SiC 层区域开始有逐步产生残余压应力的趋势；随后在纯 SiC 层厚度与中间梯度层总厚度比例相当的一段范围内，随着纯 SiC 层厚度的增大，所得材料最大残余拉应力和残余压应力逐步增大，且均分布在纯 SiC 层区域；待增大到某一最高点后又呈现相对缓慢的递减趋势。对于以 C 材料为主体的 SiC/C 功能梯度复合材料而言，为了减小残余热应力，最外层纯 SiC 层厚度应取较小值，而中间梯度层总厚度则取较大值。但考虑到纯 SiC 层太薄易被冲刷破损从而使其功能折损的因素，实际设计制备材料时可在残余热应力增大不大的前提下适当加大其厚度。

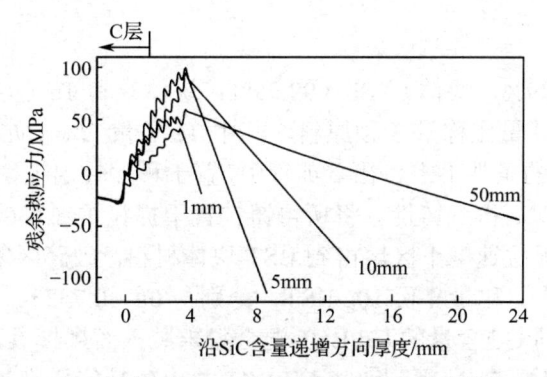

图 5-16　不同最外层纯 SiC 层厚度对应体系的残余热应力分布

数值模拟分析表明，对于无限定条件的 SiC/C 功能梯度复合材料体系而言，各叠层工艺参数对所得目标材料残余热应力具体的影响规律为随着叠层数的增大，所得材料的残余热应力逐步得到有效缓和；随着叠层成分分布指数 P 的增大，所得材料的最大残余热应力呈现先减小后增大的趋势，且最大残余热应力分布位置也从富 C 层一侧逐步过渡到富陶瓷层一侧；随着纯 C 层厚度的增大，所得材料残余热应力呈现先增大后减小再缓增的趋势；随着中间梯度层总厚度的增大，所得材料残余热应力呈现先减小后增大再减小的趋势；随纯 SiC 层厚度的增大，所得材料的残余热应力呈现先增大后减小的趋势。对于 SiC/C 功能梯度复合材料体系而言，为了有效缓和残余热应力，应选取较大的叠层数，在 $0.8<P<1.0$ 范围内选取适宜的 P 值，选取较大的中间梯度层厚度及较小的纯 SiC 层厚度为宜。

综上所述，各种研究方法的特点是将功能梯度复合材料的温度场和热弹性场的控制方程进行线性化处理，使之能够得到解析解或近似解析解。在一般情况下，对功能梯度复合材料这样的非均匀材料的非均匀性质仅考虑呈一维形式变化，但也可以延伸到二维、三维等更为复杂的热传导和相应的热弹性应力问题。

5.5 常见的功能梯度复合材料

5.5.1 Gd/BST 热电磁功能梯度复合材料

热电制冷和磁制冷是两种可替代传统压缩制冷的新型绿色环保固态制冷技术。热电制冷利用热电材料的 Peltier（珀耳帖）效应实现全固态制冷，在电子芯片制冷、小型冰箱等领域应用得较为广泛。热电制冷效率由材料热电优值（Thermoelectric Figure of Merit）ZT 决定，ZT 越大，制冷系数越高。目前单一热电制冷技术的效率远低于传统压缩制冷技术。磁制冷利用磁卡材料的磁热效应，通过等温磁化和绝热去磁过程的反复循环实现制冷，制冷效率可达卡诺循环的 30%~60%，可靠性高且无污染。若将热电材料与磁卡材料复合，可产生热电磁耦合新效应，大幅度提高热电性能，显著提升制冷效果，从而发展基于热电制冷和磁制冷耦合增强的热电磁能源转换全固态制冷新技术，有望实现从热电制冷向热电磁制冷的技术变革。采用放电等离子体烧结可制备 Gd/BST（$Bi_{0.5}Sb_{1.5}Te_3$）热电磁功能梯度复合材料，下面研究其在 338K、80%RH 的环境下老化 12d（天）过程中物相组成、显微结构、热电性能及制冷性能的变化规律。这种材料有望成为高效热电磁制冷技术应用的潜在候选材料。

1. 制备

以高纯金属 Bi（99.99%，块体）、Sb（99.99%，块体）和 Te（99.99%，块体）为起始原料，按 $Bi_{0.5}Sb_{1.5}Te_3$ 化学计量比称量 3 种原料，其中 Te 过量 2%（质量分数）。原料均匀混合后在真空度低于 0.1MPa 的条件下密封在石英管中，置于程序控温摇摆炉中，缓慢升温至 923K 后摇摆熔融 6h，随炉冷却后得到铸锭。将所得铸锭置于提拉炉（T30-V 型，合肥聚盛真空科技），在 903K、15mm/h 提拉速度下区熔得到 BST 块体材料。破碎区熔法所得 BST 块体材料，研磨、筛网得到 BST 粉末。称量 4 份 10g BST，分别与 0g、0.7333g、1.4667g、2.2000g Gd 球（99%）混合。依次将不同 Gd 含量的 Gd/BST 混合粉末装入石墨模具，在 703K、50MPa 的放电等离子体烧结条件下保温 5min 得到致密 Gd/BST 热电磁功能梯度复合材料。

用电火花线切割机将所得块体 Gd/BST 功能梯度复合材料加工成规则形状，其中

4mm×4mm×10mm 的长方体用于研究微观结构变化和制冷性能变化，3mm×3mm×10mm 的长方体用于测试电导率和塞贝克系数，ϕ10mm 的圆片用于测试热导率，具体切割部位如图 5-17 所示。将切割样品置于恒温、恒湿箱中，升温至 338K 后分别老化 0d、4d、8d 和 12d（样品依次命名为 t00、t04、t08 和 t12），每个时间段结束后分别对样品进行结构表征、热电性能和制冷性能测试，再重新置于恒温、恒湿（相对湿度 80%RH）箱中继续老化，直到总老化时间达到 12d。

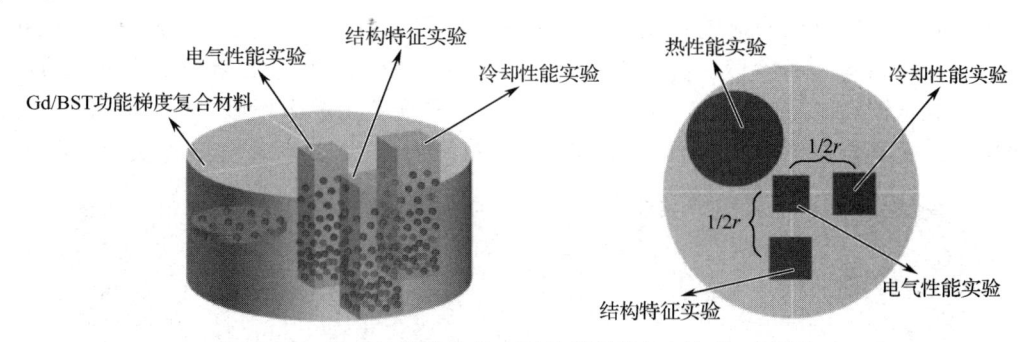

图 5-17 用于结构和性能表征的样品的切割部位示意图

2．物相组成及显微结构

老化不同时间后 Gd/BST（$Bi_{0.5}Sb_{1.5}Te_3$）热电磁功能梯度复合材料的 XRD 图如图 5-18 所示。所有样品的主要特征衍射峰与 BST 标准卡片 JCPDS 02-0492 特征峰吻合，$2\theta=32.3°$ 左右的衍射峰对应 Gd 的（101）特征衍射峰。

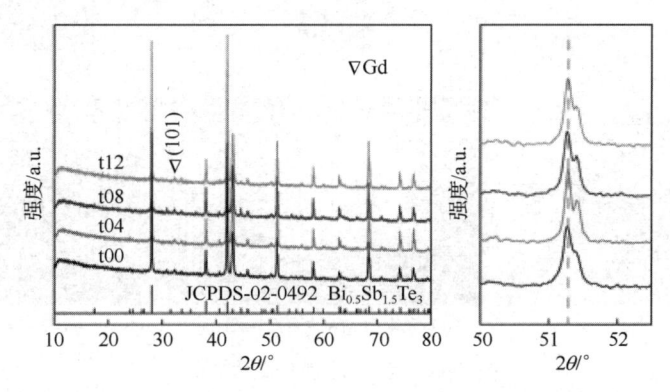

图 5-18 老化不同时间后 Gd/BST 热电磁功能梯度复合材料的 XRD 图

在 $2\theta=50°\sim52.5°$ 范围的局部放大图谱中，特征峰的位置随老化时间延长并未出现明显偏移，说明 Gd/BST 功能梯度复合材料的物相组成和结构在 338K、80%RH 的环境下具有良好的服役稳定性。未观察到其他 Gd-Te 合金的特征衍射峰，这可能是由界面相含量较少，低于 XRD 仪器检测极限（约 1%）所致。Gd/BST 热电磁功能梯度复合材料的二次电子像和背散射电子像如图 5-19(a)～图 5-19(c)所示。Gd 球与 BST 基体结合良好，Gd 球的直径为 80～170μm，所有的 Gd 球均被灰色衬底扩散层包裹。元素 EPMA 波谱面扫图［见图 5-19（d）］结果表明，扩散层主要由 Te、Gd 和 O 三种元素组成，未检测到明显的 Bi 和 Sb 元素，说明扩散层可能发生了 Gd-Te 扩散反应和氧化反应。在每个样品中随机选取 10 个 Gd 球测量异质界面扩散层的平均厚度，结果如图 5-20 所示。所有样品的扩散层均约为 4.5μm，说明扩散层主要是在 SPS

烧结过程中形成的，长时间老化对其厚度的影响较小。

采用 EPMA 波谱线扫分析 Gd/BST 热电磁功能梯度复合材料异质界面未经老化和老化 12d 后从 Gd 球（位置 A）到 BST（位置 B）基体方向各化学成分的变化，结果如图 5-21 所示。t00 和 t12 样品扩散层内主要包含大量 Gd、Te 及少量 O 元素，仅在靠近 BST 基体较窄区域检测到少量 Bi 和 Sb 元素。扩散层内 Gd 含量从 Gd 球往 BST 基体方向呈阶梯状减少，而 Te 含量的变化趋势与 Gd 相反，说明在 Gd/BST 异质界面存在明显的 Gd 和 Te 元素相互扩散。在两个样品扩散层内均能检测到明显的 O 元素，但在 Gd 球和 BST 基体中并未检测到，表明扩散层氧化主要发生在材料制备阶段。异质界面处更容易发生氧化，可能是界面处存在元素扩散和晶格畸变，能量较高导致的。t00 和 t12 样品的化学成分变化规律相似，进一步证明 Gd/BST 热电磁功能梯度复合材料异质界面在 338K、80%RH 的环境下具有非常好的服役稳定性。

（a）二次电子像　　（b）背散射电子像1　　（c）背散射电子像2

（d）元素EPMA波谱面扫图

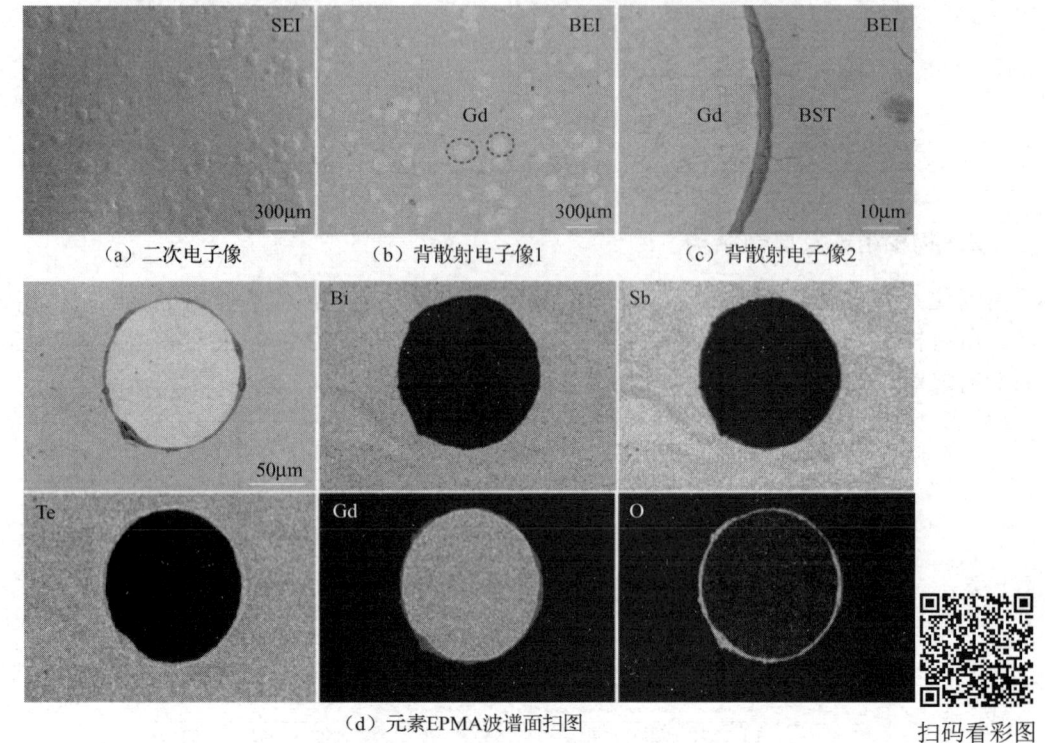

扫码看彩图

图 5-19　老化处理 12d 后样品

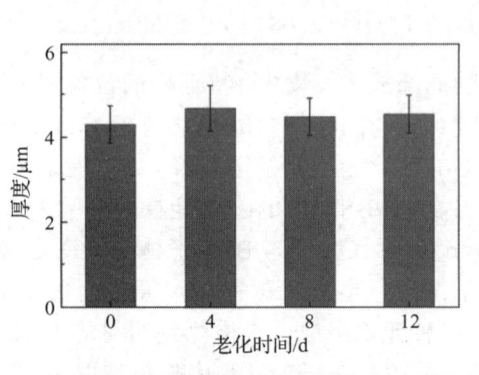

图 5-20　Gd/BST 异质界面扩散层厚度与老化时间的变化关系

第 5 章 功能梯度复合材料

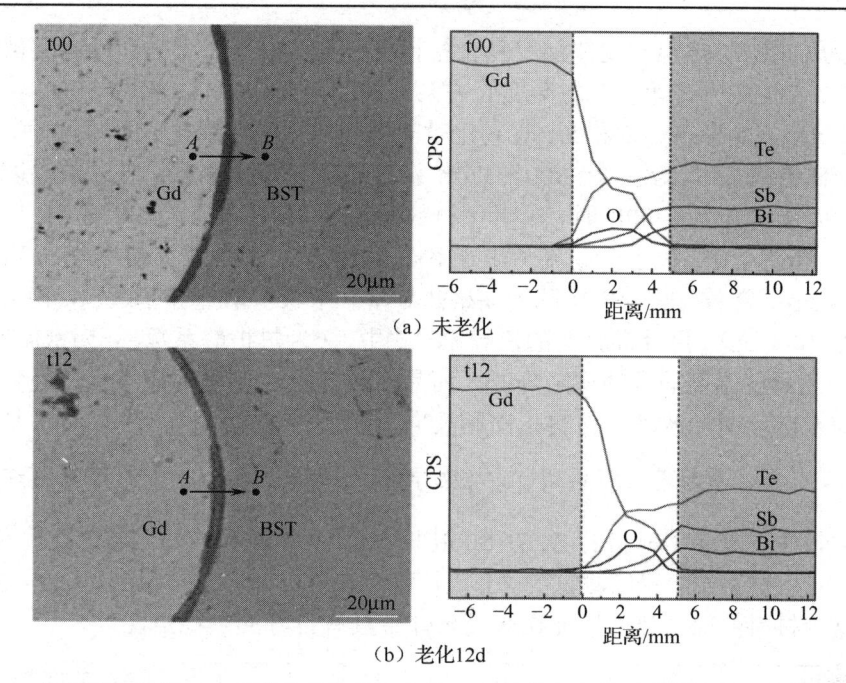

图 5-21 未老化和老化 12d 后样品中从 Gd 球到 BST 基体方向各元素的 EPMA 波谱线扫结果

3. 热电性能

图 5-22 为 Gd/BST 热电磁功能梯度复合材料老化不同时间后正向和反向测试的电导率和塞贝克系数 S 与温度的关系曲线，插图为 300K、350K 和 500K 条件下的电导率和塞贝克系数与老化时间之间的关系曲线。材料的电导率均随温度的升高而降低。随着老化时间的延长，正向和反向测试得到的电导率没有发生明显变化。正向测试时，未老化材料在 300K 时，电导率为 $5.8\times10^4 \text{S·m}^{-1}$，老化 12d 后为 $5.7\times10^4 \text{S·m}^{-1}$，波动幅值为 ±1.7%。材料的塞贝克系数均为正值，表明多数载流子为空穴。所有材料随测试温度的升高均先逐渐增大后由于本征激发而逐渐减小。正向和反向测试略有差异，正向和反向测试时两探针间材料的 Gd 浓度差异导致所测塞贝克电压略有不同。老化时间对材料的影响较小，未老化材料在正向测试 300K 条件下的塞贝克系数为 $197.2\mu\text{V·K}^{-1}$，老化 12d 后为 $199.7\mu\text{V·K}^{-1}$，波动幅值为 ±1.3%。

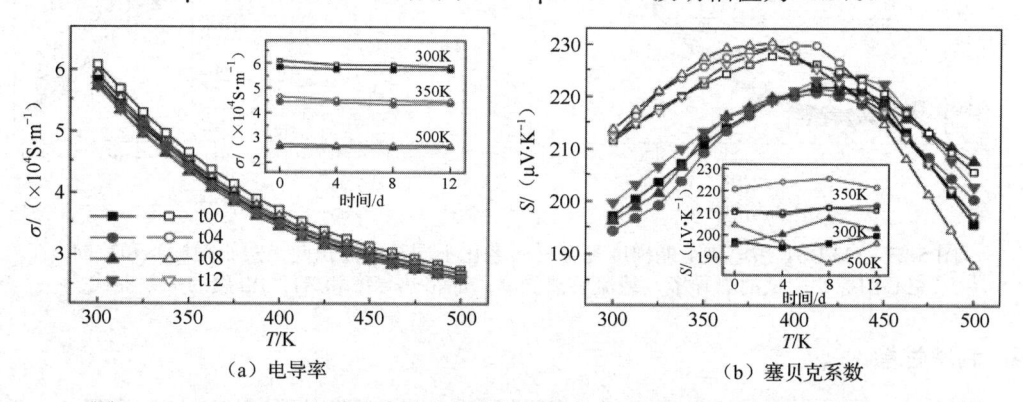

图 5-22 Gd/BST 热电磁功能梯度复合材料老化不同时间后正向（实心图标）和反向（空心图标）测试的电导率和塞贝克系数与温度的关系曲线

图 5-23 为 Gd/BST 热电磁功能梯度复合材料老化不同时间后正向和反向测试的热导率、载流子热导率、晶格热导率和 ZT 与温度的关系，插图为 300K、350K 和 500K 条件下的热导率、载流子热导率、晶格热导率和 ZT 与老化时间之间的关系曲线。不同老化时间材料的热导率随温度的变化趋势基本一致，在 300~370K 温度范围内逐渐降低，在 370K 以上由于双极热扩散的影响而逐渐升高。300K 时，未老化材料的热导率（K）为 $1.10\text{W}\cdot\text{m}^{-1}\cdot\text{K}^{-1}$，而老化 12d 后为 $1.09\text{W}\cdot\text{m}^{-1}\cdot\text{K}^{-1}$，变化很小。载流子热导率 κ_C 由魏德曼-弗兰兹关系 $\kappa_C = L\sigma T$ 得到，其中 L 是洛伦兹（Lorenz）常数。热导率实际为晶格热导率和双极扩散热导率之和，由公式 $\kappa = \kappa_L + \kappa_C$ 计算得到。其中，$\kappa = \lambda\rho C_p$ 可计算材料的热导率，式中，λ 为热扩散系数，ρ 为密度，C_p 为热容。所有材料的 κ_C 随测试温度的升高逐渐降低，而晶格热导率 κ_L 则呈现逐渐上升趋势，但随老化时间的延长均未出现明显波动。材料正向和反向测试所得结果不同，导致两次测试的热电优值 ZT（$ZT = \dfrac{S^2\sigma}{\kappa}T$，$S$ 为塞贝克系数，κ 为热导率，σ 为电导率，T 为温度）存在差异。在正向和反向测试条件下未老化材料的 ZT 在 300K 时分别为 0.62 和 0.73。老化处理对 ZT 的影响很小，老化 12d 后材料正、反向测试的 ZT 依然稳定在 0.63 和 0.71。由此可见，Gd/BST 热电磁功能梯度复合材料的综合热电性能在服役条件下具有良好的热稳定性。

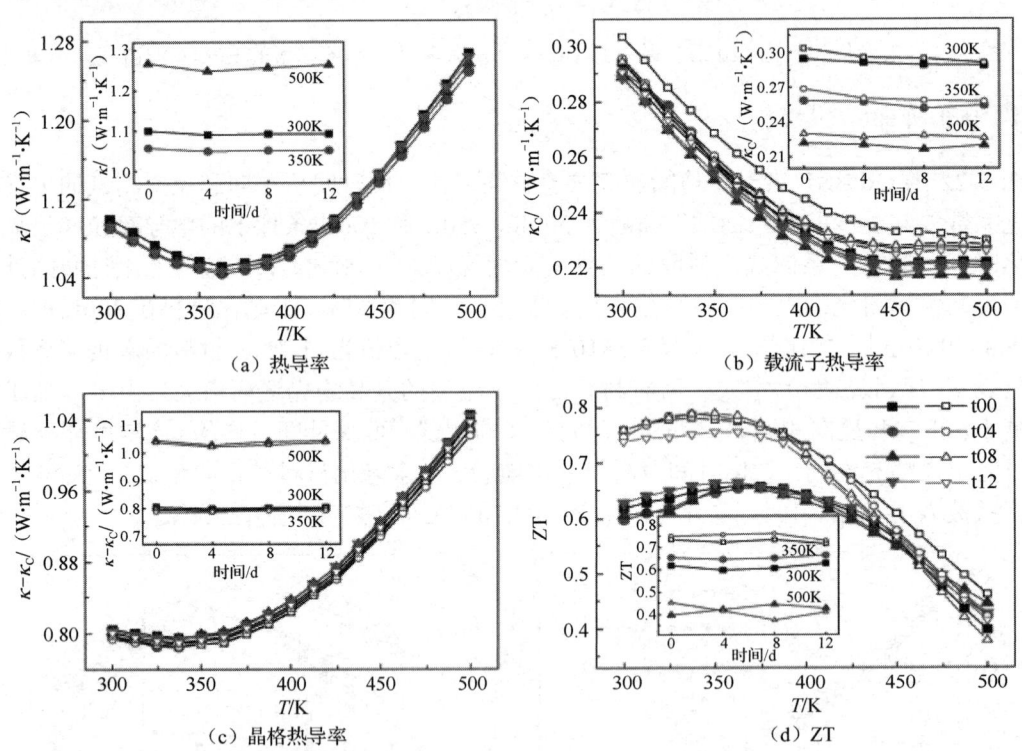

图 5-23　Gd/BST 热电磁功能梯度复合材料老化不同时间后正向（实心图标）和反向（空心图标）测试的热导率、载流子热导率、晶格热导率和 ZT 与温度的关系曲线

4．制冷性能

为评估老化处理对 Gd/BST 热电磁功能梯度复合材料制冷性能的影响，采用自制系统测试了不同老化时间后单臂器件在不同方向电流作用下制冷端和散热端温度随时间的变化。规定电流 I 从单臂器件的富 Gd 端流向贫 Gd 端时为正向电流 I_forward，此时单臂器件的富 Gd 端为

制冷端，贫 Gd 端为散热端；反之为反向电流 $I_{reverse}$，此时单臂器件的制冷端为贫 Gd 端，散热端为富 Gd 端。单臂器件制冷端温度 T_c 与室温 T_r 之间的制冷温差 ΔT_c 由公式 $\Delta T_c = T_r - T_c$ 计算。散热端温度 T_h 与制冷端温度 T_c 之间的工作温差 ΔT 根据公式 $\Delta T = T_h - T_c$ 计算。

图 5-24 为不同正向电流下 Gd/BST 功能梯度复合材料单臂器件老化不同时间后的制冷端温度 T_c 和散热端温度 T_h 随时间的变化曲线。由图可见，所有器件均表现出散热端温度 T_h 先急剧上升、制冷端温度 T_c 急剧下降直至达到平衡的变化趋势。随着工作电流的逐渐增大，制冷端温度 T_c 与室温 T_r 之差（$\Delta T_c = T_r - T_c$）先增大后减小，而散热端温度 T_h 与制冷端温度 T_c 之间的工作温差 ΔT（$\Delta T = T_h - T_c$）逐渐增大。当电流为 2.5A 时，所有器件的 ΔT_c 达到最大，约为 6.5K，此时工作温差 ΔT 约为 24K。工作电流超过 2.5A 后，内阻产生的焦耳热会大幅增加，导致 T_c 开始升高，制冷性能逐渐恶化。在反向电流 $I_{reverse}$ 的作用下所有器件两端温度随测试时间的变化规律与正向电流 $I_{forward}$ 作用下的变化规律一致。正向和反向电流作用下单臂器件的制冷性能结果如表 5-7 所示。由表可见，对于同一器件，在电流大小相同的情况下，电流方向对制冷温差 ΔT_c 的影响不大，但 $I_{reverse}$ 作用下的工作温差 ΔT 明显比 $I_{forward}$ 作用下的更大，尤其在电流较大时更为明显。这源于两方面的原因：一是反向电流作用时，贫 Gd 端为制冷端，其热电效应更为明显，此时有更多的热量从冷端输运至热端，导致更大的工作温差 ΔT；二是 Gd 的热导率明显高于 BST 材料，热量更容易从贫 Gd 制冷端传导至富 Gd 散热端，导致 T_h 更高。老化处理对 Gd/BST 热电磁功能梯度复合材料的影响很小，所有单臂器件在 2.5A 的阈值电流作用下 ΔT_c 最大，约为 6.5K，说明 Gd/BST 热电磁功能梯度复合材料的制冷性能在 338K、80%RH 的环境下具有良好的服役稳定性。

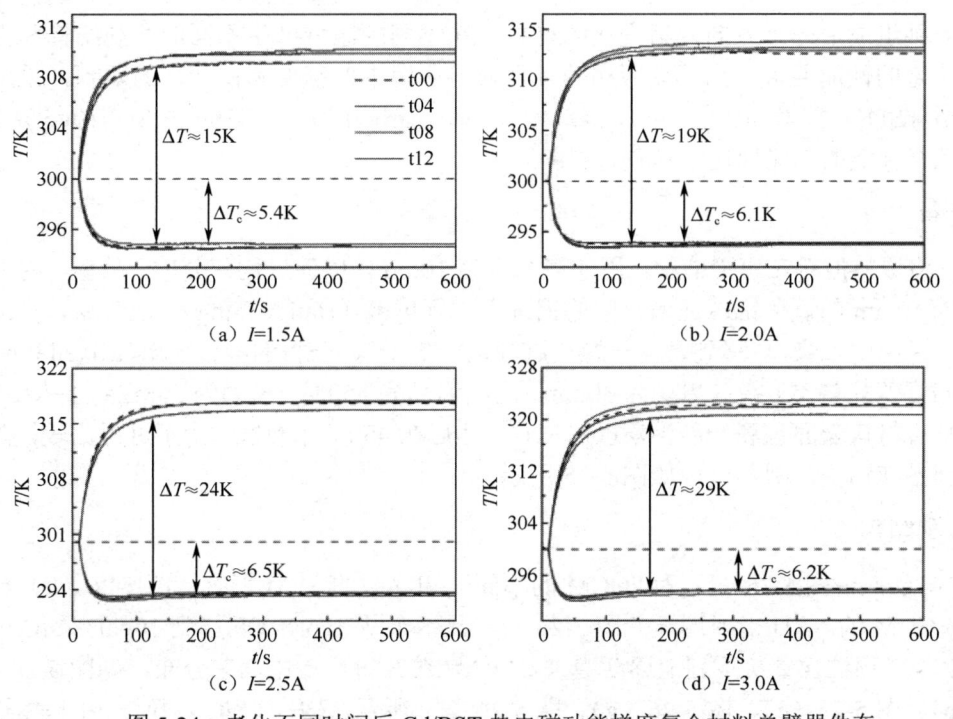

图 5-24 老化不同时间后 Gd/BST 热电磁功能梯度复合材料单臂器件在不同正向电流下的制冷端和散热端的温度变化

表 5-7　正向和反向电流作用下 Gd/BST 热电磁功能梯度复合材料单臂器件的制冷性能结果　　单位：K

样品	$I=1.5A$				$I=2.0A$				$I=2.5A$				$I=3.0A$			
	$I_{forward}$		$I_{reverse}$		$I_{forward}$		$I_{reverse}$		$I_{forward}$		$I_{reverse}$		$I_{forward}$		$I_{reverse}$	
	ΔT	ΔT_c	ΔT	ΔT_c	ΔT	ΔT_c	ΔT	ΔT_c	ΔT	ΔT_c	ΔT	ΔT_c	ΔT	ΔT_c	ΔT	ΔT_c
t00	14.6	5.4	15.8	5.5	18.7	6.1	21.1	6.3	24.1	6.6	27.3	7.0	28.4	6.1	33.3	7.0
t04	15.6	5.4	16.6	5.7	20.1	6.3	22.2	6.2	24.6	6.8	28.3	6.7	28.8	6.7	34.9	6.5
t08	14.4	5.2	15.5	5.4	19.3	6.1	21.0	6.3	24.1	6.4	27.0	6.9	29.2	6.2	33.2	7.0
t12	15.3	5.4	15.9	5.6	19.1	6.2	21.2	6.5	23.2	6.5	26.5	6.5	27.0	6.3	31.6	6.6

结果显示，经过长时间老化处理后，Gd/BST 热电磁功能梯度复合材料的物相组成和显微结构没有发生明显变化，Gd-BST 异质界面的 Gd-Te 扩散层稳定在 4.5μm 左右。经过不同 Gd 浓度梯度方向热电性能和单臂器件制冷性能测试发现，老化前、后材料的 ZT 变化非常小，单臂器件制冷温差在 2.5A 的阈值电流作用下稳定在 6.5K 左右，表明 Gd/BST 热电磁功能梯度复合材料具有良好的热电性能和制冷性能服役稳定性，可作为高效热电磁制冷技术应用的潜在候选材料。

5.5.2　功能梯度铝基复合材料

近年来，功能梯度铝（Al）基复合材料由于密度小、成本低、导热性好，其开发和应用受到了广泛的关注，成为研究热点之一。然而，低强度和低塑性限制了其应用。功能梯度复合材料是一种组成沿一个方向逐渐变化的材料，在不同的区域产生不同的微观结构和性能，可以满足特定的性能要求。为了克服铝基复合材料应用中低强度和低塑性的限制，采用火花等离子烧结（SPS）技术制备的 3vol%碳纤维（CF，Carbon Fiber）-3vol% SiC-10vol% SiC，具有优异综合性能的功能梯度铝基复合材料。

1. 制备

首先，将原料混合在醇溶液中，用超声波振荡 10min，以促进均匀分散。随后，将混合溶液和直径为 10mm 的氧化铝球注入封闭的铝罐中进行球磨（Ball Milling）。混合后，将混合液体放置在通风柜中干燥，转移到真空干燥箱进行进一步干燥。获得的混合粉末（Mixed Powders）采用 SPS 设备真空烧结，模具内径为 30mm，烧结温度为 550℃，压力为 50MPa，保持 30min。在烧结的复合材料表面包裹一层铝箔以保护它，然后在 450℃下热轧。为了进行比较，在相同的条件下制备纯铝块，制备过程如图 5-25 所示。

2. 微观结构

图 5-26（a）～图 5-26（j）为 FGCM 的不同层和界面的 SEM 形貌。图 5-26（k）显示了热轧前后 FGCM 的 XRD 衍射图样，图 5-26（l）显示了从 3vol% CF 层到 10vol% SiC 层的维氏硬度值。SiC 颗粒含量从下到上逐渐增大，SiC 颗粒在每一层中均匀分布，如图 5-26（a）、图 5-26（c）、图 5-26（e）、图 5-26（g）、图 5-26（i）所示。CF 和 SiC 颗粒与 Al 基体结合良好，如图 5-26（g）所示。热轧后，CF 沿热轧方向排列，如图 5-26（h）和图 5-26（j）所示。在 3vol% SiC 层和 10vol% SiC 层，SiC 粒子的排列在热轧后没有明显变化，如图 5-26（b）和图 5-26（f）所示，但 SiC 颗粒的聚集出现在 3vol%SiC 和 10vol% SiC 的界面，如图 5-26（d）

所示。在热轧前后，各层的界面上均无裂纹、孔洞等缺陷，说明各层间黏合良好。

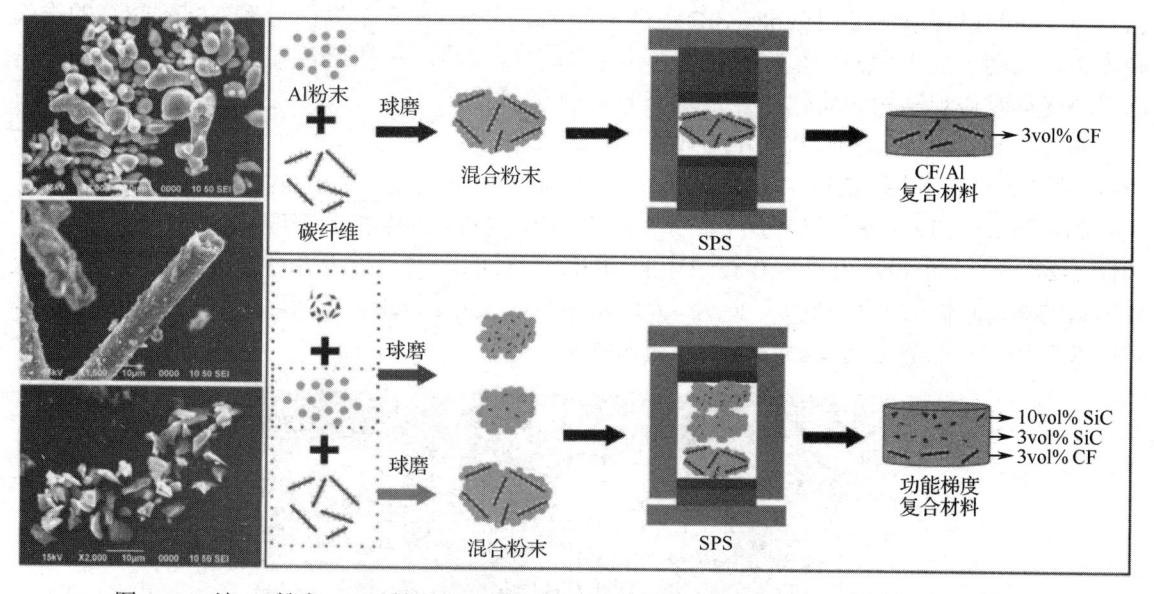

图 5-25 纯 Al 粉末、SiC 粉末和 CF 的 SEM 形貌及 CF/Al 和 FGCM 的制备过程示意图

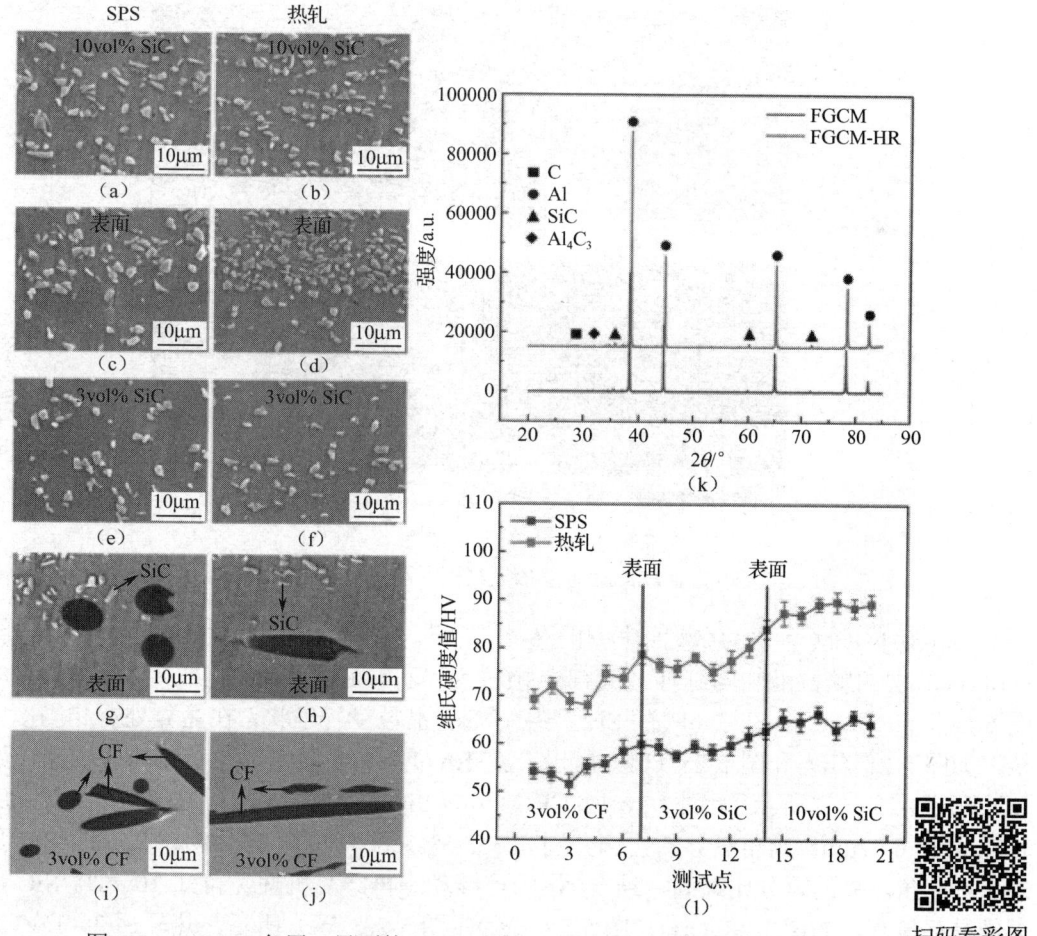

图 5-26 FGCM 各层、界面的 SEM 形貌、XRD 衍射图样和维氏硬度值

在 XRD 衍射图样中，出现了 Al 相、C 相、SiC 相和少量的 Al_4C_3 相。维氏硬度值从 3vol% CF 层到 3vol% SiC 层再到 10vol% SiC 层逐渐增大。此外，在两个界面上都观察到较高的维氏硬度值，表明界面上的应力值较大或微观结构具有特异性。热轧后各层维氏硬度值的增大是因为热变形时微观结构的演化和残余变形应力的存在。

热轧前 FGCM 各层的反极（IPF）图、晶界分布图、局部应力分布图（KAM 图）如图 5-27 所示。图 5-27（a）和图 5-27（b）显示从 3vol% CF 层到 10vol% SiC 层的晶粒取向不明显。图 5-27（c）和图 5-27（d）中的晶界分布显示 10vol% SiC 层的晶界变形程度更大，图 5-27（e）和图 5-27（f）中也显示出该层存在较大的内应力，说明烧结过程中 SiC 颗粒含量越高，导致其附近的 Al 基体中的应力更大。此外，从 3vol% CF 层到 10vol% SiC 层，晶粒尺寸逐渐减小，表明 SiC 颗粒对晶界运动和晶粒生长有阻碍作用。

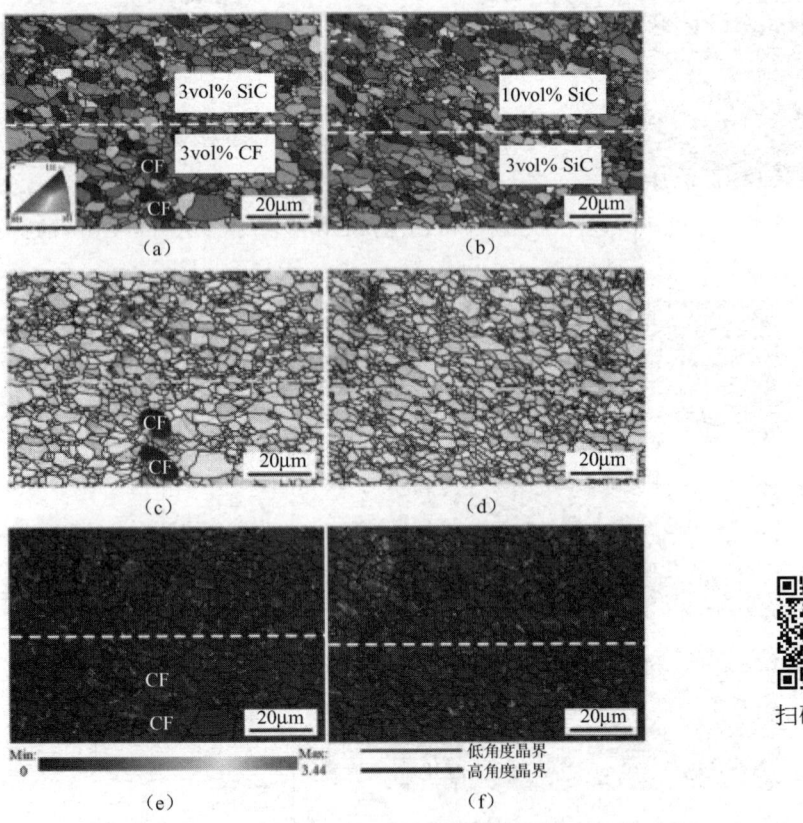

图 5-27　热轧前 FGCM 各层的反极图、晶界分布图和局部应力分布图

热轧后 FGCM 各层的微观结构如图 5-28 所示。热轧后，各层颗粒的形状和方向明显不同：3vol% CF 层的颗粒沿轧向延伸，大部分颗粒为<111>//RD（轧向）取向，如图 5-28（c）和图 5-28（c_1）所示。而在 3vol% 的 SiC 层中，部分晶粒呈纤维状，在晶界处有相当多的等轴晶粒，如图 5-28（b）和图 5-28（b_1）所示。在 10vol% SiC 层中存在巨大的等轴晶，如图 5-28（a）和图 5-28（a_1）所示。此外，3vol% CF、3vol% SiC 和 10vol% SiC 层的粒度分别为 1.76μm、1.54μm 和 0.92μm。高角晶界的比例分别为 55.75%、60.47%和 65.80%。10vol% SiC 层的粒径最小，高角晶界的百分比最高。结合 Al 的连续动态再结晶机理，可知 10vol% SiC 层的动态再结晶率最高。如图 5-28（a_2）、图 5-28（b_2）、图 5-28（c_2）所示，热轧后 3vol% CF 层的残

余热应力高于 3vol% SiC 层和 10vol% SiC 层的残余热应力。这是由于 SiC 颗粒成核促进了再结晶发生，消耗大量的位错和低角晶界，因此出现较低的残余热应力值。

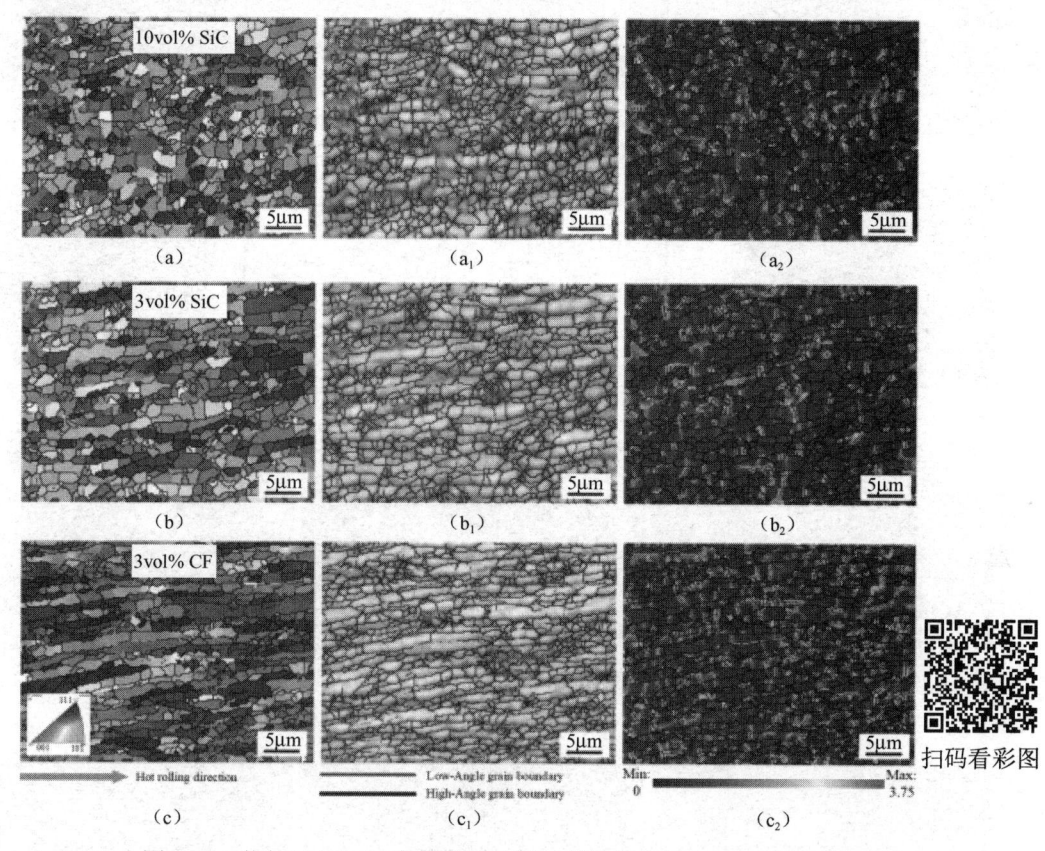

图 5-28 热轧后 FGCM 各层的 IPF 图、晶界分布图、KAM 图

3. 力学性能

热轧前后的 Al、CF/Al 和 FGCM 的力学性能参数、应力-应变曲线及相应的断裂形态如表 5-8 和图 5-29 所示。根据表 5-8 中的数据和图 5-29 中的应力-应变曲线，虽然 CF/Al 的屈服强度略高于纯铝，但其塑性较差。热轧前 FGCM 的屈服强度比 Al 高 167.12%，比 CF/Al 高 149.65%；热轧后 FGCM 的屈服强度比 Al 高 132.11%，比 CF/Al 高 62.46%。在塑性方面，FGCM 的延伸率略高于热轧前的纯铝，与热轧后的纯铝相似。因此，FGCM 具有较高的屈服强度和优良的塑性变形能力。

表 5-8 Al、CF/Al 和 FGCM 的力学性能参数

材　料	模数/GPa	屈服强度/MPa	延伸率/%
Al-SPS	44.25 ± 0.73	70.19 ± 2.96	3.64 ± 0.54
Al-HR	45.17 ± 1.25	127.64 ± 3.71	6.07 ± 0.27
CF/Al-SPS	42.04 ± 1.16	75.10 ± 2.93	0.46 ± 0.12
CF/Al-HR	45.12 ± 2.15	182.37 ± 2.20	1.87 ± 0.36
FGCM-SPS	62.19 ± 2.76	187.49 ± 3.12	4.39 ± 0.28
FGCM-HR	66.43 ± 1.93	296.27 ± 5.27	6.46 ± 0.19

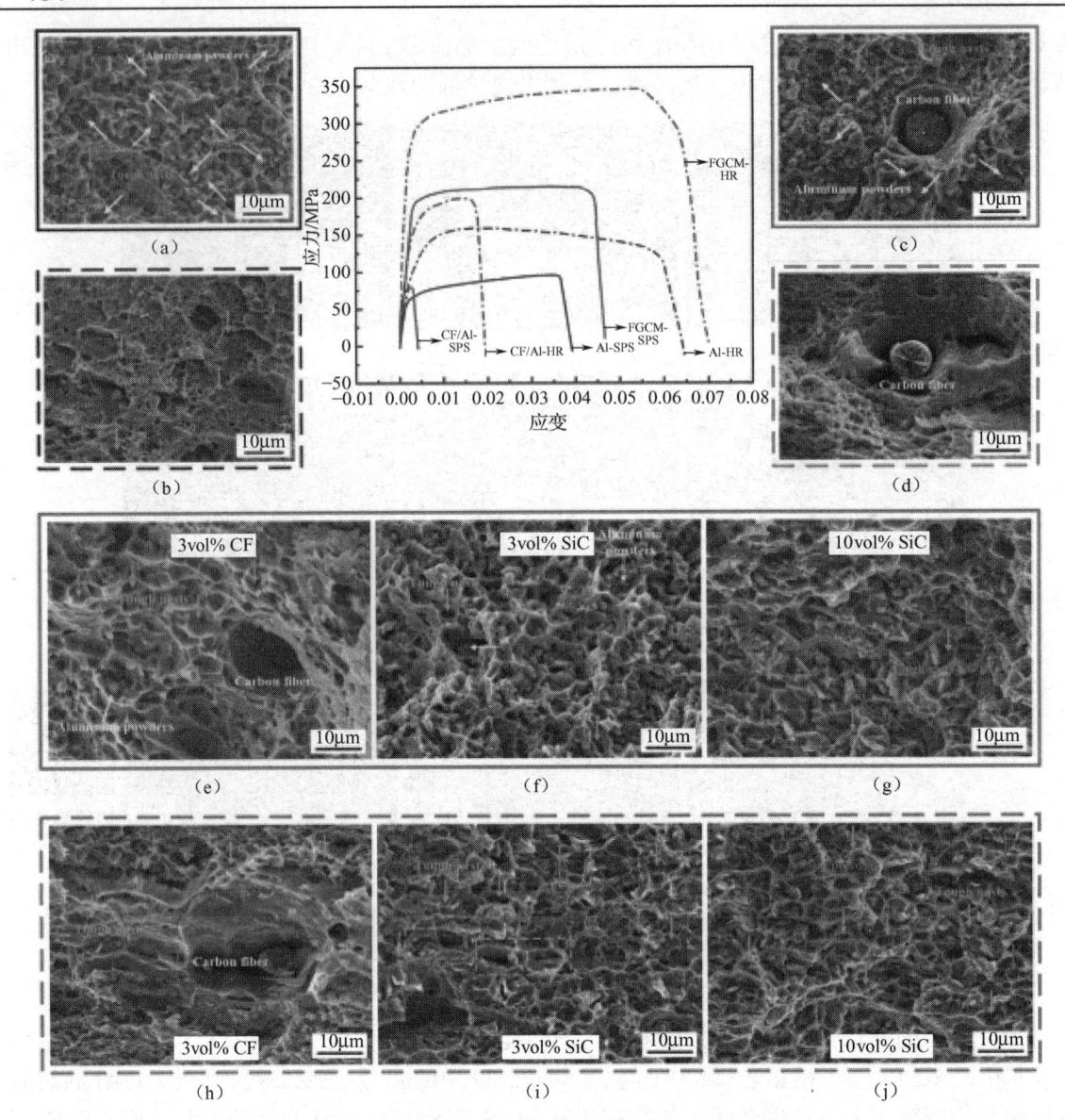

图 5-29 Al、CF/Al 和 FGCM 的应力-应变曲线和拉伸断裂形态 [纯 Al 断裂形态：(a) HR 前、(b) HR 后；CF/Al 断裂形态：(c) HR 前、(d) HR 后；热轧前 FGCM 的断裂形态：(e) 3vol% CF 层、(f) 3vol% SiC 层、(g) 10vol% SiC 层；热轧后 FGCM 的断裂形态：(h) 3vol% CF 层、(i) 3vol% SiC 层、(j) 10vol% SiC 层]

在图 5-29（a）和图 5-29（b）中观察到韧窝，如蓝色箭头所示。在热轧前的纯 Al 中，仍可观察到结合度较差的 Al 颗粒，如图 5-29（a）中的黄色箭头所示。铝颗粒的结合不良也对塑性有负面影响。图 5-29（c）中只有少量的韧窝，断口中分布着大量的 Al 颗粒，表明 CF 的加入使 Al 基体的密度降低，导致其塑性变差。热轧后，CF/Al 断口中的韧窝数增大，如图 5-29（d）所示。然而，由于 CF 和 Al 基体界面的破坏导致脆性断裂带面积增大了，如图 5-29（d）中的红色虚线框所示。

在热轧前，FGCM 中各层具有不同的断裂特征，如图 5-29（e）、图 5-29（f）、图 5-29（g）所示。在 3vol% 的 CF 层中可以观察到韧窝和少量的 Al 颗粒，由于拉伸载荷，CF 被拉出。在 3vol% SiC 层和 10vol% SiC 层的韧窝中可以观察到均匀分布的 SiC 颗粒，如图 5-29（f）

和图 5-29（g）中的红色箭头所示。两个 SiC 层有更多更小的韧窝，这赋予了 FGCM 更高的塑性变形能力。热轧后，3vol% CF 层中 CF 与 Al 基体之间的界面失效导致局部脆性断裂，如图 5-29（h）中红色虚线所示。在 3vol% SiC 层和 10vol% SiC 层的裂缝中观察到较小的韧窝。如图 5-29（i）所示，在 3vol% SiC 层中，蓝色虚线框表示韧窝沿水平方向拉长，而韧窝在图 5-29（j）中大多是等轴的，这是由于热轧后 10vol% SiC 层的再结晶率较高。因此，CF 与 Al 基体界面失效导致的局部脆性断裂是导致塑性较低的主要因素。相比之下，SiC 颗粒由于尺寸较小、分布均匀，不会导致局部失效。

4. 导热系数

在热轧前后沿轴向和水平方向（热轧方向）测试 Al、CF/Al 和 FGCM 的导热系数，如图 5-30 所示。在热轧前，各材料的轴向和水平方向的导热系数差异不显著，这是因为烧结后大多数晶粒是等轴形状的。在热轧前，Al 和 CF/Al 的导热系数均高于 FGCM。一方面，这是由于 SiC 粒子的加入引入了更多的界面，通过界面产生热损失。另一方面，由于 FGCM 中 SiC 层的晶粒尺寸较小，晶界增多，也会造成热量损失。

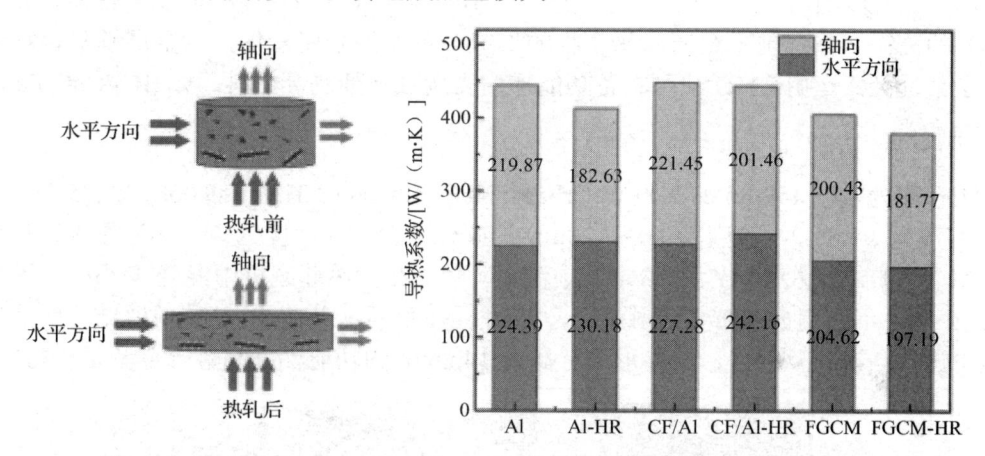

图 5-30　热轧前后 Al、CF/Al 和 FGCM 的导热系数测试原理图及实验结果

热轧后，各材料轴向的导热系数低于水平方向的导热系数。这是因为热轧后的晶粒在轧制方向伸长，轴向的热传导会通过更多的晶界，造成更大的热损失。此外，在热轧后，Al 和 CF/Al 沿热轧方向的导热系数增大，这是 Al 基体密度的增大和 CF 在 CF/Al 中沿轧制方向排列导致的。热轧后，FGCM 沿热轧方向的导热系数减小。3vol% CF 层中的 CF 主要沿轧制方向排列，CF 轴向的导热系数高，有利于更有效的传热。在 SiC 层中，热轧并不能提供更高的传热效率，因为 SiC 粒子在各个方向上的导热系数基本相同。此外，热轧后的细粒尺寸导致晶界密度增高，热轧引起的位错密度较高，导致 SiC 层的热损失较高，最终使 FGCM 的整体导热系数较低。

FGCM 具有高屈服强度和高塑性变形能力，原因如下：①SiC 粒子引起的粒子激发成核（PSN）效应及其对晶界运动的阻碍作用导致 Al 基体粒度变小，从而使细晶强化；②由于加入了 SiC，向 Al 基体中引入了更多位错，进一步增大热轧后的位错密度，使 FGCM 强度更高。③SiC 的加入导致了 Al 基体中的晶格扭曲，产生了更多的位错源。塑性变形促进了位错的增殖，在 SiC 层中引起了更多的位错。在外部载荷作用下，SiC 层中存在相当大的位错滑移，保证了晶体能够发生滑移，从而提高了塑性变形能力。此外，梯度结构的设计使 FGCM 有一个梯度微观结构，这意味着粒度从3vol% CF层逐渐减小到3vol% SiC层和10vol% SiC层，导致SiC层和CF层之间有明显的界面。界面两侧SiC层和CF层的断口形貌有显著差异，裂缝会在界面上停止传播或偏转，导致大量的能源消耗。因此，梯度结构具有阻碍层间裂纹传播的作用，这对FGCM的整体塑性变形能力有积极的影响。

总之，CF和SiC之间的尺寸和含量的差异使FGCM的不同层具有不同的微观结构特征。在相同变形下，3vol% SiC层和10vol% SiC层具有较快的动态再结晶过程。FGCM具有优良的机械性能，屈服强度比纯铝高167.12%，塑性接近纯铝。热轧前后，FGCM的屈服强度分别比单一CF增强铝基复合材料高149.65%和62.46%。由晶粒尺寸和晶粒取向的变化所产生的层间应力是导致界面失效的原因。

5.5.3 功能梯度高熵合金基复合材料

增材制造（AM）技术，也称为快速原型化，是一种渐进的逐层制造工艺。在这个过程中，原金属被来自激光束的高能输入完全熔化，并逐层熔融，形成任何几何形状的一部分。激光熔融沉积（LMD）法是AM方法中的一种，可制备渐变成分的功能梯度复合材料。高熵合金（HEAs）的高混合熵抑制了金属间化合物的形成，可作为金属基体，为金属基复合材料的发展提供了新途径。运用LMD法可制备功能梯度高熵合金基复合材料，如BC_4/CoCrFeMnNi。

1. 制备

采用粒度为45~150μm的实验CoCrFeMnNi粉末（Cr-18.31Mn-19.06Fe-20.75Co-20.51Ni-20.87，纯度为99.5%），粒度为60~120μm的碳化硼粉末（纯度为99.5%）作为原材料。将CoCrFeMnNi粉末加入10wt%的碳化硼颗粒中，然后在行星球磨机中混合1小时（不使用研磨球）。在304不锈钢板上激光熔融沉积，如图5-31所示。共沉积15层单壁结构，然后在氩气气氛中进行4次相互重熔，最终形成壁高为14.2mm的功能梯度高熵合金基复合材料。

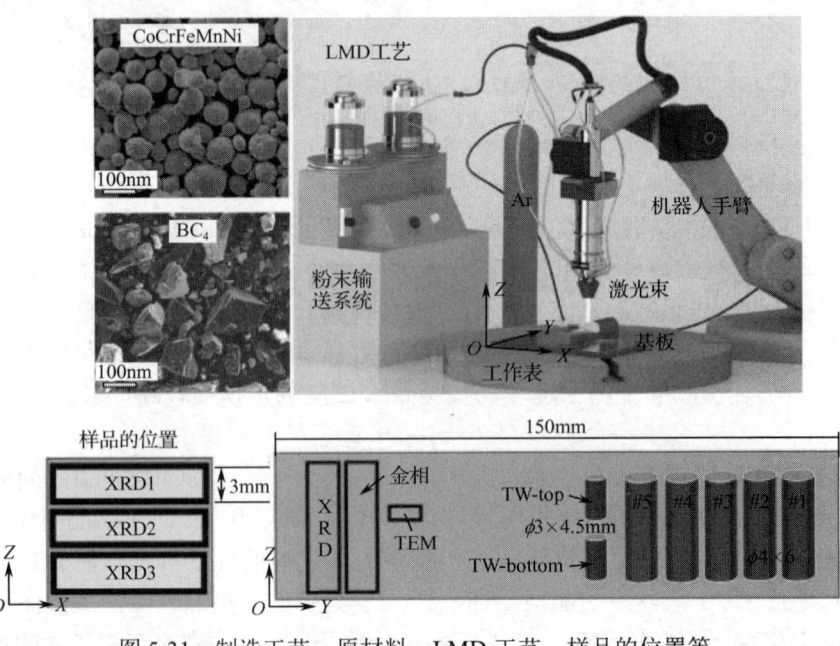

图5-31 制造工艺：原材料、LMD工艺、样品的位置等

2. 物相组成

图 5-32 为薄壁底部（Bottom）区域、中部（Middle）区域和顶部（Top）区域的 XRD 图，结果表明该复合材料主要由高熵合金相（FCC 结构）、M_2B 相和 $M_{23}C_6$ 相组成。然而，这三个区域各相的比例略有不同，这可能与它们所经历的受热过程有关。在沿薄壁的 Z 方向上，面心立方相的含量下降，而 M_2B 相的含量增加。在薄壁中部到顶部的范围内检测到 $M_{23}C_6$ 相。

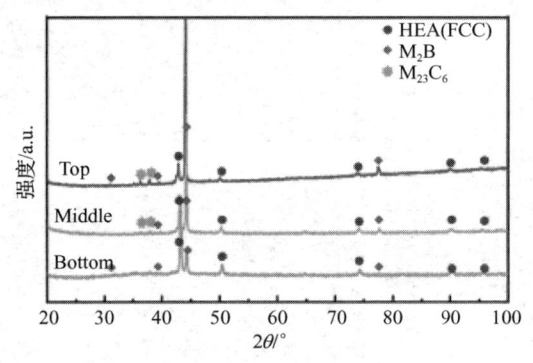

图 5-32 薄壁面不同区域的 XRD 图

3. 微观结构与显微硬度

图 5-33（a）为薄壁结构 XOZ 表面的宏观形貌，其对应的显微硬度（Microhardness）分布如图 5-33（b）所示，具有明显的力学性能梯度。图 5-33（c）、图 5-33（e）和图 5-33（g）为图 5-33（a）中相应区域的 TEM 图，图 5-33（d）、图 5-33（f）、图 5-33（h）为其高倍放大像。在沉淀初期，通常存在较大的温度梯度，这有利于快速成核和晶粒生长。而过高的冷却速率不利于 M_2B 相的充分沉淀，因此"G 区"的颗粒通常较细小 [见图 5-33（g）]。随着沉积层的增加，层间的热积累和散热条件的恶化导致熔融后凝固时间延长，使 M_2B 晶粒变粗 [见图 5-33（e）]，导致从底部到薄壁顶部的显微硬度逐渐增大。此外，在面心立方 FCC 高熵合金中可观察到白色颗粒沉淀相 [见图 5-33（f）]。沉淀强化会导致材料的强度显著增大，因此在"E 区"出现的最高硬度约为 970HV0.3。

图 5-34（a）为选定区域的电子衍射（SAED）图，该图表明这些颗粒状沉淀物为 $M_{23}C_6$。HRTEM 图 [图 5-34（b）～图 5-34（g）] 的结果也显示了 $M_{23}C_6$ 与基体存在取向关系：$(101)_{M_{23}C_6}//(020)_{matrix}$；$[\bar{1}11]_{M_{23}C_6}//[001]_{matrix}$。类似地，$M_2B$ 与基体之间也存在取向关系，即 $(102)_{M_2B}//(111)_{matrix}$；$[\bar{1}12]_{M_2B}//[11\bar{1}]_{matrix}$。研究表明，共格界面能够承受变形过程中位错运动引起的较高应力集中，并阻碍裂纹扩展，提高材料的形变强化能力。此外，粒径为 30～50nm 的 $M_{23}C_6$ 的沉淀相弥散分布，同样起到强化作用。总之，沉淀相及其与基体的取向关系保证了该 FGCM 具有良好的力学性能。

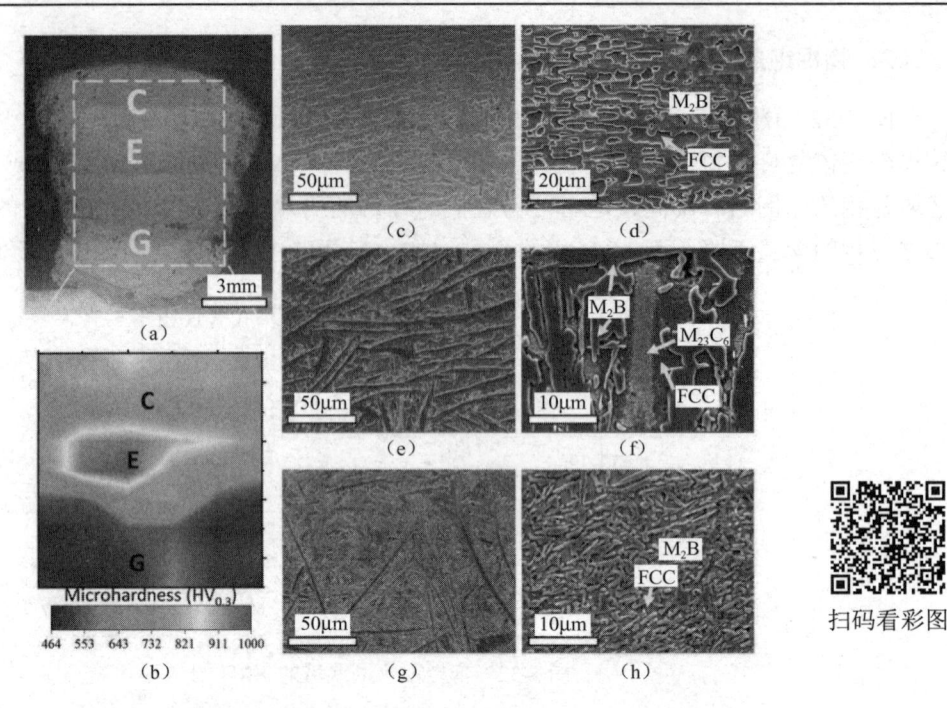

图 5-33 薄壁结构的宏观形貌（a）、对应的显微硬度分布（b）及相应区域的 TEM 图和高倍放大像（c）~（h）

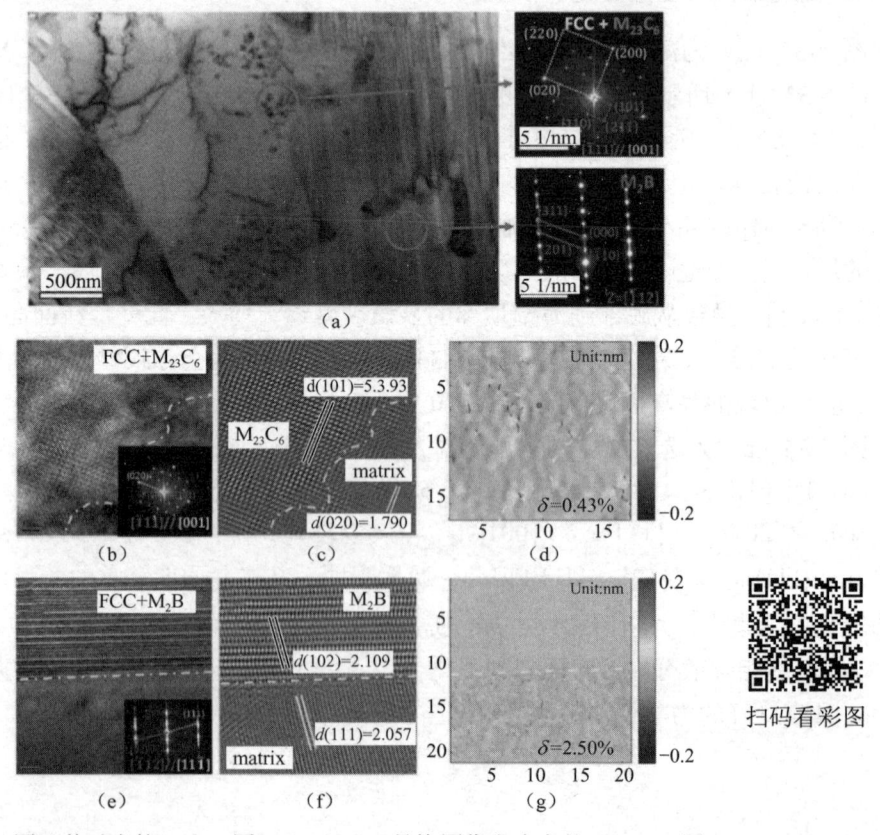

图 5-34 TEM 图及其对应的 SAED 图（a）、TFFT 晶格图像和应变的 HRTEM 图（b）~（g）

4. 力学性能

图 5-35（a）、图 5-35（b）为 FGCM 压缩和真实的应力-应变曲线。该材料的屈服强度为 $\sigma_{0.2}=320\text{MPa}$，极限抗压强度为 $\sigma_{bc}=1562\pm67\text{MPa}$，压缩应变为 $19.17\%\pm1.96\%$。值得注意的是，该材料的顶部和底部的力学性能相差较大 [见图 5-35（c）]，压缩过程相当于 I 区和 II 区的弹塑性变形。这可以通过薄壁顶部和底部样品的压缩曲线来证实，即在大约 7% 的应变下，薄壁的底部已经开始屈服，而薄壁的顶部仍处于弹性变形阶段。在实验快结束时，可以听到一种清脆的爆破声，其断裂形态证明这是一个脆性断裂。同时可以看出，硬 M_2B 和软的面心立方衬底的交错层有效地阻止了裂纹的进一步扩展 [见图 5-35（d）～图 5-35（f）]。

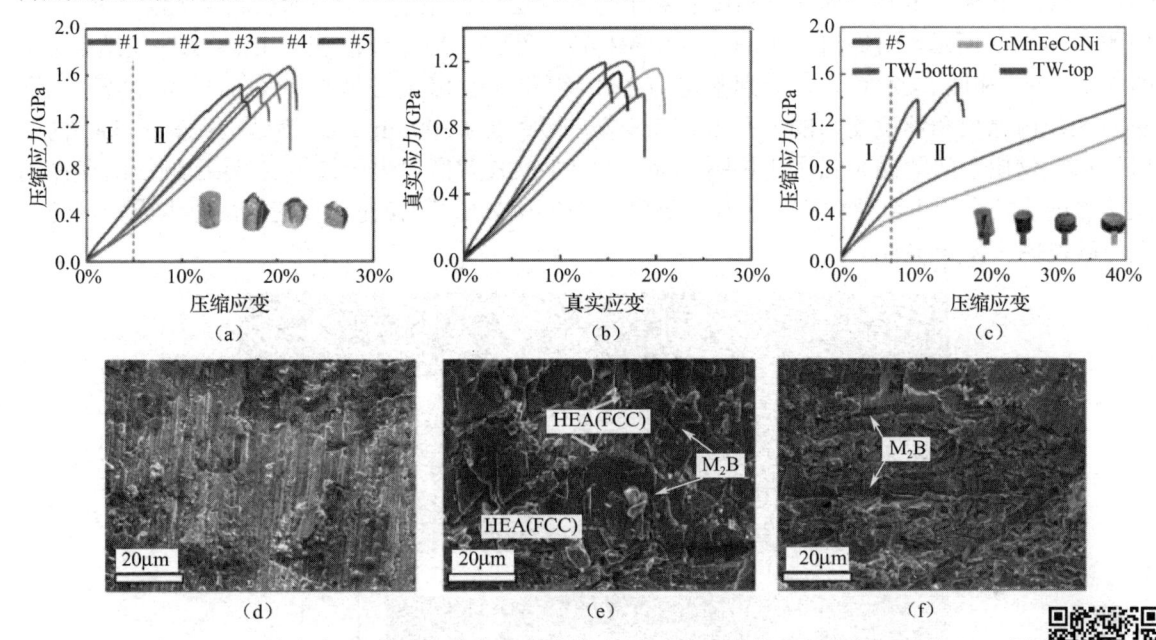

图 5-35　压缩应力-压缩应变曲线、真实应力-真实应变曲线及压缩断口形貌 SEM 图

扫码看彩图

5.5.4　功能梯度涂层复合材料

由于 SiC 与 C/C 复合材料具有良好的物理和化学相容性，被广泛用作 C/C 复合材料的涂层，但在较宽温度范围（1473～1773K）下抗氧化性较差，因为 SiC 涂层在高温制备过程中产生了裂纹和孔洞等。利用金属硅化物（如 $CrSi_2$、$TiSi_2$ 和 $MoSi_2$）通过反应烧结来填补 SiC 涂层中的这些缺陷。然而，由于它们的热膨胀系数（如 $MoSi_2$ 约 $7.8\times10^{-6}\text{K}^{-1}$）大于 SiC（约 $4.5\times10^{-6}\text{K}^{-1}$），因此，金属硅化物改性 SiC 涂层与 C/C 衬底之间热膨胀系数（CTE）的不匹配更为严重，导致在高温-低温复杂环境中形成穿透性裂纹。为了抑制裂纹，研究人员制备了功能梯度复合涂层，并获得了良好的抗氧化性能。

1. 制备

将 C/C 复合材料切成 8mm×8mm×8mm 的小块，并进行抛光、清洗和干燥。SiC 涂层片由包埋法获得，小块在 2173～2373K 的混合粉末中嵌入 2～4h。粉末由 50～90wt% 的 Si 粉末（45μm，≥99.0%）、10～40wt% 石墨粉（45μm，≥99.0%）、2wt%～15wt% 氧化铝粉末（45μm，≥99.9%）组成。用浆液在 SiC 涂层表面制备多孔 $SiCZrSi_2$ 预涂层。浆液与 30～70wt% 的 $ZrSi_2$

（3μm，≥99.9%）、20~60wt% α-SiC（6.5μm，≥99.0%）和 5~15wt% PVB（聚乙烯醇缩丁醛酯）的酒精溶液混合，固体含量为 0.1~0.8g/mL。用磁力搅拌器以 200~400r/min 的速度充分搅拌 10h。将 SiC 涂层的 C/C 复合材料浸在浆液中 15~20 次，并以 0.5~1.0cm/s 的速度拉出。预涂层在 1577~1773K 中，并在空气气氛下的电炉中致密处理 10~30h，以获得梯度复合涂层。

2. SiC/SiC-ZrSi$_2$ 涂层的微观组织

图 5-36 为 SiC/SiC-ZrSi$_2$ 涂层的组织形貌和相组成。内涂层由粒径为 100~200μm 的 SiC 颗粒组成，如图 5-36（a）所示，粗糙有利于与外涂层的机械结合。外涂层表面光滑，无裂纹，如图 5-36（b）所示，由均匀分布的黑白颗粒构成［见图 5-36（d）］。根据 EDS 能谱仪结果［见图 5-36（e）和图 5-36（f）］，分别鉴定为 ZrSi$_2$ 相和 SiC 相。在图 5-36（c）中可以观察到致密的 SiC 内涂层和厚度均匀的多孔 SiC-ZrSi$_2$ 外涂层（约 200μm）。连锁结构提高了 SiC 内涂层与 C/C 物质之间的黏合强度［见图 5-36（d）的 BSE 背散射电子图］。外涂层颗粒间存在的微孔提供了较大的可氧化面积，有利于氧气与 SiC 和 ZrSi$_2$ 颗粒充分反应，快速生成大量的二氧化硅玻璃，使表层致密。

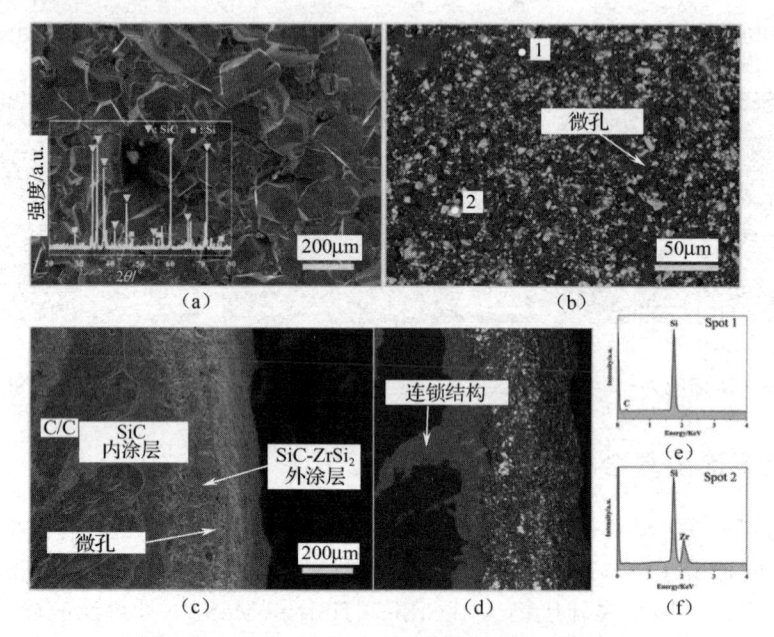

图 5-36 SiC/SiC-ZrSi$_2$ 涂层的微观结构 SEM 图

3. 显微组织

涂层的多孔颗粒表面［见图 5-37（b）］转变为熔融玻璃状态，致密化后无孔洞和裂纹［见图 5-37（a）］。玻璃中嵌入了许多粒子［见图 5-37（b）］，即图 5-37（a）中 A 区域的放大图）。根据 XRD 图结果，从点 1 和点 2 的 EDS 结果可知，粒子为 ZrSiO$_4$，玻璃相为 SiO$_2$（低 C 含量）［见图 5-37（d）］。碳含量少［见图 5-37（c）~图 5-37（d）］表明，玻璃层中含有 SiC 颗粒，这与 XRD 图的结果一致［见图 5-37（a）］。ZrSiO$_4$ 由 ZrO$_2$ 和 SiO$_2$［反应（5-46）］原位形成，并将其部分溶解在熔融的 SiO$_2$ 中，以提高 SiO$_2$ 玻璃的热稳定性。可能的反应如下：

$$ZrSi_2(s)+3O_2(g)=ZrO_2(s)+2SiO_2(s) \tag{5-45}$$

$$ZrO_2(s) + SiO_2(g) = ZrSiO_4(s) \tag{5-46}$$

$$SiC(s) + 2O_2(g) = SiO_2(s) + CO_2(g) \tag{5-47}$$

$$SiC + O_2(g) = SiO(g) + CO(g) \tag{5-48}$$

$$SiC + 2SiO_2(s) = 3SiO(g) + CO(g) \tag{5-49}$$

$$2SiO(g) + O_2(g) = 2SiO_2(s) \tag{5-50}$$

由于从空气到涂层内部存在氧浓度梯度，因此暴露在空气中的 SiC 和 ZrSi₂ 颗粒被氧化成 SiO₂ 玻璃，由于 SiO₂ 在高温下的低黏度和氧化转变引起的体积膨胀，该 SiO₂ 玻璃填充了涂层外部的微孔。在涂层的表层形成了厚度约为 100μm 的致密层（Dense Layer）[见图 5-37 (c)]，它是氧气运输的有效障碍。涂层内部的颗粒接触的氧气较少，填充微孔的氧化物 SiO₂ 就少，导致微孔层（Microporous Layer）存在。SiO₂ 含量由外到内逐步下降，图 5-37（c）中相应区域的梯度氧分布表明逐步减少 SiO₂ 含量，致使 SiO₂（热膨胀系数为 $0.56 \times 10^{-6} K^{-1}$）与 SiC 内涂层之间的热膨胀系数的失配度逐渐减小，从而抑制内涂层开裂。因此，在 SiC 涂层的 C/C 复合材料表面形成了具有明显双层结构的 SiO₂ 梯度复合涂层（致密层和微孔层），该功能梯度复合材料由玻璃相（SiO₂）和陶瓷相（ZrSi₂、SiC、ZrO₂ 和 ZrSiO₄）组成。

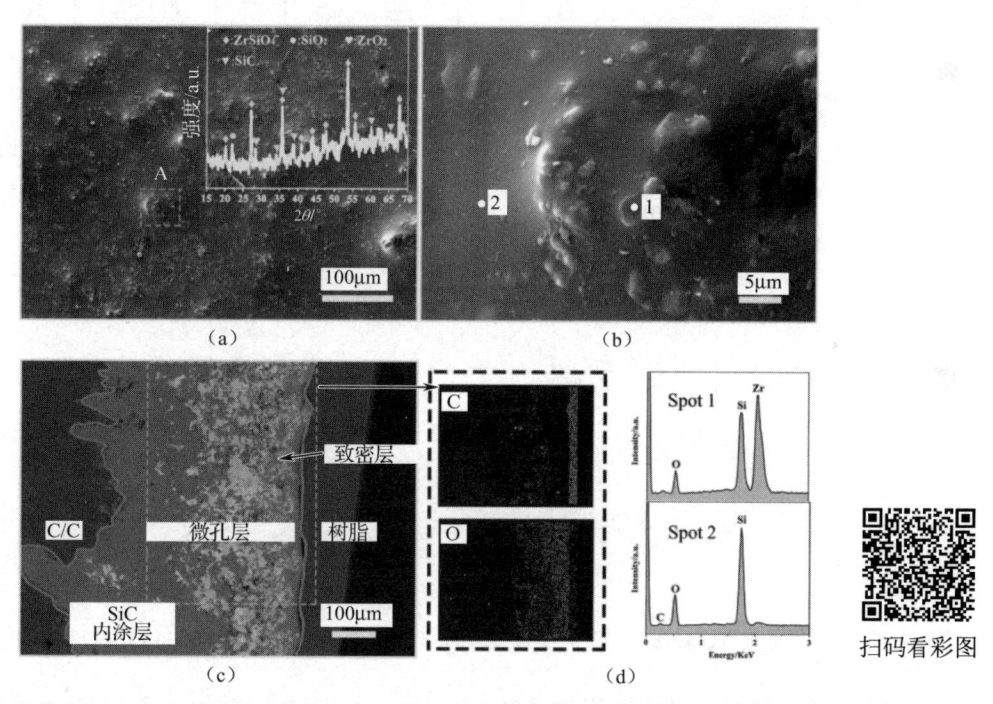

图 5-37 功能梯度复合涂层表面的局部放大图、横截面及相应面积的 EDS 结果和相应点的 EDS 结果

4. 功能梯度复合涂层的 TG（Thermogravimetric，热重）曲线

为了研究功能梯度复合涂层样品在动态氧化环境下的抗氧化性，对其在空气中加热至 573~1773K 进行热重分析。随着温度的升高，SiC 涂层的质量急剧下降，最终的质量保留率仅为 62.90%[见图 5-38（a）]。这是因为功能梯度 SiC 涂层中的裂缝导致 C/C 衬底被氧化 [（反应（5-51）~反应（5-53）]。而在应用功能梯度复合涂层后，最终质量保留率为 97.94%，表明 SiC 内涂层中的这些裂纹被 SiO₂ 玻璃致密，从而阻止了氧气扩散到 C/C 衬底中。

涂层样品的 TG 曲线分为三个阶段[见图 5-38（b）]：Ⅰ阶段（573~673K）、Ⅱ阶段（673~

1523K）和Ⅲ阶段（1523~1773K）。在Ⅰ阶段，由于C/C复合材料在673K以下未被氧化，涂层质量保持不变。随着温度的升高，虽然SiC和$ZrSi_2$氧化产生SiO_2，使其质量增加，但由于涂层中存在裂纹，无法弥补C/C衬底氧化［反应（5-51）~反应（5-53）］造成的质量损失。因此，涂层样品的质量在Ⅱ阶段迅速下降。SiO_2-$ZrSiO_4$玻璃的黏度随着温度的升高而降低［见图5-38（c）］，使玻璃具有愈合裂缝的能力。因此，C/C衬底的氧化在1523K时终止，在Ⅲ阶段，由于SiC在较高的温度下氧化成SiO_2［反应（5-47）~反应（5-50）］，使Ⅲ阶段的质量增加占主导地位。

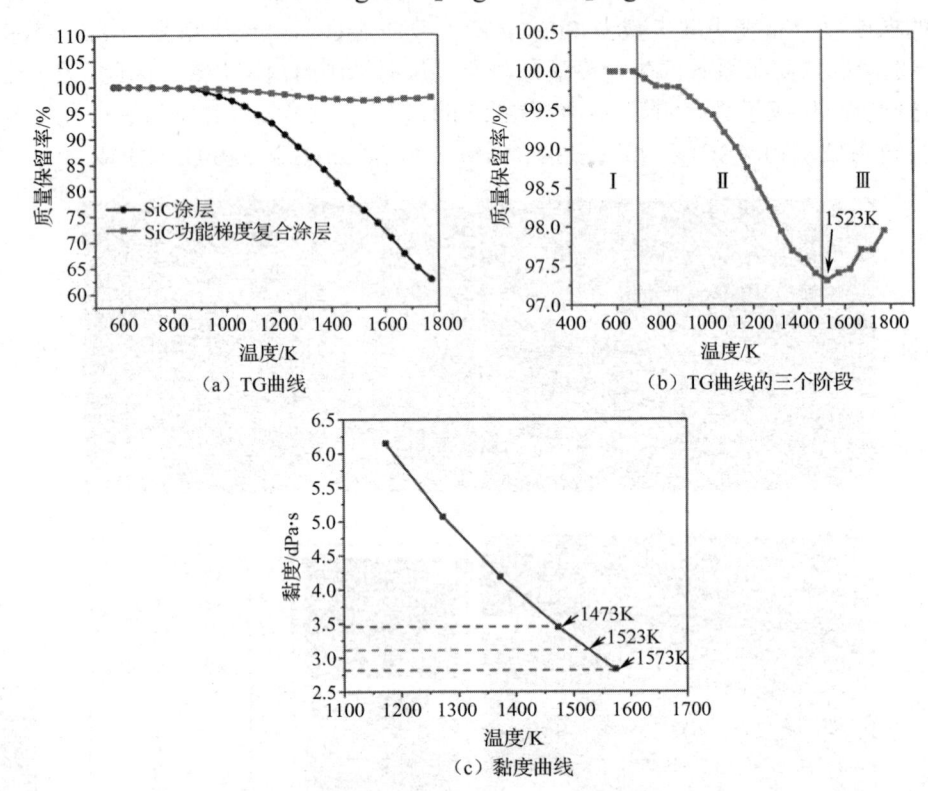

$$C(s) + O_2(g) = CO_2(g) \tag{5-51}$$
$$2C(s) + O_2(g) = 2CO(g) \tag{5-52}$$
$$2CO(g) + O_2(g) = 2CO_2(g) \tag{5-53}$$

图5-38 涂层样品的TG曲线、TG曲线的三个阶段及SiO_2-$ZrSiO_4$玻璃在1173~1573K下的黏度曲线

5. 功能梯度复合涂层的抗氧化性能

分别在1473K、1573K和1773K条件对功能梯度复合涂层进行等温氧化实验。涂层样品的氧化过程可分为三个阶段［见图5-39（a）］：质量增加（Ⅰ阶段）、质量恒定（Ⅱ阶段）和质量下降（Ⅲ阶段）。在Ⅰ阶段，涂层样品的质量急剧增加，在1473K、230h时达到1.59wt%，在1573K、243h时达到1.60wt%，在1773K、237h时达到1.19wt%，归因于持续氧化外涂层的SiC粒子。随着氧化时间的推移，涂层样品的质量增益曲线进入质量恒定阶段，表明涂层具有良好的抗氧化扩散能力。在1573K和1773K下经过数百小时的氧化后，涂层样品开始失去质量。最后，在1473K、1573K和1773K下分别保护810h、815h和901h，碳复合材料氧化形成氧化层，质量增加分别为1.62wt%、1.48wt%和1.14wt%。在1773K条件下，与

SiC-Si-ZrSiO$_4$ 涂层、ZrSiO$_4$ 涂层、ZrSiO$_4$-SiO$_2$ 涂层及其他涂层相比，功能梯度复合涂层在 1473K、1573K 和 1773K 下的抗氧化时间最长，在中高温下表现出优异的抗氧化性［见图 5-39 (b)］，图中 coating 为涂层，glass coating 为玻璃涂层，sol-gel mullite coating 为溶胶-凝胶莫来石涂层，cristobalite 为方英石。

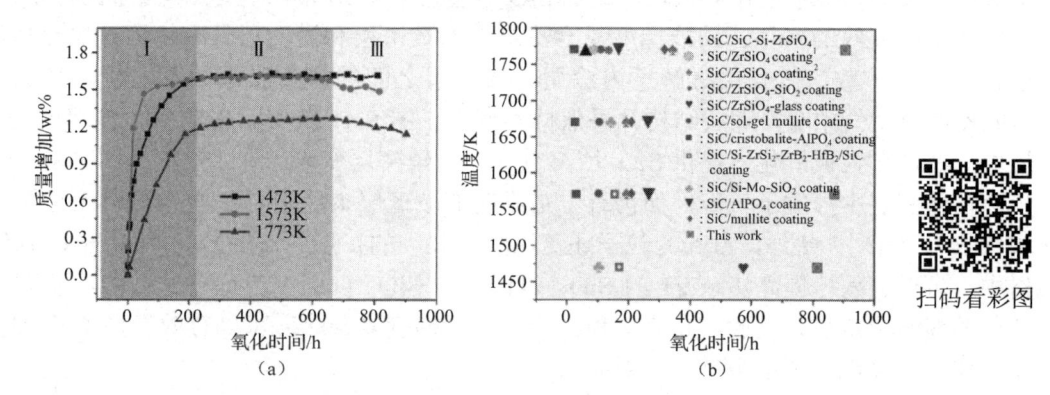

图 5-39 功能梯度复合涂层样品的等温氧化曲线及其他涂层在中高温下的氧化性能

图 5-40 为功能梯度复合涂层在不同温度下氧化后的横截面 SEM 照片。随着温度的升高，致密层变厚，微孔层变薄。经 1473K 氧化后，白色相（ZrSiO$_4$、ZrO$_2$、ZrSi$_2$）均匀分布在外层［见图 5-40 (a)］，外层与 SiC 内涂层无明显边界［见图 5-40 (b)，图 5-40 (a) 中 C 区域的局部放大图］。在 1573K 时，致密的玻璃层中出现气泡（Bubble）［见图 5-40 (c)］，在 1773K 时气泡形成，几乎穿透了整个外部致密玻璃层［见图 5-40 (d)］。比较图 5-37 (c) 和图 5-40 (b)，可见微孔层较松散，界面处出现一些空隙（Void），该厚度约 200μm，玻璃层有效地阻止了氧的扩散，导致氧浓度很低，可以引发 SiC 氧化［反应 (5-48) 和反应 (5-49)］。因此，SiC 被消耗，在微孔层和界面上留下空隙，产生的气体（CO、SiO）在致密的玻璃层中产生大气泡（Big Bubble），导致涂层样品的质量损失缓慢。

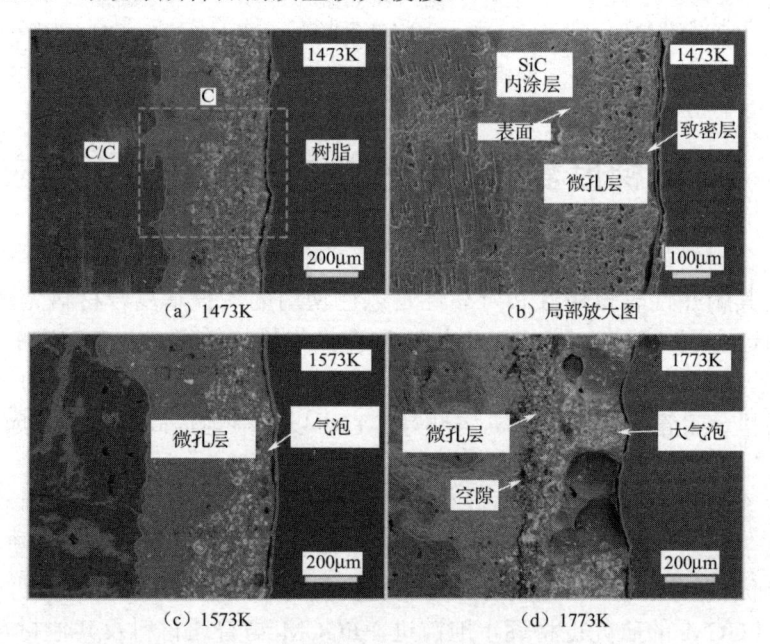

图 5-40 氧化后功能梯度复合涂层的横截面 SEM 照片

6. 功能梯度复合涂层的抗氧化机理

图 5-41 为不同温度下功能梯度复合涂层的抗氧化机理图。功能梯度复合涂层[见图 5-41（a）]是通过在 SiC 内涂层上的多孔 SiC-ZrSi$_2$ 涂层氧化（Oxidation）产生玻璃 SiO$_2$ 并致密后形成的。SiC 和 ZrSi$_2$ 颗粒被氧化形成的 SiO$_2$ 含量呈梯度分布，其体积膨胀量同样呈梯度分布，有助于抑制裂纹的产生。功能梯度复合涂层中的致密层和微孔层具有协同抗氧化作用，致密层锁住氧气扩散，微孔层缓解了内涂层与致密层之间的热膨胀系数不匹配。当涂层暴露于 1473K 的热空气中时，双层结构几乎保持不变[见图 5-41（b）]。随着氧化温度的升高，微孔层中的 SiC 颗粒被氧化，提供 SiO$_2$ 填充空隙，使致密层变厚。在 1573K 和 1773K 下氧化后，虽然在致密层中形成了气泡，但仍有一定厚度的玻璃层来保护 C/C 复合材料[见图 5-41（c）和图 5-41（d）]。此外，ZrSiO$_4$ 粒子还可以阻止裂纹的扩展。ZrSiO$_4$ 的 Zr 原子扩散到 SiO$_2$ 晶格中，可以有效地提高掺杂 Zr 的 SiO$_2$（110）与 SiO$_2$（001）界面的结合能，从而提高 SiO$_2$ 玻璃的高温稳定性。因此，具有这种结构的功能梯度复合涂层可以有效保护 C/C 复合材料，使其在中高温氧化环境中具有长寿命。

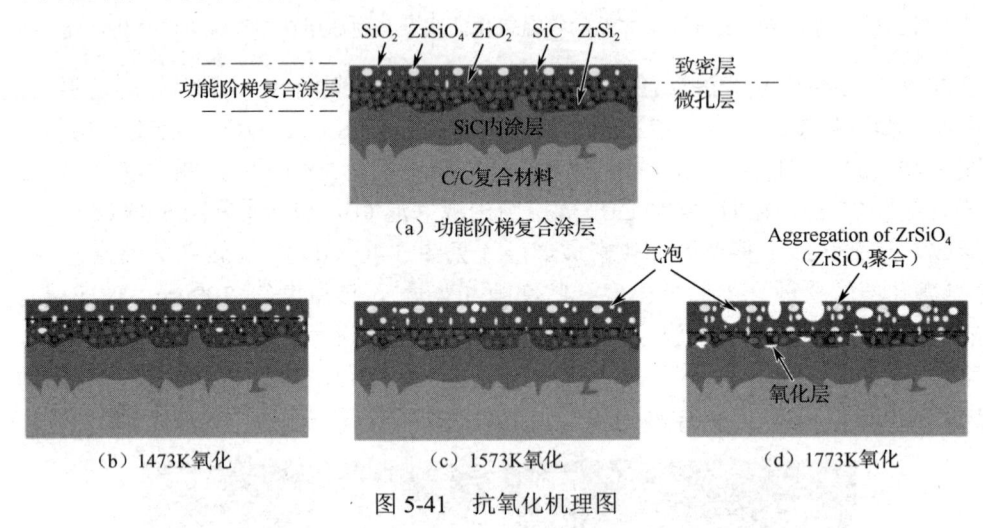

图 5-41 抗氧化机理图

5.6 功能梯度复合材料在航空航天领域中的应用

功能梯度复合材料最初用于缓和热应力，现可应用于高温环境，特别适用于材料两侧温差较大的环境，其耐热性、再用性和可靠性是以往使用的陶瓷基复合材料无法比拟的，功能梯度复合材料通过金属、陶瓷、塑料等无机物和有机物的巧妙组合，在航空航天、能源工程、生物医学、电磁、核工程和光学等领域都有广泛的应用。在航空航天领域中，已应用于火箭推力燃烧室的衬里、喷管、爆发内燃机构件等，它可以明显地提高材料的热应力缓和、耐热、耐热冲击、耐腐蚀、耐磨等性能。

功能梯度复合材料的发展方向将以材料设计、制备技术、性能评价为中心，在提高材料设计的精度、制备工艺、建立性能评价的标准和实验方法、应用等方面进行更加深入的研究，生产出性能更加优良、大尺寸、更实用的功能梯度复合材料。1D-FGCM 的研究会更加深入，2D-FGCM、3D-FGCM 的研究也将逐步地前进，FGCM 与普通材料及其他材料的结合使用与研究也将成为又一个新的亮点。FGCM 将为材料界带来一场伟大的变革。

本章小结

　　功能梯度复合材料是 21 世纪最新型的材料之一，发展飞快，其具有独特的设计理念、特殊的制备方法，以及优越的使用性能，无疑会是被研究的最热门材料之一。它是一种材料的组成、结构、孔隙率、取向、界面等要素沿厚度方向由一侧向另一侧连续变化，使材料的物理、化学、生物等性能沿着厚度方向也发生连续变化，可以适应不同环境，具有特殊功能的新型复合材料。它不同于传统的复合材料，存在独特的功能梯度，可从其组成、结构、孔隙率、取向、界面等要素进行梯度设计，制备方法多，常见的有粉末冶金法、等离子喷涂法、自蔓延高温合成法、气相沉积法、离心铸造法、激光熔覆法、3D 打印法、无压浸渗法、电沉积法等。由于制备过程经历高温，成分或结构存在梯度，在复合材料中会产生热应力，常见分析热应力的模型有成分分布模型和热物性参数模型。计算方法有解析法和数值分析法。常见的功能梯度复合材料有 Gd/BST 热电磁功能梯度复合材料、功能梯度铝基复合材料、功能梯度高熵合金基复合材料及功能梯度涂层复合材料等。另外，功能梯度复合材料在航空航天领域中有着十分广阔的应用前景。

思考题

（1）什么是功能梯度复合材料？简述"梯度"的含义。
（2）简述功能梯度复合材料与复合材料的异同点。
（3）功能梯度复合材料的特点有哪些？
（4）功能梯度复合材料的制备方法有哪些？
（5）简述功能梯度复合材料的设计、制备和性能评价三个部分之间的关联性。
（6）什么是功能梯度复合材料的性能评价？包括哪些内容？
（7）功能梯度复合材料的热应力分析方法有几种？
（8）功能梯度复合材料的热应力分析模型有几种？
（9）常见的功能梯度复合材料有哪几种？
（10）简述功能梯度复合材料在航空航天领域中的应用。
（11）简述功能梯度复合材料的发展前景。

第6章 烧蚀防热复合材料

航天飞行器，如我国的航天飞机和实践十号返回式卫星等，如图 6-1 所示，可在高温等恶劣环境下工作。当飞行器完成飞行任务后返回地球时，通常会以极高速度进入行星大气层，在飞行器穿越大气层飞行的过程（进入、降落、着陆过程）中，飞行器表面与大气层相互作用，其机械能转化为周围气体的内能，在飞行器前体表面形成高温流场，高温流场会对飞行器表面施加强烈的对流和辐射加热，如图 6-2 所示。随着飞行器进入速度和大气密度的增大，其表面热流随之增大，当飞行器以中等速度进入时，通常速度小于 7.5km/s，表面热流较小，即小于 1MW/m²；当进入速度超过 8km/s 时，热流将超过 1.5MW/m²，因此需要热防护系统保障飞行器内部设备和人员免受高温流场的影响。因此防热技术是航空航天飞行器的关键技术之一，主要包括烧蚀防热、辐射防热、隔热、热管主动冷却、热沉和发汗冷却等多种形式。凡满足上述功能的复合材料均称为防热复合材料。本章主要介绍烧蚀防热复合材料，也称耐烧蚀复合材料。烧蚀防热复合材料应具有防热效果好、质量轻、密度小、成本低及良好的力学性能、与周边材料的结合性能和加工工艺性能等特点。

图 6-1 昊龙货运航天飞机与实践十号返回式卫星照片 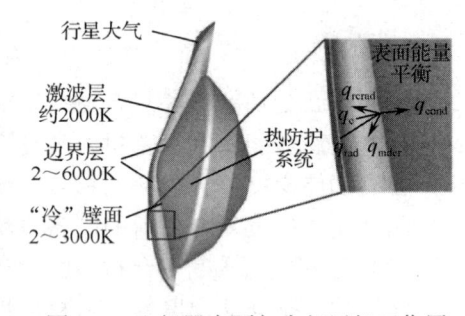　　图 6-2 飞行器表面与大气层相互作用

6.1 烧蚀防热复合材料的定义与分类

烧蚀现象首先是在 1995 年由美国某军工厂在火箭燃气（2570℃）作用下对玻璃纤维增强的三聚氰胺树脂基复合材料进行实验时发现的，当时树脂表面尽管被燃气冲刷分层，但距表面 6.4mm 及以下的部位未受损伤，测温热电偶也未变化，这一发现即烧蚀技术的先导，其意义重大，成为现代科学技术最重要的成就之一，为航空航天技术的发展扫清了障碍。

根据实验条件和环境的不同，烧蚀现象可分为以下几种。

（1）空气动力学烧蚀。航天飞机、洲际导弹、返回式人造卫星等再进入大气层时，飞行器表面需经受高马赫（25~30Ma）、短时程（20~100s）和高界面温度（4000~1000℃）。

（2）气体动力学烧蚀。火箭发动机喷管经受高温气流冲刷，喉衬温度可达 3000~3500℃，作用时程为几秒至数十秒。

（3）热动能系统烧蚀。超声速涡轮发动机转子的工作温度可达 2500℃，可经 2000~3000h 的长时间燃气介质的腐蚀和冲刷。

(4) 工艺烧蚀。例如，在 C/C 复合材料循环高温高压固化成型工艺过程中，此工艺温度高达 2000℃。

(5) 火焰与光的辐射烧蚀。火箭发动机喷射的烈焰对复合材料外壳的辐射温度高达 2500～4000℃。

根据防热机制、基体类型，烧蚀防热复合材料有多种不同的分类方法。

根据防热机制，烧蚀防热复合材料可分为升华型、熔化型和炭化型三类。

(1) 升华型，主要靠复合材料高温下升华、气化带走大量热量。典型代表有 C/C 复合材料，升华温度高达 3600℃，该复合材料在升华前还会产生强烈的辐射散热作用。

(2) 熔化型，主要利用材料在高温时熔化吸收大量潜热，并进一步形成熔融液态层来阻塞热流，如碳纤维/石英玻璃复合材料、石英玻璃/酚醛树脂复合材料等。其主要成分石英玻璃 SiO_2 气化潜热高达 12552kJ/mol，在高温下熔融形成高黏度液体，吸收大量的热量，同时能很好地黏结炭化层，使其在高速气流下不易被冲刷掉，起到防热效果。

(3) 炭化型，炭化型烧蚀防热复合材料主要利用高分子材料树脂在高温下炭化吸热，并进一步利用形成的炭化层辐射散热和阻塞热流，如石英纤维/酚醛树脂复合材料、碳纤维/酚醛树脂复合材料、碳纤维/聚酰亚胺树脂复合材料、高硅氧/酚醛复合材料等。

根据基体类型的不同，烧蚀防热复合材料可分为树脂基、碳基和陶瓷基三类。

(1) 树脂基，树脂基烧蚀防热复合材料属于炭化-熔化型烧蚀防热复合材料。具有密度低、成型加工简单等优点，又有低密度和高密度之分。低密度的烧蚀防热复合材料由轻质填料（中空玻璃珠、陶瓷珠等）、短切纤维与酚醛树脂和环氧树脂等混合而成，密度一般为 0.2～0.7g/cm³；适用于低焓、低热流的航天器，如轨道式再入的返回式飞船和卫星防热护蒙皮。高密度的烧蚀防热复合材料是指密度高于 1.0g/cm³ 的复合材料，常见的有玻璃纤维/酚醛树脂复合材料、高硅氧纤维/酚醛树脂复合材料、碳纤维/酚醛树脂复合材料、碳纤维/聚酰亚胺树脂复合材料等。树脂基烧蚀防热复合材料适用于中等焓值、中等热流的工作环境。

(2) 碳基，碳基烧蚀防热复合材料属于升华型烧蚀防热复合材料，适用于高焓值、高热流的严峻环境。最典型的为 C/C 复合材料，它可作为 2000℃以上的唯一备选材料，可耐受高达 10000℃的驻点温度。

(3) 陶瓷基，陶瓷基烧蚀防热复合材料属于熔化-升华型烧蚀防热复合材料。具有良好的高温力学性能、抗氧化性能、耐磨性和隔热性，工作温度可达 1650℃，但脆性大，可靠性不足，一般可采用高强纤维增强方式弥补，并可显著提升其抗热震冲击能力，实现烧蚀-隔热-结构支撑多功能的材料一体化设计，大幅减轻系统质量，增加运载效率和延长使用寿命。此类型主要有连续纤维 C_f/SiC 复合材料、SiC_f/SiC 复合材料等。

烧蚀防热是指借助消耗质量带走热量以实现热防护的目的，希望能以最小的质量消耗抵挡最多的气动热量，因此衡量烧蚀防热复合材料性能的重要参数是有效烧蚀热，即单位质量的烧蚀材料完全烧掉所带走的热量。因此，烧蚀防热复合材料应具有以下特性。

(1) 比热容大，以便烧蚀过程中可吸收大量的热量。

(2) 导热系数小，具有一定的隔热作用，仅使表面产生高温。

(3) 密度小，密度小、质量轻是航天飞行器的根本要求，可最大限度地减轻总质量。

(4) 烧蚀速率低，保证在有效防热的前提下尽量减小质量损耗，延长使用寿命。

(5) 良好的力学性能和热物理性能，保证其在高温气流作用下仍具有良好的力学性能和热物理性能，保证能与周边结构体有良好的结合。

6.2 烧蚀防热复合材料的烧蚀模型

烧蚀是一个多因素耦合作用的复杂过程，目前根据不同的烧蚀材料，综合考虑不同的烧蚀环境和烧蚀机理，研究者提出了一些烧蚀模型，通过这些模型可以对不同烧蚀条件下材料的烧蚀行为进行研究。常见的烧蚀模型有线烧蚀模型、机械剥蚀模型、热化学烧蚀模型、热力学侵蚀模型和体积烧蚀模型。

6.2.1 线烧蚀模型

材料的线烧蚀将会导致结构表面和界面发生变化，在改变热流边界条件的同时改变了边界层的流动和传热特性，这类结构表面与环境之间的耦合作用一直是空气动力学研究中的难点。1950—1964年Landau等应用有限差分法对材料的线烧蚀率进行了研究，主要考虑了表面边界受均匀热流和对流热流的工况。后来一些研究者对半无限体的一维热传导模型进行了改进，相继提出了热平衡积分法和 θ-动量积分法。但这些方法（有限差分法、热平衡积分法和 θ-动量积分法）仅考虑材料表面的热化学-物理烧蚀，没有考虑热力学腐蚀和机械剥蚀，忽略了烧蚀过程中材料与环境之间的相互耦合作用，材料损失通过线烧蚀率来描述。在热平衡积分法中，材料表面温度达到一定值后，发生熔化，熔化的质量被带走，引起质量损失，即材料表面发生线烧蚀。材料的热物理性能随着温度变化而变化，可用热流密度 θ 来代替材料的温度 T，Goodman首次提出热传导方程为

$$\frac{\partial \theta}{\partial t} = \frac{\partial}{\partial z}\left(\alpha \frac{\partial \theta}{\partial z}\right) + \dot{s}\frac{\partial \theta}{\partial z} \tag{6-1}$$

式中：$\alpha = K/\rho C_p$ 为材料热扩散率，ρ 为材料密度；θ 为热流密度，相当于单位体积控制体的能量；C_p 为材料的比热容；$\dot{s}$ 为表面的烧蚀率；K 为常数。将坐标系转换为表面随烧蚀时间移动的伴随坐标系：$z = x_0 - s(t)$，其中 $s(t)$ 为材料表面的位移，该式沿空间积分，得

$$\frac{d}{dt}\int_0^\infty \theta dz = \dot{q}_{net} - \theta_w \dot{s} \tag{6-2}$$

式中：$\dot{q}_{net} = \left(-\alpha \frac{\partial \theta}{\partial z}\right)_{z=0^+}$ 为随烧蚀时间变化的移动速率；θ_w 为材料表面的热流密度。

式（6-2）为热平衡积分（HBI）方程，它表明单位面积的材料中储存能量的变化率与进入烧蚀边界的热流变化率平衡。引入能量传递深度 $\delta(t)$，当 $z > \delta(t)$ 时，$\bar{\theta} = 0$，且设热流密度为

$$\theta(z,t) = \theta_w(t)\theta^*(z^*), \quad z^* = z/\delta(t) \tag{6-3}$$

进一步假设 $0 \leqslant z^* \leqslant 1$，$\theta^*(z^*) = \exp(-z^*) = (1-z^*)^n$，$z^* > 1$，$\theta^*(z^*) = 0$，则热平衡积分方程可表示为

$$\frac{d}{dt}[K^* \cdot \theta_w^2 \alpha_w / \dot{q}_{net}] = \dot{q}_{net} - \theta_w \dot{s} \tag{6-4}$$

式中：$K^* = \dot{q}_{net}^* \int_0^\infty \theta^* dz^*$；$\dot{q}_{net}^* = \alpha(-d\theta^*/dz^*)_{z^*=0^+}$；$\alpha_w = K/\rho C_p$。

这样偏微分方程（6-2）转化为一个常微分方程。在表面开始烧蚀之前，略去方程右边的第二项，亦可求解材料表面的温度分布，然后由式（6-3）求得整个材料的热流密度分布。显然求解的精度取决于热流密度函数和烧蚀率函数的假定。

6.2.2 机械剥蚀模型

复合材料在外部烧蚀环境的作用下,由于基体和增强体纤维的密度不同,基体的密度小于增强体密度,因此基体烧蚀速度大于增强体的烧蚀速度。纤维裸露于烧蚀面,如图 6-3 所示,边界层剪切力和涡旋分离阻力引起纤维的剪力和力矩,使得纤维根部受到最大应力,当最大应力超过其强度时,纤维剥落。另外,表面粗糙度达到临界值时,受流体剪切力和压力的作用,裸露在表面的纤维和基体在剪应力和压力作用下失效剥落。基体和纤维性能的差异导致上述过程持续发生,使烧蚀表面发生退缩。

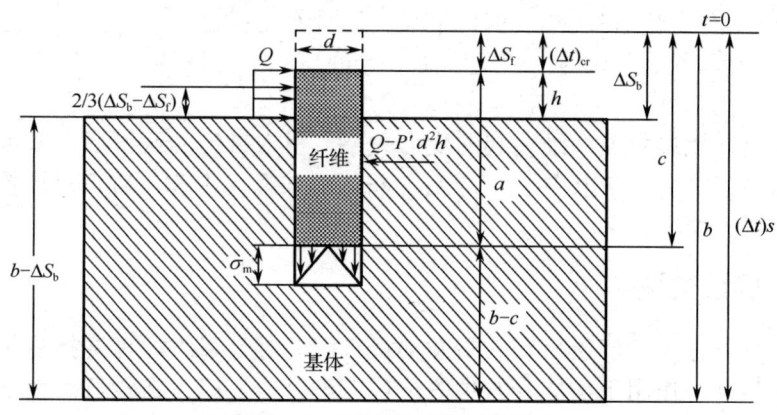

图 6-3 剥蚀控制体示意图

另外,复合材料在高温情况下存在各种形式的缺陷,该缺陷使得材料在高温高压环境下未达到破坏极限就发生剥蚀现象,一般通过断裂力学来解释热力耦合作用下的机械剥蚀。高温情况下表面材料的温度呈梯度分布,可通过断裂力学中的 J 积分判断表面材料的剥蚀。发生机械剥蚀时,材料还未完全吸收热量就已经剥落,导致材料吸热减少,不利于材料热防护,因此要尽量减少材料的机械剥蚀。设表面材料中纤维和基体的质量烧蚀率相同,则其烧蚀退缩率分别为

$$\dot{S}_f = \dot{m}_f/\rho_f; \quad \dot{S}_b = \dot{m}_b/\rho_b \tag{6-5}$$

式中:$\dot{m}_f$、$\dot{m}_b$ 分别表示纤维和基体的热化学烧蚀质量损失率;$\dot{S}_f$、$\dot{S}_b$ 分别是纤维和基体的烧蚀退缩率;ρ_f、ρ_b 分别为纤维和基体的密度。显然,由于基体和纤维的性能不同,纤维的烧蚀退缩率小于基体,随着烧蚀时间的增加,结构表面的粗糙度也随之增加,定义材料表面的粗糙度为纤维突起高度与纤维剩余长度的比值,即

$$\frac{h}{a} = \frac{\Delta S_b - \Delta S_f}{c - \Delta S_f} \tag{6-6}$$

式中:h 为纤维突起高度;a 为纤维剩余长度;c 为纤维的初始长度。$\Delta S_b = \dot{S}_b \Delta t$,$\Delta S_f = \dot{S}_f \Delta t$,计算达到临界粗糙度的临界烧蚀时间为

$$(\Delta t)_{cr} = \left[\frac{\rho_f}{\rho_b} + \left(\frac{h}{a} \right)_{cr} - 1 \right]^{-1} \left(\frac{h}{a} \right)_{cr} \frac{d}{\dot{S}_f} \tag{6-7}$$

如果在临界粗糙度之后仅为纤维的拔出,那么烧蚀时间和剥蚀率分别为

$$(\Delta t)_{SA} = (\Delta t)_{cr} + (\Delta t)_A = b/\dot{S}_b \tag{6-8}$$

$$(\dot{m}_{me})_A = [(\Delta t)_{SA} b^2]^{-1} (a - \Delta S_f) c^2 \rho_f \tag{6-9}$$

根据上述理论,可以得到剥蚀率和热化学烧蚀率的比值:

$$f_A = \frac{(\dot{m}_{me})_A}{\dot{m}_{ch}} = \frac{\rho_f}{\rho_b}\left(\frac{\rho_s}{\rho_b}-1\right)\left[\frac{\rho_f}{\rho_b}+\left(\frac{h}{a}\right)_{cr}-1\right]^{-1} \tag{6-10}$$

式中，$\dot{m}_{ch} = \dot{m}_f = \dot{m}_b$。如果烧蚀材料在达到临界粗糙度后，纤维和基体在压力作用下一起剥落，则和前面一样，其相应的控制体烧蚀时间、剥蚀率，以及剥蚀率与热化学烧蚀速率的比值分别为

$$(\Delta t)_{SB} = (\Delta t)_{cr} + (b-c)/\dot{S}_b \tag{6-11}$$

$$(\dot{m}_{me})_B = [(\Delta t)_{SB} b^2]^{-1}(a-\Delta S_f)c^2\rho_f + (c-\Delta S_f)(b^2-c^2)\rho_b \tag{6-12}$$

$$f_B = \frac{(\dot{m}_{me})_B}{\dot{m}_{ch}} = \left\{\left(\frac{h}{a}\right)_{cr}\frac{\rho_f}{\rho_b}+\left(\frac{b}{c}-1\right)\left[\frac{\rho_f}{\rho_b}+\left(\frac{h}{a}\right)_{cr}-1\right]\right\}^{-1}\left\{\frac{b}{c}\frac{\rho_f}{\rho_b}\left(\frac{\rho_s}{\rho_b}-1\right)+\left[\left(\frac{\rho_f}{\rho_b}-1\right)-\frac{b}{c}\left(\frac{\rho_s}{\rho_b}-1\right)\right]\left[1-\left(\frac{h}{a}\right)_{cr}\right]\right\} \tag{6-13}$$

根据烧蚀材料环境参数及纤维突起的受力关系，引入合理的假设后，即可求得不同烧蚀环境下材料的临界粗糙度，在求得 f_A、f_B 后，将二者按概率求和，就可以计算得到由机械剥蚀引起的复合材料的线烧蚀率。

6.2.3 热化学烧蚀模型

一般在对飞行器进入大气层后和火箭发动机进行烧蚀计算时，都选择热化学烧蚀模型进行计算。在热化学烧蚀作用下，碳会发生氧化反应和升华反应。在较低温度条件下，碳首先发生氧化反应，反应速率主要由反应动力学控制，随着温度的升高，氧气消耗急剧增加，氧气供应不足，导致边界层氧气向表面的扩散过程变为主要控制机制。在更高的温度下，还会发生碳氮反应及升华反应。附面层气体组元与热防护表面材料发生化学反应，并且在反应时吸收了大量热量，材料发生质量损失的同时有效地保护了基体。

在反应动力学控制区，氧化质量损失率为

$$-\dot{m} = k_0 e^{-\frac{E}{RT}}\left(\frac{\bar{M}_W}{M_O}p_e\right)^{\frac{1}{2}} \tag{6-14}$$

式中：R 为气体常数；$\bar{M}_W$ 为壁面气体平均分子量；M_O 为氧的分子量；p_e 为边界层压力；k_0 和 E 分别是反应阶数和活化能。

在对碳的升华速率进行求解时，可以通过分子运动理论求得其最大升华率：

$$-\dot{m}_E = \frac{\alpha_E \cdot \sqrt{M_i}}{\sqrt{2\pi RT}} \cdot K_{pc}, \quad i = C_1 \sim C_5 \tag{6-15}$$

式中，$\lg K_{pc} = a + \dfrac{b}{T(K)}$，$M_i$ 为分子量。

通过最小自由能原理、元素质量守恒原理及热力学数据库可以对热化学烧蚀作用下的产物进行分析和求解。

6.2.4 热力学侵蚀模型

热力学侵蚀模型重点考虑了在高速粒子流的冲刷作用下，对高温复合材料表面造成的力学侵蚀。研究发现，材料的热力学侵蚀将会增大结构表面的粗糙度，从而改变结构局部的气流形态，加快表面局部烧蚀，使得结构烧蚀不均匀，严重影响结构件的正常工作。一般粒子冲刷引起的侵蚀是由韧性侵蚀和脆性侵蚀共同作用的结果。设所有高速粒子的直径和速度相同，那么有

$$\frac{\partial \delta_\mathrm{m}}{\partial t} = f_\mathrm{v} N(W_\mathrm{d} - W_\mathrm{b}) \tag{6-16}$$

式中：W_d、W_b 分别为单个离子引起韧性侵蚀和脆性侵蚀所带走的质量，是粒子半径、速度、材料表面撞击角度及作用时间的函数；N 是单位烧蚀体表面上作用的粒子数；f_v 是对腐蚀有效的离子份数；δ_m 是力学侵蚀引起的表面收缩量。

6.2.5 体积烧蚀模型

材料的体积烧蚀受材料内部温度、升温速率、气体质量流率、炭化量、内部气压、时间和位置等多种因素的影响。图 6-4 采用控制体模型描述了材料烧蚀过程中物理-化学的变化，通过分析可以求解材料内部的热响应。

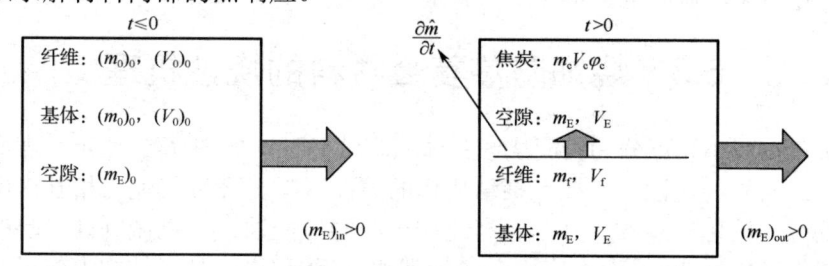

图 6-4　控制体模型

材料发生体积烧蚀时，需要考虑材料内部基体、纤维、焦炭及空隙中的气体压力。控制体模型可以直观地反映在高温条件下材料发生体积烧蚀时的物理-化学变化。可建立控制体的瞬态热平衡方程和质量守恒方程，求解材料内部的温度场及材料的热变形等温度响应。当温度升高到一定值时，复合材料内部基体首先发生热解反应并生成热解气体和焦炭，产生的气体组分因基体材料的不同而不同。发生体积烧蚀后，焦炭的体积为

$$V_\mathrm{c} = \int R_\mathrm{c} \mathrm{d}\tau + (V_\mathrm{c})_0 \tag{6-17}$$

式中：$(V_\mathrm{c})_0$ 为初始焦炭体积含量；R_c 为炭化反应速率，且与温度或升温速率相关。当炭化反应速率与升温速率密切相关时，其计算公式如下：

$$R_\mathrm{c} = \frac{1}{T_\mathrm{ec} - T_\mathrm{bc}} \frac{\partial T}{\partial t} \tag{6-18}$$

式中：T_bc 和 T_ec 分别为炭化反应的开始温度和结束温度。当炭化反应速率与温度相关时，计算公式如下：

$$R_\mathrm{c} = (1 - V_\mathrm{c})^{n_\mathrm{c}} k_\mathrm{c} \exp\left(-\frac{e_\mathrm{c}}{RT}\right) \tag{6-19}$$

式中：n_c 为反应阶数；k_c 为指前因子，e_c 为材料的活化能，T 为温度，R 为普适常数。

材料中焦炭质量为 $m_\mathrm{c} = \rho_\mathrm{c} V_\mathrm{c}$，设焦炭中的孔隙率为 φ_c，则焦炭中的孔隙体积为 $V_\mathrm{pc} = \varphi_\mathrm{c} V_\mathrm{c}$，炭化过程中材料的体积消耗率与焦炭的体积增加率相同，则有

$$-\frac{\partial V_\mathrm{s}}{\partial t} = \frac{\partial V_\mathrm{c}}{\partial t} = -R_\mathrm{c} \tag{6-20}$$

同理，材料中固体的瞬时质量为 $m_\mathrm{s} = \rho_\mathrm{s} V_\mathrm{s}$，$\rho_\mathrm{s}$、$V_\mathrm{s}$ 分别为固体的密度和体积，设 φ_s 为固体中的孔隙率，则固体中的孔隙体积为 $V_\mathrm{ps} = \varphi_\mathrm{s} V_\mathrm{s}$，由上述理论可以求得材料中的孔隙体积为

$$V_\mathrm{p} = V_\mathrm{ps} + V_\mathrm{pc} \tag{6-21}$$

根据质量守恒原理可以得到材料热解气体质量（m_v）生成率为

$$\frac{\partial \hat{m}_v}{\partial t} = -\frac{\partial m_s}{\partial t} + \frac{\partial m_c}{\partial t} = R_c(\rho_s - \rho_c) \tag{6-22}$$

最终，可以建立材料内部能量方程为

$$\frac{\partial E}{\partial t} = \frac{\partial}{\partial t}(h_s m_s + h_c m_c + h_v m_v) = \frac{\partial}{\partial x_i}\left(\sum_j K_{ij}\frac{\partial T}{\partial x_j}\right) - \sum_i \frac{\partial}{\partial x_i}(h_v m_{vi}) + R_c \rho_s \bar{Q}_c \tag{6-23}$$

式中：h_s、h_c、h_v 为比焓；K_{ij} 为热传导率；$\bar{Q}_c$ 为炭化反应热。根据上述理论，引入合理的定解条件后，可以求得材料内部瞬态温度场分布、热解气体质量流率及焦炭含量等。复合材料的烧蚀与烧蚀环境、材料性能等密切相关，需要根据实际情况建立合适的烧蚀模型。另外，在考虑烧蚀材料的体积烧蚀问题时，根据研究内容的侧重点，在不影响计算精度的基础上可对烧蚀模型进行简化，从而进一步减少计算量。

6.3 烧蚀防热复合材料的烧蚀机理

烧蚀（质量在减小）可分为表面烧蚀和体积烧蚀两种，如图 6-5 所示。表面烧蚀是发生在表面的烧蚀，又称线烧蚀，主要包括结构体的表面材料与环境气流的相互作用，表层材料发生热化学反应、熔化、蒸发、升华、高速粒子冲刷（侵蚀）及机械剥蚀引起的质量损失，即材料体积减小（V 减小），而密度不变（ρ=常数）。体积烧蚀是指结构内部材料在较低温度（相对表面烧蚀）下因热化学反应（热分解破坏和热氧化破坏）导致的质量损失，即材料体积不变（V=常数），但密度减小（ρ 减小）。

注意：表面烧蚀和体积烧蚀两种烧蚀过程相互耦合，没有明确的分界，均包含多种复杂的质量和能量的传递过程。目前还没有包含两种烧蚀过程的统一的物理-数学模型。由于两种烧蚀过程各有其特点，建立不同的烧蚀模型进行分析是合理的，也是目前被广泛采用的方法。

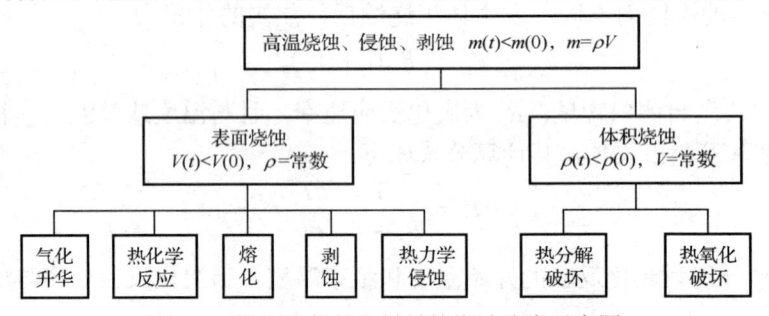

图 6-5 烧蚀防热复合材料的烧蚀分类示意图

在材料的表面，高速气流中带来的氧会发生氧化反应，消耗部分基体。同时随着温度的升高，材料还可能熔化、蒸发（升华），导致表面材料的质量损失，带走大量的热量。氧化反应和蒸发（升华）所产生的气体进入边界气流中，降低了气流中的氧气浓度，并对材料表面的传热有屏蔽作用。另外，热流气体中高速粒子的冲刷还会引起表面材料的热力学腐蚀（侵蚀），不仅造成材料的质量损失，还会影响材料强度。由于纤维和基体的物理、力学性质具有差异，表面的热化学腐蚀和热力学腐蚀导致表面粗糙度增大，局部热流密度迅速增大，同时使紊流转换区向驻点推移。在高速气流及内部材料烧蚀产生气体压力的作用下，表面材料还会因失效发生机械剥蚀，如图 6-6 所示。总之，烧蚀防热复合材料本质上是一种特殊的固体材料，在热气流作用下，材料会发生分解、熔化、蒸发、侵蚀等物理变化和化学变化，通过材料表面的质量消耗带走大量的热量，达到阻止热流传入材料内部的目的。

第6章 烧蚀防热复合材料

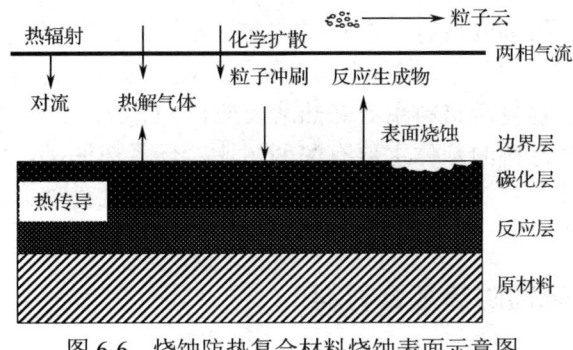

图 6-6 烧蚀防热复合材料烧蚀表面示意图

6.4 树脂基烧蚀防热复合材料

树脂基烧蚀防热复合材料主要是利用高相变热、低热导率的有机组分和无机组分，在强大气动热流作用下，吸收大量热后发生相变，相变物质的质量流失把热量带走，从而保护内部结构免遭高温影响的材料。

6.4.1 树脂基烧蚀防热复合材料的烧蚀过程

树脂基烧蚀防热复合材料的烧蚀过程是物理与化学交互作用的过程，在材料表面形成多层状的复杂结构，其烧蚀过程如图 6-7 所示。

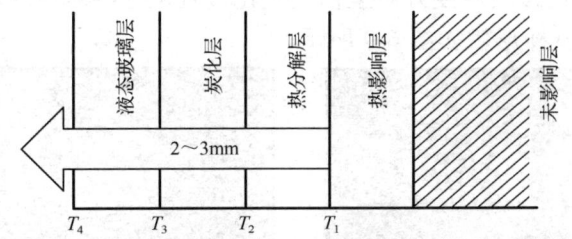

T_1—树脂热分解温度；T_2—树脂炭化温度；T_3—玻璃纤维熔融温度；T_4—烧蚀表面温度

图 6-7 树脂基烧蚀防热复合材料稳态烧蚀表层结构示意图

当材料暴露在烧蚀环境中时，首先起散热体的作用，随着热势的加剧，树脂基体外层变为黏性体形成液态玻璃层，而后开始降解，产生泡沫状碳物质，最终形成多孔焦炭炭化层。焦炭是一种性能较脆的材料，在高速气流作用下部分被冲走，从而带走大量的热，同时，其余焦炭能与增强纤维形成整体而不分离，使材料在烧蚀条件下不致完全破坏。内部的树脂基体在热流的作用下，加热到高温进而分解出更低分子量的裂解物形成热分解层，这种裂解物的耗散可带走大量的热量，从而有效阻碍热量向材料内部传递。同时，焦炭本身也是一种绝缘体，树脂基体热分解产生的挥发物可渗透到焦炭的孔隙中形成热分解层，使其进一步冷却。再里层的热影响层只有一般的物理反应，无化学反应，仅产生热胀冷缩的作用。

总之，树脂基烧蚀防热复合材料通过复杂的物理、化学反应带走大量的热量，热流稳定时，烧蚀过程也相对稳定，此时的烧蚀过程处在动态平衡，空间中各点的物性、热力学参数不随时间而变化，进入材料的气动加热热流值稳定，此时表层中液态层、炭化层、热分解层的厚度相对稳定，该厚度值取决于复合材料中树脂的热分解温度、炭化温度及纤维的熔融温度，同时各界面层以相同的速度向材料内部推进，形成稳定的烧蚀率。

注意： ①在烧蚀的开始阶段会有一个短暂的非稳态过程。②烧蚀时的热—质交换过程十分复杂，涉及多种物理、化学机制。③复合材料在不同的温度条件下发生不同的体积烧蚀，对碳/酚醛、玻纤/环氧等有机物复合材料主要是热解反应，而对 C/C 复合材料主要是热氧化反应。

树脂基烧蚀防热复合材料的基体主要有酚醛树脂、环氧树脂等，增强体主要有碳纤维、玻璃纤维、高硅氧纤维等。若对增强体和基体进行适当的改性处理，可有效提升树脂基烧蚀防热复合材料的耐烧蚀性能。

6.4.2 常见的树脂基烧蚀防热复合材料

1. 高硅氧纤维/酚醛树脂复合材料

高硅氧纤维/酚醛树脂复合材料因为其价格低廉和优良的防/隔热性能，被广泛用于固体火箭发动机的喷管喉衬及高超声速飞行器的防/隔热部件上。在高速气动载荷的作用下，高硅氧纤维/酚醛树脂复合材料将产生烧蚀和机械剥蚀现象。

1）制备

高硅氧纤维/酚醛树脂复合材料由高硅氧纤维、酚醛纤维和酚醛树脂烧结而成，三种成分的质量分数分别为 24%、20.4% 和 55.6%。为防止试样表面和空气发生对流换热，除测量变形面和辐射加热面外的其他表面，都采用了特殊防火隔热材料对试样进行了保温处理。

2）组织形貌与性能

图 6-8 为高硅氧纤维/酚醛树脂复合材料加热 50s、100s、150s、200s 后试样沿厚度方向的位移云图。图 6-8 表明位移沿厚度方向呈梯度变化，且位移绝对值逐渐递减。单侧辐射加热 218s 时，体积烧蚀后的试样形貌如图 6-9 所示。

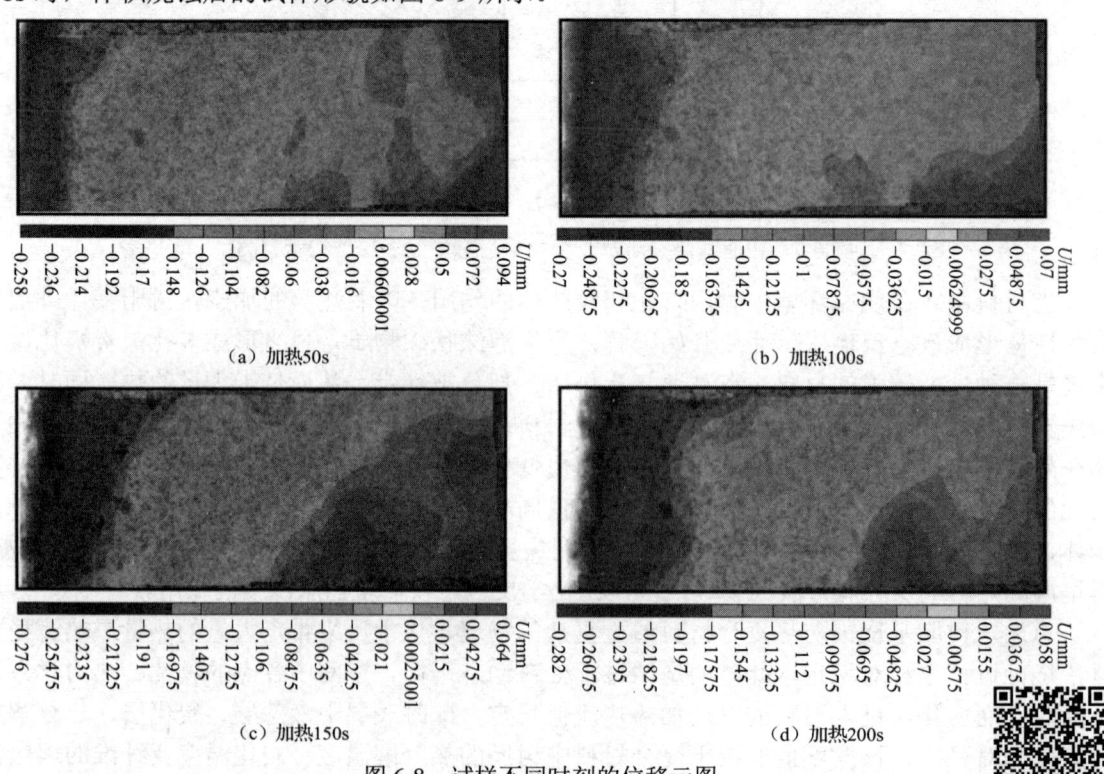

图 6-8　试样不同时刻的位移云图

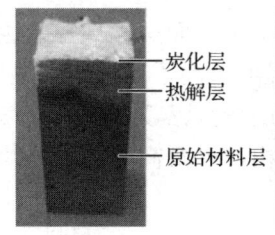

(a) 实验后的分层示意图　　(b) 实验后散斑面

图 6-9　实验后的试样形貌

由图 6-9 可知，高硅氧纤维/酚醛树脂复合材料试样靠近加热面的一端在实验后发生了热解破坏。酚醛树脂热解后形成带孔的焦炭相，同时产生大量的热解气体，如氢气、一氧化碳、水、苯酚、甲酚及甲烷等。热解气体通过多孔的碳层结构向外扩散，这一过程不仅带走了部分热量，同时阻碍了辐射热流对试样的进一步加热，即热阻塞效应。从图 6-9 可看出，高硅氧纤维/酚醛树脂复合材料试样在体积烧蚀后出现了分层现象，从靠近加热端依次可分为炭化层、热解层及原始材料层。高硅氧纤维/酚醛树脂复合材料在辐射热流作用下发生体积烧蚀后，由体式显微镜扫描可得加热面的表面形貌，如图 6-10 所示。由图 6-10 可知，高硅氧纤维/酚醛树脂复合材料在发生体积烧蚀的过程中，烧蚀面并不是同步向后退移的，在烧蚀面上会出现凹凸不平的烧蚀坑。这是由于高硅氧纤维/酚醛树脂复合材料在体积烧蚀过程中，酚醛树脂的烧蚀退移速度远大于高硅氧纤维的烧蚀退移速度。

在体式显微镜下，高硅氧纤维/酚醛树脂复合材料试样烧蚀后侧面靠近加热面处的显微结构如图 6-11 所示。由该图可知，试样靠近加热面处的白色丝状物质便是基体热解后暴露出来的高硅氧纤维。同时可见，基体热解后形成的炭化层结构含有大量的孔洞和裂纹，进一步增大了炭化层结构的渗透率，致使基体热解产生的热解气体更易向外扩散。

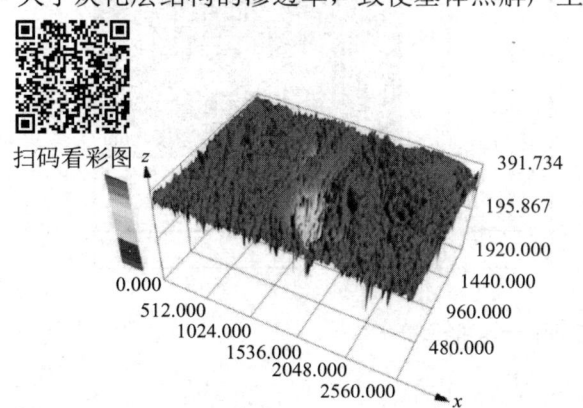

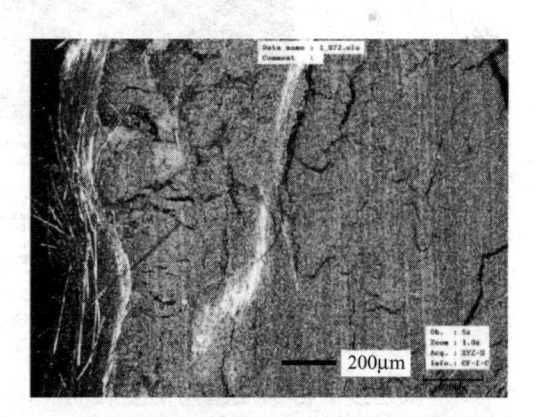

图 6-10　加热面烧蚀后的表面形貌（单位：μm）　　图 6-11　试样烧蚀后侧面靠近加热面处的显微结构

图 6-12 为试样烧蚀后加热面上不同位置处的显微结构。由该图可知，高硅氧纤维/酚醛树脂复合材料在辐射热流作用下，加热面上附着一层颗粒结晶状物质。为了进一步了解此结晶状物质的类别，利用能谱仪对试样表面的元素进行分析（见图 6-13）。由图 6-13（a）标记"+"处的元素含量分析可知此位置处的主要元素为 O 和 Si 元素，表明银灰色的结晶状物质为高硅氧纤维高温熔融后在空气中冷却形成的液态层硅氧化合物。液态层的厚度很薄，在气流剪切力的作用下将逐渐被吹除，同时液态层起到了隔离炭化层与氧气接触的作用，从而减缓了高硅氧纤维/酚醛树脂复合材料化学反应烧蚀的速度。由于在烧蚀表面观测到液态层的存在，由

此可判断试样在辐射热流作用下，靠近加热面处发生了表面烧蚀现象。由于表面烧蚀和体积烧蚀在烧蚀机理上存在差异，试样加热面处的表面温度远高于试样内部温度。同理，由图6-13（b）标记"+"处的元素含量分析可知，此位置处的主要元素为C、O和Si元素，则可推测，此位置处的物质为酚醛树脂热解反应后生成的焦炭相，以及高硅氧纤维熔融后在空气中形成的硅氧化合物。

总之，高硅氧纤维/酚醛树脂复合材料的烧蚀防热机理如下：①材料本身的热容吸热；②基体树脂的热分解和炭化吸热；③高硅氧纤维的熔化吸热；④"热阻"效应；⑤碳层表面的化学反应吸热。

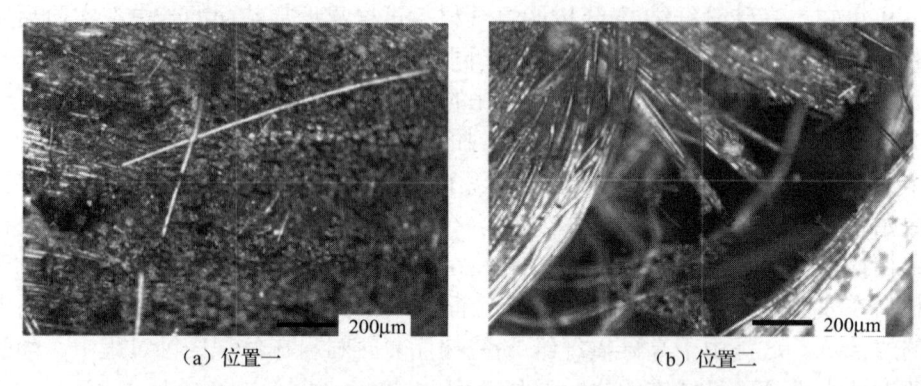

（a）位置一　　　　　　　　　　　　（b）位置二

图6-12　试样烧蚀后加热面上不同位置处的显微结构

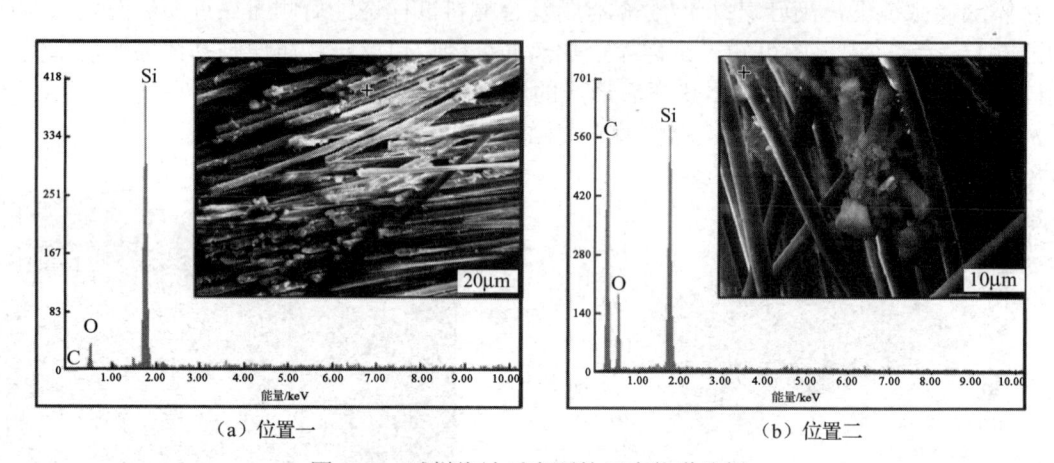

（a）位置一　　　　　　　　　　　　（b）位置二

图6-13　试样烧蚀后表面的元素能谱分析

2. 低密度酚醛树脂基防热复合材料

1）制备

低密度酚醛树脂基防热复合材料是以酚醛树脂为基体，加入固体填料（如空心玻璃微球、空心二氧化硅微球和空心酚醛微球）及纤维（石英纤维、碳纤维）制成的。将空心玻璃微球（直径 10~80μm）、空心二氧化硅微球（直径 10~80μm）、空心酚醛微球（直径 50~80μm）、短切石英纤维（长度 8mm）、黏胶基碳纤维（长度 8mm）按表6-1成分配比，搅拌、烘干、填充模具、压实。加热加压固化成型，分别制成4种复合材料成品A1、A2、B1和B2，如表6-1所示，宏观形貌如图6-14所示。

第6章 烧蚀防热复合材料

表 6-1 4种复合材料原材料配比情况

编号	复合材料整体密度	原材料质量比（酚醛树脂：固体填料）	纤维含量（占固体填料体积分数）
A1	0.5g/cm³	4:6	10%石英纤维
A2	0.5g/cm³	4:6	5%石英纤维+5%碳纤维
B1	0.6g/cm³	6:4	10%石英纤维
B2	0.6g/cm³	6:4	5%石英纤维+5%碳纤维

图 6-14 4种复合材料的宏观形貌

2）组织与性能

4种复合材料的弯曲强度及压缩强度如图 6-15 所示。由图可知随着酚醛树脂含量的提高，复合材料的密度增加，弯曲强度和压缩强度同步增大。这是因为相较于无机填料，酚醛树脂本身的强度更高，所以酚醛树脂基体占比越多，复合材料的强度越大，而无机填料增多导致密度降低的同时也会一定程度上降低复合材料的强度。断裂时可以观察到纤维拔出现象，如图 6-16 所示，纤维表现出韧性断裂的特征，起到了良好的增韧效果，提高了安全性。由于碳纤维力学性能优于石英纤维，当用碳纤维替换 1/2 的石英纤维时，复合材料的力学性能提高。因此，在保证密度较低的前提下，可以通过加入碳纤维的方法提高复合材料的力学性能。

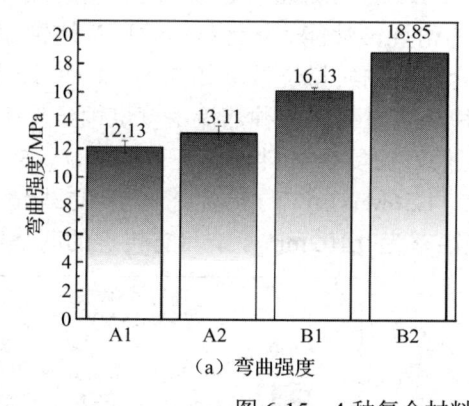

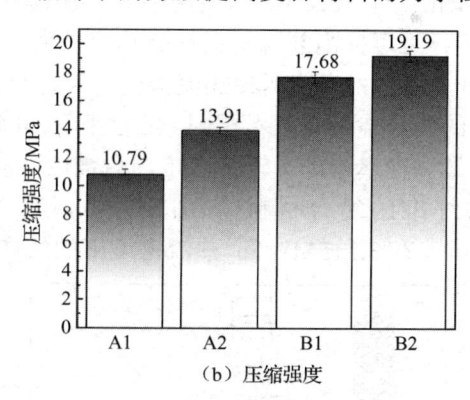

图 6-15 4种复合材料的弯曲强度及压缩强度

图 6-17 为4种复合材料的隔热性能测试结果。由图 6-17 可知，在 160s 的测试过程中，材料表面温度稳定维持在 1100℃±20℃，而4种复合材料的背面温度均未超过 200℃，具有良好的隔热效果。从背面温度放大图可以看出，所有复合材料的曲线都有一个平台区，这是由于酚醛树脂在受热时发生裂解吸收热量，在持续加热的过程中背面温度不会发生变化。对比A1、B1 及 A2、B2 试样可知，当纤维相同时，复合材料的密度越大，其背面温升越慢，平台区也越长，提高酚醛树脂的含量可使复合材料裂解吸收的热量增加，从而使平台区延长。由此可见，提高酚醛树脂的含量有利于提升复合材料的隔热性能。另外，在复合材料的密度相

同时，加热相同时间，B1、B2 试样背面温升低于 A1、A2 试样，且有更长的平台区。甚至对于 B2 试样，其在 160s 内仍然处于平台区，具有最好的隔热性能。这是由于黏胶基碳纤维的分布是平行于复合材料表面的，因为其具有各向异性，温度横向传播得比纵向快，一个平面内的酚醛树脂炭化、裂解得更加完全，平台区更长使得隔热效果更好。可见，在复合材料中加入碳纤维可以同时提升复合材料的力学性能和隔热性能。

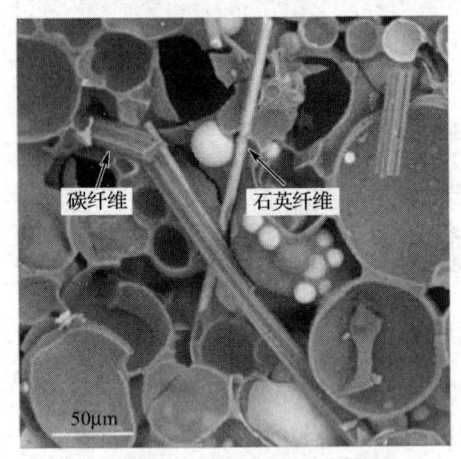

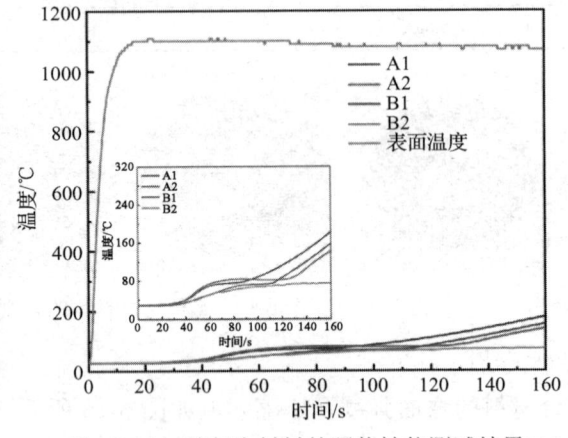

图 6-16　复合材料断面的纤维拔出

图 6-17　4 种复合材料的隔热性能测试结果

图 6-18 为 4 种试样在两种热流密度（Heat flux）（1.56MW/m² 和 3.815MW/m²）下的线烧蚀率和质量烧蚀率。由图 6-18（a）看出，在纤维的种类和含量相同时，复合材料的密度越高，即酚醛树脂含量越高，其线烧蚀率越低，耐烧蚀性能越好；当复合材料密度相同时，低热流密度（1.56MW/m²）下 A1 与 A2 试样、B1 与 B2 试样的线烧蚀率基本相同，而高热流密度（3.815MW/m²）下 A2、B2 的线烧蚀率分别较 A1、B1 的线烧蚀率更低，这表明用碳纤维替换 1/2 的石英纤维可提高复合材料在高热流密度下的耐烧蚀性能。复合材料的质量烧蚀率结果如图 6-18（b）所示，表明两种热流密度下 4 种复合材料的质量烧蚀率相差不大，即不同密度的复合材料的质量烧蚀率基本相同。综合来看，4 种复合材料在两种热流密度烧蚀条件下的线烧蚀率与质量烧蚀率均处于较低水平，耐烧蚀性能最好的复合材料为密度 0.6g/cm³、5%石英纤维+5%碳纤维的复合材料（B2 试样），其在 1.56MW/m² 的热流密度下的线烧蚀率为 0.011mm·s⁻¹，在 3.815MW/m² 热流密度下的线烧蚀率为 0.102mm·s⁻¹，具有优良的耐烧蚀性能。

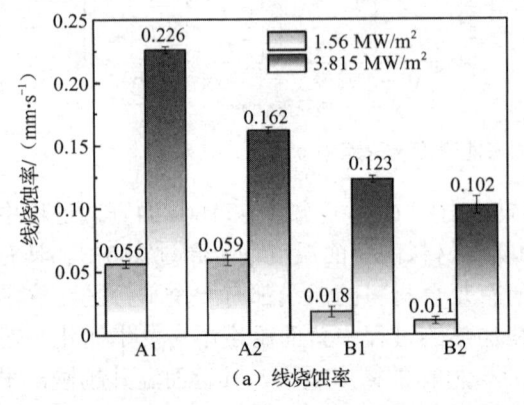

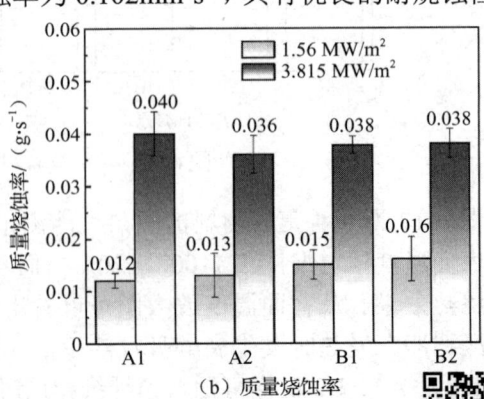

图 6-18　4 种复合材料在两种热流密度下的烧蚀性能

第 6 章 烧蚀防热复合材料

图 6-19 为 4 种复合材料在两种热流密度下烧蚀后的宏观形貌，烧蚀后复合材料表面明显炭化，且烧蚀中心与烧蚀边缘过渡区域均出现白色的熔融凝结物质。在高热流密度下，复合材料的后退量更大，烧蚀更严重。

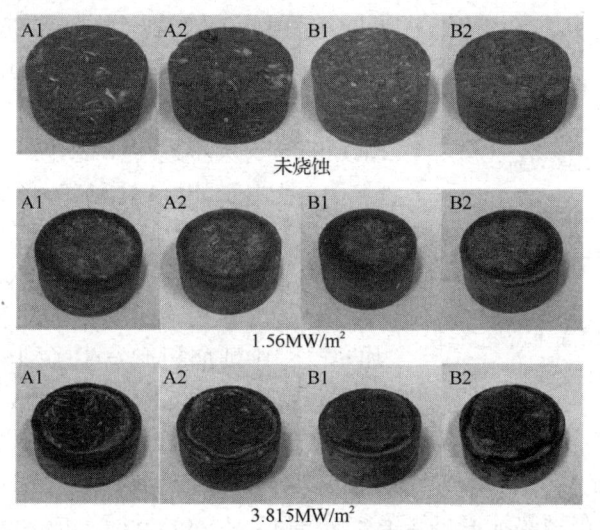

图 6-19　4 种复合材料在两种热流密度下烧蚀后的宏观形貌

对比 A1、A2 两个试样烧蚀前后的微观形貌，如图 6-20 所示。从烧蚀前复合材料的微观形貌中可以观察到明显的玻璃纤维、SiO_2 微球和玻璃微球，树脂基体将微球和纤维有效黏结在一起。而烧蚀后材料的微观形貌中形成了疏松多孔的残留物，这是由于烧蚀后树脂发生热分解，生成小分子气体，高温逸出气体，在残留层表面形成孔洞。同时可以发现烧蚀后无法明显地观察到酚醛树脂，石英纤维与玻璃微球融化后形成白色网状结构。其中，碳纤维含量更多的 A2 复合材料在烧蚀前后依然可以明显地观察到碳纤维，且碳纤维的形貌在烧蚀前后基本没有发生变化，这表明碳纤维的耐烧蚀性能良好。而 A1 复合材料在烧蚀后纤维含量明显减少，这是由于碳纤维比石英纤维具有更高的耐烧蚀性能。

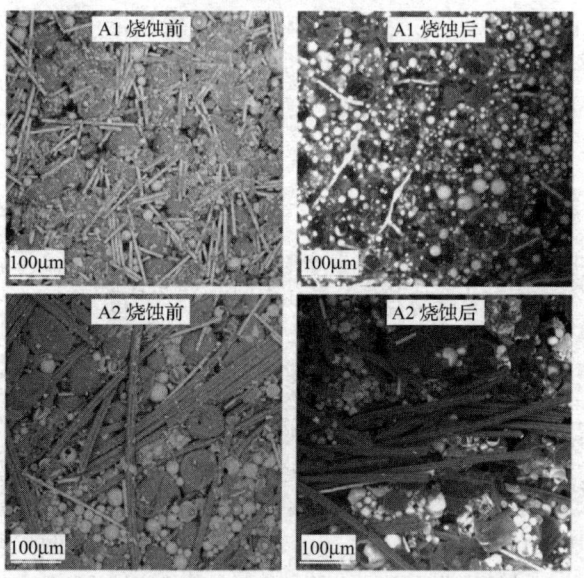

图 6-20　密度为 0.5g/cm³ 的两种复合材料在 1.56MW/m² 的热流密度下烧蚀后的微观形貌

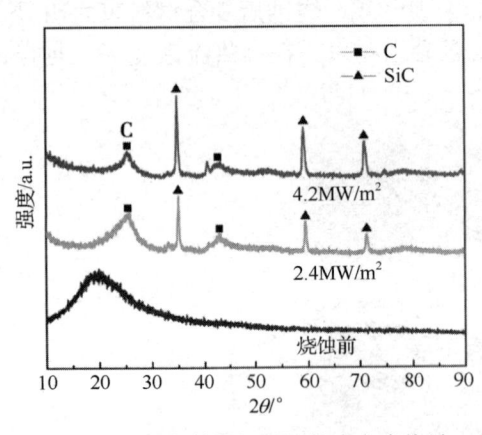

图 6-21 为复合材料经不同热流密度烧蚀前后表面的 XRD 谱。因为烧蚀机理相同，所以几种复合材料 XRD 的检测结果几乎一致，因此只选择了 B2 的 XRD 图。从图中可以看到，加热后 SiO_2 的峰明显变得尖锐，表明部分 SiO_2 由非晶态转变为晶态；同时可以看到烧蚀后 SiO_2 的峰向右偏移，这可能是由于加热再降温后 SiO_2 的晶胞大小发生了变化。烧蚀后会产生明显的碳峰，这是由于酚醛树脂热解形成了碳，烧蚀条件越严苛，碳峰越明显，表明酚醛树脂热解得越多。在 $2.4MW/m^2$ 的条件下烧蚀后，XRD 曲线中检测到了 C 及 SiC 的峰，没有检测到酚醛树脂的非晶峰，证明在加热过程中酚醛树脂发生了裂解碳化，同时生成的 C 与固体填料中的 SiO_2 反应生成 SiC，SiC 的生成在一定程度上有助于提升复合材料的耐烧蚀性能。在 $4.2MW/m^2$ 的条件下烧蚀后，XRD 曲线中同样检测到了 C 及 SiC 的峰，且可以发现与在 $2.4MW/m^2$ 的条件下烧蚀相比，C 峰明显减弱而 SiC 峰明显增强，证明在高热流密度下有更多的 C 与 SiO_2 反应生成 SiC。

图 6-21　复合材料经不同热流密度烧蚀前后表面的 XRD 谱

树脂基烧蚀防热复合材料是一种为适应航天器热环境而研制的功能复合材料，可用以防护飞行器结构在气动热环境中免遭烧毁破坏，具有防热效率高、比热容大、热导率低、制备周期短、成本低等特点。近几年，随着新型飞行器技术的发展，树脂基烧蚀防热复合材料轻量化及多功能化技术迅速发展，成为该类材料的研究热点，推动了技术进步，拓展了其应用领域。NASA 针对深空探测器热防护需求，设计并研制了具有梯度结构的树脂基轻质烧蚀防热复合材料（HEEET），其具有三维编织的双层结构，外层为烧蚀层，增强体为碳纤维；内层为隔热层，增强体为碳纤维和酚醛纤维。烧蚀层和隔热层之间通过纤维连接在一起，形成整体式结构，在纤维孔隙中填充具有多孔结构的酚醛树脂，得到树脂基轻质烧蚀防热复合材料。图 6-22（a）显示了该材料表层和内层的梯度结构。树脂基轻质烧蚀防热复合材料既具有良好的耐烧蚀性能，又具有优异的隔热性能，成为未来深空探测器中具有应用潜力的一种新材料。图 6-22（b）是树脂基轻质烧蚀防热复合材料的典型构件。研究人员将 3D 打印技术引入树脂基轻质烧蚀防热复合材料的制备，研制具有梯度结构的轻质防热材料，以期能够最大程度降低材料的质量，如图 6-23 所示，该技术还在进一步研究中。

（a）HEEET梯度结构　　　　　　　　　（b）HEEET典型构件

图 6-22　树脂基轻质烧蚀防热复合材料的梯度结构和典型构件

图 6-23 3D 打印树脂基轻质烧蚀防热复合材料

国内也发展了几类树脂基轻质烧蚀防热复合材料，并成功应用于嫦娥五号、天问一号、神舟飞船系列等空间探测器（见图 6-24），形成了成熟的系列材料。此外，国内还发展了多功能树脂基轻质烧蚀防热复合材料。通过对纤维增强体和树脂基体的设计，将防热、隔热、吸波多重功能融合，实现飞行器关键部位防热、隔热和高温电磁隐身的功能，使其具有多重功能无界面融合且协同作用的特点。其典型材料密度为 0.5g/cm^3，室温热导率为 0.045W/(m·K)，除具有良好的防热性能外，在 2～18GHz 宽频范围内还具有较好的吸波性能。随着新型飞行器的发展，为实现树脂基烧蚀防热复合材料的轻量、多功能兼容与集成化，满足材料不同使用场景的需求，实现热防护系统精细设计与精准制造，树脂基轻质烧蚀防热复合材料将发挥更重要的作用。

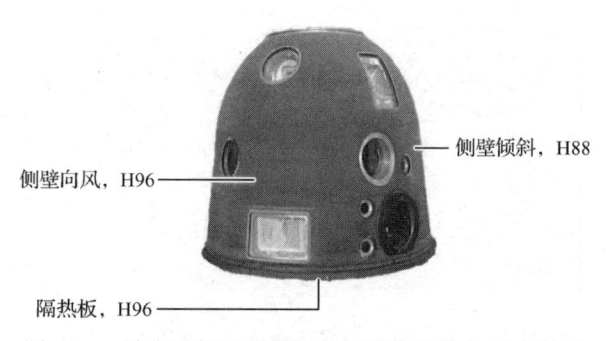

图 6-24 神舟飞船及其树脂基轻质烧蚀防热复合材料

6.5 碳基烧蚀防热复合材料

碳基烧蚀防热复合材料是以碳纤维为增强体、碳为基体，或 C/C 复合材料为基体的新型复合材料。为进一步提高其耐烧蚀性能，可对增强体或基体进一步复合化处理，如熔渗 Si-Mo-Zr 或 SiC 等。碳基烧蚀防热复合材料具有优异的耐烧蚀性能、高比强度、高比模量、优异的高温力学性能和良好的尺寸稳定性，特别适合在需减重且物理、化学、力学性能稳定性和可靠性要求极高的高温和超高温环境中使用，在航空航天领域有着十分独特的应用。

6.5.1 表面反应方程

对于碳基复合材料，发生热化学烧蚀时，体系中的反应是空气外来组元和壁面碳元素发生的反应，主要包括碳的燃烧（氧化反应），碳的升华反应及碳与空气中的氮元素发生的碳氮

反应。可能发生的烧蚀化学反应有

$$C(s) \rightarrow C_i(g) \quad (i=1,2,3) \tag{6-24}$$

$$O_2 \rightarrow 2[O] \tag{6-25}$$

$$N_2 \rightarrow 2[N] \tag{6-26}$$

$$2C + \frac{1}{2}N_2 \rightarrow C_2N \tag{6-27}$$

$$C + \frac{1}{2}N_2 \rightarrow CN \tag{6-28}$$

$$C + \frac{1}{2}O_2 \rightarrow CO \tag{6-29}$$

对于化学反应（6-24）～（6-29），其平衡常数有 8 个，可以查物质的物理化学参数使用手册得到各组元在不同温度下的平衡常数，在计算得到每一时刻的壁面温度后，即可根据平衡常数求得各组元分压和浓度，因此可认为是已知量。化学平衡常数为

$$K_{p_j}(T) = p_j \prod_i p_i^{-\lambda_{ij}} \tag{6-30}$$

式中，p_i、p_j 是组元分压，需要通过平衡常数来确定。λ_{ij} 是化学反应方程式中组元 i 和组元 j 的系数比，是已知量。但是待求解的组元浓度有 10 个，方程组不封闭，需要通过质量守恒条件来封闭方程组。

$$K_{p_{c_i}} = p_{c_i}, \quad i = 1,2,3 \tag{6-31}$$

$$K_{p_{CO}} = \frac{p_{CO}}{p_O^{\frac{1}{2}}} \tag{6-32}$$

$$K_{p_{C_2N}} = \frac{p_{C_2N}}{p_{N_2}^{\frac{1}{2}}} \tag{6-33}$$

$$K_{p_{CN}} = \frac{p_{CN}}{p_{N_2}} \tag{6-34}$$

$$K_{p_O} = \frac{p_O^2}{p_{O_2}} \tag{6-35}$$

$$K_{p_N} = \frac{p_N^2}{p_{N_2}} \tag{6-36}$$

在开放化学反应系统中，如式（6-31）到式（6-36）中未知量（组元分压）共有 10 个，平衡常数共有 8 个，方程是不封闭的，要确定 10 个变量尚需要补充两个关系式，这可由下面的相容性条件给出。为方便计算，引进质量浓度 c_i，c_i 与组元分压的关系为

$$c_i = \frac{p_i M_i}{p_e \bar{M}} \tag{6-37}$$

式中：$c_i = \rho_i/\rho$，式（6-37）可直接由状态方程导出；p_i 为 i 组元分压；M_i 为 i 组元分子量；$\bar{M}$ 为平均分子量；p_e 为反应体系的总压力。

由式（6-31）～式（6-37）可以得出各组元的浓度关系式：

$$c_{c_{iw}} = \frac{K_{p_{c_i}} M_{c_i}}{p_e \bar{M}}, \quad i=1, 2, 3 \tag{6-38}$$

$$c_{\mathrm{N_w}} = \frac{K_{p_\mathrm{N}} c_{\mathrm{N_w}}^{\frac{1}{2}} M_\mathrm{N}}{p_\mathrm{e}^{\frac{1}{2}} \overline{M}^{\frac{1}{2}} M_{\mathrm{N_2}}^{\frac{1}{2}}} \tag{6-39}$$

$$c_{\mathrm{CN_w}} = \frac{K_{p_\mathrm{eN}} c_{\mathrm{N_w}} M_{\mathrm{CN}}}{K_{p_\mathrm{N}} M_\mathrm{N}} \tag{6-40}$$

$$c_{\mathrm{C_2N_w}} = \frac{K_{p_{\mathrm{C_2N}}} c_{\mathrm{N_w}} M_{\mathrm{C_2N}}}{K_{p_\mathrm{N}} M_\mathrm{N}} \tag{6-41}$$

$$c_{\mathrm{N_w}} = \frac{-b + \sqrt{b^2 - 4ac}}{2a} \tag{6-42}$$

式中:

$$a = \frac{p_\mathrm{e} \overline{M} M_{\mathrm{N_2}}}{K_{p_\mathrm{N}}^2 M_\mathrm{N}^2} \tag{6-43}$$

$$b = 1 + \frac{K_{p_{\mathrm{CN}}}}{K_{p_\mathrm{N}}} + \frac{K_{p_{\mathrm{C_2N}}}}{K_{p_\mathrm{N}}} \tag{6-44}$$

$$c = -\frac{\overline{c}_{\mathrm{N_e}}}{1+B} \tag{6-45}$$

B 为无因次质量损失率。

对于具有 i 种元素组元的化学反应系统,表面元素组元的质量守恒方程为

$$\overline{J}_{i_\mathrm{w}} + (\rho v)_\mathrm{w} \overline{c}_{i_\mathrm{w}} = \dot{m}_\mathrm{s} \overline{c}_{i_\mathrm{s}} \tag{6-46}$$

式中,$\overline{J}_{i_\mathrm{w}}$ 为化学组元 i 在烧蚀面的扩散流率,ρ 是烧蚀面气体密度,v 为引射气体速度,$\overline{c}_{i_\mathrm{w}}$ 为元素 i 在烧蚀面的质量浓度,$\dot{m}_\mathrm{s}$ 为固体的质量损失率,$\overline{c}_{i_\mathrm{s}}$ 为元素 i 在固体质量损失中所占的质量浓度,下标 w 代表壁面,s 代表固体结构。定义无因次质量损失率 B 为

$$B = \frac{\dot{m}_\mathrm{w}}{\rho_\mathrm{e} v_\mathrm{e} s_t} \tag{6-47}$$

式中,s_t 表示烧蚀过程中时间为 t 时的烧蚀面积。

则组元的扩散方程为

$$(1+B)c_{i_\mathrm{w}} = c_{i_\mathrm{e}} \tag{6-48}$$

引进组元质量浓度 $\tilde{c}_i$,根据上述方程可建立元素浓度与组元质量浓度之间的关系式:

$$\tilde{c}_\mathrm{C} = \sum_{i=1}^{3} c_\mathrm{C} + M_\mathrm{O} \left[\frac{c_{\mathrm{CO}}}{M_{\mathrm{CO}}} + \frac{c_{\mathrm{CN}}}{M_{\mathrm{CN}}} + \frac{2c_{\mathrm{C_2O}}}{M_{\mathrm{C_2O}}} \right] \tag{6-49}$$

$$\tilde{c}_\mathrm{O} = c_\mathrm{C} + c_{\mathrm{O_2}} + M_\mathrm{O} \left[\frac{c_{\mathrm{CO}}}{M_{\mathrm{CO}}} \right] \tag{6-50}$$

$$\tilde{c}_\mathrm{N} = c_\mathrm{N} + c_{\mathrm{N_2}} + M_\mathrm{N} \left[\frac{c_{\mathrm{C_2O}}}{M_{\mathrm{C_2O}}} \right] + M_\mathrm{N} \left[\frac{c_{\mathrm{CN}}}{M_{\mathrm{CN}}} \right] \tag{6-51}$$

根据热化学边界层理论,有以下壁面质量守恒条件:

$$\tilde{c}_{\mathrm{C_w}} = \frac{B}{1+B} \tag{6-52}$$

$$\tilde{c}_{\mathrm{N_w}} = \frac{\tilde{c}_{\mathrm{N_e}}}{1+B} \tag{6-53}$$

$$\tilde{c}_{O_w} = \frac{c_{O_e}}{1+B} \tag{6-54}$$

式（6-52）～式（6-54）给出三个方程，但增加一个变量 B，这样有 11 个变量、11 个方程，方程组（6-38）～（6-41）和式（6-52）～式（6-54）是完备的，但要注意所有变量都是温度和压力的函数，压力可认为是已知的，温度要由材料表面的能量平衡条件来确定。在对组元质量浓度进行求解时，一般情况下 $(c_C + c_{O_2})_w = 0$，这样可得

$$c_{CO_w} = \frac{M_{CO}}{M_O} \frac{\tilde{c}_{O_e}}{1+B} \tag{6-55}$$

由式（6-52）～式（6-54）可得

$$B = \frac{\sum_{i=1}^{3} c_{C_{iw}} + \frac{M_C}{M_{CN}} c_{CO_w} + \frac{M_C}{M_{CN}} c_{CN_w} + \frac{2M_C}{M_{C_2N}} c_{C_2N_w}}{\left\{ 1 - \sum_{i=1}^{3} c_{C_{iw}} - \frac{M_C}{M_{CN}} c_{CO_w} - \frac{M_C}{M_{CN}} c_{CN_w} - \frac{2M_C}{M_{C_2N}} c_{C_2N_w} \right\}} \tag{6-56}$$

式（6-56）表明 B 取决于各组元的质量浓度。式中，e 代表外流边界。在式（6-38）～式（6-45）中只要壁面温度 T_w 已知，即可封闭方程组，求解出壁面组元浓度和无因次质量损失率，壁面温度 T_w 由表面能量平衡方程和热传导方程耦合求得。

在 C/C 复合材料烧蚀产物计算中一般考虑以下 10 种组元：CO_2、C_2N、CN、N_2、O_2、N、O、C_1、C_2、C_3。需要计算的未知量参数为 1 个 B，10 个混合气体组元质量浓度 c_i，总计需计算未知量 11 个，对应的计算方程：元素质量守恒方程 3 个，化学平衡式 8 个，共 11 个，方程组封闭可解。

6.5.2 表面烧蚀的能量平衡方程

在不同的表面温度下计算相关热化学参数，最终通过表面能量平衡方程来求得进入复合材料内部的净热流，烧蚀表面能量平衡示意图如图 6-25 所示。

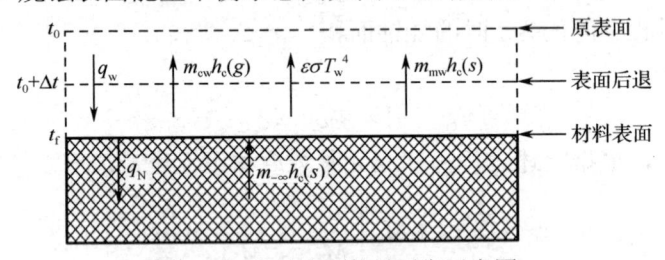

图 6-25 烧蚀表面能量平衡示意图

由图 6-25 可得气固边界的能量平衡方程，即净热流表达式为

$$q_N = \left[k\frac{\partial T}{\partial y} + \rho \sum D_{12} h_i \frac{\partial C_t}{\partial y} \right] - \dot{m}_{cw} h_w - \dot{m}_{-\infty} h_c(s) - \dot{m}_{mw} h_c(s) - \varepsilon \sigma \dot{T}_w^4 \tag{6-57}$$

式中：q_N 为进入复合材料内部的净热流；q_w 为表面启动加热，以 $k\frac{\partial T}{\partial y} + \rho \sum D_{12} h_i \frac{\partial C_t}{\partial y}$ 表示；$\dot{m}_{cw} h_w$ 为表面化学反应带走的热量；$\dot{m}_{mw} h_c(s)$ 为复合材料由于机械剥蚀而带走的热量；$\dot{m}_{-\infty} h_c(s)$ 为材料烧蚀质量损失带走的热量；$\varepsilon \sigma \dot{T}_w^4$ 是烧蚀面辐射带走的热量；$h_c(s)$ 是碳的热焓；h_w 是表面组元热焓。

6.5.3 表面烧蚀的性能表征

材料表面的烧蚀性能可通过材料的烧蚀率来表征，对于 C/C 复合材料，材料的质量损失率可以表示为

$$\dot{m}_{-\infty} = \dot{m}_{cw} + \dot{m}_{mw} \tag{6-58}$$

式中：$\dot{m}_{-\infty}$ 是材料的总质量损失率；$\dot{m}_{cw}$ 是热化学烧蚀质量损失率；$\dot{m}_{mw}$ 是机械剥蚀质量损失率。在对烧蚀率的工程计算中，根据经验定义关系式，机械剥蚀因子如式（6-59）所示，f_r 一般为 1~1.5。

$$f_r = \frac{\dot{m}_{-\infty}}{\dot{m}_{cw}} \tag{6-59}$$

求解出材料的总质量损失率，可得材料的线烧蚀率 $v_{-\infty}$ 为

$$v_{-\infty} = \frac{\dot{m}_{-\infty}}{\rho} \tag{6-60}$$

式中，ρ 是复合材料的密度。

6.5.4 表面烧蚀过程

对于 C/C 复合材料，其烧蚀主要由热化学烧蚀和机械剥蚀两部分组成。前者是碳的表面在高温气流环境下发生的氧化和升华，后者指在气流压力和剪切力作用下因基体和纤维的密度不同，造成烧蚀差异而引起的颗粒状剥落或因热应力破坏引起的片状剥落。这与树脂基烧蚀防热复合材料有着本质的区别，碳基烧蚀防热复合材料是典型的升华-辐射型烧蚀防热复合材料。元素碳具有高的比热容和气化能，熔化时要求有很高的压力和温度，因此在不发生微粒被吹掉的前提下，它具有比任何材料都高的烧蚀热。碳作为烧蚀材料，要充分发挥其高耐烧蚀的特性，必须防止微粒被吹掉，靠材料的升华来吸收大量的热量。由于碳材料可在烧蚀条件下向外辐射大量的热量，而且其本身具有较高的辐射系数，可进一步提高复合材料耐烧蚀性。因此 C/C 复合材料在高温下利用升华吸热和辐射散热的机制，以相对小得多的质量耗散带走更多的热量，使有效烧蚀热大大提高。

1. 热化学烧蚀

热化学烧蚀指碳表面在高温气流环下发生的氧化和升华。高速气流中的 O_2、CO_2 和 H_2O 在高温下与碳发生如下化学反应：

$$C + O_2 \rightarrow CO_2 \tag{6-61}$$

$$4C + 2H_2O \rightarrow 4CO + 2H_2 \tag{6-62}$$

$$C + CO_2 \rightarrow 2CO \tag{6-63}$$

反应消耗了材料表面的碳而造成表面质量损耗，在温度较低时，碳首先氧化，氧化率由表面反应动力学条件决定。随着温度升高，氧化急剧增加，氧气供应逐渐不足，此时氧气向表面的扩散过程起控制作用。在更高温度下，碳氧反应及碳升华反应逐渐显著，随着温度进一的步升高，材料发生的熔化、蒸发和升华导致表面材料的质量损失，同时带走大量的热。氧化反应和蒸发、升华所产生的气体进入边界气流中，降低了气流中的氧气浓度，并对材料表面的传热具有屏蔽作用。

2. 机械剥蚀

机械剥蚀是指在气流压力和剪切力作用下因基体和纤维密度不同造成烧蚀差异而引起的

颗粒状剥落或因热应力破坏引起的片状剥落。由于基体的密度比纤维的小，在烧蚀表面的热流分布均匀时，基体烧蚀得较快，导致纤维裸露，流场中表面的纤维受到气流压力和剪切力作用，纤维开始颗粒状地剥落。在短时间、超高热流的作用下，材料表面区的温度场按指数规律分布，碳纤维的强度随温度的升高而增加，当温度升高到一定值时，碳纤维的强度迅速降低，即当超过某一温度时，碳的晶体和基体碳均转化为无定形碳，剥蚀就在无定形碳区进行，一般从裂纹或孔隙等处开始。由于复合材料内部存在应力集中、孔隙，并且温度梯度非常大，在热应力的作用下，易引起应力集中，当耦合的应力超过其强度时，从裂纹尖端处或应力最大处开始剥离，从而引起片状剥落，即机械剥蚀。现阶段 C/C 复合材料的烧蚀过程多数呈现热化学烧蚀与机械剥蚀共存。

3. 影响因素

影响 C/C 复合材料烧蚀性能的因素有很多，而且各种因素也并非是孤立的，相互之间存在复杂的影响。主要影响因素有碳纤维、预制体、密度、孔隙、基体碳和其他因素。

1）碳纤维

一般来说，高模量碳纤维在高温处理时可引起纤维高度石墨化，结晶沿纤维的轴向排列较好，有利于提高 C/C 复合材料的热导性、密度，降低热膨胀系数，从而使耐烧蚀性能增强。如果碳纤维的损伤多、强度低，或其内部存在着微裂纹、微孔等缺陷，表面存在毛孔、凹坑等，那么纤维易在气流的冲刷下折断、剥落，从而增加 C/C 复合材料的烧蚀率，降低材料的烧蚀性能。

2）预制体

3D 织物易形成闭孔，各向同性稍差，烧蚀率高，各向之间烧蚀性差别大；4D 织物不易产生闭孔，各向结构大致相同，烧蚀均匀。从预制体结构来说，充分利用复合材料的可设计性，减小材料的热膨胀系数，提高材料的各向同性度，可提高材料的抗热震性能和耐烧蚀性能。研究证明，编织缺陷对烧蚀性能影响不大，而编织间距是一个重要的影响因素，但当编织间距小到一定程度时，继续减小编织间距对提高材料的耐烧蚀性能无明显作用。一般而言，碳毡 C/C 复合材料的孔隙较小，复合过程中不易产生大的缺陷区，耐烧蚀性能优于编织 C/C 复合材料，但抗热震性能次于后者。

3）密度

C/C 复合材料的密度与烧蚀率密切相关。在相同的制备工艺和实验条件下，材料的密度越大，烧蚀率越小。在材料密度达到一定值时，会出现拐点，即密度再增大，烧蚀率变化不大，甚至会有负效应。这是因为 C/C 复合材料中的气孔对裂纹尖端应力有一定的松弛作用，密度太大则材料呈现较多的脆性特性，造成烧蚀过程中的颗粒剥蚀增加。此外，当材料密度不均匀时，在烧蚀过程中出现局部烧蚀速率的差异，导致烧蚀表面粗糙，暴露在气流中的凸起部分可能在气动剪力作用下被剥落，造成机械剥蚀增加。

4）孔隙

C/C 复合材料属于多孔材料，其中的孔隙有一部分来源于织物中原有的孔隙，在复合过程中，这些孔隙或空洞只能部分被基体碳填充。另外，在高温处理时，小分子或杂质原子的排除会在基体中产生大量的孔隙和微裂纹。孔隙率与 C/C 复合材料的密度成反比关系，因此，C/C 复合材料的烧蚀率随孔隙率的增大而增大。研究表明，孔隙和微裂纹所受工作压力不同时，也会对材料烧蚀性能造成明显影响。在低压下，孔隙结构的差别不足以引起烧蚀率大的差别，在较高的压力下，更大的剪切力使多孔C/C复合材料表面和次表面更容易被烧蚀。

5) 基体碳

由于致密化工艺不同，C/C复合材料中可能存在三种不同的基体碳：化学气相沉积（CVD）碳、树脂碳、沥青碳。不同类型的基体碳和同类型基体碳的不同结构都会影响到C/C复合材料的烧蚀性能。研究表明，CVD碳的纯度最高，与纤维结合强度较高，内部组织致密，烧蚀性能最好，沥青碳次之，树脂碳较差，但在烧蚀过程中三种基体碳和碳纤维的不同步烧蚀可能会使烧蚀失去周围支持而剥蚀。同时基体碳的烧蚀受烧蚀角的影响，如碳的石墨层面与气流垂直，较耐机械剥蚀，耐烧蚀性能提高。

6) 其他因素

C/C复合材料的烧蚀性能还与基体碳的石墨化度、杂质的种类及含量等有关。C/C复合材料的石墨化度越高，说明材料的内部三维有序度越好，可提高材料的热导率，提高材料抗热震性能。石墨化度低时，碳原子活性大，热导率低，受化学动力学支配的烧蚀速率明显增大。但石墨化度并不是越高越好，过高的石墨化度会引起材料脆性增加，抗压缩强度降低，烧蚀过程中的微粒剥蚀现象增多。此外，C/C复合材料烧蚀性能还取决于杂质的种类与含量。

6.5.5 常用的碳基烧蚀防热复合材料

碳基烧蚀防热复合材料是指使用碳纤维增韧或对碳纤维进一步改性的碳基体复合材料，其具有以下特点：①耐热性极高，碳在石墨状态下，当温度达到2500℃时才会出现塑性变形，即C/C复合材料的室温强度可保持到2500℃，常压下加热到3000℃才开始升华；②密度低、比强度高，尤其在高温条件下强度高；③对热冲击和机械冲击的感度小；④耐烧蚀性好，且能通过调整密度的方法来满足不同烧蚀性能的要求，耐含固体微粒的燃气冲刷；⑤热膨胀系数小；⑥多维的C/C复合材料制造技术灵活多样。碳基烧蚀防热复合材料特别适合作为飞行器的防热材料及火箭发动机的喉衬喷管等。

1. Si-Mo-Zr反应熔渗改性碳基烧蚀防热复合材料

C/C复合材料在惰性条件下具有优异的化学稳定性与力学性能，但在400℃以上高温、气流急剧冲击环境下会发生剧烈的氧化反应，烧蚀损伤十分严重。另外，碳基体本身的力学性能较低，在气流的冲击下易发生破损，制约了在高温有氧环境下的使用。利用基体改性或涂层技术在C/C复合材料内部或表面引入高熔点元素，如Si、Hf、Zr、Ta、W等形成耐烧蚀化合物，如SiC、HfC、ZrC、TaC、WC等。其中，SiC由于其与C/C复合材料具有良好的物理和化学相容性，常被用于C/C复合材料的防护体系中。利用这种反应熔渗方法可以在基体改性的同时在材料表面得到具有耐烧蚀能力的陶瓷涂层，实现基体改性与涂层技术的有机结合，并且工艺简单，耗时较少，涂层与基体结合良好。Zr的碳化物和氧化物均具有良好的耐烧蚀能力，在该种方法的基础上添加Zr元素，采用Si-Mo-Zr粉末对C/C复合材料进行反应熔渗，可进一步提高C/C复合材料的耐烧蚀能力。

1) 制备

以多孔C/C复合材料为基体（密度约为1.3g/cm^3，孔隙率约为22%），Si-Mo-Zr混合粉末为熔渗剂，由纯度99.9%的Si、Mo、Zr单质粉末与酒精混合经行星式球磨机球磨12~24h后烘干制得，石墨坩埚为反应容器，在高温真空烧结炉中，在Ar保护下2000~2200℃保温2h进行反应熔渗。表6-2为用4种不同配比Si-Mo-Zr粉末熔渗所得样品的密度与孔隙率。样品的密度随 Zr 含量的增大呈现先增大后减小的趋势，孔隙率随 Zr 含量的增大呈现先减小后增大的趋势，当熔渗粉末组成为 $n_{Si}:n_{Mo}:n_{Zr}=10:1:4$ 时，样品熔渗效果最佳。Mo 含量增加时熔渗效果下降。

表 6-2 不同配比 Si-Mo-Zr 粉末熔渗所得样品的密度与孔隙率

样 品	$n_{Si}:n_{Mo}:n_{Zr}$	密度/（g·cm^{-3}）	孔隙率/%
Z1	10：1：1	2.48	9.8
Z4	10：1：4	2.66	8.1
Z10	10：1：10	1.97	13.3
M3	10：3：1	1.93	16.9

2）微观结构

图 6-26 为不同配比 Si-Mo-Zr 粉末熔渗所得样品截面的 XRD 谱。从该图可以看到，样品 Z1 和 Z4 的陶瓷相含量明显大于 Z10 和 M3，表明在熔渗过程中有更多的陶瓷相可以渗入基体内部，因而熔渗效果好，密度高，孔隙率低。样品 Z1 由 C、SiC、ZrC、MoSi$_2$ 及 SiMoTiC 固溶相组成。样品 Z4 的 XRD 谱中可以观察到 C、SiC、ZrC 及 SiMoTiC 固溶相的特征峰，和 Z1 相比较，MoSi$_2$ 的衍射峰消失，这是由于 Zr 含量的增加，影响了 MoSi$_2$ 的析出。样品 Z10 和 M3 仅能观察到微弱的 SiC 特征峰，表面可能仅在前期有部分 Si 渗入样品内部生成 SiC，其后熔渗反应受条件限制而无法继续进行。熔渗效果较差的两个样品 Z10 和 M3 的截面如图 6-27 所示，可以发现两者均只有在表面有一定量的 SiC 和 ZrC 共存陶瓷相存在。随着熔渗方向的深入，样品中陶瓷相的含量急剧下降，在样品内部仅有少量 SiC 相存在。粉末反应熔渗过程为一个多步反应的过程，Si 的单独渗入反应可以在熔渗过程早期进行，而 Si 与 Zr 的共同渗入则在 Si 的单独渗入反应之后进行。

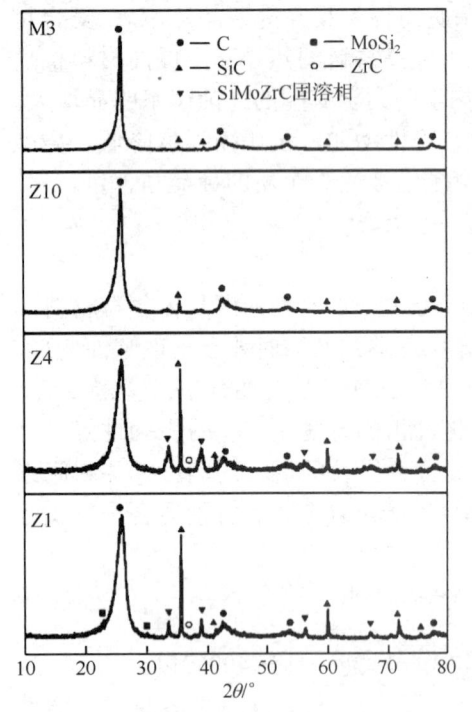

图 6-26 不同配比 Si-Mo-Zr 粉末熔渗所得样品截面的 XRD 谱

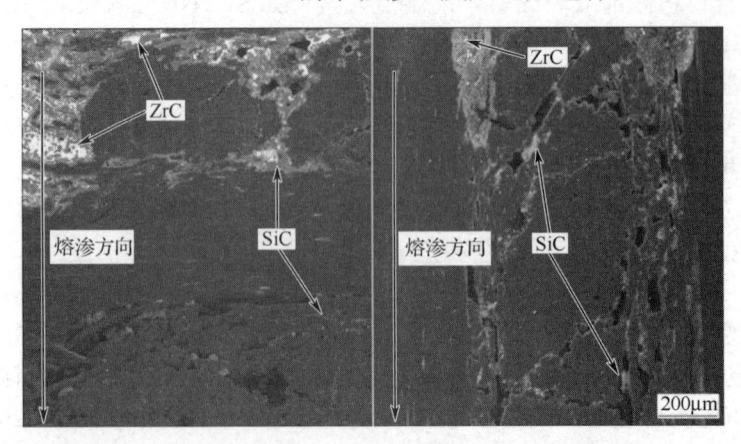

图 6-27 不同配比 Si-Mo-Zr 粉末熔渗所得样品截面 SEM 图

对熔渗效果最好的样品 Z4 的截面（见图 6-28）进行观察可以发现，样品 Z4 中陶瓷相的含量明显高于 Z10 和 M3，并且陶瓷相的含量随着熔渗方向没有明显减少，在熔渗方向深度 1mm 处仍有多种相存在，主要有 SiC 和 SiMoTiC 等。另外，线扫描能谱分析显示样品中 Zr 元素与 Mo 元素的分布高度一致，说明 Zr 元素的熔渗与 Mo 元素的熔渗过程是同一个过程。而样品 Z10 与 M3 熔渗效果较差的原因正是这一过程的缺失，这也是 Z10 与 M3 中未发现含有 Mo 的陶瓷相的原因。这一过程的缺失正是由于 Z10 与 M3 样品中高熔点元素 Zr 或 Mo 的过量导致整个体系熔点升高，粉末在熔渗温度（2000℃）下未能完全熔化，因而后续熔渗反应无法继续进行。

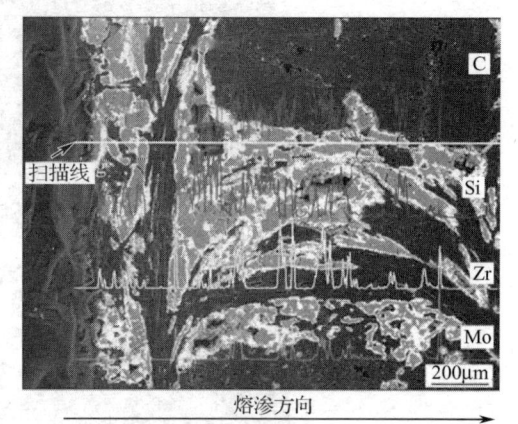

图 6-28 样品 Z4 的截面 SEM 图及线扫描能谱分析结果

图 6-29 为熔渗效果较好的样品 Z1 和 Z4 碳纤维束附近区域的 SEM 图。该图表明 SiC（灰色相）在陶瓷相中含量较高，广泛分布于碳纤维附近的区域。然而，在碳纤维束中的单根碳纤维周围，可以观察到环状 ZrC 相的存在。此种环状 ZrC 相的存在说明在此熔渗温度下，Zr 的熔渗能力优于 Si，因而 ZrC 能存在于碳纤维束内部更深入的区域。熔渗过程是一个溶解—析出过程，C 原子通过扩散进入熔体之中和熔体反应的同时析出陶瓷相。根据热力学计算，在 2000℃的条件下，液相 Zr 和 SiC 可能发生如下反应：

$$Zr(l) + SiC(s) = ZrC(s) + Si(l) \tag{6-64}$$

式（6-64）的吉布斯自由能小于 0，由此可以推断，当 C 原子进入熔体之后，ZrC 的析出能力明显强于 SiC 的析出能力，即使 SiC 生成，也有可能通过反应式（6-64）生成 ZrC。因此，在图 6-29 中可以观察到 ZrC 在碳纤维束内部区域也有分布。此外，从图 6-29（a）还可以发现，样品 Z1 中存在 MoSi$_2$ 和 SiMoZrC 固溶相，而在图 6-29（b）的样品 Z4 中仅有 SiMoZrC 固溶相存在，与 XRD 结果一致。并且在碳纤维附近区域的 SiMoZrC 固溶相呈散点状分布，而 SiC 相附近的 SiMoZrC 固溶相则呈现连续分布。

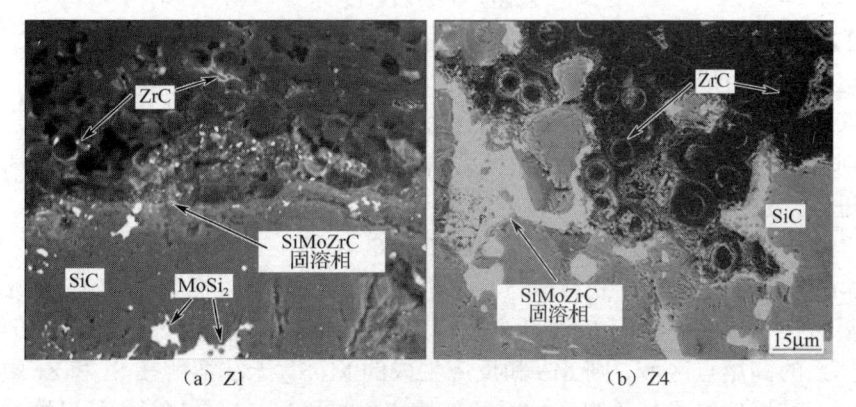

图 6-29 熔渗样品碳纤维束附近区域 SEM 图

碳纤维附近区域 SiMoZrC 固溶相的散点状分布如图 6-30 所示，SiMoZrC 固溶相很可能是在熔渗过程中析出的，并随着 SiC 相的生成而被推移至界面处。SiMoZrC 元素面扫描能谱显示固溶相中 Zr 元素的分布更加靠近固溶相的边缘区域，证明 Zr 和 C 之间的结合能力更好。

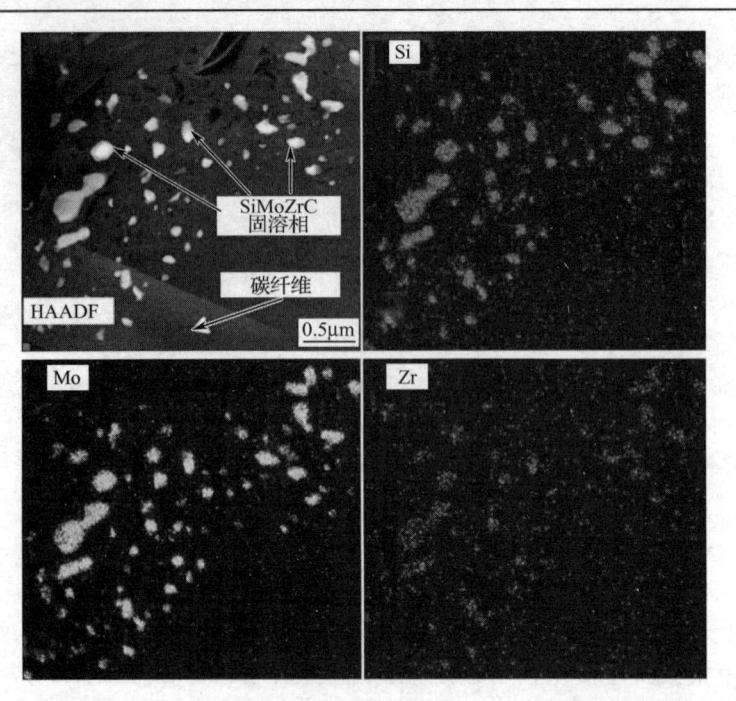

图 6-30 碳纤维附近区域 SiMoZrC 固溶相的 TEM 图与元素面扫描能谱分析结果

3）熔渗机理分析

对于 Si-Mo-Zr 体系，结合微观结构分析，可以推断出熔渗反应过程如下。

首先在 1400℃时，Si 熔化发生反应：

$$Si+C=SiC \tag{6-65}$$

$$2Si+Zr=ZrSi_2 \tag{6-66}$$

$$2Si+Mo=MoSi_2 \tag{6-67}$$

其中，式（6-66）为 Si 渗入到基体内部与基体 C 发生的反应，样品 Z10 和 M3 内部少量 SiC 就是在这一阶段生成的。其次，在约 1650℃时，$ZrSi_2$ 熔化发生反应：

$$ZrSi_2+3C=ZrC+2SiC \tag{6-68}$$

式（6-68）为 Zr 和 Si 元素共同渗入的过程，样品 Z10 和 M3 靠近样品表面的 ZrC 和 SiC 共存区域就是在这一阶段生成的。

在 1850℃时 Zr 熔化，此时熔体中应当含有 Zr 和 Si 元素。若此时熔体成分处于体系的高熔点区域，则会生成高熔点相，熔渗过程无法继续进行；若熔体成分处于体系的低熔点区域，则熔渗继续进行，发生以下反应：

$$Zr+C=ZrC \tag{6-69}$$

此时，式（6-69）的发生是优于式（6-65）的，样品 Z1 和 Z4 中的环状 ZrC 区域就是在此阶段生成的。最后在 2000℃达到反应温度，此时整个熔体的组成应为 Si、Mo 和 Zr 元素。若熔体组成处于体系的高熔点区域，则 Mo 和反应生成的 $MoSi_2$ 无法溶解在 Si 和 Zr 中，熔渗反应无法继续进行；若熔体组成处于整个体系的低熔点区域，则 Mo、$MoSi_2$ 可以溶解在 Si 和 Zr 中，共同进行熔渗反应。当熔体进入基体的孔隙之后，熔渗反应为溶解—扩散机制，反应的进行主要靠 C 的扩散来完成，C 扩散进熔体后熔体成分为 Si、Zr、Mo、C；此后各种陶瓷相会陆续析出，最终陶瓷相的分布由其和 C 之间的润湿性决定。

综上所述，含有不同熔点的多组元粉末反应熔渗过程遵循以下规律。

（1）低熔点元素（如 Si 和 Zr 等）会在达到反应温度之前熔化变为液态，单独渗入基体内部。

（2）高熔点元素要依靠低熔点元素将其熔化来完成熔渗过程，因此，此类熔渗反应经常会观察到固溶相的存在。若高熔点元素不能熔入低熔点元素之中，则熔渗反应无法继续进行。

（3）在共同反应阶段，各熔渗元素与 C 的反应能力及生成物与 C 的润湿性能都会影响复合材料中陶瓷相的分布。

4）烧蚀性能与烧蚀行为分析

图 6-31（a）所示为采用不同成分熔渗料所得 Si-Mo-Zr 反应熔渗 C/C 复合材料经不同时间烧蚀后的质量烧蚀率。可以看到，当烧蚀时间为 300s 时，得益于表面致密陶瓷层的存在，所有样品的质量烧蚀率都不高。而当烧蚀时间增至 600s 时，随着表面陶瓷层的逐渐破坏，以及孔洞、裂纹等缺陷结构的形成和扩展，样品的质量烧蚀率明显升高，尤其是熔渗效果较差且内部陶瓷相含量很低的样品 Z10 和 M3，其质量烧蚀率显著升高。其中，最为明显的样品为 M3，其烧蚀时间为 600s 时的质量烧蚀率相比烧蚀时间为 300s 时的升高了 53 倍。

图 6-31（b）所示为采用不同成分熔渗料所得 Si-Mo-Zr 反应熔渗 C/C 复合材料经不同时间烧蚀后的线烧蚀率。可以看到，其线烧蚀率和质量烧蚀率呈现基本一致的变化规律。所有样品的线烧蚀率随烧蚀时间的延长而增加，并且 Z10 和 M3 的线烧蚀率增加较为显著，而 Z1 和 Z4 线烧蚀率的增加相对较小。其中，线烧蚀率增加最为显著的 M3 的线烧蚀率增加了 5.5 倍。Z1 和 Z4 虽然在 600s 时质量烧蚀率和线烧蚀率也明显提升，但其质量烧蚀率并没有像 Z10 和 M3 一样随着烧蚀时间的增加产生数量级的差异。

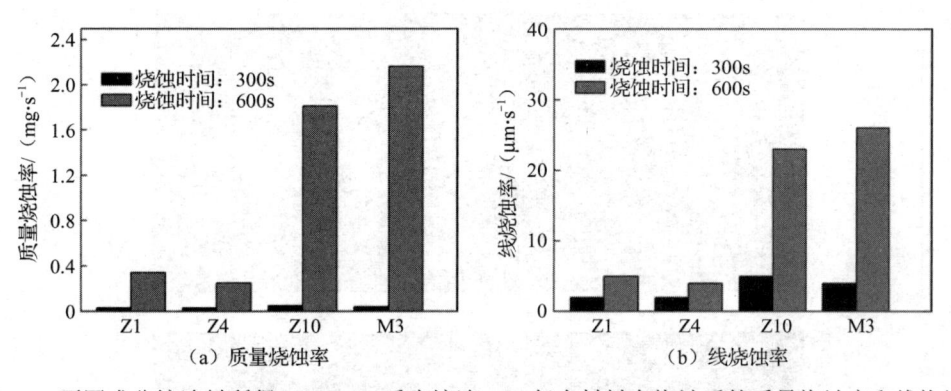

图 6-31　不同成分熔渗料所得 Si-Mo-Zr 反应熔渗 C/C 复合材料在烧蚀后的质量烧蚀率和线烧蚀率

可以推断，Z1 和 Z4 的耐烧蚀能力主要得益于其内部陶瓷相在表面陶瓷相受到一定破坏之后还可以在一定程度上起到保护 C/C 复合材料的作用。耐烧蚀性能最好的样品为 Z4，其 300s 的质量烧蚀率和线烧蚀率分别为 0.03mg/s 和 2μm/s，600s 的质量烧蚀率和线烧蚀率分别为 0.25mg/s 和 4μm/s。由于样品在 600s 已遭受毁灭性破坏，因此主要考查其烧蚀 300s 后样品的表面状态。

从图 6-32 可以看出，样品烧蚀过后表面主要相为 ZrO_2，此外还有少量 SiO_2 相存在，这种二元的氧化层结构具有较好的耐烧蚀性能，这一点在其质量烧蚀率和线烧蚀率上均有所体现。值得注意的是，在样品 Z4 的 XRD 谱上还可以观察到微弱的 SiC 相特征峰，其表面氧化程度较低，表明样品 Z4 具有较好的耐烧蚀能力，这与质量烧蚀率和线烧蚀率的分析结果相一致。

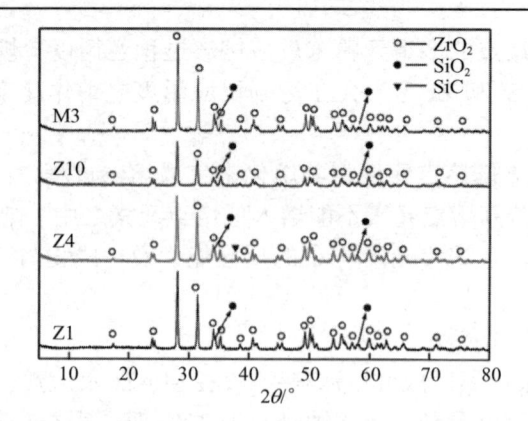

图 6-32　不同成分熔渗料所得 Si-Mo-Zr 反应熔渗 C/C 复合材料在烧蚀后的 XRD 谱

图 6-33 所示为样品烧蚀 300s 之后的表面 SEM 图。从该图可以看出，样品 Z1 和 Z4 表面有一层较为致密且连续的 ZrO_2 层，而样品 Z10 和 M3 表面的 ZrO_2 基本是以单独颗粒的状态存在的。这主要是由于 Z10 和 M3 的熔渗效果较差，内部陶瓷相含量较低，在烧蚀过程中，很难形成连续的 ZrO_2 层，较易被高速气流剥蚀。并且没有 ZrO_2 保护的 SiO_2 很难抵抗高速气流的剥蚀，将持续被剥蚀。而 SiO_2 被不断剥蚀又导致未被剥蚀的 ZrO_2 颗粒进一步高于烧蚀面，更易被高速气流所带来的剪应力所剥蚀，SiO_2 的剥蚀和 ZrO_2 的剥蚀互相影响，形成恶性循环，导致烧蚀过程中生成的氧化物很难形成一定的保护作用，最终导致毁灭性破坏。而内部陶瓷相含量较高的样品 Z1 和 Z4 在表面受到一定破坏之后，其内部陶瓷相被氧化之后仍可继续形成较为连续的氧化物，因而耐烧蚀性能优于样品 Z10 和 M3。

图 6-33　不同成分熔渗料所得 Si-Mo-Zr 反应熔渗 C/C 复合材料在烧蚀后的 SEM 图

在 C/C 复合材料中引入耐烧蚀组元是制备超高温低烧蚀防热复合材料的有效方法。材料的力学性能和耐烧蚀性能与材料组元和微观结构紧密相关。通过优化材料组元及引入相关组元的方式，以及提高组元分布均匀性、减少颗粒团聚、降低裂纹缺陷、提高组分热匹配等措

第6章 烧蚀防热复合材料

施研制耐温等级更高的超高温低烧蚀防热复合材料是该领域的发展重点。

2. C/C-SiC 碳基烧蚀防热复合材料

C/C-SiC 碳基烧蚀防热复合材料（以下简称 C/C-SiC 复合材料）是在 C/C 复合材料基础上衍生而来的一种新型碳基烧蚀防热复合材料，具有低密度、高强度、耐高温、抗氧化烧蚀等优异性能。在航空航天领域，C/C-SiC 复合材料具有广阔的应用前景，如可用于 X-38 飞行器的端头罩、火箭的燃气舵和高超声速冲压发动机燃烧室等。与 C/C 复合材料相比，C/C-SiC 复合材料的拉伸强度和弯曲强度提高，线烧蚀率和质量烧蚀率分别降低了 15.2% 和 51.7%。

1）制备

首先将 SiC 粉（粒度为 2~5μm）放入水中，配置 SiC 的质量分数为 20%~25% 的料浆；然后，在针刺过程中将 SiC 料浆通过喷壶均匀喷洒在 C 纤维毡上来制备 C/C-SiC 预制体；之后将其置于 120℃烘干箱中烘干，再以丙烯为碳源通过 CVI（化学气相渗透）法沉积热解碳。当材料密度为 $1.5g/cm^3$ 左右时，采用 PIP（可控离子渗入）法使用糠酮树脂进行补充增密得到 C/C-SiC 复合材料。此外，以 C 纤维毡为 C/C 预制体，采用 CVI+PIP 复合工艺致密，可制备 C/C 复合材料。

2）相组成和微观结构

图 6-34 为 C/C-SiC 复合材料通过 CVI 后的 SEM 图。从图 6-34（a）可以看出，SiC 颗粒附着在 C 纤维表面，受纤维分布的制约，没有出现大面积团聚。从图 6-34（b）和图 6-34（c）可以看出，CVI 过程中热解碳沉积在 SiC 颗粒表面，且围绕纤维和颗粒生长，其中较大的 SiC 颗粒以夹杂的状态存在于纤维与热解碳中。

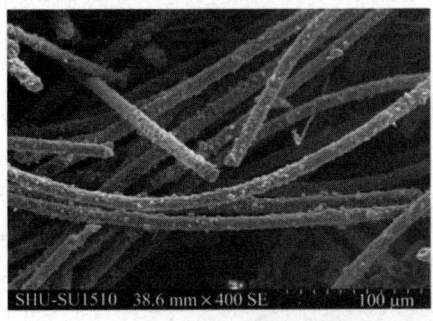

（a）C 纤维表面附着的 SiC 颗粒 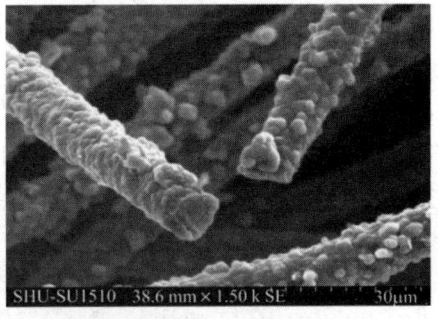　　（b）SiC 颗粒表面沉积的热解碳

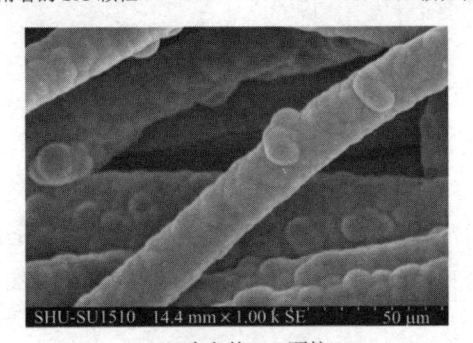

（c）夹杂的 SiC 颗粒

图 6-34　C/C-SiC 复合材料的 SEM 图

图 6-35（a）为所制备 C/C-SiC 复合材料的 XRD 谱。从该图可以看出，复合材料由 C 和

SiC 两种物相组成，未出现其他物相的衍射峰。由 Si 和 C 的基本热力学数据可以得到 SiC 分解反应吉布斯自由能随温度 T 的变化曲线，如图 6-35（b）所示。可以看出，当温度低于 3000K 时，$\Delta G>0$，在热力学上 SiC 分解反应不可以自发进行。C/C-SiC 复合材料进行 2300℃高温热处理时，SiC 不发生分解，这说明在制备过程中 SiC 与基体和纤维没有发生化学反应：

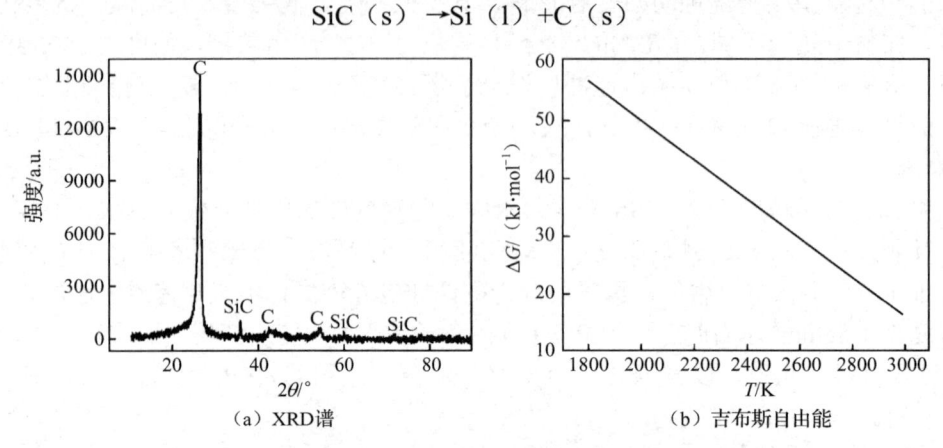

$$SiC(s) \rightarrow Si(l) + C(s) \tag{6-70}$$

图 6-35 C/C-SiC 复合材料的 XRD 谱和吉布斯自由能曲线

3）氧化行为

将 C/C 预制体和 C/C-SiC 预制体分别进行一个周期的 CVI 后，得到低密度 C/C 复合材料和低密度 C/C-SiC 复合材料。采用差式扫描量热（Differential Scanning Calorimeter，DSC）法和热重分析（Theromogravimetric Analyzer，TGA）法分别考察 C/C 复合材料和 C/C-SiC 复合材料的氧化行为，结果如图 6-36 所示。从图 6-36（a）可以看出，在 650℃时，C 纤维的氧化速度迅速增大，这是由于 C 氧化生成气态的 CO 和 CO_2；在 920℃时，C 纤维完全被氧化成 CO 和 CO_2 气体。从图 6-36（b）可以看出，在 680℃时，C 纤维迅速氧化；在 760℃时，SiC 开始发生氧化；在 1050℃时，C 纤维完全被氧化。这主要是因为 SiC 与 O_2 反应生成的 SiO_2 覆盖在 C 纤维表面，影响了 C 纤维的氧化。因此，与 C/C 复合材料相比，C/C-SiC 复合材料的抗氧化性能明显提高。

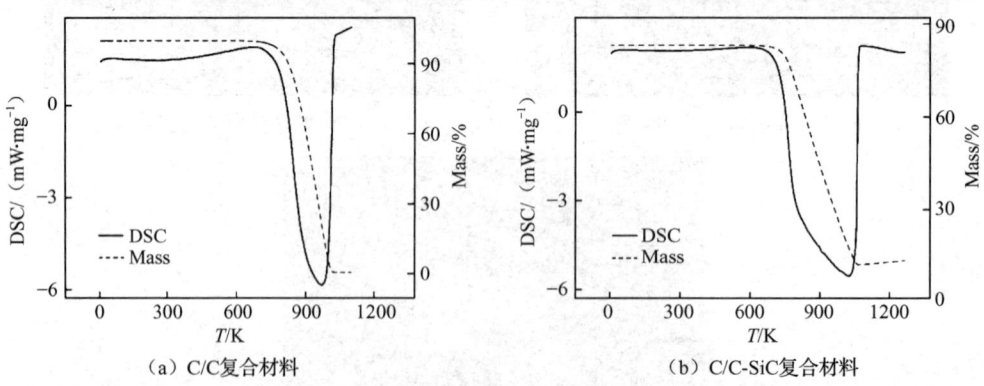

图 6-36 C/C 复合材料和 C/C-SiC 复合材料的 TGA-DSC 曲线（Mass 为质量）

4）烧蚀性能

表 6-3 给出了 C/C-SiC 复合材料和 C/C 复合材料烧蚀行为的结果。由表可以看出，烧蚀 500s 时，SiC 的含量越高，C/C-SiC 复合材料的线烧蚀率和质量烧蚀率越低。当 SiC 的质量分数为 9%时，C/C-SiC 复合材料的线烧蚀率为 3.22×10^{-3}mm/s，质量烧蚀率为 7.57×10^{-4}g/s。与

C/C 复合材料相比，C/C-SiC 复合材料的线烧蚀率降低了 63%，质量烧蚀率降低了 76%。针对烧蚀 500s 后的 C/C-SiC 复合材料，首先根据宏观形貌和烧蚀程度，将材料表面分为三个区域，其中区域Ⅰ为烧蚀中心区，区域Ⅱ为烧蚀过渡区，区域Ⅲ为烧蚀边缘区，如图 6-37 所示。由图可以看出，每个区域内材料的烧蚀状况存在较大差异。

表 6-3 C/C-SiC 复合材料和 C/C 复合材料烧蚀行为的结果

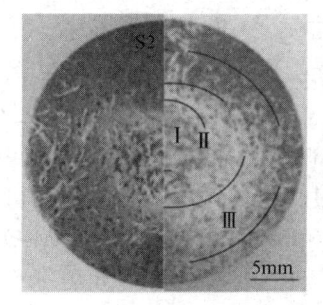

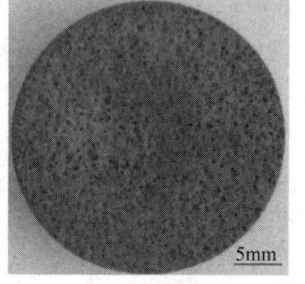

样　品	密度/ (g·cm^{-3})	开孔孔隙率/ %	SiC 质量分数/ %	烧蚀时间/ s	线烧蚀率/ (mm·s^{-1})	质量烧蚀率/ (g·s^{-1})
样品 1（C/C-SiC）	1.90	8.4	9	500	3.22×10^{-3}	7.57×10^{-4}
样品 2（C/C-SiC）	1.90	7.0	5	500	6.91×10^{-3}	1.80×10^{-3}
样品 3（C/C）	1.90	6.2	0	500	8.69×10^{-3}	3.14×10^{-3}

(a) C/C-SiC复合材料　　(b) C/C复合材料

图 6-37 复合材料烧蚀后的宏观形貌

5）烧蚀机制

复合材料烧蚀的中心区域正对着火焰的中心，其表面的温度最高，压强最大，烧蚀最为严重。图 6-38 为 C/C-SiC 复合材料烧蚀中心区的 SEM 图和 EDS 图谱。从图 6-38（a）可以看出，经过 500s 烧蚀后，烧蚀中心区表面已看不出裸露的 C 纤维，热解碳之间留有较大的孔洞，烧蚀严重，少量球状物和絮状物存在在烧蚀中心区表面。根据 EDS 图谱可知，这些絮状物由 SiO$_2$ 组成。

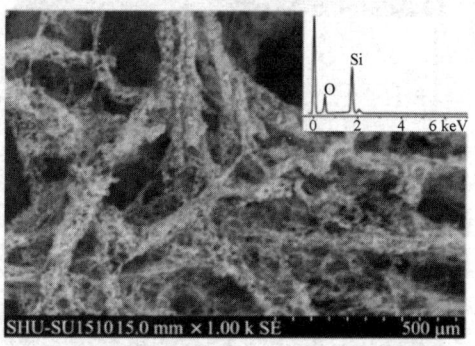

图 6-38 C/C-SiC 复合材料烧蚀中心区的 SEM 图和 EDS 图谱

材料烧蚀中心的温度为 2800℃，烧蚀时间为 500s。随着时间的积累，有较多热量积聚在材料表面。由于 SiC 的升华温度为 2700℃，SiC 的升华潜热为 19.83MJ/kg，因此在材料的烧蚀中心，SiC 处于升华的状态。另外，在烧蚀中心区材料所受到的压力最大，并处于氧化性气氛（H$_2$ 与 O$_2$ 的混合比率为 1.65，火焰为氧化焰）中。SiC、热解碳和 C 纤维均发生严重氧化，其中 C 的氧化产物为 CO 和 CO_2，而 SiC 的氧化产物为气态 SiO 和 SiO_2。烧蚀过程中 SiC 的氧化产物会被气流冲刷带走，从而丧失对材料的保护作用。烧蚀结束后，在冷却过程中少量的 SiC 继续发生氧化，因此会有 SiO_2 絮状物附着于烧蚀材料的表面。部分液态的 SiO_2、C 纤维、C 基体润湿性较差，在凝固过程中受表面张力和热应力的作用收缩为球状颗粒。因此，在烧蚀中心区复合材料的烧蚀以升华和冲刷为主，并伴随有 C 和 SiC 的氧化。

图 6-39 是烧蚀过渡区不同位置的 SEM 图。根据 EDS 分析可知，烧蚀过渡区的覆盖物为 SiO_2。烧蚀过渡区的 SiO_2 主要来自两个方面：烧蚀过渡区的 SiC 在高温氧化性气氛中氧化生成的 SiO_2 和烧蚀中心区的 SiC 氧化后产生的 SiO_2。其中，后者被高速燃气流冲刷到烧蚀过渡区。相比烧蚀中心区，烧蚀过渡区的温度有所下降，不足以使 SiC 升华。但 H_2-O_2 流在该区域与材料烧蚀表面平行，对材料表面的剪切作用最大。因此，该区域存在的 H_2-O_2 流对材料有剪切剥蚀作用。在靠近烧蚀中心区一侧的烧蚀过渡区，热解碳优先氧化生成 CO_2 和 CO 后，大量的 SiC 裸露出来。SiC 被氧化为熔融态的 SiO_2，不断消耗高温燃气中的氧。熔融态的 SiO_2 附着在材料的表面，愈合了材料表面的孔隙和裂纹，形成了致密的 SiO_2 保护膜 [见图 6-39(a)]，阻断了氧化性气体由外向内扩散的通道。由图 6-39（b）可以看出，此区域 SiO_2 保护膜凹凸不平，并存在大量孔隙，其中保护膜内部细小的 SiO_2 颗粒紧密堆积在一起 [见图 6-39（d）]。在烧蚀过渡区的中心位置，温度进一步下降，且 SiO_2 导热系数低，热量难以向材料内部和四周扩散。熔融的 SiO_2 黏度高，难以形成致密的 SiO_2 保护膜。由于受 H_2-O_2 流的剪切剥蚀作用，部分熔融的 SiO_2 形成连续的玻璃态保护膜。在烧蚀过渡区靠近外边缘一侧的位置，氧化产物 SiO_2 处于不完全熔融状态，大量絮状的 SiO_2 和少量熔融的 SiO_2 覆盖在材料表面。氧化产物 SiO_2 与基体的黏附力弱，很容易受 H_2-O_2 流剪切剥蚀作用形成烧蚀孔洞 [见图 6-39（c）]。尽管在该区域无法形成致密的 SiO_2 保护膜，但因 SiC 消耗燃气的能量，可起到保护基体材料的作用。因此，在烧蚀过渡区材料的烧蚀主要是热氧化和 H_2-O_2 流的剪切剥蚀起主要作用的。

（a）靠近烧蚀中心一侧的烧蚀过渡区　　　　（b）烧蚀过渡区的中心位置

（c）烧蚀过渡区中靠近外边缘一侧的位置　　　（d）紧密堆积的细小SiO_2颗粒

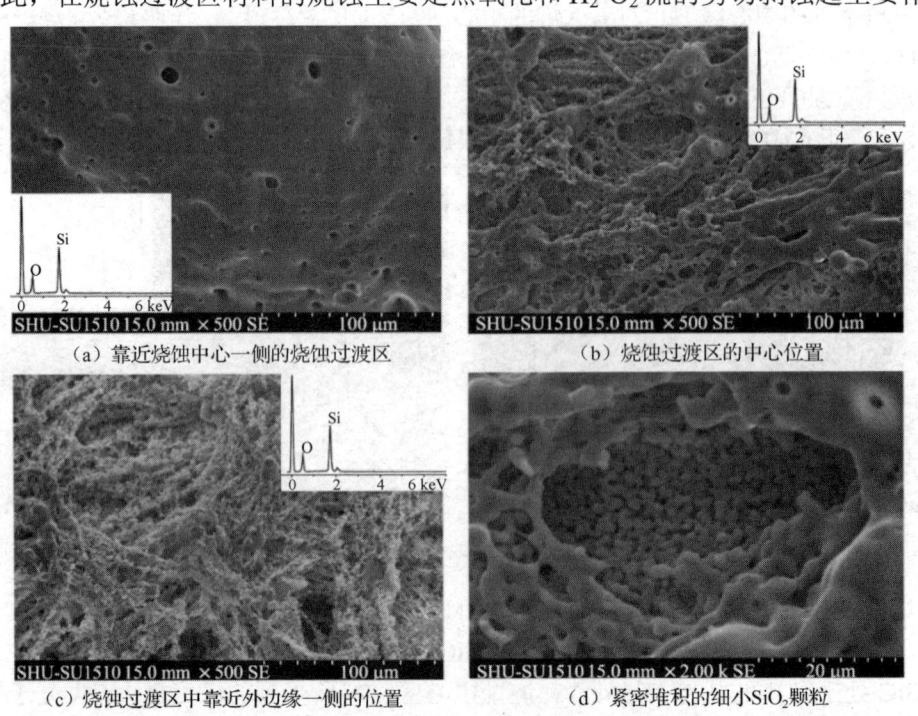

图 6-39　烧蚀过渡区不同位置的 SEM 图

C/C-SiC 复合材料的烧蚀边缘区距离烧蚀中心最远,试样的表面温度最低,因此该区域材料烧蚀轻微。图 6-40(a)为 C/C-SiC 复合材料烧蚀边缘区靠近烧蚀过渡区的 SEM 图。从图中可以看出,表面无裸露的 C 纤维,无孔洞和裂纹存在。通过 EDS 分析可知,烧蚀边缘区的覆盖物为 SiO_2 和 SiC。该区域与周围的空气充分接触,氧含量较高,因此热氧化较为严重。烧蚀边缘区的温度较低,SiC 被氧化生成固态的 SiO_2 并覆盖在材料表面。当 C 纤维表面的 SiC 被完全氧化后,暴露的 C 纤维会被迅速氧化,因此,该区域较难观察到氧化后的 C 纤维和热解碳。烧蚀边缘区的材料表面受到 H_2-O_2 流的剪切剥蚀最小,其中 SiC 氧化后生成的 SiO_2 沿着 C 纤维的方向排布,形成"线条状"结构。在烧蚀边缘区,热氧化起主要作用。图 6-40(b)为烧蚀边缘区靠近外边缘位置的 SEM 图。可以看出,材料表面烧蚀轻微,少量的 SiO_2 分布在材料表面。Z 向针刺纤维受到比较剧烈的烧蚀作用,纤维变尖变细,热解碳层变薄,出现了"包鞘"结构。这是由于 C 纤维和热解碳之间存在界面,而这些界面容易成为氧化活性点,在高温下首先发生热化学烧蚀,从而导致纤维与热解碳之间的缝隙越来越大,于是出现"包鞘"结构。

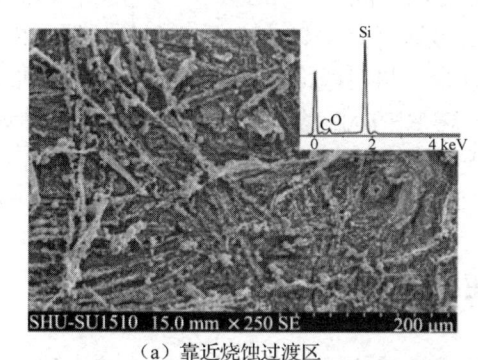

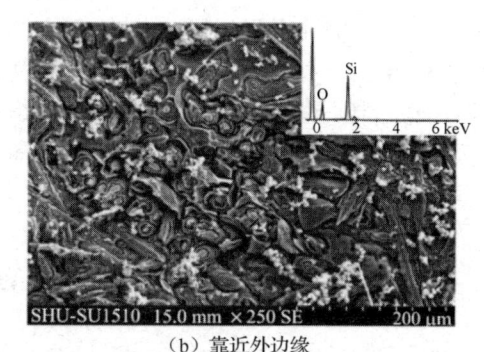

(a) 靠近烧蚀过渡区　　　　　　　　(b) 靠近外边缘

图 6-40　烧蚀边缘区不同位置的 SEM 图

H_2-O_2 焰烧蚀 C/C-SiC 复合材料时,C 和 SiC 可能发生的反应如下:

$$2C(s) + O_2(g) \rightarrow 2CO(g) \tag{6-71}$$

$$C(s) + O_2(g) \rightarrow CO_2(g) \tag{6-72}$$

$$SiC(s) \rightarrow Si(l) + C(s) \tag{6-73}$$

$$SiC(s) + O_2(g) \rightarrow SiO(g) + CO(g) \tag{6-74}$$

$$SiO_2(l) + CO(g) \rightarrow SiO(g) + CO_2(g) \tag{6-75}$$

$$SiC(s) + 2O_2(g) \rightarrow SiO_2(l) + CO_2(g) \tag{6-76}$$

$$SiC(s) + 3H_2O(g) \rightarrow SiO_2(g) + CO(g) + 3H_2(g) \tag{6-77}$$

H_2-O_2 焰的温度约为 3000K。通过热力学数据手册查得相关物质的热力学参数,并计算反应的吉布斯自由能。图 6-41 为不同温度下 C 和 SiC 氧化过程中吉布斯自由能随温度的变化。可以看出,吉布斯自由能越低,化学反应的趋势越强。当 $2240K < T < 3000K$ 时,反应(6-74)、反应(6-76)和反应(6-77)的吉布斯自由能变化较小,其中,反应(6-74)的吉布斯自由能最低。在烧蚀中心区,SiC 与 O_2 发生反应生成气态的 CO、SiO 和 SiO_2,对材料本身造成侵蚀,不利于阻碍 O_2 的扩散。当 $T < 2240K$ 时,反应(6-72)、反应(6-74)和反应(6-76)的吉布斯自由能变化较小,其中,反应(6-76)的吉布斯自由能最低。烧蚀过渡区和烧蚀边缘区的 SiC 被氧化生成液态或固态的 SiO_2,有利于阻碍氧气的扩散。

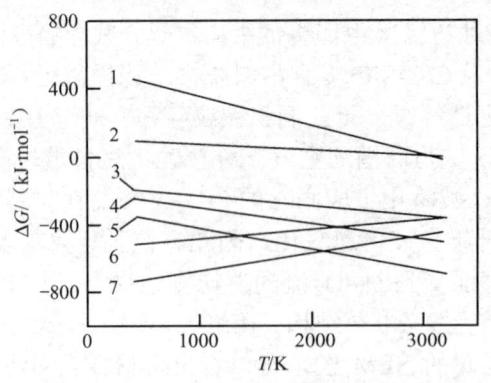

1—反应（6-75）；2—反应（6-73）；3—反应（6-71）；4—反应（6-77）；
5—反应（6-74）；6—反应（6-72）；7—反应（6-76）

图 6-41　C 和 SiC 氧化过程中吉布斯自由能随温度的变化

综上，烧蚀 500s 后，C/C-SiC 复合材料的耐烧蚀性能显著优于 C/C 复合材料，线烧蚀率降低了 63%，质量烧蚀率降低了 76%；在烧蚀过渡区靠近烧蚀中心区一侧的位置，SiC 被氧化生成熔融态 SiO_2，并附着在材料表面，不仅愈合了材料表面的孔隙和裂纹，而且形成致密的 SiO_2 保护膜，阻断了 O_2 由外向内扩散的通道；烧蚀中心区的温度和压强最高，烧蚀最严重，且烧蚀主要是升华和机械剥蚀，并伴有氧化，而烧蚀过渡区材料的烧蚀主要是热氧化和 H_2-O_2 流的剪切剥蚀起主要作用的，烧蚀边缘区则是热氧化起主要作用的。

6.6　陶瓷基烧蚀防热复合材料

陶瓷基烧蚀防热复合材料是由陶瓷基体和纤维增强体组成的复合材料，具备高比强度、比模量及优异的高温力学、抗氧化和耐烧蚀等性能，是航天器理想的热结构材料。高超声速飞行器（马赫数>5）在大气层内长时间高速飞行时，严重的气动加热环境对飞行器的热防护系统提出了严峻的挑战，传统的热防护机制已难以满足飞行器热防护的需求。超高温陶瓷（Ultra-High Temperature Ceramics，UHTCs）具有高熔点、高热导率和耐烧蚀等特性，被认为是在 1800~3000℃温度范围内，低氧分压、高热流密度烧蚀环境中可重复使用的高超声速飞行器防热部件的重要候选材料。

6.6.1　陶瓷基烧蚀防热复合材料的烧蚀过程

陶瓷基烧蚀防热复合材料主要通过陶瓷表面氧化反应，消耗部分基体。同时随着温度升高，材料还可能熔化、蒸发（升华），导致表面材料的质量损失，带走大量的热量。氧化反应和蒸发（升华）所产生的气体进入边界气流中，降低了气流中的氧气浓度，并对材料表面的传热有屏蔽作用。另外，热流气体中高速粒子的冲刷还会引起表面材料的热力学腐蚀（侵蚀），不仅造成材料的质量损失，还会影响材料强度。纤维和基体的物理、力学性质具有差异，表面的热化学腐蚀和热力学腐蚀导致表面粗糙度增加，局部热流密度迅速增大，同时使紊流转换区向驻点推移。在高速气流及内部材料烧蚀产生气体压力的作用下，表面材料还会因失效发生机械剥蚀。陶瓷基烧蚀防热复合材料属于熔化-升华型烧蚀防热复合材料。

6.6.2 常见的陶瓷基烧蚀防热复合材料

1. C/SiC 陶瓷基烧蚀防热复合材料

连续纤维增韧的 C/SiC 陶瓷基烧蚀防热复合材料（以下简称 C/SiC 复合材料）是一种新型的耐高温结构材料，具有低密度（$1.8\sim2.0\text{g/cm}^3$）、抗氧化、高比模、耐烧蚀、耐冲刷、抗热震和热膨胀系数小等优异性能，在航天飞机热防护系统尤其是火箭姿轨控发动机喷管等领域得到广泛的应用。

1）制备

在高温（1400~1600℃）真空下，使 Si 以熔融态进入 C/C 预制体，并与 C 原位反应生成 SiC，最后得到 C/SiC 复合材料。

2）烧蚀行为

C/SiC 复合材料烧蚀后材料表面大致可分为三个区域：烧蚀中心区、烧蚀过渡区、烧蚀边缘区，分别如图 6-42（a）、图 6-42（b）、图 6-42（c）所示。图 6-42（d）是烧蚀边缘区的 EDS 图谱。不同区域所表现的烧蚀机理不同。烧蚀中心区的烧蚀形貌为典型的尖笋状，如图 6-42（a）所示。这是因为该区域温度最高，可达 3000℃。而 SiC 的熔点为 2380℃，升华温度为 2700℃，C 纤维的升华温度远高于 3000℃。因此，SiC 在烧蚀过程中会快速升华，C 纤维则处于不完全升华的状态。此外，烧蚀中心所受压力最大，燃气冲刷也最为严重。C 纤维在失去 SiC 基体保护后，在燃气冲刷下被严重烧蚀，出现尖笋状形貌。因此，烧蚀中心区的烧蚀机理主要以升华和冲刷为主。

烧蚀过渡区出现典型的主动氧化而产生的鼓泡及气泡破裂形貌，如图 6-42（b）所示。这是因为该区域温度比烧蚀中心区小，约为 1700~2000℃。该温度下，SiC 不会升华，但其会发生主、被动氧化生成气态的 SiO。气态的 SiO 在表面逸出时会导致烧蚀表面出现鼓泡及气泡破裂形貌。因此，烧蚀过渡区的烧蚀以主动氧化烧蚀为主。烧蚀边缘区的形貌基本保持了沉积 SiC 的形貌，如图 6-42（c）所示，而 EDS 图谱表明其组成为 SiO，在此区域 SiC 发生了被动氧化。这是由于该区域温度最低（<1700℃），该区域 SiC 在烧蚀过程中氧化形成 SiO 保护层，不易被冲刷。致密的 SiO 层覆盖在 SiC 基体的表面，阻碍了 SiC 基体的进一步烧蚀。因此，该区域的烧蚀率较低，主要以被动氧化为主。C/SiC 复合材料的耐烧蚀性能与制备方法、孔隙率、纤维体积分数、编织方式等因素有关。

若在 C/SiC 复合材料表面生成 ZrB_2、HfC、TaC 和 ZrC 等涂层，可提高 C/SiC 复合材料的抗氧化性和耐烧蚀性能。单一涂层对 C/SiC 复合材料的抗氧化和耐烧蚀性能提高有限。若在 2D C/SiC 表面制备出 HfB_2-SiC 混合涂层，并在 1600℃下氧化 30min 后测得其力学性能，其强度仍可达初始强度的 80%以上。混合涂层虽然可以提高 C/SiC 复合材料的抗氧化性能，但对其耐烧蚀性能提高有限。因此，应在 C/SiC 复合材料表面制备多层涂层。用 CVD 法制备出 HfC/SiC 交替涂层，该涂层可在 1799℃下长时间（数小时），2093℃下短时间使用，在 5.95MW/m^2 的热流密度下的线烧蚀率可降低到 $5\times10^{-3}\mu\text{g/s}$，大大提高了 C/SiC 复合材料抗氧化和耐烧蚀性能。

C/SiC 复合材料的预制体结构除单向分布外，还有 2D 碳布叠层、2.5D 机织和 3D 编织结构等类型。其中，2D 碳布叠层 C/SiC 复合材料具有较好的面内力学性能，但其层间力学性能差、易分层的缺点限制了其应用范围；2.5D 机织 C/SiC 复合材料的层间强度略好于 2D 碳布叠层，但制备效率较高；3D编织结构显著改善了复合材料的层间力学性能，也保留了面内力学性能优异的特点，已成为C/SiC复合材料喷管应用的主要预制体结构。C/SiC复合材料喷管耐烧蚀性能的好坏直接决定发动机比冲、推力等关键性能指标，间接影响喷管产品的工作效能及其使用寿命。

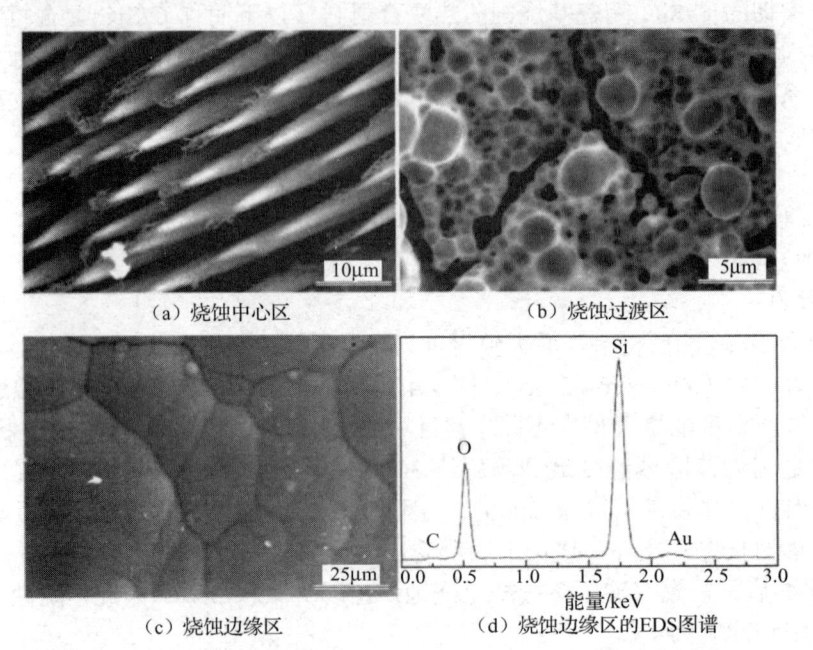

（a）烧蚀中心区　　（b）烧蚀过渡区

（c）烧蚀边缘区　　（d）烧蚀边缘区的EDS图谱

图6-42　C/SiC复合材料氧-乙炔火焰烧蚀后的SEM图及EDS图谱

图6-43为3D C/SiC复合材料喷管的示意图，采用3D四向编织方式制备双组元液体火箭发动机的喷管碳纤维预制体。然后，通过CVD工艺在喷管预制体碳纤维表面沉积厚度合适的热解碳界面层，再通过重复多次PIP工艺进行SiC基体致密化。最后，通过CVD工艺等在产品表面制备SiC抗氧化涂层。

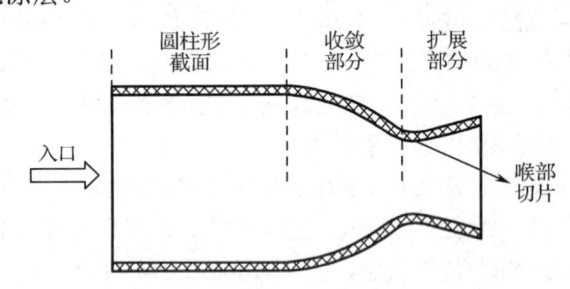

图6-43　3D C/SiC复合材料喷管的示意图

3D C/SiC复合材料喷管工作燃气组分主要为H_2O和CO_2，同时还伴随有少量分子和游离氧等组分，C/SiC复合材料在高温环境下会发生反应（6-78）～反应（6-85）。

$$C(s) + H_2O(g) \rightarrow CO(g) + H_2(g) \tag{6-78}$$

$$2C(s) + 2OH(g) \rightarrow 2CO(g) + H_2(g) \tag{6-79}$$

$$C(s) + CO_2(g) \rightarrow 2CO(g) \tag{6-80}$$

$$SiC(s) + 3H_2O(g) \rightarrow SiO_2(s) + CO(g) + 3H_2(g) \tag{6-81}$$

$$SiC(s) + 3CO_2(g) \rightarrow SiO_2(s) + 4CO(g) \tag{6-82}$$

$$SiO_2(s) + 2H_2O(g) \rightarrow Si(OH)_4(g) \tag{6-83}$$

$$SiO_2(s) + CO(g) \rightarrow SiO(g) + CO_2(g) \tag{6-84}$$

$$SiO_2(s) + H_2(g) \rightarrow SiO(g) + H_2O(g) \tag{6-85}$$

图 6-44 为喷管喉部烧蚀驻点坑洞的 SEM 图及白色相的 EDS 图谱，可以发现燃气冲蚀后，3D C/SiC 复合材料喷管碳纤维会因发生氧化反应［反应（6-78）~反应（6-81）］和产生燃气冲刷作用，导致碳纤维束及纤维前端均呈现出典型"针尖状"结构特征，且"针尖状"碳纤维之间无明显 SiC 基体，取而代之的是大量的白色氧化物质。经 EDS 分析，碳纤维表面附着的白色氧化物质主要成分为 SiO_2，这主要是由于该区域 CVD-SiC 涂层消耗殆尽后，失去对 C/SiC 复合材料基体的保护作用，使得纤维之间原先 SiC 基体逐渐被氧化生成 SiO_2。因此，3D C/SiC 复合材料喷管在液体火箭发动机工作条件下的烧蚀过程为：随着高温、高速氧化性燃气冲刷 3D C/SiC 复合材料喷管表面，其表面 CVD-SiC 涂层会率先氧化生成 SiO_2［反应（6-82）］。一方面，由于喷管喉部燃气密度和氧化性组分浓度较高，燃气与壁面材料对流换热系数在喷管喉部达到最大值，根据传质与传热的类比关系，可知该位置的对流传质系数亦达到最大，使得高速流动形成的边界层减小，促使氧化性组分由边界层向材料本身的扩散通量增大，进而加剧 C/SiC 复合材料的氧化烧蚀，导致 SiO_2 在此区域与 H_2O、CO 和 H_2 等组分继续发生反应［反应（6-83）~反应（6-85）］，形成气态的 $Si(OH)_4$、SiO。另一方面，因喷管喉部区域燃气流速较快，燃气机械冲刷作用较强，导致生成的 SiO_2 难以附着在产品表，从而削弱了 SiO_2 对该区域 C/SiC 复合材料的保护作用，使得 CVD-SiC 涂层再次发生氧化烧蚀现象，直至 CVD-SiC 涂层消耗殆尽。当 3D C/SiC 复合材料开始完全暴露于氧化性燃气中时，因 PIP 工艺制备得到的复合材料 SiC 基体致密性较差，使得 H_2O、CO_2 等氧化性气氛组元更容易进入基体内部，进而与 SiC 基体和碳纤维发生氧化反应，大幅降低复合材料本身力学性能，使得 3D C/SiC 复合材料难以承受高温、高速燃气的冲刷作用而发生材料破坏失效，最终形成氧化烧蚀凹坑。综上所述，3D C/SiC 复合材料喷管在双组元液体火箭发动机下的烧蚀作用为机械冲刷烧蚀和氧化烧蚀两种。

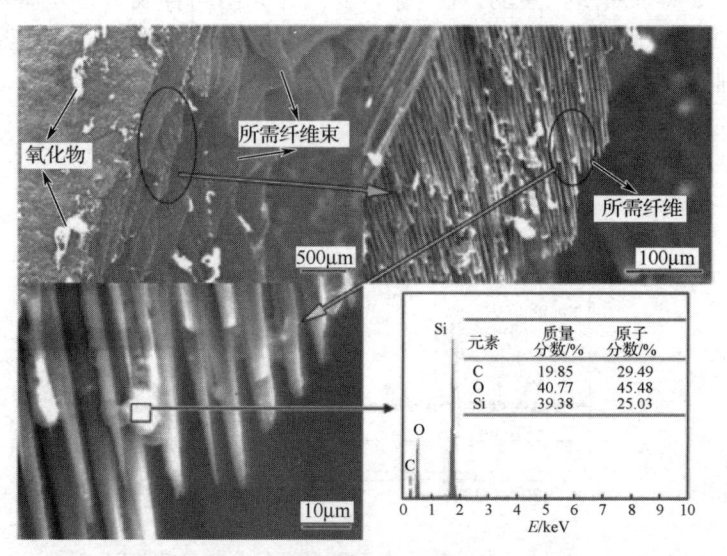

图 6-44 喷管喉部烧蚀驻点坑洞的 SEM 图及白色相的 EDS 图谱

2. ZrB$_2$-ZrC 陶瓷基烧蚀防热复合材料（以下简称 ZrB$_2$-ZrC 复合材料）

ZrB$_2$ 陶瓷具有高熔点（3280℃）、高热导率（56W·m^{-1}·K^{-1}）、高硬度（21GPa）和较低的热膨胀系数（6.6×10^{-6}K^{-1}），是超高温陶瓷中研究最广泛的材料，目前已成为热防护体系的最佳候选材料之一。由于晶体中存在强共价键，而且 B 和 Zr 原子在晶格和晶界处的扩散率极低，使得单一相 ZrB$_2$ 陶瓷难以烧结致密化。为此人们采用了包括细化粉体原料、放电等离子烧结（Spark Plasma Sintering，SPS）、反应热压（Reactive Hot Pressing，RHP）、添加烧结助剂等多种先进的烧结工艺和方法。单相 ZrB$_2$ 的抗高温氧化性能较差，并且烧结温度过高会造成烧结体晶粒粗化，显著降低其力学性能，因此在制备 ZrB$_2$ 基 UHTCs 的过程中往往通过添加碳化物、氮化物或硅化物等烧结助剂进一步降低致密化烧结的温度，同时提高陶瓷材料的力学性能和抗高温氧化性能。

ZrB$_2$ 陶瓷烧结致密化的最常用方法是添加 SiC 烧结助剂。引入 SiC 可以有效地阻碍 ZrB$_2$ 晶粒长大，并且在烧结过程中形成稳定的硼硅玻璃相，进一步提高材料的力学性能和耐烧蚀性能。

1）样品制备

原料为 ZrB$_2$ 微粉（粒径 45～150μm，纯度 99.5%）和 ZrC 微粉（粒径≤1μm，纯度 99.5%）。ZrB$_2$ 与 ZrC 按摩尔比分别为 2∶1、4∶1、8∶1、16∶1 进行称量混料，不锈钢罐中加入无水乙醇球磨 3h；将球磨后的浆料以 11000r/min 的转速离心 5min，将沉淀物放入恒温干燥箱内，120℃烘烤 20min，将干燥混料在 4MPa 的压力下模压成坯；将压坯放进高压组装件内，在 500t 环带式两面顶压机中进行高温高压合成实验，压力分别为 2.6GPa、2.9GPa 和 3.2GPa，合成温度为 950℃，保温时间为 10min；降温卸压后得合成样品。

2）显微组织

图 6-45 显示了不同压力下制备的 ZrB$_2$-ZrC 复合材料（ZrB$_2$ 与 ZrC 的摩尔比为 2∶1）的 XRD 谱。表明高压合成样品为 ZrB$_2$-ZrC 复合材料，其中，Fe 的衍射峰是由球磨过程中钢球碰撞、摩擦掉落的 Fe 屑杂质所产生的。通过谢乐公式计算出当合成压力分别为 2.6GPa、2.9GPa 和 3.2GPa 时，ZrB$_2$ 的平均晶粒尺寸分别为 20.9nm、20.2nm 和 19.6nm。表明合成压力越大，对晶粒生长的抑制作用越强，所得样品的晶粒尺寸越小。ZrB$_2$-ZrC 复合材料表面的 SEM 图如图 6-46 所示。

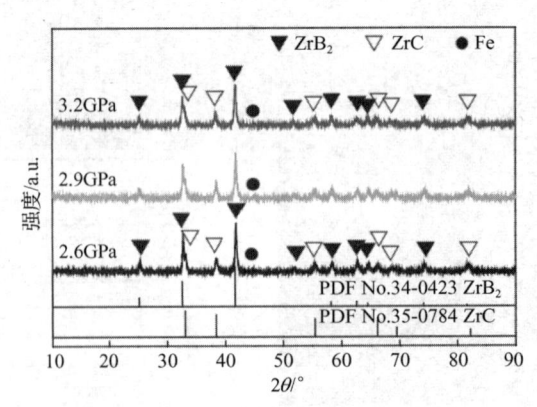

图 6-45 不同压力下制备的 ZrB$_2$-ZrC 复合材料的 XRD 谱

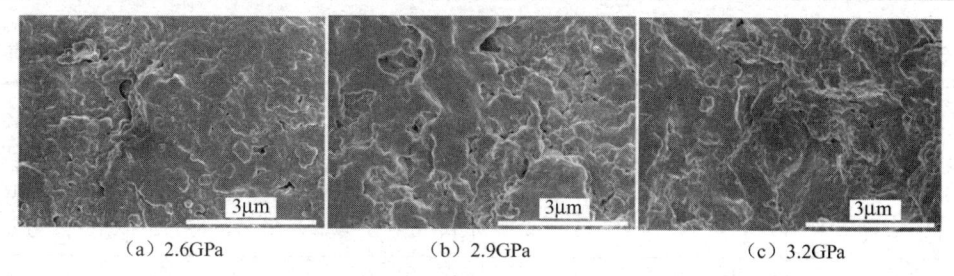

(a) 2.6GPa   (b) 2.9GPa   (c) 3.2GPa

图 6-46 不同压力下制备的 ZrB$_2$-ZrC 复合材料表面的 SEM 图

3）动态烧蚀特性

采用氧-乙炔火焰对 ZrB$_2$-ZrC 复合材料进行烧蚀，烧蚀温度分别为 1600℃、2000℃。图 6-47 为 ZrB$_2$-ZrC 复合材料在 1600℃烧蚀 60s 后样品的 XRD 谱。高温烧蚀后复合材料样品的 XRD 谱中只有单斜相 ZrO$_2$（m-ZrO$_2$）的衍射峰，说明复合材料样品发生了高温氧化反应：

$$2ZrB_2(s) + 5O_2(g) \rightarrow 2ZrO_2(s) + 2B_2O_3(l) \tag{6-86}$$

$$B_2O_3(l) \rightarrow B_2O_3(g) \tag{6-87}$$

$$ZrC(s) + 2O_2(g) \rightarrow ZrO_2(s) + CO_2(g) \tag{6-88}$$

首先，ZrB$_2$ 与 O$_2$ 反应生成 ZrO$_2$ 和熔融态 B$_2$O$_3$，在材料表面形成保护层，阻挡 O 原子扩散进入材料内部，进而阻碍内部材料被氧化；当温度超过 B$_2$O$_3$ 的沸点（约 1100℃）时，B$_2$O$_3$ 在高温下迅速蒸发，在材料表面形成多孔的 ZrO$_2$ 层；ZrC 与 O$_2$ 反应生成 ZrO$_2$ 和 CO$_2$，CO$_2$ 气体逸出材料，导致 ZrO$_2$ 氧化层呈现多孔和不连续分布现象。因此，只有当烧蚀温度足够高，如温度高于 1400℃时，ZrB$_2$ 氧化产生的 B$_2$O$_3$ 才能挥发殆尽，样品表面形成致密的 ZrO$_2$ 层阻碍 O$_2$ 进入材料内部，同时避免材料内部直接受到热流冲击，从而提高复合材料的耐烧蚀和抗氧化性能。在 2.6GPa、950℃条件下合成的 ZrB$_2$-ZrC 复合材料经 1600℃烧蚀 60s 后样品表面的 SEM 图如图 6-48 所示。对比图 6-48 和图 6-46（a），可以看出，高温烧蚀前后样品表面形貌存在显著差异。烧蚀后，样品表面出现大小不一的氧化物颗粒，平均粒径约为 5μm，并且颗粒之间存在缝隙和孔洞。这些缝隙和孔洞的产生是由于 B$_2$O$_3$ 蒸发和 CO$_2$ 气体逸出。在高温烧蚀过程中，孔洞会构成氧气的扩散通道，氧气通过这些缝隙和孔洞进入材料内部，使材料内部逐渐发生氧化。

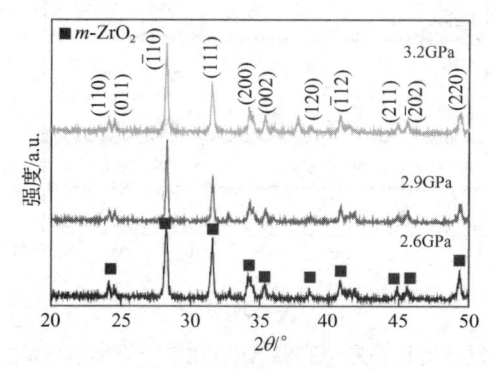

图 6-47 ZrB$_2$-ZrC 复合材料经 1600℃烧蚀后样品的 XRD 谱

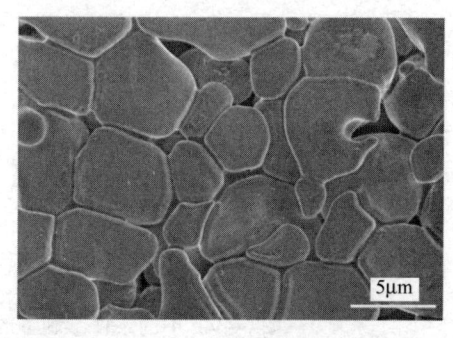

图 6-48 在 2.6GPa、950℃条件下合成的 ZrB$_2$-ZrC 复合材料经 1600℃烧蚀 60s 后样品表面的 SEM 图

质量烧蚀率 R_m 和线性烧蚀率 R_l 是衡量材料耐烧蚀性能的重要指标。不同压力下合成的 ZrB$_2$-ZrC 复合材料经 1600℃和 2000℃动态烧蚀 60s 后的烧蚀性能如表 6-4 所示。

表 6-4 不同压力下合成的 ZrB_2-ZrC 复合材料经 1600℃和 2000℃动态烧蚀 60s 后的烧蚀性能

合成条件	1600℃		2600℃	
	$R_m/\mu g \cdot s^{-1}$	$R_l/\mu m \cdot s^{-1}$	$R_m/\mu g \cdot s^{-1}$	$R_l/\mu m \cdot s^{-1}$
2.6GPa，950℃	67	0.17	230	4.16
2.9GPa，950℃	55	0.15	260	4.60
3.2GPa，950℃	17	0.16	30	6.00

样品的质量烧蚀率均表现为正值，说明烧蚀后复合材料的质量有所增加。在动态烧蚀过程中，样品表面不仅有高温氧化现象，如 ZrB_2 和 ZrC 氧化生成 ZrO_2，而且存在机械剥离现象，如少量 ZrO_2 被氧-乙炔火焰的高温气流剥离表面。高温烧蚀后，样品的质量烧蚀率和线烧蚀率均随合成压力的增大而不断减小，如 3.2GPa 合成的样品在 1600℃时的质量烧蚀率（$17\mu g \cdot s^{-1}$）以及 2000℃的质量烧蚀率（$30\mu g \cdot s^{-1}$）在所合成的样品中是最低的。这是由于合成压力的增大有利于减少材料的孔洞缺陷，提升复合材料样品的致密度，从而阻碍氧气扩散进入样品内部，最终降低质量烧蚀率，改善耐烧蚀性能。

4）静态氧化特性

抗高温氧化性能是超高温材料至关重要的性能。过渡金属硼化物在含氧环境中开始氧化的温度约为 600℃，其氧化速率与材料的孔隙率及成分密切相关。根据 ZrB_2-ZrC 复合材料的原位高温 XRD 谱，可将 ZrB_2-ZrC 复合材料的氧化过程分成三个阶段。①低温阶段（室温至 600℃）。在此阶段，XRD 谱由 ZrB_2、ZrC 和 Pt 的衍射峰组成，如图 6-49（a）所示，说明 ZrB_2-ZrC 复合材料未被氧化，Pt 衍射峰来自铂样品台。②中温阶段（800～1000℃）。800℃氧化后出现单斜二氧化锆（m-ZrO_2）的衍射峰，如图 6-49（b）所示。氧化反应见式（6-86）和式（6-88）。随着温度的升高，m-ZrO_2 的峰强不断增强；ZrC 的衍射峰在 900℃消失；ZrB_2 的衍射峰在 1000℃以上消失。③高温阶段。当温度超过 1200℃时，m-ZrO_2 发生相变，转变为四方二氧化锆（t-ZrO_2）；当温度达到 1300℃时，XRD 谱中只有 t-ZrO_2 的衍射峰。

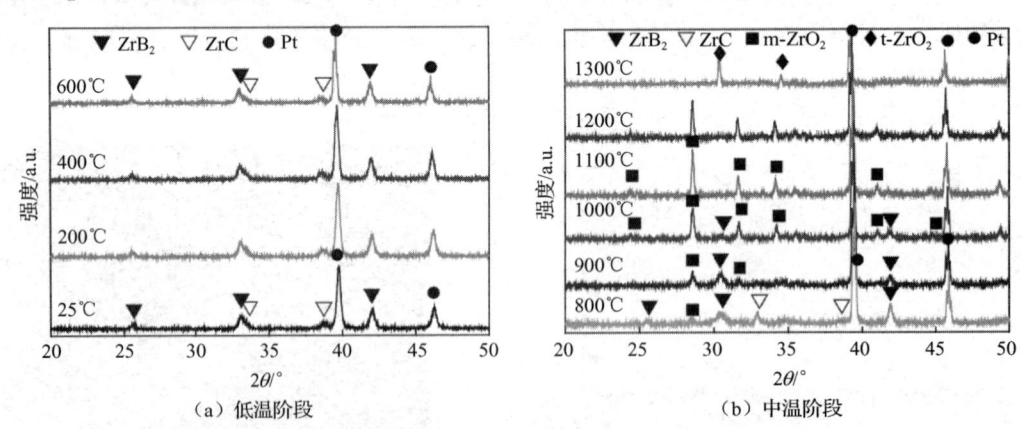

(a) 低温阶段

(b) 中温阶段

图 6-49 不同条件下制备的 ZrB_2-ZrC 复合材料的原位高温 XRD 谱

5）不同烧结助剂 ZrC 含量时复合材料的烧蚀性能

改变原料中烧结助剂 ZrC 的含量，即分别选取 ZrB_2/ZrC 复合材料的摩尔比（$n_{ZrB_2}:n_{ZrC}$）为 2∶1、4∶1、8∶1、16∶1，压力为 2.9GPa、温度为 950℃、保温保压 15min 进行合成实验。

图 6-50 为不同摩尔比时复合材料的 XRD 谱，从图中可观测到 ZrB_2、ZrC 和 Fe 的衍射峰。随着摩尔比值的增大，ZrB_2 的衍射峰强度不断增强，ZrC 的衍射峰不断减弱，除出现 Fe 的衍射峰外，未出现其他衍射峰。

表 6-5 为不同摩尔比时 ZrB_2-ZrC 复合材料的致密度，以及样品经 1600℃烧蚀后的质量烧蚀率和线烧蚀率。在 2.9GPa、950℃条件下制备的 ZrB_2-ZrC 复合材料的致密度均在 93%以上，并且当摩尔比为 4∶1 时，复合材料的致密度最低，为 93.8%；当摩尔比为 8∶1 时，复合材料的质量烧蚀率最低，达 35μg·s^{-1}；当摩尔比为 2∶1 时，样品的线烧蚀率最低，达 0.15μm·s^{-1}。图 6-51 为质量烧蚀率最低的 ZrB_2-ZrC 复合材料的热重-差热分析（Thermogravimetric Analysis and Differential Thermal Analysis，TG-DTA）曲线。研究复合材料的静态氧化性能，可以看出，当温度低于 600℃时，样品的质量随温度的升高未发生变化，说明复合材料在这一阶段几乎不发生氧化，当温度超过 600℃时，样品质量随温度的升高而迅速增大，在 695℃时增重速率达到最大值；当温度超过 795℃时，样品的增重速率变慢。由此推断，当温度高于 795℃时，ZrC 开始氧化成固态 ZrO_2 和气态 CO_2，CO_2 气体从材料中逸出会降低样品质量，从而使样品整体的增重速率降低。样品中的 ZrB_2 在高温下氧化成 ZrO_2 和 B_2O_3，当温度低于 1000℃时，B_2O_3 汽化蒸发缓慢，因此样品质量随着氧化程度的增大而持续增大。

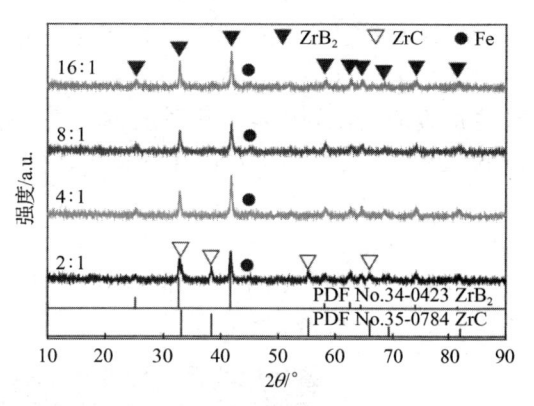

图 6-50 不同摩尔比时 ZrB_2-ZrC 复合材料的 XRD 谱

表 6-5 高压制备的 ZrB_2-ZrC 复合材料的致密度及其在 1600℃时的烧蚀率

n_{ZrB_2}∶n_{ZrC}	致密度/%	R_m/(μg·s^{-1})	R_l/(μm·s^{-1})
2∶1	95.4	55	0.15
4∶1	93.8	43	0.19
8∶1	95.4	35	0.19
16∶1	95.5	78	0.20

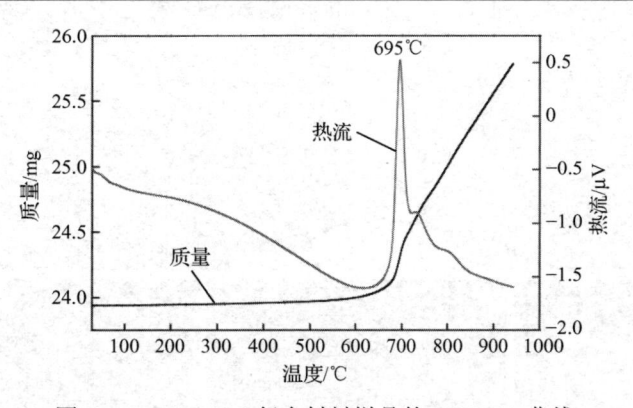

图 6-51 ZrB_2-ZrC 复合材料样品的 TG-DTA 曲线

图 6-52 为不同摩尔比下合成的 ZrB_2-ZrC 复合材料经 1600℃烧蚀后断面的 SEM 图。从图 6-52 中可以观测到氧化层与基体材料之间存在明显的分界线（见图 6-52 中红色虚线），氧

化层厚度与样品中 ZrC 含量密切相关。随着 ZrC 含量的不断降低，氧化层厚度减小到最低值后有所增大。其中，当摩尔比为 8∶1 时，氧化层的平均厚度约为 80μm。复合材料的烧蚀氧化层厚度的变化规律与其质量烧蚀率变化相一致（见表 6-5），均随 ZrC 含量的增大先减小后增大。其中，当摩尔比为 8∶1 时，所制备的复合材料的氧化层厚度和质量烧蚀率最低。图 6-53 为 ZrB$_2$-ZrC 复合材料（摩尔比为 8∶1）经 1600℃烧蚀后断面的 EDS 元素分布图像。由该图可观测到氧化层与基底的分界线，并且分界线以上的表面层中氧元素含量远高于下方，表明复合材料表面虽然发生了高温氧化反应，但基体内部几乎没有发生氧化，这也进一步表明 ZrB$_2$-ZrC 复合材料具有优异的耐高温烧蚀性能。

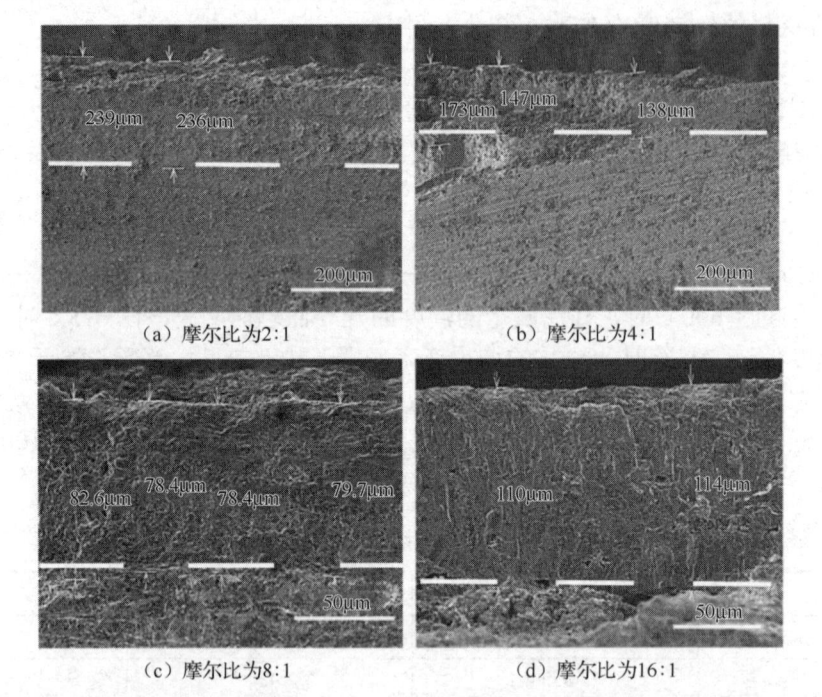

图 6-52　不同摩尔比下合成的 ZrB$_2$-ZrC 复合材料经 1600℃烧蚀后断面的 SEM 图

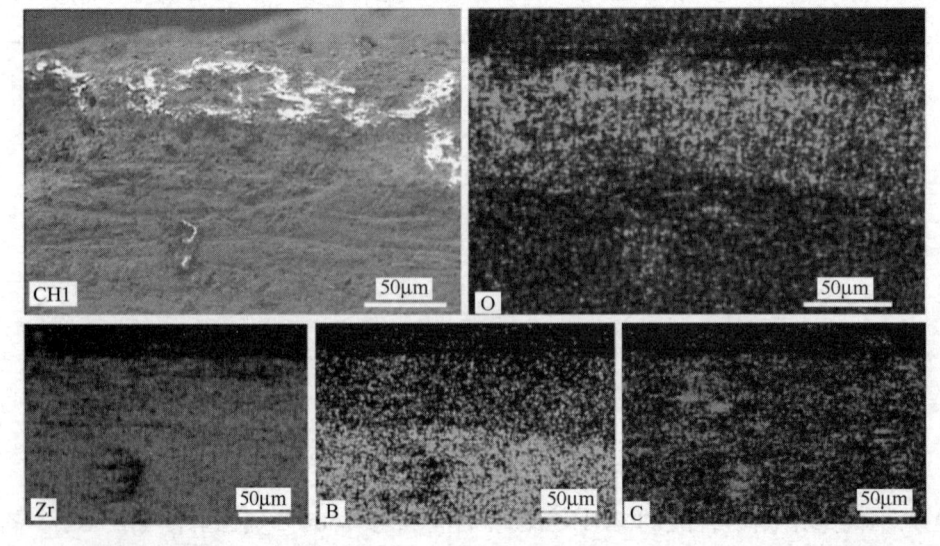

图 6-53　ZrB$_2$-ZrC 复合材料（摩尔比为 8∶1）经 1600℃烧蚀后断面的 EDS 元素分布图像

近年来，我国在陶瓷基烧蚀防热复合材料领域取得了长足进步，突破了大尺寸异形薄壁 C/SiC 烧蚀防热复合材料的设计与制备关键技术，并实现了工程化应用。同时，针对陶瓷基烧蚀防热复合材料轻量化、耐高温和低成本等不同需求，发展了 C/SiBCN、C/SiHfBCN 及 C/SiCN 等新型陶瓷基烧蚀防热复合材料。采用前驱体浸渍裂解工艺制备的 C/SiBCN 复合材料，比 C/SiC 复合材料具有更优异的高温抗氧化性能。研究发现，SiBCN 陶瓷在 1400℃空气中的氧化动力学常数 K_p 明显低于 SiC 陶瓷，如图 6-54 所示。此外，C/SiBCN 复合材料室温下的弯曲强度为 489MPa，在 1600℃时，弯曲强度仍达到 450MPa 以上。为进一步提升材料的耐高温性能，将 SiHfBCN 纳米复相超高温陶瓷引入 C/SiC 基体中，研制出 C/SiC-SiHfBCN 复合材料，室温拉伸强度大于 300MPa，弯曲强度大于 450MPa；2000℃拉伸强度达到 120MPa，弯曲强度达到 200MPa。针对低成本陶瓷基烧蚀防热复合需求，研制了新型 SiCN 前驱体，兼具高陶瓷产率和低成本优点。采用该前驱体研制的 C/SiCN 复合材料成本更低。图 6-55 为 C/SiCN 复合材料的力学性能。室温拉伸强度和弯曲强度分别达到了 230MPa 和 380MPa，且 1400℃时力学性能无明显衰减。

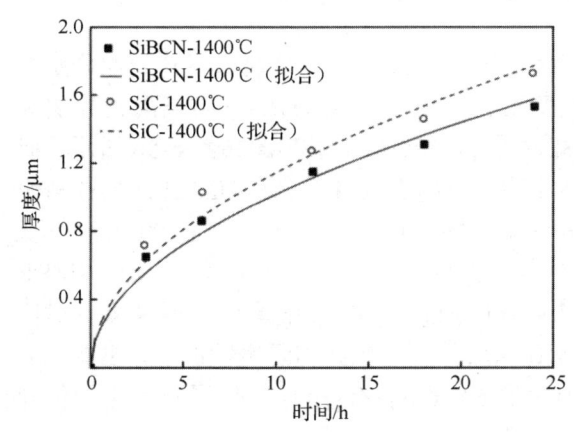

图 6-54　SiBCN 和 SiC 氧化膜厚度随时间的变化 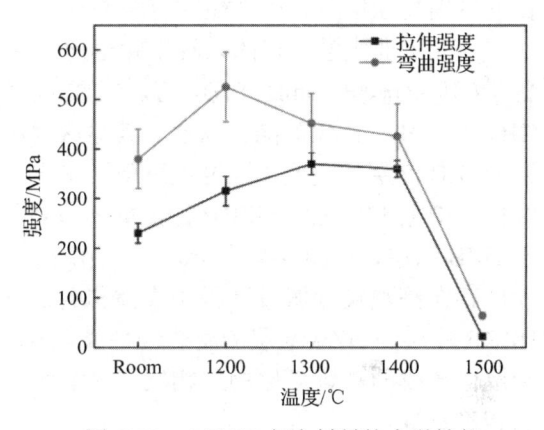　　图 6-55　C/SiCN 复合材料的力学性能

注意：若在烧蚀防热复合材料的表面形成抗氧化涂层，可显著提升烧蚀防热复合材料的耐烧蚀性能和抗高温氧化性能，如以 SiC 粉与碳纳米管（CNTs）为原料，采用电泳共沉积和反应熔渗两步法制备 SiC 纳米线（SiCNWs）和 CNTs 复合增韧 SiC 涂层可提高 C/C 复合材料的抗氧化性能。通过对 C/C 复合材料表面沉积处理形成的 SiCNWs 和 CNTs 三维网络，能有效细化 SiC 颗粒，抑制涂层的开裂变形，同时在氧化过程中还会形成连续玻璃层，进而降低 C/C 复合材料氧化程度。在 1500℃下氧化 45h 后，SiC 涂层样品的失重率为 1.35%，而 SiCNWs/CNTs 增强 SiC 涂层的增重率为 0.035%。在空气下暴露 100h 后，SiCNWs/CNTs 增强 SiC 涂层的失重率为 1.08%，说明所得材料具有良好的抗高温氧化性能。

当涂层为分次形成时，其耐烧蚀性能比连续涂层更加优越。以三氯甲基硅烷为原料，采用化学气相连续沉积与分次沉积工艺分别在 C/SiC 复合材料表面制备了 SiC 抗氧化涂层。制备相同厚度的涂层，分次沉积工艺制备的涂层裂纹较少，且在高温氧化时会发生自愈合，而连续沉积工艺制备的涂层裂纹无法愈合。在 1400℃下分次涂层的氧化失重速率为 $6.30×10^{-5}$g/(cm^2·h)，远小于连续涂层的氧化失重速率 $3.74×10^{-4}$g/(cm^2·h)，同时还具有优异的抗热震性能。

研制新型耐高温纤维及先驱体，发展先进制备工艺，降低制备成本将是陶瓷基烧蚀防热复合材料的重要发展方向。

6.7 烧蚀防热复合材料的最新进展

6.7.1 高熵陶瓷涂层碳基烧蚀防热复合材料

超高温陶瓷硼化物凭借高熔点、高硬度、高模量及优异的化学惰性常被用作 C/C 复合材料的耐烧蚀涂层以提高 C/C 复合材料在高温含氧环境中的耐烧蚀性能。然而，单组元的超高温陶瓷硼化物在烧蚀的过程中会形成一层疏松多孔的氧化层，氧化层受到高温、高速气流的冲刷，在服役温度频繁交变的情况下会发生开裂，不利于涂层的长时稳定服役。如何改善氧化层的高温稳定性是提高耐烧蚀涂层性能、延长服役寿命的关键因素。大量的研究表明，高熵陶瓷氧化物相比单组元的氧化物具有更加优异的力学性能、热力学稳定性及热物理性能。通过成分的设计使超高温陶瓷涂层能够在超高温烧蚀的过程中原位形成高熵陶瓷氧化物层，将有效改善单组元氧化物层力学性能不足、易相变及高温服役稳定性差的问题，成为一种潜在的、提高涂层耐烧蚀性能的有效途径。

西北工业大学孙佳团队利用超音速等离子喷涂（SAPS）技术在 C/C 复合材料表面分别制备了 $(Hf_{0.5}Zr_{0.5})B_2$-SmB_6-ErB_4-YB_6 组成的含稀土多元复相硼化物（HZRB）高熵陶瓷涂层和 $(Hf_{0.5}Zr_{0.5})B_2$（HZB）陶瓷涂层，其显微组织的 SEM 图和横截面的 BSE 图如图 6-56 所示。研究 HZRB 涂层的高温烧蚀过程发现，稀土多元复相硼化物的引入可以提高 HZRB 涂层的耐烧蚀性。烧蚀 120s 后，HZRB 涂层的质量烧蚀率和线烧蚀率分别为 $0.42mg·s^{-1}$、$0.84μm·s^{-1}$，低于 HZB 涂层，如图 6-57 所示。这是由于利用硼化物高温烧蚀过程中的自发氧化反应，HZRB 涂层存在高温烧蚀服役过程中高熵氧化物$(Hf_{0.2}Zr_{0.2}Sm_{0.2}Er_{0.2}Y_{0.2})O_{2-δ}$ 的原位合成现象。对比 HZRB 涂层与 HZB 涂层的耐烧蚀性能，发现 HZRB 涂层具有更优异的耐烧蚀性能，主要归因于原位形成的高熵氧化物层相比 HZB 涂层烧蚀后形成的$(Hf_{0.5}Zr_{0.5})O_2$ 氧化层具有更加优异的相稳定性。

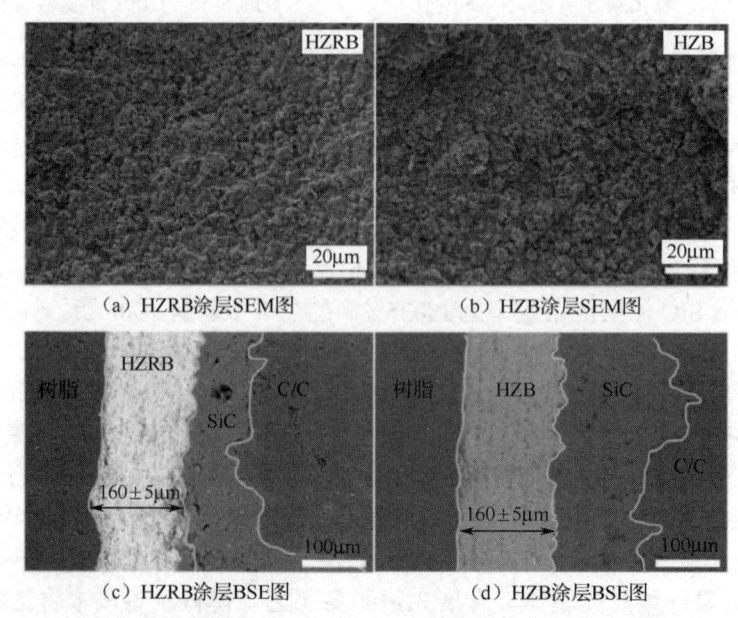

(a) HZRB涂层SEM图　　(b) HZB涂层SEM图

(c) HZRB涂层BSE图　　(d) HZB涂层BSE图

图 6-56 喷涂涂层表面的 SEM 图和横截面的 BSE 图

图 6-57 烧蚀 120s 后 HZB 涂层和 HZRB 涂层的表面显微图

6.7.2 发汗陶瓷基复合材料

发汗陶瓷基复合材料是一种高熔点羯瓷与低熔点、低沸点金属相复合的发汗冷却型复合材料，具有轻质、高比强、耐高温、抗冲刷、抗热震、耐烧蚀性能，是非常有前途的新型耐高温材料。固体火箭发动机关键热端部件的燃气舵、喉衬等，工作条件十分恶劣，工作温度通常在 2000℃以上，同时承受燃气烧蚀和固体燃料产生高速粒子流体的冲蚀作用，这对于服役的高温结构材料提出了非常严苛的要求。目前，在燃气舵、喉衬这些部件上使用最广泛的是 W-Cu 材料，其具有优良的高温力学性能、耐烧蚀性能和抗热震性能，但其密度大（17g/cm³），从而导致高温部件过重，在一定程度上限制了其在航空航天领域的应用。近年来随着轻量化增程要求的提出，C/C 复合材料凭借其优异的耐烧蚀、高比强度、高导热及热膨胀系数小等性能，已成为固体发动机耐烧蚀材料的另一关键选择。然而，C/C 复合材料在高温有氧环境下，特别是在水氧环境下容易被氧化，在高速气流的冲蚀作用下也造成 C/C 复合材料的提前失效。金属-陶瓷双连续复合材料又称为 C4 材料（Co-Continuous Ceramics Metal Composites）是一种新型多功能材料，这种材料的金属相和陶瓷相各自呈三维连续网络结构，这种特殊的结构使其具有独特的力学、热学、抗摩擦、抗磨损和抗热震性能。

在双连续复合材料中，陶瓷相作为复合材料的骨架，可以降低材料的密度，并且可以提高其耐热、耐磨、耐烧蚀等性能并减少热膨胀。而金属相可以改进材料的韧性和导电导热性，高温下的发汗冷却作用还能对陶瓷基体起到一定的保护作用。因此，它可以作为一种轻量化的耐烧蚀材料应用于固体火箭发动机喷管、燃气舵、喉衬等耐热、耐烧蚀部件。

无压浸渗制备的双连续 TiC_x/Cu 复合材料，经氧-乙炔火焰烧蚀，瞬时温度高达 2000K。烧蚀后，复合材料整体结构保留完整，熔融物质向烧蚀边缘处蔓延，冷却后覆盖在烧蚀边缘区域，在烧蚀 40s 后，线烧蚀率和质量烧蚀率分别为 0.0485mm·s^{-1} 和 0.0209g·s^{-1}。图 6-58 为烧蚀中心区域的 SEM 图及其元素分布 EDS 图，结果表明，TiC_x 陶瓷骨架（白色）裸露在烧蚀区域表层，并且被氧化。表层的金属 Cu（灰色）被高温热流气体冲刷带走，因此，表层几乎没有 Cu 元素，说明高温下金属起到发汗冷却作用。随着烧蚀中心从表面到内部，Cu 逐渐被侵蚀，O 元素主要分布在金属 Cu 所在的区域，表明内部的 Cu 发生了氧化。双连续 TiC_x/Cu 复合材料的烧蚀机理主要为热物理烧蚀、热化学烧蚀及机械剥蚀。热物理烧蚀包括 Cu 和 TiC_x 及其氧化物的熔化和升华;热化学烧蚀包括 TiC$_x$ 和 Cu 的氧化;机械剥蚀主要是高压热流对基体、熔融 Cu 和 Ti,以及熔融氧化物的冲刷作用。在烧蚀过程中,TiC$_x$ 的 x 值会逐渐变大,结构更加稳定;与此同时,陶瓷骨架晶粒会发生变大和圆化的现象,会一定程度上提高耐烧蚀性能。

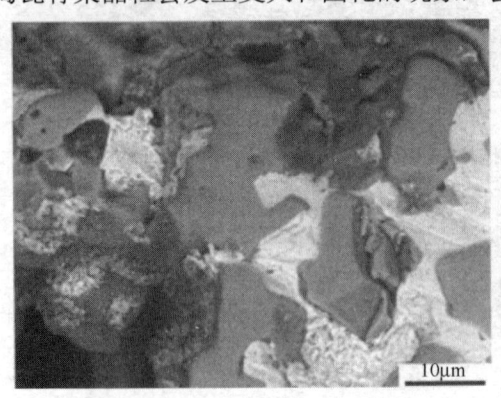

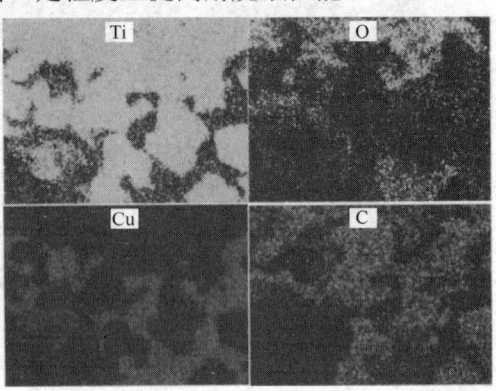

图 6-58 TiC$_x$/Cu 复合材料烧蚀中心区域的 SEM 图及其元素分布 EDS 图

6.8 烧蚀防热复合材料在航空航天领域中的应用

烧蚀防热复合材料是指在热流作用下材料表面发生分解、熔化、蒸发、升华、辐射、侵蚀等一系列物理和化学过程,借助表面的质量迁移消耗大量热量,阻止热流传入材料内部的复合材料。烧蚀防热复合材料广泛用于航天器的高热流部位的防热部件,如导弹头部、神舟系列太空返回舱的外表面、火箭喷管等,如图 6-59 所示,还可用于制造发动机叶片、箱体机构等航空航天器件。

(a) 导弹头部

(b) 太空返回舱

(c) 火箭喷管

(d) 战略导弹发动机

图 6-59 烧蚀防热复合材料在航空航天领域的应用

6.9 烧蚀防热复合材料未来发展动向

今后烧蚀防热复合材料的研究重点主要集中在以下4个方面。

(1) 继续深入对材料组成-结构-性能体系的研究，关于材料性能作用机理方面的研究最为重要。借鉴其他复合材料的研究方法，通过改变纤维结构、纤维涂层、点阵复合材料等方法优化防热结构和烧蚀层的稳定性，降低耐烧蚀材料的整体密度，同时提高应用温度，扩大应用范围。

(2) 逐渐向可重复使用、高可靠性、维护简便的方向发展。随着航天技术的不断进步，可重复使用的飞行器对防热材料的维护及重复利用有更高的要求。

(3) 改进工艺，努力降低成本，加大对原材料生产方面的研究，改善原材料生产技术是提高高端材料性能稳定性及合格率的有效方法。

(4) 建立完善的耐烧蚀材料表征—测试平台，建立能精确模拟材料的应用环境、气动条件、烧蚀情况的地面设施，提高防热材料可靠度和性能一致性。

本章小结

烧蚀防热复合材料是指在热流作用下材料表面发生分解、熔化、蒸发、升华、辐射、侵蚀等一系列物理和化学过程，借助表面的质量迁移消耗大量热量，阻止热流传入材料内部的复合材料。根据防热机制，烧蚀防热复合材料可分为升华型、熔化型和炭化型三类。根据基体类型的不同，烧蚀防热复合材料可分为树脂基、碳基和陶瓷基三类。烧蚀防热复合材料的常见烧蚀模型有线烧蚀模型、机械剥蚀模型、热化学烧蚀模型、热力学侵蚀模型和体积烧蚀模型。烧蚀防热复合材料广泛用于航天器的高热流部位的防热部件，如导弹头部、神舟系列太空返回舱的外表面、火箭喷管等。

思考题

(1) 什么是烧蚀防热复合材料？
(2) 烧蚀防热复合材料的防热机制有哪些？
(3) 烧蚀防热复合材料的常见类型有哪些？
(4) 烧蚀防热复合材料的基本特性是什么？
(5) 简述树脂基耐烧蚀放热复合材料的烧蚀机理。
(6) 碳基烧蚀防热复合材料的特点是什么？
(7) 简述碳基烧蚀防热复合材料的机理。
(8) 简述 C/SiC 陶瓷基烧蚀防热复合材料的机理。
(9) 简述 ZrB_2-ZrC 陶瓷基烧蚀防热复合材料的机理。
(10) 展望烧蚀防热复合材料的发展及其应用前景。

第 7 章　形状记忆复合材料

形状记忆效应（Shape Memory Effect，SME）：材料的初始形状在一定条件下发生变形并固定到另一种形状后，通过感知环境变化，如热、光、电、磁等物理刺激或 PH 值、浓度、溶剂变化等化学刺激，对其力学参数（如形状、位置、应变等）进行调整，又恢复成初始形状的现象。1941 年，Kaeufer 等进行牙科聚合物材料的研究时给出了"形状记忆"的术语；形状记忆合金（Shape Memory Alloy，SMA）最早可追溯到 1932 年，Ölander 首先发现 SMA 的固相变形 Au-Cd 合金冷却时发生塑性变形，加热后恢复原始形状；1938 年，Greningerh 和 Mooradian 在 Cu_2Zn 合金中发现马氏体的热弹性转变。1962 年，Buehler 等揭示了近等原子比 NiTi 合金具有形状记忆效应，这一发现在工程界和学术界引发了极大反响，20 世纪 60 年代，形状记忆效应的概念被正式提出。

形状记忆效应通常可分为单程形状记忆效应、双程形状记忆效应和全程形状记忆效应，如图 7-1 所示。

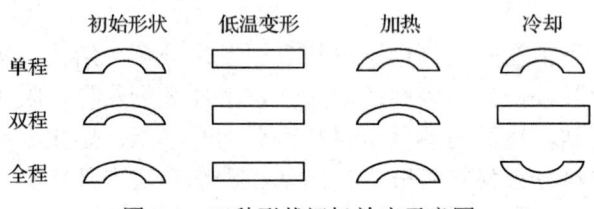

图 7-1　三种形状记忆效应示意图

单程形状记忆效应：材料在高温下制成某种形状，在低温相时将其任意变形，再加热时恢复为高温相形状，而重新冷却时却不能恢复低温相时的形状，仅记住了高温相形状。

双程形状记忆效应：又称可逆形状记忆效应。材料加热时恢复高温相形状，冷却时恢复低温相形状，即通过温度升降自发可逆地反复恢复高、低温相形状，同时记住了高、低温相形状。

全程形状记忆效应：材料加热时恢复高温相形状，冷却时变为形状相同而取向相反的高温相形状。它是一种特殊的双程形状记忆效应，只有在富镍的 Ti-Ni 合金中出现。

具有形状记忆效应的材料称为形状记忆材料（Shape Memory Material，SMM），属于刺激-响应型智能材料。SMM 在医疗、航空、机器人、建筑等领域变革了生产方式，极大地提高了生产力发展水平。SMM 主要包括形状记忆合金（Shape Memory Alloy，SMA）、形状记忆聚合物（Shape Memory Polymer，SMP）、形状记忆陶瓷（Shape Memory Ceramic，SMC）、形状记忆凝胶（Shape Memory Gelatum，SMG）等几种类型。具有形状记忆效应的材料必须满足：①材料受力后具有较大的塑性变形；②材料中存在着可逆相变，而且可逆相变是温度与应力的函数。

SMM 可作为一个重要组元与其他材料复合制成形状记忆复合材料，形状记忆复合材料可分为形状记忆合金复合材料（Shape Memory Alloy Composites，SMAC）、形状记忆陶瓷复合材料（Shape Memory Ceramic Composites，SMCC）、形状记忆聚合物复合材料（Shape Memory

Polymer Composites，SMPC）等。

7.1 形状记忆材料中的基本相变

形状记忆材料通过感知外部物理环境和化学环境的变化，获得相变驱动力，对其力学参数（如形状、位置、应变等）进行调整，从而恢复原来形状。依据外部环境激发因数的不同，通常将形状记忆材料的相变分为以下 4 类。

7.1.1 热感应相变

SMA 和 SMC 冷却到临界温度以下经历非扩散马氏体相变，其临界温度取决于成分、处理方法、热/化学或机械处理条件。在大部分的 SMA 中，高温原始相和低温马氏体相之间的相变是热弹性的。在二元合金 Ti-Ni 中和基于 Ti-Ni 的三元合金中出现二级 R 相变。而在其他 β 相变 SMA 中出现 B2 相（DO3、L21）和原子有序相变。在 SMP 中，高温橡胶态与低温固态之间玻璃相变的带宽较窄（10～30K），几乎所有聚合凝胶的相变对温度的依赖性都极强，某些凝胶中的所谓感应相变实际上就是热感应相变。

铁电和铁磁形状记忆陶瓷通过居里温度冷却时经历顺电-铁电（或逆铁电）和顺磁-铁磁（或逆铁磁）相变。材料中原子排列的长程和短程有序或磁原子有序对其记忆特性影响极大。因为 SMM 中马氏体相变是一级相变，正向相变和逆向相变中出现相变焓，因此取决于材料成分和微结构的热磁滞存在于正向相变和逆向相变中。在材料设计和工程应用中所关心的两个重要因素是相变焓和热磁滞。例如，具有窄磁滞的 SMA（Ti-Ni-Cu 和 Mn-Cu）的动作易于精确控制，而具有较大相变焓和宽磁滞的 SMA（Ti-Ni-Nb 和某些铁基合金）适合于耦合快速动作的应用。

7.1.2 应力感应相变

SMA 和 SMC 中的马氏体相变可用应力激发。实验表明不论什么合金和应力方向如何，单轴拉伸和压缩应力可改变马氏体相变温度 M_s。在给定温度下应力感应马氏体相变的临界应力 σ_τ 由下式给出：

$$\frac{d\sigma_\tau}{dT} = \frac{\Delta H}{VT_0 \Delta \varepsilon} \tag{7-1}$$

式中，ΔH 为相变焓，$\Delta \varepsilon$ 为相变应变，V 为摩尔体积，T_0 为应力为零时原始相与马氏体相处于平衡状态的温度。

一般来说，σ_τ 随着温度的增大而增大。大部分 SMA 中的应力感应相变是可逆的，更重要的是大部分多晶 SMA 的相变应变恢复率高达 8%，单晶的相变应变恢复率大于 10%。根据热力学观点，压力类似于温度，是一个可以改变材料自由能和相态的独立变量。吉布斯（Gibbs）自由能的定义为

$$G = H - TS \tag{7-2}$$

式中，T 为温度，H 为系统的焓，S 为系统熵。

按照热力学第一、第二定律，由式（7-2）可得

$$dG = VdP - SdT \tag{7-3}$$

式中，P 为压力，V 为体积。显然，改变压力或温度可以改变自由能，因此系统将变换到低自

由能的相。例如，在 300K 时压力增加到 15GPa 以上，多晶和单晶 AlPO₄ 变成非晶体；非晶压力减少到 5GPa 以下时，它们由玻璃态又恢复到与原来晶体具有相同取向的晶体。在 GaAsO₄ 和其他类似石英结构中也观察到类似的相变。流体静压力和强冲击波产生的动态压力也可感应 SMA 中的马氏体相变，例如，SMA Cu-Al-Ni、Ti-Ni、Fe-Ni 和 Fe-Ni-C 等。

7.1.3 磁场感应相变

在某些 β 相和离子基 SMA 中，顺磁-铁磁相变或磁有序相变出现在温度高于马氏体相变起点以上，在这些合金中外加磁场可以感应马氏体相变，临界磁场和相变起始温度服从下述方程：

$$\Delta G(M_s) - \Delta G(T) = -\Delta M(T)H - \frac{1}{2}X_{hp}H^2 + \varepsilon \frac{\partial \omega}{\partial H}HB \tag{7-4}$$

式中，$\Delta G(M_s)$ 为在 M_s 时奥氏体相和马氏体相之间的 Gibbs 自由能差，$\Delta G(T)$ 为温度为 T 时奥氏体相与马氏体相之间的 Gibbs 自由能差，$\Delta M(T)$ 为温度为 T 时奥氏体与马氏体相间的自发磁化，H 为磁场，ε 为相变应变，X_{hp} 为奥氏体相高磁场的磁导率，ω 为受力时体积的磁滞伸缩，B 为奥氏体的体积模量。

相变服从式（7-4）的 SMA，如 Fe-Ni-Co-Ti 可用作磁敏和热敏元件。

7.1.4 电场感应相变

与电场感应顺电-铁电相变相关的自发应变可用下述方程描述：

$$\varepsilon_{P-F} = QP_1^2 \tag{7-5}$$

式中，P_1 为场感应磁化矢量的大小；Q 为顺电-铁电电致伸缩系数。

而逆铁电态中的自发应变 ε_{AFE} 和场感应铁电态应变 ε_{FE} 可分别用下述方程表示：

$$\varepsilon_{AFE} = Q(1-\eta)P_A^2 \tag{7-6}$$

$$\varepsilon_{FE} = Q(1+\eta)P_F^2 \tag{7-7}$$

式中，P_A 和 P_F 为双子晶格磁化矢量的大小，η 为逆铁电态电致伸缩系数。

因为 $P_A^2 = P_F^2$，所以逆铁电晶体中总的场感应应变为

$$\varepsilon_{A-F} = \varepsilon_{FE} - \varepsilon_{AFE} = 2Q\eta P_A^2 = 2Q\eta P_F^2 \tag{7-8}$$

场感应应变除与晶体成分和电场强度有关外，还强烈地依赖于温度：

$$\frac{dE}{dT} = -\frac{\Delta H}{T\Delta P} \tag{7-9}$$

式中，E 为场强，T 为温度，ΔH 为焓变，ΔP 为极化矢量的大小改变量。

7.2 马氏体的相变热力学

马氏体相变的 Gibbs 自由能变化为

$$\Delta G(T)^{A \to M} = \Delta G_c^{A \to M} + \Delta G_{nc}^{A \to M} + \Delta G_s \tag{7-10}$$

式中：$\Delta G(T)^{A \to M}$ 为母相转变为马氏体的自由能变化；$\Delta G_c^{A \to M}$ 为母相转变为马氏体的化学驱动力，大小为 $\Delta G_c^{A \to M} = G^A - G^M$；$\Delta G_{nc}^{A \to M}$ 为非化学驱动力，主要是由相变时新旧相体积变化而产生的应变能，正比于马氏体体积的 1/2 次方；ΔG_s 为弹性应变能以外的相变阻力，近似为定值。

T_0 为母相与马氏体相 Gibbs 自由能相等的温度，即两相处于平衡时的温度，此时相变化学驱动力为 0，如图 7-2 所示。当存在过冷度（ΔT）时，化学驱动力大于零，当过冷度增至一定值时，相变驱动力大于相变阻力，马氏体就可形成，即当 $\Delta G(T)^{A \to M} < 0$ 时，发生马氏体相变。存在以下关系：

$$-\Delta G_c^{A \to M} \geq \Delta G_{nc}^{A \to M} + \Delta G_s \qquad (7\text{-}11)$$

当过冷度较小，化学驱动力不足时，此时只能通过外部施加应力，产生机械驱动力，弥补化学驱动力的不足，从而使发生马氏体相变。

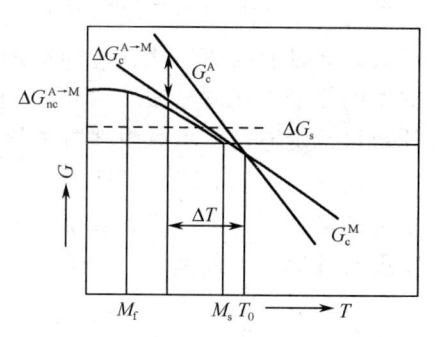

图 7-2　相变驱动力与温度关系

7.3　形状记忆合金复合材料

形状记忆合金既可作为增强体也可作为基体与其他组分材料复合制成具有形状记忆功能的新型复合材料，形状记忆合金复合材料具有加工成型容易、集感知与驱动于一体及适于微型化作业等优点，使其在航空航天、生物医学、机器人、机械工程、汽车等领域得到了广泛应用。

7.3.1　形状记忆合金复合材料的记忆机制

形状记忆合金复合材料的记忆机制是通过基体形状记忆合金的热弹性马氏体或超弹性马氏体相变及其逆相变实现的。

1. 热弹性马氏体

热弹性马氏体是指在升温、降温条件下具有逆相变特性的马氏体。降温时，化学驱动力增加，高温相（母相）奥氏体（A）冷至 M_s 以下，发生形核并逐渐长大形成马氏体（M），随着马氏体长大，界面上弹性应变能增大，并在一定温度下达到相变的化学驱动力与弹性应变阻力平衡，即热弹性平衡，马氏体便停止长大，进一步降温至 M_f 时，转化完毕（全 M）。反之，升温时，界面弹性能释放，马氏体不会像钢中的马氏体发生分解析出碳化物，而是逐渐缩小，将马氏体界面反向推回，升至一定温度 A_s 时开始转变成高温相奥氏体，进一步升至 A_f 时转化完毕（全 A）。在冷却、加热过程中，马氏体随着温度的变化而连续地长大或收缩，母相与新相马氏体的相界面可进行弹性式推移，两相界面始终保持共格关系，具有良好的协调性，以孪生切变方式进行，马氏体片随着温度的升高而缩小，温度的降低而增大，这种马氏体称为热弹性马氏体，它是实现形状记忆的基础。注意热弹性马氏体的生长速度较慢，且马氏体转变的起始温度（M_s）与其母相奥氏体转变的起始温度（A_s）相差很小，如合金 Au-Cd、In-Ti、Cu-Al、Cu-Ni、β 型铜基合金 CuAlNi、CuAlTiNi，其他有色合金 AuCd、FeNiCoTi 等。一般称 A_s 和 M_s 的温度差为热弹性马氏体的热滞后。

2. 热弹性马氏体相变的微观机制

由马氏体相（低温相）和奥氏体相（高温相）二者之间的热弹性相变是产生形状记忆效应的根本原因。相变的微观过程如图 7-3 所示，当合金温度降至马氏体相变起始温度（M_s）

以下时，晶体内部的马氏体开始生长，直至冷却到马氏体相变终止温度（M_f），奥氏体才完全消失。此时的马氏体相在外荷载的作用下，发生孪生变形，变形后的相称为马氏体变体，其原本的原子结构并未发生破坏。当温度再次升高到奥氏体相变起始温度（A_s）以上时，奥氏体数量开始增长，晶体内部发生马氏体逆相变，直至奥氏体相变终止温度（A_f），马氏体变体完全转变为初始的母相（奥氏体），宏观上表现为变形消失，恢复初始形状。正是基于形状记忆合金这种特殊的属性，在满足基础力学性能（强度、刚度）的前提下，仅改变其温度便可实现对其形状的控制。

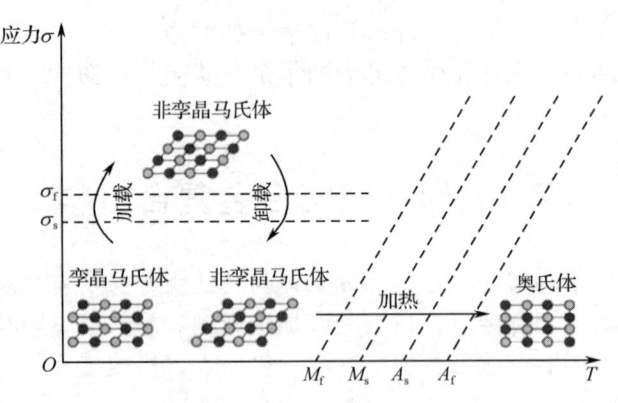

图 7-3 形状记忆合金的形状记忆效应示意图

热弹性马氏体相变是指在一定状态下，通过冷却、加热或者施加或释放外力可使马氏体长大或者缩小，即马氏体的长大或缩小同时受热效应（化学驱动力）和弹性效应两个平衡条件制约的相变，产物即热弹性马氏体。热弹性马氏体相变具有以下特点。

（1）相变时体积变化很小，因而相变所产生的变形基本上是弹性的。
（2）马氏体逆相变的过冷度（热滞后）很小，有的只有几度或十几度。
（3）相变时伴随形状记忆效应和反常弹性行为发生。

3. 热弹性马氏体的形状记忆效应

如图 7-4 所示，当温度下降到 M_s 点时，合金电阻随温度的变化为偏移线性下降的直线，表明马氏体开始形成，温度降低到 M_f 点以下时，合金的电阻随温度的变化又为线性下降的直线，表明母相完全转变为马氏体。类似地，将合金从 M_f 点以下的温度加热到 A_s 点时，开始逆相变为母相（奥氏体相或高温相），加热至 A_f 点时完全变为母相奥氏体。热滞后即温度差（$T_{A_s} - T_{M_s}$）很小，只有十几度甚至几度。

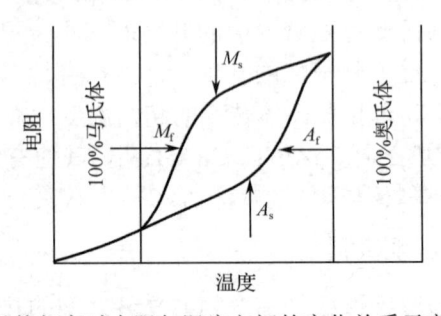

图 7-4 热弹性马氏体相变时电阻与温度之间的变化关系示意图（热滞后回线）

4. 非热弹性马氏体

热弹性马氏体相变的温度滞后（热滞后）小，相变驱动力小，如 Au-Cd 合金，A_s 与 M_s 相差仅 16℃，如图 7-5 所示，它是形状记忆材料的基础。非热弹性马氏体相变的热滞后大，相变驱动力大，如 Fe-Ni 合金，A_s 与 M_s 相差 420℃，它可导致材料的相变冷作硬化，为材料强化的途径之一。高温相在连续冷却中不断形成马氏体，每一片都是突然出现的，并在 10^{-7}s 瞬间迅速长大到极限尺寸，不再随温度下降进一步长大。马氏体逆相变时，与马氏体相变一样，需要一定的过热度，即逆相变温度 A_s 总是高于 M_s，母相同样在马氏体中形核并迅速长大。非热弹性马氏体相变的热滞后很大，相变时，两相界面不具有协调性，不能随着温度变化发生可逆往复迁动，无形状记忆效应或仅显示有限的形状记忆效应。

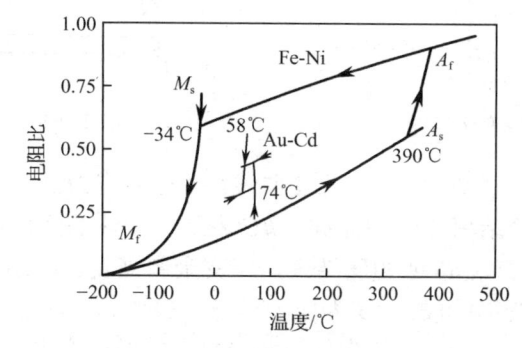

图 7-5　Au-Cd 合金、Fe-Ni 合金连续变温过程相变示意图

5. 超弹性马氏体（伪弹性马氏体）

热弹性马氏体相变是温度变化导致的，如对具有热弹性马氏体相变的合金，在高温阶段，即当 $T_d > T_{A_f}$ 时，如图 7-6 所示，对高温相（母相）在单轴拉伸或压缩的条件下，AB 段发生纯弹性变形，B 点开始发生马氏体转变，该点对应的应力 σ_B 为应力诱导马氏体转变的最小应力（$\sigma_{B=A \to M} = \sigma_{M_s}$）。C 点相变结束（$\sigma_C = \sigma_{M_f}$），BC 段斜率远小于 AB 段，表明相变容易进行，CD 段为纯马氏体弹性变形阶段，D 点开始屈服，DE 段为马氏体屈服进入塑性变形阶段（$\sigma_D = \sigma_y$），E 点时断裂。如果在 D 点之前取消施加的应力，如在 C' 点，对应的应变 $\varepsilon_{C'}$ 可通过以下几步应变得到恢复。首先发生纯马氏体弹性恢复，即 $C'F$ 阶段，F 点对应的应力是在卸载过程中诱发马氏体能够存在的最大应力（$\sigma_F = \sigma_{A_s}$）。从该点开始，马氏体将向母相奥氏体逆相变，应力为 $\sigma_{F=M \to A}$。随后马氏体量逐渐减少，直至母相奥氏体完全恢复（G 点，$\sigma_G = \sigma_{A_f}$），GH 段表示纯奥氏体的弹性恢复。BC、FG 为双相弹性变形阶段，其他均为单相变形阶段。注意：DE 段屈服为纯马氏体的屈服，不同于 BC 弹性变形阶段，不断产生马氏体，共格切变，孪生变形。

H 点与 A 点重复，即弹性变形完全恢复，且总的弹性变形量非常大，远超出通常意义上的弹性变形，称此变形为超弹性马氏体相变。由于应力、应变之间并非线性关系，它不符合一般材料的弹性变形规律，其实质与弹性变形不同，故又称之为伪弹性。若 H 点与 A 点不重复，需通过适当的升温才能重合，则称之为部分弹性马氏体相变。注意以下几点。①整个应力、应变循环过程中的温度保持不变，即 $\Delta T=0$。若变形温度 T_d 不同，则其对应的应力-应变回线（热滞后回线）也不同，其对应的 σ_{M_s}、σ_{M_f}、σ_{A_s}、σ_{A_f} 均会变化，如图 7-7 所示。②超弹性与伪弹性不加区分。③所施加的应力不能超过滑移临界应力，超出的话会发生塑性变形，形状记忆效应和超弹性均会被破坏。④如果使形状完全恢复需具备以下条件：马氏体相变为热弹性的；母相奥氏体与马氏体呈现有序的点阵结构；马氏体点阵的不切变为孪晶，亚结构为孪晶或层错；马氏体相变在晶体学上是可逆的。

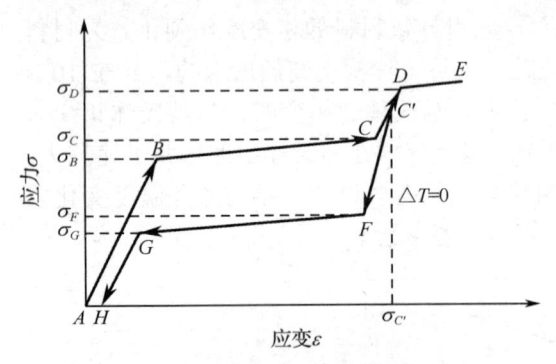

图 7-6　超弹性应力-应变示意图

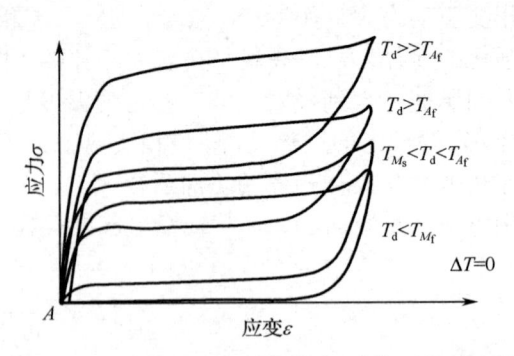

图 7-7　不同变形温度下的应力-应变回线示意图

图 7-8 为 Ag-Cd 合金的伪弹性应力-应变曲线。A 点为应力诱导马氏体相变的开始点，至 B 点，应力诱发马氏体转变结束并开始卸载。BC 表示马氏体的弹性恢复，C 点为应力诱发马氏体逆相变的开始点，至 D 点，逆相变结束，应变全部恢复。OAB 为加载阶段，其中，OA 为高温相（母相）的弹性变形阶段，AB 为应力诱导马氏体相变阶段，应力、应变的线性关系不明显。BCD 为卸载阶段，其中，BC 为低温相（M）的弹性变形阶段，CD 为应力诱导马氏体逆相变阶段，同样，应力、应变的线性关系也不明显。

注意：具有伪弹性或超弹性的合金在应力作用下可恢复应变达到普通金属的几十倍至上百倍，从而提供了存储大量机械能的条件。

6. 形状记忆效应与超弹性效应之间的关系

形状记忆效应与超弹性效应的主要区别是前者是热弹性马氏体相变，后者是应力诱发马氏体相变，它们之间的关系如图 7-9 所示。形状记忆合金在 M_f 温度以下产生变形，升温至 A_f 以上时变形恢复，发生形状记忆效应；当合金在 A_f 以上的温度被施加应力时发生变形，除去应力后变形消失，出现超弹性效应。而当合金的温度介于 A_s 和 A_f 之间时，只能出现部分的超弹性效应和形状记忆效应，也就是仅有一部分马氏体转变成奥氏体。注意：形状记忆效应是对样品在 M_f 温度以下进行变形，加热到 A_f 温度以上获得的；超弹性效应是对样品在 A_f 温度以上进行变形，然后除去外力获得的。

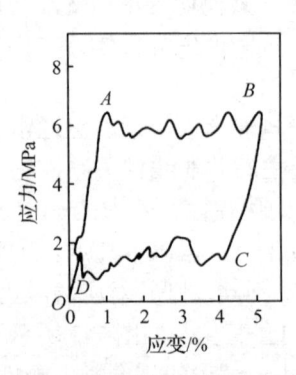

图 7-8　Ag-Cd 合金的伪弹性应力-应变曲线

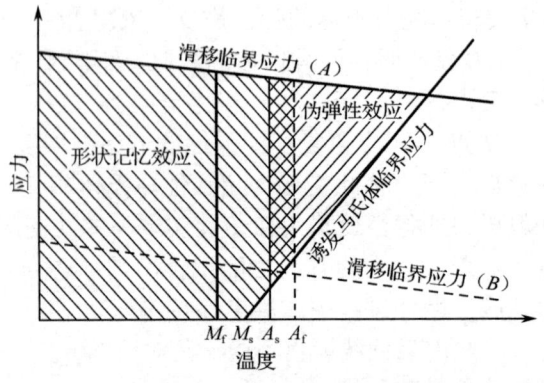

图 7-9　形状记忆效应与超弹性效应之间的关系示意图

注意：

（1）普通碳钢，即 Fe-C 合金中的马氏体，升温极易分解，随着回火温度的升高，依次形成回火马氏体、回火屈氏体、回火索氏体和奥氏体，M_s（230℃）与 A_s（727℃）相差近 500℃，热滞后大，迄今尚未直接观察到逆相变的存在，即由马氏体直接转变为奥氏体，而形状记忆合金如 Fe-Ni、Fe-Mn、Cu-Al、Cu-Au、Ti-Ni 等中的马氏体均具有逆相变特性。

（2）形状记忆合金中的马氏体也不同于 Fe-C 合金中马氏体，如表 7-1 所示。

表 7-1 形状记忆合金中的马氏体与 Fe-C 合金中的马氏体对比

内　　容	Fe-C 合金中的马氏体	形状记忆合金中的马氏体
结构	间隙式固溶体 体心正方（或斜方）B19 结构 晶格畸变严重	置换式固溶体 体心正方（或斜方）B19 结构 晶格畸变很小
转变热滞后	大	非常小
转变应变	相对大	相对小
化学驱动力	大	小
生长特征	自调节不明显	自调节显著
界面移动性	低且不可逆	高且可逆
阻尼能力	弱	强
硬度	比奥氏体硬很多	不如奥氏体硬

碳钢中的奥氏体急冷会向马氏体转变，但升温时由于 C 原子的扩散容易，极易分解，迄今尚未直接观察到它的逆相变。

（3）热弹性马氏体相变的相界面因温度升降很快做往复运动，相变驱动力小，热滞后小，如 Ti-Ni 合金、β 型 Cu 基合金、Cu-Zn-Al 系合金、Cu-Al-Ni 系合金等。非热弹性马氏体相变的变温马氏体瞬时长大至完整形状，界面呈不动界面，相变驱动力大，热滞后大，如 Fe-30Ni 合金的 A_s-M_s=390℃－（-30℃）=420℃，期间并未分解、产生新相，仍具有形状记忆特性。

7.3.2 常用的形状记忆合金复合材料

形状记忆合金既可作为基体，加入其他增强体制成形状记忆合金复合材料，也可将形状记忆合金制成颗粒或纤维作为增强体加入选定的基体中构筑形状记忆合金复合材料。

1. (TiC+TiB)/Ti-V-Al 形状记忆合金复合材料

1）制备

选用纯钛、钒、铝、碳化硼粉，其纯度分别为 99.95%、99.99%、99.999%和 99.9%。采用真空电弧熔炼法，制备(TiC+TiB)/Ti-V-Al 形状记忆合金复合材料。(TiC+TiB)/Ti-V-Al 形状记忆合金复合材料锭需至少重复熔炼 6 次，然后 900℃下均质处理 6h 后在冰水中快速冷却。

2）显微组织

图 7-10 为在(TiC+TiB)/Ti-V-Al 形状记忆合金复合材料中加入不同体积分数的 B_4C 时的 SEM 照片，如图 7-10（a）和图 7-10（b）所示，在(TiC+TiB)/Ti-V-Al 形状记忆合金基体中形成一种典型的针状马氏体（Martensite）结构，并在基体中随机分布了 TiB 晶须和 TiC 颗粒两种增强体。随着加入 B_4C 的体积分数的增加，TiC 颗粒和 TiB 晶须的数量逐渐增加。TiC 颗粒

主要沿晶界分布，如图 7-10(c) 和图 7-10(d) 所示。在 B_4C 的体积分数增至 2.0vol% 和 5.0vol% 时，TiC 沿晶界形成网络结构。TiB 晶须为 B_{27} 结构，而 TiC 颗粒为 NaCl 结构。

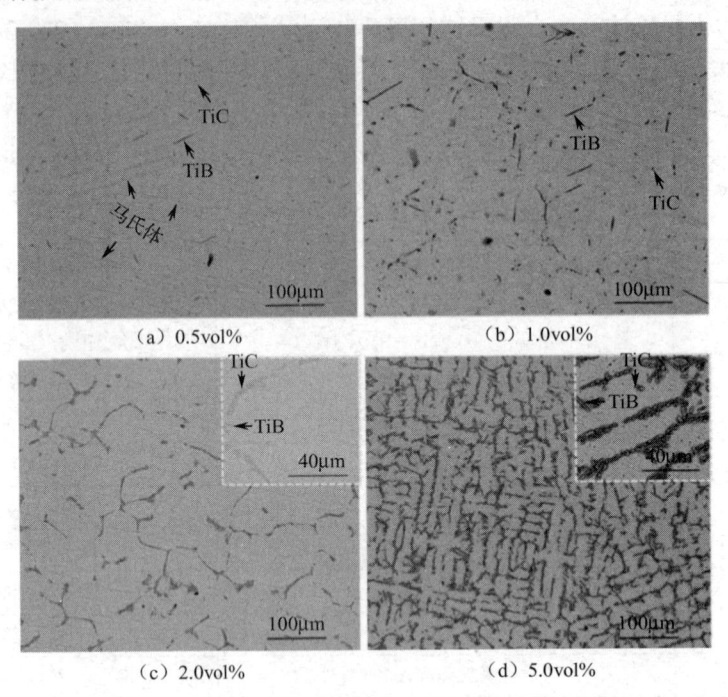

图 7-10　含不同体积分数 B_4C 的(TiC+TiB)/Ti-V-Al 形状记忆合金复合材料的 SEM 照片

3）应变恢复性能

图 7-11 为 B_4C 为不同体积分数时(TiC+TiB)/Ti-V-Al 形状记忆合金复合材料在加载-卸载时的应变恢复特性，结果表明，B_4C 的体积分数对应变恢复特性有重要影响。在施加 3% 的预应变后，无论 B_4C 的体积分数如何，在所有的(TiC+TiB)/Ti-V-Al 形状记忆合金复合材料中都可以观察到残余应变，这意味着即使施加了 3% 的预应变，塑性变形也会开始发生。然而，通过改变 B_4C 的体积比例，可以调整(TiC+TiB)/Ti-V-Al 形状记忆合金复合材料的应变恢复特性。随着 B_4C 体积分数的增加，(TiC+TiB)/Ti-V-Al 形状记忆合金复合材料的残余应变先减小后增大。当 B_4C 的体积分数为 1.0vol% 时，应变恢复性能优越，可恢复应变为 2.89%。虽然增强体的引入可以增强基体强度，但其应变恢复特性与界面的运动密切相关。随着 B_4C 体积分数的增加，在界面处高密度聚集的原位增强体阻碍了界面或孪晶界面的运动，进一步阻碍了可恢复应变。因此，在(TiC+TiB)/Ti-V-Al 形状记忆合金复合材料中调整 B_4C 的体积分数，不仅增加了塑性变形的临界应力，而且实现了各种界面的良好运动。使用高性能的(TiC+TiB)/Ti-V-Al 形状记忆合金复合材料可提高马氏体转变温度，增强热循环稳定性及提高其强度和弹性模量。

2. Ti_5Si_3/NiTi 形状记忆合金复合材料

1）制备

采用硅粒、镍粒和海绵钛，粒径分别为 1~6mm、3~5mm、2~10mm，纯度分别为 99.90%、99.90%、99.70%，除去表面氧化层和污渍，按照不同的合金成分进行称量配比，先利用电弧熔炼制备母合金铸锭，并对合金铸锭重熔 6~8 次，再采用压力熔渗的方法将陶瓷空心球（经过预处理和筛分）引入母合金基体中获得三种不同成分的 Ti$_5$Si$_3$/TiNi（Ti$_{53}$Ni$_{37}$Si$_{10}$、Ti$_{53}$Ni$_{39}$Si$_8$、Ti$_{52}$Ni$_{42}$Si$_6$）形状记忆合金复合材料。

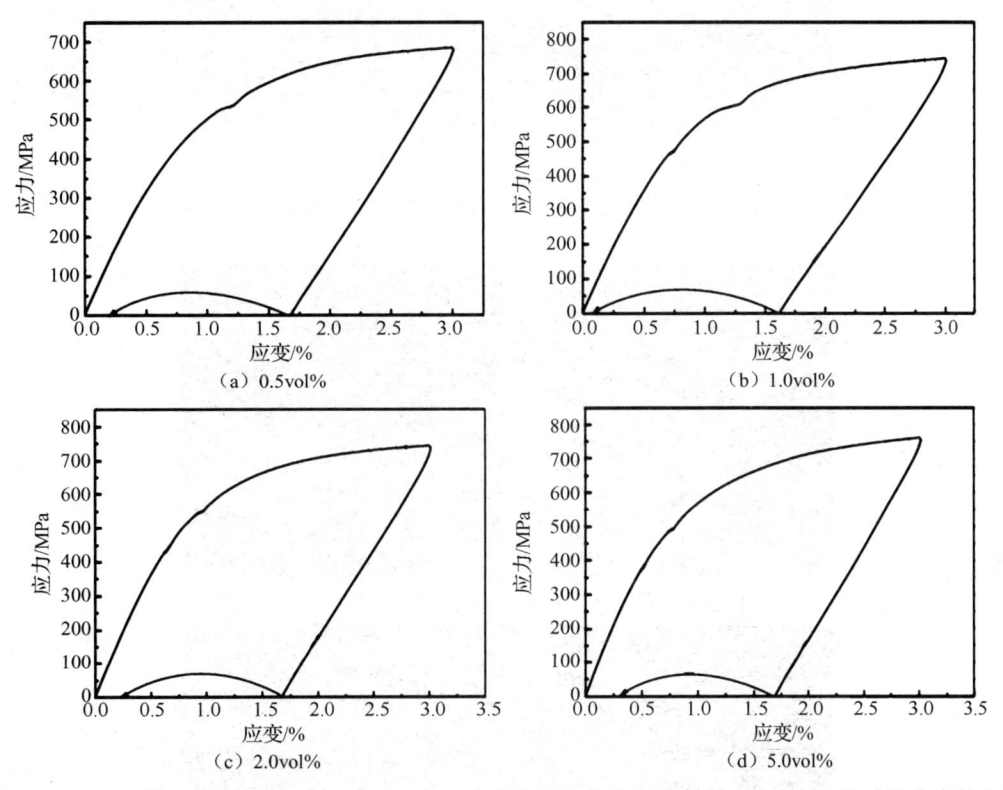

图 7-11　B$_4$C 为不同体积分数时(TiC+TiB)/Ti-V-Al 形状记忆合金复合材料在加载-卸载时的应变恢复特性

2）显微组织

图 7-12 为 Ti$_{53}$Ni$_{37}$Si$_{10}$、Ti$_{53}$Ni$_{39}$Si$_8$、Ti$_{52}$Ni$_{42}$Si$_6$ 及 Ti$_{53}$Ni$_{37}$Si$_{10}$ 形状记忆合金复合材料的 20000x（放大倍数为 20000 倍）SEM 照片。Ti$_{53}$Ni$_{37}$Si$_{10}$ 属于完全共晶组织，图 7-13 为其 TEM 照片。由图 7-13（a）和图 7-13（c）可以明显看出层片状的 NiTi 相和 Ti$_5$Si$_3$ 相交错存在，图 7-13（b）为两相的衍射花样，NiTi 相以马氏体相存在，晶体结构为单斜结构，Ti$_5$Si$_3$ 相的晶体结构为六方结构，图 7-13（d）为两种物相的 HRTEM（高分辨率透射电镜）照片，可以清晰地看出两相界面原子排布，NiTi 相与界面的夹角为 62°，Ti$_5$Si$_3$ 相与界面的夹角为 57°，两相的错配度为 4.28%，NiTi 相和 Ti$_5$Si$_3$ 相在相界面上趋于较好的共格特征。

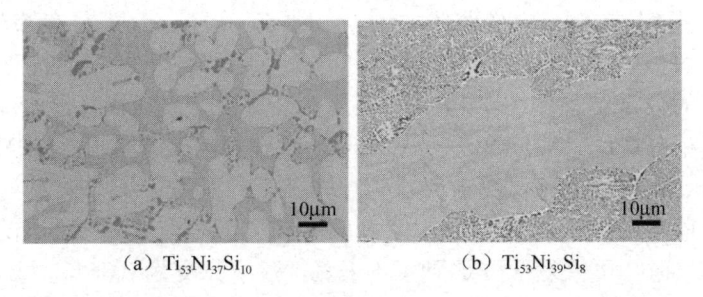

图 7-12　不同合金成分的形状记忆合金复合材料的 SEM 照片

(c) $Ti_{52}Ni_{42}Si_6$ (d) $Ti_{53}Ni_{37}Si_{10}$

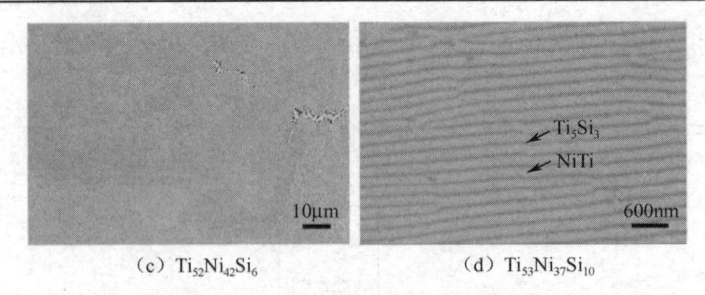

图 7-12　不同合金成分的形状记忆合金复合材料的 SEM 照片（续）

(a) 层片共晶结构1　(b) NiTi相和Ti_5Si_3相的衍射花样

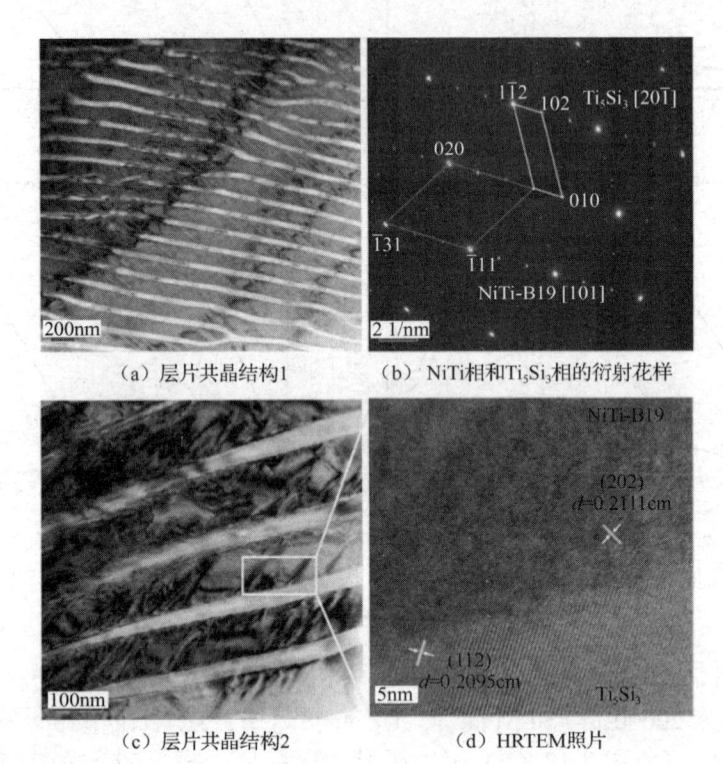

(c) 层片共晶结构2　(d) HRTEM 照片

图 7-13　Ti_5Si_3/TiNi（$Ti_{53}Ni_{37}Si_{10}$）形状记忆合金复合材料的 TEM 照片

3）超弹性性能

对抗压强度最高的 $Ti_{53}Ni_{37}Si_{10}$ 试样在环境箱中加热至 180℃，确保试样中的 NiTi 相为完全的奥氏体相，随后对其施加 1%～12%的应变，每一次应变结束之后，卸载至 0N，应变速率为 $3.33\times10^{-4}s^{-1}$，得到的应力-应变曲线如图 7-14（a）所示。其中，在卸载的过程中，可恢复应变包括超弹性可恢复应变和线弹性可恢复应变，通过对卸载曲线的切线分析即可区分两者。对图 7-14（a）的分析结果如图 7-14（b）所示，恢复应变率在循环至 8%之后稳定在 86%，超弹性可恢复应变稍有波动，当应变达到 12%时，超弹性可恢复应变为 2.2%，由此可以说明在高温条件下，$Ti_{53}Ni_{37}Si_{10}$ 试样表现出良好的超弹性，并发生了应力诱发马氏体相变的行为，这与高温下的压缩断裂曲线的解释一致。残余应变和可恢复应变随着预加载应变的增大而增大，当应变达到 12%时，可恢复应变达到了 5.43%，残余应变为 0.86%，残余应变较小，说明该材料经过多次循环使用后产生的塑性变形较小，可以很好地保留原有的超弹性。

(a) 1%~12%循环压缩曲线

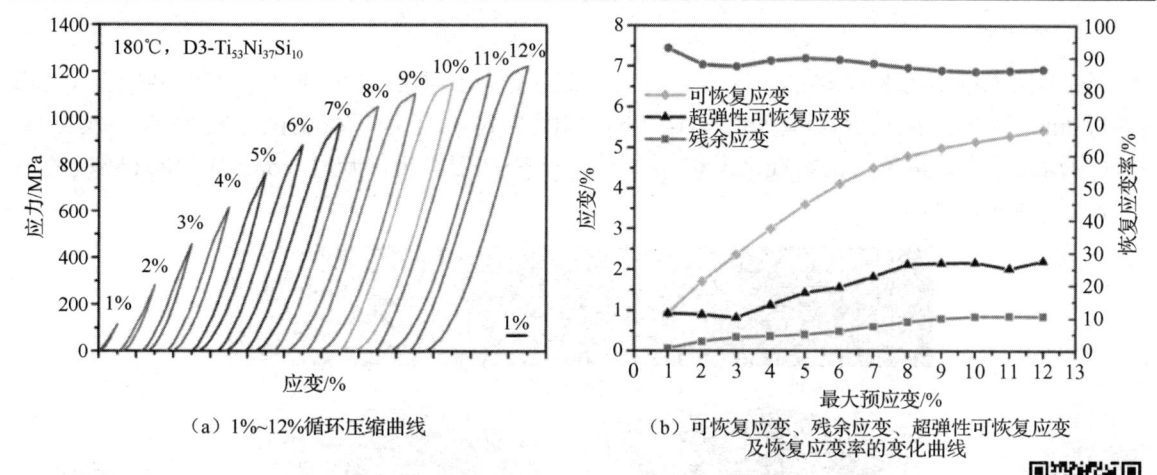

(b) 可恢复应变、残余应变、超弹性可恢复应变及恢复应变率的变化曲线

图 7-14 $Ti_{53}Ni_{37}Si_{10}$ 试样在 180℃下的超弹性

3．Al/NiTi 形状记忆合金铝基复合材料

1）制备

Al/NiTi 形状记忆合金铝基复合材料（以下简称 Al/NiTi 复合材料）的制备采用摩擦搅拌加工（Friction Stir Processing，FSP）工艺，如图 7-15 所示。在铝板上加工了一个长 166mm、宽 3mm、深 4.8mm 的凹槽。将 NiTi 颗粒嵌入凹槽内，然后用 0.2mm 厚的 Al 1050 片覆盖以阻止 FSP 过程中 NiTi 颗粒的损失。采用摩擦搅拌工艺使 NiTi 粒子均匀分布在 Al 基体中。冷却至-20℃，冷却 24h，得到孪晶马氏体相 NiTi 球形颗粒。消除毛刺、冷轧，冷轧应力使球形颗粒孪晶马氏体 NiTi 转变为椭球型非孪晶马氏体。然后加热至 80℃保温 15min，NiTi 由椭球型非孪晶马氏体颗粒转化为球形奥氏体颗粒。为了评判 Al/NiTi 复合材料的力学性能，另制两种对比材料：第一种采用相同的 FSP 工艺和冷轧过程，没有 NiTi 颗粒，表示为 FSPed Al；第二种含有 NiTi 颗粒，但冷轧是 NiTi 颗粒奥氏体态时进行的，因此，它不存在形状记忆效应，也没有由 NiTi 粒子的形状恢复所产生的局部内部应力，这种材料被命名为 Al/NiTi-A 复合材料。

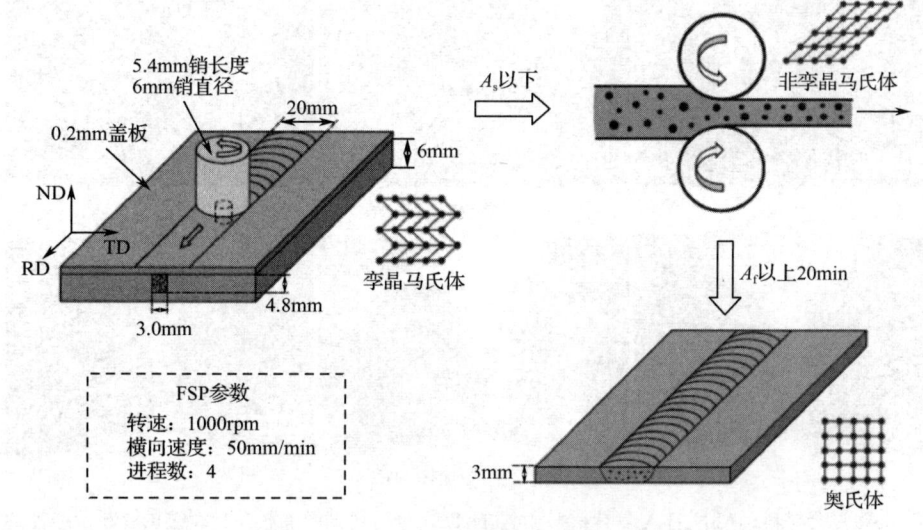

图 7-15 Al/NiTi 复合材料的制备步骤

2）显微组织

图 7-16（a）为摩擦搅拌加工区复合材料横截面显微组织的 SEM 照片，其两种像素（2μm 和 0.8μm）下对应的 3D-CT 图如图 7-16（b）和图 7-16（c）所示。由图可知 NiTi 颗粒在 Al 基体中均匀分布。两条红色虚线之间的距离对应于 FSP 工具销的尺寸（6mm）。NiTi 颗粒的体积分数约为 6.7vol%。

（a）SEM 照片

（b）2μm

（c）0.8μm

扫码看彩图

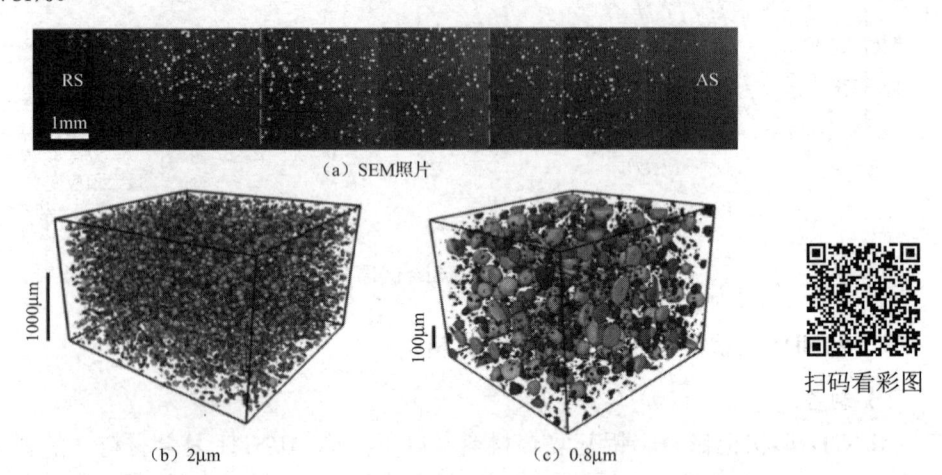

图 7-16 摩擦搅拌加工区复合材料横截面显微组织的 SEM 照片及对应的 3D-CT 图

3）力学性能

图 7-17 为 FSPed Al 复合材料、Al/NiTi-A 复合材料和 Al/NiTi 复合材料试样加载前、裂纹扩展断裂路径的 SEM 照片。表明 FSPed Al 复合材料为直裂纹扩展，而 Al/NiTi-A 复合材料和 Al/NiTi 复合材料出现裂纹偏转。显然这与 NiTi 颗粒的存在密切相关。颗粒具有形状记忆效应时，裂纹尖端应力诱导形状记忆合金发生马氏体相变，体积膨胀，阻碍裂纹扩展，使裂纹扩展的路径更曲折，偏差更大，如图 7-18 所示，并在主裂纹尖端之前观察到局部空洞。Al/NiTi 复合材料比 Al/NiTi-A 复合材料具有更高的韧性，但两者的力学强度几乎相同。

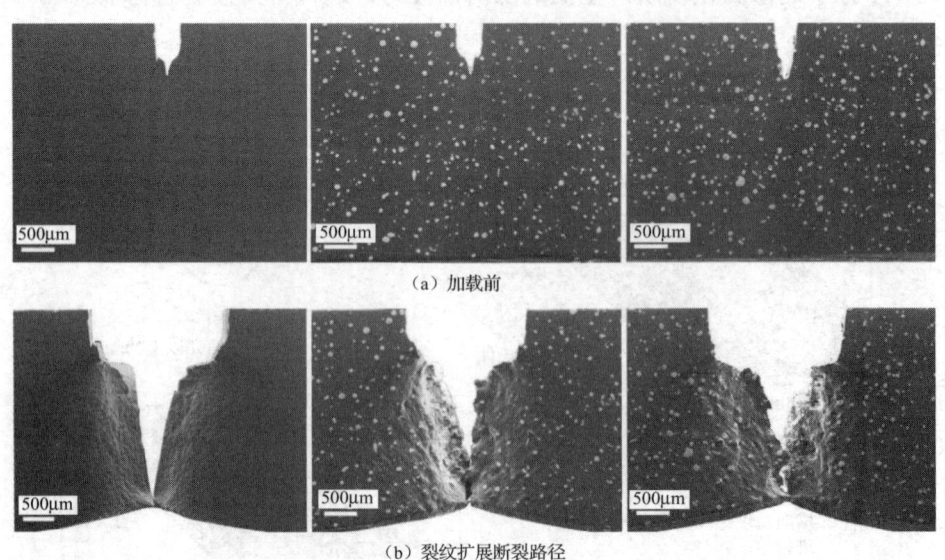

（a）加载前

（b）裂纹扩展断裂路径

图 7-17 FSPed Al 复合材料、Al/NiTi-A 复合材料和 Al/NiTi 复合材料试样加载前、裂纹扩展断裂路径的 SEM 照片

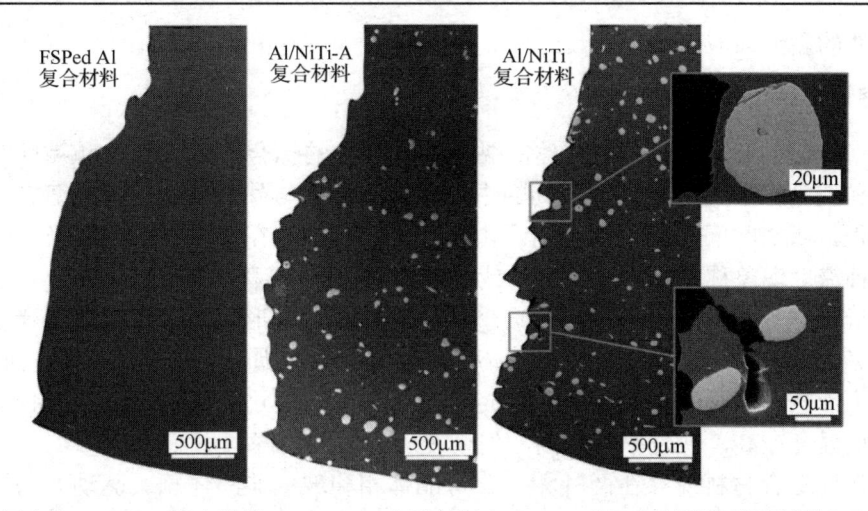

图7-18 中厚度处FSPed Al复合材料、Al/NiTi-A复合材料和Al/NiTi复合材料裂纹扩展断裂路径的SEM照片

7.4 形状记忆陶瓷复合材料

具有形状记忆效应的陶瓷可作为增强体或基体制备具有形状记忆功能的复合材料。形状记忆合金虽具有良好的延展性和抗损伤能力，但其使用温度不高，通常最多几百摄氏度，从而限制了形状记忆合金及其复合材料在高温领域里的应用。1986年，Swain首先报道了陶瓷中同样存在形状记忆效应，可用于高温场合。相比于形状记忆合金，形状记忆陶瓷具有以下特点。

（1）记忆性强：形状记忆陶瓷具有很强的记忆功能，可以记住自己的形状和尺寸。当受到外界的变形作用时，可以恢复到原来的形状和尺寸，从而大大提高了产品的使用寿命和可靠性。

（2）高强度：形状记忆陶瓷具有超强的韧性和强度，可以承受极高的压力和重负荷，不易破裂、变形、崩溃。因此形状记忆陶瓷及其复合材料可以在很多领域得到广泛应用。

（3）化学惰性：形状记忆陶瓷不易受到化学腐蚀和热解的影响，在大多数酸碱溶液中和高温环境中表现出优异的抗腐蚀性能。这也使得形状记忆陶瓷及其复合材料在很多特殊环境下得到应用。

（4）工作温度高。

（5）相变热滞后大。

（6）形状记忆的变形量小。

（7）每次记忆循环中都有较大的不可恢复变形，随循环次数的增加，累积变形增加，最终导致裂纹产生。

（8）没有双程记忆效应。

7.4.1 形状记忆陶瓷复合材料的记忆机制

形状记忆陶瓷复合材料的记忆机制类似于形状记忆合金。同样是靠热弹性马氏体或伪弹性马氏体相变及其逆相变实现形状记忆的。但在具体的形状记忆陶瓷复合材料中，其记忆机制可能有所不同，如黏弹性形状记忆陶瓷复合材料，其记忆效应是靠复合材料中的晶体相与非晶体相之间的黏弹性应变实现的。

1. 黏弹性形状记忆机制

黏弹性（Viscoelasticity）是指流体的黏滞性及弹性的综合性质，弹性和黏性共存，不会呈现纯弹性和纯黏性。变形经过一系列的中间状态过渡到与外力相适应的平衡态，此过程为一个松弛过程，所需时间称为松弛时间。由于松弛过程的存在，材料的应变必然落后于应力的变化，这种滞后现象称为"滞后效应"或"弹性滞后"，又称为黏弹性。

在部分云母作为晶体相掺杂在连续玻璃相（非晶相）中形成的云母玻璃陶瓷复合材料呈现出形状记忆效应，晶体相与非晶体相的体积比为 0.4～0.6。加热至一定温度时，进行预变形，然后在带载下冷却，低温下卸载后保留一定的残余变形，通过加热，可恢复到预变形之前的形状。预变形温度愈高，恢复率就愈高，但恢复应力略有下降。

在云母陶瓷复合材料中存在两种相：云母晶体相和玻璃非晶体相。驱动力为预变形的弹性能。温度高于 573K 时，云母晶体相由于滑移发生塑性应变，该塑性应变由包围它的非晶体刚性玻璃相进行弹性调节。因为云母晶体相中的位错滑移不可能出现在低温，所以材料在高温时的形状在冷却到环境温度后除去载荷也能保持不变。因此，储存在玻璃相中的弹性应变可为恢复到原来形状提供驱动力，如将变形后的云母玻璃重新加热到高温，这时储存的弹性应变能足以激活云母中的位错滑移，使其恢复原来的形状。黏弹性形状记忆效应不仅存在于云母玻璃陶瓷，β-锂辉石、$2ZnO-B_2O_3$、云母（$KMg_3AlSi_3O_{10}F_2$）、Si_3N_4、ZrO_2、Al_2O_3 也呈现形状记忆效应。

注意：（1）预变形若发生在晶体相，弹性能则存储在非晶体玻璃相；预变形发生在玻璃相，弹性能存储在晶体相，存储的弹性能为形状恢复的驱动力。（2）β-锂辉石和 $2ZnO-B_2O_3$ 中的结晶相占 90%以上，Si_3N_4、ZrO_2、Al_2O_3 中并不含玻璃相，因此黏弹性记忆的确切机制尚需进一步揭示。（3）黏弹性不同于纯黏性和纯弹性。纯弹性的过程为外力→变形→应力→储存能量；外力撤除→能量释放→变形恢复；特点为①储能：能量转变为应变能；②可逆：记忆形状；③瞬时：不依赖时间。而纯黏性的过程为外力→变形→应力→应力松弛→能量耗散；外力撤除→永久变形；特点为①耗能：能量转变为热能；②不可逆：无形状记忆；③依时：应变随时间发展。（4）黏弹性一般出现在高聚物中，是高聚物的一个重要特征。聚合物受力时，应力同时依赖于变形和变形速率，即具备固、液二性，其力学行为介于理想弹性体和理想黏性体之间。

2. 马氏体相变形状记忆机制

如果某些陶瓷中的相变是热弹性或伪弹性的马氏体相变，这些陶瓷可呈现形状记忆效应，如某些含有 ZrO_2 的陶瓷中，ZrO_2 具有多种结构转变，如图 7-19 所示。四方晶体结构（t）和单斜晶体结构（m）之间的变换是热弹性马氏体相变，因而具有形状记忆效应。同样 MgO 部分稳定 ZrO_2（Mg-PSZ）陶瓷和 CeO_2 稳定 ZrO_2（CeO_2-TZP）陶瓷也具有形状记忆效应。

$$液相（l） \underset{}{\overset{2680℃}{\rightleftharpoons}} 立方相（c） \underset{}{\overset{2370℃}{\rightleftharpoons}} 四方相（t） \underset{1100-1200℃}{\overset{950-1000℃}{\rightleftharpoons}} 单斜相（m）$$

图 7-19 ZrO_2 从高温液态到室温固态经历的多种结构转变

纯 ZrO_2 的高温相为立方晶体结构（c-ZrO_2），中温相为四方晶体结构（t-ZrO_2），低温相为单斜晶体结构（m-ZrO$_2$），如图 7-20 所示。三者的密度如下：单斜 ZrO$_2$ 为 5.56g/cm^3，四方 ZrO$_2$ 为 6.10g/cm^3，立方 ZrO$_2$ 为 6.27g/cm^3。从高温相向低温相转变时体积膨胀，反之则体积收缩。冷却时发生四方相向单斜相转变，由于该转变具有无扩散、变温转变、热滞、表面浮突及可逆等特征，故称之为马氏体相变。该马氏体转变，伴随有 3%～5%的体积膨胀。

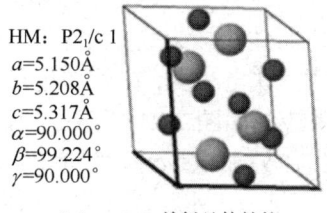

(a) m-ZrO$_2$ 单斜晶体结构　　(b) t-ZrO$_2$ 四方晶体结构　　(c) c-ZrO$_2$ 立方晶体结构

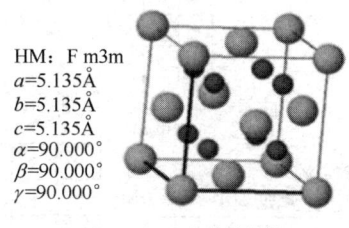

图 7-20　纯 ZrO$_2$ 各相结构

某些含有 ZrO$_2$ 的陶瓷中，ZrO$_2$ 的四方晶体结构和单斜晶体结构之间的变换是热弹性的马氏体相变，因而具有形状记忆效应。通过掺杂碱土氧化物（如 MgO 和 CaO）或稀土氧化物（如 Y$_2$O$_3$ 和 CeO$_2$），可以使中温下才能稳定存在的四方晶和高温下才能稳定存在的立方晶能够在室温下稳定存在。MgO 部分稳定 ZrO$_2$（MgO-PSZ）和 CeO$_2$ 稳定四方 ZrO$_2$（CeO$_2$-TZP）也具有形状记忆效应。t→m 相变是在冷却至一定温度时发生的，并且该温度与晶粒大小有关。在 t-ZrO$_2$→m-ZrO$_2$ 相变温度以上，施加应力亦可诱发相变，同时产生类似"塑性"的变形。随后再加热时，因发生 m-ZrO$_2$→t-ZrO$_2$ 可逆相变，使应变恢复。诸如 LnNbO$_4$（Ln=La,Nd）离子晶体和某些超导体 V-Si-Zr-Hf-V、Y-Ba-Cu-O、Bi-(Pb)Si-Ca-Cu-O 和 Ti-Ba-Ca-Cu-O，也出现形状记忆效应。利用该类陶瓷可设计出某些新的高温形状记忆元件，这是形状记忆合金无法实现的。

当材料以四方相存在时，$\Delta G^{t\to m} > 0$，若需发生相变，则外界必须提供能量才能使相变进行。在一定温度、无应力状态下，材料满足 $\Delta G^{t\to m} \geq 0$，$\Delta G^{m\to t} \leq 0$ 时，在应力作用下，t-ZrO$_2$→m-ZrO$_2$ 相变发生，当应力除去后，m-ZrO$_2$→t-ZrO$_2$ 相变能自发进行，满足这种条件的材料具有超弹性（伪弹性）。

在一定温度、无应力状态，如果材料满足 $\Delta G^{t\to m} \geq 0$，$\Delta G^{m\to t} \geq 0$ 时，t-ZrO$_2$↔m-ZrO$_2$ 相变都要在外界提供能量（弹性能、热能）的条件下才能发生，即通过应力和温度的变化，使得 t-ZrO$_2$↔m-ZrO$_2$ 相变发生，满足这种条件的材料具有形状记忆效应。

3. 铁电形状记忆陶瓷——电场诱发的记忆机制

钙钛矿型氧化物陶瓷的晶体结构有立方晶体结构、四方晶体结构、菱形晶体结构和正交晶体结构。根据材料实际成分和外加条件（温度、应力和电场）的不同，它们可能处于顺电态、铁电态或逆铁电态。在顺电态、铁电态和逆铁电态的氧化物陶瓷中，不同结构间的相变如顺电-铁电（PE-FE）相变、逆铁电-铁电（AFE-FE）相变伴随有显著的应变，最大总应变可达 0.6%。它由相转变时的自发应变和铁电转向或再取向所产生的应变两部分构成。除去外加电场后电子陶瓷又恢复到它原来的状态，即典型的铁电行为。但有些陶瓷在零电场时，无论是铁电态或逆铁电态都是亚稳的，当除去电场后，它们将恢复到铁电状态。若将电场极性快速反向，或者缓慢加热使铁电态逆相变为逆铁电态，就可恢复到原来的状态，从而产生类似于形状记忆合金的形状记忆效应。

锆钛酸铅[Pb(Zr、Ti)O$_3$,TZP]基陶瓷反铁电材料,是典型的钙钛矿结构,点阵结构为 E$_2$ 型,空间群为 O$_h$,一般分子式为 ABO$_3$,其中 A 是 Pb^{2+},B 是 Zr^{+4}、Ti^{4+} 离子。PbZrO$_3$ 和 PbTiO$_3$ 在所有的比例范围内均可形成连续固溶体,这种固溶体在高温时是立方晶体结构,当冷却到居里温度时发生相变。通过调整温度和 A、B 的组成,钙钛矿晶体的形状会发生改变,其中,四面体结构和六面体结构均为铁电相,而八面体结构为逆铁电相。锆钛酸铅基陶瓷具有顺电-反铁电-铁电相变,在外加电场下,出现电场诱发的形状记忆效应,如图 7-21 所示。初始相为反铁电(AFE)相,当施加外加电场时,使其转变为铁电(FE)相并发生变形(膨胀),外场除去后,仍保持变形。加反向电场后,FE 逆相变为 AFE,相应的变形恢复;或加热 FE 相转变为顺电(PE)相,冷却后又逆相变为 AFE 相。同时,恢复原状的过程完全可与合金中的形状记忆相对应。

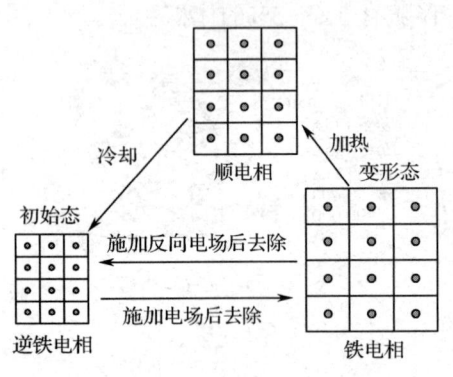

图 7-21 电场诱发形状记忆效应示意图

铁电形状记忆陶瓷与马氏体的形状记忆机制相比,具有变形得反应速度快(毫秒级),可控性好,不产生热,能耗低(仅为合金的 1/100 左右),预变形的空间小等优点。这种形状记忆陶瓷可用作能量储存的执行元件。

实验已经观察到,在钙钛矿类氧化物如(Pb、La)(Zr、Ti)O$_3$、Pb(Zr、Sn、Ti)O$_3$、(Pb、Nb)(Zr、Sn、Ti)O$_3$ 和(Sr、Ba)NbO$_6$ 等确有形状记忆效应。虽然这类形状记忆陶瓷的形状记忆应变比形状记忆合金小,但因其形状记忆效应可用电场诱发,电场很易快速变化,故最大响应速度可达微秒级。

有些过渡族金属氧化物,其原子磁矩排列能发生有序-无序转变,并使材料由顺磁性转变为铁磁性,或由顺磁性转变为反铁磁性。这种逆相变也伴有可逆点阵畸变。在四方尖晶石型氧化锰 Mn$_x$(Zn、Cd)$_{1-x}$Mn$_2$O$_4$ 和正交氧化锰 RMn$_{3+x}$(R-Nd,Sm,Eu,Gd,Tb,Dy)中,原子磁矩有序相和无序相可以在较宽温度范围内共存,如发生短程铁磁性(或反铁磁性)有序化,则将出现形状记忆效应。由于这类氧化物大部分是逆铁磁性的,其奈尔温度特别低,所以只能在极低的温度出现自激磁化。

7.4.2 常用的形状记忆陶瓷复合材料

1)部分稳定二氧化锆(PSZ)形状记忆陶瓷复合材料

(1)材料制备。

由 9.4mol%MgO(3.3wt%)、约 50μm 的粗晶 c-ZrO$_2$ 基体、约 35vol% 的 t-ZrO$_2$ 沉淀相制成,粉体形貌如图 7-22 所示,在 1800℃ 固溶烧结而成。

ZrO$_2$ 中添加 MgO 稳定剂,形成部分稳定二氧化锆陶瓷(MgO-PSZ)形状记忆复合材料。从 MgO-ZrO$_2$ 相图(见图 7-23)可知,900℃ 以下时,MgO 在单斜相二氧化锆中难以固溶;当温度达到 1120℃ 时,固溶度为 1.6mol%。在四方相二氧化锆中,MgO 可溶性较好,在 1400℃ 时,固溶度达到最大值(约为 1.7mol% 或 0.56wt%)。不同含量的 MgO 在 1400℃ 以上与二氧化锆固溶并形成立方相二氧化锆固溶体(SS),在一定的冷却速度下可以保留至室温,成为全稳定二氧化锆(FSZ)陶瓷。

图 7-22 MgO-PSZ 共沉淀粉体 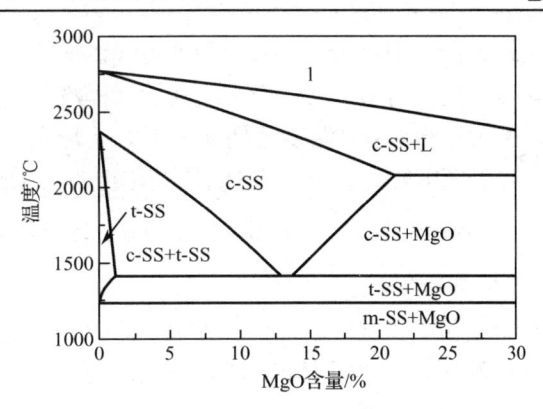   图 7-23 MgO-ZrO$_2$ 相图

MgO-PSZ 存在两种过渡相：δ 相和 γ 相。MgO-PSZ 经 1100℃热处理时存在 δ 相，它是由立方相轻微畸变而来的。γ 相是 MgO-PSZ 体系中的另一种过渡相，它与 δ 相的晶体结构有关。它只具有 δ 相半数的氧空位。

（2）显微组织。

对烧结体以 500℃/h 冷却快速通过立方相和四方相两相区，从而细化并保留立方相，并在立方相中形成细小透镜状四方析出体（50nm），微观结构如图 7-24 所示。之后进行热处理，先以 100℃/h 缓慢地加热到 800℃，承受 200MPa 的四点弯曲，保温 2h，然后以相同速度冷却，产生永久弯曲变形。

图 7-24 典型 MgO-PSZ 微观结构

（3）记忆性能。

一个热循环后，烧结态 MgO-PSZ 表现为所预期的弹性非蠕变体行为，而热处理态的 MgO-PSZ 的弯曲严重。两者在 200MPa 的弯曲应力下，一个 800℃热循环后，其形貌如图 7-25a 和 b 所示。卸载后，以相同的加热和冷却速率将弯曲棒重新加热到 800℃，几乎完全恢复到原来的形状，如图 7-25c 所示。

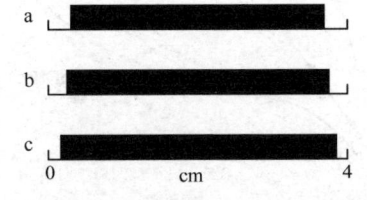

图 7-25 200MPa 的弯曲应力，一个 800℃热循环后的形貌：a 为烧结态；b 为热处理态；c 为卸载态

试样表面应变量为 0.42%，撤掉负载再加热到 800℃，试样几乎完全恢复到原来的形状，重新加热残余应变为 0.14%。当带负载的试样冷却到小于或等于 M_s 点时，变形开始；重新加热到 A_s 点，形状开始恢复；温度达到 A_f 点时，变形完全恢复。这与普通形状记忆合金相同。调整化学成分，可以调节转变温度，将 Ha 的氧化物加入 MgO-PSZ 中，M_s、A_f 可提升到 1200℃ 以上。

2. 12mol%CeO₂-TZP 形状记忆陶瓷复合材料

1）材料制备

选用超细粉 CeO₂ 和 ZrO₂，粒度在 0.96～2.8μm，粉料经过球磨、过筛、双向干压成型，再经冷等静压以提高坯体的密度，将坯体置于高温烧结炉中，在 1400～1600℃ 无压烧结 1h。

2）显微组织

12mol%CeO₂-TZP 形状记忆陶瓷复合材料的显微组织 SEM 照片如图 7-26 所示，组织致密，分布相对均匀。

图 7-26　12mol%CeO₂-TZP 形状记忆陶瓷复合材料的显微组织 SEM 照片

3）记忆性能

随着晶粒度从 3μm 减小到 1μm，马氏体转变开始温度 M_s 从 -30℃ 升高到 80℃。CeO₂-TZP 形状记忆陶瓷复合材料冷至 M_s 点时，t 相开始向 m 相爆发式转变。再次加热到母相转变开始温度 A_s 点，m 相开始向 t 相爆发式逆相变，在更高的母相转变终止温度 A_f 点时逆相变完成，CeO₂-TZP 的晶粒度为 3μm 时，A_f 为 235℃，而晶粒细化到 1μm 时，A_f 则降为 210℃。

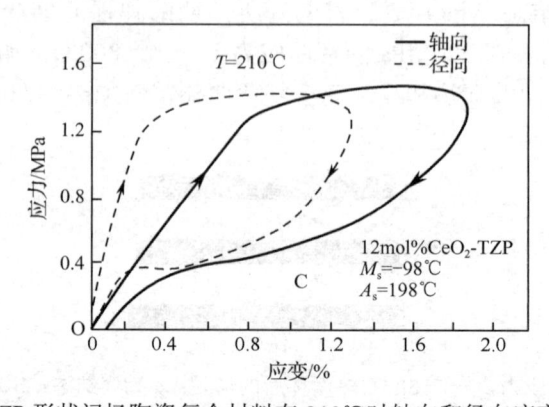

图 7-27 为 12mol%CeO₂-TZP 形状记忆陶瓷复合材料在 210℃ 时轴向和径向应变伪弹性的应力-应变曲线，应变速率为 3×10^{-6}%。当其受单一轴向压应力作用时，应力诱发 t 相向 m 相转变。卸载时发生逆相变，形状恢复。

图 7-27　12mol%CeO₂-TZP 形状记忆陶瓷复合材料在 210℃ 时轴向和径向应变伪弹性的应力-应变曲线

图 7-28 为 12mol% CeO$_2$-TZP 试样室温、单轴压应力作用下的应力-应变曲线及加热时的温度-应变曲线。对于晶粒较粗（平均晶粒大小为 2.8μm）试样，M_s 为 31℃，故初期变形是在室温下进行的，在单轴压应力作用下，诱发 t 相向 m 相转变。在近乎恒定的流变应力下呈现"塑性"变形，并随应力减弱而变小。撤掉负载后，每 1%应变就会出现~0.7%的残余永久变形，仅有少量的塑性变形得到恢复。在随后进行的加热过程中，60℃开始发生了 m→t 相变，轴向应变逐渐恢复，在 186℃时，恢复量突然增大，最终大约恢复了 95%的轴向应变。

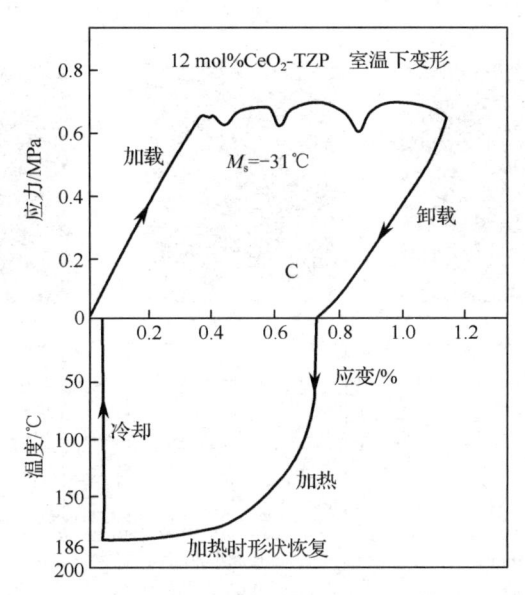

图 7-28 12mol% CeO$_2$-TZP 试样室温、单轴压应力作用下的应力-应变曲线及加热时的温度-应变曲线

3. 8wt%CeO$_2$-0.5wt%Y$_2$O$_3$-ZrO$_2$ 形状记忆陶瓷复合材料

8wt%CeO$_2$-0.5wt%Y$_2$O$_3$-ZrO$_2$ 在室温下由 96.3wt%四方相（奥氏体）和 3.7wt%单斜相（马氏体）组成，平均粒径为 1.7μm，M_s 接近室温（略高于），M_f 低于室温。采用差示扫描量热法测量出其 A_s=403℃，A_f=430℃。使用聚焦离子束（FIB）铣削，从大块陶瓷中加工出直径分别为 0.7μm、1.7μm 和 2.8μm 的三个微柱，如图 7-29（a）、图 7-29（b）和图 7-29（c）所示。

1 号柱：直径为 0.7μm，小于平均粒径 1.7μm，高度为 4.1μm，大于平均粒径，柱内含 2～3 个晶粒，形成竹子结构。对其施加 0.5mN 的载荷，发生弯曲，如图 7-29（d）的 SEM 照片所示，载荷-位移曲线如图 7-29（g）所示。曲线出现两个较大的平台，卸载后存在大量的残余位移。根据图 7-29（g）得支柱的压缩应变约为 7%，马氏体相变的临界压应力 σ_c 为 0.5GPa。柱身未见裂纹，一侧表面出现因马氏体相变而产生的条纹图案。

2 号柱：直径为 1.7μm，等同于平均粒径，高度为 4.4μm。柱内包含 3～6 个晶粒，如图 7-29（b）所示。对柱施加 2mN 的轴向压缩载荷，载荷-位移曲线如图 7-29（h）所示。曲线开始有一个 54nm 的大位移，卸载后，同样出现数量相当的残余位移 58nm。图 7-29（e）显示柱身变形后仍保持直立。最大位移为 147nm，压缩应变为 3.4%。根据载荷-位移曲线，马氏体相变的临界压应力 σ_c 为 0.90GPa。

3 号柱直径为 2.8μm，高度为 5.4μm，其柱内具有许多晶粒、晶界和三叉晶结构，如图 7-29（c）所示。施加轴向载荷 9mN，得到图 7-29（i）所示的载荷-位移曲线。在 8mN 时出现了一个小的应变平台,表明马氏体转变,进一步加载至 9mN(1.4GPa)时断裂,如图 7-29(f)的 SEM 照片所示。

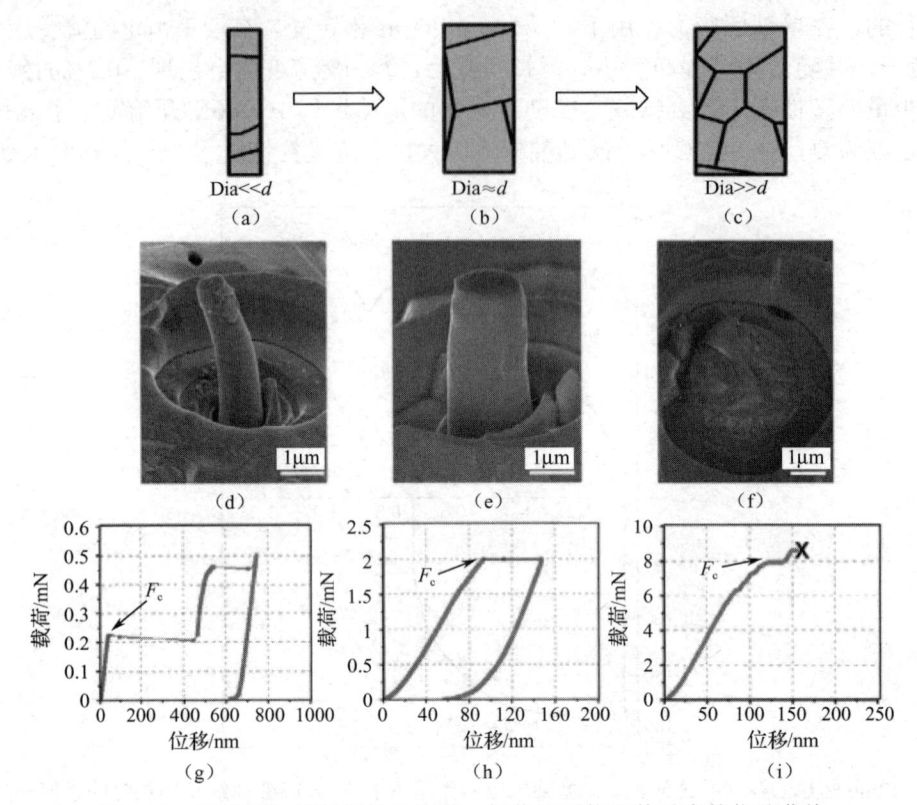

图 7-29 三种不同直径微栓的形貌、加载后形状及其对应的位移曲线

显然,随着柱身中晶粒数的增加,其断裂的倾向性提高,这归因于这些柱身中晶界和三叉晶的增加。

1 号柱被加热到 600℃,2h 后触发马氏体逆相变,如图 7-30(a)所示;微柱几乎已经恢复了原来的形状,图 7-30(b)为柱的横截面 TEM 照片,进一步证明柱身内无裂纹存在。图 7-30(c)~图 7-30(e)所示的 TEM 照片进一步证实了微栓为四方氧化锆结构。图 7-30(d)中的高分辨率 TEM 照片,取自图 7-30(c)中装饰有条纹的区域(用正方形标记),显示了加热后由马氏体逆相变而形成的四方相域。

对于直径为 0.7~1.7μm 的 8wt%CeO_2-0.5wt%Y_2O_3-ZrO_2 陶瓷微柱,无开裂时获得的最大轴向压缩应变范围为 3%~8%。这种应变是可恢复的,具有形状记忆效应。在直径为 0.7μm 的微柱中,600℃时,7%的应变可以完全恢复。这可与许多高温形状记忆合金,如 TiNi-TiPd、Ti-Ni-Zr 和 Cu-Al-Ni 等相媲美。

4. 三元组合 ZrO_2-TiO_2-$AlO_{1.5}$ 低滞后形状记忆陶瓷复合材料

为了克服形状记忆陶瓷复合材料的脆性,麻省理工学院 Christopher A.Schuh 教授团队采用计算热力学、相变物理、结晶学、机器学习等现代科学工具成功设计并制备出一种低热滞后氧化锆多晶马氏体新型形状记忆陶瓷复合材料,其热滞后仅为 15K,达到形状记忆合金的数量级,此材料可用于高温环境,如喷气发动机或深钻孔内的致动器等。

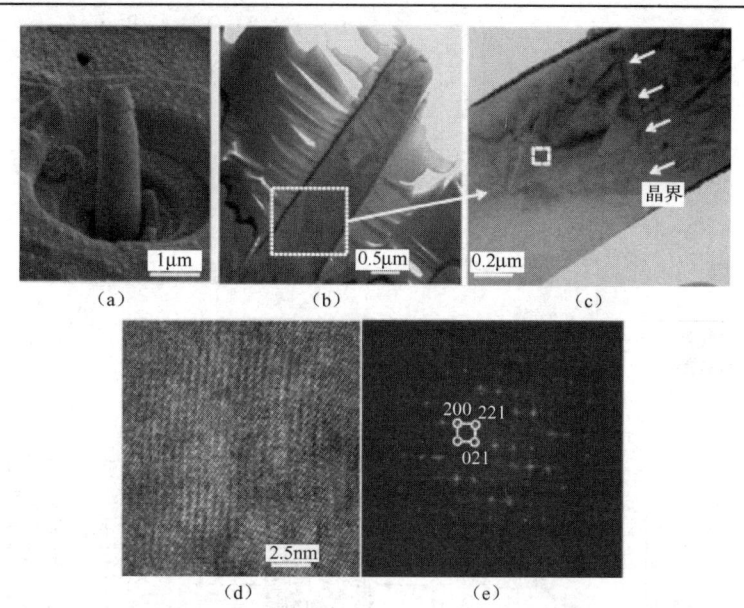

图 7-30 1号柱变形的 SEM 照片和横截面 TEM 照片,及其对应的高分辨率 TEM 照片和傅里叶变换的斑点花样

1)设计准则

为实现氧化锆陶瓷的低热滞后,提出了4个设计准则:①相变拉伸张量的中间特征值 $\lambda_2=1$,使相界面应变量最小;②相变体积变化($\Delta V/V$)低;③保证合金元素的溶入,1773K 时进行固溶;④高的相变温度(M_s>773K),以降低相变时的晶格摩擦,减小热滞后。

2)建立结构模型

图 7-31 为建模的工作流程。首先,通过计算热力学(CALPHAD)模型输入化学成分,以预测溶解度和相变温度[见图 7-31(a)、图 7-31(b)]。然后,通过机器学习模型计算相变温度下四方和单斜 ZrO_2 的晶格参数[见图 7-31(c)],然后将晶格参数输入到晶体运动相容性模型,进行相变结晶学计算[见图 7-31(d)]。最后,结合各模型的输出结果,对形状记忆特性进行高精准预测。

3)优选最佳成分组合

为了确定理想的掺杂剂,首先模拟各种掺杂剂对二元体系中 M_s、λ_2 和 $\Delta V/V$ 的影响(见图 7-32),从中筛选出最理想的掺杂剂。在图 7-32 的基础上,再将筛选出的掺杂剂协同组合,发现 CeO_2、$Y_{0.5}Ta_{0.5}O_2$、$YO_{1.5}$ 和 $GdO_{1.5}$ 可使 λ_2 增加,并能快速降低 M_s 和抑制 $\Delta V/V$ 的值,添加 HfO_2、$CrO_{1.5}$、$AlO_{1.5}$ 和 TiO_2 时将使 λ_2 向 1 移动,同时保持一个合理的 M_s,TiO_2 和 HfO_2 能强烈降低 $\Delta V/V$ 的值。最终获得最佳的三元组合是 ZrO_2-TiO_2-$AlO_{1.5}$[见图 7-33(a)]。由于 TiO_2 和 $AlO_{1.5}$ 的协同溶解,同时添加将使 λ_2 向 1 下降,$\Delta V/V$ 的值也随之变小;模型预测:$\lambda_2=1$,$\Delta V/V=2.3\%\sim2.9\%$,$M_s=676\sim703K$。为此,设计一组固定比率为 4:1 的 TiO_2 与 $AlO_{1.5}$,即 ZrO_2-$xTiO_2$-$0.25xAlO_{1.5}$,设计不同 x 的系列复合材料,分别简写为 5Ti-1.25Al、10Ti-2.5Al、15Ti-3.75Al、20Ti-5Al 和 25Ti-6.25Al。这些成分在图 7-33(a)中用黑点表示。结果表明掺杂浓度较高时会出现一些深色颗粒 β-$ZrTiO_4$ 和黑色棒状物 Al_2TiO_5,如图 7-33(b)所示,测得的 M_s 温度、λ_2 和 $\Delta V/V$[见图 7-33(c)]与模型预测高度吻合。表明随着 TiO_2 和 $AlO_{1.5}$ 添加量的增加,热滞后现象明显减弱[见图 7-33(c)],在这些三元合金中,20Ti-5Al 组分的 $\lambda_2=1.0097$、$\Delta V/V=3.21\%$、热滞后=29K,较纯 ZrO_2($\lambda_2=1.0146$、$\Delta V/V=3.82\%$、热滞后=130~250K)均有减小。

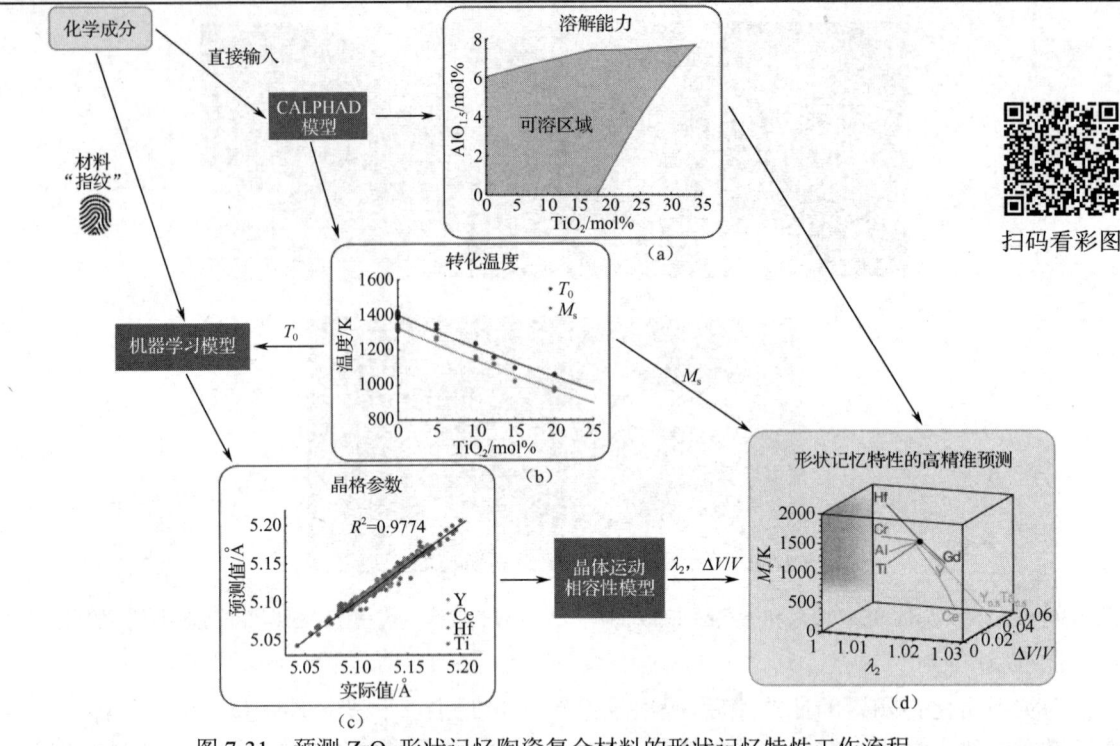

图 7-31　预测 ZrO_2 形状记忆陶瓷复合材料的形状记忆特性工作流程

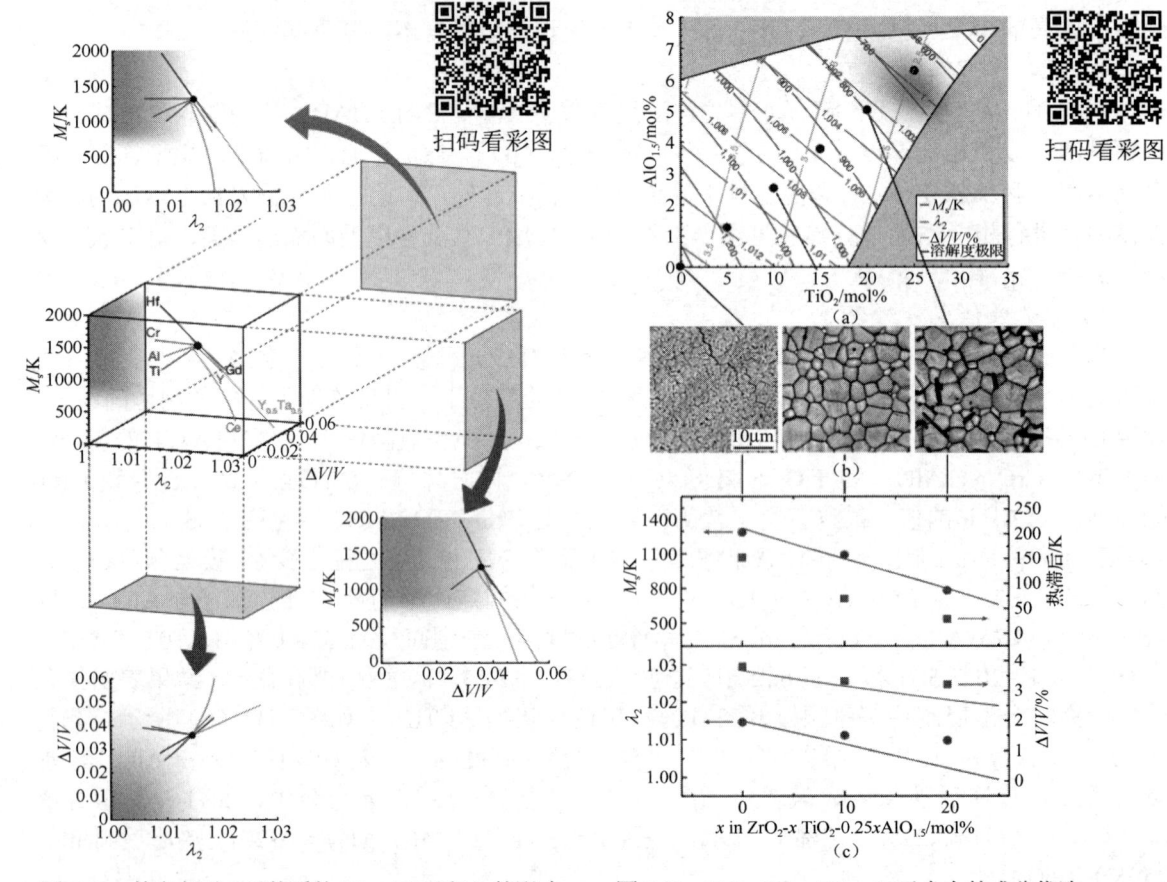

图 7-32　掺杂剂对二元体系的 M_s、$\Delta V/V$ 和 λ_2 的影响

图 7-33　ZrO_2-TiO_2-$AlO_{1.5}$ 三元合金的成分优选

在三元体系已取得良好结果的基础上进行第四元掺杂,如掺杂 HfO_2 和 $CrO_{1.5}$ 等。然而 HfO_2 抑制了 TiO_2 和 $AlO_{1.5}$ 的能力,因此被排除在外。另外,由于 TiO_2 和 $CrO_{1.5}$ 之间存在热力学协同作用,若将 $CrO_{1.5}$ 加入 ZrO_2-17TiO_2-3$AlO_{1.5}$ 体系中,可达 6mol% $CrO_{1.5}$ 的完全溶解度。

图 7-34 为二元、三元、四元 ZrO_2 陶瓷加热冷却循环时单斜相转化率曲线及其与形状记忆合金的热滞后比较。用原位 X 射线衍射法测定单斜相转化率。二元 ZrO_2 陶瓷显示出超过 150 K 的宽热滞后,如图 7-32(a)所示,相比之下,三元 ZrO_2 陶瓷的热滞后显著降低。最值得注意的是,四元 ZrO_2 陶瓷的热滞后极小,仅为 15 K。该值接近形状记忆合金的量级,且该材料具有超过 10% 的相变应变,如图 7-34(b)所示,改善热滞后不是通过减小相变应变来实现的,而是通过提高它们的相容性来实现的。

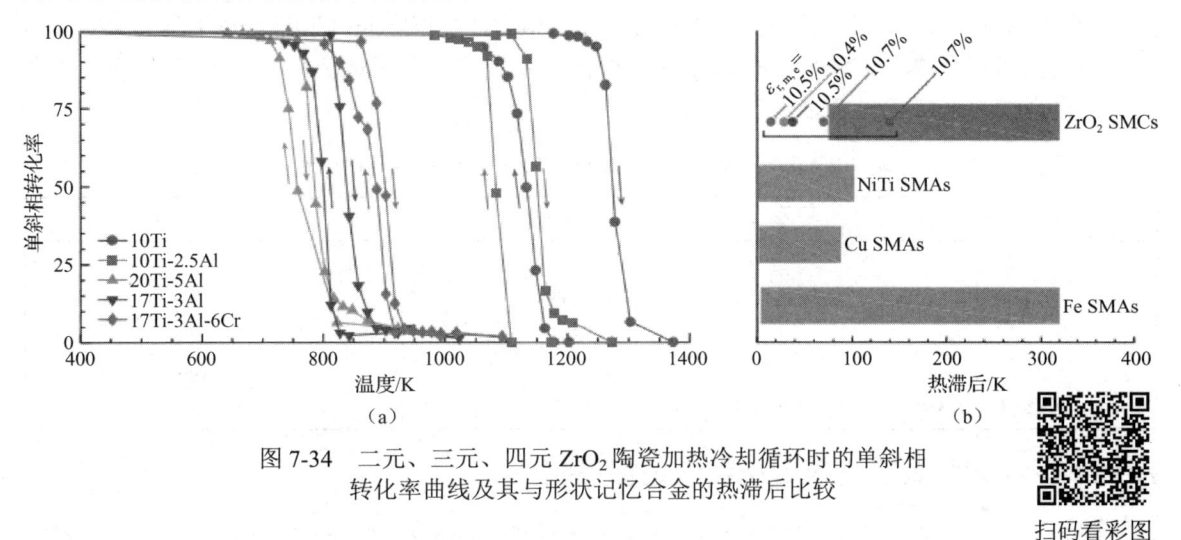

图 7-34 二元、三元、四元 ZrO_2 陶瓷加热冷却循环时的单斜相转化率曲线及其与形状记忆合金的热滞后比较

扫码看彩图

7.5 形状记忆聚合物复合材料

形状记忆聚合物能够感知环境变化(如温度、力、电磁、PH、离子和水等)的刺激,并响应这种变化,对其自身状态参数(如形状、位置、应变和应力等)进行调整,从而恢复到其预先设定的状态。与形状记忆合金、形状记忆陶瓷相比,形状记忆聚合物具有以下特点:①可恢复变形量大,响应温度便于调节,刺激响应方式丰富,材料属性(热固性、热塑性、热适性和水凝胶)多样化,形状记忆效应(双形、多形、双向可逆、温度记忆和应力记忆)种类多;②赋形容易和可降解,形状记忆恢复温度范围宽;③质量轻,易包装和运输;④加工容易,易制成结构复杂的异形品,能耗低;⑤价格便宜,仅是形状记忆合金的 1%;⑥耐腐蚀,电绝缘性和保温效果好。自 20 世纪 90 年代以来,形状记忆聚合物得到迅速发展及应用,并且在新型医疗设备、智能主动控制结构、电缆的续接与保护、空间可折叠结构等领域备受关注。

7.5.1 形状记忆聚合物复合材料的分类

形状记忆聚合物品种繁多,可按多种方式进行分类。

按激励方式的不同,形状记忆聚合物可分为热驱动形状记忆聚合物、电驱动形状记忆聚合物、光驱动形状记忆聚合物、磁驱动形状记忆聚合物和溶液驱动形状记忆聚合物等。按固定相结构可分为热固性（物理交联型）形状记忆聚合物和热塑性（化学交联型）形状记忆聚合物；根据形状记忆机制可分为固态形状记忆聚合物和高分子凝胶体系。目前国内外研究较多并且已得到广泛应用的形状记忆聚合物是热驱动形状记忆聚合物，主要有交联聚烯烃，包括交联聚乙烯和交联聚氯乙烯、形状记忆聚氨酯、聚降冰片烯（Polynor-bornene）、苯乙烯-丁二烯共聚物、聚氨酯（Polyurethane）、反式 1,4-聚异戊二烯（Trans-Polyisoprene）及苯乙烯-丁二烯共聚物（Styrene-Butadiene Copolymer）等，其中，聚降冰片烯是法国 CdF-Chimie 公司（现在的 ORKEM 公司）于 1984 年开发成功的、世界上首例具有形状记忆功能的聚合物，其玻璃化温度为 35℃，接近人体温度，室温下为硬质塑料，是一种可生物降解材料，可作为生物医学材料，适于制作人体用材料。其他品种的形状记忆聚合物还有聚烯烃（Polyolefin）、含氟树脂（Fluororesin）、聚乙酸内酯（Polyacetatelactone）及聚酰胺（Pdvamide）等多种。

形状记忆聚合物是一种与形状记忆合金相互补充的主要形状记忆材料。表 7-2 列出了形状记忆聚合物与形状记忆合金物理性能的比较。

表 7-2　形状记忆聚合物与形状记忆合金物理性能的比较

物 理 性 质	形状记忆聚合物	形状记忆合金
密度/kg·dm^{-3}	0.9～1.1	6～8
变形量/%	250～800	6～7
恢复温度/℃	25～90	-10～100
变形力/MPa	1～3	50～200
恢复应力/MPa	1～3	150～300

7.5.2　形状记忆聚合物复合材料的记忆机制

形状记忆聚合物复合材料的记忆机制即复合材料中的形状记忆聚合物的记忆机制。形状记忆聚合物可看成由固定相和可逆相组成的两相结构，固定相的作用是初始形状的记忆和恢复，可逆相的作用则保证可以改变形状，第二次变形和固定则是由可逆相来完成的。固定相可以是聚合物的交联结构、部分结晶结构、聚合物的玻璃态或分子链的缠绕等。可逆相则为产生结晶与结晶熔融可逆变化的部分结晶相，或发生玻璃态与橡胶态逆相变（玻璃化转变温度 T_g）的相。固定相和可逆相具有不同的软化温度。形状记忆聚合物可按其固定相的不同而分为两类：热塑性形状记忆聚合物和热固性形状记忆聚合物。热塑性形状记忆聚合物的固定相可以是聚合物的玻璃态、部分结晶结构或高分子链之间的缠结，热固性形状记忆聚合物结构。

形状记忆聚合物通常借助热刺激产生形状记忆，其形状记忆过程中的分子结构演变示意图如图 7-35 所示。具体机制可用聚降冰片烯为例说明，如图 7-36 所示。

聚降冰片烯平均相对分子质量达 300 万以上，玻璃化转变温度 T_g 为 35℃，其固定相为高分子链的缠结交联，以玻璃态为可逆相，在黏流态的高温下进行加工一次成型，分子链间的相互缠绕，使一次成型的形状固定下来。接着在低于黏流态转变温度 T_f、高于 T_g 的温度条件下施加外应力作用，分子链沿外应力方向取向而变形，并冷却至 T_g 点温度以下使可逆相硬化，强迫取向的分子链"冻结"，使二次成型的形状固定。二次成型的制品若再加热到 T_g 以上进行热刺激，可逆相熔融软化其分子链，解除取向，并在固定相的恢复应力作用下，逐渐达到热力学稳定状态，材料在宏观上表现为恢复到一次成型晶的形状。应该指出，不同的形状记忆聚合物，其固定相和可逆相各不相同，因而热刺激的温度也不相同，除通过热刺激方法产生形状记忆外，通过光照、通电或用化学物质处理等方法刺激也可产生形状记忆功能。

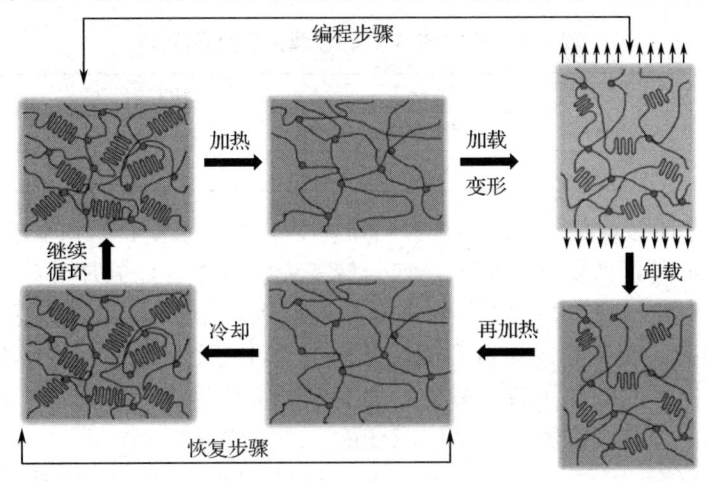

图 7-35 形状记忆聚合物在形状记忆过程中的分子结构演示意图

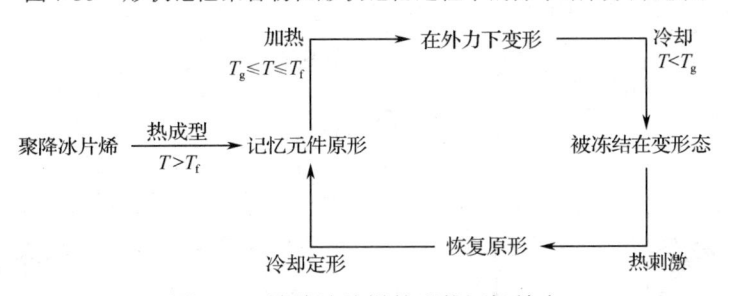

图 7-36 聚降冰片烯的形状记忆效应

7.5.3 常用的形状记忆聚合物复合材料

尽管形状记忆聚合物具有变形量大，变形加工方便，形状恢复温度易于调节，保温和绝缘性能好，易着色，不锈蚀，质轻和价廉等优异特性，但是仍存在明显的缺点，如力学强度和模量比较低，形状恢复应力比较小，刚性和硬度低，稳定性较差，易燃烧，耐热性差，易老化和使用寿命短。典型的 Ni-Ti 形状记忆合金的力学强度为 700~1000MPa（退火）或 1300~2000MPa（未退火），而形状记忆聚合物的力学强度仅为 5~10MPa。形状记忆合金的形状恢复应力可高达 800MPa，而形状记忆聚合物的形状恢复应力通常为百分之几 MPa 到几十 MPa。若在形状记忆聚合物中加入增强体材料，如纤维、颗粒等，制备成的形状记忆聚合物复合材料（Shape Memory Polymer Composites，SMPC）成本低、易加工、质量轻，具有广阔得应用前景。为此，根据增强体材料的种类不同，形状记忆聚合物复合材料可分为颗粒增强型、短纤维增强型、混杂增强型、连续纤维增强型等，但形状记忆行为的驱动因素仍然是热、光、电、电磁波等。形状记忆聚合物及其复合材料已成为智能复合材料研究的热门领域之一。

1. 热驱动型形状记忆聚合物复合材料

1）环氧树脂形状记忆聚合物复合材料

将树脂 Araldite LY556 双 4（2.3 环氧丙氧）苯基丙烷和硬化剂 Aradur HY951（三亚乙基四胺）按化学计量比 7.65∶1 的比例混合，在室温下的真空烘箱中脱气 15min，得到环氧树脂形状记忆聚合物。选择碳纤维、玻璃纤维与玄武岩纤维，使用手铺技术、室温下固化 24h 后再脱模制造三种 SMPC 片，每种包含 4 层纤维。三种 SMPC 的玻璃化转变温度如表 7-3 所示。

表 7-3 三种 SMPC 的玻璃化转变温度 T_g

玻璃化转变温度	SMP	SMPC		
		碳纤维	玻璃纤维	玄武岩纤维
T_g/℃	62.1	63.0	63.6	64.6

记忆过程由 5 个阶段组成。①加热阶段：升温至 T_g 以上，复合材料从玻璃态变成橡胶态，刚度降低。②加载阶段：当复合材料加热均匀转变为橡胶态后，施加外部载荷或力，直到设定的应变或形状。③冷却阶段：复合材料冷却温度远低于其玻璃化转变温度（T_g），并维持所施加的外部载荷。随着冷却，材料微观结构中的可逆交联冻结，将材料固定在其变形的形状。④卸载阶段：释放外部负载，卸荷后的变形形状称为临时形状。⑤恢复阶段：变形后材料加热回升至 T_g，使其交联释放存储的应变能，并开始恢复。

采用手动折叠 90°固定角（θ_{max}）的固化率（Fixity Ratio，R_f）和恢复率（Recovery Rate，R_r）来表征形状记忆特征和记忆性能：

$$R_f = \frac{L_2}{L_1} \times 100\% \tag{7-12}$$

$$R_r = \frac{D_2}{D_1} \times 100\% \tag{7-13}$$

式中，D_1、D_2、L_1、L_2 分别表示初始高度、最终高度、变形和固定的变形，如图 7-37 所示。

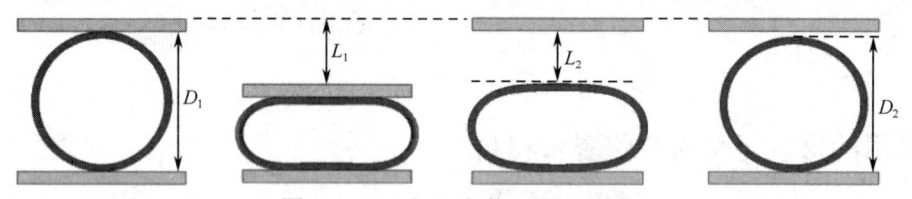

图 7-37 R_f 和 R_r 参数评价示意图

图 7-38 为玄武岩纤维、玻璃纤维和碳纤维增强 DGEBA（Diglycidyl Ether of Bisphenol A，双酚 A 型环氧树脂）SMPC 从开始（0s）到 60s 再到 120s 两阶段的形状恢复过程。表 7-4 为 SMPC 样品的固化率和恢复率。玄武岩纤维 SMPC 和玻璃纤维 SMPC 表现出优良的形状固定性，R_f 值分别为 94.6%和 96.0%。然而，碳纤维 SMPC 由于刚度高，加载过程中的弹簧恢复效应显著，R_f 值为 92.9%。在恢复过程中，碳纤维 SMPC 仅在 180s 内恢复其形状，恢复速率最高。与玻璃纤维 SMPC 相比，玄武岩纤维 SMPC 最初的恢复速率较慢。然而，在 40s 后，玄武岩纤维 SMPC 快速恢复，几乎在 200s 完成恢复，而玻璃纤维 SMPC 最长时间为 220s（见图 7-39）。所有 SMPC 都显示出良好的形状记忆，恢复率达 96%~97%。

表 7-4 SMPC 样品的固化率和恢复率

SMPC	R_f/%	R_r/%			
		初始	60s 后	120s 后	最终
玄武岩纤维	94.6	5.4	27.7	71.4	96.1
碳纤维	92.9	7.1	66.0	94.6	96.4
玻璃纤维	96.0	4.0	30.6	69.0	96.8

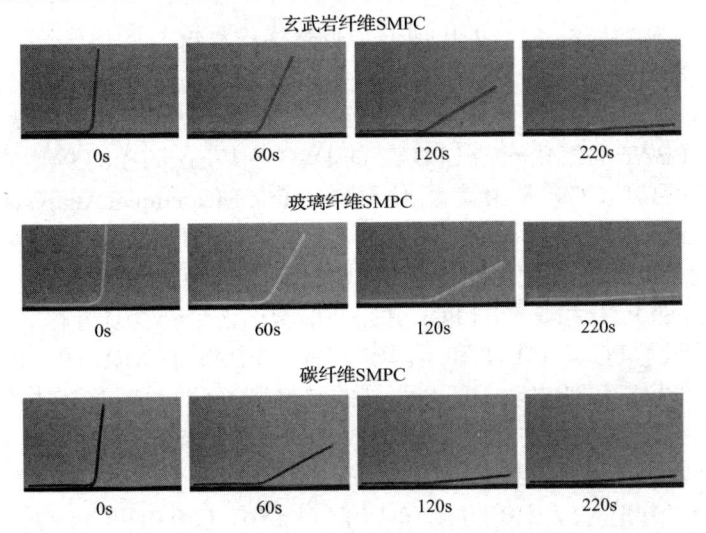

图 7-38　加热时玄武岩纤维 SMPC、玻璃纤维 SMPC 和碳纤维 SMPC 的恢复过程

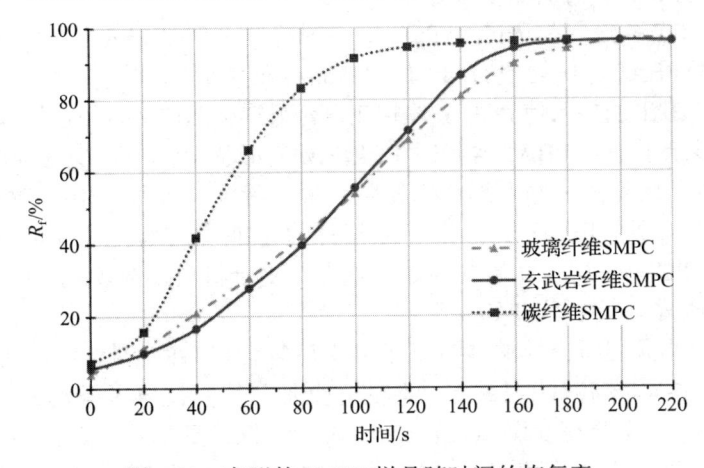

图 7-39　变形的 SMPC 样品随时间的恢复率

2）PCL/PBAT 形状记忆聚合物复合材料

将聚己内酯（Polycaprolactone，PCL）和聚邻苯二酸丁酯-对苯二甲酸共丁酯（Poly Butyleneadipate-co-Terephthalate，PBAT）分别在 45℃和 60℃的烘箱中干燥 12h。分别将 PCL 与 PBAT 按 7∶3、6∶4、5∶5 和 4∶6 的比例预混，145℃下熔化并保温 15min。为确保压样均匀性和无气泡，在 145℃下进行两次热压成型，如图 7-40 所示。

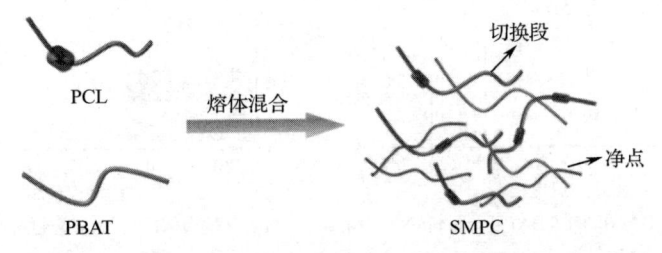

图 7-40　PCL/PBAT 形状记忆聚合物复合材料的形成示意图

形状记忆聚合物的基本特征参数是形状转变的开关温度（T_{trans}）。由图 7-41（a）所示的

DSC 曲线可知，复合材料在约 57℃处出现一个吸热峰，为 PCL 的熔化峰。在 PCL/PBAT 混合体系中，PCL 作为开关段，其熔化温度（T_{m-PCL}）决定了 T_{trans}。为确保形状记忆行为的发生，一般以 T_{m-PCL}+3℃，即 60℃作为 T_{trans} 测试复合材料的形状记忆性能的温度。此外，在 127.99℃处的峰值对应于 PBAT 的熔化峰。在 PBAT 的 DSC 冷却曲线中，87.94℃峰为其晶化转变峰。PBAT 的玻璃化转变温度（T_g）是由其 DMA（Dynamic Mechanical Analysis）曲线估算得到。

对不同配比的 PCL/PBAT 形状记忆聚合物复合材料，其形状记忆性能如图 7-41（b）所示，可见在 PCL 含量为 70wt%时固化率达到 98%以上。对于形状记忆聚合物，晶体相引起形状固定，这表明高结晶度的 PCL 相是影响 PCL/PBAT 形状记忆聚合物复合材料固化率 R_f 的关键变量。图 7-41（c）显示了 PCL、PBAT 和不同配比 PCL/PBAT 的 XRD 图。纯 PCL 在 2θ 值分别为 21.3°和 23.6°的布拉格角处出现了两个强烈的结晶峰，分别对应于衍射晶面(1 1 0)和(2 0 0)。PCL 的结晶链段作为聚合物网络的重要组成部分，在 T_m 以下结晶，良好的结晶度提高了固化率。因此，以 PCL 为基体的复合材料具有较高的固化率。PBAT 在 15.8°、17.1°、20.1°、22.8°和 24.6°处均有衍射峰，分别对应于(0 1 1)、(0 1 0)、(1 1 0)、(1 0 0)和(1 1 1)的晶面，表现为低强度和宽衍射峰，说明 PBAT 的结晶度较低。

此外，加入 PABT 并没有显著改变 PCL 的衍射峰，说明 PBAT 含量的改变并不影响 PCL 的晶格取向。但随着 PBAT 比例的增加，PCL 的结晶峰强度降低，复合材料中 PCL 相的结晶度呈下降趋势。这表明 PBAT 的加入使 PCL 晶体相在复合材料中的比例减小，导致固化率降低。

图 7-41（d）显示了不同 PBAT 含量时 PCL/PBAT 形状记忆聚合物复合材料的恢复率。当 PCL/PBAT=6∶4 时，恢复率最好。形状恢复是一种能量释放过程。由于 PABT 的晶化温度为 87.94℃，说明在 T_{trans} 处，PBAT 的弹性非晶相释放了能量。恢复过程可分为两种状态，如图 7-41（e）所示。PCL 在 T_{trans} 处转变为黏性状态，复合材料逐渐软化。同时，PBAT 中的弹性非晶相部分释放能量，使形状开始恢复。

然而，PBAT 的非晶相所释放的能量不足以支持复合材料的形状恢复。同时，PCL 的晶体链段在加热过程中收缩，熵弹性为复合材料的完全形状恢复提供了驱动力。由于熔点较高，PBAT 与 PCL 形成了一个物理交联点，在 T_{trans} 时，保持了形状的稳定性。PBAT 中的非晶相在恢复过程中起着协同作用。但随着 PBAT 含量的增加，复合材料的恢复率逐渐降低。当温度达到 T_{trans} 时，复合材料释放的能量逐渐减少，不足以维持所需的形状恢复状态，导致复合材料的恢复率下降。

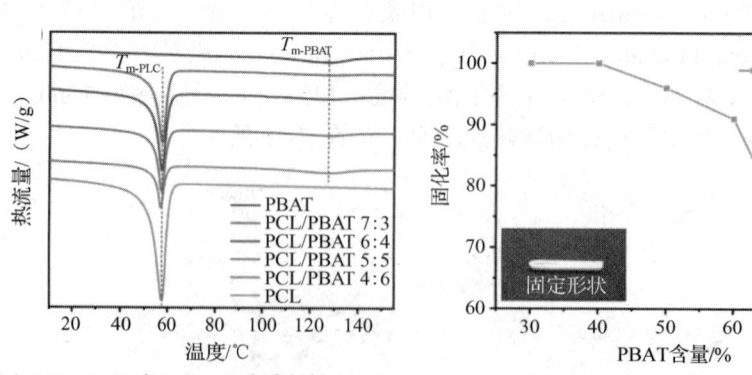

(a) PCL、PBAT 和 PCL/PBAT 复合材料的 DSC 曲线　　(b) 不同 PBAT 含量时复合材料的形状固化

图 7-41　PCL/PBAT 形状记忆聚合物复合材料的形状记忆性能

(c) PCL、PBAT和不同配比PCL/PBAT的XRD图　(d) 不同PBAT含量时复合材料的恢复率

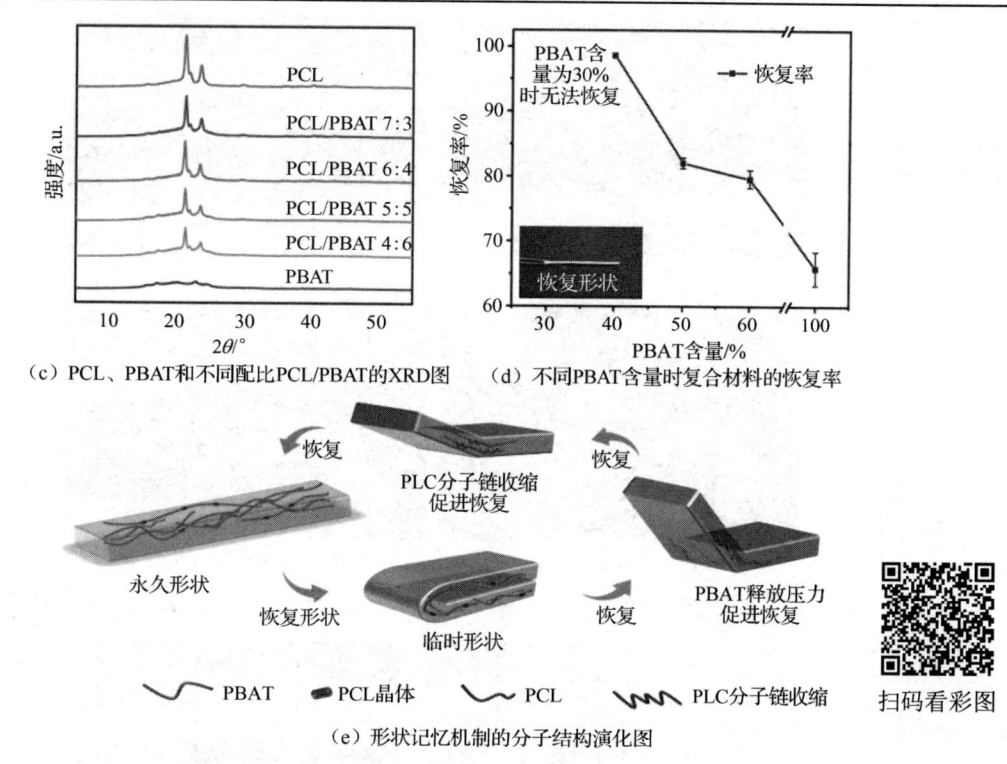

(e) 形状记忆机制的分子结构演化图

图 7-41　PCL/PBAT 形状记忆聚合物复合材料的形状记忆性能（续）

2. 光驱动型聚多巴胺（Polydopamine，PDA）/水性环氧树脂（Water-Borne Epoxy，WEP）形状记忆聚合物复合材料

聚多巴胺具有良好的光热效应，将其置入聚合物水性环氧树脂基体中，同时利用 NIR（近红外光谱分析技术）可使复合材料形状恢复。图 7-42 为不同 PDA 含量时 PDA/WEP 形状记忆聚合物复合材料的断面 SEM 照片。PDA/WEP 形状记忆聚合物复合材料具有更为粗糙的断裂表面，粗糙部分意味着材料在抵抗损伤过程中吸收更了多能量，具有更高的机械强度。

将不同 PDA 含量的 PDA/WEP 形状记忆聚合物复合材料（30mm×3mm×0.4mm）样条高温折叠并赋形，如图 7-43 所示，并用近红外光自上而下照射样品弯折点来研究不同 PDA 含量对样品形状恢复时间的影响。从图 7-43 可以清楚地观察到，当 PDA 含量为 0.1wt%时，形状恢复在 13s 内完成，随着 PDA 含量的增加，形状恢复的时间逐渐缩短，在 PDA 含量为 1.0wt%时，样品仅需 6s 即可恢复到其原始的直线形。形状记忆的本质是熵的变化，从分子结构层面分析，当聚合物处于低温环境时，交联点间的分子链无规排布，且聚合物的链段被冻结，此时体系的熵值最高，表现为刚性塑料；当温度升高到聚合物的转变温度以上时，分子链的活性增加具备运动能力，分子链在外力的作用下沿力的方向择优排列，体系的熵值低；当温度降低到聚合物的转变温度以下时，聚合物的分子链被冻住形成临时形状，再次将温度升高到聚合物的转变温度以上时，分子链自发地恢复到体系熵值最大的初始形状。

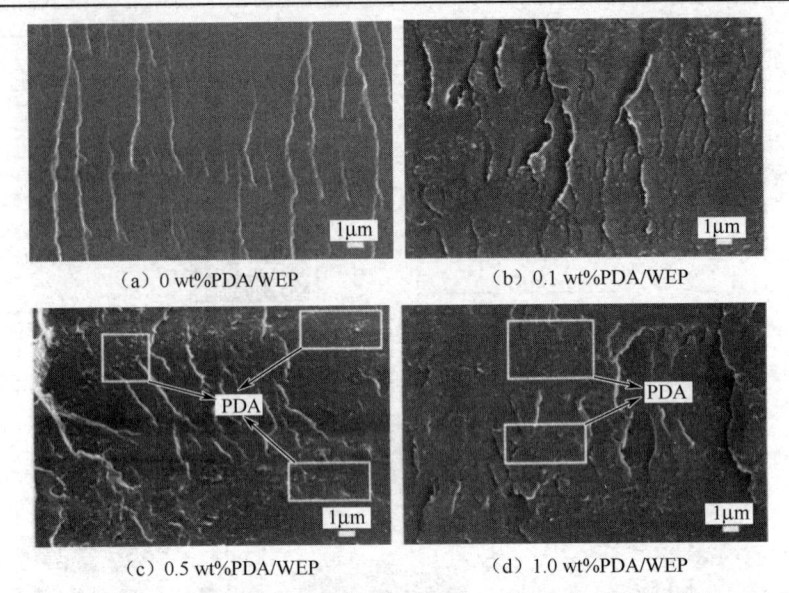

(a) 0 wt%PDA/WEP
(b) 0.1 wt%PDA/WEP
(c) 0.5 wt%PDA/WEP
(d) 1.0 wt%PDA/WEP

图 7-42　不同 PDA 含量时 PDA/WEP 形状记忆聚合物复合材料的断面 SEM 照片

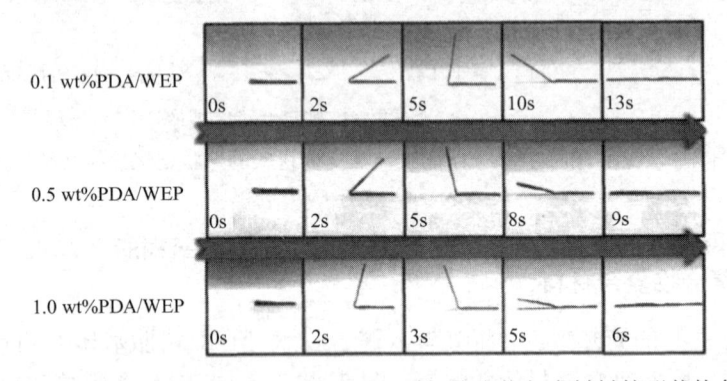

图 7-43　不同 PDA 含量的 PDA/WEP 形状记忆聚合物复合材料的形状恢复时间

3. 电驱动型 LM-SMP、PI/LM-SMP 复合材料

在聚合物基体中引入导电填料，如碳纳米管（CNT）、碳纳米纤维（CNF）、石墨烯（GN）和炭黑（CB）等，创建一个有效的导电路径，然后施加电压，导电填料成为热源，并将热能传递到聚合物基体中，使 SMP 的温度升高。当温度达到转变温度时，触发 SMP 产生形状记忆效应。

由于导电材料大多是脆性填料，并易在聚合物基体中聚集。大量的填料还会快速增加聚合物的弹性模量，从而限制了复合材料的形状恢复能力。为此人们在 SMP 中加入了固态金属（如镍颗粒等）或液态金属（如镓锌合金等），以提高电导率。

液态金属（Liquid Metal，LM）是一种具有低熔点的合金，在室温下可以形成液体。将液态金属填充到 SMP 中可以产生柔软的、可拉伸的形状记忆聚合物复合材料，从而促进其形状的恢复。此外，由于液态金属的高导电性，形状记忆聚合物复合材料可以在极低的电压下进行电驱动实现形状记忆效应。

将液态镓锌合金填充至聚己内酯（PCL）中制成 LM-SMP 复合材料，过程如图 7-44 所示。镓锌合金熔点为 25℃，在室温下可直接与聚己内酯（PCL）混合。镓锌合金的流动性也使

LM-SMP 薄膜具有突出的变形能力，可以弯曲和折叠。沿拉伸方向，LM-SMP 薄膜的电阻迅速下降。

(a) LM-SMP薄膜的制作工艺示意图

(b) LM-SMP薄膜

(c) 薄膜被折叠成的天鹅

(d) LM-SMP-50%表面的SEM照片

(e) LM-SMP-50%在被压缩前

(f) LM-SMP-50%在1MPa压力下压缩5s后的表面形貌，无液态金属泄漏

(g) LM-SMP-50%横截面SEM照片

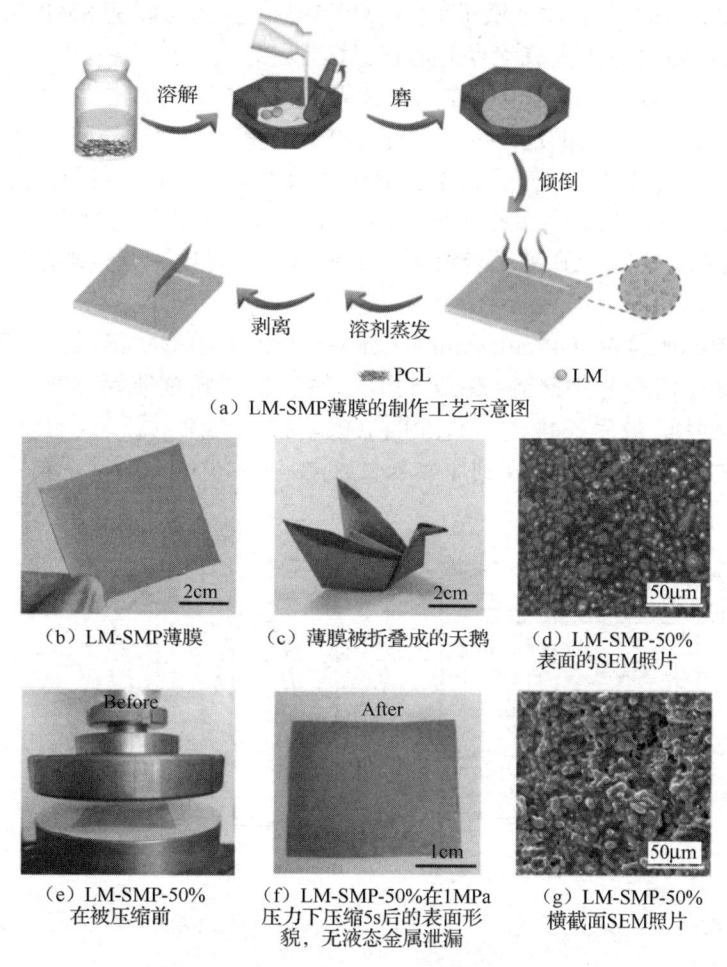

图 7-44 LM-SMP 薄膜的制备工艺和形貌

PCL 是一种典型的形状记忆聚合物。将 LM 填充到 PCL 后，得到的 LM-SMP 薄膜（复合膜）保持了形状记忆性能。LM-SMP 薄膜的形状记忆行为是基于 PCL 的结晶而实现的。图 7-45 (a) 为纯 PCL 膜和 LM-SMP 薄膜的结晶和熔化行为的 DSC 曲线。纯 PCL 膜和 LM-SMP 薄膜的熔化温度约为 61℃，结晶度约为 64%。LM-SMP 薄膜的结晶温度（28℃）略高于纯 PCL 膜（25℃）。这一现象表明，虽然结晶较困难，但加入 LM 后，PCL 的结晶几乎不受影响。由于 LM 具有过冷效应，在图 7-45 (a) 中没有出现 LM 的峰值。当最低测试温度从 0℃调整到-20℃时，LM 的吸热峰出现在 28℃左右。然而 CNT-SMP 的熔化温度降低到 58℃左右，结晶温度上升到 40℃左右，结晶度为 43%，远低于纯 PCL（64%），说明由于碳纳米管的长宽比较大，与基体 PCL 的相互作用较强，刚性碳纳米管限制了分子链的迁移，阻碍了 PCL 的结晶。这表明，LM-SMP 薄膜可以更好地维持 PCL 分子链的迁移和结晶能力，从而保持形状记忆性能。

图 7-45 (b) 为动态热机械分析记录的 LM-SMP-50%的形状记忆过程。图中 ε_m 和 ε_u 分别代表在 55℃和 5℃加载时的应变。将样品加热到 55℃并保持 5min，进行单轴拉伸样品，应力为 1.7MPa，拉伸时间为 17min，得到的瞬时应变 ε_m 为 230%，然后保持拉伸状态冷却到 5℃，

固定其形状。再将样品重新加热到55℃，同时去除载荷形状恢复，固化率为95%，恢复率为99%，具有良好的形状记忆效果。相同条件下CNT-SMP-50%相的恢复率为99%，固化率仅为82%，且最高ε_m仅为10%左右，远低于LM-SMP-50%。因而与碳基SMP相比，LM-SMP具有较高形状固化率和恢复率，具有优异的形状记忆性能。

如图7-45（c）所示，PCL晶体段作为开关阈，PCL非晶体段作为骨架。将LM-SMP薄膜加热到高温可以增加分子链的迁移率，且开关域具有高的弹性。外部应力使薄膜容易变形，并导致聚合物链具有取向性。大分子构象的变化伴随着熵的变化，使材料处于高能状态。当冷却到结晶温度时，LM-SMP薄膜分子链开始结晶。当在薄膜上施加外部电压时，通过焦耳加热激活，从而驱动分子链回到最低能状态，恢复形状。同时，所得到的LM-SMP薄膜具有良好的高电导率（10Ω）。

矩形LM-SMP-50%样品（45mm×5mm×5mm×0.4mm）的形状记忆性能测试是在外部2V直流下进行的。首先将样品加热到T_{high}=55℃，然后将薄膜拉伸到50%的应变，再冷却到T_{low}=20℃以固定形状。最后，将样品通过铜电极连接到直流电源上。由于焦耳加热效应，50%的薄膜被有效加热，18s后恢复到原始长度，如图7-45（d）所示，表明电触发形状记忆性能十分出色。

(a) DSC曲线

(b) DMA记录的LM-SMP-50%的形状记忆过程

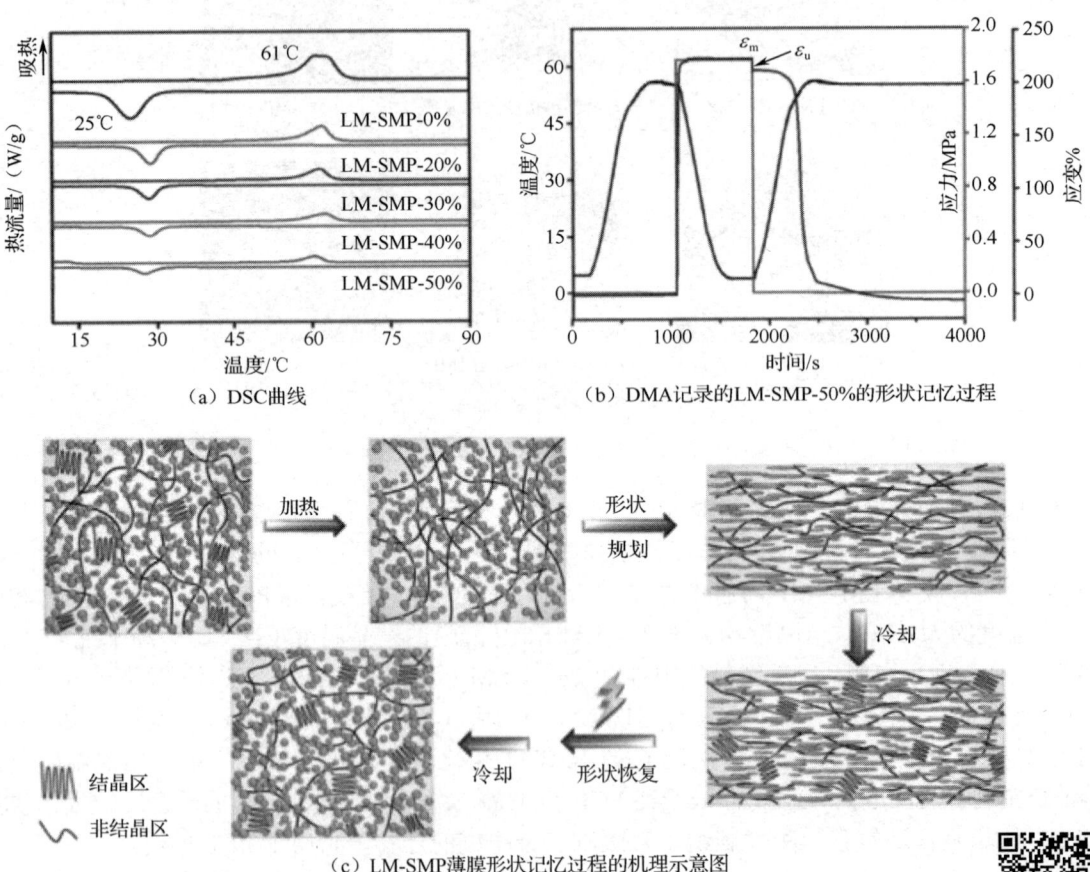

(c) LM-SMP薄膜形状记忆过程的机理示意图

图7-45 LM-SMP薄膜的形状记忆性能

扫码看彩图

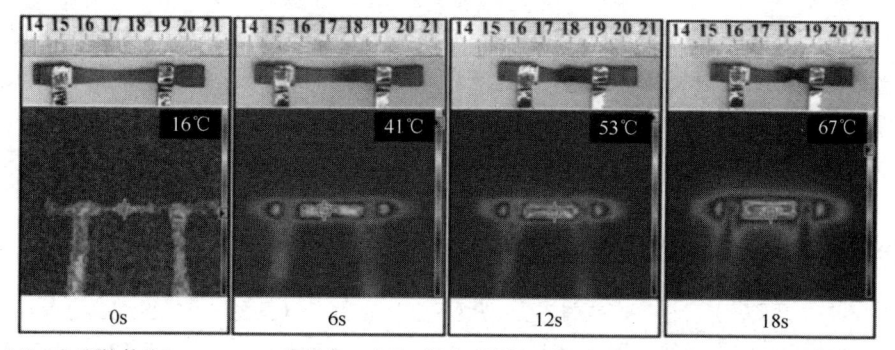

(d) 50%预拉伸的LM-SMP-50%薄膜在2V直流下恢复到原始形状,在18s内完成,显示形状记忆过程

图 7-45　LM-SMP 薄膜的形状记忆性能（续）

　　LM-SMP 薄膜具有良好的形状记忆性能,可利用它设计出一种能够实现可逆驱动的电驱动器。将聚酰亚胺（PI）黏附在 LM-SMP-50%薄膜上,构建 PI 和 LM-SMP 双层结构的复合材料,以实现在低电压下的可逆驱动。首先,通过熔铸法得到扁平的 LM-SMP-50%薄膜。然后,将 LM-SMP 薄膜在 55℃下弯曲成拱形。冷却到室温,保持拱形的形状并固定。再将聚酰亚胺粘贴在拱形的 LM-SMP-50%薄膜上,得到了弯曲的 PI/LM-SMP 复合材料。PI/LM-SMP 复合材料的驱动机理如图 7-46（a）所示。PI/LM-SMP 复合材料的形状在初始状态下呈拱形。LM-SMP 薄膜中的分子链包括晶体段和非晶段。当对 PI/LM-SMP 形状记忆聚合物复合材料施加外部电压时,在焦耳加热的作用下,LM-SMP-50%薄膜的温度升高,PCL 的分子链变得无序。同时,由于 PI 与 LM-SMP-50%薄膜具有良好接触,所产生的热量可以有效地转移到 PI 层,当温度上升到转化温度时,LM-SMP-50%薄膜从临时拱形恢复到初始的平坦形状,PI/LM-SMP 复合材料变得平坦。然后,去除施加的电压,快速将 PI/LM-SMP 复合材料冷却,随着温度的降低,PCL 的分子链开始结晶。

　　PCL 基体的热膨胀系数为 $17×10^{-5}K^{-1}$。镓和锌在室温下的热膨胀系数分别为 $2.1×10^{-5}K^{-1}$ 和 $3.6×10^{-5}K^{-1}$。由于镓和锌在液态金属中的质量分数分别为 95%和 5%,因此镓的热膨胀系数可以近似地用作液态合金的热膨胀系数。可以通过：$\alpha_{composite}=\alpha_{PCL}V_{PCL}+\alpha_{LM}V_{LM}$,计算 LM-SMP-50%薄膜的热膨胀系数,其中,α_{PCL} 和 α_{LM} 分别为 PCL 和 LM 的热膨胀系数,V_{PCL} 和 V_{LM} 为复合膜中相应的体积分数。计算得 $\alpha_{composite}=9.6×10^{-5}K^{-1}$。这两层在散热过程中都发生体积收缩。然而,由于热膨胀系数的差异（LM-SMP-50%薄膜的热膨胀系数为 PI 的 3.4 倍）,上层 LM-SMP-50%薄膜有更大程度的收缩,复合材料的两端提升并卷曲到最初的拱形状态。图 7-46（b）显示了双层 PI/LM-SMP 复合材料在此过程中的形状变化。当施加电压为 2.5 V 时,它在 40s 内由弯曲变形为平直形。然后,去除电压后逐渐恢复到拱形,完全可逆过程花费了大约 130s,表明 PI/LM-SMP 复合材料具有快速响应功能。

4. 电磁波驱动型碳基铁颗粒/PDMS 形状记忆聚合物复合材料

　　电磁波驱动型形状记忆聚合物是在形状记忆聚合物中加入磁性粒子（铁氧体、碳基铁颗粒等）,通过交流磁场的作用诱导磁性粒子产生热量从而实现热诱导相变的聚合物。

　　将碳基铁颗粒引入聚二甲基硅氧烷（Poly Dimethylsiloxanes, PDMS）聚合物,制备具有磁性的超疏水微阵列表面。如图 7-47 所示,在外加磁场作用下,聚合物的硬度增加,微阵列处于直立状态,接触角（Contact Angle, CA）和滚动角（Scroll Angle, SA）的值分别为 150.9°和 8°。另外,去除磁场后,PDMS 的硬度下降,片层进入坍塌状态,CA 和 SA 的值分别变为 105.6°和 180°。通过改变磁场强度，可以调节 SMP 表面的疏水性和附着力。超疏水 SMP 的磁驱动激活可用于控制特定磁场条件下无破坏性液滴的传输和收集，并通过改变磁场方向来调节颜色转变。

（a）PI/LM-SMP复合材料的驱动机理

（b）PI/LM-SMP复合材料的可逆驱动过程

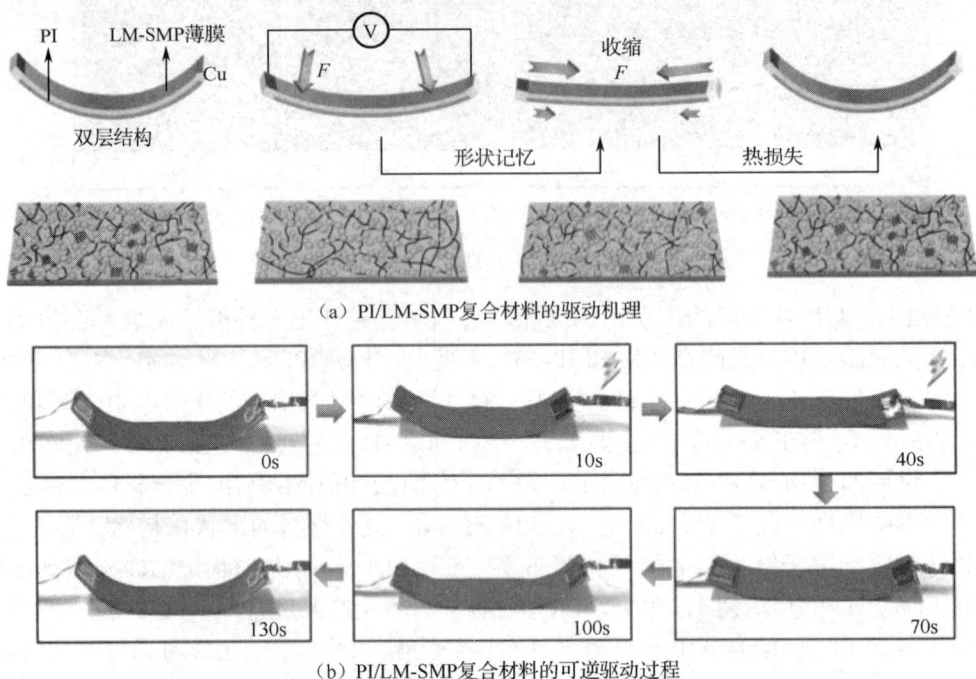

图 7-46　PI/LM-SMP 复合材料的驱动机理和可逆驱动过程

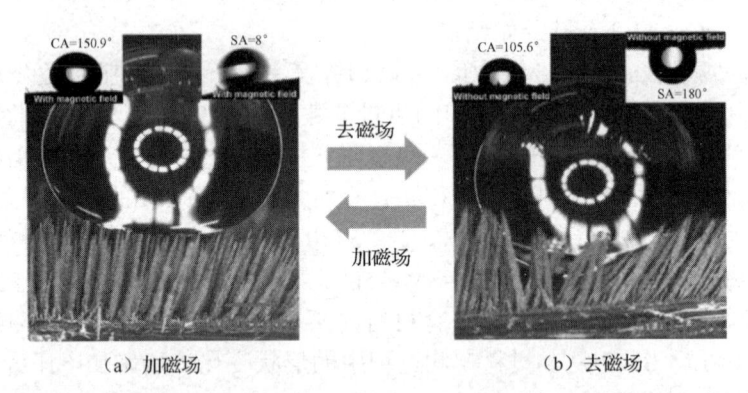

（a）加磁场　　　　（b）去磁场

图 7-47　碳基铁颗粒/PDMS 形状记忆聚合物复合材料表面的光学显微照片

5. 溶液驱动型形状记忆聚合物复合材料

溶液中的溶质可以激活超疏水的形状记忆聚合物复合材料。将运用模板法制备的分层柱状结构超疏水聚氨酯（h-PU）层和溶胶-凝胶法制备的聚氨酯-纤维素（PU-C）层粘贴，得到超疏水 h-PU/PU-C 复合膜。研究发现，薄膜在拉伸后失去了超疏水性；然而，在水中浸泡后，薄膜的形状和超疏水性能得到恢复。

复合膜的表面被层状结构的柱所覆盖，如图 7-48（a）所示，使薄膜具有超疏水性。拉伸后，复合材料表面相邻柱之间的间距显著增加，薄膜失去了超疏水性。然而，当薄膜在水中浸泡仅 3min 时，其表面的柱子恢复了初始状态，使薄膜恢复了超疏水性。图 7-48（b）为复合膜的形状记忆机制示意图。干燥的 PU-C 膜在氢键作用下形成了由可渗透性纳米纤维素组成的刚性网络结构，被吸收的水分子和纤维素在薄膜湿润后形成氢键，软化的薄膜可以被拉伸成不同的形状。干燥后，薄膜重新建立了一个新的刚性网络结构，从而阻止了 h-PU 基体恢复其弹性，并保持了被拉伸薄膜的临时状态。在薄膜被重新润湿后，涂层纤维素的透水网络结构被破坏，薄膜软化。由于聚氨酯弹性高，薄膜恢复到了初始状态，经过再干燥后，恢复了薄膜表面的微观结构，从而恢复了薄膜的粗糙度和超疏水性。

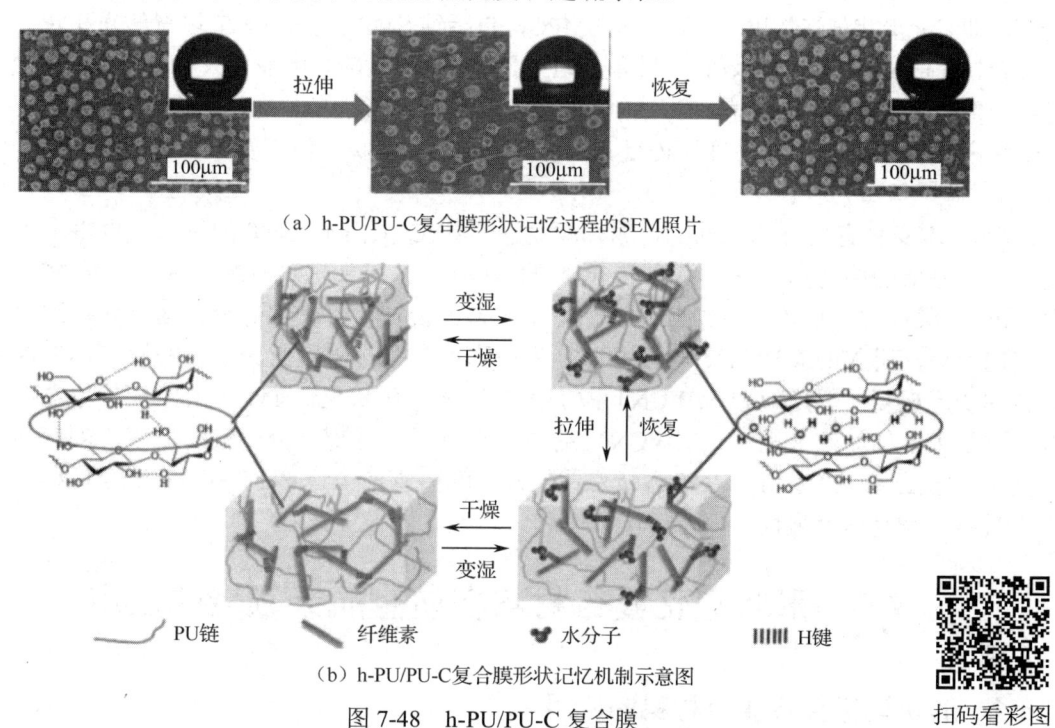

（a）h-PU/PU-C 复合膜形状记忆过程的 SEM 照片

（b）h-PU/PU-C 复合膜形状记忆机制示意图

图 7-48　h-PU/PU-C 复合膜

6. 碳纳米管形状记忆聚合物复合材料不同驱动时的形状记忆性能

在电、光、热和电磁波等不同驱动诱导下，碳纳米管形状记忆聚合物复合材料的记忆性能不同，碳纳米管在不同诱导机制中的作用也有变化。

1）电驱动型

聚氨酯（PU）是最常用的热致型形状记忆聚合物复合材料之一。将碳纳米管（CNT）填充到复合材料，PU 可以在电诱导下呈现形状记忆功能。加入 5%（质量分数）的多壁碳纳米管（MWCNT）可使变形后的 PU 在 40V 电压下 10s 内恢复到原状。在 PU 中添加聚吡咯包覆的 MWCNT，MWCNT 和聚吡咯的共同作用大大增强了 PU 材料的导电性，在 25V 的电压下，形状恢复率可达到 90%～95%。

2）光驱动型

未添加 CNT 的热塑性弹性体被拉伸后，在远红外光的照射下，变形并没有恢复，仍保持弯曲状态；而含有 1wt%CNT 的复合材料变形达到 300%之后依然可以在红外照射下完全恢复。CNT 形状记忆热塑性聚氨酯（TPU）复合材料在光致热效应作用下还可用于能量存储，实验发现纯 TPU 的形状记忆性能并不是很突出，但加入 2.91vol%CNT 就能将形状记忆 TPU 的恢复应力提高 2 个数量级。这是由于 CNT 吸收光能量后使复合材料温度升高，熔化聚合物柔性部分的微晶，使系统恢复到原始状态。因此，CNT 的引入使形状记忆 TPU 具有光驱动响应，并且恢复应力也得到很大提高。

3）电磁波驱动型

大部分 SMPC 只能在一种暂时的形态和永久形态之间循环，这就是双元的形状记忆效应。这是因为此类聚合物只有一个形状记忆转变点，如玻璃化转变、熔点转变等。但如果加上一种化学或者物理条件来限制其形状记忆转变，那么 SMP 就可以在两种暂时的形态和一种持久的形态间转变，即三元形状记忆作用。一种三元 SMPC，包括纯 SMP 部分、CNT 填充部分及 Fe。当将样品放置在 13.56MHz 的射频场时，只有 SMP/CNT 部分有响应，因而也只有该部分可实现变形恢复；当将射频频率调至 296kHz 时，SMP/Fe 部分可吸收射频能量，此段部分产生形状记忆；最后在烘箱中加热，纯 SMP 部分变形恢复。通过控制驱动可实现三种变形。

4）热驱动型

CNT 本身也有良好的热性能，原热驱动型 SMPC 中由于 CNT 的引入，也带来了其驱动过程中一些新的性能和现象。填充 2.5wt%的 MWCNT 可加速聚氨酯（PU）聚合物的变形恢复。PU 的柔性部分模量低，当应变增加时，应力就会转移到硬性部分，这将导致硬性部分分子链的滑移，引入的 MWCNT 与硬性部分形成物理交联，限制其分子链的滑移，促进了复合材料的变形恢复。但是随着 MWCNT 添加量的增加，形状记忆 PU 材料的加热熔融温度会降低，这是由于结晶部分减少，MWCNT 的加入限制了柔性部分分子链的规整排列运动，从而降低了其结晶率。通过 MWCNT 含量对比实验，可知填充 2.5wt%MWCNT 复合材料的变形恢复率最高，恢复速度最快。

7.6 形状记忆复合材料在航空航天领域的应用

7.6.1 形状记忆合金复合材料的应用

形状记忆合金复合材料在航空（如飞机）上的应用已比较普遍，如图 7-49 所示。

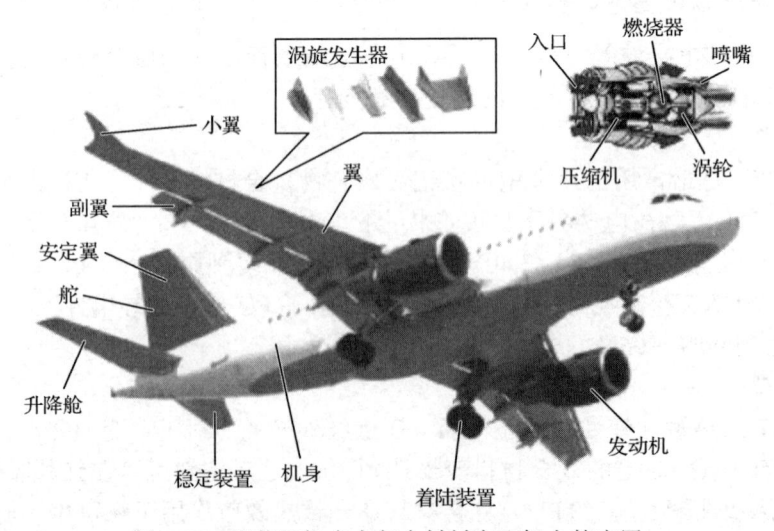

图 7-49 形状记忆合金复合材料在飞机上的应用

7.6.2 形状记忆陶瓷复合材料的应用

形状记忆陶瓷复合材料可以应用在飞机、卫星、宇航器等航空航天器件中，也可用于空间光学望远镜，如哈勃望远镜、日冕仪等的自适应调整上，如调节器、陀螺仪等。形状记忆陶瓷复合材料可以根据需要进行形状的变化和调整，增强器件的稳定性和可靠性。此外形状记忆陶瓷复合材料还有望用作能量储存执行元件。

美国和新加坡科学家们在《科学》杂志上发布其制造出了可以弯曲并兼具形状记忆效应的一种氧化锆新型陶瓷。首先，通过制备小尺度的颗粒或纤维陶瓷，使单个晶粒跨越整个结构，减少晶界，如直径仅为1μm的陶瓷纤维，其7%～8%能被弯曲而不破碎，兼具金属和陶瓷的优点，有望用来制造微米和纳米设备，还可用于航空航天领域的燃料电池，其柔性可增强其抗破坏能力。形状记忆陶瓷可作为增强体强化金属、高分子等，形成金属或高分子形状记忆复合材料，此复合材料兼具增强体和基体的双重功能。

7.6.3 形状记忆聚合物复合材料的应用

1. 可展开铰链

科学家们研制的形状记忆聚合物基可展开柔性太阳能电池系统（SMPC-FSAS）搭载实践二十号卫星，实现了形状记忆聚合物柔性太阳能电池的在轨可控解锁和展开。此形状记忆复合材料结构的可展开柔性太阳能电池系统主要包括形状记忆复合材料锁紧释放机构、形状记忆复合材料可展开梁和柔性太阳能薄膜电池。在卫星发射过程中，形状记忆复合材料锁紧释放机构高刚度锁紧；入轨后，完成在轨稳定、无冲击的解锁；展开过程中，通过形状记忆复合材料可展开梁的可控伸展驱动柔性太阳能薄膜电池展开；展开后，形状记忆复合材料梁结构的刚度恢复到与常规复合材料结构相当的水平，提供高刚度承载功能。该形状记忆复合材料系统结构简单，解锁和展开过程几乎无冲击，展开时间和过程可控，展开后结构的刚度较高（见图7-50）。

2. 可展开天线

图7-51为NASA开发的一种直径35m、工作频率为35GHz的新型卫星天线，由于其展开过程像花瓣打开，因此被称为"太阳花"天线。它是基于形状记忆聚合物复合材料驱动的空间可展开天线，可实现在特定激励条件下空间结构的自驱动展开。

解锁和展开过程几乎无冲击，展开时间和过程可控，展开后结构的刚度较高且无须额外附加设备维持。形状记忆聚合物复合材料驱动的空间可展开结构具备质量轻、柔韧性好、收纳比高、结构简单等优点。

3. 可展开桁架

可展开桁架是一种重要的空间支撑结构，在航天领域有着广泛应用。图7-52为微型卫星重力梯度杆，该重力梯度杆由中央套管和三个环绕中央套管的呈120°分布的弹性记忆复合材料层合板构成。在折叠状态下，三个纵向的弹性记忆复合材料层合板以"S"形状折叠收拢，加热膜通电，弹性记忆复合材料层合板恢复到平直状态，从而带动重力梯度杆展开，该重力梯度杆成功实现了在轨展开，伸展长度为3.3m，可调节星体指向地球的Z方向稳定。

(a) 实践二十号卫星全图

(b) 安装在东甲板的 SMPC-FSAS

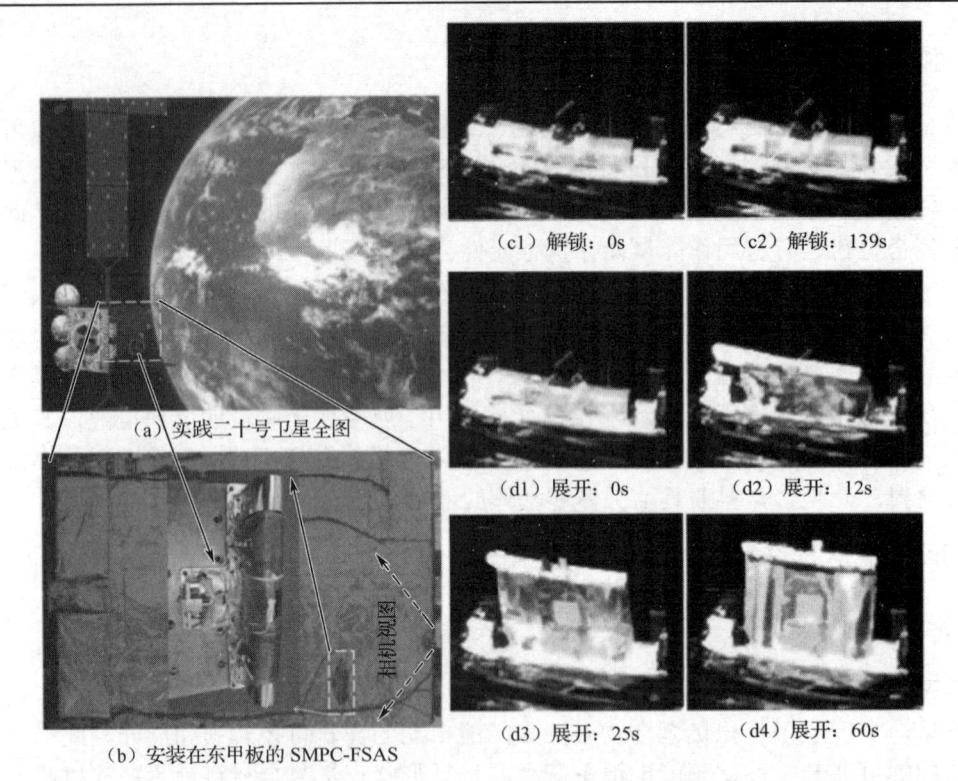

(c1) 解锁: 0s (c2) 解锁: 139s

(d1) 展开: 0s (d2) 展开: 12s

(d3) 展开: 25s (d4) 展开: 60s

图 7-50　实践二十号卫星全国、SMPC-FSAS 结构，以及 SMPC-FSAS 在空间的解锁过程和展开过程

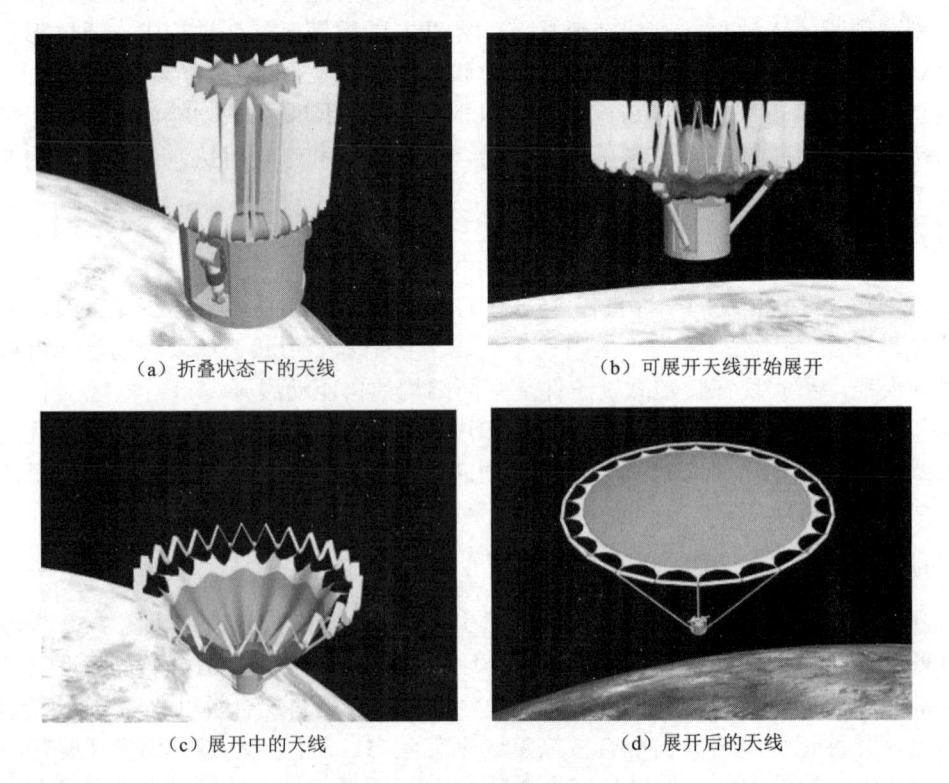

(a) 折叠状态下的天线

(b) 可展开天线开始展开

(c) 展开中的天线

(d) 展开后的天线

图 7-51　SMPC 的展开固体反射面"太阳花"天线

第7章　形状记忆复合材料

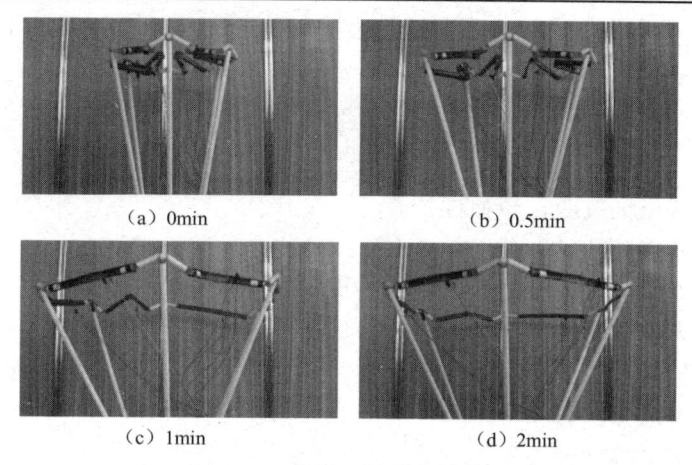

(a) 0min　　(b) 0.5min

(c) 1min　　(d) 2min

图7-52　微型卫星重力梯度杆

本章小结

形状记忆效应：材料的初始形状在一定条件下发生变形并固定到另一种形状后，通过感知环境变化，如热、光、电、磁等物理刺激或PH值、浓度、溶剂变化等化学刺激，对其力学参数（如形状、位置、应变等）进行调整，又恢复成初始形状的现象。形状记忆复合材料是由具有形状记忆效应功能的重要组元与其他组元材料复合制成的，形状记忆复合材料可分为形状记忆合金复合材料、形状记忆陶瓷复合材料、形状记忆聚合物复合材料等。形状记忆效应通常可分为单程形状记忆效应、双程形状记忆效应和全程形状记忆效应三种。

单程形状记忆效应：材料在高温下制成某种形状，在低温相时将其任意变形，再加热时恢复为高温相形状，而重新冷却时却不能恢复低温相时的形状，仅记住了高温相形状。

双程形状记忆效应：又称可逆形状记忆效应。材料加热时恢复高温相形状，冷却时恢复低温相形状，即通过温度升降自发可逆地反复恢复高低温相形状，同时记住了高、低温相形状。

全程形状记忆效应：材料加热时恢复高温相形状，冷却时变为形状相同而取向相反的高温相形状。它是一种特殊的双程形状记忆效应，只在富镍的Ti-Ni合金中出现。

形状记忆材料中的相变：①热感应相变；②应力感应相变；③磁场感应相变；④电场感应相变。

SMAC、SMCC、SMPC三种形状记忆复合材料的记忆机制各有不同。

SMAC记忆机制：①热弹性马氏体相变；②伪弹性或超弹性相变。

SMCC记忆机制：①黏弹性形状记忆机制；②马氏体相变形状记忆机制；③铁电形状记忆陶瓷-电场诱发的记忆机制。

SMPC记忆机制：形状记忆聚合物可看成由固定相和可逆相组成的两相结构，固定相和可逆相具有不同的软化温度。固定相的作用在于原始形状的记忆与恢复，可逆相的作用则保证可以改变形状。固定相的作用是初始形状的记忆和恢复，第二次变形和固定则是由可逆相来完成的。形状记忆聚合物可按其固定相的不同而分为两类：热塑性形状记忆聚合物和热固性形状记忆聚合物。热塑性形状记忆聚合物的固定相可以是聚合物的玻璃态或部分结晶结构或高分子链之间的缠结，热固性形状记忆聚合物的固定相则是聚合物的交链结构。

形状记忆复合材料在航空航天领域有着广泛的应用。

思考题

（1）什么是形状记忆效应、超弹性？
（2）形状记忆效应分几类？分别是什么？
（3）什么是热弹性马氏体？与碳钢中的马氏体有何区别？
（4）什么是应力诱导马氏体？与热弹性马氏体的区别是什么？
（5）具有形状记忆效应的应力诱导马氏体，其应力-应变曲线有何特征？
（6）超弹性与普通弹性有何区别？
（7）超弹性为何又称伪弹性？
（8）形状记忆材料中的相变分几种？分别是什么？
（9）简述形状记忆合金复合材料的记忆机制。
（10）简述形状记忆陶瓷复合材料的记忆机制。
（11）简述形状记忆聚合物复合材料的记忆机制。
（12）形状记忆聚合物复合材料的常见驱动方式有哪些？
（13）分别简述形状记忆合金复合材料、形状记忆陶瓷复合材料和形状记忆聚合物复合材料在航空航天领域中的用途。

第 8 章 隐身复合材料

8.1 隐身复合材料简介

160 多年前，麦克斯韦总结前人的实验结果，推导出麦克斯韦方程，预言了电磁波的存在。130 多年前，赫兹通过实验确认了电磁波的存在，并证实了电磁波的传播速度与光速一致。马可尼将电报信号加载在电磁波上，实现了无线电报跨大西洋通信，开启了电磁通信的时代。电磁探测技术基于电磁波遇到障碍物产生可收集的回波的特性，得到了全方位的发展。

电磁波的频率范围很广，人们将其划分为不同的波长和频率区间，形成了电磁波谱（见图 8-1）。不同类型的电磁波由于波长的不同，在传播的方向性、穿透性、可见性和颜色等方面有着显著的差异。一般来说，长波电磁波具有较强的绕射能力，但能量低，容易产生衰减，从而降低通信分辨率；短波电磁波能量高，但绕射能力弱。因此长波与短波电磁波均不适合用作探测与通信介质。微波（雷达波）、红外线、可见光频段电磁波不仅具有适当的绕射能力，同时也具有较高的能量，能够保证信号的强度与精度，因而被广泛应用于电磁探测，分别对应于雷达探测、红外探测和可见光探测。为应对电磁波探测技术的发展，国防科技领域对航空航天器具、舰船和武器装备的电磁隐身性能提出了更高的要求。开发相应的电磁隐身技术，对于保障它们受电磁干扰，降低被探测发现的概率，提高战场生存能力具有重要意义。

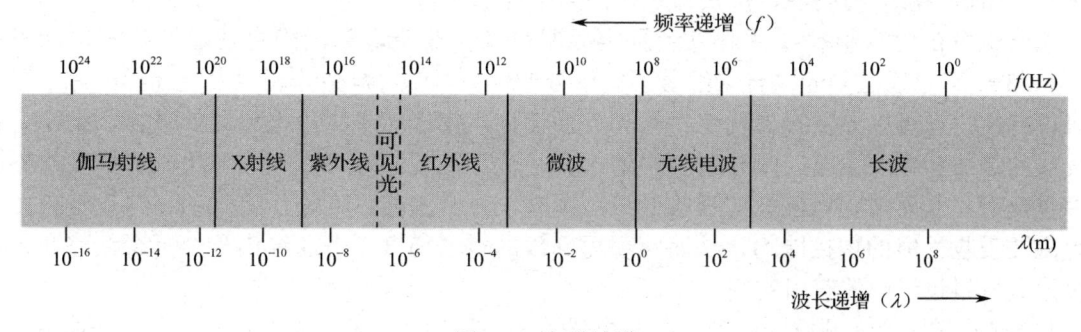

图 8-1 电磁波谱

如图 8-2 所示，改变目标外部结构或在其表面进行涂层处理，可改变目标的辐射特征及对电磁波的反射性能，降低目标与环境的辐射差异，从而令目标的可探测性大为降低，在一定范围内达到"隐身"的效果，这种技术称为隐身技术。目前，电磁隐身技术主要通过结构隐身和材料隐身来实现。结构隐身主要采用低雷达反射截面设计，通过平滑表面和减少尖锐边缘降低微波信号反射。然而，结构隐身对于红外和可见光隐身贡献较小。红外和可见光的隐身效果主要通过材料隐身来实现。材料隐身是指通过涂覆隐身材料涂层，实现隐身涂覆区域对电磁波的强吸收与弱反射，减少被发现的概率。相较于结构隐身，材料隐身具有更高效的电磁波吸收能力，对于装备复杂的结构，适应性更强，同时能够避免改动空气动力学布局带来的不利影响。因此，通过材料实现隐身是目前宽频段/多频谱隐身的主要手段。

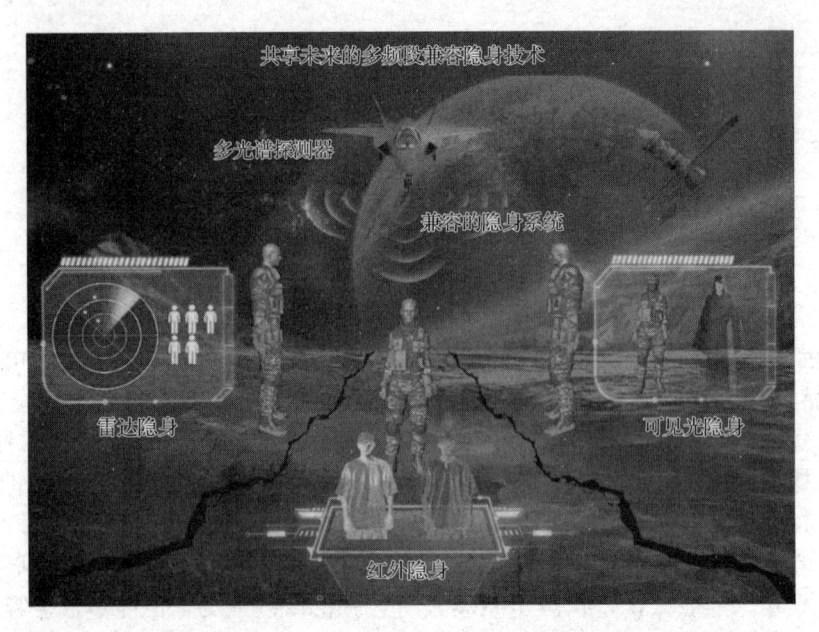

图 8-2 雷达探测、红外探测、可见光探测与隐身示意图

随着探测技术的进步及产品服役环境的日益复杂化，对现代隐身材料的需求已经不再仅仅集中于"薄"（匹配厚度薄）、"轻"（质量轻）、"宽"（吸收频带宽）、"强"（损耗强度强）的单频段隐身性能。多频段探测雷达（包括雷达波、可见光和红外线等）的发展使得单频段的隐身材料在其他频段一览无余。此外，根据产品服役环境的变化，隐身材料还需要兼顾其他特性，如耐高温、耐腐蚀、抗紫外线、抗力学变形等。

单一组分的隐身材料往往难以满足实际服役条件对于多频段隐身功能及相关性能需求（见图 8-3）。可以通过多元复合来综合不同组分的优势，使材料整体表现出更优异的综合性能和服役特性。通过多元复合，优化结构和界面设计，实现对多频段电磁波的吸收，是隐身材料发展的趋势和重要策略。复合材料中的不同组分和微观结构可以相互作用，形成多重界面和多重反射，从而增强电磁波的吸收效果。同时，复合策略可以提供更大的材料设计自由度和电磁波吸收性能的调控能力，从而实现更高效的材料隐身。下面给出一个复合策略在雷达波段隐身材料设计中的应用实例。

将 FeCo 磁性纳米颗粒嵌入到三维介电材料——还原氧化石墨烯（rGO）泡沫基体中，可构筑复合材料的微波吸收剂，如图 8-4 所示。从结构层面而言，所形成的多重散射界面和反射效应可以增加电磁波在材料中的传播路径和吸收机会，提高其电磁波吸收能力；从成分层面而言，磁性 FeCo 具有较高的磁导率与磁损耗，介电 rGO 泡沫具有较高的介电常数与介电损耗，通过将这两种组分复合，复合材料能够兼具强介电与磁损耗特性，同时改善了阻抗匹配特性，大大增强了微波吸收性能。原始磁性 FeCo 颗粒仅在高频区域存在有效吸波（12～18GHz），引入石墨烯后微波吸收可拓宽至低频区域（4～18GHz）。在厚度为 2.2mm 的情况下，反射损耗最小可以达到-53.1dB（>99.999%的微波吸收率），有效吸波带宽为 7.0GHz（>90%的微波吸收率）。

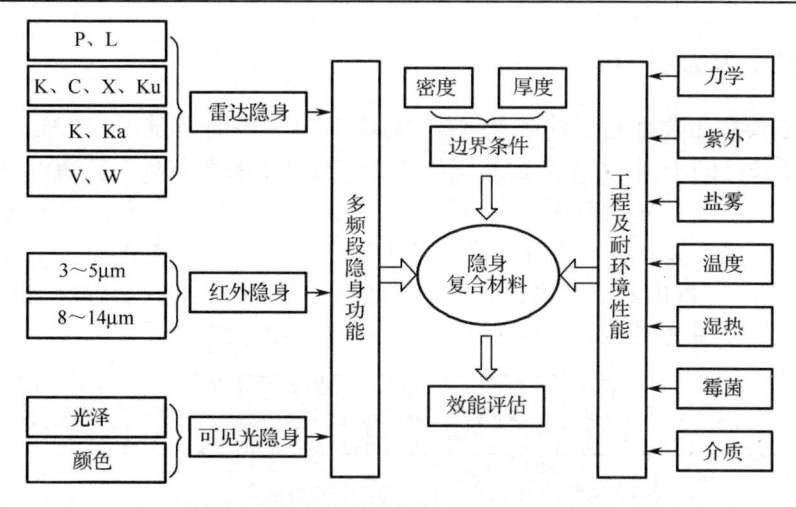

图 8-3　隐身材料的性能需求与发展趋势

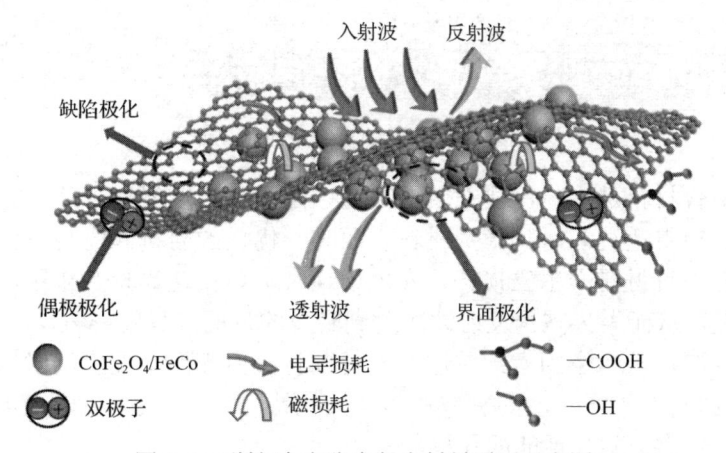

图 8-4　磁性/介电隐身复合材料原理示意图

一种理想的隐身复合材料,应能够在雷达/红外/可见光的多个频段同时具备优异的隐身效果。然而波长、能量等方面的差异,使得各波段电磁波的隐身原理不一致,获得多频段兼容隐身的效果并不容易。目前,单频段隐身复合材料的研究已经获得了长足进展;雷达/红外二波段兼容隐身复合材料也已经获得了有效的复合策略;雷达/红外/可见光三波段兼容隐身复合材料仍是亟须突破的难题。

因此,本章主要从单频段隐身复合材料、多频段兼容隐身复合材料及隐身复合材料在航空航天领域中的应用三个方面进行分析与探讨。

8.2　单频段隐身复合材料

雷达波、红外线、可见光频段的电磁波不仅具有适当的绕射能力,而且具有较高的信号分辨率,因而被广泛应用于航空航天探测领域,开发针对这三个频段的高效隐身材料也是目前隐身材料研究的热点。

8.2.1 雷达隐身复合材料

微波指的是频率在数百兆到数百吉赫兹（GHz）范围内的电磁波，在实际应用中，根据性能要求和实现条件的不同，大多数雷达工作在 2~18GHz 的微波频率范围内。如图 8-5 所示，不同的微波频段又有着具体的应用，为了区分不同的微波区域，人们又将不同的频率区间划分为一个个雷达波段，如手机、收音机信号等使用的 S 波段（2~4GHz），无线网络、宽带信号使用的 C 波段（4~8GHz），军用雷达、卫星通信、探测使用的 X 波段（8~12GHz）及航空航天领域在大气/太空中通信、探测使用的 Ku 波段（12~18GHz）。

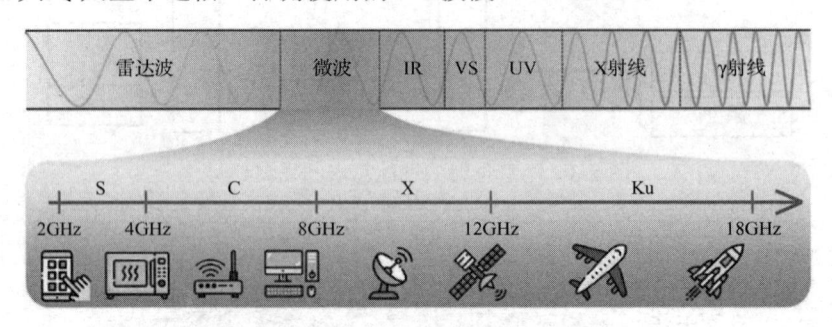

图 8-5 雷达波的范围及应用场景

而雷达隐身复合材料是指，涂覆在装备表层以削弱雷达反射信号从而提升其隐身性能的一类功能性材料。当雷达波入射到隐身材料表面时，优良的阻抗匹配特性使得雷达波进入到隐身材料内部，与隐身材料产生磁损耗、介电损耗、电导损耗等相互作用，入射波能量大部分乃至全部被衰减，从而大大减少反射波，达到隐身的目的（见图 8-6）。因此，雷达隐身复合材料的性能主要取决于两个因素：雷达波入射到材料内部而不发生反射的程度（阻抗匹配特性），以及隐身材料对于雷达波的衰减能力（损耗特性）。一般来说，阻抗匹配特性好、损耗能力强是获得优良雷达隐身性能的前提。

(a) 微波与隐身材料的相互作用过程（入射、反射、吸收、透射）

(b) 微波在隐身材料表面的反射情况

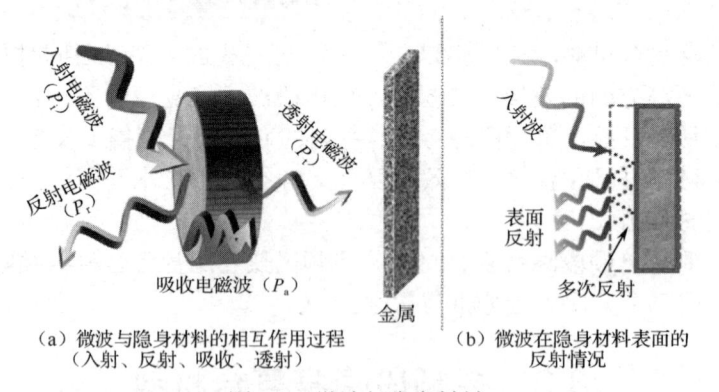

图 8-6 微波与隐身材料

阻抗匹配特性是指材料的电磁阻抗（Z_{in}）与外部环境电磁阻抗（Z_0）之间的相似程度，可以通过归一化阻抗匹配（$|Z_{in}/Z_0|$）来表示，具体数值可由以下公式计算得出：

$$|Z_{in}/Z_0| = \sqrt{\frac{\mu_r}{\varepsilon_r} \tanh\left[j\frac{\pi n \sqrt{\mu_r \varepsilon_r}}{2\sqrt{|\varepsilon_r||\mu_r|}}\right]} \tag{8-1}$$

式中，ε_r 与 μ_r 分别为材料的复相对介电常数、复相对磁导率，统称为电磁参数，是材料阻抗匹配特性的决定因素。当归一化阻抗（$|Z_{in}/Z_0|$）等于或接近 1 时，电磁波将不在吸波材料表面发生反射，而是全部入射到材料内部，此时反射损耗将达到最大值。反之，当材料的阻抗与环境的阻抗存在较大差异时，则会导致入射波的强烈反射，从而影响材料对雷达波的吸收效果。因此，优良的阻抗匹配是提高吸波性能的关键因素之一。

一般来说，多结构、多组分复合是改善材料阻抗匹配（Impedance Matching）特性，提升其雷达波衰减能力和隐身性能的最常用、最高效的策略。图 8-7 给出了纯 FeSi 粉体及 FeSi/$CoFe_2O_4$/Fe_2O_3/Co_3O_4 复合微波吸收粉体的归一化阻抗匹配值及其微波吸收性能的对比。可以看出，纯 FeSi 粉体的归一化阻抗匹配值在大多数区域内远远小于"1"，只有在低频范围内具有接近于"1"的阻抗分布，而其微波吸收也仅仅出现在这一区域。对于复合多元氧化物表面层的 FeSi 粉体，在 2～18GHz 区域内的归一化阻抗匹配值明显提升，接近于"1"的区域大大扩宽，这也对应了其微波吸收性能的大大提升。因此，具有良好的阻抗匹配特性是材料具备优异微波隐身性能的前提之一。

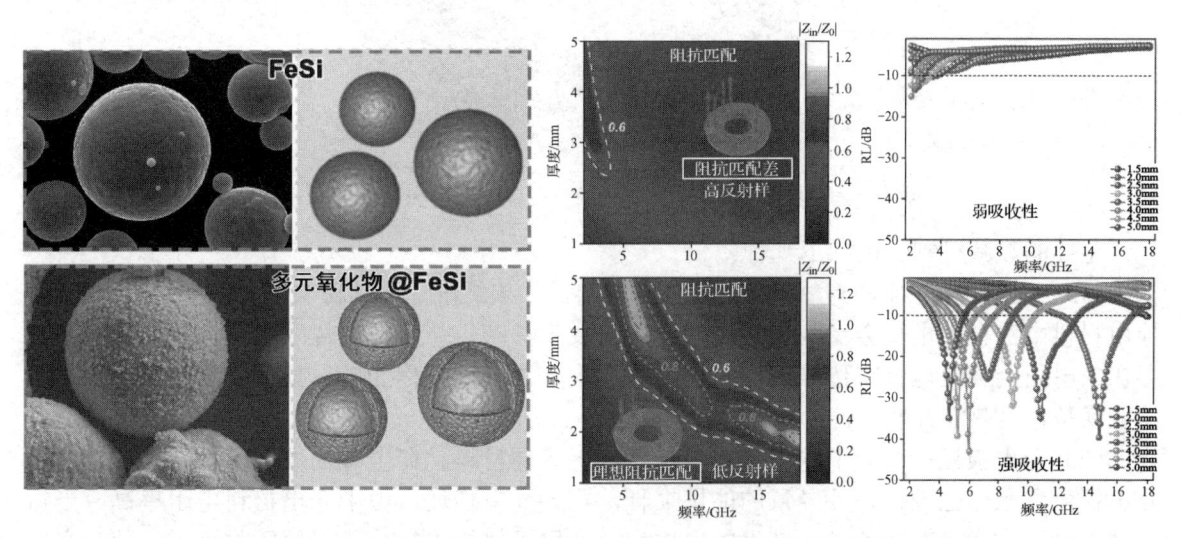

图 8-7　纯 FeSi 粉体（第一行）与多元氧化物阻抗匹配优化后的 FeSi 粉体
（第二行）的 SEM 图、粉体结构示意图、阻抗匹配、微波吸收性能

如果阻抗匹配特性得以满足，大量雷达波就能够入射到隐身材料基体中，与隐身材料相互作用，并通过多重反射、磁损耗、介电损耗、电导损耗等产生能量衰减与损耗，从而被吸收。隐身材料的电磁损耗能力由衰减系数（α）来衡量，并可通过以下公式计算得到：

$$\alpha = \frac{\sqrt{2}\pi f}{c} \times \sqrt{(\mu''\varepsilon'' - \mu'\varepsilon') + \sqrt{(\mu''\varepsilon'' - \mu'\varepsilon')^2 + (\mu'\varepsilon'' + \mu''\varepsilon')^2}} \tag{8-2}$$

$$\varepsilon_r = \varepsilon' - j\varepsilon'' \tag{8-3}$$

$$\mu_r = \mu' - j\mu'' \tag{8-4}$$

式中，f 为入射电磁波频率，c 为电磁波在空气中的传播速度（光速），ε' 和 ε'' 分别为复介电常数的实部和虚部，μ' 和 μ'' 分别为负磁导率的实部和虚部。电磁参数（介电常数和磁导率）的实部与材料储存电磁波能量的能力有关，虚部代表了材料对电磁波的损耗能力。由此可见，隐身材料对于电磁波的衰减能力与电磁参数密切相关。

一般来说，雷达隐身材料可以根据成分划分为碳材料、复合材料、磁性材料、氧化物等。每种材料分别对应着一种或几种雷达波吸收（衰减）机制，如图8-8所示。

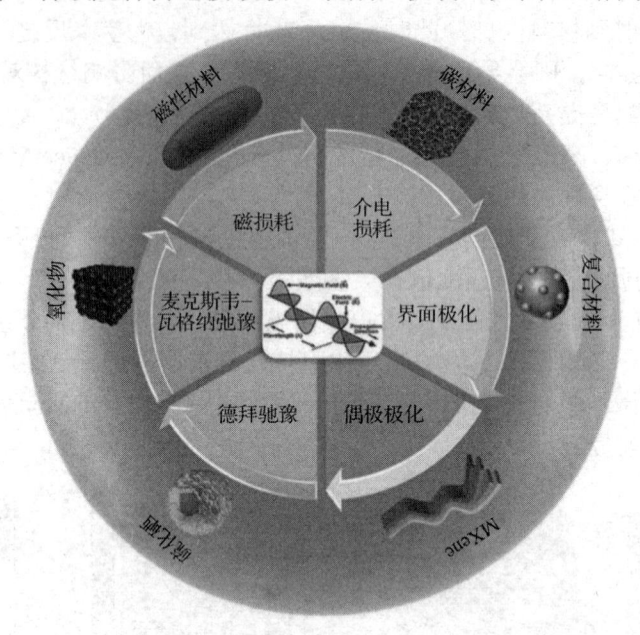

图8-8 常见的雷达隐身复合材料（分类）及对应的衰减机制

主要的衰减机制包括以下几种。

（1）电导损耗：对应于含有导电成分的材料，如碳纤维、金属粉末等。当雷达波入射时，导电材料中的自由电子会受到电磁场的作用而发生移动，从而产生传导电流。导电材料本身存在的电阻会导致电流在传导过程中产生热损失，这个过程称为电导损耗。它将入射雷达波的能量转化为热能并散失掉，从而达到吸收雷达波的目的。

（2）介电损耗：对应于绝大多数半导体、绝缘体材料。在电磁场作用下，材料自发产生介电极化和极化弛豫行为并导致的能量损耗，称为介电损耗。由于介电材料电阻率高，当雷达波入射到这类材料之上时，产生的电磁场会作用于材料中的分子、原子与离子，使其在电场作用下产生极化行为，分子或原子会发生旋转、振动等。这些运动会导致分子之间的摩擦和碰撞，从而产生能量耗散，将雷达波的能量转化为热能。同时，材料中存在的缺陷和界面等会阻碍电荷的移动乃至造成电荷累积，因而产生大量的偶极子极化与界面极化损耗。介电损耗在雷达隐身材料中也起到了重要作用。通过合理选择具有适当介电性能的材料，可以实现在特定频段上的隐身效果。不同的材料具有不同的介电性能与介电损耗角，因此在设计和选择雷达隐身材料时，需要考虑目标频段和隐身要求，以实现最佳的隐身效果。

（3）多重反射损耗：雷达隐身材料一般被设计为具有复杂的微米/纳米空间结构及大量的微观界面的材料。这些结构可以使入射雷达波在材料内部发生多重反射和散射，从而使微波能量在大量的反射与散射过程中经历剧烈的能量损耗，从而实现雷达波的吸收。

（4）磁损耗：磁损耗是指，材料中的磁性成分在电磁场的作用下，本身的固有磁矩与磁场发生相互作用，从而引起的能量损耗。磁损耗主要包括极化电流损耗和磁共振损耗。当雷达波入射到具有磁性组分的材料中时，材料中的磁矩会与电磁场相互作用，导致磁矩在电磁场的作用下发生翻转，从而产生极化电流。这些极化电流会在材料中产生电阻热而发生损耗，将入射雷达波的能量转化为热能而衰减。极化电流损耗的程度取决于磁性材料中磁矩的响应速度和频率。同时，材料中的磁性成分在特定频率下会与入射雷达波的频率产生共振。在共振频率附近，磁性材料中的磁矩会发生大幅度的振动，剧烈振动的磁畴之间会因摩擦导致大量的能量耗散。这种磁共振损耗一般在特定频段上具有非常好的隐身效果。

综上所述，在选择雷达隐身材料时，需要综合考虑其导电性、磁性、介电常数等因素。当隐身材料具有良好的阻抗匹配特性，并且具有较高的衰减系数时，一般会表现出较好的雷达波吸收能力。一般通过反射损耗值（RL）来衡量一个材料的电磁波吸收性能，它的计算公式如下：

$$RL = 20\lg\left|\frac{Z_{in} - Z_0}{Z_{in} + Z_0}\right| \tag{8-5}$$

$$Z_{in} = Z_0\sqrt{\frac{\mu_r}{\varepsilon_r}}\tanh\left[j\frac{2\pi fd}{c}\sqrt{\mu_r\varepsilon_r}\right] \tag{8-6}$$

式中，d 为吸波材料涂层厚度。由以上公式可知，材料的反射损耗值取决于材料的阻抗匹配特性及电磁参数。雷达隐身复合材料一般需要通过多种组分复合，来提升其雷达波吸收能力。而雷达隐身复合材料在应用时，往往也需要同黏结剂进行复合，借助于雷达隐身复合材料的隐身性能和黏结剂的黏结性能，制备成可黏结的隐身复合涂层，以便涂覆到基体表面上使用（见图 8-9）。因此，雷达隐身复合材料一般由雷达波吸收材料和添加剂组成，从而具有高度隐身性能和耐久性。不同类型的雷达隐身复合材料涂层具有不同的工作原理和性能特点。目前被证明具有重要应用价值的雷达隐身复合材料涂层主要包括高磁损耗复合材料涂层、磁性纤维复合隐身涂层、手性复合隐身涂层、导电高聚物复合隐身涂层、智能化多功能复合隐身涂层等。下面以高磁损耗复合材料涂层为例介绍其在雷达隐身中的应用。

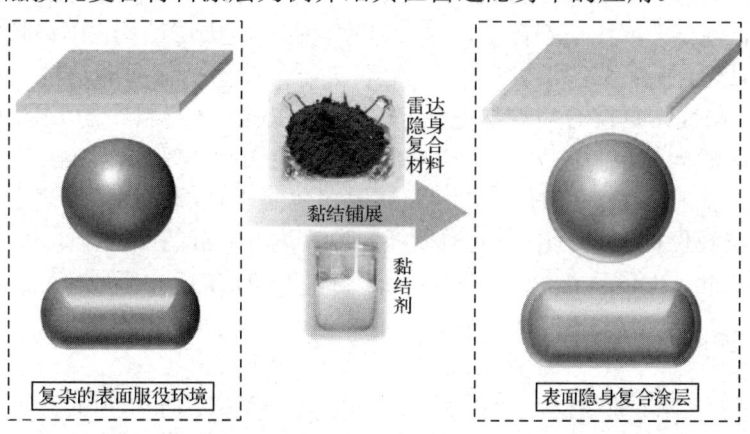

图 8-9 雷达隐身复合材料粉体与黏结剂复合应用于复杂表面

在各类隐身复合涂层中，发展最早、应用最广的是用各种磁性金属或合金粉末、铁氧体等制成的涂层。几种典型磁性雷达波吸收涂层及其基本性能如表 8-1 所示。其中，磁性金属（合金）粉末对电磁波具有吸收、透过和极化等多种功能，温度稳定性好，介电常数较大。用它来吸收电磁波能量的基本要求是：金属粉的粒度应小于工作频带高端频率时的趋肤深度，材料的厚度则应大于工作频带低端频率时的趋肤深度——这样既保证了能量的吸收，又使电磁波不会穿透材料。目前，用于隐身复合涂层的主要有微米级（1～10μm）的纯 Fe、Ni、Co 粉末及其合金粉末。

表 8-1 几种典型磁性雷达波吸收涂层的基本性能

制造商	基本性能
Plessey（英）	厚度 0.5～1.5mm，在 6～16GHz 吸收率均大于 6dB（75%吸收率）
APP（美）	厚度 0.76mm，在 6～18GHz 吸收率 3～13dB（50%～95%吸收率）
BHAM（俄）	厚度 0.95mm，在 3～18GHz 吸收率均大于 4dB（60%吸收率）

从现有的资料分析，铁氧体材料仍然是研制薄层宽带涂层的主体。铁氧体材料在高频下磁导率较高，电阻率也较高（10^8～$10^{12}\Omega\cdot cm$），电磁波易于进入并得到有效的衰减，其主要缺点包括密度大、温度稳定性较差等。目前，美、日、英、俄等国均在研制新型铁氧体隐身复合涂层，主要研制方向包括：研发含有大量游离电子的铁氧体或在铁氧体中加入少量放射性物质以改善其隐身性能；制备空心微球铁氧体或在铁氧体中注入空微球以减小其密度并加强其隐身效果；将铁氧体与电阻丝结合以应对不同频率雷达或频率捷变雷达；改变铁氧体的化学成分、粒度及其分布、粒子形貌，以及通过表面处理技术等，提高其损耗特性。近年来对片状六角铁氧体开展了较多研究，主要集中在 $BaCo_xTi_xFe_{12-2x}O_{19}$ 上，据报道，在 2～40GHz，其块状材料$|\mu_r|>5$。应当指出，在低频（$f<1GHz$）下，铁氧体具有较高磁导率且介电常数较小，作为匹配材料比金属粉末具有更明显的优势。此外，从隐身复合涂层吸收频带往低频拓宽来看，铁氧体材料具有良好的应用前景。

随着纳米材料技术的发展，近年来，研究人员还提出以纳米材料作为新一代隐身复合涂层的设想，研究的领域包括磁性纳米微粒、颗粒膜和多层膜等。其中，法国科学家成功研制了一种宽带微波隐身涂层，由纳米级填料与黏结剂组成。填料由超薄磁性非晶层与绝缘层构成，其中，磁性层厚度仅 3nm，绝缘层厚度为 5nm。这种涂层的制作方法是：采用真空沉积技术将 CoNi 合金与 SiN 沉积在基体上，形成超薄电磁吸收夹层结构；再将超薄夹层结构粉碎为碎屑，与黏结剂混合制备成涂层。据报道，这种夹层薄膜叠合而成的结构在 0.1～18GHz 下，μ' 与 μ'' 均大于 6，与黏结剂混合后涂层电阻率高于 $50\Omega\cdot m$，该材料在 50MHz～50GHz 下均具有良好的隐身性能。国外报道的另一种多层纳米颗粒膜的制法是：以 $3\mu m$ 玻璃空心微球为载体，采用化学镀、溅射等工艺将 Ni、Al 等金属镀覆包裹于玻璃空心微球表面，生成纳米级电磁损耗层、匹配层及保护层，其中，电磁损耗层厚度为 10nm 左右；当填充量体积比为 50%时，涂层密度为 0.40～0.46g/cm^3，层厚在 2 mm 下，8～18GHz 内吸收率可达 10dB。

8.2.2 红外隐身复合材料

所有物体都会发出红外辐射，其辐射强度和辐射频率取决于物体的温度。普朗克定律表明，物体的温度越高，它所发出的红外辐射的能量越强。而红外辐射的光子能量能够使一些活泼金属产生红外光电效应。红外探测系统通过此光电效应将红外辐射特征信号转化为电信号，对红外辐射信号进行放大、滤波和解码等处理，以提取目标的位置、温度、运动等信息。目前，红外探测技术被广泛应用于红外成像、红外遥感、红外安防等领域，对重要设备及目标的安全性及隐蔽性造成了极大的挑战。发展高效红外隐身技术逐渐成为隐身技术领域的重要分支。图 8-10 左侧为模拟运行飞行器的红外探测成像，在视距范围内，飞行器的发热部位由于温度较高，容易被红外探测技术发现并锁定；图 8-10 右侧为涂装了红外隐身复合涂层（低发射率材料）的红外探测成像效果，可以看出，经过涂装红外隐身复合涂层，设备整体的温度和辐射强度与环境背景更接近，尤其是关键发热部位的红外特征大大削弱，表现出了优良的红外隐身效果。

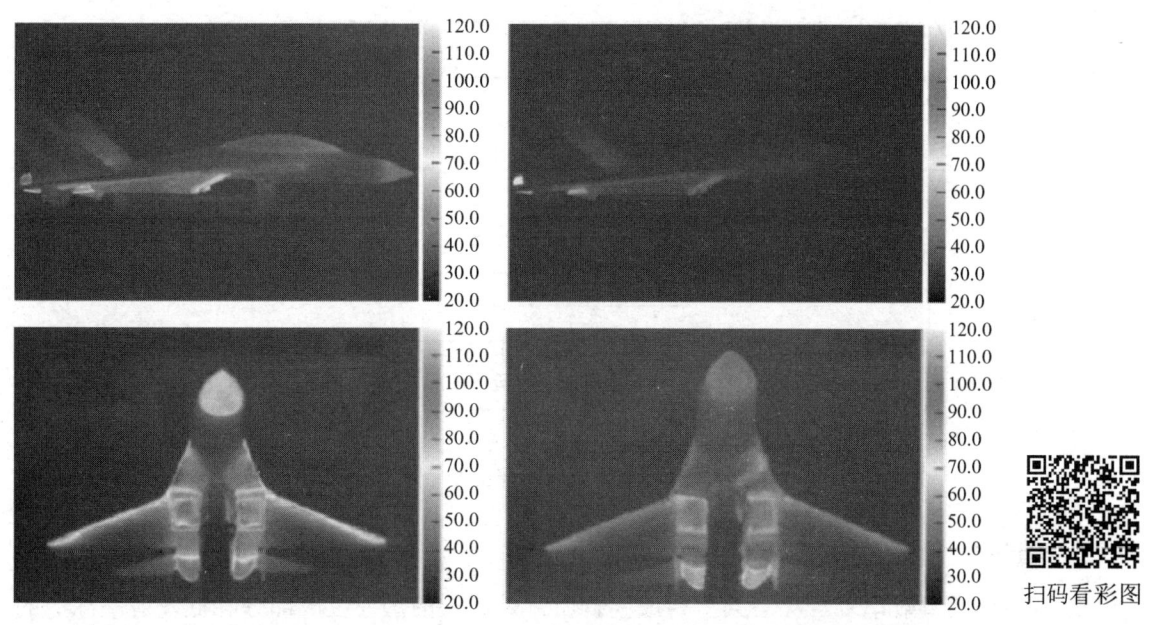

图 8-10 涂装隐身涂层前（左侧）后（右侧）模拟运行飞行器的红外探测成像效果对比

一般来说，物体的红外辐射量是由斯特藩-玻尔兹曼定律决定的：

$$W = \sigma \varepsilon T^4 \tag{8-7}$$

式中，W 为红外辐射量，σ 为玻尔兹曼常数，ε 为目标表面的发射率（物体自身辐射的能量与同一温度下绝对黑体辐射能量的比值），T 为目标表面的热力学温度。目标的红外辐射量与目标表面的发射率成正相关的关系，与目标表面热力学温度的四次方成正比。因此，降低目标的红外辐射量的措施主要有两个：一是降低目标表面的发射率，二是控制目标表面的温度。

红外探测系统的最大作用距离计算如下：

$$R = \sqrt{\frac{D^* A_t A_0 \tau_a \tau_0 (L_t - L_b)}{N_t (A_d \Delta f)^{1/2} (V_S / V_N)}} \tag{8-8}$$

式中，R 为作用距离，D^* 为红外探测器探测率，A_t 为目标辐射面积，A_0 为红外探测系统入瞳面积，τ_0 为红外系统光学透过率，τ_a 为作用距离 R 下的大气透过率，N_t 为由弥散引起的目标所占像元数，A_d 为探测器单元的面积，Δf 为放大电路等效噪声带宽，V_S/V_N 为信号处理器可接受的信噪比，L_b 为背景辐射亮度，L_t 为目标辐射亮度，其中

$$L_t = \varepsilon \sigma T^4 / \pi \tag{8-9}$$

红外隐身的目的是，降低或改变目标的红外辐射特性，减小红外探测系统对目标的作用距离，从而降低目标被探测的概率。由上述公式可知，减小红外探测系统对目标的作用距离，可通过以下方式来实现：①降低目标表面的发射率；②控制物体表面的温度，减小目标与背景的温差；③减小目标高温区辐射面积；④采用光谱转换技术使目标红外辐射偏移到探测系统的响应波段之外。由此可见，从材料入手来降低目标表面的发射率仍然是缩减红外终端的探测距离，提升装备红外隐身能力的首要选择。一般而言，红外隐身主要通过涂装各种发射

率的复合涂层来实现。对于红外隐身复合涂层的研究，主要从黏结剂和填料两个方面进行（见图 8-11）。

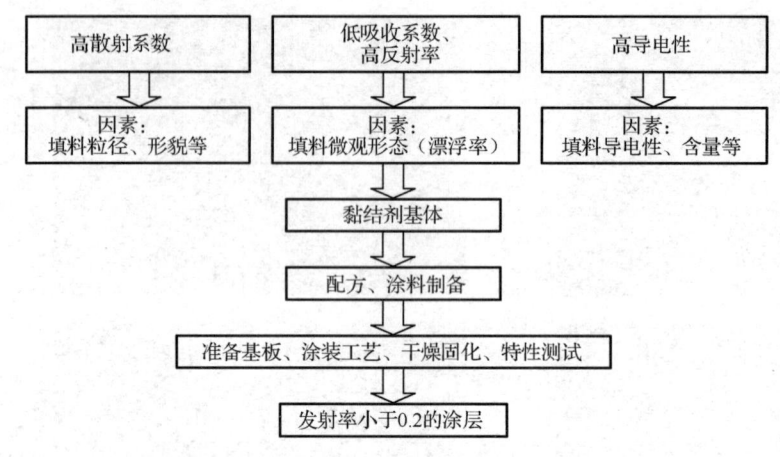

图 8-11 低发射率复合涂层的制备流程

1. 黏结剂

黏结剂是低发射率复合涂层的主要成膜物质，是涂层的重要组成部分。低发射率涂层的黏结剂要求具有较高的红外透过性，并且还应具有较好的力学性能、耐腐蚀性能及耐老化性能等。黏结剂分为无机黏结剂和有机黏结剂。无机黏结剂虽然具有较高的红外透过率，但其力学性能和成膜性较差，所以无机黏结剂的研究和应用较少。有机黏结剂较无机黏结剂有更好的力学性能和黏结力，所以被广泛应用于红外隐身复合材料的涂层中。目前主要通过改变有机黏结剂的某些基团或分子链，对黏结剂本体进行改性，克服其性能缺陷，以达到使用标准。常用的改性方法有单体共聚改性和接枝改性等。

2. 填料

填料是获得低发射率涂层性能的关键因素，对涂层的红外隐身性能起决定作用。填料的选择要求是在红外波段吸收率低，反射率大，发射率低。

1）金属填料

根据 Kirchhoff（基尔霍夫）定律：

$$Q_\alpha + Q_\rho + Q_\tau = Q \tag{8-10}$$

式中，Q 为一个物体接收到的辐射能量，Q_α、Q_ρ、Q_τ 分别表示发射、反射、透射的部分。对于一个不透明的物体，透射率为 0，其反射率越高，发射率就越低。对于金属填料：

$$R = 1 - \sqrt{8\omega\varepsilon_0/\sigma_1} \tag{8-11}$$

式中，R 为反射率，ω 为电磁辐射的圆频率，ε_0 为真空中介电常数，σ_1 为电导率。从公式可知，对于金属导体，如 Al、Cu、Ag 等，电导率较高，具有较高的反射率和较低的发射率，适合作为红外隐身复合涂层的填料。实际应用中多以性能优良、廉价易得的 Al 粉和 Cu 粉为主。另外，金属填料的粒径、形貌、形态等因素对降低红外隐身复合涂层的发射率也起到重要的作用。经过金属填料粒径、形貌和形态对涂层发射率影响的系统研究，发现当铜粉粒径为 4μm、形貌为片状、形态为漂浮型时，铜粉具有最低的发射率，可达 0.10。

金属填料的高光泽度和易氧化的性质，不利于涂层的耐久性和兼容可见光隐身。金属填料的研究主要集中在填料的包覆改性，常用于填料包覆改性的材料有金属、金属氧化物和有机物等。例如，通过球磨法利用 Ag 对 Cu 粉进行表面改性时，采用 Ag、Cu 物质的量比为 2：3 时，改性的铜粉制备涂层不仅发射率低，还具备优良的耐腐蚀性。通过液相沉淀法在铝粉表面分别包覆一层氧化铬和四氧化三铁制得的粉体具有低光泽度（明度降低 12～15）和低发射率（0.5～0.7），能够兼容可见光隐身和红外隐身。

2）半导体填料

半导体填料可以通过掺杂其他元素来控制其发射率。掺杂改性的半导体在微波波段具有高吸收率，可以用于制备多波段兼容隐身材料。理论上，通过掺杂改性适当调整载流子的密度、迁移率和碰撞频率，就可以使掺杂半导体具有较低的发射率。

3. 发射率

发射率是所有物体的本征热物性之一。除上述因素外，涂层的发射率还与材料本身因素、颗粒度、涂层厚度、温度、涂层所依附的衬底、涂覆工艺等表观因素有关。

1）材料本身因素的影响

由基尔霍夫定律可知，一个好的吸收体，意味着更少的透射与反射，以及更多的吸收与发热，因此同时也是一个好的辐射体。对于一般材料来说，复合涂层的吸收率与涂层的微观结构有一定的关联。如果辐射源的频率与物质原子（分子）运动的固有频率相等，则材料的红外吸收率变高，发射率也会升高。

2）颗粒度的影响

复合涂层中各种颜料的浓度、形状、颗粒度等是涂层热红外特性的决定因素。填料尺寸应小于热红外波长，大于近红外波长，这样，填料才会既有良好的热红外透明性，又有一定的可见光和近红外反射能力。电磁波入射到颗粒球上发生散射时，产生的光波矢方向的力，称为散射力。对于具有散射力为 m 的填料，其最大散射能力的粒子直径 d 与波长 λ 的关系为 $\lambda = d/k$，其中，$k = 0.9(m^2 + 2)/[\pi(m^2 + 1)n]$，$n$ 是树脂的散射率。

3）涂层厚度的影响

涂层厚度对红外辐射的强度和谱带的分辨率影响极大。Khan 发现，在常温下涂层的红外辐射特性主要取决于 35～40μm 厚的表面层。当涂层厚度小于此值时，发射率与基体的性质和粗糙度有关；当涂层厚度大于 160～170μm 时，涂层厚度一般对其辐射特性不再有影响。在涂层的研究中，不能把吸收光谱当作选择辐射涂层的唯一依据。研究发现，某些涂层的发射率是随涂层厚度的增大而增大的。不仅如此，当厚度达到一定程度时，涂层将会变成黑体。

4）温度的影响

发射率与温度的关系对金属和非金属而言有着较大的差异。由于金属对红外辐射是不透明的，故金属的发射率是随温度的上升而增大；若表面形成氧化层，则发射率可以呈十倍或更大倍数地增大。非金属的发射率较高，在温度 $T<350K$ 时一般超过 0.8，并随温度的升高而减小。由于填料是涂层的主要成分，因此填料的发射率一旦增大，必然会影响涂层的发射率。

5）衬底的影响

红外隐身涂层通常不能单独使用，它总是被涂覆在某一衬底（或载体）上。为了准确研究各种涂层的红外辐射特性，应考虑衬底对涂层红外辐射特性的影响。郦江涛等通过对铜、铝、铁、铂等材料在 300℃下进行辐射光谱实验，发现大部分金属的发射率都很低，因此，金属是非常好的载体。很多资料表明，抛光的金属具有更低的发射率和更高的反射率，但抛光的金属表面黏结性不好，因此在进行涂覆时，先要在其表面形成一层氧化膜，从而增加其黏结性，但新形成的氧化膜又会使涂层的红外发射率增大。

6）涂覆工艺的影响

涂覆工艺会直接影响涂层表面的微观结构和取向。有人曾注意到，仅涂敷工艺的不同就可使同种配方涂层的发射率出现约 0.1 的偏差。从降低发射率的角度考虑，要求涂层表面尽可能光滑，但光滑表面对太阳辐射会呈镜面反射，使目标在某一方位的辐射能量增大，反而增大了目标的可探测性。因此，在考虑目标对环境辐射能量的反射时，涂层表面应有一定的粗糙度，使之呈漫反射态。同时应尽量使颜料颗粒排列整齐，使涂层表面在不同的热辐射极化方向形成许多小平面，以促进热辐射的极化。

8.2.3 可见光隐身复合材料

可见光波是人眼所能够感知到的电磁波，因而被称为"可见光"，其波长范围为 400～700nm，并在人眼内呈现为红橙黄绿青蓝紫的颜色变化，如图 8-12 所示。可见光探测技术已经被广泛应用于安防监控、图像识别、遥感测绘等领域，其主要原理是通过利用光学器件收集可见光信号，然后通过图像处理软件及算法对可见光信号进行采集并处理为电信号，经过进一步放大、滤波和转换等处理，得到高质量的可见光图像。

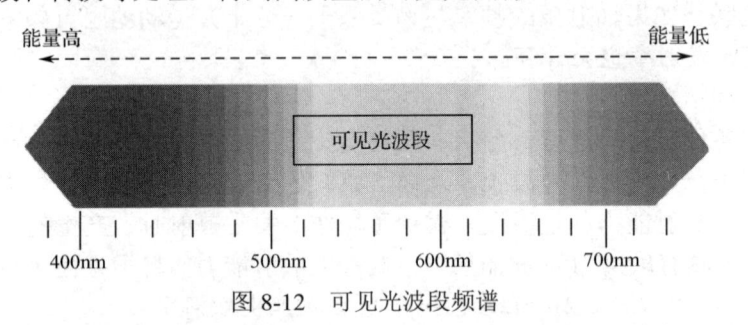

图 8-12 可见光波段频谱

相比于其他的探测手段，可见光探测技术具有更多优势。首先，可见光波段的光线容易获取，不需要额外的照明设备。其次，可见光图像具有较高的空间分辨率，可以提供清晰的图像细节。此外，可见光探测技术还有成本相对较低，设备易于携带和操作的特点，在成像探测领域有着重要应用。在可见光范围内，可见光探测系统的探测效果取决于目标及其背景之间的亮度、色度和运动关系这几个视觉信息参数的对比特征。

可见光隐身在各种隐身技术中发展得最早，许多技术已经比较成熟，但仍有很大的发展潜力。例如，美国采用雷达隐身技术的 F-117A 战斗轰炸机，夜战时能避开敌方雷达的探测，但在白天，这种以天空为背景的黑色飞行物却逃不过肉眼（在视距范围内）或光学设备的观察。降低目标可见光探测信号的新方法有很多，如特殊照明系统、适宜涂层、奇异蒙皮、电致变色薄膜及烟幕遮蔽等，如图 8-13 所示。其中最常用、最高效的可见光隐身主要通过两种思路实现：结构型隐身和材料型隐身。结构型隐身是通过设计材料的微观结构来实现的，这种结构通常具有特定的尺度和排列方式，借助于光线的干涉和散射来实现可见光的干涉与损耗。材料型隐身是通过隐身复合材料来实现的，这些材料可以吸收可见光范围内的大部分光线，将光线转化为热能或其他形式的能量，从而减少反射并实现隐身效果。通过材料实现可见光隐身是最高效、成本最低的方案。

图 8-13　自然界及人造设备的可见光隐身

可见光隐身复合材料（涂层）一般由成膜物质、可见光吸收染料、溶剂和助剂等组成。

1. 成膜物质

早期，可见光隐身复合涂层的成膜物质一般选用醇酸树脂、丙烯酸树脂，如美国的醇酸型伪装瓷漆，英国的自干型无光泽伪装涂层，法国的 F1 伪装涂层，瑞典的 C5-350 自干型醇酸伪装涂层等。随着材料技术的发展，近些年多选用聚氨酯树脂或丙烯酸聚氨酯混合树脂，如美国、英国、加拿大等国家相继研究开发了耐化学试剂的脂肪族聚氨酯伪装涂层，西欧国家也普遍使用由聚氨酯和丙烯酸盐基料加褐、黑、绿三种颜料配制而成的三色变形伪装涂层，德国 T-72MG 坦克就涂装有这种三色迷彩涂层。这种西欧三色涂层对伪装颜色的种类、色度坐标及可见光、近红外亮度因数提出了更合理的分类和要求，提高了伪装性能，而且涂层的力学性能、使用性能也大有提高，可以满足防毒剂渗透和易于表面毒剂清洗的要求，代表了当今光学迷彩伪装涂层的先进水平。该类光学伪装涂层具有代表性的产品是美国 Hentzen 新材料公司生产的耐化学试剂脂肪族聚氨酯涂层。

2. 可见光吸收染料

可见光吸收材料，又称可见光吸收染料，是近年来染料化学领域中研究的较多的功能性染料之一。从技术可行性和经济性着眼，有机吸收染料是实现可见光防护的主要途径。当前对这类近红外激光防护染料的主要技术要求包括"可见光—近红外"宽带强吸收，光、热及化学稳定性良好，与有机基体材料相容性好，对人体毒副作用小等。目前"可见光—近红外"吸收染料主要包括菁类染料、酞菁类染料、酞菁类染料、金属配合物染料、醌型染料、偶氮染料、游离基型染料、芳甲烷型染料、芘类染料等。下面以游离基型染料为例说明此类染料对可见光的吸收性能。

游离基型染料一般含有共轭结构，大多数呈现出很深的颜色。该类染料大多是有机化合物在氧化或还原过程中形成的过渡态阴离子或阳离子，通过对不同的共轭杂环或碳氢体系离子化也可获得。它包括多烯、类胡萝卜素、芘类及其衍生物、吡咯类、卟啉环类等游离基型染料。其中，带吸电基的苯环或共轭体系易形成阴离子，带供电基的易形成阳离子，此外还有带中性游离基的化合物。游离基型染料通常在空气中不稳定，醌型游离基型化合物的稳定性一般要好些。随着共轭链的增长，吸收光谱的第一吸收带会产生一定的红移。经过对近红外醌型游离基型化合物的合成、电化学性质、近红外光谱、电子结构等的系统研究，发现近红外吸收光谱可覆盖 600～2200nm 的光区，摩尔吸光系数为 3.0～4.6，在相应的可见光区有相当强的吸收。

8.3　多频段兼容隐身复合材料

随着雷达探测技术、红外探测技术、可见光探测技术的迅速发展，单频段的隐身材料已经很难应对日益先进的探测技术。一方面，单频段隐身材料通常仅适用于特定频率范围内的隐身，而现代探测技术的多频段探测能力会使被保护基体在其他频带暴露出来。另一方面，现代探测技术还在不断发展改进，如相控阵雷达、多普勒雷达和红外探测技术等，这些技术可以通过不同的探测方式和工作原理来检测和追踪目标，使得隐身材料需要面对更多种类的探测手段。因此，为了应对这些挑战，需要研制兼容性强的多频段隐身复合材料，提高在不同频段和探测方式下的隐身性能，保持其在探测与反探测对抗中的优势。例如，针对航空航天设备面临的红外与雷达制导威胁，亟须开发红外与毫米波兼容性隐身材料；对于地面防护工程，过去受到光学侦察较多，国内外研制了大量对抗光学侦察的伪装材料，而近年来其面临的红外、雷达侦测威胁越来越大，因此热红外与雷达波兼容隐身成为地面防护工程多频段隐身研制的重点和难点。开发可同时实现红外、雷达、可见光隐身的下一代新型兼容隐身材料也势必成为各国的战略重点和科研高地。这里通过红外/雷达二波段兼容隐身、可见光/红外/雷达三波段兼容隐身来介绍多频段兼容隐身的原理、技术难点及研究进展。

8.3.1　红外/雷达兼容隐身复合材料

在现代探测和制导系统中，红外探测技术和雷达探测技术是两种应用最普遍的探测技术，因此红外/雷达兼容隐身复合材料一直是国内外研究的焦点。红外/雷达兼容隐身复合材料要求其在热红外区具有高反射率（低发射率），而在雷达波区域具有低反射率，如图 8-14 所示。因此，实现红外与雷达波兼容的隐身材料有两类：一是研制雷达波高吸收、红外低辐射的材料；二是分别研制高性能雷达波吸收材料和红外低辐射材料，然后将其进行复合，并保证复合后其雷达波高吸收能力和红外低辐射能力保持基本不变或者变化不大。

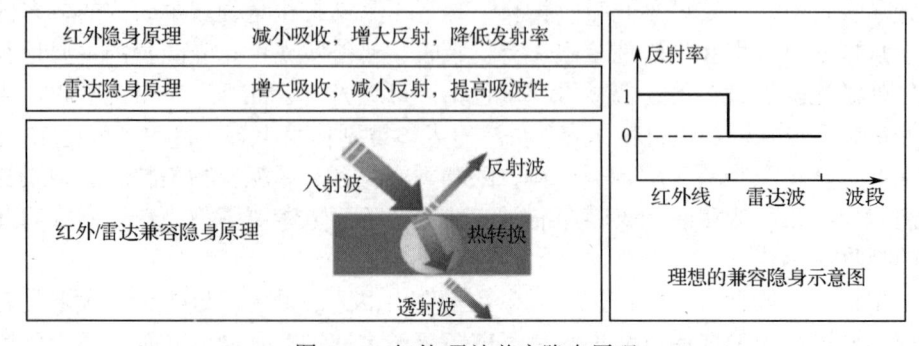

图 8-14　红外/雷达兼容隐身原理

目前，国内外兼容雷达隐身的红外隐身复合材料主要有下列四种。

1. 涂覆金属空心微球隐身复合材料

涂覆金属空心微球隐身复合材料是由美国波谱动力学系统公司下属的 Hickory 公司首先研制的，其制备原理是将一定量的导电微球加入介电聚合物中，制成隐身涂层，提高介电常数和透磁率，将涂料涂覆于特定目标，从而实现雷达波高吸收和红外低辐射。这种涂覆金属膜的空心微球可以既反射又吸收红外辐射，像红外镜一样映射周围的环境，如同变色龙一样与背景保持一致。用这种材料制成的伪装网盖在设备上，观察者只能看到融合进冷态天空背景下的冷点，而看不到热的发动机等部件。此外，红外吸收涂层还可以干扰激光（长波段）的反射和散射，或涂在发动机喷口周围减少红外信号。当空心微球填充量为体积的 50% 时，涂层密度为 $0.40 \sim 0.46 \text{g/cm}^3$，当层厚在 2 mm，$8 \sim 18 \text{GHz}$ 时，电磁波吸收率可达 10dB。目前，美国海军研究实验室已将这种空心微球发展为直径为 $1.5 \mu m$、长 $40 \mu m$ 的空心微管，并对其进行金属化处理，与乙烯基树脂混合后制成复合介电板，在 $8 \sim 18 \text{GHz}$ 也具有较好的隐身效果。

2. 导电聚合物型隐身复合材料

导电聚合物具有大的共轭 π 电子的线性或平面构型，其电导率可在绝缘体、半导体和金属态范围内变化，这为其导电性在相当宽的范围内进行调节提供了条件，使其在不同波段呈现不同的隐身性能。具体来说，导电高聚物具有类金属的特性，对其进行掺杂以后，对红外光有着较高的反射性能。国外通过选择合适的聚合物、掺杂剂、合成方法等，合成了一系列导电聚合物，可以控制其光学特性，如色对比度、反射率、透射性等，并在红外隐身复合材料中得到应用。例如，将聚噻吩与聚苯乙烯矿酸盐在水中混合成胶体悬浮液作为导电聚合物红外吸收剂，将其与黏结剂混合制成复合涂层，可实现对 $2 \sim 14 \mu m$ 红外线的 90% 吸收。

导电聚合物也具有良好的微波吸收性能，其吸收率依赖于电导率的变化和介电损耗。当电导率小于 10^{-4}s/cm 时，无明显的微波吸收特性；当电导率介于 $10^{-3} \sim 10^{-1} \text{s/cm}$ 时，材料呈半导体特性，有较好的微波吸收特性；当电导率大于 1s/cm 时，材料呈金属特性，具有电磁屏蔽特性。目前，导电聚合物尚处于实验阶段，提高吸收率、频段宽度是导电聚合物型隐身复合材料的研究和发展重点。

3. 纳米隐身复合材料

由于纳米微粒尺寸远小于红外及微波波长，因此纳米材料的透过率比常规材料要强得多，大大减少了红外/微波的反射；另外，纳米材料的表面积比常规材料大 3～4 个数量级，使得对电磁波的吸收率大大优于常规材料，尤其在涂层厚度、面密度等方面，纳米材料有无可比拟的优势。目前，世界主流发达国家对研制覆盖可见光、红外线、厘米波和毫米波等波段的纳米隐身复合材料非常重视。

4. 复合型红外/雷达复合隐身材料

复合型红外/雷达隐身材料是将高性能的雷达隐身材料和红外隐身材料通过特殊工艺复合成一体所形成的材料，主要分为涂层型、夹层型和多层膜型三种。涂层型红外/雷达复合隐身材料通过向低发射率涂层中添加隐身剂，并调整隐身剂的比例，使其具有隐身性能的同时又不影响原有的低发射率特性。控制涂层厚度使之处于雷达波中心频率介质波长的 1/4，从而利用谐振效应增强材料的隐身能力，如图 8-15 所示。该种材料的优点是，制备工艺简单，便于工程化实施；主要缺点是，涂层厚度及隐身剂的掺混比例对衰减能力和吸收带宽影响较大，隐身剂的性能要求较高，隐身剂对涂层的低发射率性能影响较大，因此红外和雷达的隐身兼容性有待进一步增强。

图 8-15　涂层型红外/雷达隐身复合材料

夹层型红外/雷达隐身复合材料由面板和芯材组成，面板选用具有良好透波性能的复合材料，使电磁波能够进入材料内部。芯材选用高强度的蜂窝或波纹形材料，使复合材料兼具良好的力学性能，芯材通过浸渍隐身剂或填充泡沫型隐身材料后，成为雷达波衰减层。浸渍隐身剂的芯材主要依靠壁面上的隐身剂及空腔效应吸收雷达波，而填充泡沫型隐身材料的芯材主要依靠泡沫隐身材料吸收雷达波，如图 8-16 所示。研究表明填充泡沫型隐身材料比浸渍隐身剂的隐身性能好，蜂窝结构比波纹板结构的隐身性能好。若在芯材中混以隔热材料或相变材料，控制材料的表面温度或实现红外分割，还可以起到良好的红外隐身作用。因此，该种复合材料的红外/雷达隐身兼容性较好，而且通过结构改进，合理选择红外隐身功能材料和隐身剂，还可以进一步加强材料整体的复合隐身性能。

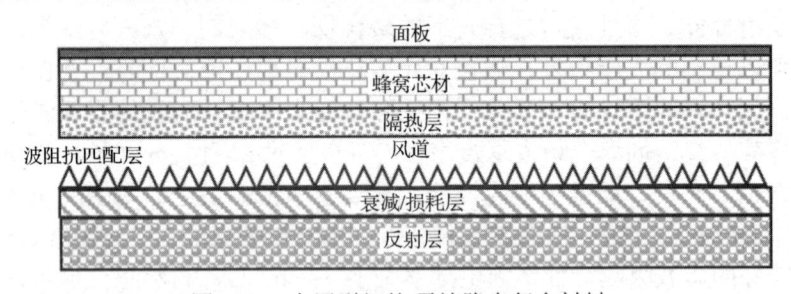

图 8-16　夹层型红外/雷达隐身复合材料

除此之外，还有薄膜形式的多层复合材料，即多层膜型红外/雷达隐身复合材料，其各层依次为红外表面层、频率选择层、雷达波匹配层、过渡层、雷达波吸收层、雷达波反射层、增强织物层及热屏蔽层，如图 8-17 所示（图中部分层省略）。这种复合膜外层具有频率选择性（在红外波段具有高反射性，在雷达波段具有高透射性，它们提供了背景协调的红外辐射，同时透过雷达波辐射）。材料第三层是带网格图案的导电溅射薄膜或金属网格，网格图案一般为正方形或长方形，金属薄膜间涂有聚乙烯膜以防止膜层间电导通。

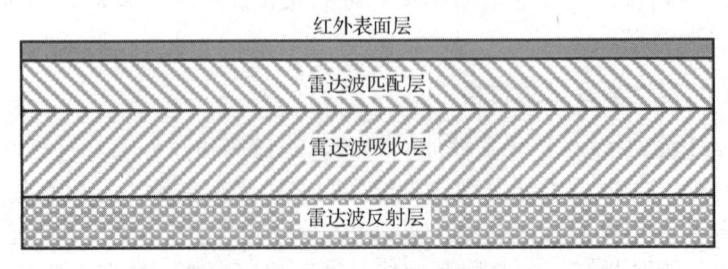

图 8-17　多层膜型红外/雷达隐身复合材料

8.3.2 可见光/红外/雷达兼容隐身复合材料

多频段兼容隐身复合材料在军事防御领域具有至关重要的作用,这是应对日益先进的探测技术的重要反制手段。目前,有许多研究致力于开发和设计多频段兼容隐身复合材料的涂层,如由纳米复合材料和其他成分构成的单层/多层复合涂层等。但是,这些复合材料的设计和制备过于复杂,无法应用;此外,此类材料或许在每个频段都有一定的隐身效果,但在每个频段的吸收性能尚不理想,吸收带宽较窄且难以扩展。具体来说,可见光/红外/雷达兼容隐身复合材料一般采用在可见光和近红外频段具有低吸收率、在中远红外频段具有较低反射率的材料制成复合材料,通过控制目标热源与背景温度差,来避免被光学仪器和热成像系统探测到,同时又具有一定的微波吸收性能。

例如,通过液相种子介导的生长策略构建的核壳 $Fe_3O_4@SnO_2$ 纳米复合材料,调整反应物 2-乙基己酸酯的含量,可以获得呈现出深绿、砖红和亮橙等一系列颜色的 $Fe_3O_4@SnO_2$ 粉末,对可见光具有选择性吸收[见图 8-18(a)]。由于低发射率 SnO_2 壳层的引入,样品的最低反射率可以达到 0.37,具备一定的红外隐身性能[见图 8-18(b)、(c)]。也有人通过化学镀法制备了 $Cr_2O_3@Ag$ 杂化粉末,粉体的发射率在 0.76 左右,涂层颜色出现了由铬绿色到棕绿色的转变,表明具有一定的可见光吸收能力[见图 8-18(d)、(e)]。

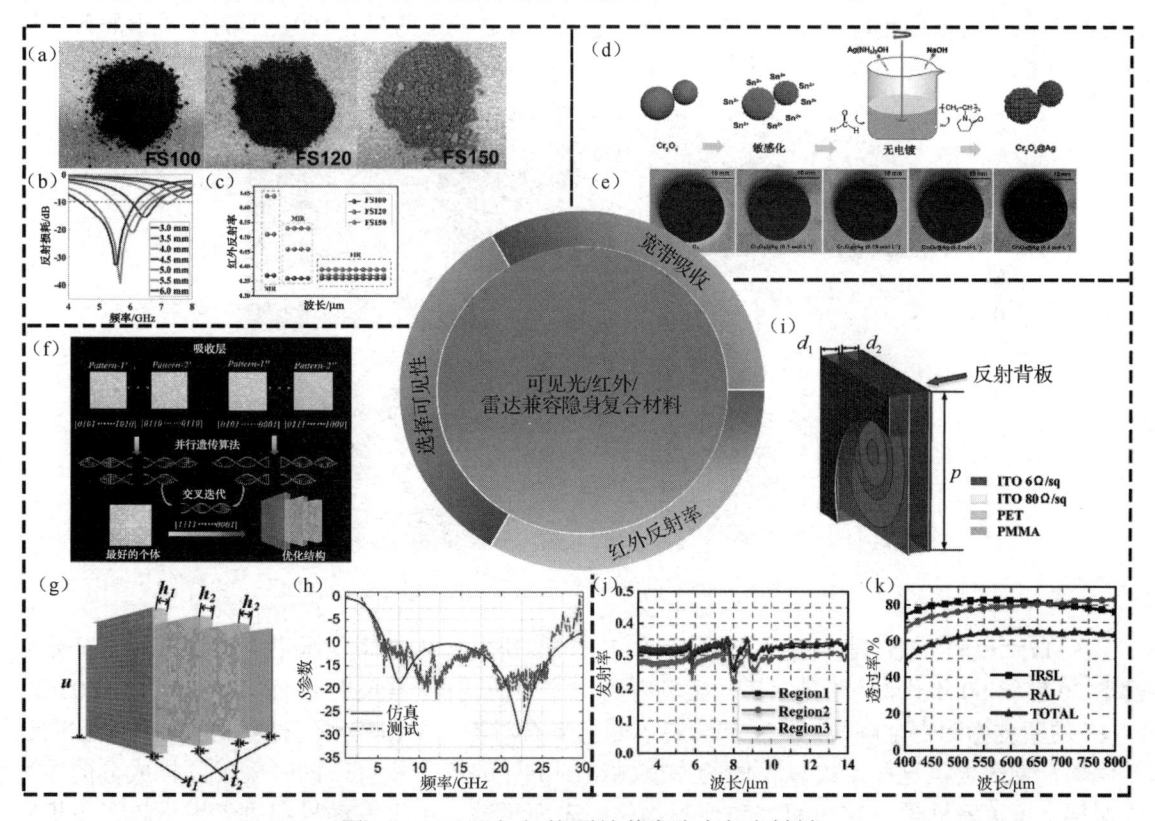

图 8-18 可见光/红外/雷达兼容隐身复合材料

与传统材料及单层材料相比,多层复合材料的设计更容易获得可见光/红外/雷达兼容的隐身性能。例如,通过并行遗传算法来设计多频段兼容性超表面。首先,借助于各独立的结构的算法优化及筛选,为实现多兼容、超宽带隐身寻找优化方案[见图 8-18(f)]。然后设计了由一个反射背板、两个微波吸收层和一个低发射率层组成的多层结构[见图 8-18（i）、（g）]，测试结果表明，通过不同吸收涂层的耦合，可实现多重共振的叠加，使得微波吸收带宽大大拓宽，如图 8-18（h）所示，在 5.8~27.8GHz 的宽频段下，微波吸收达到 90%以上，在 3.0~14.0μm 的平均厚度下，发射率低至 0.32，如图 8-18（j）所示。同时，也保持了一定的光学透明度，透过率为 62.4%，但距离理想光学隐身还有一定的距离[见图 8-18（k）]。

8.4　隐身复合材料在航空航天领域中的应用

我国著名科学家钱学森曾说，隐形技术的问世，其意义就像当年的原子弹。隐身技术自 20 世纪 80~90 年代出现并发展，便引起了航空航天领域的颠覆性变革，飞行器的隐身性能也成为一项关键性能指标。飞行器的隐身技术主要通过三个方面入手：低雷达反射外形设计、隐身复合涂层和特殊部位的隐身处理。其中，隐身复合材料通过高效的电磁波吸收，可以使雷达反射截面积（RCS）降低一个数量级，从而增强其对雷达、红外和其他探测手段的抵抗能力，在整个隐身环节中扮演着至关重要的角色。现如今，外形隐身技术进展趋于缓慢，而隐身复合材料技术的研究却仍在飞速发展，已成为进一步提升飞行器隐身性能的关键因素，其应用也涵盖了多个领域，包括隐身战斗机、隐身无人机、隐身导弹、隐身卫星等。其中，隐身战斗机是目前应用隐身复合材料最为广泛的领域之一（见图 8-19），下面以美国的代表性隐身战斗机为例，介绍隐身复合材料在航空航天领域中的具体应用。

图 8-19　美国的代表性隐身战斗机

F-117"夜鹰"隐身战斗机（以下简称 F-117）研发并生产于美国洛克希德公司，开始服役于 20 世纪 80 年代，是世界上第一架具有隐身能力的飞机，其反射截面积降低到了 $0.005m^2$。F-117 的蒙皮由铝合金制成，几乎都涂覆了隐身复合材料。主体所用的材料是类似于油毡的铁氧体聚合物薄板，这些薄板以不同的厚度黏结到机体的各个位置。同时采用同样成分的填泥或涂层来覆盖紧固件、密封间隙和使不均匀的表面平整。由于发动机和进气道贡献了飞机绝大部分的雷达反射截面积，设计人员在 F-117 的进气口布置了一个玻璃纤维制成，填料为石墨碳的吸波栅格，使电磁波在其中发生大量的反射与散射，从而达到能量衰减目的。同时，这种材料的导电性可以通过加热以防结冰，进气道也可能敷设有隐身材料。但随着雷达探测波段的拓宽、探测能力的增强，F-117 的在海湾战争中首次被雷达捕捉并被击落，也因此退出了历史舞台，取而代之的是隐身能力更强的 F-22、F-35 和 B-2 等新机型。

由美国诺斯洛普·格鲁门公司研制的 B-2 是世界上知名的隐身战略轰炸机，其隐身不仅局限于雷达侦测层面，也包括降低红外线、可见光等讯号，具有优异的综合隐身性能。下面以 B-2 为例，分析其隐身性能的实现方案。一方面，通过完整的曲面表面和连续的外形设计，有效改变各个角度的雷达波方向，从而高效抑制基体部位反射波的产生；同时，尽量减少弹舱门、起落架舱门和维护口盖等口盖数量，减少缝隙的产生，以减少整体外形的不连续性，抑制雷达波照射时表面电流的产生以减少 RCS。另一方面，首先，在机身三角楔处的内部采用填充碳的玻璃纤维蜂窝结构复合材料，从外表面顶部向基部集中，因此，阻抗从机身结构尖锐边缘处开始下降，直至后部导电表面阻抗降为 0，既实现了表面电流的抑制，也实现了高效的雷达波吸收和高效散热，同时降低了雷达散射截面积与红外辐射；其次，以上所述缝隙处使用导电填泥和导电胶带进行连接，同时对不连续处的蒙皮进行镀银处理，减弱不连续处导电性的起伏，抑制表面电流的产生。自从 B-2 于 20 世纪 90 年代开始服役，其隐身复合材料的选择也在不断朝着高隐身性能、低维护成本的目标而改变，新世纪之后开始大量采用直径几微米到几十微米的球形磁性颗粒作为主要填充剂，获得了更佳的雷达隐身效果。

F-22 继承了 B-2 的多种 RCS 衰减技术，并在此基础上进一步进行了隐身性能改进：首先，外形由机身融合翼组成，大大降低了连接机身与机翼的连接点，减少了表面波与 RCS 反射，同时，设计人员对机翼、操纵面和发动机进气口周边做了很明显的边缘处理，并采用内衬了隐身涂层 S 形进气道，在一些口盖和阻抗间隙上也大量应用了磁性隐身材料，以降低雷达波反射。

本章小结

本章主要讨论了隐身复合材料的隐身原理及其在航空航天领域中的应用。针对不同的探测频段，本章分别介绍了在雷达、红外、可见光频段通过复合材料实现隐身的原理、材料的选择及目前的研究进展等；结合探测与隐身材料技术的实际发展，本章将隐身复合材料分为单频段隐身复合材料和多频段兼容隐身复合材料两类，并结合国外公开报道的隐身战斗机，介绍了在航空航天领域隐身复合材料的具体选择和实际应用案例。

思考题

（1）为什么雷达、红外、可见光这三个频段的电磁波被广泛应用于现代探测技术？
（2）请简要介绍什么是隐身材料及隐身材料的发展趋势。
（3）为什么需要在隐身复合材料中采取成分复合策略？
（4）简述雷达隐身复合材料的雷达波吸收过程。
（5）结合斯特藩-玻尔兹曼定律，说明影响物体红外辐射的因素及降低红外辐射量的主要思路。
（6）以游离基燃料为例，说明其在可见光吸收中的应用。
（7）简述开发红外/雷达/可见光兼容隐身复合材料的技术难点。

第 9 章 耐空间辐射复合材料

9.1 空间辐射的概念与分类

对适用于航空航天、近地轨道和行星际探测任务的新型耐空间辐射材料和组件对国防的研究部和整个航天界都非常重要。传统上，这些组件的制造主要基于无机材料，包括激光器、发光二极管、光调制器、光电探测器、光纤、光学涂层和太阳能电池等设备。对这些材料已经进行了大量的研究，以确定这些装置的抗辐射性或硬度，以便应用于航空航天、近地轨道、月球表面和行星际探测任务。虽然针对这些外星环境的成熟无机组件已被证明可以通过提供功能所需的抗辐射性而很好地工作，但最近基于不断发展的纳米颗粒的有机聚合物材料和混合技术的同等或性能更好的抗辐射材料被提出。

许多卫星系统的运行寿命和性能在很大程度上取决于卫星组成材料及其与自然空间环境的相互作用。空间环境可能随轨道高度而变化很大，并可能对材料和部件产生深远的不利影响，这些材料和部件要么直接暴露在空间中，要么在某种程度上被卫星结构内部或被卫星结构屏蔽。低地球轨道（LEO）环境包括范艾伦带的被困辐射、宇宙辐射、原子氧的存在及低重力、真空、紫外线辐射（UV）和热效应。本章重点介绍被俘辐射和宇宙辐射对几个聚合物系统的影响。然而，重要的是要简要介绍可能与 LEO 环境中的材料、组件和结构相互作用的其他降解因素，如紫外线辐射和人为污染物。

用于辐射防护的材料的质量、空间、成本及衰减或吸收能力是研究人员合成和开发适当屏蔽材料的关键点。一个好的辐射屏蔽是可以衰减、吸收或阻挡入射辐射的最大部分的辐射屏蔽。

与传统材料相比，聚合物及其复合材料因其质量轻、耐用、柔韧性及卓越的物理、机械、光学和抗辐射性能，在辐射屏蔽领域为铅和混凝土提供了有前途的合适替代候选者。此外，聚合物可以很容易地掺杂大量高大气值（high-Z）材料，以形成其复合材料，这些复合材料在辐射屏蔽方面效果更好。复合材料通常由树脂制成，树脂以增强机械强度。该树脂是一种有机聚合物，如聚醚醚酮（PEEK）、聚酰亚胺（PI）和聚丙烯（PP），是根据其化学和热性能选择的，碳纤维（CF）或碳化硅用于增强。选择合适的树脂和增强材料，使复合材料比单独的树脂和增强材料更具抗冲击性和耐热性。复合材料因其低密度和高机械强度已用于汽车、飞机和航天器。与铝相比，复合材料不仅有助于提高航天器的结构强度，还有助于辐射屏蔽，因为它们具有相对较高的阻断能力和更大的每单位质量核碎片横截面。

根据耐空间辐射复合材料的功能可以把耐空间辐射复合材料分成 5 大类，分别为耐 X 射线辐射复合材料、耐 γ 射线辐射复合材料、耐中子辐射复合材料、耐紫外线辐射复合材料、耐热辐射复合材料，在 9.3 节一一介绍。

在地球大气层的外部，广袤宇宙中充满各种形式的辐射。辐射是一种以射线、电磁波或粒子释放能量的现象。在某些情况下，我们可以直接观察到辐射（如可见光），或通过辐射（如红外辐射）对人生理机能的作用来感受辐射的存在。但有些辐射，如 X 射线和 γ 射线，并不可见，只能借助特殊设备进行观察。辐射对生物系统和机械系统都可能产生负面影响，我们可以通过学习辐射的产生和物质的作用机理来深入了解辐射对空间设备及对人类的影响。

空间环境与地面环境有很大的区别，其主要特征为强辐射、微重力、弱磁场、高真空和昼夜温差大等。其中，空间辐射是在长期飞行或实际生存作业过程中导致航天员损伤的主要因素。NASA 认为，空间辐射将有可能成为人类深空探测中的最大限制因素，一直受到美国、俄罗斯等载人航天大国的高度关注，并将其列为航天生物医学发展路线图的五大领域之一。

空间辐射主要指太阳宇宙射线、银河宇宙射线、地球辐射带三类。太阳宇宙射线是指在太阳耀斑（太阳粒子事件）期间进入太空的粒子。银河宇宙射线是指来自太阳系外的高能质子（质子也是离子的一种，实际上就是氢离子）和重离子。地球辐射带由被困在地球磁场中的粒子组成，也称范艾伦带。

1. 太阳宇宙射线

太阳宇宙射线来自日冕质量喷射和太阳耀斑产生的高通量带电粒子。各种成分比例为质子，90%～95%；α 粒子，5%～8%；其他重核，约 1%；各种能量的电子，约 2%。实际粒子成分和比例随时间和不同太阳粒子事件阶段而变化，在太阳活动峰年太阳质子事件增多，电离和电磁辐射皆增强。太阳耀斑中电子通量较高，但寿命通常只有几个小时；而日冕质量喷射质子通量较高，且寿命可长达数天。除发射质子和电子外，太阳粒子事件还伴随很宽频谱的硬软 X 射线和其他电磁波发射，共同形成所谓太阳风。这种太阳风能调节银河宇宙射线的通量，调节程度与太阳活动程度有关。太阳活动周期一般为 9～11a，太阳越活跃发生太阳粒子事件的可能性也越高，较高太阳活动期太阳风能将银河宇宙射线通量下调 3～4 个量级。日冕粒子中绝大部分是质子，小部分为重离子，能量高的可达数 GeV（GeV，千兆电子伏特）。这些粒子沿星际磁场线盘旋，在日食平面场线内自太阳扩展到星际间介质，形成一束类似橡胶软管盘旋样的螺旋，地球与太阳间的辐射带就通过这种盘旋状螺旋相连，在地球上观测到的太阳宇宙射线中粒子的数量和能量都与这种连接有关。太阳宇宙射线中粒子的通量和能量变异很大，最强太阳宇宙射线对无屏蔽宇航员有生命威胁。

2. 银河宇宙射线

银河宇宙射线来自太阳系以外的星际，如超新星爆炸、中子星、脉冲星或其他发射高能粒子的星球。银河宇宙射线通过很强的星际风注入星际介质，银河磁场对他们有加速作用。在银河宇宙射线中，98%为高能重离子，2%为电子。重离子中 85%为质子（氢核），14%为 α 粒子（氦核），约 1%为高荷电高能重原子核，能量最高可达 1020eV。由于路途遥远及沿途的相互作用和散射，到达地球时银河宇宙射线已呈各向同性分布。异常宇宙射线成分最初来自星际间的中性粒子，进入太阳系后太阳辐射使其变为失去单个电子的离子，这些离子受太阳风快慢运动潮作用和碰撞加速，其穿透地磁场的能力比其他宇宙射线更大，穿透距离更远。这些离子的能量约为 20MeV/核子（MeV，兆电子伏特），可穿透航天器屏蔽层与贴近屏蔽层浅层的舱内物质发生相互作用。

3. 地球辐射带

地球辐射带来自银河宇宙射线和太阳宇宙射线与地球磁场和大气层的相互作用产生的高能粒子，包括电子、质子和少量重离子。地球辐射带中电子的能量可达到 7MeV，质子的能量可达 600MeV，重离子能量一般低于 50MeV/核子。银河宇宙射线和太阳宇宙射线虽然能被地球的偶极磁场俘获，但很难进入偶极场内部，而一旦进去将会被限制难以逃脱。这些粒子沿地球磁场线螺旋运动，在地磁极之间镜像反射形成内外两个辐射带。内辐射带中心距地心约1.5个地球半径，范围限于磁纬度±40°之间，东西半球不对称，呈西高东低状，最高处可达9000km，两端向赤道方向凸出。在太阳粒子事件弱或无，或者地磁扰动不大的情况下，内辐射带内质子和电子的分布和强度相对稳定。但在太阳事件活跃期太阳风到达地球附近空域时，太阳风与地球的偶极磁场发生相互作用，一些低能粒子从外向内渗透填充内辐射带，同时将地球磁场压缩在一个固定的区域形成磁层。磁层头朝太阳呈蛋形，外壳为磁层顶，地球的磁力线被压缩在蛋形"壳"内。磁壳层在背太阳面拉长呈开放状尾端，磁力线向周围扩散，分布在从200km至75000km范围内。内辐射带质子强度随太阳活动的增强而下降，电子强度则随太阳活动的增强而增大，反之亦然。外辐射带中心距地心约3~4个地球半径，辐射带起始高度为13000~19000km，厚约6000km，磁纬度范围为50°~60°。外带以电子为主，较稀薄，带内电子能量比内带小，但远远超过外大气层中粒子的热运动能。外层电子带内的电子强度随每日时间变化而变化，变化系数为6~16，磁暴情况下短期电子强度可增加到平时的2~3个数量级。太阳活动程度、地磁长短期变化（磁暴）、太阳宇宙线事件等都对地球辐射带有影响。地球辐射带中的质子和电子是低地球轨道国际空间站工作人员的主要威胁来源。

所有这些空间辐射都代表着电离辐射。电离辐射就像一个原子级的炮弹，通过物质爆炸，留下巨大的伤害。当这种情况发生时，它会使与之相互作用的周围物质中的原子电离（将电子击出）且由主辐射粒子推动进入运动的二次粒子也会造成更多的损伤。

9.2 耐空间辐射的机制

随着人类空间探索活动的日益增加，空间太阳能电站、宇宙飞船、空间站、通信和导航卫星等各种航天器需要长时间地在空间环境中运行。然而空间辐射的存在也对航空航天材料提出更高的要求，航天器不仅可以在外太空复杂环境中稳定运行，同时也要保障生命体的安全，尽量减少空间辐射带来的伤害。

抗辐射指利用一定的技术手段，减少或阻挡辐射对生物或设备的影响。辐射主要包括电磁辐射和离子辐射两种形式。电磁辐射是指一切带电粒子（如电子、离子）在运动过程中，所携带的能量以波动方式传播出去，包括可见光、无线电波、微波、紫外线等。离子辐射是指带电粒子失去或吸收能量后发生的一种形式，包括 α 粒子、β 粒子、γ 射线、X 射线等。抗辐射原理主要通过以下途径保护人体和设备免受辐射的危害。

（1）屏蔽辐射：使用特殊材料，如金属屏蔽物或铅板等，可以阻挡辐射的传播，屏蔽材料的选择与辐射种类有关。

（2）吸收辐射：利用吸收材料，如特殊电子元件、吸波材料等，来吸收辐射能量，减少辐射对人体和设备的影响。

（3）远离源头：保持一定的距离可以降低辐射对人体和设备的影响。辐射的能量随着距离的增加而迅速减弱。

（4）使用防护装置：佩戴辐射防护装置，如铅衣、防护面罩等，可以减少辐射对人体的直接接触。这些装置能够吸收或反射辐射能量，起到保护作用。

（5）辐射监测和控制：通过定期监测辐射水平，及时采取控制措施，降低辐射对人体和设备的危害。

9.2.1 辐射屏蔽

辐射屏蔽（Radiation Shielding）是一种利用辐射与材料原子的互相作用来降低某一区域的辐射水平，以达到保护环境、减少人体受辐照量的辐射防护技术。

辐射屏蔽的主要对象是 γ 射线（γ 光子）和中子辐射。γ 光子在通过屏蔽体时主要通过光电效应、康普顿散射和电子对形成等过程把能量传递给屏蔽体而被减弱或吸收。光电效应是光子把全部能量传给轨道电子，使电子脱离所在壳层，从原子中释放出来，这对低能 γ 光子（能量小于几百 keV 的 γ 光子）的吸收起主要作用。康普顿散射是指光子与自由电子碰撞，把部分能量传给电子，同时改变自己的方向和能量，对降低中能 γ 光子（能量在几百 keV 和几 MeV 之间）的能量起主要作用。电子对形成是指 γ 光子与核的电场发生作用，γ 光子被完全湮没，其能量转换成一对正负电子的质量和动能及反冲核的动能，对高能 γ 光子（能量大于几 MeV）的吸收起主要作用。

快中子进入屏蔽体，多数情况是通过弹性散射和非弹性散射将其能量传递给屏蔽物质，变成热中子或超热中子，然后通过辐射俘获等过程被物质吸收的。弹性散射是中子和屏蔽物质的原子核发生弹性碰撞，把一部分（极个别情况下是全部）能量传给反冲核，同时改变自己的能量和运动方向。反冲核的质量越小，一次碰撞平均传给它的能量越多。非弹性散射与弹性散射的不同点在于反冲核除得到动能外，其本身还处于激发态，并通过放出 γ 射线而回到稳态。非弹性散射发生的概率随中子能量和屏蔽物质原子序数的增加而增加。一次非弹性散射可以把相当多的能量传给反冲核，所以非弹性散射是快中子（能量大于 1MeV）减速的主要过程。辐射俘获 [(n, γ) 反应] 是中子被屏蔽物质吸收的最后一个过程。大多数核素都易与热中子发生 (n, γ) 反应，少数核素还易与超热中子发生共振吸收反应。

屏蔽材料应具有以下特点：①密度大，可以有效地吸收一次 γ 射线和二次 γ 射线，如钢等，同时还可以通过非弹性散射把快中子慢化下来；②含有足够多的氢，可以有效地把非弹性散射阈值以下的中子慢化为热中子；③要有足够的机械强度、机械稳定性、热稳定性和化学稳定性；④容易加工和建造。选择合适的材料进行屏蔽是空间辐射防护最重要的方法。但屏蔽的强度和效果与太空舱的容量、质量，以及发射需要的燃料此消彼长，而除乘员外，生活用水、燃料和食物及某些电子设备也都需要屏蔽防护，因此太空舱的空间结构和所用材料非常有讲究。银河宇宙射线和太阳宇宙射线主要由高能粒子组成，这些粒子与材料相互作用时会产生次级辐射。在选择防护材料时，通常优先考虑那些能够有效减缓和吸收这些高能粒子的材料。聚乙烯和富氢纳米纤维是首选的防护材料，液态氢具有较高电子/核子比，产生的次级辐射（如介子）最小。现有技术对太阳粒子事件的防护已很好的解决方案，而对于银河宇宙射线的防护可在舱内建立由多层复合材料构成的局部屏蔽舱来解决。

在空间硬件中，铝被用来屏蔽辐射和被用作结构外壳。许多薄膜也被用来屏蔽辐射，由金属聚合基薄膜和聚合物复合材料层组成的杂化复合材料，如铝及其复合材料作为卫星和航天器的结构材料。此外，在航天器中利用复合材料代替铝是减轻辐射暴露的一个良好选择。

聚酰胺已经被用于隔离航天器和电子设备相关的任务中，它被用作多层绝缘子，以保护航天器免受空间辐射和热效应。这些材料具有广泛的热稳定性，具有质量轻和抗辐射降解的特点。

对于空间系统结构，氢化氮化硼纳米管等新型材料具有耐热性、柔韧性好和高强度等特殊特性，并证实了具有屏蔽辐射的特性。研究人员使用了掺钨的聚酚醛树脂和聚乙烯树脂来优化屏蔽性能。通过实验和模拟研究，研究了氢含量较高的新型复合材料的屏蔽性能。结果表明，富含氢元素的复合材料对 80 和 400MeV/n 12C 粒子具有较高的屏蔽能力。测试数据表明，这些材料在空间辐射屏蔽方面更具优势，可用于大型航天器。

9.2.2 现有的防护方法

太空空间站人员和设备对于近地空间辐射都需要一定防护。防护主要分为物理防护、生物医学和化学防护。

物理防护的基本策略有三个：增加与辐射源的距离；减少受照时间；根据粒子或射线的不同物理性质和强度，选择合适的物质材料进行阻挡和屏蔽。空间辐射以高能重粒子为主，受不同星球活动周期和活动程度，星际相互作用程度的影响，粒子种类及强度在不同地球轨道空间都不同，因此在防护方面应根据特点审时度势、因地制宜，方法和措施要科学合理适当。鉴此，熟悉影响空间辐射环境的各种因素和空间辐射环境变化的规律，充分利用时间和空间进行规避防护对于空间辐射防护十分重要。由于太空银河宇宙射线的发射无方向性，太阳事件发生后几个小时内穿透地球辐射带的各种太阳粒子的运动也是各向同性的，因此通过增加与放射源距离的方法进行防护并非易行和有效，一旦航天器运行轨道确定，考虑从时间和屏蔽方面进行防护就变得重要了。然而通过减少受照时间进行防护在一定程度受到执行太空执行任务的时间限制，增加运载火箭和飞船的运行速度，减少通过各种辐射带、星际间运行、执行太空任务的时间，成为唯一可行的时间防护选择。

生物医学和化学防护即通过药物、营养补充和其他手段调节、增强、提高生物对辐射因素的抗性和耐受性。机理包括诱导抗辐射基因和蛋白的表达，诱导兴奋效应，维持适应性改变的物质基础，提高生物抗氧化保护能力，诱导生物应激，调节生物炎性和抗炎性能力，诱导机体免疫能力等。

化学辐射防护剂主要通过在细胞水平迅速辐射物理和辐射化学反应实现辐射防护作用。通过迅速清除辐射诱导的自由基，中和电离辐射引发的各种"氧效应"，尤其是发生在 DNA 等重要生物大分子上的"氧效应"，或通过诱导细胞缺氧发生"生化休克"等发挥防护作用。

太空辐射主要来自银河宇宙射线中的高能重粒子、太阳粒子事件中的高能质子，以及各星体俘获带内的带电粒子和中子。目前，太空辐射防护的基本方法仍然是通过物理方法进行屏蔽控制辐射剂量。

9.3 常用的耐空间辐射复合材料

在航天航空领域，在太空环境中存在着严峻的辐射环境，包括高能粒子、电磁波辐射及宇宙射线等。这些辐射对航天器和卫星等航天设备的正常运行构成了挑战。为了保证航天器在极端环境下的工作稳定性和安全性，科学家和工程师们不断探索和研发各种耐空间辐射复合材料。

耐空间辐射复合材料是一类特殊设计的材料，旨在抵御来自太空环境的辐射损害。这些材料通常由多种基础材料组成，如聚合物基体、纤维增强材料、金属网格等。它们具有出色的辐射抵御能力，能够有效减少或阻碍辐射的进入和对内部元器件的影响。耐空间辐射复合材料的设计和制造过程需要考虑材料的物理、化学和电学特性，以及其在太空环境中的长期耐久性。这些材料不仅要具备辐射阻隔和屏蔽功能，还需要满足其他性能要求，如机械强度、热稳定性、防腐蚀性等。

本章将详细介绍几种常用的耐空间辐射的复合材料，分别为耐 X 射线辐射复合材料、耐 γ 射线辐射复合材料、耐中子辐射复合材料、耐紫外线辐射复合材料、耐热辐射复合材料。

耐 X 射线辐射复合材料屏蔽辐射的原理为，当 X 射线光子穿过物质过程中，与物质的原子发生光电效应、康普顿效应或者电子对效应时，原有 X 射线光子能量会因光子消失或者散射导致改变，并偏离其入射方向，从而减弱原方向上 X 射线的强度。耐 X 射线辐射复合材料分为以下几种类型：抗 X 射线辐射石墨基复合材料、抗 X 射线辐射碳纤维增强聚合物复合材料、抗 X 射线辐射柔性材料。

耐 γ 射线辐射复合材料屏蔽辐射的原理为，通过对 γ 射线的衰减与吸收形成屏蔽作用，达成在空间环境下对器件的保护。耐 γ 射线辐射复合材料分为以下几种类型：金属及金属化合物基复合材料、聚合物基复合材料、其他新型复合材料。

耐中子辐射复合材料屏蔽辐射的原理为，通过与原子核撞击发生相互作用衰减能量。耐中子辐射复合材料分为以下几种类型：含氢材料、含硼材料、稀土材料。

耐紫外线辐射复合材料屏蔽辐射的原理为，在紫外线的持续照射下，物质的基态吸收光子会形成激发态，随后由激发态发生一系列光化学过程和光物理过程。光化学过程包括自由基形成、光致电离、环化、分子内重排及分子碎裂等；光物理过程则通过一些辐射和非辐射方式消散吸收能。耐紫外线辐射复合材料分为以下几种类型：纤维增强复合材料、纳米复合材料。

这些耐空间辐射复合材料在航天器、卫星、导弹、航空电子设备等领域得到广泛应用。它们能够有效保护内部电子元器件免受辐射损伤，提高设备的可靠性和寿命。通过深入了解这些材料，我们可以更好地理解和应对太空环境中的辐射挑战，提升航天器和航空设备的可靠性和安全性。

9.3.1 耐 X 射线辐射复合材料

X 射线是一种介于紫外线和 γ 射线之间且频率高于 3×10^{16}Hz、波长只有 0.001～10nm 的电磁波，覆盖了从 250eV 到数兆 eV 的光子能量范围，是一种高能量光子流，常作为一种短波电离辐射源，被广泛应用在国防军工、工业探伤、医学诊疗、考古等领域，其中医用 X 射线通常具有较高的光子能量。然而，由于超剂量的 X 射线辐射会威胁人体健康，诱发辐射疾病甚至死亡，因此，GB 18871—2002《电离辐射防护与辐射源安全基本标准》规定，公众成员照射剂量不超过 1mSv/年，工作人员职业照射剂量不超过 20mSv/年，且每年限值为 50mSv。

X 射线不带电，在电/磁场中不偏转，呈电中性，其与物质相互作用的机制是光子对核外电子或者原子核库仑场发生的相互作用，主要表现为光电效应、康普顿效应和电子对效应。X 射线防护材料主要通过以上三种效应来吸收能量，作用过程如图 9-1 所示。在 X 射线光子穿过物质的过程中，与物质的原子发生光电效应、康普顿效应或者电子对效应时，原有 X 射线光子能量就会因光子消失或者散射导致改变，并偏离其入射方向，从而减弱原方向上 X 射线的强度，如图 9-2 所示。

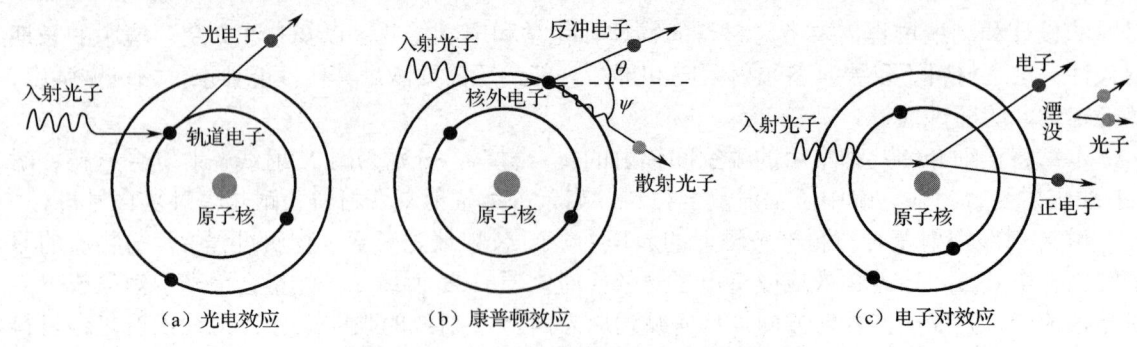

(a) 光电效应　　　(b) 康普顿效应　　　(c) 电子对效应

图 9-1　X 射线与物质发生相互作用的机理

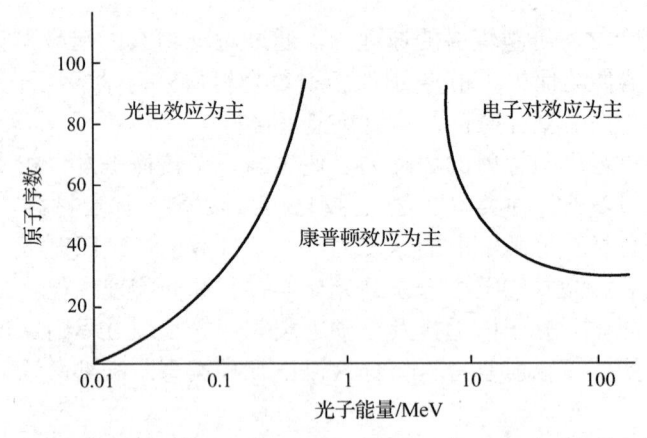

图 9-2　X 射线与物质之间的三种相互作用和光子能量与原子序数之间的关系

由图 9-2 可见，当光子能量较低（小于 0.4MeV）、原子序数较高时，以光电效应为主；当光子能量范围为 0.4~10MeV、原子序数较低时，以康普顿效应为主；当光子能量较高（大于 10MeV）、原子序数较高时，以电子对效应为主。

X 射线防护材料通常是采用含高原子序数元素物质作为射线辐射吸收材料，物质对射线的吸收主要包括能量吸收与粒子吸收两种形式。能量吸收通过 X 射线与物质发生弹性或（和）非弹性散射的方式进行，如康普顿效应。能量吸收正比于物质原子序数的 4 次方，并且当 X 射线能量较高时，以能量吸收为主。粒子吸收则以 X 射线与物质的原子或原子核发生相互作用的方式进行，如光电效应和电子对效应。对于中、低能量的 X 射线，粒子吸收占主导地位，原子结构如图 9-3 所示（K、L、M、N 代表不同的电子壳层）。物质原子的 K 层吸收边的位置是决定其粒子吸收能力的主要因素，而对于低能 X 射线，物质的 L 层吸收也起一定作用。

1. 抗 X 射线辐射石墨基复合材料

石墨烯和碳纳米管基材料的结构特点独特，适用于制备有效的辐射屏蔽材料。石墨烯是一种薄而纯的碳材料，其中碳原子紧密地结合在一起，形成单层二维六方晶格结构。独特的晶格结构使石墨烯具有出色的偏心率。它是最薄、最坚固的材料之一，甚至比钢更坚固。此外，石墨烯碳原子中存在的键是芳香族的，使其化学性质非常稳定。石墨烯最显著的特点之一是，它可以通过遵循适当的条件转化为不同的结构。它可以堆叠到三维（3D）石墨上，轧制成一维（1D）纳米管，并折叠成零维（0D）富勒烯。图 9-4 显示了石墨烯向不同维度的转变。

第 9 章 耐空间辐射复合材料

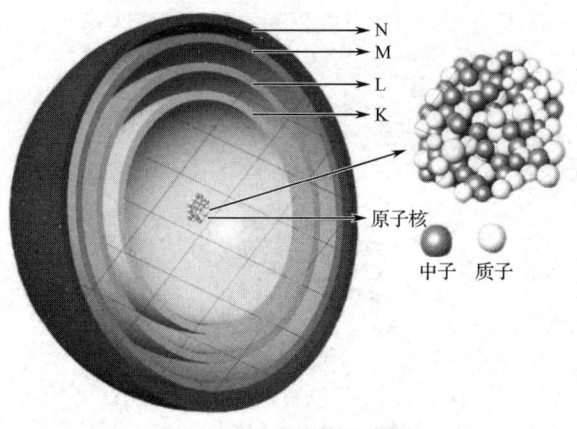

图 9-3 原子结构示意图

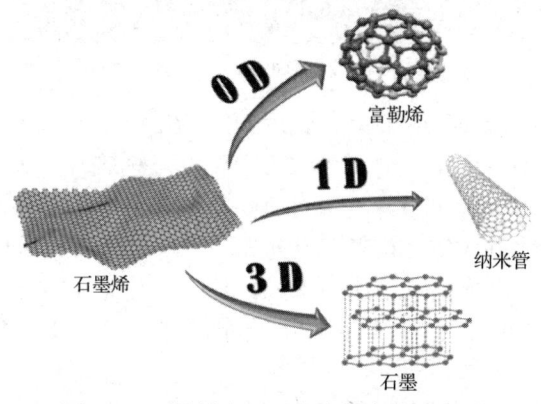

图 9-4 石墨烯向不同维度转变的示意图

碳纳米管是圆柱形石墨片，直径约为 100nm，长度以 μm 为单位，强度高，坚固性最强。它被认为是富勒烯和碳纤维的衍生物，其中 60 个碳排列在纳米管中。碳纳米管（Carbon Nanotube，CNT）被分成两类：单壁碳纳米管（SWCNT）和多壁碳纳米管（MWCNT）。单壁碳纳米管由排列成六边形堆积束的单层石墨烯组成，多壁碳纳米管由两个或多个圆柱形石墨烯片组成，如图 9-5 所示。

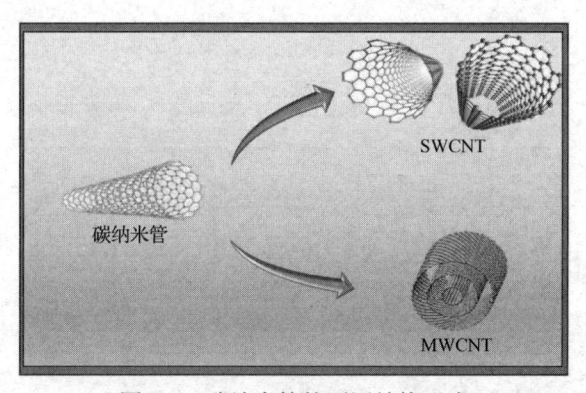

图 9-5 碳纳米管的不同结构形式

基于不同的衰减特性，可以通过提供双重屏蔽效果来提高屏蔽效率。双重机制导致了光电效应和康普顿效应。来自射线的入射光子被碳纳米管或石墨烯基复合材料吸收，从而形成屏蔽效应。图 9-6 显示了入射光线（光子）与复合材料的作用机理。

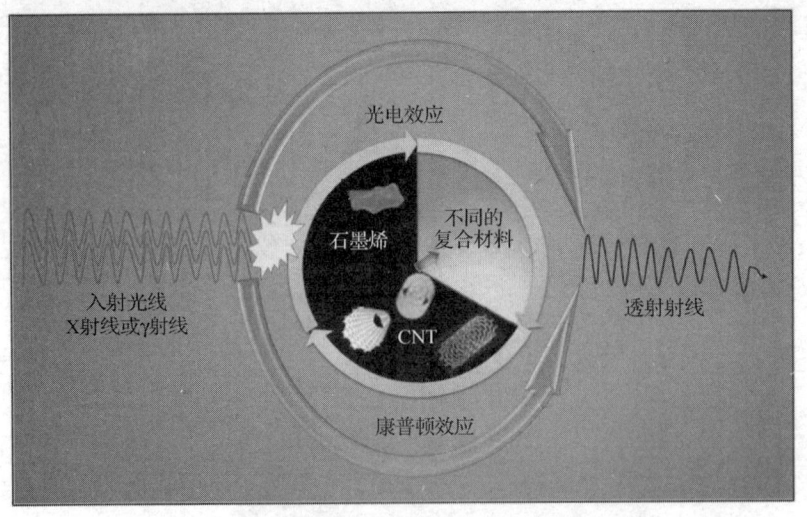

图 9-6　复合材料对入射光线的屏蔽机理示意图

氧化铅复合的氧化石墨烯/环氧树脂混合物，用于在多步合成程序后使用改进的悍马方法屏蔽 X 射线辐射。按照改进的悍马方法合成 GO（氧化石墨烯），然后用 Pb_3O_4 对其进行改性，并通过不同的质量比制备了 $GO-Pb_3O_4$ 复合材料。最终，通过调整填料含量（分别为 4wt%和 6wt%），获得了不同填料比例的复合材料。研究表明，与相当大的微粒尺寸相比，具有更大表面积的小尺寸（纳米尺寸）颗粒表现出良好的 X 射线辐射屏蔽性能。这些复合材料在 Pb_3O_4 颗粒上被装饰在 GO 颗粒的表面。环氧树脂的分布得到改善，具有更好的复合材料界面，使其成为良好的屏蔽材料。

用 PVDF（聚偏二氟乙烯）开发了纳米复合材料，制备了各种功能化材料，如（MWCNT）、热解石墨（PG）、（GO）和无定形碳（烟灰）。PVDF/石墨材料薄膜的合成路线示意图如图 9-7 所示。PVDF 基体中 GO 的数量对形成更突出的晶体结构具有重要影响，因为纳米材料的复合，聚合物中的球状晶体减少甚至消失，显然这就是复合材料抗辐射性能变好的原因所在。

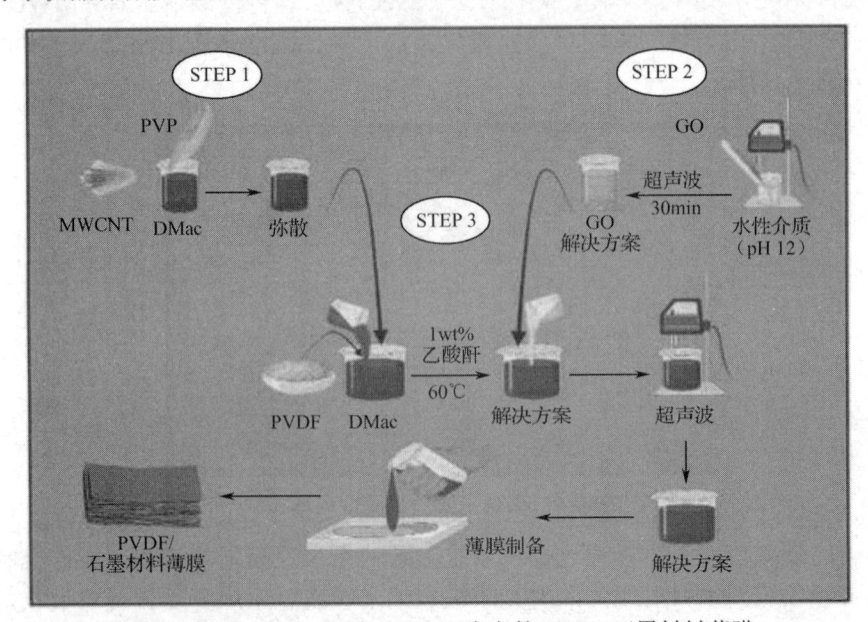

图 9-7　用 GO、PG 和 MWCNT 生产的 PVDF/石墨材料薄膜

2. 抗 X 射线辐射碳纤维增强聚合物（CFRP）复合材料

通常，航天器的外壁被 CFRP 外壳覆盖，为飞行器内部提供屏蔽保护。在外层空间，航天器可能会遇到核爆炸引起的高能量密度 X 射线辐射。当 X 射线照射在 CFRP 复合材料上时，它瞬间转化为内能。如果比沉积能足够高，CFRP 复合材料的表面可能会气化。气化材料剧烈膨胀并产生吹扫脉冲（BOI）动量，导致压缩应力波在残余材料中传播。同时，高内能在材料中引起快速的热膨胀，导致热应力波。这两种应力波融合在一起，在残余的 CFRP 复合材料中传播，会对航天器的结构安全构成威胁。

如图 9-8 所示，尽管输入能量相似，但软 X 射线在 CFRP 复合材料中产生表面气化，而在硬 X 射线下未检测到表面气化。升华层急剧膨胀并与残留的固体部分分离。压应力波向背面传播，应力峰值在 12.6μs 内从 5GPa 迅速下降到 0.1GPa，如图 9-8（a）～图 9-8（c）所示。此外，满足最大拉伸应力准则的单元将从图 9-8（a）～图 9-8（c）的轮廓中删除。由于拉伸应力波的传播，在图 9-8（b）中发现了前表面剥落。在一维条件下也预测了类似的现象。在三维有限元模型中，可以看到横向稀疏波，边界附近的单元失效，如图 9-8（b）所示。在 3keV 硬 X 射线下，图 9-5（d）～图 9-8（f）显示没有发生表面气化。3.8～2.6GPa 的压应力大小低于 1keV X 射线下的压应力大小。随着应力波的传播，也会发生正面剥落，如图 9-8（e）所示。此外，在峰值应力波到达后表面之前，在图 9-8（e）中观察到后表面区域附近的横向断裂。在 0.15μs 时，由于应力波的传播，前表面剥落和横向断裂带的面积增加。

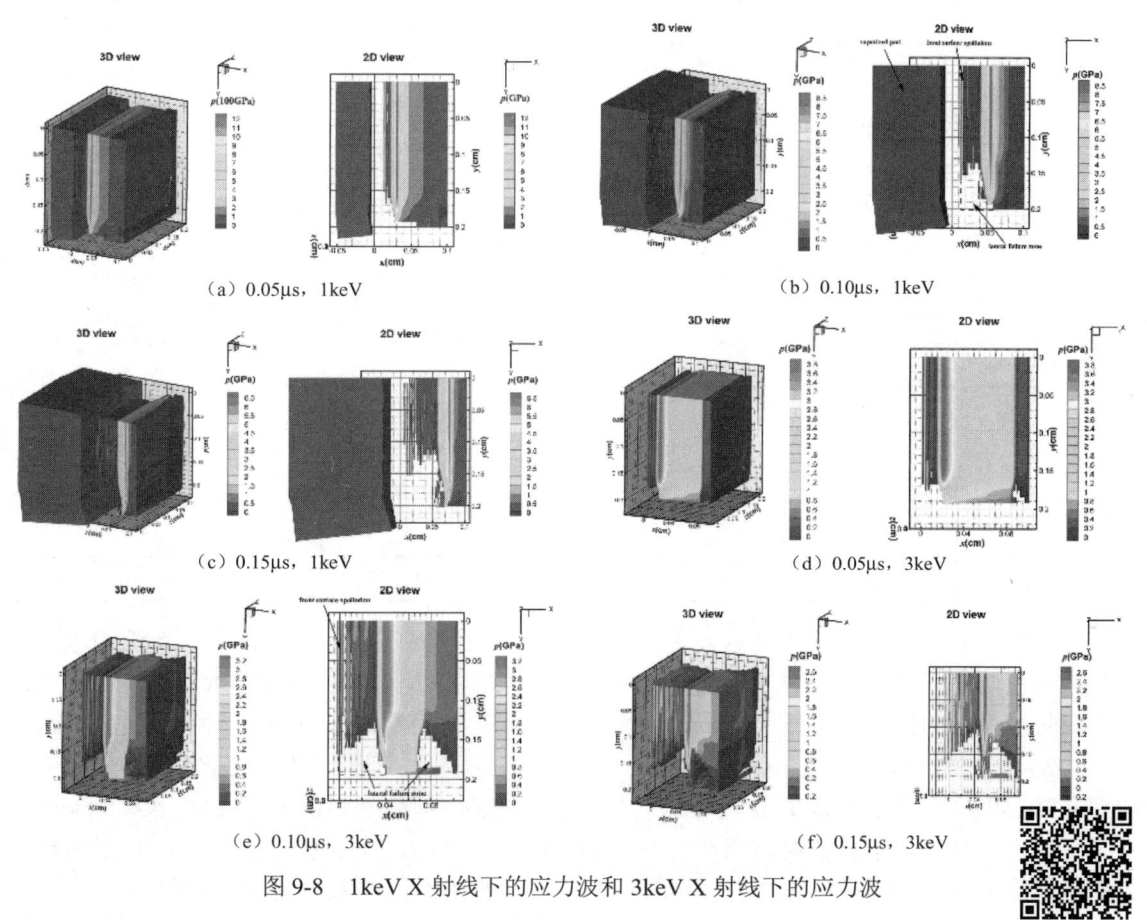

(a) 0.05μs, 1keV

(b) 0.10μs, 1keV

(c) 0.15μs, 1keV

(d) 0.05μs, 3keV

(e) 0.10μs, 3keV

(f) 0.15μs, 3keV

图 9-8　1keV X 射线下的应力波和 3keV X 射线下的应力波

扫码看彩图

3. 抗 X 射线辐射柔性材料

在聚合物基质中添加不同的化合物作为填料可屏蔽或降低辐射能量。已经开发了各种柔性材料,包括天然橡胶/Bi_2O_3、聚酰亚胺/Bi_2O_3、PVA(聚乙烯醇)水凝胶/Bi_2O_3、硅橡胶/W/Bi_2O_3、二甲基聚硅氧烷/纳米氧化锡和环氧树脂/Er_2O_3。此外,还有热塑性弹性体的高柔性材料,其特点是具有类似橡胶的柔韧性和热塑性塑料的可加工性。热塑性淀粉/天然橡胶和聚偏氟乙烯/天然橡胶,是已知的热塑性弹性体。热塑性弹性体可以进行再加工,符合BCG(波士顿矩阵)模型的当前趋势。

无铅 X 射线辐射吸收填料主要包括稀土元素、铋系元素,以及锑、镍、钨、锡等其他高原子序数金属元素等。这些无铅 X 射线辐射吸收填料广泛应用在 X 射线防护用柔性材料中,如表 9-1 所示。

表 9-1 X 射线辐射吸收填料的应用

辐射吸收填料	样品形状/基材	防护效果/峰值管电压(kV)或辐射能量点(keV)		
Gd_2O_3	环氧树脂	(93~97)/(70~120)kV	—	>0.35
La_2O_3	天然皮革	65/80keV	—	—
Sm_2O_3	—	—	0.216(Sm)/0.1MeV	1.583(Sm)/0.1MeV
Eu_2O_3	聚乙烯	—	0.210(Eu)/0.1MeV	1.657(Eu)/0.1MeV
Gd_2O_3	—	—	0.205(Gd)/0.1MeV	1.7(Gd)/0.1MeV
$Bi_4Ti_3O_{12}$	环氧树脂	95/100kV	—	0.35/100kV
WO_2/Bi_2O_3	PVA	—	0.017/50kV	24/50V;
		—	0.043/100kV	12/100kV
Bi_2O_3	聚四氟乙烯	—	—	165.23/30kV
Bi_2O_3	聚氯乙烯	—	0.25/100kV	—
α-Bi_2O_3	纳米颗粒	—	0.63/0.356keV	0.34/0.356keV
Bi	纳米纤维素/UHMWPE	44/33keV	—	—
$Bi_2(SO_3)_3/SnCl_2/WO_3$	聚苯胺	98/120keV	—	—
Bi_2WO_6:Ba^{2+}	聚氯乙烯	0.25/120kV	0.061/40kV	8.18/40kV;2.6/120kV
氮化铁钨杂化物	聚苯胺	45/60kV	—	—
$NiFe_2O_4$ NPs	—	—	6.6/81keV	0.34/81keV
W	涂层织物	74/100kV	—	—
Sb_2O_3	天然橡胶	—	0.38/70~120kV	3.75/70~120kV

中国稀土矿产,稀土元素储量及其稀土制品产量居世界之首。它不仅具有特殊的电子结构和物理性质,质量轻,具有无毒或低毒特性,还能够吸收 X 射线辐射能量,是一种替代传统含铅防护材料的优质防护材料。稀土元素一般包括镧系元素、钇、钪共 17 种金属化学元素,如表 9-2 所示。其中,镧系元素包括镧、铈等 15 种化学元素,其 K 层吸收边随原子序数的增加而升高,即从 La 的 38.9keV 逐渐增高至 Lu 的 63.3keV,都处于铅的弱吸收区(40~88keV)。研究表明,与传统含铅防护材料相比,在达到相同衰减性能及铅当量的条件下,X 射线辐射无铅柔性防护材料的质量相对减轻 20%~30%,并且避免了铅对人体及环境的危害。

表 9-2 稀土元素

稀土元素	元素名称	原子序数	元素名称	原子序数
镧系元素（15个）	镧（La）	57	铽（Tb）	65
	铈（Ce）	58	镝（Dy）	66
	镨（Pr）	59	钬（Ho）	67
	钕（Nd）	60	铒（Er）	68
	钷（Pm）	61	铥（Tm）	69
	钐（Sm）	62	镱（Yb）	70
	铕（Eu）	63	镥（Lu）	71
	钆（Gd）	64		
其他（2个）	钪（Sc）	21	钇（Y）	39

铋（Bi）元素是一种无毒绿色金属元素，其衰减系数大于铅，且化学性质稳定，主要通过光电效应和电子对效应与 X 射线发生相互作用，具有较强的 X 射线吸收能力。其中，氧化铋（Bi_2O_3）作为最重要的含铋化合物之一，因其理化性质稳定、价格低、来源广、质量轻、无毒等优势，被广泛应用在抗 X 射线辐射柔性材料中。

X 射线辐射防护用无铅柔性材料一般由聚乙烯、聚氯乙烯等树脂基体与无机 X 射线辐射吸收填料复合而成，如 X 射线无铅无纺布、纤维、片材等，它们对中、低能量的 X 射线具有较好的防护效果；而对于高能量的 X 射线防护，通常采用天然橡胶、合成橡胶等基体，以纳米或微米级稀土元素、铋系等元素化合物为 X 射线辐射吸收填料，通过混炼-压延方法复合制备 X 射线辐射无铅柔性防护复合材料。研究表明，上述复合材料中的纳米或微米颗粒经过 X 射线照射后，趋于更加稳定的状态，并且在功能填料含量相同的情况下，纳米级功能粒子/树脂复合材料较粒径较大的普通功能粒子/树脂复合材料的 X 射线防护性能更好。

X 射线吸收物质的 K 层吸收边是指，射线粒子使其 K 层电子脱离原子核束缚所需的最低能量值。当其 K 层吸收边刚好能覆盖所吸收 X 射线的能量或者能谱区时，该物质是吸收该种 X 射线的最佳吸收物质。因此，对 X 射线吸收物质的 K 层吸收边的合理利用有利于提升防护材料的 X 射线防护性能。

9.3.2 耐 γ 射线辐射复合材料

γ 射线作为一种高能的电离辐射，与物质相互作用的机制主要为光电效应、康普顿效应和电子对效应。耐 γ 射线辐射材料主要通过对 γ 射线的衰减与吸收形成屏蔽作用，达成在空间环境下对器件的保护。传统的耐 γ 射线辐射材料主要为单质铅（Pb）、混凝土等材料，具有密度高、易加工等特点，但基于其较高的质量或体积，以及重金属的毒性等特点，在空间中的应用受限制。此外，由于辐射环境的复杂性，单一的重金属难以同时具有对不同能量的 γ 射线或不同种类辐射的有效屏蔽作用，传统的耐 γ 射线辐射材料难以满足当前辐射屏蔽的需求。多功能组分相互配合的轻质、小体积且易于加工的复合材料是如今的研究重点之一。新型耐 γ 射线辐射复合材料主要由防护基体和功能填料复合而成。对防护基体进行选择和对功能填料成分、含量的调控，可实现辐射屏蔽性能的提升。

9.3.2.1 金属及金属化合物基复合材料

常用于 γ 射线屏蔽的金属材料包括铅（Pb）、钨（W）等高原子序数材料。铅因其对 γ 射线屏蔽作用高、制备成本低及加工技术简单而被广泛使用，但铅的硬度较低，易生蠕变，耐高温性能差，难以作为结构材料单独使用，否则会因自身质量而坍塌，而若额外添加支撑结构，则将造成屏蔽结构空间和质量的增加，在深空作业中应用受限。目前，用于 γ 射线辐射防护的铅基复合材料包括 B/Pb、B_4C/Pb、铅硼聚乙烯复合材料等。与铅相比，钨成本相对较高，但具有更高的原子序数，密度较大，具有更高的衰减性能和更小的半值层数值，即更好的辐射屏蔽效果。铁基合金，尤其是含硼钢，对 γ 射线具有良好的屏蔽效果，且硼含量与热中子吸收率成正比，使其具有对 γ 射线和中子辐射的综合屏蔽性能，故而为常用的辐射屏蔽材料之一。

由于航天领域对材料轻质化的需求，铝为代表的轻质金属材料因其高强度质量比而被广泛应用，因此高耐辐射性能的铝基复合材料研究广受关注。在耐 γ 射线辐射的铝基复合材料中，通常以 Pb、W、Mo 等作为功能填料，以提高其屏蔽性能。

除上述金属基复合材料外，高原子序数金属元素的化合物，如 WC、Nb_2O_5 等金属化合物，具有较高的有效原子序数，能够发挥与重核金属单质相似的 γ 射线辐射屏蔽效果，因此可作为基体或功能填料对辐射进行有效防护。

9.3.2.2 聚合物基复合材料

与传统的金属耐 γ 射线辐射材料相比，聚合物和塑料成本低、密度低，并具有良好的几何适应性，可以像航空/航天工业常用的金属或合金一样用作结构材料，使用较少的燃料就能到达高空或轨道。同时，其丰富的氢含量使其对中子有良好的屏蔽作用，因此其作为辐射屏蔽材料所研究，但中子辐射屏蔽材料特性与 γ 射线辐射不同。在辐射过程中，γ 射线诱使聚合物大分子链断裂或交联，形成自由基，在 6kGy/h 的低剂量率下往往发生聚合物的降解，表 9-3 为卫星系统中常见聚合物材料受不同剂量 γ 辐射的影响的简要对比。

表 9-3 卫星系统中常见聚合物材料受不同剂量 γ 辐射的影响

材　　料	γ 射线辐射剂量/rad	
	轻度至中度损伤	中度至重度损伤
氟化乙烯丙烯共聚物	1E6～8E6	8E6～2E7
聚四氟乙烯	2E4～1E5	1E5～2E6
聚酰亚胺	1E8～1E10	1E10～1E11
聚对苯二甲酸乙二醇酯	4E6～1E8	1E8～1E9
聚乙烯	1E7～8E7	8E7～2E8
聚氨酯	1E9～5E9	5E9～2E10
硅胶	1E8～1E9	1E9～5E9
环氧树脂	2E8～8E8	8E8～5E9
尼龙	3E5～2E6	2E6～2E7
聚氯乙烯	1E7～7E7	7E7～2E8

研究者通过制备不同的聚合物基复合材料，如聚烯烃（POE）和聚乙烯-醋酸乙烯（EVA）

混合的聚合物为基体，加入 BiSn 合金制成聚合物基复合材料或者研究不同比例（5%、10%、15%和 20%）的 CdTe 增强的不饱和聚酯基复合材料，实验结果与理论研究结果均表明，这些复合材料均获得了显著的辐射防护效率。

环氧树脂基复合材料具有优异的力学性能、优越的化学稳定性、良好的尺寸稳定性，添加有不同耐辐射功能填料的环氧树脂基复合材料是屏蔽辐射的理想选择。研究者们通过不同工艺（溶剂热法、热压工艺）制备出不同的以环氧树脂为基体的复合材料，如钨/环氧树脂基复合材料、Bi_2O_3-$Ti_3C_2T_x$/EP 环氧树脂基复合材料，通过一系列测试，都表明材料的性能几乎没有变化，具有良好的抗辐照性能。

芳香族衍生物二苯甲酮（BP）含有羰基结构，羰基结构可能会与聚氨酯（PU）硬段链形成氢键相互作用，从而扰乱硬段链的规则聚集，抑制其刚性。在抗辐射方面，BP 结构的大共轭体积也能使其有效地消散辐射能，从而减少对聚合物的辐射损伤；在柔韧性方面，BP 改性聚氨酯（BP-PU）弹性体的柔韧性有所提高，这是由于 BP 对 PU 中硬段聚集相的调节作用；在耐辐射性方面，BP-PU 弹性体中的 BP 结构可以有效地耗散辐射能，减少自由基的产生，并将活性自由基转化为惰性自由基，具有双重耐辐射功能。

9.3.2.3 其他新型复合材料

近年来，纳米结构材料因其独特的结构与表面积分布大等特点，在辐射屏蔽领域受到广泛关注，此类具有独特形态的纳米结构，如纳米纤维、量子点、纳米花、纳米管等，在辐射能量的衰减消散和辐射屏蔽应用中有独特的影响，有助于在辐射屏蔽过程中增加康普顿效应和光电效应。碳纳米管等碳基材料已被广泛应用于空间领域等应用，并且已作为耐辐射材料广受研究，虽然碳本身由于原子序数较低（$Z = 6$）而不被认为是辐射屏蔽材料，但据报道，碳基复合材料具有多种辐射吸收特性。

碳纳米管，尤其是多壁碳纳米管，已被广泛应用于 X 射线屏蔽。"多壁"的存在增强了辐射与碳纳米管之间的相互作用，加速了能量衰减，同时质量轻，能够加速 X 射线的消散；通过加入 Bi、Zn、Fe 等重金属，可以利用此类金属的最外层自由电子增加康普顿效应发生的可能性，继而提高材料的屏蔽性能。

9.3.3 耐中子辐射复合材料

宇宙射线和/或太阳风对普通航天器金属外壳的作用会产生级联中子，这些中子射向航天器内部，极大地增加了深空任务中人员吸收的辐射剂量。传统的航天器建筑材料是以铝为基础的，在阿波罗任务中，航天器的外部建筑由一层铝表皮组成，然后是一层钢和另一层铝表面。宇宙射线和太阳风粒子对铝和铁的辐照会产生一系列指向航天器内部的次级质子和中子。次级质子可以被原子核俘获，但不一定会释放出新的核碎片，只会释放出 γ 射线形成混合辐射场；当质子的能量大于 50MeV 时，核反应才会发生并产生次级中子。中子按能量大小分为热中子（0.0253eV）、慢中子（0.0253eV～1keV）、中能中子（1keV～100keV）、快中子（100keV～10MeV）和高能中子（>10MeV）。入射中子与物质元素原子核之间的相互作用有三种模式，即弹性散射、非弹性散射和辐射捕获。高能中子通过轻核的弹性散射和重核的非弹性散射被缓和为热中子，缓和后的热中子被具有大的热中子吸收截面的元素靶核吸收。在中子与靶核相互作用的过程中会产生二次 γ 射线，而靶核通常会被原子序数较高的元素屏蔽。中子不受原子核和电子的库仑力作用，主要通过与原子核撞击发生相互作用衰减能量。

中子屏蔽材料需要具备中子屏蔽性能和抗中子辐射性能，关键在于成分组成的规划和设计。如通过非弹性散射与快中子相互作用的重元素，通过弹性散射与热中子反应、起慢化剂作用的轻元素，以及具有高中子吸收截面的硼元素。利用这些物质的协同反应，耐中子辐射复合材料达到中子辐射的衰减与吸收目的。除传统的铅等高原子序数金属、高密度混凝土或金属氧化物 Gd_2O_3 等可以对中子及 γ 射线辐射均产生屏蔽作用外，针对中子辐射的屏蔽与吸收，氢等低原子序数元素由于原子中缺少中子也被认为是最佳屏蔽元素。硼基材料具有优异的热学性能、力学性能和优越的快中子缓和性能与热中子吸收性能。

9.3.3.1 含氢材料

含氢材料中，聚合物是最常见的屏蔽材料之一。聚合物含有大量氢元素，与传统金属相比，氢元素能通过弹性散射有效衰减高能中子并削弱 γ 辐射。由于氢核中没有中子，氢还具有无二次中子辐射的额外优势。研究者们通过制备不同的含氢材料，通过计算模拟评估了材料在实际空间辐射中的表现，模拟结果表明，与传统的铝相比，高含氢量复合材料表现出了明显优势。

9.3.3.2 含硼材料

六方氮化硼（h-BN）作为功能填料对材料的中子防护能力有增强作用。已有研究者制备出不同的含硼材料，如新型六方氮化硼（h-BN）PI 基纳米复合材料、钨纳米粒子（W-NPs）修饰的氮化硼纳米片（BNNS）混合物、氮化硼纳米管（BNT）增强钛金属基复合材料。

B_4C 是常见的耐中子辐照材料之一，由于其表面能较高，因此在聚合物基体中容易聚集，降低复合材料的中子屏蔽效率和力学性能。研究者通过 B_4C 纳米粒子和其他材料作为填充物，通过粉末表面改性，制备了柔性辐射屏蔽和抗辐射复合材料，研究结果表明，此复合材料具有优异的中子屏蔽性能。

9.3.3.3 稀土材料

近年来，比硼具有更大热中子吸收截面的一些稀土元素已成为耐中子辐射材料的重要成分。中子的吸收是通过俘获稀土原子核，释放出 γ 光子或带电粒子来完成的；高能中子被稀土原子核俘获后会产生新的中子，但俘获截面相对较小。如果屏蔽材料使用得当，新中子可以被减缓和吸收，从而减轻高能中子的伤害。稀土元素的中子吸收截面较大，其中钆的中子吸收截面是 ^{10}B 的 14.4 倍，因此理想的中子屏蔽材料配方应该既包含轻元素（如氢和碳），又包含像稀土微粒这样具有吸收低能中子能力的重元素。

9.3.4 耐紫外线辐射复合材料

紫外线是真空中波长为 10～400nm 辐射的总称，根据其波长可以分为 4 个波段，分别为超高频（EUV，10～100nm）、短波（UVC，200～280nm）、中波（UVB，280～320nm）和长波（UVA，320～400nm）。在紫外线的持续照射下，物质的基态吸收光子会形成激发态，随后由激发态发生一系列光物理过程和光化学过程。光化学过程包括自由基形成、光致电离、环化、分子内重排及分子碎裂等；光物理过程则通过一些辐射和非辐射方式消散吸收能。光稳定剂的作用机理也是在光物理过程中消散能量。光稳定剂又称紫外线稳定剂（Light Stabilizer），定义为一类被用作抑制高分子材料的紫外老化过程，提高聚合物耐候性的稳定化助剂。根据其稳定机理，光稳定剂可分为：①光屏蔽剂；②紫外线吸收剂；③激发态猝灭剂。其中，聚合物是一种有效的光稳定剂。

聚合物材料在紫外线作用下一般不会发生灾难性的破坏，原因在于：①聚合物对太阳辐射的吸收速度低；②量子产率（每吸收一个光量子所引起反应的分子数）低，但含有重键，尤其是含有羰基（—CO）的聚合物可通过直接吸收光引发裂解。

PMMA（亚克力）是一种具有良好透明度的热塑性聚合物，广泛应用于光学和生物医学器件中。然而，由于 PMMA 的耐化学性能较低，在高温下脆性强，表面容易划伤，因此其力学性能相对较差，因此限制了其在结构和工程上的用途。为了改善 PMMA 的力学性能，一种常见的方法是添加无机填料，以制造聚合物基复合材料。这些复合材料通过将高性能聚合物基质与强化材料（如碳纤维、玻璃纤维等）按照一定比例混合，可以显著提高力学性能、降低密度，并提供更好的耐腐蚀性能。无机填料的有趣材料之一是锆石。锆石具有高弹性，可以提高聚合物的力学性能。此外，锆石具有阻燃保护、高紫外线-可见光吸收和耐化学性等潜在性能。在之前的研究中，在添加 20wt%的锆石时，PEG 中的锆石填充物的存储模量增加了 9 倍。聚合物的性能可能会由于与环境的相互作用而降低。在许多情况下，环境暴露出比聚合物的结合能更高的能量，导致内部链的断裂，影响它们的物理性质、机械性质、光学性质和化学性质。例如，太阳不断地将红外线辐射到地球表面。红外线是一种波长范围为 0.75～1000μm 的电磁辐射，它的能量范围为 0.1～159.6kJ/mol。

纤维增强复合材料，如碳纤维、玻璃纤维、麻纤维、玄武岩纤维及其他纤维在我国建筑工程结构中应用日益广泛，在结构加固领域已经形成从材料制备、加固设计、施工方法到质量检验的成套技术产业链，创造了巨大的经济效益和社会效益。木材聚合物复合材料是钢、玻璃等经典材料的替代材料。但对聚合物和木材聚合物复合材料的耐久性研究仍然很少。纤维增强聚合物复合材料可加强木材的耐久性，具有优异的机械性能、抗紫外线性能和耐腐蚀性能。木纤维的降解程度在很大程度上取决于它们吸收紫外线辐射的潜力。Mihaela Cosnita 研究了短期紫外线照射对橡胶、PET、高密度聚乙烯（HDPE）、木材和无机填料（氧化钙和煤灰）废弃物优化复合材料力学性能的影响。在复合材料的短期紫外线老化中证明了复合材料组分之间的化学键扩展可以提高界面强度。复合材料的紫外暴露也增加了高 PET 含量样品的晶体相量，该样品的内部结构更有序，表面更紧凑，表面能更低。1wt%和 40wt%PET 复合材料（190℃）的机械强度和紫外线强度最佳，抗压强度为 70MPa，拉伸强度超过 1.5MPa。聚醚醚酮（Polyether Ether Ketone，PEEK）树脂是一种性能优异的特种工程塑料，与其他特种工程塑料相比具有诸多显著优势，如耐高温、机械性能优异、自润滑性好、耐化学品腐蚀、阻燃、耐剥离、辐照性好、绝缘性稳定、耐水解和易加工等。与其他聚合物相比，PEEK 在 250℃时能长时间维持原状态，还显示出良好的摩擦学特性。同时，PEEK 在紫外线照射下，很难发生化学降解。

纳米复合材料是一种多功能新材料，在多个行业都得到了广泛应用，但也存在一定缺点，如阳光下容易氧化降解、不耐磨等。纳米二氧化钛具有强氧化性、高折射率和较好的亲水性、稳定性，在耐腐蚀涂层、化学传感器抗菌剂中具有广泛的应用。TiO_2 是涂料和塑料中应用最广泛的白色颜料，由于它是一种半导体和光响应材料，除能够有效地散射可见光辐射的所有波长外，TiO_2 还表现出对紫外线（280～400nm）辐射的强烈吸收。这种紫外线波长吸收的太阳辐射，通常对高分子材料是最有害的，导致所谓的光化学降解。因此 TiO_2 可以保护聚合物基质免受光化学降解反应的影响。

环氧树脂（EP，Epoxy Resin）为分子结构上具有一个及一个以上环氧基团或环氧乙烷基团的低分子量预聚物，但是当其与相应的物质反应固化后会转变成为具有三维交联网络的热固性高分子聚合物。环氧树脂独特的分子结构赋予了其低成本、加工简易、耐腐蚀的特点及良好的热力学性能、较小的固化收缩率。环氧树脂自从诞生以来，因其优异的性能，已经成为如今涂料、黏结剂、电子封装、3D打印、纤维增强复合材料等其他领域不可或缺的基体材料。但是环氧树脂因为具有较差的耐候性而限制了其实际应用。此外，与纯环氧树脂相比，EP/FDI复合材料具有良好的抗紫外性能、低介电性能和较高的玻璃化转变温度，有望得到广泛的应用。

了解到大致的"紫外老化"机理之后，提高复合材料的耐"紫外老化"性能可以从以下几个角度入手：①饱和分子结构，使其在紫外线的辐射下更加稳定；②微观上降低孔隙率，使自由基与环氧交联网络的接触面积变少；③组分中混入具有紫外线吸收功能的有机环氧添加剂；④添加具有吸收紫外线功能的无机纳米粒子。因为自由基的体积远远小于环氧交联网络的孔隙，从②来着手几乎无法实现，所以目前大多数研究者都是从①、③与④三个方面来考虑，具体的方法有：①添加有机光稳定剂与抗氧剂；②设计具有更佳的耐紫外线能力的树脂结构；③添加具有紫外线吸收功能的无级纳米填料。

9.3.5 耐热辐射复合材料

高分子复合材料是指由多个相互联系的高分子单元（如聚合物、半纤维素、低聚糖、聚合物基、聚碳酸酯、聚氨酯、尼龙、聚醚多元醇、热塑性树脂等）以共聚反应为基本单元（共聚反应是高分子复合材料构成的重要特征）制备而成的一类新型材料。此复合材料按其组成分为金属与金属复合材料、非金属与金属复合材料、非金属与非金属复合材料。高分子复合材料的分类及其应用技术是目前国际上主要的研究方向之一，它在增强、改性、防腐、耐热等方面有着广泛意义和巨大用途。

碳纤维为高强度新型材料，碳元素作为主要组成，质量分数高达百分之九十以上。碳纤维中的碳分子具有特殊的结构，它不同于石墨和金刚石，而是介于两者之间的。碳纤维密度低，无蠕变，热膨胀系数小，具有高比强度、高比刚度，化学稳定性好，具有优良的热、电性能。但碳纤维在高温下抗氧化性能较低，在400℃以上的氧化气氛下容易氧化，在高温下复合材料会因为低抗氧化性而导致综合性能下降，限制了碳纤维高性能的发挥。SiC材料具有熔点高、密度低、热膨胀系数小、抗氧化性好等特点，很好地适用于碳纤维抗氧化涂层改性。C/SiC复合材料通常用作热结构部件，C/SiC复合材料的应用不仅提高了组件的性能，而且减轻了系统的质量，是比传统航空航天材料更具有吸引力的高温结构材料。SiC纳米晶在高温Si-14Ti熔体中经历了降解和再生过程，然后在钎焊接层中转化为粗SiC。同时，液体Si-14Ti填料合金填充了新生成的SiC嵌块之间的晶间空间，并与SiC$_f$/SiC和C/C复合材料反应形成SiC界面层。SiC$_f$/SiC-C/C接头的微观结构最终演变为SiC界面层/SiC-TiSi$_2$多相陶瓷和Si-TiSi$_2$共晶结构/SiC界面层。最后，在1420℃下钎焊时，获得了良好的接头剪切强度（48MPa）。

硅烷裂解可制备Si-C-O多孔结构的陶瓷，其具有更优异组织稳定性，抗氧化性能在1400℃～1700℃氧化气氛下优于Si$_3$N$_4$、SiC，高温下的抗蠕变性会随时间的延长而逐渐提高。轻质耐高温绝热Si-O-C陶瓷是理想的隔热材料。可以通过先驱体转换法得到Si-O-C陶瓷，其抗氧化温度达到1700℃，能够较好保持强度、外形。碳元素的加入使得Si-O-C陶瓷的化学稳定性、力学性能、耐高温稳定性都比石英陶瓷好。以二甲基二甲氧基硅烷为前驱体，经过1200℃热处理，在碳纤维表面制备不同层数 Si-C-O 结构涂层，研究发现涂覆二层的碳纤维抗氧化性能最好，样品氧化初始温度提高了 500℃，且热震性能良好，800℃热震5次后，失重1.8%；1000℃静态氧化实验 6h 前涂层抗氧化性能良好，6h 后失重明显，10h 后涂层失效。

陶瓷气凝胶，包括二氧化硅、二氧化锆、碳化硅、氮化硼、氧化铝等，以其低密度、优异的保温性能而突出。然而，由于在 1000℃以上的结晶诱导烧结或氧化中，大多数仍存在强度衰减甚至结构坍塌。二氧化硅气凝胶是一种固体，具有低密度、高比表面积和高孔隙率，可通过去除凝胶中的溶剂而获得，同时保持孔隙结构的完整性，是冶金、航空航天和新能源汽车中备受追捧的隔热材料。二氧化硅气凝胶具有独特的纳米多孔结构，其平均自由程约为 50nm，而空气的平均自由程约为 70nm，这表明其能够限制空气分子的运动并防止气体热交换，以实现所需的隔热效果。

与陶瓷气凝胶相比，碳气凝胶（CAs）具有无与伦比的热稳定性，并能在惰性气氛中承受 2000℃以上的超高温。Liu 制备了一种多尺度纤维增强 Al_2O_3-碳芯壳气凝胶复合材料，具有低密度（$0.23\sim0.31g/cm^3$）、优异的力学性能（10%应变为 4.89MPa）和超低碳化收缩率（低至 1.33%）。受益于原位纳米掺杂遮光碳层、多孔氧化铝陶瓷棒骨架和定向纤维的协同效应，该复合材料表现出极低的高温导热系数（$0.055W\cdot m^{-1}\cdot K^{-1}$，1200℃），远远优于现有的高温绝缘气凝胶复合材料。此外，独特的热诱导梯度结构也使复合材料在 1800℃下具有优异的热保护性能，衬里烧蚀率为 $6.44\mu m\cdot s^{-1}$，质量损失率为 $0.167mg\cdot s^{-1}$。这项工作不仅为航天器热绝缘材料的制备开辟了新的道路，而且为低密度绝缘多孔骨架与耐烧蚀坚固结构之间的兼容性困难提供了一个简单的解决方案，从而使保温材料具有所需的耐烧蚀支撑。

柔性耐蚀材料的开发是高性能绝缘层的关键。被广泛研究的柔性烧蚀材料包括丁腈橡胶、乙烯-丙烯-二烯单体（EPDM）和硅橡胶。其中，硅橡胶的骨干包含 Si-O 键（键能约 443kJ/mol），远高于 C-C 键（键能~350kJ/mol），显示良好的热稳定性、耐化学性、疏水性和电绝缘。与 EPDM 相比，硅橡胶可作为新一代柔性热保护材料或飞船耐烧蚀涂层材料。道康宁公司已经开发了典型的烧蚀涂层硅橡胶复合材料，将碳化锆和氧化锆加入硅橡胶中，复合材料的线性烧蚀率分别降低了 40%和 72%。引入酚醛树脂可以提高 EPDM、丁腈橡胶和硅橡胶的抗烧蚀性和力学性能。然而，由于酚醛树脂与橡胶具有明显不同的化学结构和物理性质，因此酚醛树脂在橡胶中分散性差，性能提高受到限制。建立酚醛树脂与硅橡胶之间的化学键可以改善酚醛树脂的分散状态和硅橡胶的热性能。

传统耐高温材料包括碳纤维及其金属和其非金属复合材料，目前最具前景的是碳气凝胶材料，其优异的抗高温腐蚀性能使其在工业领域得到了极其广泛的应用。

本章小结

空间辐射是指在太空环境中存在的多种辐射形式，包括太阳宇宙射线、银河宇宙射线和地球辐射带。它们对太空任务和宇航员的安全具有重要影响。本章主要总结了与空间辐射相关的几个主要内容。

首先，本章介绍了宇宙射线的性质和成分。宇宙射线主要由高能带电粒子组成，包括质子、α粒子、重离子和γ射线等。这些粒子来自太阳系外的银河系和宇宙其他地方的天体，它们穿越太空并进入地球大气层，形成宇宙空间辐射。然而空间辐射的存在也对航空航天材料提出更高的要求，要求材料不仅可以在外太空复杂环境中稳定运行，同时也要保障生命体的安全，尽量减少空间辐射带来的伤害。

然后，引入了抗辐射原理，抗辐射原理指利用一定的技术手段，减少或阻挡辐射对生物和设备的影响。介绍了辐射的两种形式，详细讨论了现有的防护方法，这些方法包括增加与辐射源的距离；减少受照时间；根据粒子或射线的不同物理性质和强度，选择合适的物质材料进行阻挡和屏蔽。

最后，简述了为了保证航天器在极端环境下的工作稳定性和安全性，科学家和工程师们不断探索和研发各种耐空间辐射复合材料。这些材料通常由多种基础材料组成，如聚合物基体、纤维增强材料、金属网格等。它们具有出色的辐射抵御能力，能够有效减少或阻碍辐射的进入和对内部元器件的影响。本章根据耐空间辐射复合材料的功能把耐空间辐射复合材料分成 5 大类，分别为耐 X 射线辐射复合材料、耐 γ 射线辐射复合材料、耐中子辐射复合材料、耐紫外线辐射复合材料、耐热辐射复合材料。

综上所述，本章主要涵盖了空间辐射的性质、现有的防护方法，以及各种耐空间辐射复合材料。对于深入了解空间环境中的辐射问题及保障太空任务和宇航员安全具有重要参考价值。

思考题

（1）什么是空间辐射？简述空间辐射的分类。
（2）耐空间辐射是指什么？
（3）耐 γ 射线辐射复合材料抗辐射主要原理是什么？
（4）环氧树脂基复合材料的优势是什么？
（5）简述不同材料对 γ 射线辐射屏蔽性能的影响。
（6）耐中子辐射复合材料抗辐射的主要原理是什么？
（7）简述耐中子辐射复合材料的分类。
（8）为什么聚合物材料在紫外线作用下一般不会发生灾难性的破坏？
（9）光稳定剂可分类为哪几种？
（10）如何提高复合材料的耐紫外线老化性能？
（11）耐热辐射复合材料有哪些？
（12）陶瓷气凝胶、二氧化硅气凝胶各自的优点是什么？

第10章　新型复合材料

随着科学技术的迅猛发展，各种新型复合材料不断出现，目前，最新的有分级结构复合材料、高熵合金基复合材料、纳米复合材料等，它们在航空航天领域有着广阔的应用前景。本章就这三种复合材料做简单介绍。

10.1　分级结构复合材料

10.1.1　概述

复合材料的性能不仅取决于基体、增强体和它们形成的界面，还与复合材料的组织结构密切相关，在以往的复合材料研究中尚未涉及这一点，随着科技进步，研究手段的改进和人们对大自然认识的进一步深入，发现大自然中存在着一些独特的结构，如蜂窝结构、木质结构、骨结构等，这些不是简单的复合结构，而是一种分级结构。分级结构（Hierarchical Structure）尚无统一的确切定义，一般是指不同尺度或不同形态的多相物质相对有序排列所形成的结构。该结构常用于生物材料、高分子材料和陶瓷材料中，在金属材料中应用甚少。

图10-1为筋的分级结构及分级过程示意图，由该图可以看出，筋之所以具有超高的强度和韧性，与其独特的分级结构密不可分。由胶原蛋白微丝组成胶原蛋白纤维形成第一级纤维束，再由纤维束和筋内膜构成第二级纤维束、第三级纤维束，最后由筋膜包裹。当然，分级结构可能有更多的级。此外，骨头中应力分布愈大的部位，孔隙愈小和愈少，骨密度愈大；骨头中应力分布愈大的部位则孔隙愈大和愈多，且互为连通，骨密度也愈小。在木头中，筋由沿轴向和径向呈一定取向且尺度不同的孔隙组成。独特的分级结构使骨头和木头强而韧。

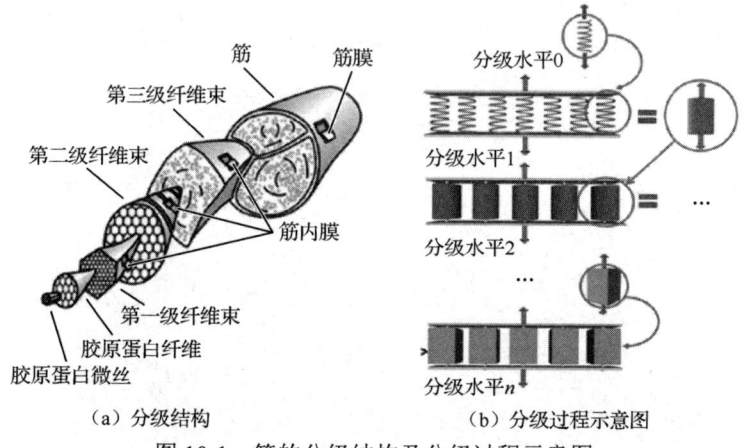

（a）分级结构　　（b）分级过程示意图

图10-1　筋的分级结构及分级过程示意图

10.1.2　分级结构陶瓷复合材料

众所周知，陶瓷材料具有较高脆性，因而限制了其应用范围，若能在陶瓷材料中构建分级结构，其韧性将显著提高。图 10-2 即采用双阴极辉光放电技术在钛背底表面制成 $MoSi_2/Mo_5Si_3$ 分级结构涂层的显微组织图及其断裂过程示意图。涂层的纵向结构：外层为 1μm 厚 C40 结构的 $MoSi_2$；里层为晶粒呈双峰分布的梯度纳米复合材料 $MoSi_2/Mo_5Si_3$，Mo 元素为上坡扩散分布。研究表明该结构陶瓷涂层的韧性可通过不同尺度显微组织的韧化，即细小颗粒中的剪切滑移和粗颗粒中的位错复合增韧，使陶瓷复合材料的韧性显著提高。该结构还可在其他脆性材料中拓展应用。

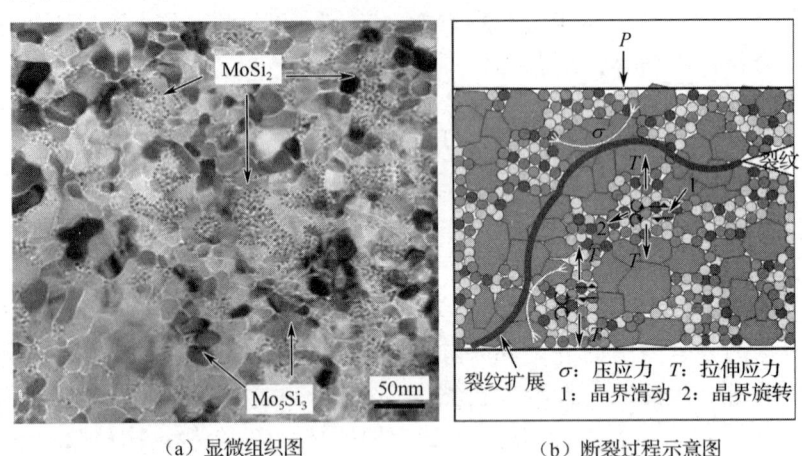

图 10-2 $MoSi_2/Mo_5Si_3$ 分级结构涂层的显微组织图与断裂过程示意图

10.1.3 分级结构铝合金

Liddicoat 等人于 2010 年在 *Nature* 上发表了他们建立铝合金分级结构的研究成果，通过对固溶处理后的 7075 铝合金高压扭转变形处理，合金晶粒纳米化，溶质原子在晶内以纳米簇出现，在晶界则以两种不同几何形态的纳米节和纳米线分布，形成了纳米尺度的铝合金分级结构（见图 10-3），力学性能几乎倍增（见图 10-4），并指出该种结构是材料强化的重要途径。此时强化的主要原因有 4 个方面：①合金晶粒中高密度的位错；②晶内亚纳米量级的溶质原子簇；③晶界两种不同几何形态的溶质纳米节和纳米线；④合金晶粒自身的纳米化。

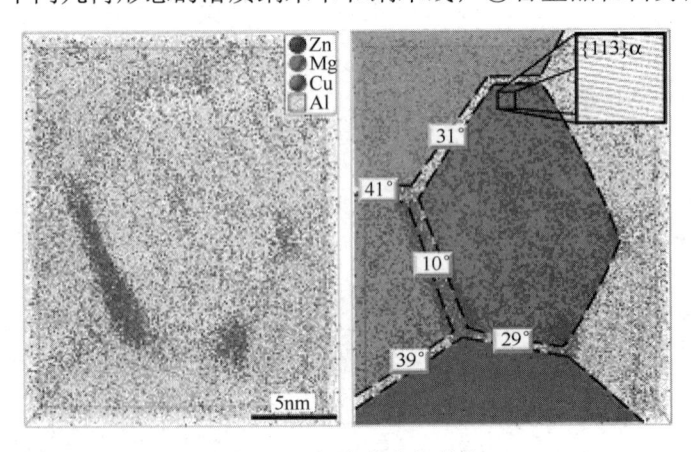

图 10-3 铝合金分级结构

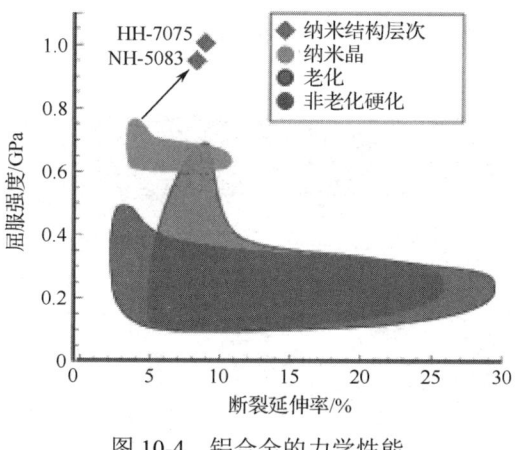

图 10-4 铝合金的力学性能

10.1.4 分级结构镁基复合材料

Meisam 等人运用球磨的方法,将外加的纳米颗粒 Al_2O_3 球磨镶入微米颗粒 Al 中制成微纳米复相颗粒 [见图 10-5(a)],再与镁粉混合压块,微波烧结使微纳米复相颗粒分布在镁基体的晶界组建镁基复合材料的分级结构 [见图 10-5(b)],发现其屈服强度、拉伸强度和失效应变分别提高了 96%、80% 和 147%。但该复相颗粒不是原位反应产生的,表面易被污染,在基体晶界分布不均匀,极易出现团簇现象 [见图 10-5(c)],分级结构也不够完整,若能使复相颗粒免受污染,并在基体晶界均匀分布,组建出理想的分级结构,其增强效果将更佳。Level I = 纳米颗粒 Al_2O_3 + 微米颗粒 Al;分级结构 Mg 基复合材料(Level II)= Level I + Mg。

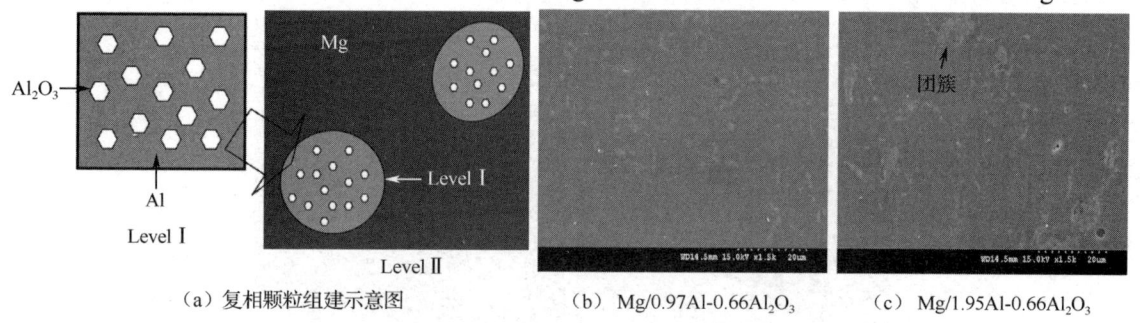

图 10-5 复相颗粒组建示意图及分级结构组织

10.1.5 分级结构铝基复合材料

铝基复合材料中的分级结构,一般由三种尺度相组建而成,增强体均采用 B_4C。Li 等人将微米陶瓷颗粒 B_4C 与超细铝粉在液氮中球磨混合形成复合材料,再通过与粗颗粒 5083Al 粉混合、去气、冷等静压成型和热挤压等工艺,形成由三种不同尺度相 [超细晶粒相(UFG):100~200nm;粗晶粒相(CG):1~2μm;B_4C 相:约 0.7μm] 组建而成的分级结构(见图 10-6)。

图 10-6 中白色为粗晶粒相颗粒区;灰色为超细晶粒相颗粒区(UFG);灰色区域中的黑点为 B_4C 相。UFG/CG 界面的微观结构如图 10-7 所示。由图 10-7(a)可知,每个粗晶均有多个细晶相连,界面干净。对其进一步放大 [见图 10-7(b)] 后,对图中 C、D 两微区进行高分辨分析,如图 10-7(c)、图 10-7(d)所示。由图 10-7(c)可知 C 微区的 UFG/CG 界

面晶格直接接触，而在 D 微区却有一微小的非晶区存在，如图 10-7（d）所示。该非晶区由 Al 5083 表面氧化所致。

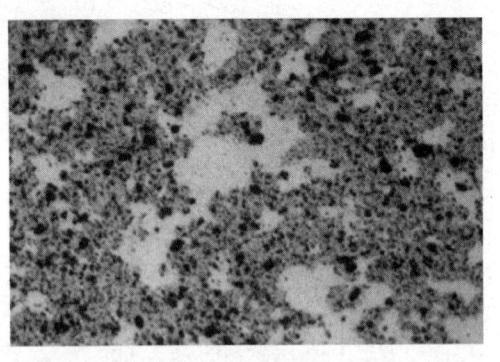

图 10-6 分级结构铝基复合材料的金相组织图

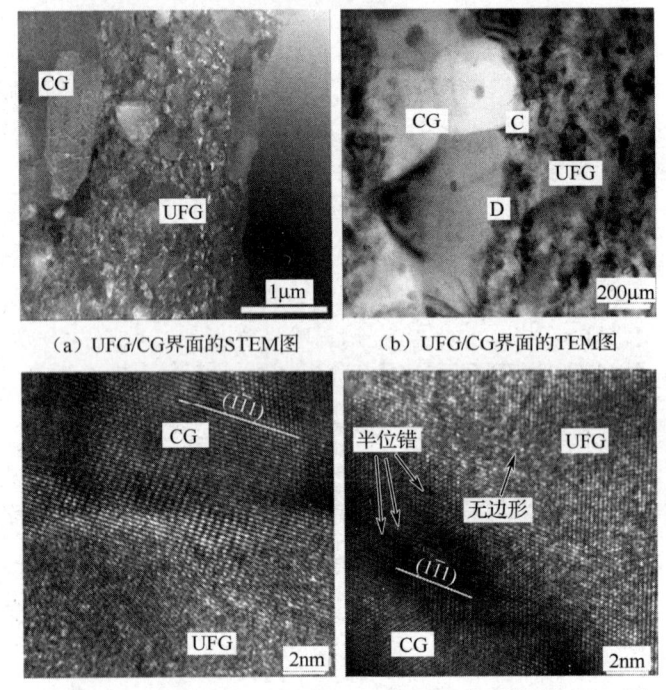

（a）UFG/CG界面的STEM图　（b）UFG/CG界面的TEM图

（c）图（b）中C微区的HRTEM图　（d）图（b）中D微区的HRTEM图

图 10-7 UFG/CG 界面的微观结构

UFG/B_4C 界面微观结构如图 10-8 所示。图 10-8（a）和图 10-8（b）分别为 UFG/B_4C 界面在低倍下的 TEM 图和 HRTEM 图，表明界面比较清晰，由于 Al 5083 晶粒与 B_4C 不在同一晶带轴上，故未能与 B_4C 同样显示清晰的 HRTEM 图。图 10-8（c）和图 10-8（d）表明 B_4C 与多个 UFG Al 5083 晶格相连，界面有晶格直接相连区和非晶区过渡的相连区。非晶区的产生原因同于 UFG/CG 界面，仍由 Al 5083 表面氧化所致。

分级结构铝基复合材料的屈服强度可达 1145MPa，其超强的原因有 4 个方面：①存在纳米分散体 Al_2O_3 颗粒，晶相和非晶相 AlN 与 Al_4C_3；②纳米晶和粗晶 Al 中存在的高密度位错；③基体中的各种结合界面；④氮浓度及其分布等。此外，研究发现，其强度与拉伸时的应变速率密切相关。

(a) UFG/B₄C界面的TEM图　(b) UFG/B₄C界面的HRTEM图

(c) UFG/B₄C界面非晶区的HRTEM图　(d) B₄C与UFG Al 5083晶格直接相连区的HRTEM图

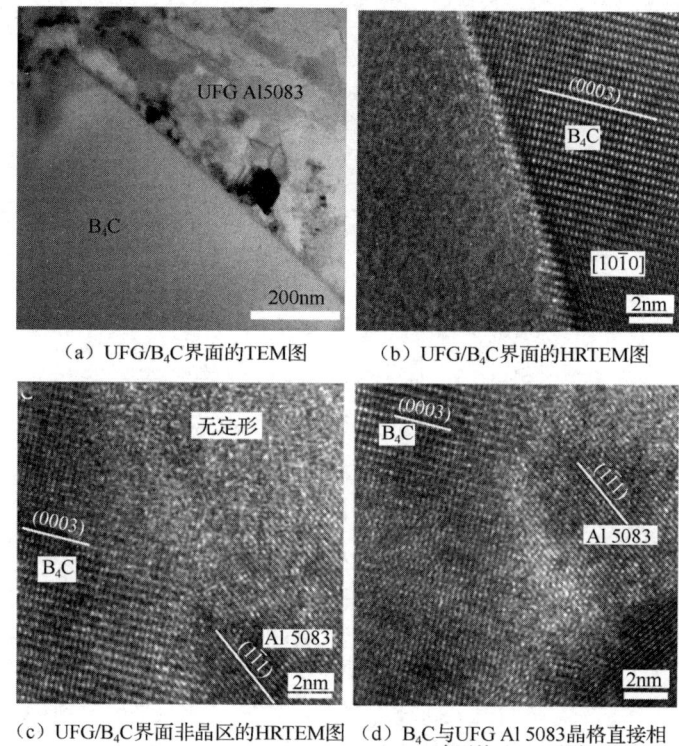

图 10-8　UFG/B₄C 界面微观结构

由此可见，分级结构可显著提高铝合金及镁基复合材料、铝基复合材料的力学性能。但制备工艺复杂，超细 Al 粉极易氧化、团聚，热成型时极易长大，故组建难度大，条件苛刻，成本高，其形成机制及应用研究尚在进行中，目前是复合材料领域的研究热点之一。

10.2　高熵合金基复合材料

10.2.1　概述

传统合金通常以一种或者两种金属元素为主，通过添加少量的其他金属或非金属元素可改善合金的性能。常见的有以铁为主的铁合金、以铝为主的铝合金、以镁为主的镁合金、以钛为主的钛合金等。高熵合金（HEA）一般由 5~13 种合金元素以近等摩尔比的方式组成，每种元素的原子百分比为 5at%~35at%。这些不同种类的原子混合排布，随机占据合金晶体点阵位置，形成了无溶质与溶剂区别的固溶体。传统合金中的自由度（F）与其相数（P）和组元数（C）密切相关，由吉布斯相律 $P=C-F+1$ 可知，随着合金组元数的增加，合金相的个数增加，而高熵合金并没有形成复杂相，其组成相少、结构也简单，一般仅为单相或双相固溶体，结构为 BCC、FCC 及 HCP 等，如图 10-9 所示。

高熵合金具有热力学上的高熵效应、结构上的晶格畸变效应、动力学上的迟滞扩散效应、性能上的鸡尾酒效应、组织上的高稳定性，容易获得热稳定性高的固溶体相和纳米结构甚至非晶结构，高熵合金具有高强度、高硬度、高耐磨性、高抗氧化性、高耐腐蚀性等传统合金所不能同时具备的优异性能。

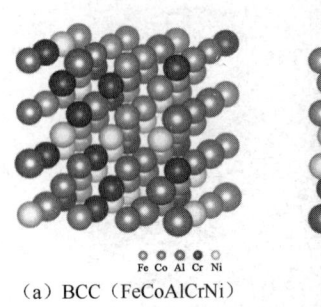

(a) BCC（FeCoAlCrNi）　　(b) FCC（FeCoCrNiMn）　　(c) HCP（GdTbDyTmLu）

图 10-9　高熵合金三种结构的示意图

高熵合金基复合材料是以高熵合金为基体，通过外加或原位化学反应产生增强体复合而成的复合材料。常见的增强体有纤维、晶须、颗粒、石墨烯和碳纳米管等。当增强体直接从外界加入时，形成外生型的复合材料，此时基体与增强体界面存在一定程度的反应层，反应层厚度直接影响复合材料的界面结合强度，影响复合材料的力学性能。外生法存在以下不足：①增强体的表面易被污染；②易发生不利的界面反应，产生有害相；③增强体的尺寸、形貌受其制备条件的限制；④增强体与基体的相容性差，在基体中的分布受其润湿性的制约；⑤能耗大，制备成本高。这些均制约了金属基复合材料的应用和发展，虽然增强体的表面可进行一些处理，如表面抛光、浸镀和超声等，但工艺复杂，成本高，且效果不能令人满意。当增强体在基体中的化学反应产生（内生法）时，如 $Ti+C \rightarrow TiC$、$Ti+B \rightarrow TiB_2$ 等，形成内生型高熵合金基复合材料，此时，增强体与基体的界面干净，无反应层，与基体的相容性好，结合强度高，基本克服了外生法的不足。内生型高熵合金基复合材料是高熵合金基复合材料的发展方向之一。

10.2.2　高熵合金基复合材料的制备

高熵合金基复合材料的制备工艺取决于要求的形态，其形态主要有三维块体态、二维薄膜态、一维丝材态和零维粉体态 4 种，其制备工艺常见的有真空电弧熔炼法、真空感应熔炼法、微波加热烧结法、真空热压烧结法、普通烧结法、激光熔覆法、磁控溅射法、熔体旋淬拉丝法、玻璃包裹拉丝法及球磨法等，其对应关系如图 10-10 所示。

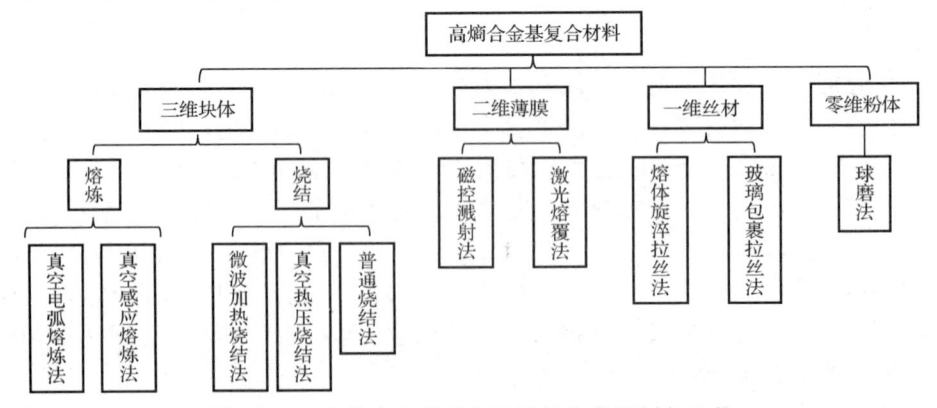

图 10-10　高熵合金基复合材料的分类及制备工艺

1. 块体

块体高熵合金基复合材料的制备主要靠熔炼法和烧结法。熔炼法一般在一定真空度

（≤10^{-3}Pa）、惰性气氛下进行，常见的有真空电弧熔炼法和真空感应熔炼法两种。烧结法一般包括微波加热烧结法、真空热压烧结法和普通烧结法。

应用最广的是熔炼法。真空电弧熔炼利用钨极尖端引弧放电，在22~65V下和20~50mm弧长下进行大电流、低电压的"短弧操作"，由于在铜坩埚中进行熔炼，坩埚接触部分快速凝固，因此每个样需反复熔炼3~5次，一般在铜坩埚中快速冷却，形成纽扣状，也可在压差作用下，将熔体快速喷射注入水冷铜模中，铸造成型。真空感应熔炼是利用线圈中通过的强大电流，产生感应磁场，使金属产生感应涡流，从而加热试样使其熔化并实现熔炼的方法。真空感应熔炼可制备较大的块体试样，而真空电弧熔炼制备的块状试样一般较小。

微波加热烧结法是利用波长为1cm~1m的电磁波作用于金属粉体使其感应产生涡流，粉体接触电阻发热，使之扩散结合的方法。微波加热是一种新型的加热技术，具有整体性、瞬时性、选择性、环境友好性、安全性及高效节能等特点。微波可用于合金粉体及外生增强金属基复合材料的烧结。利用微波加热的选择性，可使增强体颗粒吸波升温，直至其周边基体液化，从而促进界面扩散，提高界面结合强度。微波加热烧结法可降低烧结温度、节能降耗、缩短烧结时间、提高组织密度、细化晶粒、改善性能等。

2．薄膜

薄膜高熵合金基复合材料一般采用激光熔覆法或磁控溅射法制备。激光熔覆法即利用激光加热使涂层复合材料和背底材料同时熔化、快速凝固，涂层与背底冶金结合，熔覆过程可在一定保护气氛下进行。由于尺寸和成本的限制，激光熔覆法一般不适用于大面积薄膜的制备。磁控溅射法是利用高能量的粒子轰击复合材料不同组元的靶材，使靶材表面的原子或粒子从表面脱离，即溅射，再利用溅射效应，使分离出来的原子或粒子产生定向运动，最终在衬底上沉积形成薄膜。磁控溅射需在高真空下进行。

3．丝材

丝材高熵合金基复合材料一般采用玻璃包裹拉丝法和熔体旋淬拉丝法进行制备。玻璃包裹拉丝法即将复合材料置入玻璃管中，玻璃管下端通过感应加热使复合材料融化，同时玻璃软化，通过拉力装置从已软化的玻璃管底部拉出一个玻璃毛细管，复合材料熔体嵌入其中，再在冷却液的作用下快速凝固，从而形成玻璃包裹的复合材料丝材。丝材直径及玻璃层厚度由拉伸速度控制，适合制备长丝材。

熔体旋淬拉丝法是一种较传统的纤维制备技术，将复合材料棒料置入石英玻璃管内，棒料下方分别依次用氮化硼陶瓷棒和石英玻璃棒托举，棒料通过感应线圈进行连续加热，融化连续进给的棒料，由于边缘尖锐或有凹槽的铜轮盘精确切削，进而抽拉出丝材，该法仅适用于短丝材的制备。

4．粉体

粉体高熵合金基复合材料一般采用球磨法进行制备。块料经球磨的反复压延、压合、碾碎等过程形成粉态。为防止粉体氧化，球磨可在一定的惰性气氛或在酒精中进行，工艺简单、成本低廉。

10.2.3 高熵合金基复合材料的界面

高熵合金基复合材料主要分为内生型和外生型两类，外生型的增强体直接从外界加入，增强体表面难免受到污染，通常界面会有一定程度的反应层，且反应层与制备工艺、增强体的性质、尺寸大小等密切相关，界面特性直接影响复合材料的性能。内生型的增强体由组分材料之间的化学反应产生，由反应热力学可知，界面不会再有反应物，界面干净，结合强度高。

1. 外生型界面

图10-11为激光熔覆法制备的外生型纳米颗粒（平均粒径为50nm）TiN增强的高熵合金基（CoCrFeMnNi）复合材料的显微组织TEM图。图10-11（a）、图10-11（b）表明TiN颗粒可分布于基体的晶内和晶界，晶内分布的TiN颗粒为纳米量级，晶界分布的TiN颗粒则为亚微米量级。晶内分布的纳米颗粒与基体取向相近，表现为小角晶界，如图10-11（c）所示，但晶界分布的TiN颗粒与基体则为大角晶界，如图10-11（d）所示。晶界处的TiN与基体的界面结构存在一定程度的晶面畸变，如图10-11（e）所示；然而，TiN/HEA界面过渡区的原子构型表明，HEA与陶瓷TiN之间的界面结合机制为溶解与润湿结合，在原子尺度上实现了冶金结合。

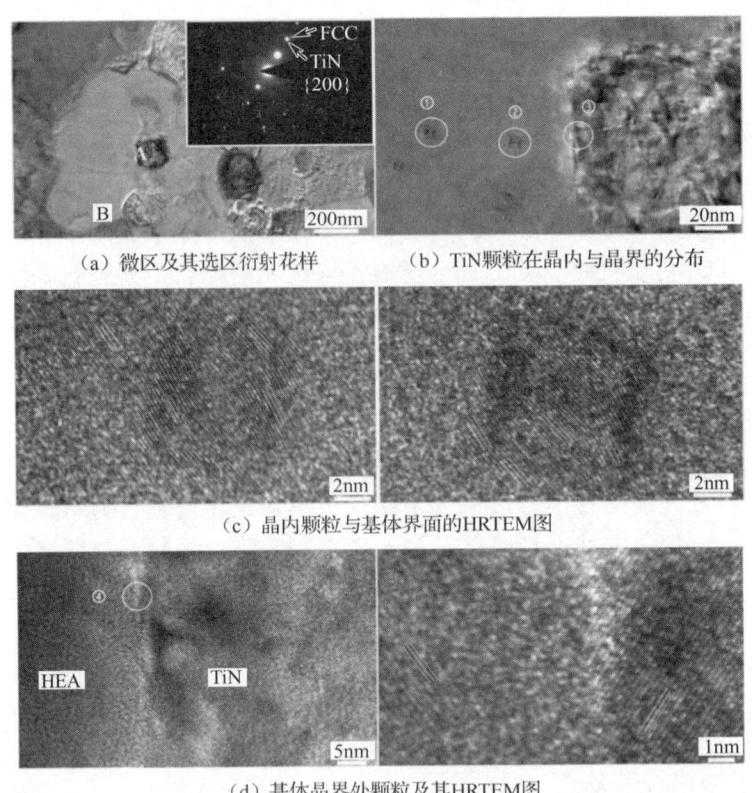

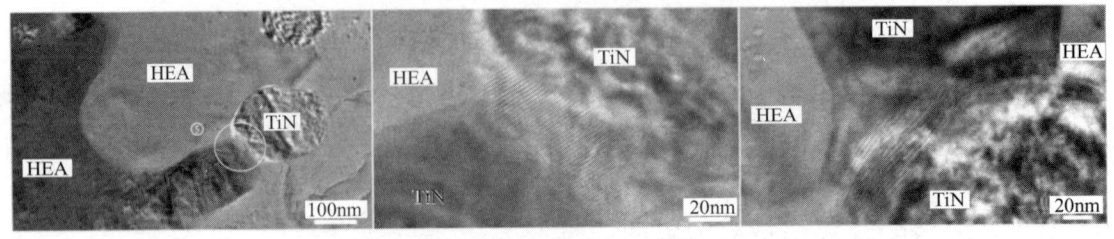

（a）微区及其选区衍射花样　　（b）TiN颗粒在晶内与晶界的分布

（c）晶内颗粒与基体界面的HRTEM图

（d）基体晶界处颗粒及其HRTEM图

（e）颗粒与基体界面处的HRTEM图

图10-11　激光熔覆法制备的TiN增强的高熵合金基复合材料的显微组织TEM图

图 10-12 为外生型纳米颗粒 TiC 增强的高熵合金基（CoCrFeMnNi）复合材料的增强体与基体界面处的 TEM 明场像，可以看出外加的 TiC 颗粒与基体的界面相对干净，可能是 TiC 颗粒的热力学稳定性高导致的，TiC 颗粒分布于基体的晶界，对位错起到钉轧作用，位错在界面处发生塞积或弯曲。

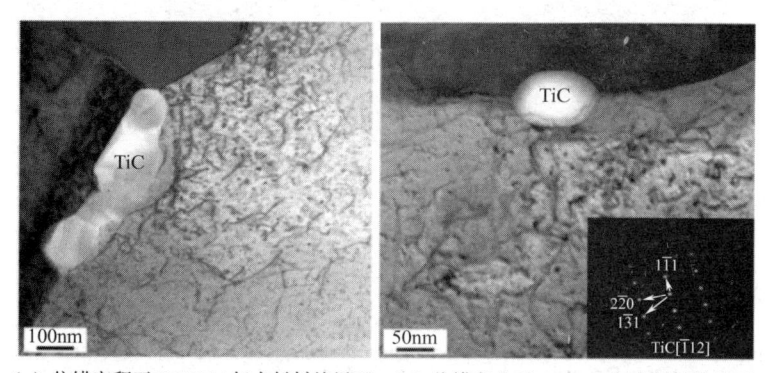

(a) 位错塞积于TiC/HEA复合材料的界面　(b) 位错弯曲于TiC/HEA复合材料的界面

图 10-12　TiC/HEA 复合材料界面处的 TEM 明场像

外生型增强体与基体在一定条件下会发生界面反应，形成界面反应层，该反应层厚随工艺条件的变化而变化，一般与制备温度、保温时间及增强体与基体之间的热力学条件等因素有关。FeCoCrNiMo 高熵合金粉体与金刚石粉球磨混合后，在压力为 30MPa、温度分别为 850℃、900℃、950℃和 1000℃下进行等离子体烧结。金刚石体积分数为 8.93%，粒度为 200μm。金刚石与基体的界面随烧结温度的提高，界面结构发生系列变化，同时金刚石形貌也随之改变。850℃和 900℃烧结时，金刚石颗粒形貌未发生明显变化，但烧结温度为 900℃时，界面已有 2μm 左右的扩散过渡层，达到冶金结合，如图 10-13（a）、图 10-13（b）及其对应的界面图 10-13（e）和图 10-13（f）所示。随着烧结温度的提高，颗粒形貌变化明显，950℃烧结时颗粒与基体的界面不再平整，如图 10-13（c）及其对应的界面图 10-13（g）所示，出现粗糙边界。在烧结温度进一步升至 1000℃时，颗粒尺寸进一步减小，界面过渡层进一步增厚，并发生一定程度的化学反应。颗粒形貌进一步向球形演变，如图 10-13（d）和其对应的界面图 10-13（h）所示。

(a) 850℃　(b) 900℃　(c) 950℃　(d) 1000℃

(e) 850℃界面　(f) 900℃界面　(g) 950℃界面　(h) 1000℃界面

图 10-13　不同烧结温度、30MPa 等离子体烧结 FeCoCrNiMo HEA/金刚石复合材料的界面结构 TEM 图及其对应的界面

在烧结温度为 1000℃时，金刚石颗粒与基体在界面发生化学反应，分别产生 Cr_7C_3 和 $Cr_{23}C_6$ 界面相，形成了复杂的界面结构，如图 10-14 所示。

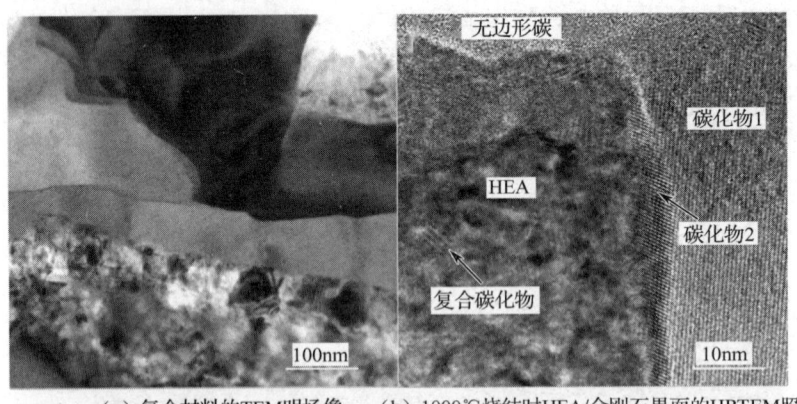

(a) 复合材料的TEM明场像　　(b) 1000℃烧结时HEA/金刚石界面的HRTEM照片

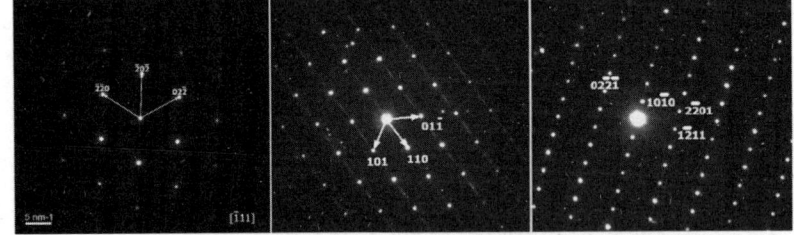

(c) 基体的选区衍射花样　(d) $Cr_{23}C_6$ 立方结构衍射花样　(e) Cr_7C_3 六方结构衍射花样

图 10-14　烧结温度为 1000℃时的界面结构

当高熵合金作为增强体加入到铝基或铜基中时，其界面结构与外生型界面相似，界面存在反应过渡区。

图 10-15 为运用高熵合金颗粒 $Al_{0.8}CoCrFeNi$ 与铝粉球磨混合后烧结制成的铝基复合材料界面形貌及其成分分析图。从图 10-15（a）可以看出界面层较薄，均匀，约为 200nm，高熵合金颗粒保持了完整性，在界面处原子发生明显扩散，高熵合金中成分原子在界面处的浓度分布如图 10-15（b）所示，表明高熵合金的各组成元素均向铝基体扩散，形成了一定厚度的界面扩散区。

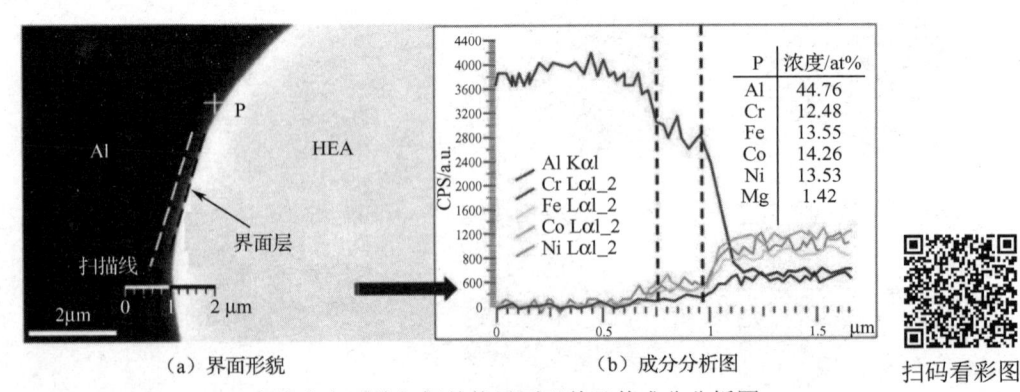

(a) 界面形貌　　　　　　　　　　　(b) 成分分析图

图 10-15　高熵合金颗粒与铝基体界面形貌及其成分分析图

扫码看彩图

运用高熵合金 AlCoCrFeNi 粉体通过搅拌摩擦方式制备 Al-Mg 合金基复合材料，图 10-16 为界面处的 TEM 图及其指定区域对应的 HRTEM 图和衍射花样。由图 10-16（a）可知界面厚度约200nm，界面两侧的润湿良好。界面接近HEA粒子侧为含Cr和Mg有序FCC结构固溶体，界面中部为纳米孪晶结构，界面接近基体Al-Mg合金侧存在纳米析出相$Al_{18}Cr_2Mg_3$。

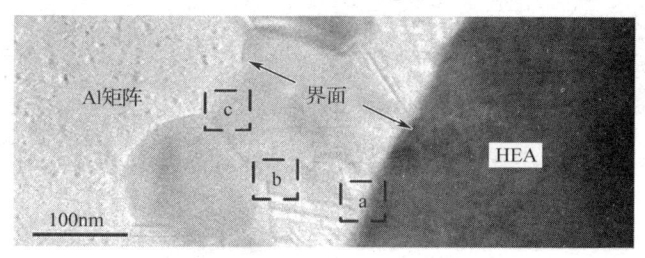

(a) AlCoCrFeNi/Al-Mg复合材料界面处的TEM图

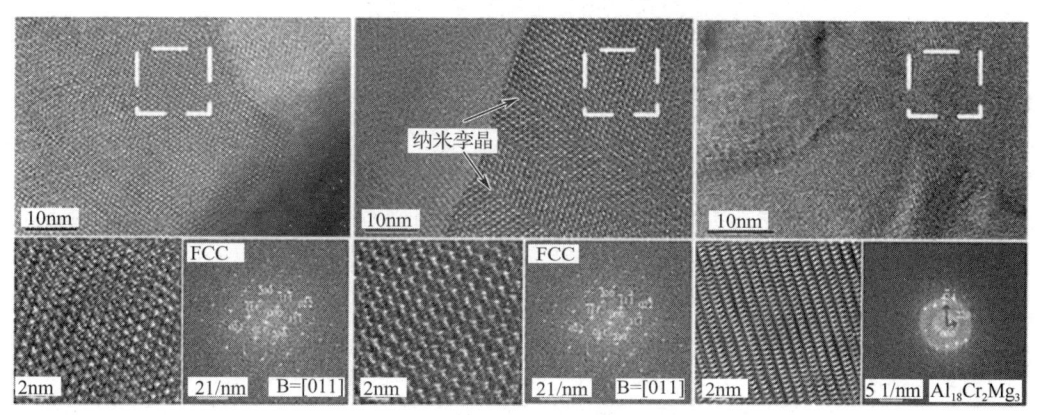

(b) 指定区域的HRTEM图和衍射花样

图 10-16

2. 内生型界面

内生型的增强体是组分材料在基体中通过化学反应产生的，反应需满足热力学和动力学条件，因此，在基体中反应产生增强体后，界面不会再随温度和保温时间等因素的变化而产生新相，因此界面干净，界面结合强度高。

图10-17为FeCoNiCu/10vol%（TiC_p+G_w）高熵合金基复合材料的显微组织照片，从图10-17（a）中可观察到TiC颗粒的尺寸在亚微米级，且与基体之间紧密结合，没有反应层，浸润性良好，TiC的形貌主要呈方形，这与SEM显微照片中所观察的形貌基本一致。从图10-17（b）中可看出石墨晶须的直径在纳米级别。石墨晶须与高熵合金基体之间结合也非常紧密，没有反应层，可以对基体起到增韧作用。图10-17（c）和图10-17（d）分别为TiC颗粒与基体的衍射斑点，分析可知TiC颗粒与高熵合金基体均为面心立方结构。

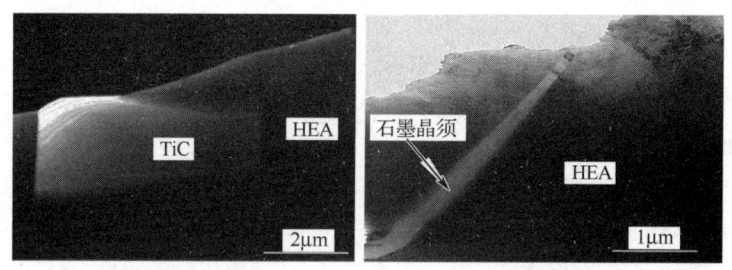

(a) TiC颗粒的显微形貌　　(b) 石墨晶须的显微形貌

图 10-17　FeCoNiCu/10vol%（TiC_p+G_w）高熵合金基复合材料的显微形貌与衍射斑点

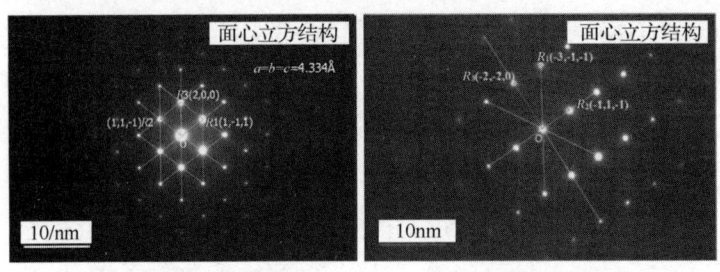

(c) TiC颗粒的衍射斑点　　　　　　(d) 基体的衍射斑点

图 10-17　FeCoNiCu/10vol%（TiC$_p$+G$_w$）高熵合金基复合材料的显微形貌与衍射斑点（续）

10.2.4　高熵合金基复合材料性能的影响因素

高熵合金的组织结构简单，在此基础上制备的原位颗粒增强复合材料的组织中不易出现其他复杂化合物，并且此类复合材料综合了增强体颗粒及高熵合金基体的性能优势，性能方面更具潜力。与传统合金相比，高熵合金一般比传统合金具有更高的晶格畸变，增强体在基体中形核、长大，会与基体金属原子相互作用，形成的增强体颗粒尺寸较小，高熵合金一般具有较高的强度、硬度和较好的耐磨、耐腐蚀性能，在高熵合金的基础上生成微纳米级别的陶瓷颗粒制备出复合材料，可进一步提高材料的性能。影响复合材料性能的主要因素有增强体种类、增强体体积分数、合金元素、热处理及形变等。

1）增强体种类

不同的增强体对基体的强化效果不同，常见的增强体有 TiC、SiC、NbC、TiB$_2$ 等。不同增强体对同一基体的增强效果不完全相同，图 10-18 为相同体积分数的 SiC 和 TiC 对同一高熵合金基体 Fe$_{2.5}$CoNiCu 增强的应力-应变曲线，两者对基体的增强效果相当，但 SiC 增强时的延伸率显著高于 TiC，这是由于不同种类的增强体因自身性能特点的不同，尤其是增强体与基体的结合界面、颗粒尺寸及其在基体中的分布等均影响着复合材料的性能。图 10-19 则为相同体积分数，不同增强体（TiC、TiB$_2$）对同一高熵合金基体 Fe$_{1.2}$MnNi$_{0.8}$Cr 增强的应力-应变曲线，同样表明不同增强体的增强效果不同。若同一体积分数的增强体，如 5vol%TiC 增强不同的基体，如 CoCrFeMnNi$_{0.8}$ 和 CoCr$_3$Fe$_5$Ni，其应力-应变曲线如图 10-20 所示，其增强效果不同。

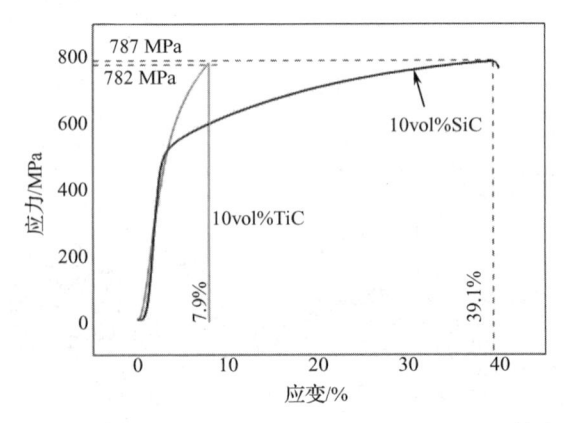

图 10-18　10vol%SiC/Fe$_{2.5}$CoNiCu、10vol%TiC/Fe$_{2.5}$CoNiCu 的应力-应变曲线

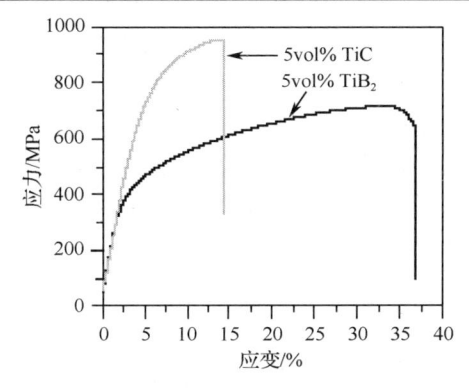

图 10-19　5vol%TiC/Fe$_{1.2}$MnNi$_{0.8}$Cr、5vol%TiB$_2$/Fe$_{1.2}$MnNi$_{0.8}$Cr 的应力-应变曲线

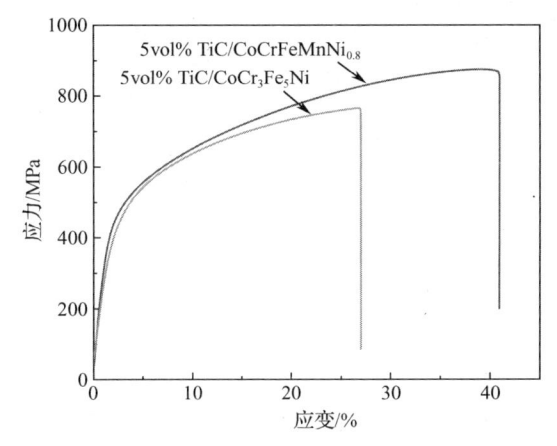

图 10-20　5vol%TiC/CoCrFeMnNi$_{0.8}$、5vol%TiC/CoCr$_3$Fe$_5$Ni 的应力-应变曲线

2）增强体体积分数

图 10-21 为增强体体积分数分别为 5vol%和 10vol%的 TiC/Fe$_{2.5}$CoNiCu 高熵合金基复合材料的组织形貌 SEM 图及其应力-应变曲线。由图 10-21（a）与图 10-21（b）可知 TiC 颗粒呈方块状，随着增强体体积分数的增大，基体中生成的 TiC 颗粒数量增多，并且 TiC 颗粒尺寸增大。对应的抗拉强度从基体的 639MPa 上升到了 774MPa 和 782MPa，如图 10-21（c）所示，但塑性却有所下降，延伸率则从基体的 8.8%分别下降到 8.3%和 7.9%。

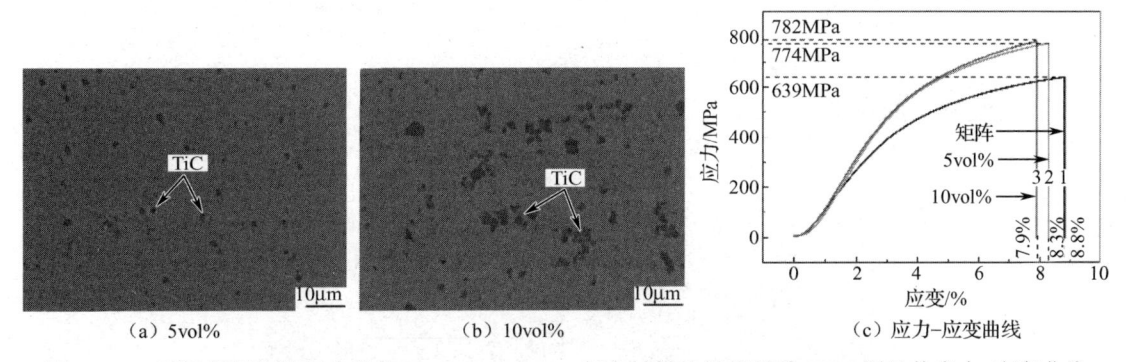

(a) 5vol%　　(b) 10vol%　　(c) 应力-应变曲线

图 10-21　不同增强体体积分数的 TiC/Fe$_{2.5}$CoNiCu 复合材料的组织形貌 SEM 图及其应力-应变曲线

图 10-22 为 5vol%TiC/Fe$_{2.5}$CoNiCu 和 10vol%TiC/Fe$_{2.5}$CoNiCu 复合材料的拉伸断口形貌 SEM 图。由图 10-22（a）可看出复合材料断口中出现了很多细小的 TiC 颗粒，这些 TiC 颗粒

镶嵌在基体韧窝中，起到提高材料强度的作用。TiC 颗粒的硬度较高，因而会造成应力集中，导致位错塞积和晶界破坏，阻碍材料的变形过程，降低材料塑性。由图 10-22（b）可见 TiC 颗粒的数量增加不明显，韧窝的数量减少，断口光滑面逐渐增加，断裂方式为准解理断裂，并逐渐向脆性断裂转变。能看到裂开的 TiC 颗粒，这是因为材料在受轴向受载荷时，基体变形过程中会将部分载荷传递到增强体 TiC 颗粒上，由于 TiC 颗粒强度高，承受载荷能力大，故而能提高材料整体的承载能力，当载荷足够大时会造成 TiC 颗粒开裂而失效，进一步表明内生型 TiC 颗粒与基体的界面结合强度高。

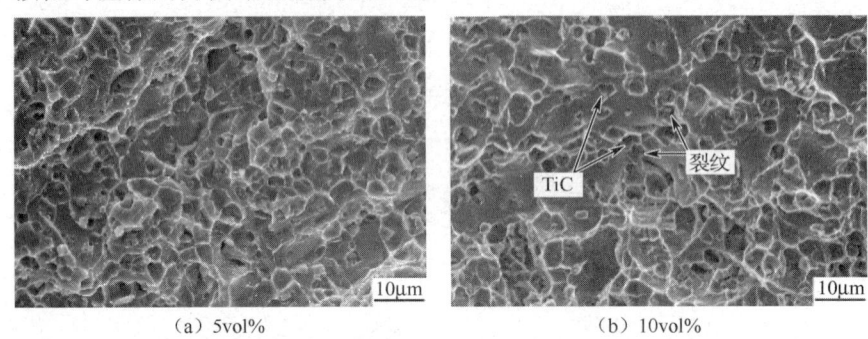

图 10-22　不同体积分数的 TiC/Fe$_{2.5}$CoNiCu 复合材料的拉伸断口形貌 SEM 图

3）合金元素

合金元素在一定条件下能与基体组元反应结合生成金属间化合物，弥散分布，也能直接进入基体形成固溶体，加大基体晶格畸变，强化基体，提高复合材料的力学性能。常用的合金元素有 Al、Ti、Nb、V、C、N、Si、O 等。

（1）Al 元素。

图 10-23 为不同 Al 含量时 5vol%TiC/Al$_x$FeCoNiCu 复合材料的 SEM 图，从图中可以看出，当 Al 含量较低时 TiC 尺寸细小，并发生小范围的团聚，这说明 Al 含量较低时高熵合金与 TiC 的浸润性差，易与 Ti、Ni 等组元形成金属间化合物，使金属流动性变差，TiC 扩散困难。在 $x=0.6$ 时，TiC 分布最为均匀，当 $x>0.6$ 时 TiC 发生团聚现象。当 Al 含量继续增加时，TiC 颗粒团聚加重，并逐渐粗化。

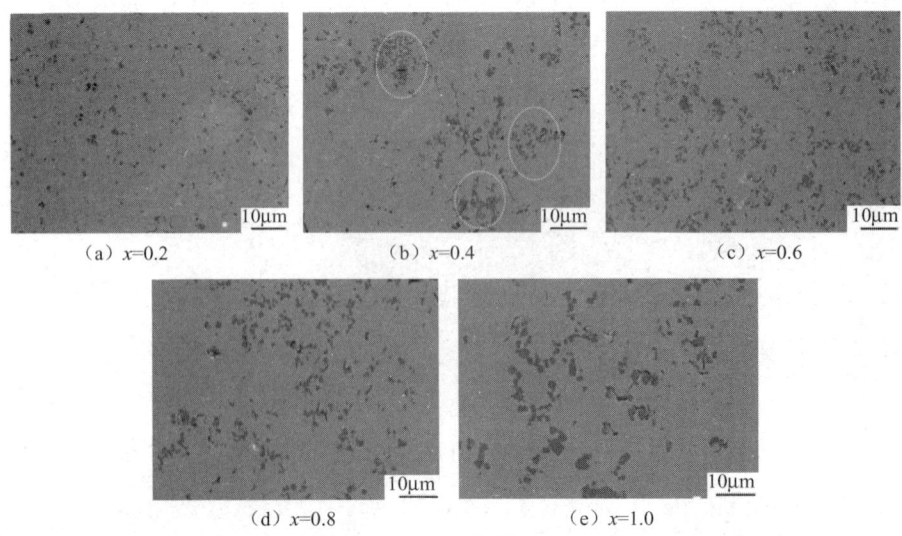

图 10-23　不同 Al 含量时 5vol%TiC/Al$_x$FeCoNiCu 复合材料的 SEM 图

第 10 章 新型复合材料

当增强体 TiC 的体积分数增至 10vol%，Al 含量不同时 TiC/Al$_x$FeCoNiCu 复合材料的 SEM 图如图 10-24 所示。Al 含量较低时，即 $x=0.2$ 时 TiC 颗粒的尺寸较大，如图 10-24（a）所示。随着 Al 含量的增加，TiC 颗粒的尺寸开始细化，仅有少量粗化，如图 10-24（b）所示。当 $x=0.6$ 时，TiC 颗粒的尺寸基本在一个数量级，且分布均匀，如图 10-24（c）所示；当 $x=0.8$ 时，TiC 颗粒发生团聚，如图 10-24（d）所示，在 $x=1.0$ 时，团聚加重，如图 10-24（e）所示。

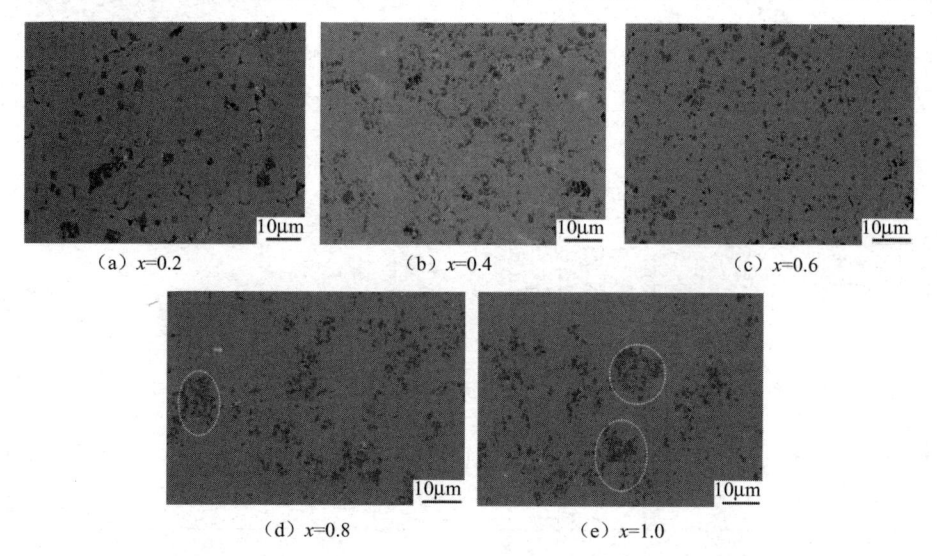

(a) $x=0.2$ (b) $x=0.4$ (c) $x=0.6$

(d) $x=0.8$ (e) $x=1.0$

图 10-24　10vol%的 TiC/Al$_x$FeCoNiCu 复合材料的 SEM 图

Al 含量不同同样影响复合材料的结构。图 10-25（a）为 TiC 体积分数分别为 5vol%、不同 Al 含量时 TiC/Al$_x$FeCoNiCu 复合材料的 XRD 图谱。由图可知，在铝含量 $x=0.2$、0.4、0.6 时，高熵合金基体的结构均为单相结构（FCC），当 Al 含量增至 0.8 时，结构转为双相结构（FCC+BCC），当 x 继续增至 1.0 时，BCC 相含量进一步增加，FCC 相减少。在增强体 TiC 体积分数增至 10vol%时，不同 Al 含量时复合材料的结构如图 10-25（b）所示，可见在 $x⩽0.4$ 时，为单相结构 FCC，当 $x>0.4$ 时，出现 BCC 相，基体呈 FCC 与 BCC 双相结构。在 $x=0.6$ 时，复合材料的综合性能最优，如图 10-26 所示。

(a) 5vol% TiC (b) 10vol% TiC

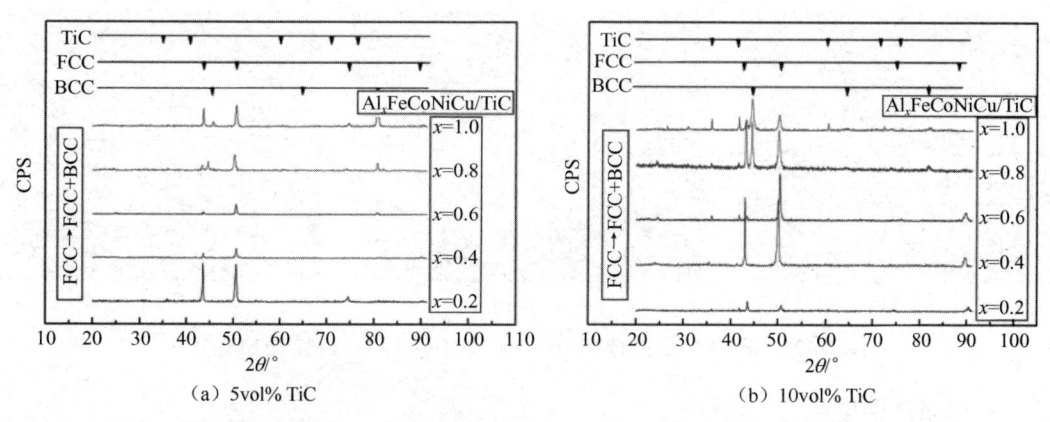

图 10-25　不同 Al 含量时 Al$_x$FeCoNiCu/TiC 复合材料的 XRD 图谱

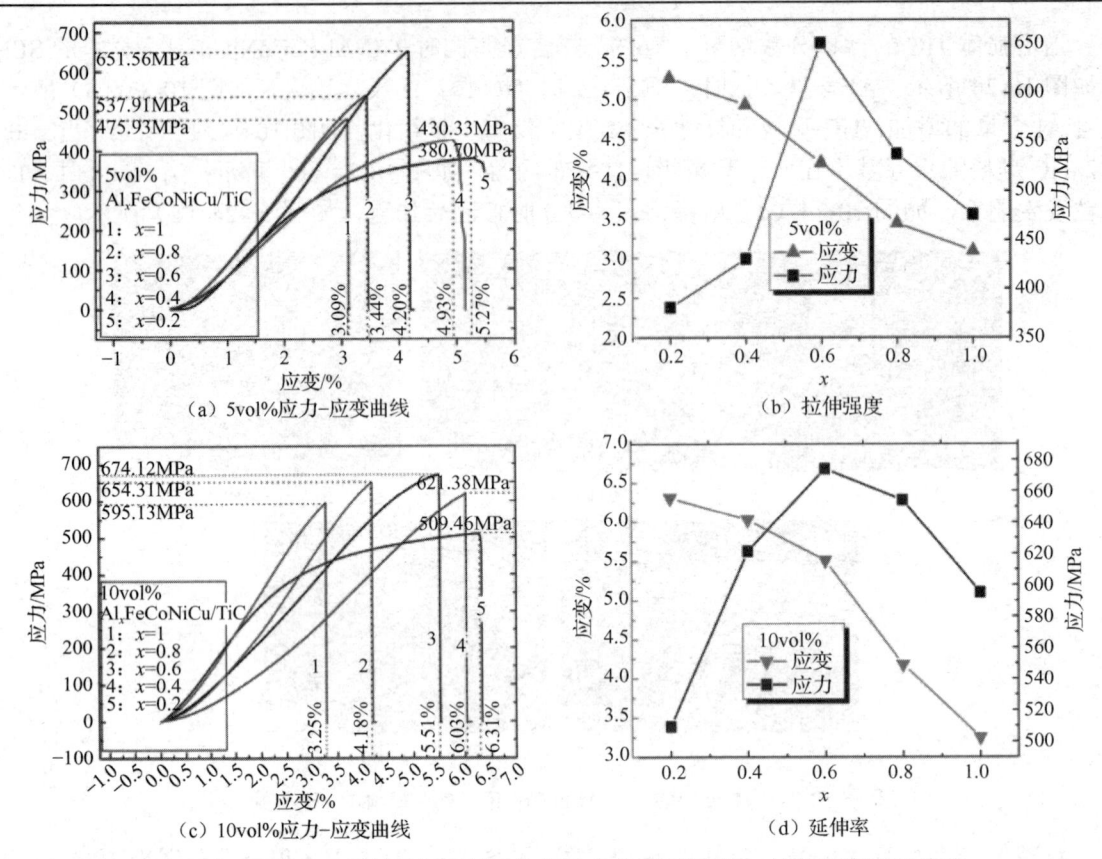

图 10-26　不同 Al 含量时复合材料的拉伸应力-应变曲线、拉伸强度和延伸率

(2) V 元素。

图 10-27 为不同 V 含量的 $V_x FeCoNiCu/(TiC_p)$ 复合材料的 SEM 图,由图可见当 V 含量从 $x=0.2$ 增至 0.6 时,TiC 颗粒尺寸从微米级降至纳米级,并提高了 TiC 颗粒在基体中分布的均匀性。在 V 含量较低时,还会与 Fe、Co 等生成 laves 相,如图 10-28 所示。但其拉伸强度和延伸率则随着 V 含量的增大而减小,如图 10-29 所示,可能的原因如下。

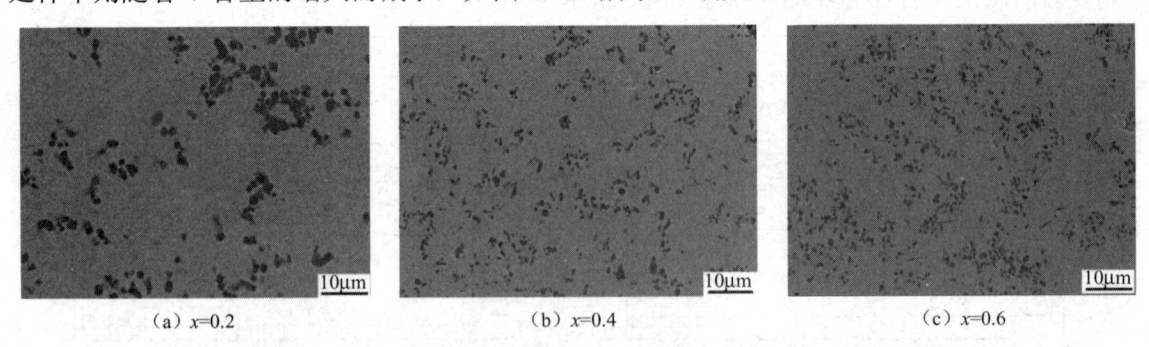

图 10-27　不同 V 含量时 $V_x FeCoNiCu/(TiC_p)$ 复合材料的 SEM 图

① V 在晶界偏析;
② 晶界处的 V 与 C 结合生成 VC,继续升温,VC 与 Ti 发生置换反应,置换出的 TiC 颗粒也大量分布在晶界,从而导致晶界强度降低;

③ V 的高熔点，鸡尾酒效应使合金熔点升高，液态金属流动性变差，冷却时产生缩孔等铸造缺陷。

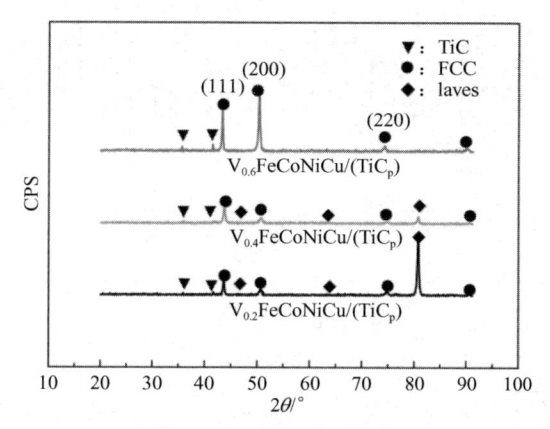

图 10-28　不同 V 含量的 $V_xFeCoNiCu/(TiC_p)$ 复合材料的 XRD 图谱

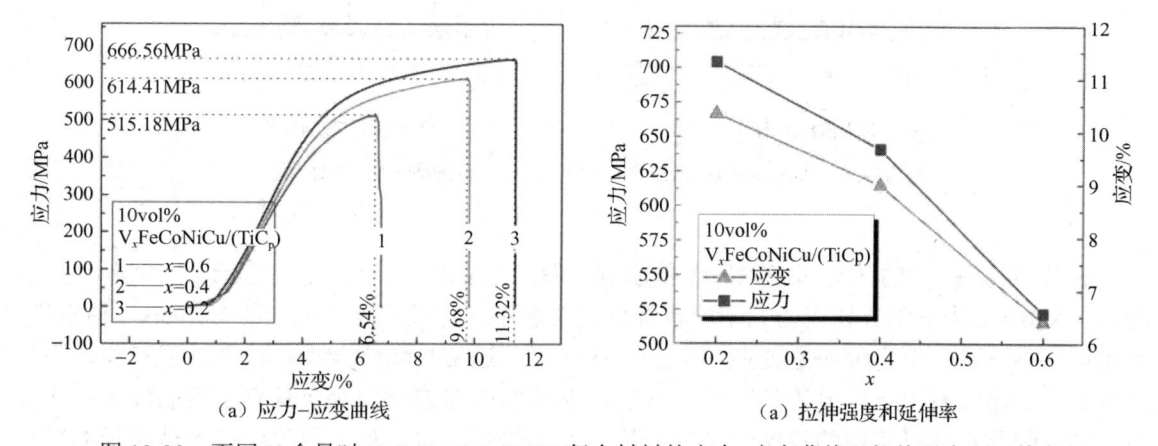

图 10-29　不同 V 含量时 $V_xFeCoNiCu/(TiC_p)$ 复合材料的应力-应变曲线及拉伸强度和延伸率

4）热处理

高熵合金基复合材料在经过不同的温度和时间的退火处理后，基体组织会发生很大变化。$CuCr_2Fe_2NiMn$ 高熵合金随着退火温度的增加，ρ（$Cr_5Fe_6Mn_8$）相从基体中析出，导致析出强化，当退火温度在 800℃时，ρ 相析出最多，硬度达到最大值，当温度继续升高时，基体中的 ρ 相和富铜相发生分解，导致硬度急剧下降。

图 10-30 为 10vol%TiB_2/FeCoNiCu 复合材料在铸态和退火态的硬度分布柱状图及热处理前后的 XRD 图谱。从图 10-30（a）可以看出，10vol%TiB_2 增强体使基体硬度值从 118.9HV 增加到 208.9HV。分别进行 800℃退火、保温 5h 热处理后，硬度分别提升到 173.6HV 和 263.5HV。退火处理后，高熵合金基体中析出了 laves 相，如图 10-30（b）和图 10-30（c）所示，退火处理后，传统合金的晶粒会长大，晶界减少从而硬度下降，而高熵合金具有极高的构型熵，在退火处理后会析出一些细小的 laves 相，增加高熵合金的退火硬度。这些析出相会弥散分布并阻止位错运动，从而提高材料的力学性能。

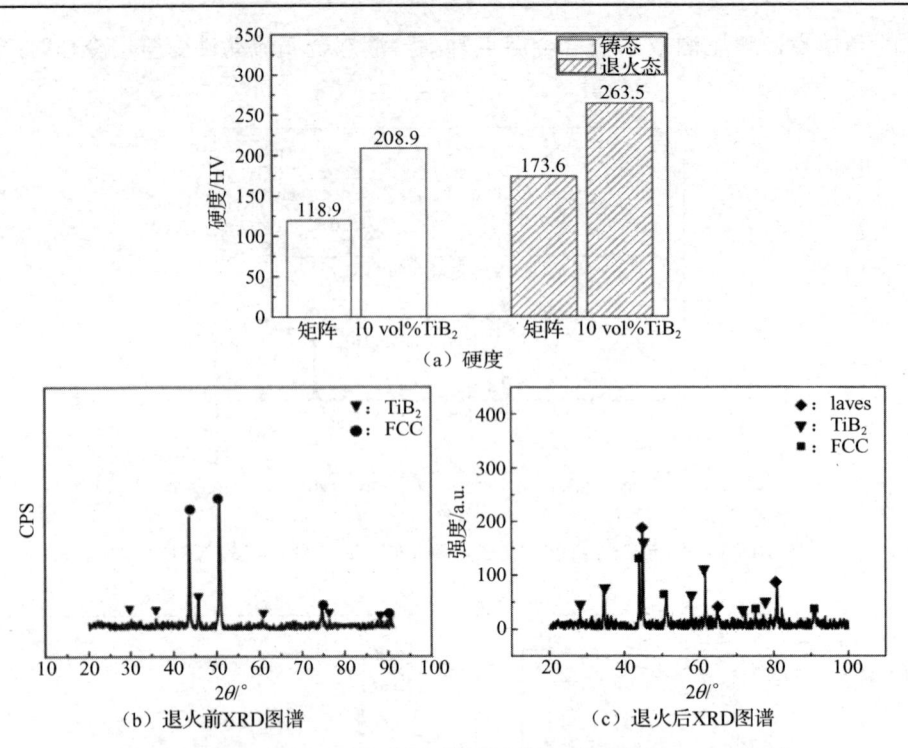

图 10-30　TiB$_2$/FeCoNiCu 复合材料退火前后的硬度与 XRD 图谱

5) 形变

高熵合金基体的位错滑移特点和孪晶形变特点都不同于传统合金。高熵合金的 Peierls-Nabarro 力 (临界切应力) 不能再像传统合金中那样被忽略，位错的 Burgers (伯格斯) 矢量可能不再是一个定值而是处在一个分布区间内。通常高熵合金具有较低的层错能，而且温度对于层错能有着十分显著的影响。低层错能的面心立方结构合金具有出色的加工硬化能力，其原因是形变过程中的机械孪晶可为位错运动提供障碍，从而导致位错运动路径的减少并导致孪晶内部位错密度的增加。

对于高熵合金基复合材料，形变除会使材料出现加工硬化从而提升性能外，还会对材料的组织产生影响。由于高熵合金组织简单，成分较为均匀，形变对合金组织的影响并不大，但是内生型增强体颗粒在基体内形核长大时具有方向性，微裂纹会优先在这些陶瓷相颗粒的尖锐处产生从而使材料的性能不能充分发挥。形变可以减小增强体颗粒的尺寸，促使其在基体中弥散分布，从而可以起到提高复合材料力学性能的作用。

10.2.5　高熵合金基复合材料的强化机制

高熵合金基复合材料因具有高强度、高硬度及良好的耐磨、耐蚀等优异的性能而得到了广泛的关注，其强化效应通常是在多种强化机制的共同作用下实现的。高熵合金基复合材料强化机制主要有 5 种，即第二相强化、固溶强化、细晶强化、晶界强化和位错强化。

1. 第二相强化

第二相强化是指增强体作为第二相粒子分布在高熵合金基体中，包括沉淀强化和弥散强化，是一种至关重要的强化机制。在 FeCoCrNiMn 高熵合金中同时添加等摩尔的 Ti 和 C，发现在 FCC 基体的晶界分布有粒径约为 100nm 的第二相 TiC 颗粒,并且在 FCC 基体晶粒中也观察到孪晶及一些缺陷,而沿{111}晶面方向的 FCC 固溶体存在一些位错和晶格畸变。随着 Ti 和 C 的加入,基体中的第二相(TiC、$M_{23}C_6$ 和 M_7C_3,M 可为 Cr、Mn、Fe)和缺陷逐渐增多,位错运动受阻碍,材料强度显著提升。

2. 固溶强化

固溶强化是常见的强化机制,其原理是大尺寸溶质原子的加入使得固溶体的晶格发生畸变而阻碍位错运动,或者位错线上溶质原子的偏聚形成柯氏气团对位错起到钉扎作用,从而达到强化的目的。

固溶强化对复合材料的影响的计算如下:

$$\Delta\sigma_s = \frac{MGc^{1/2}\varepsilon_s^{3/2}}{700} \tag{10-1}$$

式中:$\Delta\sigma_s$ 表示由于元素固溶引起复合材料屈服强度提高的增加量;c 是增强体的摩尔比;M 表示泰勒因子(约为 3.06);G 为剪切模量;ε_s 为相互作用参数,大约等于从精简的 XRD 图谱中获得的参数 ε_a。

采用等离子体烧结工艺制备原位 TiC 颗粒增强 $Al_{0.2}Co_{1.5}CrFeNi_{1.5}Ti_{0.5}$ 高熵合金基复合材料,结果表明,当 C 含量从 0 增加到 2.0%时,维氏硬度从 410$HV_{0.3}$ 增加到 850$HV_{0.3}$,屈服强度从 1080MPa 增加到 2164MPa。发现 XRD 峰明显向左移动,FCC 相的晶格参数从 3.5876 增加到 3.5913。

此外,在高熵合金基复合材料中加入合金化元素也能提高复合材料的力学性能,如在 TiC/FeCrNiCu 高熵合金基复合材料中添加少量的 V 时,由于 V 原子的半径大于 Fe、Ni、Cu 和 Cr 的原子半径,在基体中固溶引起晶格畸变,增加了位错运动的阻力,从而可提高复合材料的强度和硬度。

3. 细晶强化和晶界强化

晶粒细化可以提高晶界体积分数,从而阻碍位错运动,使得材料的硬度、强度升高,同时塑性、韧性也得以改善。细晶强化和晶界强化之间是有关联的,是金属材料强韧化的重要机理。在 CoCrFeNiMn 高熵合金基复合材料中,采用选区激光熔覆技术引入 12vol%TiN 颗粒时,出现超细晶粒结构。FCC 高熵合金基体近等轴晶粒中 90%以上的晶粒直径小于 2μm,大量的 TiN 增强体分布在超细 FCC 相的晶界处,说明大量的陶瓷纳米颗粒可作为高熵合金晶粒的成核中心,有利于非均匀晶粒的成核,从而促进晶粒细化及长大为各向同性和等轴晶。

屈服强度与晶粒尺寸之间的关系可以通过经典的 Hall-Petch 方程描述:

$$\sigma_y = \sigma_0 + kd^{-1/2} \tag{10-2}$$

式中:σ_y 为屈服应力;σ_0 为晶格摩擦应力;k 为强化系数;d 为平均晶粒直径。在 TiC 颗粒增强的 CoCrFeMnNi 高熵合金基复合材料中,TiC 颗粒加入,沿基体的晶界分布,通过钉扎效应有效地阻止晶界的运动,可使复合材料的晶粒尺寸细化,强度提高。

4. 位错强化

金属材料的屈服,即发生塑性变形时,主要是以位错运动的方式进行的。位错运动比较复杂,位错之间相互交割,形成割阶,引起位错纠缠,位错受到阻碍而不断塞积,因此造成位错运动的障碍,从而提高材料的强度。一般可以根据位错密度来计算位错强化对金属材料

剪切应力 $\Delta\sigma_d$ 的影响，计算公式如下：

$$\Delta\sigma_d = M\alpha Gb\rho \tag{10-3}$$

式中：α 是位错硬化参数；G 是剪切模量；b 为柏氏矢量的大小；ρ 是位错密度。在碳化物增强的 CoCrFeMnNi 高熵合金基复合材料中，观察到大量的纳米碳化物（$M_{23}C_6$）存在，阻碍了位错的移动，从而增强了合金的强度。当碳含量由 0%增加到 3.0%时，拉伸屈服强度由 371MPa 增加到 792MPa。

10.3 纳米复合材料

10.3.1 概述

纳米复合材料（Nanocomposites）的概念最初是在 20 世纪 80 年代由德国学者 Gleitert 提出的，它是指分散相尺寸至少在一维方向上小于 100nm 的复合材料。组成复合材料的基体可以是金属、聚合物、陶瓷等。由于纳米粒子具有小尺寸效应、表面效应、界面效应、量子尺寸效应等，因此与基体复合后可使材料表现出优异的性能，在航空航天领域有着广阔的应用前景。

根据材料的使用特性，纳米复合材料可分为纳米结构复合材料和纳米功能复合材料；而纳米功能复合材料又可分为磁性纳米复合材料、催化纳米复合材料、半导体纳米复合材料等。复合形式可分为 0-0 复合、0-2 复合、0-3 复合、纳米插层复合 4 种类型。

10.3.2 金属基纳米复合材料

金属基纳米复合材料是以金属及合金为基体，与一种或几种金属或非金属纳米级增强体相结合的复合材料。金属基纳米复合材料具有力学性能好、剪切强度高、工作温度较高、耐磨损、导电导热好、不吸湿、不吸气、尺寸稳定、不老化等优点，故以其优异的性能应用于自动化、航空航天等高新技术领域。各种复合新工艺，如压铸、半固态复合铸造、喷射沉积、直接氧化法、反应生成法等的应用，促进了纳米颗粒、纳米晶片、纳米晶须增强金属基复合材料的快速发展，使成本不断降低，从而使金属基纳米复合材料的应用由自动化、航空航天工业扩展到汽车工业。

1. 金属基纳米复合材料的制备方法

1）高能球磨法

高能球磨法是利用球磨机的转动或振动，使研磨介质对原料进行强烈的撞击、研磨和搅拌，将其粉碎为纳米级微粒的方法。采用高能球磨法，适当控制球磨条件可以制备出纯元素、合金或纳米复合粉末。若再采用热挤压、热等静压等技术加压则可制成各种块体纳米材料制品。实验研究表明，在球磨阶段元素粉末晶粒度达到 20～50nm，甚至几个纳米，球磨温升为 30～40K。该法可使互不相溶的 W、Cu 等合金元素或溶解度较低的合金粉末，如 W、Ni、Fe 等发生互扩散，形成具有一定溶解度或较大溶解度的 W_2Cu、W_2Ni_2Fe 超饱和固溶体和 Ni 非晶相。

该法具有成本低、产量高、工艺简单易行等特点，并能制备出常规方法难以获得的高熔点金属或合金的纳米微粒及纳米复合材料。缺点是能耗大、粒度不够细、粒径分布宽、杂质易混入等。运用高能球磨法可制备各种金属-金属纳米复合材料、金属-陶瓷纳米复合材料及陶瓷-陶瓷纳米复合材料，如 CeO2/Al、CeO2/Zn、NiO/Al、NiO/Zn、CeO2/Al-Ni、CeO2/Zn-Ni 等多种功能复合材料，分析表明纳米颗粒在金属（或合金）基体中呈单分散状态。

2）原位复合技术

原位复合技术是指根据材料设计的要求选择适当的反应剂（气相、液相或固相），在适当的温度下借助于基材之间的物理化学反应，原位生成分布均匀的第二相（或称增强体），制备复合材料的技术。由于原位复合技术基本上能克服其他工艺通常出现的一系列问题，如克服基体与第二相或与增强体浸润不良，界面反应产生脆性层，第二相或增强体分布不均匀，特别是微小的（亚微米级和纳米级）第二相或增强体极难进行复合等问题，因而在开发新型金属基纳米复合材料方面具有巨大的潜力。

该法可制备 TiC/Ti_5Si_3、Cu-$2.65Al_2O_3$ 等多种纳米复合材料。以 Ni、Al、Ti、C 粉末为原料进行球磨，球磨过程中发生两个独立的放热反应：Ni+Al→NiAl，Ti+C→TiC，合成出 TiC/NiAl 纳米复合材料，这种材料不仅保持了 NiAl 的性能优点，而且还能改善其室温塑性，并大大提高了其蠕变抗力。

该技术过程简单，不需要复杂的设备，产品纯度高，能获得复杂的相和亚稳定相。不足是不易获得高密度产品，反应过程和产品性能难以严格控制。

3）大塑性变形法

大塑性变形法是指材料处于较低的温度（通常低于 $0.4T_m$，T_m 为熔点温度）的环境中，在大的外部压力作用下发生严重塑性变形，从而将材料的晶粒尺寸细化到亚微米或纳米量级的方法。该法可细化晶粒的原因在于这种工艺能大大促进大角度晶界的形成。该法分两种：大扭转塑性应变法和等槽角压法。大扭转塑性应变法最突出的优点在于粉末压实的同时晶粒显著细化，为直接从微米量级金属粉末得到块体金属基纳米复合材料提供了可能性。利用该工艺可以制备出无残留空洞和杂质，且粒度可控性好的块体金属基纳米复合材料。利用该技术对纳米-微米混合粉末进行压实可以制备出高强度、高热稳定性的金属-陶瓷纳米复合材料，如该法制备的98%理论密度的 $5vol\%SiO_2/Cu$ 和 $5vol\%Al_2O_3/Al$ 两种金属基纳米复合材料，具有高强度、高热稳定性特点，并发现 Al_2O_3/Al 纳米复合材料有超塑性现象，在 400℃、应变率为 $10^{-4}s^{-1}$ 拉伸时，失效前的延伸率几乎达200%，塑性应变率灵敏度为0.35。

4）快速凝固工艺

快速凝固工艺是利用快速凝固能显著细化晶粒的原理，制备纳米复合材料的工艺。快速凝固工艺直接制备各种高性能块体金属基纳米复合材料，如制备铝-过渡金属-稀土纳米复合材料，纳米级的面心立方 Al 晶体均匀地分布在非晶的基体中。这种材料具有极高的强度和良好的塑性，室温强度高达 1.6GPa，相当于相同成分完全非晶铝合金的 1.5 倍和传统时效强化铝合金的 3 倍；其高温强度更加优越，300℃时达 1GPa，是传统铝合金的 20 倍。将快速凝固工艺与热挤成型技术相结合，制备的 TiC/Al 自生铝复合材料，与常规熔铸工艺相比，其室温拉伸强度增加了 100MPa 左右，并表现出良好的高温力学性能。

5）溅射法

溅射法是采用高能粒子撞击靶材的表面，与靶材表面的原子或分子交换能量或动量，使得靶材表面的原子或分子从靶材表面飞出后沉积到基片上形成金属基纳米复合材料的方法。与惰性气体凝聚法相比较，由于溅射法中靶材无相变，化合物的成分不易发生变化；由于溅射沉积到基片上的粒子能量比蒸发沉积高出几十倍，所形成的纳米复合薄膜附着力大。溅射法镀制薄膜理论上可溅射任何物质，是应用较广的物理沉积纳米复合薄膜的方法。

利用非平衡直流反应磁控溅射技术将 Zr-Cu（62/38 at%）靶材沉积到钢基板上，得到一种新型的超硬光学纳米复合薄膜 ZrN/Cu，研究表明，这种超硬光学纳米复合薄膜的显微组织由坚硬的并具有强烈择优取向的纳米 ZrN 柱状晶和软相基体 Cu（1at%～2at%）构成，其显微硬度高达 55GPa，弹性恢复接近 82%，在近红外区域（λ>600nm）的反射率达到最大值。

6）纳米复合镀法

纳米复合镀法是运用电镀或化学镀原理，将悬浮在镀液中的不溶性纳米微粒，共沉积到单一金属或合金上，经过二次热处理而形成金属基纳米复合涂层。运用电化学沉积工艺在镀锌液中分别加入纳米 CeO_2 粉末（平均粒径为 30nm）和微米 CeO_2 粉末进行共沉积，在基片上分别获得 CeO_2/Zn 纳米复合镀层和 CeO_2/Zn 微米复合镀层。分析表明：CeO_2/Zn 纳米复合镀层的耐蚀性较纯锌镀层有明显改善，而 CeO_2/Zn 微米复合镀层的耐蚀性与纯锌镀层相比变化不大；尽管实验条件相同，但 CeO_2/Zn 纳米复合镀层中 Ce 的含量是 CeO_2/Zn 微米复合镀层的 9 倍；另外，还发现 CeO_2/Zn 纳米复合镀层中由于纳米 CeO_2 的存在，基体 Zn 晶核生长具有择优取向<101>现象。化学复合镀 Ni-P-纳米 TiO_2 粒子复合涂层与 Ni-P 合金涂层相比，具有更高的硬度和高温抗氧化性能。镀层热处理后，纳米复合涂层的硬化峰值比化学镀 Ni-P 合金涂层推迟 100℃左右，其高温性能更好。纳米复合镀法被广泛用来制备金属基纳米复合涂层，以提高涂层的耐磨、耐热和耐蚀等性能。

此外，还有非晶晶化法、惰性气体凝聚法、反应性等离子体法、等离子热喷镀法、氨循环法、微乳液法、高压高温固相淬火法和粉末冶金法等，请查阅相关书籍。金属基纳米复合材料的主要制备方法的特点和适用范围简要地归纳于表 10-1 中。

表 10-1　金属基纳米复合材料的主要制备方法和适用范围

制备方法	复合方式	特　　点	适用范围
高能球磨法	0-0 0-3	成本低、产量高、工艺简单，但易混入杂质	纳米金属/金属；纳米陶瓷/金属
原位复合技术	0-3	增强体与基体界面无污染、理想原位匹配、一次合成、工艺简化、成本低	纳米陶瓷/金属
大塑性变形法	0-0	产品高致密、界面洁净且粒度可控性好	纳米陶瓷/金属
快速凝固工艺	0-3 1-3	技术成熟、工艺简单且易于控制、成本低、产量高	纳米金属/非晶；碳纳米管增强合金
溅射法	0-2	靶材无限制、薄膜组织致密、粒度小、表面清洁、附着力大、适于实验室制备	各种功能纳米复合薄膜
纳米复合镀法	0-2	纳米微粒有效抑制基体组织晶粒长大，工艺简单且易于控制，成本低	各种高耐磨、耐热、耐蚀镀层
非晶晶化法	0-3	成本低、产量高、界面清洁致密、无微孔隙、粒度可控	非晶形成能力较强的合金系
惰性气体凝聚法	0-0 0-3	表面清洁、粒度小、设备要求高、产量低	Cu/Fe、Ag/Fe、SiO_2/BiSb
反应性等离子体法	0-3	沉积速度快、粒度小、表面洁净，但能耗大	氮、氧、碳化物增强体系
微乳液法	0-0	核-壳结构纳米晶复合、粒度分布窄且可控	各种纳米金属复合体系

2. 金属基纳米复合材料的结构与性能

金属基纳米复合材料具有高的强度和韧性、高的比强度和比模量、抗蠕变和抗疲劳性好、高温性能优良、断裂安全性高等特点。

1）微观结构

用超声波气态原子化法和热挤压锻造制备 $Al_{88}Ni_9Ce_2Fe_1$ 纳米复合材料，研究发现原子化粉末的微观结构受基体中溶质过饱和度、隐含微应力、溶质大小、分布状态和沉积纳米相的体积分数等因素影响；在热的结晶过程中，$Al_3(Ni, Fe)$ 纳米相的生长优于 $Al_{11}Ce_3$；材料金属丝强度高达 1.6GPa。

在研究 $(TiB_2+Al_3Ti)/Al$ 复合材料的成核机制时发现：在铸造铝合金的过程中，初生 Al 晶粒必须小于 100μm，以确保其各向同性；TiB_2 和 Al_3Ti 的加入，可细化基体合金的晶粒；纳米尺寸的铝化物（Al_3Ti）第二相的形成受铝合金中 10^{-6} 级杂质的影响；纳米级铝化物可改善材料的表面修饰、浸蚀和强度等特性。用摩擦搅动焊接技术制备的纳米相铝合金（如 Al_2Ti_2Cu 和 Al_2Ti_2Ni 合金）具有极高的强度和良好的延展性，材料的非均相微观结构得到改善。在热等压条件下，复合材料的微结构中，细的金属间化合物（Al_3Ti）分散在铝基体中。Al_2Ti_2Cu 合金的挤压过程有与热等压过程相同的微结构特征，但在富铝区域出现了延长的暗线。而经摩擦搅动过程的复合材料均一性则大大增强，这种铝合金在 650MPa 下延展性可提高 10%。

2）强度、塑性和断裂韧性

用 TiO_2 颗粒与铝合金液原位反应制备 $Al_3Ti/LY12$ 复合材料，发现 TiO_2 与 LY12 铝合金液反应后生成约 40nm 的 Al_3Ti 颗粒，弥散分布在 LY12 基体合金中，$Al_3Ti/LY12$ 界面良好结合，使复合材料的强度、塑性、冲击韧度均比 LY12 铝合金有显著的提高。用气液原位反应合成法制备了 AlN/Al-7%Si 纳米复合材料，其增强体 AlN 颗粒尺寸约为 80nm，颗粒均匀分布于 Al 基体晶粒内，Al-7%Si 中的共晶硅主要以棒状形态分布于 α-Al 基体的晶界上。面内生长所形成的细小增强体能阻碍位错滑移，使材料的强度提高，延伸率降低。AlN 的异质晶核作用细化了 Al-7wt%Si 的初生 α-Al 和共晶硅，使材料在断裂前可承受较大的变形。

用机械合金化方法获得 NiAl(Co) 纳米晶粉末，经过热压，制备出 NiAl(Co) 块体纳米晶材料，其晶粒尺寸为 300~480nm，致密度可达到 91%以上，室温压缩屈服强度达到 1250~1400MPa，是铸态 NiAl 合金的 3.1~3.5 倍，室温有大约 13%的压缩塑性，其中，$Ni_{50}Al_{40}Co_{10}$ 纳米晶块体材料压缩率可达 30%而无裂纹产生；$Ni_{50}Al_{40}Co_{10}$ 在 980℃高温压缩至 19.5%时无裂纹产生，变形均匀，还发现含 Co 相的 NiAl(Co) 的双相纳米晶块体材料压缩性能优于单相 NiAl(Co) 纳米晶块体材料。

用热压法制备的 Y-TZP/Mo 纳米复合材料的断裂韧性不受加载速度的影响，复合材料含体积分数为 70vol%的 Mo，微结构显示了一个连续的钼相，表明具有高的断裂韧性。使用 XRD 分析断裂面时发现在断裂过程中 ZrO_2 没有从四方晶相向单斜晶相的转变，说明材料的断裂韧性的改善是由于第二相的掺入和微观结构形态的变化。

对 Al_2Ti_2Cu 纳米复合材料塑性流动和断裂行为的研究表明：纳米微粒可在液氮保护下采用高能球磨法制备，材料的形变由位错增加和动力恢复来控制，纳米相 Al_2Ti_2Cu 合金展示了从脆性到延展性的转变行为。制备的纳米相粉末经挤压强化产生了一种包含两相（富铝相和 Al_3Ti 微粒相）区域和少量单相铝固溶体的复合结构。脆性行为通过初始化微粒基体界面，在名义上的两相区域和单相微结构之间传播。

纳米颗粒增强金属基复合材料的主要强化机制为 Orowan（奥罗万）强化、热错配强化和 Hall-Petch 强化，纳米颗粒在基体中的分布状态对何种机制起主导作用具有重要影响。以纳米 SiC 颗粒增强 AZ91D 复合材料，发现颗粒完全分布于晶内时，颗粒难以阻碍晶粒的长大，因此细晶强化作用微小。而颗粒与基体结合良好，增强效果最好，主要增强机制为 Orowan 强化；颗粒完全分布于晶界上时，颗粒有效地阻碍了晶粒的长大，细晶强化成为主要的强化机制，增强效果最差，主要增强机制为 Hall-Petch 强化。颗粒在晶内晶界上均有分布时，多种强化机制共同发挥作用，增强效果随着晶内与晶界上颗粒比例的减小而逐渐减小。

3）耐磨性

添加 TiC 硬质颗粒增强体可大大增加 TiNi 合金的耐磨性，这种高的耐磨性可能主要受益于合金的拟塑性，而添加纳米 TiN 粉末去增强 TiC/TiNi 基体时，发现纳米 TiN/TiC/TiNi 复合材料的耐磨损性优于 TiC/TiNi 复合材料和硬质颗粒覆盖表面的 WC/NiCrBSi 材料。用碳纳米管作为增强体制备镍基复合镀层，碳纳米管可均匀地嵌镶于基体中，且端头露出，覆盖于基体表面，镍基复合镀层具有优良的耐磨性和自润滑性，可以显著改善金属表面的耐磨和减摩性能。用真空熔烧方法在 45 号钢表面制备纳米金刚石粉和镍基自熔合金组成的复合涂层，用扫描电镜分析涂层发现：涂层主要由 Ni 固溶体和分布于其间的碳化物、合金渗碳体、合金碳化物和硼化物组成；复合涂层的硬度和耐磨性随着纳米金刚石粉加入量的增多而提高，当复合涂层中添加的纳米金刚石粉的质量分数在 0.8%~10%时，其耐磨性能最好，摩擦因数可减小 60%。

用碳纳米管增强的金属基纳米复合材料具有极好的力学性能。利用销盘式磨损试验机研究了粉末冶金法制备的多壁碳纳米管增强铜基复合材料的稳态摩擦磨损行为，发现10%~14%碳纳米管的铜基复合材料具有较好的摩擦性能。在低载荷和中等载荷作用下，随着碳纳米管质量分数的增加，复合材料的磨损率减小；而在高载荷作用下，由于发生表面开裂和片状层剥落，碳纳米管质量分数高的复合材料的磨损率增高。

4）磁化性能

金属基纳米复合材料的一些磁学性能，如磁化强度、磁化率等与材料的晶粒大小、形状、第二相分布及缺陷密切相关，而另一些磁学性能，如饱和磁化强度、居里温度等与材料中的相及其数量有关。磁化由两个因素控制：一是晶粒的各向异性，每个晶粒的磁化都趋向于排列在自己易磁化的方向；二是相邻晶粒间的磁交互作用，这种交互作用使得相邻晶粒朝向共同磁化的方向磁化。因此，纳米级磁性材料具有高的矫顽力、低的居里温度，颗粒尺寸小于某一临界值时，具有超顺磁性等。

5）巨磁电阻效应

20 世纪 90 年代，人们在 Fe/Cu、Fe/Ag、Fe/Al、Fe/Au、Co/Cu、Co/Ag 等纳米结构的多层膜中观察到了显著的巨磁电阻效应。1992 年，美国率先报道了 Co_2Ag、Co_2Cu 颗粒膜中存在巨磁电阻效应，其效应在液氮温度下可达 55%，室温可达 20%，但颗粒膜的饱和磁场较高，而隧道结的饱和磁场远低于多层膜、颗粒膜及钙钛矿化合物。在通常由铁磁薄膜、非磁性绝缘膜所构成的三明治结构，如 $Fe/Al_2O_3/Fe$ 中，Al_2O_3 绝缘层厚度小于 10nm。

6）超顺磁性

用共蒸发和惰性气体凝聚、原位氧化、原位压实技术合成由铁的氧化物和银组成的磁性纳米复合材料，调节氩气压力为 133.322Pa，可得到 10nm 的复合颗粒。通过 TEM 和 EDS（能谱仪）发现几个纳米尺寸的铁纳米团簇被银晶粒包围，实验发现作为单畴的单个晶粒表现出超顺磁性。而包含 10~30nm 铁的氧化物和铁的氮化物纳米颗粒弥散于银基体的纳米复合材料，具有超顺磁性，并发现磁矩的对数分布降低了磁热效应，作为单畴纳米颗粒的磁性晶体各相异性能比热能小，使超顺磁性可能发生在相对高的温度。

7）矫顽力

对 Al_2O_3/Ni_2Co 纳米复合材料的微观结构、力学性能和磁性质进行研究发现，减小分散颗粒的尺寸可以提高材料的矫顽力。金属基纳米复合材料的制备是在高温下完成的，活性的金属基体与纳米增强体之间的界面会不稳定，金属基体在冷却、凝固、热处理过程中还会发生元素偏聚、扩散、固溶、相变等，使金属基复合材料界面区的结构十分复杂。界面区的组成、结构明显不同于基体和增强体，并受金属基体成分、增强体类型、复合工艺参数等各种因素的影响。

3．金属基纳米复合材料的烧结行为

纳米 W_2Cu 合金粉末采用常规烧结，可在较低的温度下得到近全致密（致密度为98%～99%）且晶粒为 $1\mu m$ 的合金。若采用高能球磨法制备 $Ag_{50}Ni_{50}$ 合金粉末，在 620℃热压后，合金相的颗粒长大至 40～60nm。热压块体化的 $Ag_{50}Ni_{50}$ 合金密度很高，经 600℃、24h 退火处理后，其 α-Ag 和 β-Ni 相颗粒长大至 100～110nm。若将纳米结构 WC-Co 复合粉末在 1400℃保温 30s 可获得高致密合金结构，其 WC 晶粒尺寸为 200nm，但若将保温时间延长 1 倍，即保温 60s，则晶粒迅速增大到 $2.0\mu m$。

10.3.3 陶瓷基纳米复合材料

1．陶瓷基纳米复合材料的制备方法

1）机械混合法

机械混合法是最早出现的一种陶瓷基纳米复合材料制备技术。制备方法是将纳米粉末和基质粉末混合，球磨后烧结成型。其优点是工艺简单，但由于球磨本身不能完全破坏纳米颗粒之间的团聚，不能保证纳米相和基质相的均匀分散，同时由于球磨介质的磨损，会带入一些杂质，给纳米复合材料性能带来不利影响。为此在机械混合的基础上使用大功率超声振荡以破坏团聚，并使用适量分散剂，提高分散均匀性。球磨介质采用与基质相同的材料，可减少因球磨带来的杂质，如制备纳米 SiC 粉末增强 Si_3N_4 基陶瓷复合材料采用 Si_3N_4 磨球。

2）复合粉末法

复合粉末法是目前最常用的一种方法，制备过程是先经化学、物理过程制备含有基质和弥散相均匀分散的混合粉末，然后烧结成型，得到陶瓷基纳米复合材料。该法多用于制备 Si_3N_4/SiC 陶瓷纳米基复合材料，其技术关键在于复合粉末的制备。制备复合粉末通常采用的方法有化学气相沉积(CVD)、先驱体转化法、激光合成法等。采用高纯硅烷($10\%SiH_4$，$90\%H_2$)、高纯乙烯（99.99%）和高纯氨气（99.9%）通过气相反应可制备 Si_3N_4/SiC 复合粉末；或采用 $[Si(CH_3)]_2NH+NH_3+N_2$ 在 1000℃～1300℃下，先通过气相反应，获得 Si-C-N 混合粉末，Si-C-N 混合粉末中含有 Si_3N_4 和 SiC 及少量 C，再加入烧结助剂 Y_2O_3，采用 Si_3N_4 磨球，在分散剂乙醇中球磨 10h，干燥后在 N_2 气氛中 1800℃热压烧结，制得 Si_3N_4/SiC 陶瓷基纳米复合材料。此时，复合材料中 Si_3N_4 基体平均粒径为 $0.5\mu m$，SiC 相的含量约 25%（质量分数），粒径小于 100nm 的 SiC 晶粒存在于基体 Si_3N_4 晶粒内，粒径在 100nm～200nm 的 SiC 晶粒存在于基体 Si_3N_4 晶界。

3）原位反应法

原位反应法是将基体粉末分散于可生成纳米颗粒的先驱体溶液中，经干燥、预成型、热处理生成含纳米颗粒的复合粉末，最后热压成型的方法。该法特点是可保证两相均匀分散，且热处理过程中生成的纳米颗粒不发生团聚。通过热解有机先驱体聚六甲基环四烷，得到含SiC和Si_3N_4的复合粉末，经烧结成型可制得Si_3N_4/SiC陶瓷基纳米复合材料。以Ti和B_4C为原料，通过高能球磨法可原位反应生成纳米TiB_2/TiC材料粉体，由于C原子的扩散首先生成TiC粒子。球磨30h后，Ti和B_4C完全反应生成TiC和TiB_2两相，其反应机制为减慢的自蔓延反应。长时间球磨后，形成的TiB_2颗粒内部含有嵌有纳米TiC粒子的复合纳米粉体。

4）湿化学法

通过湿化学法合成粉料是通过液相进行的。在液相中配制时各组分的含量可精确控制并可实现在分子或原子水平上的均匀混合。通过工艺条件的正确控制，可使所生成的固相颗粒尺寸远小于1μm，并且可获得粒度分布窄、形状为球体的粒子。因此，湿化学法特别适用于制备多组分、超细粉料。湿化学法制造纳米陶瓷复合粉体的方法主要有均匀共沉淀法、醇盐水解法、溶胶-凝胶法、非均相凝固法、包裹法等。运用最广泛的是溶胶-凝胶法，该法一般分为4个步骤：①先把基体粉末和溶剂配成溶液，然后加入纳米粉末，采用超声波、分散剂及调节溶液pH值等方法，从而均匀分散、破坏原有的团聚结构；②通过调节工艺参数，在不发生析晶、团聚、沉降的情况下，使体系凝胶聚合；③经热处理制得复合粉末；④复合粉末烧结成型制成纳米复合材料。由于基体粉末均匀分散在纳米颗粒周围，在热处理过程中成核、长大，容易生成"晶内型"结构。

此外，陶瓷基纳米复合材料的制备方法还有等离子相合成法、离子溅射法等。

2. 陶瓷基纳米复合材料的性能

加入一定量的纳米粉末制成陶瓷基纳米复合材料，不仅可大幅度提高单相陶瓷材料的强度、韧性和使用温度，而且可提高抗蠕变性能和高温强度保留率，使高温蠕变性能提高一个数量级。表10-2为多种陶瓷基纳米复合材料性能的改善结果。

表10-2 多种陶瓷基纳米复合材料性能的改善结果

材料	断裂韧性/(MPa·m$^{1/2}$)		弯曲强度/MPa		最高使用温度/℃	
	未加填料	加填料	未加填料	加填料	未加填料	加填料
Al_2O_3/纳米 SiC	3.5	4.8	350	1520	800	1300
Al_2O_3/纳米 Si_3N_4	3.5	4.7	350	850	800	1300
MgO/纳米 SiC	1.2	4.5	340	700	600	1400
Si_3N_4/纳米 SiC	4.5	7.5	850	1550	1200	1400

纳米颗粒对单相陶瓷材料的增韧效果远不如提高强度那样明显，甚至还会出现韧性降低的现象。加入SiC颗粒后强度有所提高，但韧性降低。Si_3N_4材料的弯曲强度和断裂韧性分别为637MPa和6.76MPa·m$^{1/2}$；Si_3N_4/SiC纳米复合材料的弯曲强度和断裂韧性分别为701MPa和6.16MPa·m$^{1/2}$。纳米填料用量对纳米SiC增强Si_3N_4复合材料性能的影响如表10-3所示。8%Y_2O_3（质量分数）、不含纳米SiC的Si_3N_4陶瓷的弯曲强度最高（1GPa）；5%Y_2O_3（质量分数）、不含纳米SiC的Si_3N_4陶瓷的断裂韧性最高（8.3MPa·m$^{1/2}$）。纳米SiC的种类对断裂韧性有影响，加入量对韧性的影响不大。纳米SiC可提高材料抗蠕变性能，最多可使蠕变速率减

小三个数量级（从 $10^{-6}s^{-1}$ 减小到 $10^{-9}s^{-1}$）。

表 10-3 纳米填料用量对纳米 SiC 增强 Si_3N_4 复合材料性能的影响

材料[1]	Y_2O_3 助剂/%[2]	纳米 SiC[3]	成型工艺	断裂韧性/($MPa·m^{1/2}$)	弯曲强度/MPa 室温	弯曲强度/MPa 1400℃
8Y	8	—	热压	—	1050	1077
5Y	5	—	热压	8.3	966	767
5Y30SC$_P$	5	30%SC80	热压	7.8	950	750
7Y30SC$_P$	7	30%SC80	热压	7.5	925	700
8Y30SC$_P$	8	30%SC80	烧结	6.3	894	600
8Y30SC$_P$	8	30%SC80	热压	7.6	835	860
8Y30SC$_P$（t）	8	30%SC80	热压	7.6	805	795
8Y25SC$_P$	8	25%SC80	热压	7.6	855	680
8Y25SC$_P$（t）	8	25%SC80	热压	7.8	795	650
8Y25SC$_P$	8	15%SC80	热压	7.6	905	865
8Y30SC$_b$（t）	8	30%B20	热压	6.8	718	—
8Y30SC$_b$（T）	8	30%B20	热压	4.4	594	540
8Y20SC$_b$	8	20%B20	热压	6.3	837	560
8Y20SC$_b$（T）	8	20%B20	热压	5.2	630	565
8Y30SC$_{PR}$	8	30%PR	热压	4.9	460	

注：(1)（t）为经 1800℃×2h 处理，(T) 为经 1900℃×1.5h 处理；(2) %为质量分数；(3) SC80、B20 和 PR 分别表示不同种类的纳米 SiC 粉。

对溶胶-凝胶法制备的 Al_2O_3-SiC 复合粉末进行真空热压烧结，X 射线衍射分析表明，纳米 SiC 的加入能抑制 Al_2O_3 晶粒的生长；在 SiC 含量为 10mol%的复合陶瓷中发生了沿晶-穿晶混合型断裂，此时最有利于提高材料的力学性能；当 SiC 的含量过多时，会过分"弱化"晶内，呈现完全的穿晶断裂；SiC 含量过多会导致材料整体烧结性能的下降。对陶瓷的断口进行 SEM 分析，发现断裂方式为穿晶-沿晶混合型，但以穿晶断裂为主，断裂方式与 SiC 的含量有关。

在 Al_2O_3-ZrO_2 纳米陶瓷的基础上，以原位合成的 Al_2O_3 和 Al_2O_3-ZrO_2（3Y）纳米粉体为原料，采用干压成型及热压烧结的方法制备 Al_2O_3/Al_2O_3-ZrO_2（3Y）层状陶瓷基纳米复合材料，研究表明：复合材料由纳米/微米晶复合结构组成，层状结构明显，层间界面清晰，这种结构使材料具有非常高的弯曲强度。层状复合材料的弯曲强度均高于单层 Al_2O_3 陶瓷，且随 ZrO_2（3Y）含量的增大而先增大后减小，当 ZrO_2（3Y）的质量分数为 10%时，Al_2O_3/Al_2O_3-ZrO_2（3Y）层状复合材料的弯曲强度达到最大，可达 591MPa，是单层 Al_2O_3 陶瓷的 1.8 倍。

以 $TiCl_4$ 为前驱体，铁黄（α-FeOOH）为载体，采用水解沉淀法在不同温度下制备了系列 TiO_2/α-FeOOH 纳米复合材料。分析表明：随着反应温度的升高（30℃→90℃），两相形成的包覆结构逐渐变得连续，然后逐渐失去连续性，其中，45℃反应合成的 TiO_2/α-FeOOH 包覆结构连续致密；包覆外层由晶粒细小的金红石相 TiO_2 组成，内层由晶粒较大的针铁矿相（α-FeOOH）组成，金红石连续致密地包覆在 α-FeOOH 外面；TiO_2 与 α-FeOOH 之间形成了稳定的共格结构，有部分 TiO_2 生长到 α-FeOOH 外层，晶格畸变变大，复合结构良好，包覆结构良好的复合材料吸收峰红移最大，大大拓宽了光谱响应范围，从而有效提高了对太阳光的利用率。

3. 陶瓷基纳米复合材料的烧结

经典的陶瓷材料烧结理论已不再适用于纳米陶瓷粉体的烧结行为，在烧结中纳米晶粒可通过阻止晶粒边界的迁移来实现，如在纳米材料中增加第二相物质来降低驱动粒子生长的热驱动力，减少边界的可动性，从而降低粒子边界的迁移能力。同时纳米材料压实后粒子之间的微孔同样具有限制粒子在烧结过程中迁移的作用。在纳米材料中，单晶纳米粒子表面张力使纳米晶粒相互吸附在一起，形成了比较大的团聚颗粒，烧结后，这些团聚颗粒不再是纳米尺寸的粒子组合，同时它也会使烧结温度提高，晶粒生长加快。

纳米粉体烧结动力学的研究表明：在烧结初期晶界扩散起主导作用。粉体中团聚体的存在严重影响其烧结行为，使得烧结体密度降低。团聚体内粉末优先烧结，这并不干扰坯体的正常烧结过程，但对随后进行的团聚体之间的烧结致密化产生严重的影响。在平均粒径为 20nm 的 Al_2O_3 粉体中，加入适量的、平均粒径为 0.5μm 的 Y-PSZ 微粉进行烧结，发现 Y-PSZ 可促进致密化，降低烧结温度，而且能有效抑制 Al_2O_3 晶粒长大，在 1600℃烧结时，即可达到理论密度的 99%。陶瓷基纳米复合材料的烧结一般有以下 4 种。

1）无压烧结

无压烧结是指在常压（0.1MPa）下，具有一定形状的素坯在高温下烧结为致密、坚硬、体积稳定、具有一定性能的烧结体的方法。此工艺简单、成本低，但性能不及热压烧结制品。通过调节添加剂及无压烧结工艺，可制备 Si_3N_4/SiC、Al_2O_3/SiC 等陶瓷基纳米复合材料。

2）反应烧结

反应烧结又称活化烧结，是指可以降低烧结活化能，使体系的烧结可以在较低的温度下以较快速度进行，并且使得烧结体性能提高的烧结方法。例如，用反应烧结设备制备 Si_3N_4-莫来石-Al_2O_3 纳米复合材料，其过程为：在 Si_3N_4 表面进行部分氧化产生 SiO_2，然后表面氧化物与 Al_2O_3 反应产生莫来石。反应烧结可减少杂质相，反应烧结时体积增加而使收缩变小，在低温下进行致密化。

3）热压烧结

热压烧结是指在烧结过程中使用压力，可以阻止纳米陶瓷在致密化之前发生晶粒生长，制备陶瓷基纳米复合材料的方法，如热压烧结制备 Si_3N_4/SiC 陶瓷基纳米复合材料。无压烧结与热等静压的组合使用可结合两者的优点，使材料致密性进一步提高，甚至实现完全致密化，但要求在无压烧结时使气孔均变为闭孔，这些闭孔在热等静压时被完全挤出。

4）等离子体放电烧结

利用脉冲能放电，脉冲压力和焦耳热产生瞬时高温场，实现烧结过程。其主要特点是通过瞬时产生的放电等离子使烧结体内部各个颗粒均匀地自身发热和使颗粒表面活化，因而具有非常高的热效率，样品内的传热过程可瞬间完成。因此，通过采用适当的烧结工艺可以用来实现陶瓷烧结的超快速致密化。与热压烧结及热等静压烧结相比，工艺简单、设备费用低，且能制备别的方法难以制作的材料。例如，该法制备的 TiB_2/TiN 块体材料，达理论密度的 97.2%，TiB_2 与 TiN 颗粒尺寸分别为 31.2～58.8nm、38.5～62.5nm。运用该法可实现超快速烧结，升温速率可达 600℃/min。超快速烧结的 Al_2O_3/SiC 纳米复相陶瓷材料，烧结温度为 1450℃，比热压烧结降低 200℃，弯曲强度高达 1000GPa，维氏硬度为 19GPa，断裂韧性比单相 Al_2O_3 陶瓷有明显提高。

10.3.4 聚合物基纳米复合材料

1. 聚合物基纳米复合材料的分类

聚合物基纳米复合材料是由各种纳米单元与有机高分子材料以各种方式复合成型的一种新型复合材料，所用的纳米单元有金属、无机物和高分子等。根据组分的不同，聚合物基纳米复合材料可以分为以下三类。

1）聚合物/聚合物纳米复合材料

聚合物/聚合物纳米复合材料是指两种或两种以上的聚合物混合在一起，而其中有一种聚合物以纳米级的尺度分散在其他聚合物之中的复合材料，如第三代环氧树脂黏结剂将预聚合的球状交联橡胶粒子分散在环氧树脂中固化而成的聚合物/聚合物纳米复合材料。

2）聚合物/层状纳米无机物复合材料

聚合物/层状纳米无机物复合材料是将层状的无机物以纳米尺度分散于聚合物中而形成的复合材料。其制备通常采用插层法。目前应用最多的是蒙脱土，蒙脱土是以片状晶体构成的，其晶片厚度约为 1nm，片层间的距离大约为 1nm，长约为 100nm。

3）聚合物/无机纳米粒子复合材料

聚合物/无机纳米粒子复合材料是以纳米级无机粒子填充到聚合物当中去的复合材料。由于小尺寸等效应使材料具有光、电、磁、声、热和化学活性等功能，并赋予复合材料良好的综合性能。

2. 聚合物基纳米复合材料的制备方法

常见的聚合物基纳米复合材料的制备方法有以下 4 种。

1）插层复合法

插层复合法是目前制备聚合物基纳米复合材料的主要方法。自然界中的许多化合物都具有典型的层状结构，可以嵌入有机物，通过合适的方法将聚合物插入其中，便可获得有机纳米复合物。最常用的层状无机物为硅酸盐类黏土、石墨等。根据复合过程，插层复合法可分为两类。①插层聚合法：其原理是先将聚合物单体分散，插层进入层状硅酸盐片层中，然后再原位聚合，利用聚合时放出大量的热量克服硅酸盐片层间的库仑力，使其剥离，从而使硅酸盐片层与聚合物基体以纳米尺度相复合。②熔体插层法：它是将层状无机物与高聚物混合，再将混合物加热到软化点以上，实现高聚物插入层状无机的层间，该方法的优点是不需要其他介质、不污染环境、操作简单、适用面广。插层复合法主要适用于有机聚合物/无机物混杂物一类。该法具有填充体系质量轻、成本低、热稳定性好及尺寸稳定性好等优点，可应用于航空、电子、汽车等领域。现在已有很多的高分子聚合物应用这种方法制得聚合物基纳米复合材料。

2）原位聚合法

原位聚合法应用原位填充，使纳米粒子在单体中均匀分散，然后进行聚合反应，既实现了填充粒子的均匀分散，又保证了粒子的纳米特性。此外，在原位填充过程中，基体只经一次聚合成型，无须热加工，避免了由此产生的降解，从而保证基体各种性能的稳定。

3）溶胶-凝胶法

该法不仅可用于制备陶瓷基纳米复合材料，还可用于制备聚合物基纳米复合材料。它是将硅氧烷金属氧化物等前驱物溶于水或有机溶剂中，溶质经水解生成纳米级粒子并形成溶胶再经蒸发干燥而成凝胶。该方法的特点在于其可在温和的反应条件下进行，两相分散均匀，甚至可以达到分子复合水平。存在的最大问题在于凝胶干燥过程中，由于溶剂、小分子和水分的挥发，材料内部会产生收缩应力，可能导致材料脆裂。尽管如此，溶胶-凝胶法仍是目前应用较多，也是较完善的方法之一。

4）共混法

共混法是将各种无机纳米粒子（包括纤维管）与聚合物直接进行分散混合得到复合材料的方法。该法的特点是过程简单，容易实现工业化。其缺点是要纳米粒子呈原生态纳米级的均匀分散较困难，因而给产品的稳定性带来了新问题。为此又发展了其他一些工艺，如溶液共混法、乳液共混法和熔融共混法等。

3. 聚合物基纳米复合材料的性能

由于纳米粒子具有大比表面积、表面活性原子多、与聚合物的相互作用强等性质，因此将纳米粒子填充到聚合物中，是提高聚合物基纳米复合材料力学性能的有效手段。填充型纳米复合材料能够改善材料的力学性能。无机纳米微粒和橡胶弹性微粒可同时大幅度提高塑料（PP）的韧性、强度和模量。PP/纳米 SiO_2/三元乙丙橡胶（EPDM）复合材料的综合性能已接近或达到工程塑料的性能。并随着纳米 TiO_2 粒子含量的增加，PP 的强度和韧性都有不同程度的增加。

插层复合材料具有高强度、高模量、高韧性和高热变形温度等优点。表 10-4 为尼龙 6/蒙脱土（ne-PA6）纳米复合材料与尼龙 6 的力学性能比较。从该表可以看出：纳米蒙脱土使 ne-PA6 的拉伸强度及模量都有较大的提高，聚合物插层纳米复合材料还可以转化为陶瓷基纳米复合材料。丙烯腈嵌入层状硅酸盐中，在其夹层间聚合得聚丙烯腈，高温下聚丙烯腈经燃烧可转化为碳纤维，从而得到分子水平分散的碳纤维增韧陶瓷，是一种既增强又增韧的复合材料。

表 10-4 尼龙 6/蒙脱土（ne-PA6）纳米复合材料与尼龙 6 的力学性能比较

性　　能	尼龙 6	ne-PA6
拉伸强度/MPa	75～85	95～105
延伸率/%	30	10～20
弯曲强度/MPa	115	130～160
弯曲模量/GPa	3.0	3.5～4.5
冲击强度	40	35～60
吸水率（23℃，1 天）/%	0.51	0.87

采用熔融共混法制备凹凸棒石（ATT）质量分数分别为 1%、3% 和 5% 的 ATT/聚乳酸（PLA）纳米复合材料，分析表明：当 ATT 质量分数低于 5% 时，其可均匀分散在 PLA 基体中，而达到 5% 时，则会发生部分团聚。添加 ATT 后，PLA 基体从脆性材料变为韧性材料，ATT 起到增韧作用，并显著提高了复合材料的力学性能。当 ATT 质量分数为 3% 时，延伸率达到 26.36%，比纯 PLA 增加了 297.6%，并且复合材料的冲击强度也比纯 PLA 增加了 19.7%。ATT/PLA 纳米复合材料的复数黏度、储能模量和损耗模量随 ATT 含量的增大呈先增大后减小的趋势。ATT

与 PLA 之间有良好的结合力，ATT 的加入增大了复合材料的弹性和黏性，且低频区的变化明显高于高频区的变化。

运用溶胶-凝胶法制备的聚合物基纳米复合材料 Ag/PVA 中，纳米银均匀分散在水溶性的 PVA 聚合物中，并且这种复合材料在合适的纳米银含量时，表现出高于其基体的电阻率和击穿场强，并且低温下这种现象更加显著。

用溶液共混法将酸化的碳纳米管（CNT）加入聚氨酯（PU）中可以提高材料的拉伸强度和拉伸模量。表 10-5 为 CNT/PU 纳米复合材料的力学性能。

表 10-5　CNT/PU 纳米复合材料的力学性能

CNT 类型	CNT 添加量/%	制备方法	拉伸模量增幅/%	拉伸强度增幅/%
SWCNT	1	溶液混合	25	50
炔基改性 MWCNT	1	溶液混合	140	20
PU 改性 MWCNT	1	溶液混合	—	63
PU 改性 SWCNT	1	静电纺丝	250	104
MWCNT	1	加成聚合	561	397
MWCNT	1	原位聚合	35	114
酸化改性 MWCNT	1	原位聚合	45	25
酸化改性 MWCNT		溶液混合	12	6
MWCNT	6	原位聚合	90	90
酸化改性 MWCNT	1	原位聚合	40	7

注：SWCNT 指单壁碳纳米管，MWCNT 指多壁碳纳米管。

聚酰亚胺（PI）由于其良好的介电性质、柔韧性、较高的玻璃化转变温度 T_g，优异的热稳定性和辐射电阻特性使其具有多种用途，如用于封装材料、电路板和层间介质等。CNT 增强 PI 聚合物基（PI/CNT）纳米复合材料的力学性能如表 10-6 所示，显然，添加 CNT 可显著提高 PI 的力学性能。

表 10-6　PI/CNT 纳米复合材料的力学性能

CNT 类型	样品类型	CNT 含量/%	拉伸模量增幅/%	拉伸强度增幅/%
改性 SWCNT	片材	1	89	9
酸化改性 MWCNT	片材	5	33	7
等离子体改性 MWCNT	片材	0.5	110	100
聚乙烯基三乙氧基硅烷改性 MWCNT	片材	0.5	60	61
混酸和氨基改性 MWCNT	片材	6.98	61	31
SWCNT	片材	1	10	10
SWCNT	棒材	1	0	11
SWCNT	纤维	1	45	0
聚酰亚胺接枝改性 MWCNT	片材	7.5	52	21

10.4 新型复合材料在航空航天领域中的应用

中国科学院王奇等人，创造性地采用低温等离子体技术成功制备出分散性良好的石墨烯铂纳米复合材料。相关成果已发表在期刊《应用物理快报》上。石墨烯铂复合材料可以提高燃料电池的反应效率，在航空航天等领域中有着极为广泛的应用前景。

在聚丙烯中引入纳米微粒，可以在力学性质改进的同时，赋予复合材料其他的功能特性。采用插层法制备黏土/聚丙烯基纳米复合材料，其力学性能有明显的提高，在添加量为0.5%~4%改性蒙脱土后，其抗冲击性能大幅度提高，同时拉伸模量和强度也有明显提高。通过熔融共混法制备TiO_2/PP、ZnO/PP纳米复合材料，在TiO_2含量为1%、ZnO含量为1.5%时，所得纳米复合材料不仅有很好的力学性能，同时还具有良好的抗菌性能，其抗菌率都在95%以上。纳米$CaCO_3$填充聚丙烯时，在纳米粒子含量为3%~5%时，材料的冲击强度提高了20%。利用纳米ZnO所具有的强烈的抗菌素紫外线和抗菌除臭功能，将其与PP进行熔融纺丝得到纳米功能纤维，可广泛应用于抗菌除臭面料、防辐射面料和抗静电面料中。

环氧树脂具有强度高、耐水耐碱性好、固化收缩率低，并具有优良的机械、电气、化学和黏结性能。由于环氧树脂双苯环的作用，大分子链刚性强、柔韧性弱，实际生产应用中对环氧树脂的要求越来越高，要求在提高韧性的同时，其机械性能和耐热性能也能得到提高。通过熔融共混法，用超声分散纳米SiO_2，以甲基四氢邻苯二甲酸酐（METHPA）为固化剂，制备SiO_2/E-44环氧树脂/纳米复合材料，当纳米SiO_2含量为3%时，所得纳米复合材料比纯E-44环氧树脂的冲击强度提高了124%，拉伸强度提高了30%，延伸率提高了18%。纳米ZnO粒子是一种非常有发展前途的新型军用雷达波吸收材料。由于纳米ZnO具有质量轻、厚度薄、颜色浅和吸波能力强等特点，ZnO/环氧树脂纳米复合材料在飞行器隐身方面具有重要的应用前景。

一种由纳米二氧化硅和乙丙橡胶组成的纳米复合材料正被用作一种热阻物质，以保障发射过程中航天器的结构部件不被破坏。研究人员用纳米复合材料代替传统聚合物基复合材料，应用在固体火箭发动机（SRM）中。为了提高SRM材料的隔热性能，采用热塑性聚氨酯弹性体纳米复合材料取代传统的凯夫拉增强三元乙丙橡胶。制造基于纳米复合材料的可拉伸传感器，用以跟踪航空航天变形系统中的断裂发展，也是一个重要的应用。

根据发表在《聚合物》杂志上的研究成果，磁性聚合物纳米复合材料也已经进入了航空航天领域。电磁干扰屏蔽材料采用了经磁化金属纳米颗粒处理的聚合物基复合材料。基于聚合物基纳米复合材料并辅以无机物质的涂料和颜料已经被开发出来。此外，聚合物基纳米复合材料还具有其他功能特性，如阻燃性能、隐身性能，因此其在航空航天领域有着广阔的应用前景。

本章小结

分级结构陶瓷复合材料中，细小颗粒中的剪切滑移和粗颗粒中的位错复合增韧，可使陶瓷复合材料的韧性显著提高。分级结构金属基复合材料是通过纳米颗粒增强体先进入微米颗粒形成复相颗粒，复相颗粒再与金属基体粉体均匀混合，快速烧结而成的。

高熵合金组织结构简单，性能优异，成分设计具有广阔的空间，在此基础上制备高熵合金基复合材料能够综合增强体和高熵合金基体的性能优势,在保持组织结构简单的同时获得传统合金材料不具备的性能。原位高熵合金基复合材料中增强体颗粒通过原位反应生成,与合金基体结合良好,界面干净,性能优异。对高熵合金基复合材料进行适当的热处理可以促进 laves 相等析出,进一步改善其性能。对高熵合金基复合材料进行形变不仅可以达到加工硬化效果,还可有效细化增强体尺寸并使其弥散分布,显著提高复合材料的性能。

纳米复合材料由德国学者 Gleitert 提出,是指分散相尺寸至少在一维方向上小于 100nm 的复合材料。根据基体的特性和成分可将其分为聚合物基纳米复合材料、陶瓷基纳米复合材料、金属基纳米复合材料三种。

金属基纳米复合材料的制备方法有高能球磨法、原位复合技术、大塑性变形法、快速凝固工艺、溅射法、纳米复合镀法等;陶瓷基纳米复合材料的制备方法有机械混合法、复合粉末法、原位反应法、湿化学法、等离子相合成法及离子溅射法等。聚合物基纳米复合材料又分为聚合物/聚合物纳米复合材料、聚合物/层状纳米无机物复合材料、聚合物/无机纳米粒子复合材料;其制备方法有插层复合法、原位聚合法、溶胶-凝胶法、共混法及其他一些工艺,如溶液共混法、乳液共混法和熔融共混法等。

随着科技的发展,新型复合材料层出不穷,其在航空航天领域中的应用也将越来越广阔。

思考题

(1) 什么是分级结构?请列举两例大自然中的分级结构。
(2) 简述分级结构铝合金的增强机理。
(3) 分级结构铝基复合材料的性能特点是什么?
(4) 简述分级结构镁基复合材料的增强机理。
(5) 简述分级结构复合材料在航空航天领域中的应用前景。
(6) 什么是高熵合金基复合材料?
(7) 高熵合金基复合材料的增强体有哪几种?
(8) 简述高熵合金基复合材料界面结构的研究方法。
(9) 内生型、外生型高熵合金基复合材料的界面结构分别具有什么特性?
(10) 热处理对高熵合金基复合材料的结构、性能有什么影响?
(11) 增强体进入高熵合金基体引起晶格畸变,与高熵合金本身晶格畸变有何区别?
(12) 单相、复相增强高熵合金基复合材料的增强机制有何不同?
(13) 高熵合金基复合材料与高熵合金的形变机制有何不同?
(14) 简述高熵合金基复合材料的在航空航天领域中的应用前景。
(15) 金属基纳米复合材料的制备方法有哪些?
(16) 陶瓷基纳米复合材料的烧结特点是什么?
(17) 聚合物基纳米复合材料的制备方法有哪些?
(18) 简述纳米复合材料的在航空航天领域中的应用前景。

参考文献

扫码阅读参考文献